教育部高等学校
材料科学与工程教学指导委员会规划教材

● 丛书主编 黄伯云

U0642379

材料腐蚀与防护

主　编　李晓刚

副主编　郭兴蓬

主　审　何业东

Corrosion and Protection of Materials

中南大学出版社
www.csupress.com.cn

内 容 简 介

　　本书为教育部高等学校材料科学与工程教学指导委员会规划教材，根据教育部高等学校材料科学与工程教学指导委员会有关本课程"教学基本要求"编写。

　　本书全面系统地介绍了金属材料、无机非金属材料、高分子材料以及近年来新兴的复合材料、功能材料腐蚀的概念与特征、腐蚀机理、影响因素以及防护方法，特别是在以往教材的基础上增加了核工业材料、信息材料、生物医用材料和纳米材料等领域的腐蚀基础理论介绍。全书共分11章，依次为绪论、金属腐蚀电化学理论基础、金属常见腐蚀形态及机理、应力作用下的腐蚀、自然环境中的腐蚀、典型工业环境中的腐蚀、金属的高温腐蚀与防护、金属腐蚀防护与控制方法、典型无机非金属材料的腐蚀及防护、高分子材料的老化与防护、功能材料的腐蚀与防护。教材编写注重理论联系实际，内容难易程度适中，既有经典的理论知识，也包含最新的研究进展。

　　本书可以作为高等院校材料学科的教材，也可作为化工、冶金、机械等学科的学生用书，又可以供从事工程技术和科研设计相关工作的研究人员和管理人员参考。

教育部高等学校材料科学与工程教学指导委员会规划教材

编 审 委 员 会

主 任

黄伯云(教育部高等学校材料科学与工程教学指导委员会主任委员、中国工程院院士、
  中南大学教授、博士生导师)

副主任

姜茂发(分指委*主任委员、东北大学教授、博士生导师)
吕　庆(分指委副主任委员、河北理工大学教授、博士生导师)
张新明(分指委副主任委员、中南大学教授、博士生导师)
陈延峰(材物与材化分指委**副主任委员、南京大学教授、博士生导师)
李越生(材物与材化分指委副主任委员、复旦大学教授、博士生导师)
汪明朴(教育部高等学校材料科学与工程教学指导委员会秘书长、中南大学教授、
  博士生导师)

委 员
(以姓氏笔画为序)

于旭光(分指委委员、石家庄铁道学院教授)
韦　春(桂林工学院教授、博士生导师)
王　敏(分指委委员、上海交通大学教授、博士生导师)
介万奇(分指委委员、西北工业大学教授、博士生导师)
水中和(武汉理工大学教授、博士生导师)
孙　军(分指委委员、西安交通大学教授、博士生导师)
刘　庆(重庆大学教授、博士生导师)
刘心宇(分指委委员、桂林电子科技大学教授、博士生导师)
刘　颖(分指委委员、北京理工大学教授、博士生导师)
朱　敏(分指委委员、华南理工大学教授、博士生导师)

注：*　分指委：全称教育部高等学校金属材料工程与冶金工程专业教学指导分委员会；
　　**　材物与材化分指委：全称教育部高等学校材料物理与材料化学专业教学指导分委员会。

曲选辉(北京科技大学教授、博士生导师)

任慧平(教育部高职高专材料类教学指导委员会主任委员、内蒙古科技大学教授)

关绍康(分指委委员、郑州大学教授、博士生导师)

阮建明(中南大学教授、博士生导师)

吴玉程(分指委委员、合肥工业大学教授、博士生导师)

吴　化(分指委委员、长春工业大学教授)

李　强(福州大学教授、博士生导师)

李子全(分指委委员、南京航空航天大学教授、博士生导师)

李惠琪(分指委委员、山东科技大学教授、博士生导师)

余志明(中南大学教授、博士生导师)

余志伟(分指委委员、东华理工学院教授)

张　平(分指委委员、装甲兵工程学院教授、博士生导师)

张　昭(分指委委员、四川大学教授、博士生导师)

张　涛(分指委委员、北京航空航天大学教授、博士生导师)

张文征(分指委委员、清华大学教授、博士生导师)

张建新(河北工业大学教授)

张建勋(西安交通大学教授、博士生导师)

沈峰满(分指委秘书长、东北大学教授、博士生导师)

杨贤金(分指委委员、天津大学教授、博士生导师)

陈文哲(分指委委员、福建工程学院教授、博士生导师)

陈翌庆(材物与材化分指委委员、合肥工业大学教授、博士生导师)

周小平(湖北工业大学教授)

赵昆渝(昆明理工大学教授、博士生导师)

赵新兵(分指委委员、浙江大学教授、博士生导师)

姜洪义(武汉理工大学教授、博士生导师)

柳瑞清(江西理工大学教授)

聂祚仁(北京工业大学教授、博士生导师)

郭兴蓬(材物与材化分指委委员、华中科技大学教授、博士生导师)

黄　晋(分指委委员、湖北工业大学教授)

阎殿然(分指委委员、河北工业大学教授、博士生导师)

蒋　青(分指委委员、吉林大学教授、博士生导师)

蒋建清(分指委委员、东南大学教授、博士生导师)

潘春旭(材物与材化分指委委员、武汉大学教授、博士生导师)

戴光泽(分指委委员、西南交通大学教授、博士生导师)

总　序

　　材料是国民经济、社会进步和国家安全的物质基础与先导，材料技术已成为现代工业、国防和高技术发展的共性基础技术，是当前最重要、发展最快的科学技术领域之一。发展材料技术将促进包括新材料产业在内的我国高新技术产业的形成和发展，同时又将带动传统产业和支柱产业的改造和产品的升级换代。"十五"期间，我国材料领域在光电子材料、特种功能材料和高性能结构材料等方面取得了较大的突破，在一些重点方向迈入了国际先进行列。依据国家"十一五"规划，材料领域将立足国家重大需求，自主创新、提高核心竞争力、增强材料领域持续创新能力将成为战略重心。纳米材料与器件、信息功能材料与器件、高新能源转换与储能材料、生物医用与仿生材料、环境友好材料、重大工程及装备用关键材料、基础材料高性能化与绿色制备技术、材料设计与先进制备技术将成为材料领域研究与发展的主导方向。不难看出，这些主导方向体现了材料学科一个重要发展趋势，即材料学科正在由单纯的材料科学与工程向与众多高新科学技术领域交叉融合的方向发展。材料领域科学技术的快速进步，对担负材料科学与工程高等教育和科学研究双重任务的高等学校提出了严峻的挑战，为迎接这一挑战，高等学校不但要担负起材料科学与工程前沿领域的科学研究、知识创新任务，而且要担负起培养能适应材料科学与工程领域高速发展需求的、具有新知识结构的创新型高素质人才的重任。

　　为适应材料领域高等教育的新形势，2006—2010 年教育部高等学校材料科学与工程教学指导委员会积极组织了材料类高等学校教材的建设规划工作，成立了规划教材编审委员会，编审委员会由相关学科的分教学指导委员会主任委员、委员以及全国 30 余所有影响力和代表性的高校材料学院院长组成。编审委员会分别于 2006 年 10 月和 2007 年 5 月在湖南张家界和中南大学召开了教材建设研讨会和教材提纲审定会。经教学指导委员会和编审委员会推荐和遴选，逾百名来自全国几十所高校的具有丰富教学与科研经验的专家、学者参加了这套教材的编写工作。历经几年的努力，这套教材终于与读者见面了，它凝结了全体编写者与组织者的心血，充分体现了广大编写者对教育部"质量工程"精神的深刻体会，对当代材料领域知识结构的牢固掌握和对高等教育规律的熟练把握，是我国材料领域高等教育工作者集体智慧的结晶。

这套教材基本涵盖了金属材料工程专业的主要课程，同时还包含了材料物理专业和材料化学专业部分专业基础课程，以及金属、无机非金属和高分子三大类材料学科的实验课程。整体看来，这套教材具有如下特色：①根据教育部高等学校教学指导委员会相关课程的"教学大纲"及"基本要求"编写；②统一规划，结构严谨，整套教材具有完整性、系统性，基础课与专业课之间的内容有机衔接；③注重基础，强调实践，体现了科学性、实用性；④编委会及作者由材料领域的院士、知名教授及专家组成，确保了教材的高质量及权威性；⑤注重创新，反映了材料科学领域的新知识、新技术、新工艺、新方法；⑥深入浅出，说理透彻，便于老师教学及学生自学。

教材的生命力在于质量，而提高质量是永恒的主题。希望教材的编审委员会及出版社能做到与时俱进，根据高等教育改革和发展的形势及材料专业技术发展的趋势，不断对教材进行修订、改进、完善，精益求精，使之更好地适应高等教育人才培养的需要，也希望他们能够一如既往地依靠业内专家，与科研、教学、产业第一线人员紧密结合，加强合作，不断开拓，出版更多的精品教材，为高等教育提供优质的教学资源和服务。

衷心希望这套教材能在我国材料高等教育中充分发挥它的作用，也期待着在这套教材的哺育下，新一代材料学子能茁壮成长，脱颖而出。

黄伯云

前　言　------

　　本书是根据教育部高等学校材料科学与工程教学指导委员会关于"金属材料工程专业规划教材"建设的意见和 2006—2010 年发展规划的要求，在北京科技大学、华中科技大学、浙江大学、北京航空航天大学、南昌航空大学、复旦大学、北京化工大学和南京化工大学等单位相关专业多年教学实践的基础上，经过集体讨论编写而形成的。它既可以作为材料科学与工程学科的教科书，也可以作为有关工程技术人员学习材料腐蚀学科理论与知识的参考书。

　　本书涉及的内容较为广泛。既讨论了腐蚀基本原理，又介绍了腐蚀的实际工程问题；既讲述了传统结构材料的腐蚀机理与防护技术，又兼顾了新型功能材料中出现的新问题新理论；既重点关注了作为材料腐蚀学科基础的金属材料腐蚀理论体系，又总结了无机非金属材料、高分子材料和复合材料的腐蚀失效与防护技术的研究成果。在腐蚀环境方面，关注了传统工业和自然环境与最新出现的太空环境、生物环境和其他严酷环境下腐蚀研究的新成果。在腐蚀研究方法方面，介绍了一些最新的表象观察和电化学测量的研究方法。这充分表明，材料腐蚀学科是一门快速发展的综合性边缘学科，因此，不可能在一本书中包括材料腐蚀与防护的全部内容，有关腐蚀保护学、腐蚀实验研究方法以及其他较详细的内容，读者可以参看其他相关教材。

　　本书由北京科技大学李晓刚教授担任主编，华中科技大学郭兴蓬教授担任副主编。第 1 章由北京科技大学李晓刚教授编写。第 2 章由浙江大学张鉴清教授、胡吉明教授编写。第 3 章由华中科技大学郭兴蓬教授，北京化工大学赵景茂教授编写。第 4 章由北京科技大学乔利杰教授、李金许教授和柳伟副教授编写。第 5 章由北京科技大学李晓刚教授、董超芳副教授、杜翠薇副教授和程学群讲师，南昌航空大学赵晴教授编写。第 6 章由北京科技大学李晓刚教授、董超芳副教授、程学群讲师，南京化工大学魏无际教授、周永璋副教授、周桃玉副教授编写。第 7 章由北京航空航天大学刘建华教授编写。第 8 章由北京科技大学何业东教授编写。第 9 章由华中科技大学郭兴蓬教授、陈振宇讲师，南昌航空大学赵晴教授编写。第 10 章由南京化工大学魏无际教授、周桃玉副教授和北京科技大学高瑾研究员编写。第11章由北京科技大学乔利杰教授、高瑾研究员,复旦大学李劲教授编写。北京科技大学李晓刚教授和华中科技大学郭兴蓬教授对全书进行了组稿、修改和统编,程学群讲师、董超芳副教授、刘智勇博士协助了这项工作。北京科技大学腐蚀与防护中心的许多老师和研究生给予了大量帮助与支持,在此谨表谢意。

北京科技大学何业东教授审阅了全书,并提出许多宝贵意见。作者感谢中南大学的周兴武副编审,没有他的鼓励和督促,很难完成本书的编写工作。

由于作者们水平有限,时间仓促,书中不足与错误在所难免,希望读者批评指正!

编 者

2009 年 4 月

目　录

第1章　绪　论

1.1　材料腐蚀学的主要内容

材料是指人类社会可接受、能经济地制造有用器件(或物品)的物质。包括天然生成和人工合成的材料,如:土、石、钢、铁、铜、铝、陶瓷、半导体、超导体、光导纤维、塑料、橡胶等,以及由它们组合而成的复合材料和功能材料。材料腐蚀是自然界存在的一种普遍现象,在人们开始利用材料时,就几乎同时意识到材料腐蚀问题。在有目的制备材料不久,就开始发展腐蚀控制技术了。但是作为一门科学,材料腐蚀学是在20世纪后才逐渐发展完善起来的。材料腐蚀学是研究材料在各种环境中,与环境介质发生化学或电化学过程的有关科学、技术和实践;其主要内容是获取与积累材料腐蚀数据,认识材料腐蚀过程的基本规律和机理,发展材料腐蚀防护技术——包括发展耐蚀材料与保护技术、评价与检测技术等。

1.1.1　腐蚀的定义

腐蚀是材料在环境介质的化学作用(包括电化学作用)以及与物理因素协同作用下发生破坏的现象。材料发生腐蚀应具备以下条件:①材料和环境构成同一体系,②相互作用,③材料发生了化学或电化学破坏。只要具备以上条件,材料腐蚀就存在。

腐蚀的定义在金属材料的腐蚀研究中最为严密与成熟,是指金属在环境介质的化学作用下产生新相而失效的过程。但是,腐蚀不仅在金属材料环境体系中发生,也存在于陶瓷、高分子材料、复合材料和各种功能材料等与环境构成的体系中。对高分子材料,一般用"老化",其表达内容与腐蚀基本相同,只是高分子材料光老化是由光辐照引起的化学过程。近年来,随着各种功能材料的大量出现,以及力、热、声、电、光等物理环境因素在材料破坏中所起的作用不断被关注,传统的"腐蚀"概念发生了进一步扩充与深化。

1.1.2　防护技术

认识材料腐蚀过程的基本规律和机理并不是研究材料腐蚀学科的最终目的,腐蚀学科是一门典型的应用科学,研究材料腐蚀规律的目的是发展防护技术,并有效控制材料腐蚀的过程。目前,腐蚀防护技术主要包括:防腐蚀设计、合理选择材料、表面保护工程、环境介质处理、电化学保护和腐蚀监检测等方面。这些技术都是建立在对材料腐蚀过程的基本规律和机理认识基础上的,腐蚀规律的认识和防护技术的发展是密不可分、互相促进的。

1.1.3　材料腐蚀学的特点

材料腐蚀学是一门融合多种学科的新兴综合性交叉学科，其理论研究与材料科学、化学、电化学、物理学、表面科学、力学、生物学、环境科学和医学等学科密切相关；其研究手段包括各种现代电化学测试分析设备、先进的材料微观分析设备、现代物理学的物相表征技术、先进的环境因素测量装备；其防护技术应用范围涉及各种工业领域的介质环境，大气、土壤、水环境甚至太空环境等自然环境。

基础理论研究和腐蚀机理的认识是材料腐蚀学科的灵魂。多学科理论的交叉，促进了材料腐蚀学的诞生与发展。材料科学、化学、电化学、物理学、表面科学和环境科学等学科构成了其重要的基础，这些学科的进一步发展与渗透将促进材料腐蚀学科基础理论的发展。

材料腐蚀学是一门工程应用学科，其最大的特点就是理论研究与工程实际应用的结合，工程实际应用是其理论研究发展的最大推动力。解决工程中的材料腐蚀问题是材料腐蚀学科的最终目的。

材料腐蚀学是一门实验性质的学科，要使材料腐蚀学科理论取得突破和腐蚀防护技术获得成功，必须建立与此相关的研究方法和实验技术。包括观测、分析、表征、测试与评价等方面。目前，不仅一系列标准化、规范化的材料腐蚀与防护技术的观测、分析、表征、测试与评价研究方法和实验技术已经建立，而且大批相关标准与规范方法与技术正在发展过程中。

材料腐蚀学是一门数据性质的学科，无论是材料腐蚀基础理论和机理研究，还是发展防护技术和建立实验技术与方法，必须不断积累材料在各种环境中的腐蚀数据，这些数据才是构成本学科所有理论、技术和方法的基础。材料腐蚀数据积累必须采用标准化与规范化的方法采集获得，只有这样，这些数据才具有科学性与实用性。

1.2　对材料腐蚀的认识过程

人们对材料腐蚀的认识过程分为经验性阶段和深入而系统的科学研究两个阶段。

18世纪中叶以前，人们对材料腐蚀的认识与防护技术的使用处于经验性阶段。人类使用材料的历史，其实也是对材料腐蚀现象进行观察研究和规律认识的历史，也是材料腐蚀防护技术取得辉煌成就的历史。公元前5000年在现代土耳其周边，人们发现可以从孔雀石和蓝铜矿中萃取液体铜以及熔融的金属可铸成不同的形状，在使用铜的同时就认识到铜在空气中会腐蚀变色。公元前3500年埃及人首次熔炼铁，微量的铁主要用于装饰或礼仪，在揭开了将成为世界主导冶金材料的第一个制备秘密的同时，也开始了铁的腐蚀现象观察和防护技术的研究。公元前2200年伊朗西北部人发明了玻璃，使之成为继陶瓷之后第二种重要的非金属工程材料不久，也发现了玻璃的腐蚀现象。在我国，《考工记》、《庄子·刻意》和《战国策·赵策》中都记载春秋诸侯国吴越两国剑师善于制剑。据不完全统计，已出土发现吴王剑5

件，越王剑8件，都是青铜剑。湖北江陵出土的越王勾践剑通长55.7 cm，剑身两面有花纹，分别嵌有蓝色玻璃珠和绿松石，刻有"越王鸠浅自作用镣"鸟篆铭文。经质子、X射线、荧光非真空分析，剑刃成分为铜80.3%、锡18.8%、铅0.4%。尤其神奇的是，深埋地下2600多年后，这柄通体青蓝色的剑依然寒光四射，剑身隐隐泛着蓝色的光泽，剑刃依然锋利无比。这一事实以及大量出土并保存完好的青铜器和真漆产品都说明我们的祖先早就对腐蚀科学与技术作出了卓越贡献。

从18世纪中叶到20世纪初期，是人们对材料腐蚀的认识过程由经验性阶段到深入而系统学科研究阶段的过渡时期。随着西方工业革命蓬勃发展步伐，开始出现比较深入的材料腐蚀理论研究成果和现代防护技术的雏形。主要的研究成果有：1748年罗蒙索洛夫从化学角度解释了金属的氧化现象。1788年Austin注意到当中性水腐蚀铁时溶液有碱化的趋势，但是直到1930年才认识到铁在水溶液中的腐蚀是一种电化学过程，并确定溶液中的pH值和氧的作用。1790年Keir发现并比较完善地解释了铁在硝酸中的钝化现象。1800年Volta建立了原电池原理理论。1801年Wollaton提出了腐蚀的电化学理论。1824年Davy用铁作为牺牲阳极，成功地实施了海军铜船底的阴极保护，这是现代阴极保护技术的开端。1830年De La Rive提出了金属腐蚀的微电池概念，这其实是近年来才开始逐渐广泛开展的腐蚀微区电化学理论研究的基础。1833年Faraday提出了法拉第电解定律促进了腐蚀理论研究的发展。1840年Elkington获得了第一个关于电镀银的专利，促进了电镀工艺的发展。1860年Baldwin申请了世界上的第一个关于缓蚀剂的专利，开创了从环境介质的角度入手发展防护技术的先例。1880年Hughes阐明了金属酸洗中析氢导致氢脆的后果，同一时期发现了金属材料的应力腐蚀开裂现象，这是早期腐蚀研究的重大贡献之一。1887年Arrbeius提出了离子化理论，并用于腐蚀机理的探讨取得良好的结果。1890年Edison研究了通过外加电流对船实施阴极保护的可行性，并成功实施工程应用，进一步拓宽与发展了电化学保护技术。此外，随着工业化的发展，这一时期在西方发达国家的各工业部门中，为了适应人类历史上从未有过的各种特殊工业环境下材料的需求，耐蚀材料开始得到发展，也导致各种用于腐蚀防护的涂料和表面处理工艺得到发展。这些先驱工作为腐蚀学科的发展奠定了坚实基础，将材料腐蚀的认识过程由经验性阶段推进到深入而系统学科研究阶段。

20世纪初期以后至今，是材料腐蚀学科体系建立和理论研究迅速发展、防护工程技术应用全面发展的时期。具有代表性的理论研究工作为从1900年开始的50年内，不锈钢和各种耐蚀合金得到迅速发展。1903年Whitney实验测定指出，铁在水中的腐蚀与电流的流动有关，开始全面从实验角度认识到和从化学的理论角度研究腐蚀的电化学本质。1906年美国材料试验学会开始建立材料大气腐蚀试验网，并开展大规模的材料自然环境室外暴露试验和腐蚀数据积累，首次开创了材料在野外环境的腐蚀研究工作。1912年美国国家标准局启动了历时45年的大规模材料土壤腐蚀试验和数据积累工作。1920年Tammann, Pilling与Bedworth通过对金属Ag, Fe, Pb和Ni等氧化规律的实验研究，提出了氧化动力学的抛物线定律和氧化膜完整性的判据，奠定了金属氧化理论的实验基础。1922 年 Kuhr 认识到了土壤腐蚀中细菌的作用。1923 年 Vernon 提出大气腐蚀的"临界湿度概念"。1925 年 Moore 研究认为黄铜季裂是黄铜在含氨环境中的晶间型应力腐蚀。1926 年，McAdam 开始着手研究材料的腐蚀疲劳。1929 年，Evans 建立了腐蚀金属极化图，并推动了腐蚀电化学本质的定量化研究，这是腐蚀学科理论重要的奠基工作，是腐蚀学科研究的最重要奠基石之一。1932 年 Evans 和 Hoar 用实验证明了腐蚀发生时金属表面存在腐蚀电流，并指出阳极区和阴极区之间流过的电量与腐蚀失重存在定量关系。1933 年 Wagner 从理论上推导出金属高温氧化的膜生长的经典抛物线理论，提出氧化的半导体理论。1938 年 Wagner 和 Traud 建立了电化学腐蚀的混合电位理论，奠定了近代腐蚀科学的动力学基础。同年 Pourbaix 计算和绘制了电位 – pH 图，奠定了近代腐蚀科学的热力学理论基础，这一研究成果同样也成为腐蚀学科研究的最重要奠基石之一。1947 年 Brenner 和 Riddell 提出了化学镀镍技术，丰富了防护技术。1950 年 Unilig 提出了点蚀的自催化机理模型，推动了局部腐蚀理论的发展，他还建立了比较科学的腐蚀普查和经济估计方法，奠定了腐蚀损失科学调查的基础。1957 年 Stern 和 Geary 提出了线性化技术，推动了腐蚀电化学理论的发展。1968 年 Iverson 观察到了腐蚀的电化学噪声信号图像，并开始系统研究，发展了腐蚀电化学的动力学理论。20 世纪 60 年代，Brown 首次将断裂力学理论引入到材料腐蚀的研究中，开启了力学研究成果应用于材料腐蚀理论研究的先例，推动了材料腐蚀学科的发展。1970 年 Epellboin 首次用电化学阻抗谱研究腐蚀过程，为腐蚀电化学研究提供了新的方法，加深了对材料腐蚀机理和本质的认识。此后，许多著名的材料腐蚀科学家和工程师从理论和实验的角度研究了金属的点蚀、缝隙腐蚀、应力腐蚀、晶间腐蚀、冲刷腐蚀和微生物腐蚀等各种类型的局部腐蚀机理与规律，探索发生的原因并提出相关的腐蚀防护技术措施，同时也发展了很多材料腐蚀研究和测定方法。在这一时期，一系列重要而杰出的研究成果奠定了材料腐蚀学科的基础理论体系，也发展了大量的腐蚀防护技术。正是工业发展需求和各学科的发展促进了现代腐蚀科学理论的形成和发展，反之，如果没有腐蚀理论研究的进展和防护技术的成功，许多重要的工业是不可能发展到今天这个水平的。

近 20 年来，随着多学科交叉的深入、材料科学的迅猛发展、工业环境进一步高要求的需求、各种物理环境（力、热、声、电、光）与化学环境的复杂偶合作用和现代测试技术的发展，对传统金属"腐蚀"的概念和腐蚀学科体系提出了挑战和带来了深入发展的机遇。材料腐蚀学和防护技术得以迅速发展，学科体系进一步丰富，防护技术大量涌现。表现为：传统腐蚀理论迅速从金属材料扩展到无机非金属材料、高分子材料、复合材料等所有的材料；从结构材料扩展到功能材料，学科呈现高度分化和复杂化的趋势；理论研究特别是电化学理论研究日趋完善，并将重点转向局部腐蚀电化学理论研究上；多种基础学科交叉的成果进一步迅速渗透到材料腐蚀的理论研究中；多种现代测试技术用于腐蚀理论研究的表征，极大推动了腐蚀理论研究；腐蚀防护技术规模日益扩大，不仅渗透到所有工业领域、民用领域和军事领域以及以太空环境为代表的极端严酷环境领域，而且自身也形成了大规模的工业产业行业，并且向标准化、规范化和大规模化方向发展。

1949 年后,我国的材料腐蚀理论研究和防护技术得到高度重视和迅速发展,以师昌绪、张文奇、肖纪美、曹楚南和左景伊为代表的一代学者及其研究群体,奠定了我国材料腐蚀学科理论体系、防护技术体系和教育理论体系的基础,他们不仅是一代研究宗师,而且是教育大师,培养了大批材料腐蚀与防护学科的各类人才。近年来,随着经济的高速增长和工业体系的日渐完备,腐蚀学科理论和各种防护技术得到迅速发展。目前,我国有关腐蚀学科理论研究和各种防护技术工程学科的发展不仅完全可以解决自己出现的各种材料腐蚀问题,而且已经成为世界上该学科的重要组成部分,且焕发出朝气蓬勃的活力。我国正在逐渐由材料腐蚀研究与防护技术大国向材料腐蚀研究与防护技术强国转变。

1.3 材料腐蚀的分类和评定

1.3.1 材料腐蚀的分类

(1)根据材料所处的介质和环境不同进行材料的腐蚀分类。随着新材料和新的服役环境的大量出现,这种分类方法开始复杂化。但还是可以将腐蚀分为以下主要的几类:

1)干燥气体腐蚀:干燥气体腐蚀具体包括露点以上的常温干燥气体腐蚀和高温气体中的氧化。前者属于化学腐蚀范畴;从过去的观点看,后者属于纯化学腐蚀,目前普遍认为是化学和电化学的联合作用。

2)电解液中的腐蚀:材料在自然环境中的腐蚀,如大气腐蚀、土壤腐蚀、海水腐蚀、微生物腐蚀等其实都是电解液中的腐蚀。材料在工业介质中的腐蚀,如在酸、碱、盐溶液中的腐蚀,高温高压水中的腐蚀,熔融盐中的腐蚀也都是电解液中的腐蚀。电解液中的腐蚀为电化学腐蚀,也称为湿腐蚀。

3)非电解液中的腐蚀:材料在非电解液中的腐蚀包括卤代烃,如 CCl_4、$CHCl_3$ 和各种有机液体物质(如苯、甲醇、乙醇等的腐蚀),这类腐蚀为化学腐蚀。但是少量水分也会改变这种腐蚀的性质。例如,对于材料在含痕量水的汽油、煤油中的腐蚀,起作用的实际上是水,实为电化学腐蚀。

4)物理因素协同环境下的腐蚀:在力、热、声、电、光等物理环境因素或其交互作用下材料的腐蚀。例如应力腐蚀,熔融金属的腐蚀和高日照辐射环境老化等。

5)其他严酷和极端条件环境下的腐蚀:例如低温高辐射真空的太空环境、沙漠环境、深海火山口附近环境、生物体内环境和生物群落环境等。将来人类还必须关注材料在其他星球上的环境腐蚀,例如月球环境。

(2)根据腐蚀机理,可将腐蚀分为以下几类:

1)化学腐蚀:材料与周围非电解质之间发生纯化学作用而引起的腐蚀损伤称为化学腐

蚀。其反应历程的特点是材料表面的原子与非电解质中的氧化剂直接发生氧化还原反应，腐蚀产物生成于发生腐蚀反应的表面，当它较牢固的覆盖在材料表面时，会减缓进一步的腐蚀。腐蚀反应过程中不伴随电流产生。

2) 电化学腐蚀：金属和电解质接触时，由于腐蚀电池作用而引起的金属腐蚀现象称为电化学腐蚀。腐蚀的特点在于，腐蚀历程可分为两个相对独立的并同时进行的阳极（发生氧化反应）和阴极（发生还原反应）过程。特征为受蚀区域是金属表面的阳极，腐蚀产物常常产生在阳极与阴极之间，不能覆盖被蚀区域，通常起不到保护作用。与化学腐蚀的显著区别是电化学腐蚀过程中有电流产生。对大多数工业部门而言，发生电化学腐蚀的情况远大于发生化学腐蚀的情况。金属发生高温氧化，表面生成一定厚度的半导体性质的氧化膜，既可以传导电子，也可以导通离子，此时腐蚀不再是单纯的化学腐蚀，同时包含了电化学腐蚀。

(3) 根据腐蚀形态，可将腐蚀分为以下几类：

1) 全面腐蚀：腐蚀发生在整个材料与介质接触的表面，也称为均匀腐蚀。

2) 局部腐蚀：虽然材料与介质全面接触，但是腐蚀优先发生在材料表面的局部区域或微区，也称为不均匀腐蚀。一般包括点蚀、缝隙腐蚀、丝状腐蚀、电偶腐蚀、晶间腐蚀、成分选择性腐蚀等，这些腐蚀类型一般属于电化学腐蚀。

3) 应力作用下的腐蚀断裂：材料在应力和腐蚀性环境介质协同下发生的腐蚀开裂，包括应力腐蚀、腐蚀疲劳、氢腐蚀、冲刷腐蚀等。

(4) 根据材料的类型，可将腐蚀分为以下几类：

1) 金属材料的腐蚀：传统的材料腐蚀理论发源于金属材料，重点也在于研究金属材料的腐蚀。

2) 非金属材料的腐蚀：非金属材料（包括无机非金属材料、有机材料和复合材料）的腐蚀机理与金属材料有所不同。金属材料的腐蚀有化学腐蚀和电化学腐蚀之分，而非金属材料的腐蚀也可以为纯化学作用和物理作用引起的。例如，塑料的氧化和水解腐蚀均为化学变化；高分子材料的光老化通常由紫外线辐照引起，是一种光氧化过程，辐射导致的高分子材料的大分子分解则为物理作用的结果（光学与化学的协同作用）。硅酸盐材料的腐蚀破坏通常也是由于化学的或物理的因素所致，并非电化学过程引起的。以上两类腐蚀还是属于结构材料腐蚀的范畴。

3) 功能材料的腐蚀：近年来，各类功能材料大量出现，产生了很多功能材料的腐蚀问题。有关对功能材料腐蚀的研究与认识，应该在传统的腐蚀理论与实验方法的基础上，结合新型功能材料的具体特性来认识。例如，对电子信息功能材料既要结合传统腐蚀理论，也要从结构完整性的角度来研究（物理因素与腐蚀的协同作用）；对生物医用材料，既要研究其在人体环境中的腐蚀失效规律，也要认识其生物相容性（生命过程与腐蚀的协同作用）。

1.3.2 材料腐蚀速度与程度的评定方法

从理论上讲，材料的腐蚀倾向由其热力学稳定性决定，腐蚀造成的破坏速度取决于腐蚀的动力学。但是，由于腐蚀热力学和动力学理论正处于发展与完善过程中，目前被理论研究、工程应用、数据积累和实验方法上普遍接受的、简单明了的腐蚀速度评价方法，还是失重法、增重法或腐蚀深度测量等传统方法。

(1)均匀腐蚀速度的评定方法

对于均匀腐蚀速度的评定，通常采用重量法、深度法和电流密度法来表征腐蚀的平均速率。

1)重量法：重量法是材料腐蚀最基本的定量评定方法之一。根据腐蚀前后的重量变化(增加或减少)来表示材料腐蚀的平均速率。若腐蚀产物全部牢固地附着于试样表面，或能全部收集，则常用增重法来表示。反之，如果腐蚀产物完全脱落或易于全部清除，则往往采用失重法。平均腐蚀速率表示材料在与介质接触一定时间后，单位时间、单位面积的重量变化。其计算公式为：

$$v_w = \frac{\Delta W}{St} = \frac{|W - W_0|}{St} \tag{1-1}$$

式中，v_w 为腐蚀速率(mm·a^{-1}，毫米每年)；$\Delta W = |W - W_0|$，为试样腐蚀前重量 W_0 和腐蚀后重量 W 的变化量(g)；S 为试样的表面积(m^2)；t 为试样腐蚀的时间(h)。

2)深度法：选择具有足够精度的工具和仪器直接测量材料腐蚀前后或腐蚀过程中某两时刻的试样厚度或局部区域的腐蚀深度，所得深度数据直接表征的腐蚀速率(失厚或增厚)。

深度法表征的腐蚀速率与重量法计算出的腐蚀速率可以相互换算，换算公式为：

$$v_d = \frac{8.76 v_w}{\rho} \tag{1-2}$$

式中，v_w 和 v_d 分别为重量法和深度法表示的腐蚀速率，单位分别为 mm·a^{-1} 和 g·m^{-2}·h^{-1}。对于腐蚀减薄情况，ρ 为腐蚀材料的密度；对于增厚情况，ρ 应为腐蚀产物的密度。ρ 的单位为 g·cm^{-3}。深度法和重量法表征的腐蚀速率也可以用其他的量纲单位。

根据深度法表征的腐蚀速率大小，可以将材料的耐蚀性分为不同的等级，表 1-1 给出了 10 级标准分类法。该分类方法对有些工程应用背景显得过细，因此还有低于 10 级的其他分类法。不管按几级分类，仅具有相对性和参考性，科学地评定腐蚀等级还必须考虑具体的应用背景。

3)电流密度表征法：金属的电化学腐蚀是由阳极溶解导致的，因而电化学腐蚀的速率可以用阳极反应的电流密度来表征。法拉第定律指出，当电流通过电解质溶液时，电极上发生电化学变化的物质的量与通过的电量成正比，

表 1-1 均匀腐蚀的 10 级标准

腐蚀性分类	耐蚀性等级	腐蚀速率/mm·a^{-1}
Ⅰ 完全腐蚀	1	<0.001
Ⅱ 很耐蚀	2	0.001~0.005
	3	0.005~0.01
Ⅲ 耐蚀	4	0.01~0.05
	5	0.05~0.1
Ⅳ 尚耐蚀	6	0.1~0.5
	7	0.5~1.0
Ⅴ 欠耐蚀	8	1.0~5.0
	9	5.0~10.0
Ⅵ 不耐蚀	10	>10.0

与电极反应中转移的电荷数成反比。设通过阳极的电流为 I，通电时间为 t，则时间 t 内通过电极的电量为 It，相应溶解掉的金属的质量 ΔW 为：

$$\Delta W = \frac{AIt}{nF} \tag{1-3}$$

式中，A 为 1 mol 金属的相对原子质量，单位为 $g \cdot mol^{-1}$；n 为金属阳离子的价数；F 为法拉第常数，其值约为 96500 $C \cdot mol^{-1}$。

对于均匀腐蚀情况，阳极面积为整个金属表面 S，因此腐蚀电流密度 i_{corr} 为 I/S（单位：$mA \cdot cm^{-2}$）。这样就可以得到重量法表示的腐蚀速率 v_w 和腐蚀电流密度 i_{corr} 之间的关系：

$$v_w = \frac{\Delta W}{St} = \frac{Ai_{corr}}{nF} \tag{1-4}$$

同样可以得到以深度法表征的腐蚀速率与腐蚀电流密度的关系为：

$$v_d = \frac{\Delta W}{\rho St} = \frac{Ai_{corr}}{nF\rho} \tag{1-5}$$

当电流密度 i_{corr} 的单位取 $\mu A/cm^2$，其他量的单位同前面规定时，式（1-4）和式（1-5）转换为：

$$v_w = \frac{3.73 \times 10^{-4} Ai_{corr}}{n} \tag{1-6}$$

$$v_d = \frac{3.27 \times 10^{-3} Ai_{corr}}{n\rho} \tag{1-7}$$

前面所介绍的腐蚀速率表征方法均适用于均匀腐蚀情况。对于非均匀腐蚀或局部腐蚀，上述方法一般并不适用，这时需要借助其他方法来评价腐蚀程度。

（2）局部腐蚀程度的评定方法

材料局部腐蚀情况差别很大，并没有一个普遍接受的统一方法来表征所有局部腐蚀的破坏程度。一般来讲，以上的深度法基本适用于评价大部分局部腐蚀速度。另外，强度法也基本适合所有的局部腐蚀速度评价，即测定腐蚀前后材料强度或延伸率的变化来评定各类局部腐蚀。假设试件腐蚀前、后的抗拉强度分别为 σ_b 和 σ_b'，延伸率分别是 ε_f 和 ε_f'，则在规定腐蚀时间内，评定腐蚀速度的指标抗拉强度损失 K_σ 和延伸率损失 K_ε 可分别表示为：

$$K_\sigma = \frac{\sigma_b - \sigma_b'}{\sigma_b} \times 100\% \tag{1-8}$$

$$K_\varepsilon = \frac{\varepsilon_f - \varepsilon_f'}{\varepsilon_f} \times 100\% \tag{1-9}$$

研究表明，以上方法不仅是评价局部腐蚀行之有效的方法，而且可以用于评价无机非金属材料、高分子材料和一些功能材料的腐蚀失效程度。但是，对待具体的局部腐蚀类型应该结合具体实际采用特殊的评价方法。例如，对应力腐蚀程度，就有多种评价和实验方法，断裂寿命或断裂时间法适用于应力腐蚀。对于点腐蚀速度，可以采用点蚀密度、平均点蚀深度、最大点蚀深度等指标进行综合评价。对晶间腐蚀和选择性腐蚀通常虽然不会引起材料质量和尺寸的明显变化，但其强度却会显著下降。近年来发现电阻率的改变适用于评价多数局部腐蚀的腐蚀速度。

(3)功能材料腐蚀程度的评定方法

近年来，各种新兴功能材料，例如功能陶瓷材料、电子信息功能材料和生物医用材料等相继大量涌现，成为当今材料科学研究前沿最活跃、最具活力的领域。其结构形态表现为单晶、多晶、非晶态和无定型等多种形态；形貌包括零维粉末、一维晶须、纤维、二维薄膜到三维块体材料；尺度从微米、亚微米发展到纳米等层次；各种特殊性能日益复杂；服役环境也发展成为各种物理环境(力、热、声、电、光)与化学环境的复杂偶合作用。这给功能材料腐蚀程度的评定方法带来了新的要求。

对于某种功能材料腐蚀程度的评定，到目前为止，尚未建立比较完整统一的方法。除了采用上述的评定方法外，还可以用单位时间内其主要性能的丧失程度来评价其腐蚀程度。

第2章 金属腐蚀电化学理论基础

多数情况下的金属腐蚀是按电化学的形式进行的。在这个过程中，金属被氧化，释放出的电子被电子受体(氧化剂)接受，后者被还原，从而构成一个完整的电化学反应过程。这是本章所要重点讨论的内容，以区别于金属与非电解质直接发生纯化学作用而引起的破坏。本章主要内容包括腐蚀电池原理、电化学腐蚀热力学、电化学腐蚀动力学、析氢和吸氧电极反应腐蚀理论和金属的钝化等，构成了材料腐蚀学的最基本的理论基础。

2.1 腐蚀电池

2.1.1 电极系统与电极反应

金属的电化学腐蚀过程伴随多个电化学反应(电极反应)的发生，至少包括金属自身的氧化过程和氧化剂(电子受体)的还原过程。本节将从"电极系统"的基本概念出发，论述"电极反应"的明确概念。

能够导电的物体，称为导体。按导体中载流子的状态不同，常见的导体有两类。第一类导体中，在电场的作用下向一定方向移动的荷电粒子是电子或带正电荷的电子空穴。这一类导体叫做电子导体。它既包括普通的金属导体，也包括半导体。第二类导体中，在电场作用下向一定方向移动的荷电粒子是带正电荷的或带负电荷的离子。这一类导体叫做离子导体。例如电解质溶液或熔融盐就是这类导体。

一个系统中化学性质和物理性质一致的物质集合叫做"相"。如果一个系统由两个相组成，其中一个相是电子导体，称为电子导体相，而另一个相是离子导体，称为离子导体相，而且在这个系统中有电荷通过两个相的界面从一个相转移到另一个相，这个系统就叫做电极系统。需要指出的是，两相界面是两相之间的区域，其性质与两相中的任一相的本体性质都有所不同，其范围可在至少两个分子层的直径到数千个埃(Å)以上($1\text{Å} = 10^{-10}\text{ m}$)。

这样定义的电极系统的主要特征是：伴随着电荷在两相之间转移，不可避免地同时会在两相之间的界面上发生物质的变化——由一种物质变为另一种物质，即发生化学变化。

如果互相接触的两个相都是电子导体相，虽然两个相由不同的物质组成，但在两个相之间有电荷转移时，只不过是电子从一个电子导体相穿越两相之间的界面进入另一个电子导体相，在两相界面上并不发生化学变化。但是如果互相接触的是两种非同类的导体，则在电荷从一个导体相穿越界面转移到另一个导体相中时，这个过程必然要依靠两种不同类型的荷电粒子——电子和离子——之间互相转移电荷的过程来实现。这个过程也就是某种物质得到或失去价电子的过程，而这正是化学变化的基本特征。

如何理解两类电荷的相互转移必然导致两相界面的物质变化呢？首先，我们应了解电子只能在电子导体中运动(传输)，而离子只能在离子导体中运动(传输)。下面以铜金属浸于含 Cu^{2+} 的水溶液中构成的电极系统为例说明。若在外界作用下，有净的电子电流从 Cu 相流向溶液一侧。当电子到达两相界面处，传输受阻(因其不能在电解质中运动)。此处聚集的电子可被电解质中的 Cu^{2+} 接收，使其发生如下还原反应：

$$Cu^{2+}_{(sol)} + 2e_{(M)} \rightarrow Cu_{(M)} \qquad (2-1)$$

式中，右下角的括号中标注的是该物质所存在的相。e 表示电子。既实现了电子与离子间的电荷转化，又实现了溶液相中 Cu^{2+} 变为金属单质相的物质转化过程。上述转化过程在电子导体与离子导体的相界面上发生。反之，若电流方向相反，则正电荷从电子导体相(金属铜)转移到离子导体相($CuSO_4$ 的水溶液)，在铜的表面上 Cu 原子失去 2 个电子，生成的电子远离相界面往电子导体相本体方向运动，而生成的 Cu^{2+} 向溶液一侧运动。

因此，可以这样来定义电极反应：在电极系统中伴随着两个非同类导体之间的电荷转移而在两相界面上发生的化学反应，称为电极反应或电化学反应。式(2-1)所表示的，就是一个电极反应。

本章要讨论的电极系统只限于由金属与电解质溶液两类导体组成的系统。通常有以下几种电极体系。

(1)第 I 类电极：单质金属(M)与含同种金属离子(M^{n+})的电解质构成的电极系统。

(2)第 II 类电极：金属表面覆盖该金属的难溶化合物组成电极，浸在与难溶物具有相同阴离子的溶液中组成的电极系统。

(3)一类特殊电极系统，其中电子导体为惰性金属，不直接参与电极反应。

如一块铂片浸在通氢气的 HCl 溶液中。此时构成的电极系统是电子导体相 Pt 和离子导体相 HCl 的水溶液。两相界面上发生的电荷转移时发生的电极反应为：

$$\frac{1}{2}H_{2(g)} \rightleftharpoons H^+_{(sol)} + e_{(M)} \qquad (2-2)$$

该电极系统的特点是：参与电极反应的物质分别处于溶液和气体两个相。参与反应的物质中出现气体的电极反应称为气体电极反应。

再比如由一块铂片浸在含有正铁离子(Fe^{3+})和亚铁离子(Fe^{2+})的水溶液中构成的电极系统中，发生的电极反应是：

$$Fe^{2+}_{(sol)} \rightleftharpoons Fe^{3+}_{(sol)} + e_{(M)} \qquad (2-3)$$

此电极系统的特点是：参与电极反应的反应物与产物都处于同一个溶液相中。这种电极反应称为氧化-还原电极反应。

在上述两个例子中，电子导体相不参与电极反应，只起供应和吸取电子的作用，类似化学反应中的催化剂，故常称其为"电催化剂"。正如后面将介绍，同一电极反应的反应速度随所用电子导体相的不同而不同，若以电"催化剂"来认识是不难理解的。

关于电极系统和电极反应这两个术语的意义是明确的。但是在电化学文献中经常用到的术语"电极"，含义却并不是很肯定。实际上，在电化学文献中视场合之不同，术语"电极"具有两个不同的含义：

（1）在多数场合下，仅指组成电极系统的电子导体相或电子导体材料。在说明电化学测量实验装置时我们常遇到"工作电极"、"辅助电极"等术语，就是前者的例子；而我们常常遇到的"铂电极"、"石墨电极"、"铁电极"等提法就是后者的例子。

（2）但在少数场合下，当我们说到某种电极时，指的是电极反应或整个电极系统而不只是指电子导体材料。例如，在电化学中常常使用的术语"参比电极"，指的也是某一特定的电极系统及相应的电极反应，而不是仅指电子导体材料。

在本章中，也将随情况之不同，按上述两种不同的含义使用术语"电极"。

现在，我们将讨论电极反应的一些主要特点。

（1）既然所有的电极反应都是化学反应，因此所有关于化学反应的一些基本定律如当量定律、质量作用定律等，也都适用于电极反应。但是，电极反应又有不同于一般的化学反应的特点。最重要的特点是，电极反应是伴随着两类不同的导体相之间的电荷转移过程发生的，因此在它的反应式中就包含有 $e_{(电子)}$ 作为反应物（其他反应物从电极取得电子并与之结合）或反应产物（其他反应物释放电子给予电极）。也就是说，在电极反应进行时，电极材料必须释放或接纳电子。因此电极反应受到电极系统的两个导体相之间的界面层的电化学状态的影响。所以，比之一般的化学反应，电极反应多了一个表达电极系统界面层的电化学状态的状态变量，而且对于电极反应来说，这是一个十分重要的状态变量。另外一个值得注意的电极反应的特点是：由于电极材料中的电子参与电极反应，电极反应就必须发生在电极材料的表面上。因此电极反应具有表面反应的特点，电极材料表面的状况对于电极反应的进行有很大影响。

（2）在电极反应式一侧的反应物中，至少有一种物质失去电子，将电子给予电极；而在反应式另一侧的反应物中，至少有一种物质从电极上得到电子。我们知道，当一种物质失去电子时，它就是被氧化了；当一种物质得到电子时，它就是被还原了。所以，电极反应毫无例外都是氧化还原反应。它同普通化学反应中的氧化还原反应不同之处是：普通的化学反应中的氧化还原反应进行时，直接在氧化剂与还原剂之间转移电子，即还原剂的电子转移给氧化剂。还原剂失去电子，氧化剂得到电子，得、失电子的过程同时进行。所以整个氧化还原反应中既有氧化反应，又有还原反应，两者是同时而等当地进行的。但是一个电极反应则只有整个氧化还原反应中的一半：或是氧化反应，或是还原反应。例如上述式（2-2）至式（2-3），当反应自左向右进行时，是氧化反应——反应物被氧化；当反应自右向左进行时，是还原反应——反应物被还原。所以一个电极反应的反应物中只有被氧化的或被还原的物质，这些物质既不像整个氧化还原反应中的还原剂那样，在其本身被氧化的同时还使其他物质还原，也不像氧化剂那样，在其本身被还原的同时还使其他物质氧化。故氧化剂和还原剂的概念不能应用于单个电极反应。只有当由两个电极反应组成一个原电池时，才能应用氧化剂和还原剂的概念。

　　一种物质，在失去电子后，跟原来的状态相比，是处于氧化状态，处于氧化状态的物质叫做氧化体。一种物质在得到电子后，跟原来的状态相比，是处于还原状态，处于还原状态的物质叫做还原体。一个电极反应就是氧化体与还原体互相转化的反应。我们用 O 代表氧化体，R 代表还原体，S 代表在电极反应中氧化状态没有发生变化的物质，并在本章中约定，在写一个可逆的(既表示自左向右进行、也表示反方向地自右向左进行的)电极反应时，将还原体写在反应式的左方，氧化体写在反应式的右方[①]。并约定，左方的化学计量系数用带负号的符号表示，右方的化学计量系数用带正号的符号表示。一个可逆地进行的电极反应就可以表示为：

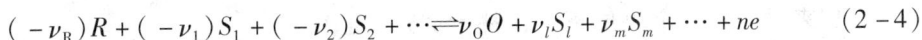

$$(-\nu_R)R + (-\nu_1)S_1 + (-\nu_2)S_2 + \cdots \rightleftharpoons \nu_0 O + \nu_l S_l + \nu_m S_m + \cdots + ne \qquad (2-4)$$

式中，ν_j 是第 j 种物质的化学计量系数；n 是电极反应中电子 e 的化学计量系数。为简便起见，式中省略了注明各种参与反应的物质和电子所存在的相的符号。例如：

　　在式(2-1)中，$\nu_R = -1$，$\nu_0 = 1$，$n = 2$；

　　在式(2-2)中，$\nu_R = -\dfrac{1}{2}$，$\nu_0 = 1$，$n = 1$；

　　在式(2-3)中，$\nu_R = -1$，$\nu_0 = 1$，$n = 1$。

　　由于电极反应总是伴随着电荷转移的过程进行的，所以在电极反应式中总是在氧化体的一侧出现电子(e)这一项。在电荷的转移量与反应物质的变化量之间存在着当量关系。表达这种当量关系的就是著名的法拉第(Faraday)定律：在电极反应中，当一个克当量的氧化体转化成为还原体时，前者需要从电极取得数值等于一个法拉第常数的电量的电子；而当一个克当量的还原体转化成为氧化体时，电极从还原体得到数值等于一个法拉第常数的电量的电子。一个法拉第常数的电量约为 96494 C(库仑)，通常按 96500 C 计算，用符号"F"表示。

　　我们还约定，当电极反应进行的方向是从还原体的体系向氧化体的体系转化时，也即，当电极反应是从式(2-4)的左侧向反应式的右侧进行时，我们称这个电极反应是按阳极反应方向进行，或称这个电极反应是阳极反应。相反，当电极反应进行的方向是由氧化体与电子结合而成为还原体时，也即，当电极反应是从式(2-4)的右侧向反应式的左侧进行时，我们称这个电极反应是按阴极反应方向进行的，或称这个电极反应是阴极反应。

---

　　①　对于不可逆地进行的电极反应，即对于逆反应可以忽略的电极反应，则在写反应式时，一律将反应物写在反应式的左方，反应产物写在反应式的右方。

2.1.2 电极电位的形成与双电层结构

在电化学中，电极电位的概念非常重要。它不仅是电化学系统反应方向的主要热力学判据，而且也是动力学上影响一个电极反应的速度的主要参数。在学习电极电位的概念之前，先来了解"相间电位"（也称"相间电位差"），进而了解两相界面处的电荷分布状况，即双电层结构。

电化学体系不同于静电学中的带电体系，它是由两个不同类型的导体相组成的。静电学中只考虑电荷的电量，而不考虑它的物质性，故只考虑相互间的库仑力作电功，而不考虑非库仑力（如近程力）作电功。从另一角度看，电极反应又同普通的化学反应不同。主要不同之点是，在电极反应中，除了物质变化外，还有电荷在两种不同的导体相之间转移。故在电极反应中，除了化学能的变化外还有电能的变化，在电极反应达到平衡的能量条件中，除了考虑化学能之外，还要考虑荷电粒子的电能。

我们来讨论将一个单位正电荷从无穷远处移入相P内部所需作的功，如图2-1表示。

如相P是带有电荷的（在图2-1中以相P的表面层中的"⊕"表示）。当带单位正电荷的点电荷在无穷远处时，它同相P之间的静电作用力为零。但当其继续靠近并进入相P时，所需作的功可分两部分，相应所作功的性质也分两类。第一部分是带电质子从无限远处到达距相P $10^{-4} \sim 10^{-5}$ cm处所作的功。这部分的功与静电学中的电位概念相同，是带电粒子克服库仑力所作的功，叫做相P的外电位，用ψ

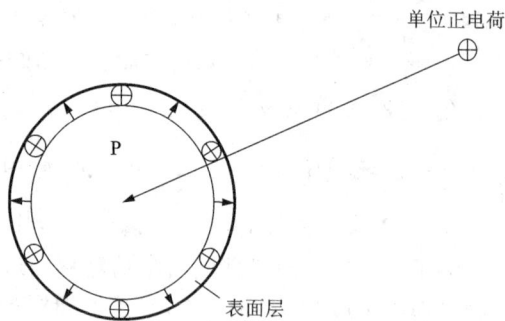

图2-1 单位正电荷从无限远处近入相P中

表示，是一个可以测量的物理量。第二部分是从距离物体表面 $10^{-4} \sim 10^{-5}$ cm真空处进入相P内部时所作的功。此时单位正电荷还要穿过相P的表面层（图2-1）。一个相的表面层中的物质的分子同那个相内部的物质的分子的情况不同。在一个相的内部，每个分子所受到的作用力是各个方向相同的，但在一个相的表面层中，分子所受到的作用力就不再是各向相同的了。所以表面层中分子的排列要比相的内部的分子有秩序得多，这叫做定向排列。当每个分子中的电荷的中心不相重合，因而每一个分子相当于一个偶极子。表面层中分子的这种定向排列就使表面层成为一层偶极子层（在图2-1中用箭头"↑"表示这种偶极子）。因此，电荷穿过这层表面层也需要作电功。使一个单位正电荷穿过相P的表面层而需要作的电功称为相P的表面电位，用χ表示，虽然表面电位χ具有明确的物理意义，但迄今人们无法测量它的数值。从上面的分析可以看到，将一个单位正电荷从无穷远处移入相P内部所作的电功，是上述两项电功之和：

$$\phi = \psi + \chi \tag{2-5}$$

ϕ 称为相 P 的内电位。

如果进入相 P 的不是单位正电荷，而是电量为 q 的正电荷，则需要作电功 $q\phi$。

现在我们已经明确，当我们将带有电荷的物质 M 加入到相 P 中时，需要作两种功：一种是克服物质 M 同相 P 内原有物质之间的化学作用力而作的化学功，一种是克服物质 M 所带电荷与相 P 的电作用力而作的电功。相 P 由于添加了带有电荷的物质 M 而引起的吉卜斯自由能的增量是这两项功之和。例如，若将单位摩尔（克离子）的带正电荷的离子（阳离子）M^{n+} 移到相 P 内，需作的化学功就是离子 M^{n+} 在相 P 中的化学位 $\mu_{M^{n+}_{(P)}}$，需作的电功则是 1 摩尔的 M^{n+} 所带的电量与相 P 的内电位 $\phi_{(P)}$ 的乘积。1 mol 的 M^{n+} 共携带 nF 库仑的正电量，相应的电功为 $+nF\phi_{(P)}$。因此，将单位 mol 的正离子 M^{n+} 移入相 P 时，相 P 的吉卜斯自由能的变化为：

$$\left(\frac{\partial G}{\partial m_{M^{n+}}}\right)_{m_j,\,T,\,p} = \mu_{M^{n+}_{(P)}} + nF\phi_{(P)} \tag{2-6}$$

电化学体系由电子导体与离子导体相接触而组成，两相相接触必然产生相界面。由于各相的内电位不尽相同，故电荷从一相转移到另一相必将伴随着能量的变化。我们定义电子导体相与离子导体相之间的内电位之差（$\phi_{(电极材料)} - \phi_{(sol)}$）称为该电极系统的绝对电位，用符号 Φ 表示。Φ_e 表示电极反应处于平衡时该电极系统的绝对电位。在电化学文献中，常把两个相的内电位之差叫做伽尔伐尼（Galvani）电位差。故一个电极系统的绝对电位就是电极材料相与溶液相两相之间的伽尔伐尼电位差。

除了一个相的内电位 ϕ 的数值不可测以外，两个相的内电位之差 Φ 的绝对值也是无法测得的。

以进行电极反应式(2-1)的电极系统为例。在这个电极系统中，电极材料是金属 Cu，离子导体相是水溶液。为了测量 Cu 电极与水溶液之间的电位差，就要用一个高灵敏度的高阻测量仪器，例如电位差计或电输入阻很高的半导体电压表。任何这种测量电位差的仪器都有两个输入端。如图 2-2，V 代表这种测量仪器，它的一个输入端用良电子导体材料做成的导线例如 Cu 导线同 Cu 电极连接。测量仪器的另一个输入端就应当同另一个相，即水溶液相连接。现在的问题在于，怎样才能做到使测量仪器的一个输入端同水溶液相连接？唯一的办法是用某一块金属 M 像图 2-2 上用虚线表示的那样，一端插入水溶液中，而在

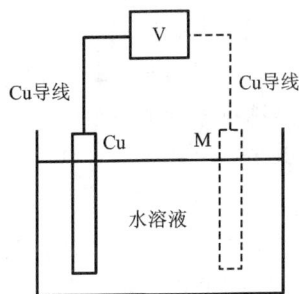

图 2-2　说明无法测量一个电极系统的绝对电位的示意图

水溶液上面的另一端则与一根导线，例如，也是用 Cu 导线连接，然后这根 Cu 导线连接测量仪器的另一个输入端。这样做，仪器 V 上会有指示值。但是，这个指示值却并不表示电子导体相 Cu 与离子导体相水溶液之间的内电位之差，亦即并不是进行电极反应式(2-1)的电极系统的绝对电位。

实际上，像图2-2所示表示的测量回路不只是包括一个由 Cu/水溶液组成的电极系统，还包括了另一个由 M/水溶液组成的电极系统。另外还需注意，由于我们使用了输入电阻很高的测量仪器，可以认为整个测量回路中的电流为零，亦即各个不同相的界面上没有物质和电荷的转移。此时，如果测量仪器 V 上的读数为 E，则将图2-2等效地画成图2-3，就可以看出，E 包括了 Cu/水溶液、水溶液/M、M/Cu 三个相电位差，而且，这三个相电位差是相应的两个相处于平衡时的内电位之差。因此，

$$E = [\phi_{(Cu)} - \phi_{(sol)}]_e + [\phi_{(sol)} - \phi_{(M)}]_e + [\phi_{(M)} - \phi_{(Cu)}]_e \quad [1] \tag{2-7}$$

所以，我们本来的目的是要测量 Cu/水溶液这一电极系统的绝对电位，但实际上能测到的数值不是 $\phi_{(Cu)} - \phi_{(sol)}$，而是图2-3中表示的由 Cu/水溶液和 M/水溶液两个电极系统所组成的原电池的电动势。

电极系统的绝对电极电位不可测，又无法计算，必然对该参数的应用带来很多的困难。为了解决这一问题，人们设法将待测电位的电极与另一个人为规定其电位为零的电极，组成原电池，测量该原电池的电动势，规定测得的该原电池的电动势大小就是待测电极的相对电极电位 E 值。这样，虽

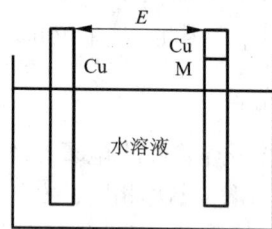

图2-3 按图2-2进行电位差测量的物理意义示意图

然一个电极系统的绝对电位本身是无法测量的，但不同的电极反应处于平衡时各电极系统的绝对电位值的相对大小以及每一个电极系统的绝对电位变化时的变化量却是可以测量的。而且，从我们以后的讨论中会发现，对于电极反应进行的方向和速度发生影响的，正是绝对电位的变化量而不是绝对电位值本身。关于绝对电极电位与相对电极电位更详尽的数学描述在2.2节中将会继续讨论。

由于不同相的内电位不同，即两个相之间存在电位差，这为两相界面处发生电荷分离并呈有序排布提供了原始动力。这就是通常所说的两相界面的双电层结构。双电层结构不仅存在于电子导体/离子导体界面，还普遍存在于其他相界面处。下面主要探讨金属/电解质界面的双电层结构。

首先我们假定一个金属电极浸入溶液中，在金属相与溶液相之间不发生电荷转移，也即不发生电极反应。由于在一个相的表面上，分子和原子所受到的力不能像在相的内部那样各个方面都是平衡的，这就使一个相的表面显现表面力。这种表面力对于与之接触的另一个相的组分的作用，使得另一个相靠近界面处的一些组分的浓度不同于那个相的本体中浓度。例如，金属/溶液相界区，由于金属的表面力的作用，在金属表面上就会吸附溶液中的一些组

---

[1] E 的正负号随着我们计算 E 时所循方向而变。现在我们是按图2-3上逆时针的方向来计算 E 值的。在这情况下如果 E 为正值，即表示图2-3上1端的电位高于2端的电位；如果 E 为负值，则1端的电位低于2端的电位。如计算 E 时所循方向相反，正负值的意义也相反。

分，首先是吸附溶液中大量地存在的水分子，此外还吸附溶液中的一些其他组分，特别是没有水化层包围的阴离子。除了表面力的作用外，还有静电作用力。当溶液中的荷电粒子如离子接近金属表面时，由于静电感应效应将使金属表面带有电量与之相等而符号与之相反的电荷。这两种异号电荷之间就有静电作用力。这种力叫做镜面力。水分子是极性分子，每一个水分子就是一个偶极子。当金属表面带有某种符号的过剩电荷时，水分子就以其带有符号与之相反的电荷的一端吸附在金属表面上，而以另一端指向溶液。总的情况可以示意地以图 2-4 表示。这样，就在金属相与溶液相之间形成了一个既不同于金属本体情况，也不同于溶液本体情况的相界区。这个相界区的一个端面是带有某种符号的电荷的金属表面，另一端是电荷与之异号的离子。在这两个端面之间则主要是定向排列的水分子。所以这个相界区就叫做双电层。图 2-4 所表示的仅是简化了的理想情况。在实际情况下，特别是在稀溶液中，在溶液的一侧还有一层空间电荷层，然后才逐渐过渡到溶液本体。所以，严格说来，双电层本身还由两部分组成，靠近金属表面的叫做紧密层，在紧密层外面还有一层空间电荷层，也叫做分散层，如图 2-4 所表示的。

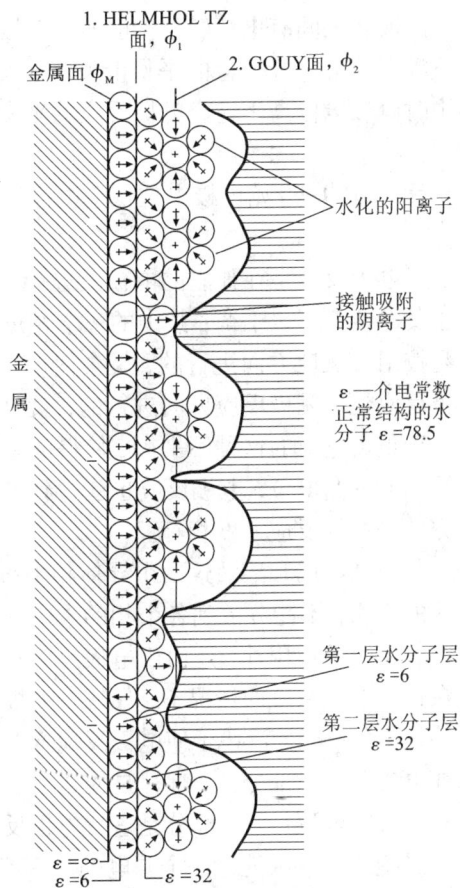

图 2-4　双电层结构示意图

因此总的说来，在不发生电极反应的情况下，双电层是由于电极材料的表面吸附作用引起的。表面吸附主要可分为两类。一类是由于表面力的作用，从范德华(Van der Waals)力的作用直到形成某种化学键的作用都有。其中有些作用力往往对溶液中的不同组分显示选择性。由表面力的作用而被吸附的粒子直接同金属表面接触，故这种吸附也被称为接触吸附。通常溶液中的无机阳离子的外面都包有一层水化层。在阳离子"挣脱"包围它的水化层之前，不能直接接触到金属表面。所以，一般只有水分子、阴离子和某些有机化合物会发生接触吸附。易于接触吸附在金属电极表面上的阴离子和某些有机化合物，同金属表面之间的作用力比较强，有的接近于形成化学键，它们的吸附，一般也称为特性吸附。另一类吸附是由于静电作用力引起的，叫做静电吸附。例如图 2-4 在定向排列的水分子层外侧的离子层，就是依靠静电吸引力的吸附。这种电极系统的相界区就像一个不漏电的电容器。

现在我们来考虑另外一种电极系统的情况。在这种电极系统中，作为电极材料的金属相与溶液相之间有电荷转移，也即有电极反应发生。当电极刚浸入溶液中时，由于电极电位还不等于这个电极反应的平衡电位，电极反应就会向某一个方向进行。例如，若电极浸入溶液中时电极电位高于这个电极反应的平衡电位，电极反应就会按阳极反应方向进行：

$$R \rightarrow O + ne_{(M)}$$

相反，如果一开始电极电位低于电极反应的平衡电位，则电极反应按阴极反应的方向进行：

$$O + ne_{(M)} \rightarrow R$$

由于电极反应是在孤立的电极上进行的，电荷从一个相转移到另一个相，就使得两个相中的正负电荷都不再平衡：其中的一个相过剩正电荷，另一个相过剩负电荷。例如，如电极反应是按阳极反应方向进行的，就会使得金属相中负电荷过剩，而溶液相中则正电荷过剩。如电极反应是按阴极反应方向进行的，就会使得金属相中正电荷过剩，而溶液相中负电荷过剩。由于正负电荷的这种不平衡，使得两个相的内电位迅速改变，电极电位迅速移动到这个电极反应的平衡电位，电极反应也就达到了平衡，向阳极反应方向进行的反应速度与向阴极反应方向进行的反应速度相等。

但是金属和溶液这两个导体相中符号相反的过剩电荷由于静电作用力，都只能处于相界区的两侧，不能分散到各个相的本体深处。所以在这种电极系统中，双电层的形成，除了上述表面力的作用外，还由于电极反应达到平衡前电荷在两相之间的转移而造成的电荷分离。在这种电极系统的情况下，如果在电极上通以外电流，则外电流除了消耗于使双电层充电以外，还有一部分消耗于使电极反应向一个反应方向进行。所以，对于这一种电极系统来说，外电流分成两部分：一部分是使双电层两侧的电位差改变的充电电流，我们把这种电流叫做非法拉第电流；另一部分是进行电极反应的电流，我们把它叫做法拉第电流。所以，这种电极系统的相界区就像一个漏电的电容器。

显然，双电层两侧端面上电荷的量，会随着电极电位的改变而改变。如果本来在金属表面上带有过剩的负电荷，而双电层的另一侧带有过剩的正电荷，则随着电极电位的不断变正，双电层的金属表面一侧的负电荷会随之逐渐减少，直至这一侧变得带有正电荷，而双电层的另一侧的正电荷会相应地逐渐减少到直至带有负电荷。在这样的改变电极电位的过程中，总会找到某一个电位值，在这一电位值下，金属的表面既不带有过剩的正电荷，也不带有过剩的负电荷。这个电极电位值，叫做该电极系统的零电荷电位。

应该注意，在零电荷电位下，金属电极相的内电位并不等于溶液相的内电位，即电极系统的绝对电位并不等于零，而且在金属相与溶液相之间仍然存在一个相界区，在这个相界区内，仍有一定场强的电场。因此，虽然可以通过一些实验近似地测出某一电极系统的零电荷电位，但是电极系统的绝对电位值仍然无法测得。因为，根据式（2-5），一个相的内电位是这个相的外电位 ψ 与表面电位 χ 之和。因此一个电极系统的绝对电位可以表示为：

$$\Phi = \Delta\phi = \Delta\psi + \Delta\chi \qquad (2-8)$$

式中，符号"Δ"表示两个相的对应的电位项的差值。外电位 ψ 是由该相的过剩电荷引起的，因此在零电荷电位(没有过剩的电荷)条件下，$\Delta\psi=0$。但表面电位 χ 则同一个相的表面层中极性分子的排列与分布有关，这一项并不随着这个相的过剩电荷的消失而消失。所以一个电极系统在零电荷电位条件下绝对电位并不等于零，而且由于表面电位 χ 无法测量，零电荷电位时的绝对电位也就无法测量。此时，虽然金属电极表面和相界区的另一侧没有过剩电荷，但仍有定向排列的水分子和其他极性分子由于表面力的作用，吸附在金属电极表面上，构成双电层。从金属电极相到溶液相的电位跃变，就发生在这一相界区。

总体看来，金属/电解质溶液界面主要存在过剩电荷形成的双电层与离子或极性分子的吸附引起的双电层结构。现在我们来粗略估算一下金属/电解质界面形成的双电层内的电场强度大小。为简便起见，仅讨论由过剩电荷形成的双电层，且只考虑一维空间 x 方向，即垂直于电极表面，并指定以指向溶液深处的方向为 x 轴正方向，见图 2 - 5。此时电场强度 $\vec{E}=-\dfrac{\partial\phi}{\partial x}$，方向与电位梯度相反。电化学体系的相界面上通常涉及到的电位差为 0.1 ~ 1.0 V，若以 1 V 计，并假设双电层的厚度为 10 Å，则

$$\vec{E}=-\frac{\partial\phi}{\partial x}=\frac{1}{10^{-9}}=10^{9}(\text{V}\cdot\text{m}^{-1})$$

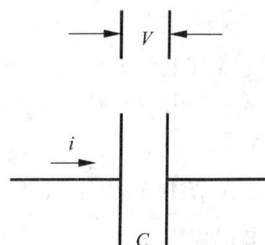

图 2 - 5　用一个平板电容器模拟完全极化的电极系统

这是一个很大的数值，如此大的电场强度在自然界是很难找到的，它将引起电子的跃迁，穿过界面，产生很大的加速度。这就是电化学界面反应和双电层能迅速建立起来的原因所在。另一方面，上式也表明，即便双电层两端的电位差(也即前面提到的电化学系统的电极电位)发生微弱的变化，也会导致其内部电场强度发生很大的改变，从而引发带电粒子(主要是电子)在双电层内运动状态的极大改变，最终表现为电极反应速率的显著改变。电极电位作为电极反应速率的主要影响因素，是电化学反应在动力学上区别于常规化学反应的主要特征之一，这将在后面的 2.3 节中详细介绍。

2.1.3　原电池与腐蚀电池

电化学反应大多是在各种化学电池和电解池中进行的，即单独的半电池反应或半电解池反应在实际中很少发生。所谓有阳极反应(氧化反应)就有阴极反应(还原反应)，反之亦然。这是因为要使得某一电极系统偏离平衡状态，发生净的氧化或还原反应，则反应生成或消耗的电子需被另一还原反应所消耗或由另一氧化反应释放出来的电子来补充。把将化学能转化为电能的装置称为原电池。

如果将两个金属电极 M_1、M_2 浸于适当的电解质溶液中(图 2 - 6)。当外电路断开时，就组成一个没有工作的原电池。若两个电极系统的平衡电位分别是 E_{e1}、E_{e2}，并假设 $E_{e1}<E_{e2}$，

则此原电池的电动势为

$$V_0 = E_{e2} - E_{e1} \qquad (2-9)$$

若此时将原电池通过一个用电器接通，电流就将从电位高的一端通过用电器 G 流向电位低的一端。根据克希荷夫(Kirchhoff)电流定律，在导体的每一点上流入的电流与从这一点流出的电流相等。假定电极 M_1 和 M_2 的电极表面都是单位面积，则在原电池的外电路中有电流 I 从电极 M_2 通过用电器 G 流入电极 M_1 时，原电池的内部电路中就有同样大小的电流 I 从电极 M_1 的表面流向溶液，经过溶液流入电极 M_2 的表面。

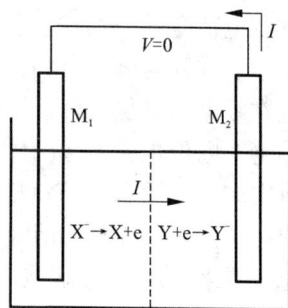

图 2-6　原电池及腐蚀原电池示意图

既然有电流 I 从电极 M_1 流向溶液，那么对于这一电极来说，这就是阳极电流，因此这一电极系统的电极反应就偏离了平衡，向阳极反应方向进行：

$$R_{M1} \rightarrow O_{M1} + ne \qquad (2-10)$$

将在 2.3 节中介绍到，相应于这个偏离了平衡的不可逆的阳极电极过程，实际的电极电位比平衡电位更正：

$$E_1 = E_{e1} + \eta_1 \qquad (2-11)$$

其中 η_1 称为过电位。同理，对于由 M_2 和溶液组成的电极系统来说，由于电流是从溶液流向电极材料 M_2 的表面的，是阴极电流，在 M_2 表面上的电极反应按阴极反应的方向进行：

$$O_{M2} + ne \rightarrow R_{M2} \qquad (2-12)$$

相应于这一个偏离了平衡的不可逆的电极过程，实际的电极电位将比平衡电位更负：

$$E_2 = E_{e2} - |\eta_2| \qquad (2-13)$$

如果溶液中的电阻很小，以至所产生的欧姆电位降可以忽略不计，那么此时原电池的两个电极上端的端电压将是：

$$V = E_2 - E_1 = E_{e2} - |\eta_2| - (E_{e1} + \eta_1) = V_0 - (\eta_1 + |\eta_2|) \qquad (2-14)$$

整个原电池中所发生的物质变化是式(2-10)和式(2-12)相加，也就是：

$$R_{M1} + O_{M2} \rightarrow O_{M1} + R_{M2} \qquad (2-15)$$

这是一个以 R_{M1} 为还原剂而以 O_{M2} 为氧化剂的氧化还原反应。根据化学热力学，使得这个化学反应能够从反应式(2-15)左侧向反应式右侧进行的化学亲和势是：

$$A = -\sum_j v_j \mu_j = u_{R_{M1}} + \mu_{O_{M2}} - \mu_{O_{M1}} - \mu_{R_{M2}} \qquad (2-16)$$

若以可逆状态下释放出的化学能换算成最大有用电功，可计算出该原电池的电动势为：

$$V_0 = \frac{A}{nF} = \frac{-\sum_j v_j \mu_j}{nF} \qquad (2-17)$$

所以，使得一个原电池工作的动力来自原电池中发生的氧化还原的化学亲和势。这就是我们将原电池说成是直接将化学能转变为电能的装置的原因。

那么一个原电池中每发生 1 克当量的物质变化，也就是，原电池每输出 $1F$ 电量时，能作多少电功呢？

如果原电池输出电功时电流 I 非常小，小到原电池的两个电极上的电极反应仍能保持平衡状况，也就是，它们的电极电位仍能保持为 E_{e1} 和 E_{e2}。在这种情况下进行的过程我们称之为可逆过程。此时电机 G 两端的电压为

$$V_0 = E_{e2} - E_{e1}$$

即为原电池的电动势。故在此情况下原电池每输出 $1F$ 的电量所作的电功为：

$$W_0 = V_0 F = \frac{A}{n} \qquad (2-18)$$

但实际上为了使用电器 G 工作，总必须要有相当大的电流通过，两个电极系统的电极反应以不可逆过程的方式进行。此时原电池的端电压不能保持为 V_0，而是像式（2-14）那样降低为 V。在此情况下，同样流过 $1F$ 电量所做的电功将不是 W_0，而是：

$$W = VF = [V_0 - (\eta_1 + |\eta_2|)]F = W_0 - (\eta_1 + |\eta_2|)F \qquad (2-19)$$

因此，当原电池以可以测量的速度输出电流时，原电池中的氧化还原反应的化学能就不能全部转变为电能。我们把 W_0 叫做最大有用功。原电池的化学能转变为最大有用功，只有在速度为无穷小的可逆过程中才能实现。W 叫做实际有用功，它总是小于最大有用功。这就是说，在以有限速度进行的不可逆过程中，原电池中的两个电极反应的化学能只有一部分转变为实际有用功，还有一部分——两个电极反应的过电位绝对值之和与电量的乘积——却成为不可利用的热能散失掉了。电流是单位时间内流过的电量，而电极表面上流过的电流密度是单位面积的电极表面上流过的电流。所以，式（2-19）的物理意义就是：当一个电极反应以不可逆过程的方式进行时，单位时间内单位面积的电极表面上这个电极反应的化学能中转变成为不可利用的热能而散失掉的能量（也就是单位面积的电极表面上以热能形式耗散的功率）为 ηI，从而式（2-19）就成为一个电极反应以不可逆过程的方式进行的特征。

在原电池中的溶液电阻不可忽略的情况下（设为 R_{sol}），则在原电池的回路中流过的电流为 I 时，原电池的端电压为

$$V = V_0 - (\eta_1 + |\eta_2| + R_{sol}I)$$

因此，在溶液中的欧姆电位降 $R_{sol}I$ 不可忽略的情况下，原电池工作时每 1 个克当量的物质变化所能作的实际有用功为

$$W = W_0 - (\eta_1 + |\eta_2| + R_{sol}I)F$$

后面将要介绍，无论是过电位 η_1 和 $|\eta_2|$ 的数值还是欧姆电位降 $R_{sol}I$ 的数值，都是随着电极反应的速度（它可以用电流密度 i 的绝对值表示）的增大而增大的。所以，过程偏离平衡愈远（η 和 I 的绝对值愈大），从化学能中能够得到的有用功部分就愈小，以热能形式耗散的能量部分就愈大。

现在来讨论一种极端的情况，如果将原电池的两端用一根电阻近似为零的导线相连，即将原电池短路，使其成为短路的原电池。此时原电池的端电压 $V = 0$，因此原电池对外界所作的实际有用功的功率（单位时间内所作的实际有用功：$P = W/t$，t 为时间为

$$P = VI = 0$$

此时，在原电池中进行的氧化还原反应释放出来的化学能，全部以热能的形式耗散。这种情况，是原电池中不可逆过程所可能达到的偏离平衡的最大限度。

所以，短路的原电池不作电功。如果对原电池的定义是将化学能直接转变为电能的装置，那么短路的原电池就不应该再被看作是原电池，而只能被看作是一个进行氧化还原反应的装置。

我们把电极表面进行阳极反应的电极叫做阳极，而把表面上进行阴极反应的电极叫做阴极。上述原电池中，M_1 是阳极而 M_2 是阴极。如果在电极 M_1 上进行的是第一类金属电极反应：

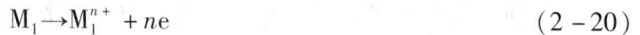

$$M_1 \rightarrow M_1^{n+} + ne \qquad (2-20)$$

于是在这种原电池中进行的氧化还原反应将是：

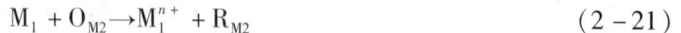

$$M_1 + O_{M2} \rightarrow M_1^{n+} + R_{M2} \qquad (2-21)$$

这个原电池不能提供有用功，而只是一个进行反应式（2-21）那样的氧化还原反应的装置，当这种原电池工作时，在电极 M_1 上进行的阳极反应的结果是电极材料 M_1 从固体的金属状态转变成为溶液中的离子 M_1^{n+}。也就是，金属材料 M_1 在原电池的作用下不断遭受破坏。这是一个典型的腐蚀反应，进行这种腐蚀反应的短路的原电池就叫做腐蚀电池。所以，腐蚀电池的定义是：

只能导致金属材料破坏而不能对外界作有用功的短路的原电池。

在这里要特别说明，在腐蚀电池的定义中应该包括它是"不能对外界作有用功的短路的原电池"这个特点。这是因为事实上有一些原电池，尽管其中的氧化还原反应的结果也会导致作为电极材料的金属发生状态改变，从固体的金属状态转变成为溶液中的离子状态，但由于它们可以提供有用功，我们仍然不能把它们叫做腐蚀电池。例如常用的干电池，虽然电池中阳极反应的结果是锌从金属状态转变为溶液中的离子状态，但由于电池在作用过程中可以对外界作有用功，所以不能把它叫做腐蚀电池。

腐蚀原电池工作的基本过程必须包括以下三个方面：

（1）阳极过程。金属进行阳极溶解，以离子形式进入溶液，同时将等当量的电子留在金属表面：

$$[ne \cdot M^{n+}] \rightarrow M^{n+} + [ne]$$

（2）阴极过程。溶液中的氧化剂吸收电极上过剩的电子，自身被还原：

$$O + [ne] \rightarrow R$$

（3）上述两个阴、阳极过程是在同一块金属上或在直接相接触的不同金属上进行的，并且在金属回路中有电流流动。

2.2 电化学腐蚀热力学

2.2.1 电化学热力学基础与电化学位

通过物理化学课程的学习，已经知道热力学是用来判断一个化学反应能否自发进行，以及评价这个反应能进行的程度怎样。同样的，电化学热力学是用来解决一个电化学反应的发生方向和程度的问题的。例如，讨论一个电极反应的平衡条件是为了能够根据某种电化学测量值来判断所研究的电极反应是否处于平衡状态；如果不是处于平衡状态，则判断这个电极反应进行的方向，即按阳极反应方向进行还是按阴极反应方向进行。

先来回顾一下一个化学反应体系。从热力学中知道，对于一个化学反应

$$(-\nu_A)A + (-\nu_B)B \rightleftharpoons \nu_C C + \nu_D D \tag{2-22}$$

当反应式左边的体系的化学能高于反应式右边的体系的化学能时，反应就自发地按反应式自左向右的方向进行。相反，当反应式右边的体系的化学能高于反应式左边的体系的化学能时，反应就自发地按反应式自右向左的方向进行。随着反应的不断进行，两边的化学能逐渐接近，进而相等时，这个化学反应达到平衡。此时反应自左向右与自右向左两个方向以相等的速度进行，从宏观上看起来，好像反应已停止进行，反应达到平衡。

对于式(2-22)来说，反应达到平衡，也即反应式两边的体系的化学能相等的条件，可以表示为：

$$(-\nu_A)\mu_A + (-\nu_B)\mu_B = \nu_C \mu_C + \nu_D \mu_D$$

或

$$\nu_C \mu_C + \nu_D \mu_D + \nu_A \mu_A + \nu_B \mu_B = 0 \tag{2-23}$$

式中化学计量系数 ν_j 的符号已在上节作过解释。μ_A，μ_B，μ_C，μ_D，是相应物质在所在体系中的化学位。物种 M 在相 P 中的化学位是单位摩尔数的 M 加入到相 P 中所引起的吉卜斯自由能的变化量，数学表达式为：

$$\mu_{M(P)} = \left(\frac{\partial G}{\partial m_{(M)}} \right)_{m_j, T, p} \tag{2-24}$$

式中，T 和 p 分别代表相 P 的绝对温度和压力。

为了简单起见，除了在必要的情况下，通常对于体系中物质 M 的化学位只写 μ_M 而省略注明 M 所存在的相。

按式(2-23)，在普遍情况下，一个化学反应达到平衡的条件可以写成：

$$\sum_j \nu_j \mu_j = 0 \tag{2-25}$$

式中，j 表示反应式中第 j 种物质。此时要注意前面已经说明过的关于反应式左方的物质的化学计量系数 ν_j 必须取负号的约定。

我们要讨论的是一个电极反应达到平衡的条件应该如何表示。

在电极反应中，除了化学能的变化外还有电能的变化，在电极反应达到平衡的能量条件中，除了考虑化学能之外，还要考虑荷电粒子的电能。

上一节中已经讨论，当我们将带有电荷的物质 M 加入到相 P 中时，需要作两种功：一种是克服物质 M 同相 P 内原有物质之间的化学作用力而作的化学功，一种是克服物质 M 所带电荷与相 P 的电作用力而作的电功。相 P 由于添加了带有电荷的物质 M 而引起的吉卜斯自由能的增量是这两项功之和。则单位摩尔的正电荷 M^{n+} 移到相 P 内，需作的化学功就是离子 M^{n+} 在相 P 中的化学位 $\mu_{M^{n+}(P)}$，需作的电功则是 $nF\phi_{(P)}$。因此，将单位摩尔的正离子 M^{n+} 移入相 P 时，相 P 的吉卜斯自由能的变化为：

$$\left(\frac{\partial G}{\partial m_{(M)^{n+}}}\right)_{m_j,\ T,\ p} = \mu_{M^{n+}_{(P)}} + nF\phi_{(P)} = \bar{\mu}_{M^{n+}_{(P)}} \qquad (2-26)$$

现在，我们仿照化学位 μ 的定义，把 $\bar{\mu}$ 称为电化学位。$\bar{\mu}_{M^{n+}_{(P)}}$ 就是离子 M^{n+} 在相 P 中的电化学位。

我们不妨将式(2-26)所定义的电化学位看做是包括了化学位在内的更为广义的定义。因为对于不带电荷的物质 M 来说，$n=0$，于是从式(2-26)就自然得到对于化学位的定义式(2-24)。

如果是带负电荷的阴离子 A^{n-}，则 1 mol 的 A^{n-} 所带电量为 nF 库仑的负电荷，将它移入相 P 时的电功为 $-nF\phi_{(P)}$。故在电化学位的定义中，应将相应的化学位减去 $nF\phi_{(P)}$。

定义了电化学位后，就可以像化学反应式的平衡条件由式(2-25)表达那样，用式(2-27)来表达一个电极反应达到平衡的条件：

$$\sum_j \nu_j \bar{\mu}_j = 0 \qquad (2-27)$$

对于一个电极反应，如果这个条件未被满足，电极反应就会从反应式的一侧向另一侧进行。

现在我们以三个具体的电极反应作为例子来看一看电极反应的平衡条件。

例 1
$$Cu_{(M)} \rightleftharpoons Cu^{2+}_{(sol)} + 2e_{(M)}$$

$\bar{\mu}_{Cu_{(M)}} = \mu_{Cu_{(M)}}$（Cu 为原子，$n=0$）；

$\bar{\mu}_{Cu^{2+}_{(sol)}} = \mu_{Cu^{2+}_{(sol)}} + 2F\phi_{(sol)}$（$Cu^{2+}$ 为阳离子，$n=+2$，在水溶液相中）；

$\bar{\mu}_{e_{(M)}} = \mu_{e_{(M)}} - F\phi_{(M)}$（每一个电子带有单位负电荷，$n=-1$）。

故该反应式的平衡条件为：

$\bar{\mu}_{Cu^{2+}} + 2\bar{\mu}_{e_{(M)}} - 2\bar{\mu}_{Cu} = 0$

将上列各物质的电化学位代入上式，经过整理，就得到此电极反应的平衡条件为：

$$\phi_{(M)} - \phi_{(sol)} = \frac{\mu_{Cu^{2+}} - \mu_{Cu}}{2F} + \frac{\mu_{e_{(M)}}}{F} \qquad (2-28)$$

例 2

$$Ag_{(M)} + Cl^- \rightleftharpoons AgCl_{(S)} + e_{(M)}$$

这一电极反应的平衡条件为：

$$\bar{\mu}_{AgCl(S)} + \bar{\mu}_{e(M)} - \bar{\mu}_{Ag} - \bar{\mu}_{Cl^-_{(sol)}} = 0$$

式中，$\bar{\mu}_{AgCl(S)} = \mu_{AgCl(S)}(n=0)$；

$\bar{\mu}_{e(M)} = \mu_{e(M)} - F\phi_{(M)}$，$(n=-1)$；

$\bar{\mu}_{Ag} = \mu_{Ag}(n=0)$；

$\bar{\mu}_{Cl^-_{(sol)}} = \mu_{Cl^-_{(sol)}} - F\phi_{(sol)}$ $(n=-1)$。

将各物质的电化学位代入上式，经整理后得到此电极反应式达到平衡的条件为：

$$\phi_{(M)} - \phi_{(sol)} = \frac{\mu_{AgCl} - \mu_{Ag} - \mu_{Cl^-}}{F} + \frac{\mu_{e(M)}}{F} \qquad (2-29)$$

例3 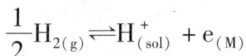$\qquad \frac{1}{2}H_{2(g)} \rightleftharpoons H^+_{(sol)} + e_{(M)}$

由于　$\bar{\mu}_{H_2} = \mu_{H_2}(n=0)$；

$\bar{\mu}_{H^+_{sol}} = \mu_{H^+_{sol}} + F\phi_{(sol)}$ $(n=1)$；

$\bar{\mu}_{e(M)} = \mu_{e(M)} - F\phi_{(M)}$ $(n=-1)$。

因而就得到该电极反应的平衡条件为：

$$\phi_{(M)} - \phi_{(sol)} = \frac{\mu_{H^+} - \frac{1}{2}\mu_{H_2}}{F} + \frac{\mu_{e(M)}}{F} \qquad (2-30)$$

我们注意到，上面三个不同类型的电极反应的平衡条件的等式左侧（电子导体相的内电位 $\phi_{(M)}$ 与离子导体相的内电位 $\phi_{(sol)}$ 之差）正是各电极的绝对电极电位，等式的右侧则总是两项加和：第一项是个分数式，分子是参与电极反应的除电子以外的各种物质的化学位乘以化学计量系数的代数和，分母是还原体或氧化体在电极反应中转化时的电量的库仑数；另一项则总是 $\frac{\mu_{e(M)}}{F}$。因此，表示电极反应的平衡条件的总表达式又可以表示为：

$$\Phi_e = [\phi_{(电极材料)} - \phi_{sol}]_e = \frac{\sum \nu_j \mu_j}{nF} + \frac{\mu_{e(电极材料)}}{F} \qquad (2-31)$$

Φ_e 表示电极反应处于平衡时该电极系统的绝对电位。然而，从上一节我们知道，电极系统的绝对电极电位是不可测的。而且事实上，虽然有明确的数学表达式，式（2-31）中的平衡绝对电极电位 Φ_e 也无法通过运算得到。原因在于等式最后一项中电子的化学位无从知晓。这就意味着对单一电极系统平衡条件的探讨只有在理论上有意义，而没有应用价值。鉴于此，下面探讨由两个电极系统构成的原电池体系的平衡问题。

重新考察图2-2的情形，即将两种金属 Cu 与 M 同时浸入某一适当的电解质溶液中。当 Cu 与 M 断开时，两个电极系统处于平衡状态，假设在 Cu/水溶液界面进行如下的可逆电极反应：

$$Cu \rightleftharpoons Cu^{2+}_{(sol)} + 2e_{(Cu)} \qquad (2-32)$$

而在 M/水溶液界面上进行的电极反应是：

$$M \rightleftharpoons M_{(sol)}^{n+} + n e_{(M)} \qquad (2-33)$$

现在，若用一个高灵敏度的高阻测量仪器，来测量 Cu、M 两端的电压。由于采用了输入电阻很高的电压表，可保证原电池中流过的电流足够小，即原先的平衡未被打破。采用良电子导体材料做成的导线例如 Cu 导线同两个电极连接。所测得的电压读数即原电池的电动势 E，其表达式如式（2-7）所示，并抄写如下：

$$E = [\phi_{(Cu)} - \phi_{(sol)}]_e + [\phi_{(sol)} - \phi_{(M)}]_e + [\phi_{(M)} - \phi_{(Cu)}]_e$$

根据式（2-31）给出的平衡条件，可得出：

$$[\phi_{(Cu)} - \phi_{(sol)}]_e = \frac{\mu_{Cu^{2+}} - \mu_{Cu}}{2F} + \frac{\mu_{e(Cu)}}{F} \qquad (2-34)$$

$$[\phi_{(M)} - \phi_{(sol)}]_e = \frac{\mu_{M^{n+}} - \mu_M}{nF} + \frac{\mu_{e(M)}}{F} \qquad (2-35)$$

在电动势的表达式中还有一项 $[\phi_{(M)} - \phi_{(Cu)}]_e$。由于在 Cu 和 M 之间只有电子流动而不发生其他变化，又由于金属是电子的良导体，电子可以通过 Cu 和 M 之间的界面自由流动而几乎不消耗电功，因此可以认为

$$\bar{\mu}_{e(Cu)} = \bar{\mu}_{e(M)}$$

即

$$\mu_{e(Cu)} - F\phi_{(Cu)} = \mu_{e(M)} - F\phi_{(M)}$$

由此得到

$$[\phi_{(M)} - \phi_{(Cu)}]_e = \frac{\mu_{e(M)} - \mu_{e(Cu)}}{F} \qquad (2-36)$$

将式（2-34）、式（2-35）和式（2-36）代入式（2-7），就得到：

$$E = \frac{\mu_{Cu^{2+}} - \mu_{Cu}}{2F} - \frac{\mu_{M^{n+}} - \mu_M}{nF} = \frac{n(\mu_{Cu^{2+}} - \mu_{Cu}) - 2(\mu_{M^{n+}} - \mu_M)}{2nF} \qquad (2-37)$$

这一等式在 Cu/水溶液和 M/水溶液两个电极系统中的电极反应都处于平衡时成立。

式（2-37）右边第二个等式的分子项即为下面一个化学反应中反应物与产物吉布斯自由能的代数和（即总自由能变化的相反数）：

$$nCu^{2+} + 2M \rightleftharpoons nCu + 2M^{n+} \qquad (2-38)$$

这是一个氧化还原反应，当这个化学反应自左向右进行时，Cu^{2+} 被还原而 M 被氧化，每进行 $2n$ mol 的物质量的化学变化时，整个体系的吉卜斯自由能的变化量为：

$$\Delta G = 2(\mu_{M^{n+}} - \mu_M) - n(\mu_{Cu^{2+}} - \mu_{Cu})$$

故式（2-37）也可以写成大家比较熟悉的形式：

$$E = -\frac{\Delta G}{2nF}$$

从上面的分析可以看出，若以 Cu 为正极，而以 M 金属为负极，测得的 E 的符号是正值（即上式中的 $\Delta G < 0$），则意味着 Cu 电极表面自发发生 Cu^{2+} 转化为 Cu 单质的还原反应，而

M 电极表面自发发生 M 溶解转化为 M^{n+} 的氧化反应。

同时，从式(2-37)可以看到，按图 2-2 所表示的方法测得的电动势 E 可以分成两项：一项与原电池的一端即电极系统 Cu/水溶液有关($\mu_{Cu^{2+}} - \mu_{Cu}$)，另一项则与另一端即 M/水溶液电极系统有关($\mu_{M^{n+}} - \mu_M$)。因此，如果能够选择一个这样的电极系统：使构成该电极系统的电子导体相与离子导体相保持固定，即参与电极反应的有关物质的化学位保持恒定，而且该电极系统始终处于平衡状态。那么将被测电极系统与此选定的电极系统组成一个原电池，那么被测电极系统的绝对电位的相对大小与变化，将由这个原电池的电动势的大小与变化反映出来。亦即，虽然一个电极系统的绝对电位本身是无法测量的，但不同的电极反应处于平衡时各电极系统的绝对电位值的相对大小以及每一个电极系统的绝对电位变化时的变化量却是可以测量的。而事实上，对于电极反应进行的方向和速度发生影响的，正是绝对电位的变化量而不是绝对电位值本身。

为此，就要选择一个电极系统来同被测电极系统组成原电池。所选择的电极系统中，电极反应必须保持平衡，而且与该电极反应有关的反应物质的化学位应保持恒定。这样的电极系统叫做参比电极。由参比电极与被测电极组成的原电池的电动势，被习惯地称为被测电极的电极电位，或称相对电极电位。

参比电极有很多种，其中最重要的是标准氢电极。这个电极系统中的电极反应就是式(2-2)：

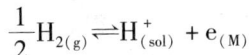

$$\frac{1}{2} H_{2(g)} \rightleftharpoons H^+_{(sol)} + e_{(M)}$$

因此在用这个电极系统代替 M/水溶液电极系统来测量 Cu/水溶液电极系统的电极电位时，原电池的电动势为：

$$E = \frac{\mu_{Cu^{2+}} - \mu_{Cu}}{2F} - \frac{\mu_{H^+} - \frac{1}{2}\mu_{H_2}}{F} \qquad (2-39)$$

从化学热力学中知道，对于存在于溶液相中和存在于气相中的物质来说，化学位与它的活度或逸度的分别关系是：

$$\mu = \mu^\ominus + RT\ln a$$
$$\mu = \mu^\ominus + RT\ln f$$

式中　μ^0——标准化学位，J(焦耳)$\cdot$mol^{-1}，即该物质在 $a=1$(溶液中)或 $f=1$(气相中)的化学位；

　　　a——存在于溶液相中的物质的活度，mol$\cdot$dm^{-3}；

　　　f——存在于气相中的物质的逸度，atm 或 101325 Pa；

　　　R——理想气体常数，8.314 J$\cdot$K$^{-1}\cdot$mol^{-1}；

　　　T——绝对温度，K。

$\mu^\ominus$ 的数值仅与温度和压力有关，通常是温度为 25 ℃(285.15 K)时的数值。对于只由一种物质组成的固相来说，其化学位 μ 就等于其标准化学位 $\mu^{\ominus}$。在比较稀的溶液的情况下以及在气体压力不是很大的情况下，溶液中物质 j 的活度 a_j 可以用其浓度 c_j 来代替，而气相中的物质 j 的逸度 f_j 可以用其分压 p_j 代替。

按照化学热力学中的规定

$$\mu_{H^+}^{\ominus} = 0$$
$$\mu_{H_2}^{\ominus} = 0$$

于是用标准氢电极作为参考电极时，式(2-39)可以简单地改写成：

$$E = \frac{\mu_{Cu^{2+}} - \mu_{Cu}}{2F}$$

由于这是在 Cu/水溶液电极系统处于平衡时测量的电极电位，所以我们用 $E_{e(Cu/Cu^{2+})}$ 表示，称之为电极反应式(2-32)的平衡电位。右下标 e 表示电极反应处于平衡状态，在右下标还用(还原体/氧化体)表示电极系统。

采用这样的表示方法，对于以一般表达式(2-37)表示的电极反应，其平衡电位可以表示为

$$E_e = \frac{\sum_j \nu_j \mu_j}{nF} \tag{2-40}$$

再结合上面介绍过的化学位的表示方法，就得到在用标准氢电极来测量时，电极反应式(2-32)的平衡电位可以表示成：

$$E_{e(Cu/Cu^{2+})} = \frac{\mu_{Cu^{2+}}^{\ominus} - \mu_{Cu}^{\ominus}}{2F} + \frac{RT}{2F}\ln a_{Cu^{2+}} \tag{2-41}$$

现在我们令

$$E_{(Cu/Cu^{2+})}^{\ominus} = \frac{\mu_{Cu^{2+}}^{\ominus} - \mu_{Cu}^{\ominus}}{2F}$$

式(2-41)就可以写成
$$E_{e(Cu/Cu^{2+})} = E_{(Cu/Cu^{2+})}^{\ominus} + \frac{RT}{2F}\ln a_{Cu^{2+}} \tag{2-42}$$

$E^{\ominus}$ 叫做标准电位。右下标还用(还原体/氧化体)表示电极系统。由于标准化学位 $\mu^{\ominus}$ 只是温度和压力的函数，所以标准电位 $E^{\ominus}$ 也只是温度和压力的函数。通常我们将 25℃ (298.15 K)和 1.01325×10^5 Pa(1 atm)作为标准状态，因此一般的标准电位值是指这样的温度和压力下的数值。

按照同样的讨论可以得到，在用标准氢电极作为参考电极时，电极反应式(2-3)的平衡电位为：

$$E_{e(Fe^{2+}/Fe^{3+})} = E_{(Fe^{2+}/Fe^{3+})}^{\ominus} + \frac{RT}{F}(\ln a_{Fe^{3+}} - \ln a_{Fe^{2+}}) = E_{(Fe^{2+}/Fe^{3+})}^{\ominus} + \frac{RT}{F}\ln\left(\frac{a_{Fe^{3+}}}{a_{Fe^{2+}}}\right)$$

从而可用下面的一般等式写出用一般表达式[式(2-4)]表示的电极反应在用标准氢电极测量时的平衡电位表达式：

$$E_e = E^\ominus + \frac{RT}{nF} \sum_j \nu_j \ln a_j = E^\ominus + \frac{RT}{nF} \ln\left(\prod_j a_j^{\nu_j} \right) \qquad (2-43)$$

此处标准电位为：

$$E^\ominus = \frac{\sum_j \nu_j \mu_j^\ominus}{nF}$$

式(2-43)就是著名的能斯特(Nernst)方程式。在这里要注意两点：①我们关于电极反应中各反应物质的化学计量系数的约定：反应式的左方为还原体所在的一方，各物质的化学计量系数带负号；反应式的右方是氧化体及电子所在的一方，各物质的化学计量系数为正号。② 固相物质的活度系数 $a = 1$，其化学位 μ 即等于其标准化学位 $\mu^\ominus$。如果反应物是气体，式(2-43)中的相应物质的活度用逸度代替。

作为参考电极，最主要的特点是电极系统的电位不易偏离其电极反应的平衡电位，即其电极反应的平衡电位的稳定性好。常用的参考电极在 25℃ 温度下对于标准氢电位的电位值列于附录表 1。标准氢电极的符号一般写作 SHE，而用饱和氯化钾溶液中的 Hg/Hg_2Cl_2 电极系统作为参考电极(一般称为饱和甘汞电极)时，其符号一般写作 SCE。

一些电极反应的标准电位值列于附录表 2。实际上，有不少电极反应很难稳定地处于平衡状态，因此很难实验地测得其平衡电位和标准电位。对于这些电极反应，只能根据化学热力学中有关物质的标准化学位的数据计算出它们的标准电位数据。

2.2.2　电化学腐蚀的热力学判据、电动序

研究金属电化学腐蚀的热力学，就是用来判断金属腐蚀能否自发发生，不同金属发生腐蚀的难易程度怎样等问题。根据前面所学过的知识，电化学腐蚀是通过腐蚀电池完成的，即谈论电化学腐蚀的热力学显然离不开整个腐蚀电池。假设一个腐蚀电池中金属的阳极溶解反应为：

$$M \rightarrow M^{n+} + ne \qquad (2-44)$$

令其相对平衡电极电位为 $E_{M,e}$。而与其构成腐蚀电池的阴极反应为：

$$O + ne \rightarrow R$$

即腐蚀电池中氧化剂的还原过程，令其相对平衡电极电位为 $E_{O,e}$。常见的阴极反应有酸性体系中的 H^+ 被还原生成氢气：

$$H^+ + e \rightarrow \frac{1}{2} H_2 \qquad (2-45)$$

或在中性溶液中氧气发生还原反应：

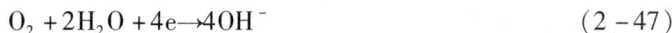

$$O_2 + 4H^+ + 4e \rightarrow 2H_2O \qquad (2-46)$$

$$O_2 + 2H_2O + 4e \rightarrow 4OH^- \qquad (2-47)$$

上述腐蚀电池的总反应式为：

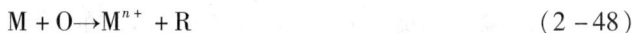

$$M + O \rightarrow M^{n+} + R \qquad (2-48)$$

该化学反应的自由能变化值为：

$$\Delta G = (\mu_{M^{n+}} - \mu_M) - (\mu_O - \mu_R)$$

$\Delta G < 0$，则反应自发进行，即发生金属腐蚀，腐蚀电池开始工作。若 $\Delta G > 0$，则上述腐蚀反应不能自发进行。若 $\Delta G = 0$，则反应处于平衡状态。

由 2.2.1 中的探讨可知，我们也可以用腐蚀电池的电动势 E 的正负号，即 $E_{M,e}$ 与 $E_{O,e}$ 间的大小关系，来判断一个腐蚀电池能否形成。若 $E_{M,e} < E_{O,e}$，金属发生不可逆的自发腐蚀；$E_{M,e} > E_{O,e}$，金属不被腐蚀；而 $E_{M,e} = E_{O,e}$，处于平衡状态。

必须指出，上面提到的 $E_{M,e}$ 或 $E_{O,e}$ 是各电极反应的平衡电极电位，它们的数值可由式(2-43)的能斯特方程计算得出，是电极的标准平衡电位与参与电极反应的各物种的活度的函数。

下面举几个例子来说明如何利用电极反应的平衡电位大小来判断金属在水溶液中的腐蚀的发生情况。我们约定如果溶液中一开始没有金属离子，则在热力学计算时取其下限 10^{-6} mol·L^{-1}。例如，铁在 25℃ 的水溶液中腐蚀时，若水溶液中本来没有 Fe^{2+}，则下述铁的溶解反应

$$Fe \rightarrow Fe^{2+} + 2e$$

的平衡电极电位为：
$$E_{Fe,e} = -0.441 + \frac{0.059}{2} \times \lg 10^{-6} = -0.618 \text{ V}$$

而 Cu 的溶解反应
$$Cu \rightarrow Cu^{2+} + 2e$$

的平衡电位为：
$$E_{Cu,e} = 0.345 + \frac{0.059}{2} \times \lg 10^{-6} = 0.168 \text{ V}$$

由于式(2-2)表达的氢离子的还原反应的标准平衡电极电位为 0 V，远远正于上面计算得出的 $E_{Fe,e}$。可见，铁在酸性溶液中可腐蚀。发生的现象是铁发生溶解，而表面产生大量的氢气。这是大多数活泼金属能被酸溶解的原因。

但由于氢电极的平衡电极电位低于 $E_{Cu,e}$，故在除氧的酸性溶液中 Cu 金属一般不会发生腐蚀。但在盐酸溶液中，由于有 Cl^- 的存在，可与 Cu 形成络合离子 $CuCl_2^-$。阳极反应为：

$$Cu + 2Cl^- \rightarrow CuCl_2^- + e$$

该电极的平衡电位为

$$E_{Cu,e} = 0.19 + 0.059 \times [\lg a_{CuCl_2^-} - \lg a_{Cl^-}^2] = 0.168 \text{ V}$$

若盐酸的平均活度为 1 mol·L^{-1}，取 $a_{CuCl_2^-} = 10^{-6}$ mol·L^{-1} 时平衡电位为 -0.164 V。此时以析氢反应作为阴极反应，Cu 的腐蚀仍可以进行。

另外，若在含氧的酸性溶液中，阴极反应通常以式(2-46)进行，其平衡电位为：

$$E_{O_2/H_2O,e} = 1.229 + \frac{0.059}{4} \times [4\lg a_{H^+} + \lg P_{O_2}]$$

若近似在空气中氧气的分压为 0.2，则在 H^+ 活度为 1 的溶液中上述反应的平衡电位为 1.219 V，可见 Cu 在含氧的酸性溶液中仍可发生腐蚀。

将各种金属阳极溶解生成相应的金属离子的电极反应的标准电位 $E^\ominus$ 的数值从小到大排

列起来，就得到"电动序"。"电动序"可以清楚地表明各种金属转变为氧化状态的倾向。在氢之前的金属的 $E^{\ominus}$ 为负值，称负电性金属；在氢之后的金属的 $E^{\ominus}$ 为正值，称正电性金属。电动序可以用来粗略地判断金属的腐蚀倾向。即排在前面的金属一般较易失去电子被氧化从而容易发生腐蚀反应。但是，采用"电动序"作为判断金属腐蚀倾向的依据，只有在一些相当简单的腐蚀体系中才可行。因为标准电极电位所表示的是金属浸在含有该离子，并且活度等于 1 的溶液中，计算得到的标准态时的理论值。而在许多实际腐蚀体系中，由于不可能满足上述的标准平衡状态，因而出现了一些与预测不一致甚至相反的情况。这将在后面讨论金属电化学腐蚀的动力学中详细介绍。

2.2.3　电位 – pH 图

电位 – pH 图（或简写为 E_e – pH 图），是描绘电极的平衡电位与溶液 pH 值间的关系曲线。通常以电极反应的平衡电极电位为纵坐标，横坐标表示溶液 pH 值的热力学平衡图。

最简单的两个例子是同金属的电化学腐蚀过程关系最密切的两个气体电极反应，它们的平衡电位都与溶液的 pH 值有关。

（1）关于氢的气体电极反应

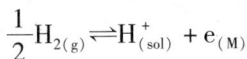

$$\frac{1}{2}H_{2(g)} \rightleftharpoons H^+_{(sol)} + e_{(M)}$$

我们已知这个电极反应的标准电位 $E^{\ominus} = 0$。故按照能斯特方程式（2 – 43），它的平衡电位是：

$$E_{e(H_2/H^+)} = \frac{RT}{F}\ln\frac{a_{H^+}}{p_{H_2}^{1/2}}$$

由于溶液的 pH 值与溶液中 H^+ 离子的活度之间的关系为：

$$pH = -\lg a_{H^+} = -\frac{1}{2.303}\ln a_{H^+}$$

故这个电极反应的平衡电位可以写成

$$E_{e(H_2/H^+)} = -\frac{2.303RT}{F}\left(pH + \frac{1}{2}\lg p_{H_2}\right) \tag{2 – 49}$$

在 25 ℃时，$2.303RT/F \approx 0.0591$ V。如 $p_{H_2} = 101.325$ kPa，式（2 – 49）就可写成：

$$E_{e(H_2/H^+)} = -0.0591\,pH \tag{2 – 50}$$

（2）关于氧的气体电极反应

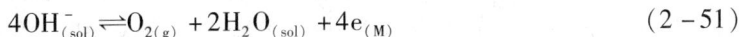

$$4OH^-_{(sol)} \rightleftharpoons O_{2(g)} + 2H_2O_{(sol)} + 4e_{(M)} \tag{2 – 51}$$

在稀溶液中，可以认为 a_{H_2O} 是一个定值，因此在一定温度和压力的条件下稀溶液中 H_2O 的化学位 μ_{H_2O} 是定值，将它同其他物质的标准化学位一起归入标准电位这一项。这样，应用能斯特方程式就得到：

$$E_{e(OH^-/O_2)} = E^{\ominus}_{(OH^-/O_2)} + \frac{RT}{4F}\ln\frac{p_{O_2}}{a_{OH^-}^4}$$

$E_{(OH^-/O_2)}^{\ominus} = 0.401$ V。在 25℃时，$2.303RT/4F \approx 0.0148$ V，故在 25℃时，上式可以写成：

$$E_{e(OH^-/O_2)} = 0.401 - 0.0591 \lg a_{OH^-} + 0.0148 p_{O_2}$$

在 25℃的水溶液中，a_{OH^-}与溶液的 pH 值之间有下列关系：

$$\lg a_{OH^-} = pH - 14$$

故上式可以写成

$$E_{e(OH^-/O_2)} = (0.401 + 0.828) + 0.0148 \lg p_{O_2} - 0.0591 pH$$
$$= 1.229 + 0.0148 \lg p_{O_2} - 0.0591 pH \qquad (2-52)$$

在 $p_{O_2} = 1$ atm 时，式（2-52）就简化为：

$$E_{e(OH^-/O_2)} = 1.229 - 0.0591 pH \qquad (2-53)$$

从式（2-50）和式（2-53）可以看到，对这两种气体电极反应来说，如果保持相应的气体的分压不变，则它们的平衡电位都与溶液的 pH 值存在直线关系，而且直线的斜率相同。如果以纵坐标表示平衡电位 E_e 的数值而以横坐标表示溶液的 pH 值作图，就可以将式（2-50）和式（2-53）表示成图 2-7。图上是两条平行的斜线，在任何 pH 值下，它们之间的距离都是 1.229 V。

这种图叫做 E_e-pH 图，它在电化学腐蚀过程中很有用。这是因为，金属的电化学腐蚀绝大部分是金属同水溶液接触时发生的腐蚀过程，而且作为离子导体相的水溶液中的带电荷的粒子，除了其他离子外，总还有 H⁺ 和 OH⁻ 这两种离子，而且这两种离子的活度之间存在着下列关系：

$$a_{H^+} \cdot a_{OH^-} = K_W$$

在室温下 $K_W = 10^{-14}$。故在水溶液中，在 H⁺ 和 OH⁻ 两种离子之中，知道了一种离子的活度就可以知道另一种离子的活度。一个电极反应中，只要有 H⁺ 离子或 OH⁻ 离子参加，这个电极反应的平衡电位就同溶液的 pH 值有关，而在同金属的腐蚀过程有关的电极反应中，有许多是同 H⁺ 或 OH⁻ 有关的。因此，利用 E_e-pH 图来研究金属腐蚀过程的热力学条件，就比较方便。

下面探讨与金属的腐蚀溶解阳极反应有关的 E_e-pH 特征。金属在水溶液中的腐蚀过程所涉及的化学反应可分为三类：①只同电极电位有关而同溶液中的 pH 值无关的电极反应；②只同溶液中的 pH 值有关而同电极电位无关的化学反应；③既同电极电位有关而且还同溶液中的 pH 值有关的电极反应。每一类又可分为均相反应和复相反应两种情况。均相反应是指反应物都存在于溶液相中的反应，复相反应是指某一固相与溶液相之间或两个固相之间的反应。现在就 Fe-H₂O 系统所涉及的化学反应举例如下：

（1）只同电极电位有关而同溶液的 pH 值无关的电极反应。

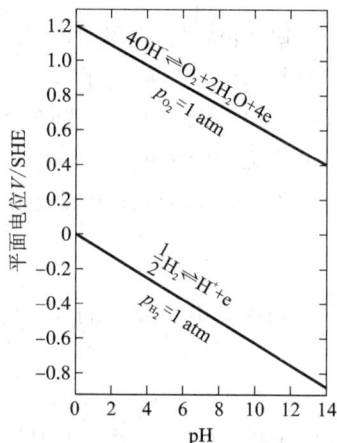

图 2-7 氧电极和氢电极的 E_e-pH 图

1）均相反应：

$$Fe^{2+} \rightleftharpoons Fe^{3+} + e$$

$$E_e = 0.771 + 0.0591 \lg \frac{a_{Fe^{3+}}}{a_{Fe^{2+}}}$$

2）复相反应：

$$Fe \rightleftharpoons Fe^{2+}$$

$$E_e = -0.441 + 0.295 \lg a_{Fe^{2+}}$$

（2）只同溶液的 pH 值有关而同电极电位无关的化学反应。

1）均相反应（金属离子的水解反应）：

$$Fe^{3+} + H_2O \rightleftharpoons FeOH^{2+} + H^+$$

$$\lg \frac{a_{FeOH^{2+}}}{a_{Fe^{3+}}} = -2.22 + pH$$

2）复相反应（沉淀反应）：

$$Fe^{2+} + 2H_2O \rightleftharpoons Fe(OH)_2 + 2H^+$$

$$\lg a_{Fe^{2+}} = 13.37 - 2pH$$

（3）既同电极电位有关又同溶液的 pH 值有关的反应，这就是有 H^+ 或 OH^- 参加的电极反应。前面提到的氢和氧的气体电极反应即属于这一类型。

1）均相反应：

$$Fe^{2+} + H_2O \rightleftharpoons FeOH^{2+} + H^+ + e$$

$$E_e = 0.877 - 0.0591pH + 0.0591 \lg \frac{a_{Fe(OH)^{2+}}}{a_{Fe^{2+}}}$$

2）复相反应又有两种情况。

Ⅰ）溶液相与固体相之间的复相反应：

$$Fe^{2+} + 3H_2O \rightleftharpoons Fe(OH)_3 + 3H^+ + e$$

$$E_e = 0.748 - 0.1773pH - 0.0591 \lg a_{Fe^{2+}}$$

Ⅱ）还原体和氧化体都是固体相的复相反应：

$$Fe + 2H_2O \rightleftharpoons Fe(OH)_2 + 2H^+ + 2e$$

$$E_e = -0.045 - 0.0591pH$$

如果将与某一金属的腐蚀过程有关的这三类反应的平衡线都画在一幅以电极电位 E 为纵坐标而以 pH 值为横坐标的图上，就会得到三种形式的平衡线：

第（1）类反应的平衡条件与溶液的 pH 值无关，在 $E - pH$ 图上，当氧化体及还原体的活度保持不变而仅改变溶液的 pH 值时，就会得到一条平行于横轴（pH 值轴）的直线（平衡线）。但它是电极反应，因此当氧化体或还原体的活度改变时，反应的平衡电位就会改变，使得这种水平的平衡线的位置（高度）发生变化：氧化体对还原体的比值愈大，水平线的位置愈高。

对于某一给定的条件(氧化体及还原体的活度)来说,当电位高于相应的平衡线时,电极反应就会按照从还原体向氧化体转化的方向进行,也就是,当电位高于相应的平衡线时,电极反应的氧化体一侧的体系是稳定的。相反,如电位低于给定条件的平衡线,电极反应的还原体一侧是稳定的,反应将按照从氧化体向还原体转化的方向进行。

第(2)类反应的平衡条件同电位无关而只同溶液的 pH 值有关,所以这类反应在 $E-pH$ 图上的平衡线是平行于纵轴(电位值轴)的垂直线。反应物的活度的变化使得与之平衡的 pH 值改变,相应的垂直平衡线的横坐标的位置也随之改变。对于某一给定的平衡条件,就有一条与之相应的垂直平衡线。如果溶液的 pH 值高于相应的平衡 pH 值,反应将向着产生 H^+ 或消耗 OH^- 离子的方向进行。如果溶液的 pH 值低于相应的 pH 值,反应就向着消耗 H^+ 或产生 OH^- 的方向进行。

第(3)类反应的平衡条件既同电位有关,又同溶液的 pH 值有关,它们在 $E-pH$ 图上的平衡线就像图 2-7 中的平衡线那样,是斜线。判断反应方向的原则却是同上述两类反应的情况一样,即对于给定的条件,如电位在相应的平衡线的上方,反应向氧化的方向进行,pH 值在相应的平衡线的右方,反应向产生 H^+ 离子的方向进行;相反亦然。在上述两类反应的情况下,或是只需根据电极电位数值的位置判断,或是只需根据溶液的 pH 值的位置判断,而在第(3)类反应的情况下,则需同时根据电极电位数值和 pH 值两者,才能对反应的方向作出判断。

电位-pH 图首先由比利时学者布拜(Pourbaix)等人在 20 世纪 30 年代用于金属腐蚀问题的研究。这样,将一种金属-溶液介质体系所涉及的反应的平衡线连同分压为 1 atm 的氢气体电极反应和氧气体电极反应的平衡线都画在同一幅电极电位-pH 图上,就叫做这一种金属-溶液介质体系的布拜图。例如,图 2-8 就是一幅简单的 $Fe-H_2O$ 体系的布拜图。

对于一个电极反应,除了固相与固相之间的复相反应外,可以作出无数条相应于不同条件(反应物的不同活度)的平衡线。但图上只能画出其中少数几条相应于典型数值的平衡线。在图 2-8 上对一些平衡线标出的 0、-2、-4 和 -6 的意义是:如果这个反应是溶液中的物质与固相之间的复

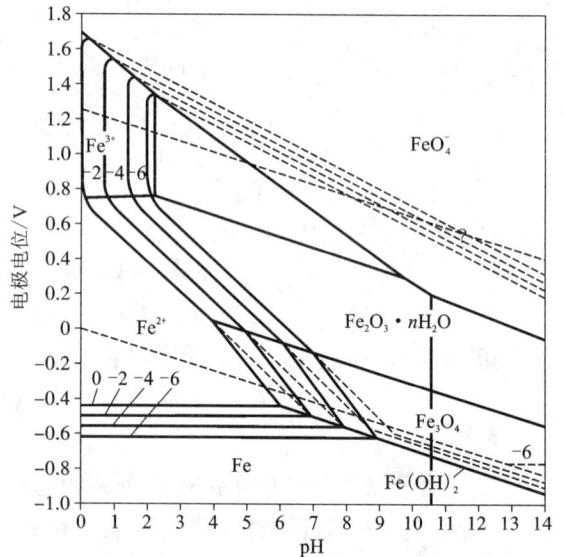

图 2-8 $Fe-H_2O$ 系统的布拜图

相反应,平衡线是相应于溶液中的物质的活度为 10^0、10^{-2}、10^{-4} 和 10^{-6} mol·cm^{-3} 时的平衡线;如果反应是溶液中的均相反应,平衡线是相应于溶液中两种反应物的活度的比值(通常是溶液

中氧化体的活度对于还原体的活度的比值)为 10^0、10^{-2}、10^{-4} 和 10^{-6} 时的平衡线。

从金属腐蚀的角度来看,对于一个由金属与溶液介质组成的体系,特别值得注意的是涉及溶液与固相之间的复相反应的平衡。这是因为在这样的体系中,与溶液介质接触的固相物质不外乎两种情况:一种情况是,固相物质就是金属本身。在这情况下,如果条件使得平衡向生成固相物质的方向移动,或者说,在给定条件下,电极电位低于平衡线的电位值,金属就可以处于稳定状态而不会溶解到溶液中去。另一种情况是,与溶液接触的固相物质是金属的难溶化合物。这种难溶化合物就有可能形成覆盖在金属表面上的保护膜,例如,钝化膜。在这情况下,我们也希望条件有利于固相稳定。

如果我们选定一个临界条件,例如以溶液相中的金属离子或金属的络合离子的活度为 10^{-6} mol·cm^{-3} 作为临界条件,就可以把 E_e – pH 图中相应于这个临界条件的溶液 – 固相的复相反应的平衡线作为一种"分界线"看待。在"分界线"的一侧,处于平衡时溶液中的金属离子或金属的络合离子的活度大于 10^{-6} mol·cm^{-3},就认为相应的固相是"不稳定的";在"分界线"的另一侧,处于平衡时溶液中的金属离子或金属的络合离子的活度小于 10^{-6} mol·cm^{-3},就认为相应的固相是"稳定的"。这样,这些"分界线"就将该体系的 E_e – pH 图分成不同的区域。金属相"稳定的"区域叫做"稳定区";可能起保护膜作用的金属难溶化合物固相"稳定的"区域叫

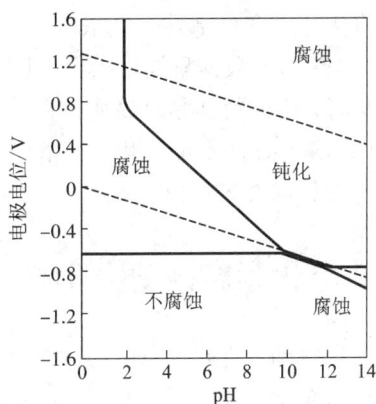

图 2 – 9   Fe – H$_2$O 体系腐蚀行为估计图

做"钝化区";凡是金属和金属难溶化合物等固相都"不稳定的"区域,也就是,与这些固相处于平衡状态下的溶液中的金属离子或金属的络合离子的平衡活度大于 10^{-6} mol·cm^{-3} 的区域,叫做"腐蚀区"。于是,就可以根据图 2 – 8 对于 Fe – H$_2$O 体系绘成图 2 – 9,它就叫做"Fe – H$_2$O 体系腐蚀行为估计图"。

一个给定金属 – 溶液介质体系的腐蚀行为估计图的用途是:对于这个体系,知道了该金属在该溶液介质中的电极电位和该溶液的 pH 的数值后,就可以在腐蚀行为估计图上找到一个相应的"状态点",根据这个"状态点"落在哪一个区域,就可以估计这一体系中的金属是处于"稳定的"状态,还是可能钝化的状态,或是"腐蚀的"状态。当然,腐蚀行为估计图上不同区域之间的分界线的具体位置是随选定的临界条件不同而不同的,这也就是我们在前面将图上区域的名字及相应的金属的状态加上引号的原因。选定离子活度 10^{-6} mol·cm^{-3} 作为临界条件虽然多少带有一些随意性,但还不失为比较合理的规定,因为事实上在一般情况下这一准则同实际情况还比较符合。另外,有时即使金属的难溶化合物是稳定的,也未必就一定能形成完整的保护膜。所以,腐蚀行为估计图上的"钝化区",也只不过是可能形成保护性的腐

蚀产物膜的区域。这是我们在应用腐蚀行为估计图时应该注意的。

$E-pH$ 图汇集了金属腐蚀体系中的热力学数据，给出了可能的所有反应在图上的位置，并以简明的方法指出了金属体系在不同电位和不同 pH 值时可能出现的状态。从而帮助人们通过 $E-pH$ 图即可简单直观地判断在给定条件下各电化学反应能否自发进行。在实际应用中，还可启发人们借助于控制 pH 值或改变 E 值，来达到防止金属腐蚀的目的。但是必须指出以下几点：

（1）由于它是热力学平衡图，它表示的都是平衡状态下的情况。而实际腐蚀体系往往偏离平衡状态。同时，未考虑溶液中其他可能影响平衡的离子。

（2）$E-pH$ 图中表示的溶液的浓度是该溶液的平均浓度，而不能代表金属表面反应界面上的真实浓度和局部的反应浓度。

（3）热力学数据只能给出金属腐蚀的倾向性大小，并不能确定腐蚀速度的大小。而实际上，人们关心的往往是金属腐蚀的速度问题。

（4）$E-pH$ 图上的钝化区，指出金属表面生成了固体产物，至于这些固体产物对基体的保护性能如何并未涉及。

2.3 电化学腐蚀动力学

前一节中，我们学习了处于平衡状态下的单个电极反应与原电池系统的性质。主要从能量的变化角度来研究上述体系相关过程进行的可能性。"平衡"意味着体系中没有净的物质（包括电荷）与能量变化。但实际应用中遇到的电化学体系总是按一定方向和一定速度进行着电化学反应。如各种类型的化学电源和电解池，及腐蚀电池中发生的实际金属腐蚀过程等。鉴于此，在实际中我们更关注的是一个电化学体系发生反应的速度怎么样，哪些因素会影响到电极反应的速度，以及反应速度与这些因素间的又有怎样的函数关系，等等。这些涉及的是与电化学动力学相关的问题。

2.3.1 电极的极化现象

当一个电极系统处于平衡状态，则该电极反应的正、反方向（即分别对应本章中所描述的阳极与阴极反应）的绝对反应速度相等，没有净电流产生。若电极系统实际发生的是净的阳极反应（即电极反应的正向速度大于反向速度），则实际电位 E 将偏离 E_e 向更正方向移动；反之，若发生的是净的阴极反应，E 将偏离 E_e 向负方向移动。

我们把一个电极系统偏离平衡态，导致电极电位偏离平衡电极电位的现象叫作该电极的极化现象，说此电极发生了极化。在后面将看到，极化的概念不光局限于一个平衡电极反应，对任何一个电极体系，只要电极体系中有净的电流通过，电极电位势必偏离其原先的稳定电位，也称该电极体系发生了极化。例如，铁在盐酸中发生腐蚀时，实际上进行的是两个电极反应，分别是铁的溶解反应与析氢反应，显然这两个电极反应均偏离了平衡状态，即腐蚀是个不可逆的电极过程。但铁在盐酸中仍可形成一个稳定的电极电位，即稳定电位(注意，不是平衡电位)，若此时在铁上通一外电流，电极电位也将偏离稳定电位。这个过程也称极化。定义电极系统偏离其平衡状态或稳定状态(也称稳态)时的电位差值为极化值，并特别定义实际电极电位与平衡电极电位间差的值为过电位(η)。过电位的概念在本章的第一节中已经有所介绍。

怎样理解电极的极化现象呢？以可逆电极反应($Cu - 2e \leftrightarrow Cu^{2+}$)为例，在平衡状态时正反向速度相等，现在通过外电路电源对 Cu 电极通以阴极电流，即外电路大量电子涌向金属相时。毫无疑问，只有当界面反应的速度足够快，能将流进金属相的电子及时转移给离子导体相，才不至于使负电荷在界面上积累起来，从而保持住未通电时界面上的平衡状态，使电极电位不发生变化。但事实上，界面上的反应速度和物种的传质速度总是小于电子的传送速度，即出现的一个情况是负电荷在界面上出现积累，从而打破原有的平衡状态，使电极电位偏离原来的平衡电位，并发生负移，即实际电位 $E < E_e$。所形成的附加电场加速溶液中的 Cu^{2+} 向金属相表面移动并夺取金属相中的电子，同时抑制金属铜溶解生成 Cu^{2+} 的过程，最终达到一个稳态。此时上述电极反应的正向反应速度小于反向反应速度，其差值为外加的阴极极化电流。

可见，一个电极系统一旦有了净的反应电流(此时，正反方向的反应速度必不相等)，就会导致电荷在电极界面上发生积累，从而使得实际电极电位偏离平衡电位，即电极发生了极化。另一方面，也可理解为只有电极发生了极化(电位偏离)，从能量角度去说才能使得一个电极反应偏离平衡态，即极化是电极平衡向某一方向移动的动力。因此，电极反应的速度必然受极化值影响，它们之间存在内在的数学关系，这就是下面要介绍的反应动力学问题。

2.3.2　单电极体系电极反应动力学

我们把只有一个电极反应(但进行着正、反向反应)存在的电极体系叫单电极体系。现在来探讨单电极体系的反应速度。

电极反应发生在电极表面，即发生在电极材料相和溶液相这两个相的界面，因此具有复相反应的特点。一个复相反应进行时，通常包含三个主要的接续过程：①反应物由相的内部向相界反应区传输；②在相界反应区，反应物进行反应而生成反应产物；③反应产物离开相界反应区。第①和第③两个过程，都是物质在一个相中的传输过程，故可以合起来统称为传质过程。它们并非在所有情况下都存在。例如，在纯金属的阳极溶解过程中，一般不存在第①个过程。如果反应产物是沉积在电极表面上的固体，就不存在第③个过程。但总的说来，完成一个电极反应过程，总是必须经过相内的传质过程和相界区的反应过程两大类过程。相界区的反应过程，即上述第②个过程，是主要的过程，而且它又往往不是一个简单的过程，而是由一系列吸附、电荷转移、前置化学反应和后置化学反应、脱附等步骤构成的复杂的过程。其中，电荷转移步骤是最主要的，因为任何一个电极反应都必须经过这一步骤。其他步骤，则视电极反应及其条件之不同，可能存在，也可能不存在。但就一般情况来说，一个电极反应的进行总要经过一系列互相接续的、也就是串联的步骤。在定常态条件下，各个串联的步骤的速度都一样，等于整个电极反应的速度。因此在定常态条件下，如果各个串联的步骤中有一个步骤在进行时所受到的阻力最大，进行最困难，那么其他各个步骤的速度、因而整个反应过程的速度，就将由这一个步骤进行的速度所决定。这个在进行中受到的阻力最大、进行最困难的步骤就叫做速度控制步骤或简称控制步骤。例如，如果在相界反应区的反应步骤很容易进行，反应产物离开电极表面的传质过程也很容易进行，只要反应物从溶液深处传输到电极表面，就可以进行反应而形成反应产物离开电极表面，整个反应过程的速度就决定于反应物从溶液深处向电极表面的传质过程的速度。这个传质过程，就是这一电极过程的控制步骤。

(1)电极表面放电步骤控制

首先，我们讨论电极过程的速度是由带电粒子穿越双电层而实现电荷转移的这一步骤所控制的情况。上面已经说过，这个步骤是电极反应过程的主要步骤。许多情况下，尤其是在溶液同电极之间的相对运动速度比较大、从而传质过程比较容易进行的情况下，整个电极反应过程的速度往往由带电粒子穿越双电层的步骤所控制。这个步骤就叫做电极表面放电步骤或简单地称作放电步骤。

我们从化学动力学中知道，对于一个单分子反应

$$A \underset{\overset{\leftarrow}{\nu}}{\overset{\overset{\rightarrow}{\nu}}{\rightleftharpoons}} B$$

自反应式左方向反应式右方进行的速度，也即顺反应的速度是：

$$\overset{\rightarrow}{\nu} = \vec{k}_c c_A \tag{2-54}$$

而逆反应的速度，也即从反应式右方向反应式左方进行的速度是：

$$\overset{\leftarrow}{\nu} = \overset{\leftarrow}{k}_c c_B \tag{2-55}$$

式中，$\overset{\rightarrow}{\nu}$ 和 $\overset{\leftarrow}{\nu}$ 的量纲是 $mol \cdot cm^{-3} \cdot s^{-1}$。$c_A$ 和 c_B 分别是 A 和 B 的摩尔浓度，在这里其量纲为 $mol \cdot cm^{-3}$。$\vec{k}_c$ 和 $\overset{\leftarrow}{k}_c$ 的量纲为 s^{-1}，它们分别是顺反应和逆反应的化学反应速度常数；为了同下面的电极反应速度常数相区别，在右下脚用"c"注明它们是化学反应的速度常数。它们分别可用下两式表示：

$$\vec{k}_c = \frac{kT}{h}\exp\left(-\frac{\Delta G^*_{A\to B}}{RT}\right) \tag{2-56}$$

$$\overset{\leftarrow}{k}_c = \frac{kT}{h}\exp\left(-\frac{\Delta G^*_{B\to A}}{RT}\right) \tag{2-57}$$

式中，k 是玻尔兹曼(Boltzmann)常数，它等于气体常数 R 除以阿伏加德罗(Avogadro)数：

$$k = \frac{R}{N} = 1.381 \times 10^{-23} \text{ J} \cdot \text{K}^{-1}$$

h 叫做普朗克(Planck)常数,它是每个量子的能量:

$$h = 6.26 \times 10^{-24}\ \mathrm{J \cdot s}$$

$\Delta G^*_{A \to B}$ 和 $\Delta G^*_{B \to A}$ 分别是从 A 变为 B 的活化能和从 B 变为 A 的活化能。为了便于说明 ΔG^* 的意义,我们设 A 处于相 I,B 处于相 II,并把处于相 I 的 A 越过相界区变为处于相 II 的 B 时或其相反过程的自由焓变化用曲线示意地表示于图 2 - 10。当 A 越过相界区变为 B 时,先要激发成为处于两相之间某一位置上的活化分子 X。今若活化分子的位置在相界区中离相 I 为 x_1 而离相 II 为 x_2 处。$l = x_1 + x_2$,l 为相界区的宽度。X 同 A 的自由焓的差值就是 $\Delta G^*_{A \to B}$。同样,当 B 越过相界区变为 A 时,也要先激发成为处于两相之间的活化分子 X。这个过程的活化能 $\Delta G^*_{B \to A}$ 就是 X 同 B 的自由焓之差值。

现在如果 B 是处于溶液中的带有 n 个正电荷的金属离子,A 是单位面积的电极表面上的金属原子,相界区是双电层;而且如果双电层中电场强度是均匀的,它的大小是:

$$\varepsilon = \frac{\Phi}{l} \qquad (2-58)$$

那么,如图 2 - 11,当带有电量为 nF 的 1 mol 的 B(它现在是带有 n 个正电荷的金属离子)变为活化粒子 X 时,除了需要活化能 $\Delta G^*_{B \to A}$ 外。还应需克服电场的作用而消耗功 $nF\varepsilon \cdot x_2$。所以此时从 B 变为 X 的自由焓变化为

$$\Delta \overline{G}^*_{B \to A} = \Delta G^*_{B \to A} + nF\varepsilon x_2 \qquad (2-59)$$

同理,由于双电层中电场的影响,从 A 变为活化粒子 X 的自由焓变化为

$$\Delta \overline{G}^*_{A \to B} = \Delta G^*_{A \to B} - nF\varepsilon x_1 \qquad (2-60)$$

根据式(2 - 58),有

$$\varepsilon x_1 = \frac{x_1}{l}\Phi, \quad \varepsilon x_2 = \frac{x_2}{l}\Phi$$

现在我们令

$$\alpha = \frac{x_1}{l} = \frac{x_1}{x_1 + x_2}$$

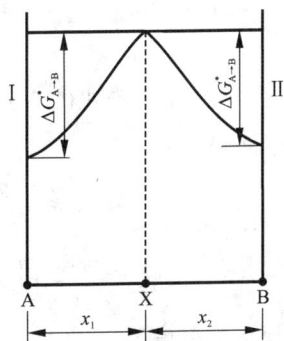

图2 - 10　A(相 I)与 B(相 II)互相转化时的自由焓变化曲线

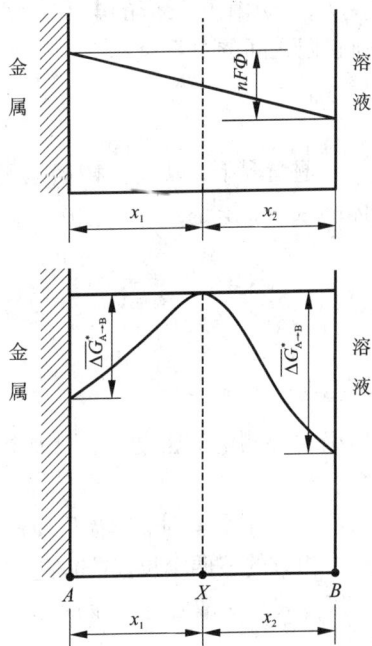

图 2 - 11　当相界区存在均匀电场时 A(金属原子)与 B(金属离子)互相转化时的自由焓变化曲线

$$1 - \alpha = \frac{x_2}{l} = \frac{x_2}{x_1 + x_2}$$

就有

$$\varepsilon x_1 = \alpha \Phi \tag{2-61}$$

$$\varepsilon x_2 = (1 - \alpha) \Phi \tag{2-62}$$

将式(2-61)和式(2-62)分别代入式(2-59)和式(2-60)两式,就得到这一电极反应的速度常数:

$$\vec{k}_a = \frac{kT}{h} \exp\left(-\frac{\Delta G_{A \to B}^* - \alpha nF\Phi}{RT}\right) = \vec{k}_c \exp\left(\frac{\alpha nF\Phi}{RT}\right) \tag{2-63}$$

$$\overleftarrow{k}_a = \frac{kT}{h} \exp\left[-\frac{\Delta G_{B \to A}^* + (1 - \alpha) nF\Phi}{RT}\right] = \overleftarrow{k}_c \exp\left[-\frac{(1 - \alpha) nF\Phi}{RT}\right] \tag{2-64}$$

电极反应的速度为

$$\vec{\nu} = \vec{k}_a c_A \tag{2-65}$$

$$\overleftarrow{\nu} = \overleftarrow{k}_a c_A \tag{2-66}$$

在 A 是金属电极的金属原子的情况下,c_A 取单位值。如果 $\vec{\nu}$ 和 $\overleftarrow{\nu}$ 是指单位电极表面上的反应速度,以 $\vec{i}$ 表示阳极反应的电流密度值,以 $\overleftarrow{i}$ 表示其逆过程,即阴极反应的电流密度的绝对值,则它们之间的关系是:

$$\vec{i} = nF \vec{\nu} \tag{2-67}$$

$$\overleftarrow{i} = nF \overleftarrow{\nu} \tag{2-68}$$

在普遍情况下,以 c_R 代替 c_A 表示电极反应中还原体的浓度,以 c_O 代替 c_B 表示电极反应中氧化体的浓度,于是,一个电极反应的阳极电流密度值和阴极电流密度的绝对值就可以分别表示为:

$$\vec{i} = nF \vec{k}_c c_R \exp\left[\frac{\alpha nF\Phi}{RT}\right] \tag{2-69}$$

$$\overleftarrow{i} = nF \overleftarrow{k}_c c_O \exp\left(-\frac{(1 - \alpha) nF\Phi}{RT}\right) \tag{2-70}$$

电极的外测电流密度,是阳极电流密度值与阴极电流密度绝对值的差值:

$$i = \vec{i} - \overleftarrow{i}$$

当电极反应处于平衡时,电极反应的两个方向进行的速度相等,此时的反应速度叫做交换反应速度,相应的按两个反应方向进行的阳极反应和阴极反应的电流密度绝对值叫做交换电流密度,用 i_0 表示。故在电极反应处于平衡时,也即当 $\Phi = \Phi_e$ 时,

$$\vec{i} = \overleftarrow{i} = i_0$$

因此

$$i_0 = nF \vec{k}_c c_R \exp\left(\frac{\alpha nF\Phi_e}{RT}\right) = nF \overleftarrow{k}_c c_O \exp\left(-\frac{(1 - \alpha) nF\Phi_e}{RT}\right) \tag{2-71}$$

将式 $(2-71)$ 代入式 $(2-69)$ 和式 $(2-70)$ 两式，即得：

$$\vec{i} = i_0 \exp\left[\frac{\alpha n F(\Phi - \Phi_e)}{RT}\right] = i_0 \exp\left(\frac{\alpha n F \eta}{RT}\right) \qquad (2-72)$$

$$\overleftarrow{i} = i_0 \exp\left[-\frac{(1-\alpha)nF(\Phi - \Phi_e)}{RT}\right] = i_0 \exp\left[-\frac{(1-\alpha)nF\eta}{RT}\right] \qquad (2-73)$$

式中

$$\eta = \Phi - \Phi_e = E - E_e \qquad (2-74)$$

是电极反应的过电位。可以将以绝对电位 Φ 表示的式 $(2-69)$ 和式 $(2-70)$ 改写为由电极电位 E 表示的电极反应动力学式：

$$\vec{i} = nF\,\vec{k}\,c_R \exp\left(\frac{\alpha n F E}{RT}\right) \qquad (2-75)$$

$$\overleftarrow{i} = nF\,\overleftarrow{k}\,c_0 \exp\left[-\frac{(1-\alpha)nFE}{RT}\right] \qquad (2-76)$$

式中，反应速度常数 $\vec{k}$ 和 $\vec{i}$ 与 $\vec{i}_c$ 和 $\overleftarrow{i}_c$ 的关系是：

$$\vec{k} = \vec{k}_c \exp\left[\frac{\alpha n F(\Phi_e - E_e)}{RT}\right] \qquad (2-77)$$

$$\overleftarrow{k} = \overleftarrow{k}_c \exp\left[-\frac{(1-\alpha)nF(\Phi_e - E_e)}{RT}\right] \qquad (2-78)$$

由于电极电位 E 和过电位 η 的数值都是可以测量的，因此通常都用式 $(2-72)$ 和式 $(2-73)$ 两式或用式 $(2-75)$ 和式 $(2-76)$ 表示一个电极反应放电步骤的动力学关系。

根据 $E = E_e$ 时，$\vec{i} = \overleftarrow{i}$ 的关系，由式 $(2-75)$ 和式 $(2-76)$ 两式容易得到：

$$E_e = \frac{RT}{nF}\ln\frac{\vec{k}}{\overleftarrow{k}} + \frac{RT}{nF}\ln\frac{c_0}{c_R} \qquad (2-79)$$

对比能斯特方程式可知：

$$E^\ominus = \frac{RT}{nF}\ln\frac{\vec{k}}{\overleftarrow{k}} \qquad (2-80)$$

式中，$E^\ominus$ 为该电极反应的标准电位。

以上各式中都假定 c_0 和 c_R 都不随电极电位改变，无论在 $E = E_e$ 或 E 偏离 E_e 时，都用同样的 c_0 和 c_R 数值。这就意味着，在电极附近的溶液层中参与电极反应的反应物刚消耗掉，立即可以从溶液深处得到补充，而电极反应的产物则立即可以传输出去。实际情况往往不是这样。另外，在上面的讨论中还假定电极表面是均匀的，全部电极表面都以同样的速度进行电极反应，实际情况也往往不是这样。因此往往需要对上述与浓度相关的式子作适当的修改。但是目前我们暂时还不涉及这些问题，而是近似地认为在整个测量的电位区间，c_0 和 c_R 以及电极表面状况没有显著的变化，因而可以用上述各式来表示电极反应的速度。这在整个电极反应的速度仅仅是由荷电粒子穿越双电层这一步骤所控制的情况下是适用的。在这种情况下，过电位 η 是由荷电粒子穿越双电层放电，即在电极表面进行电极反应的步骤所引起的，所以把这种过电位称为放电步骤过电位或电化学过电位。在一些文献上，把 α 或 $1-\alpha$ 称为传递系数(transfer coefficient)。但我们知道，α 表示活化粒子在双电层中的相对位置。当活化粒子正好位于双电层的中间，即 $x_1 = x_2$ 时，$\alpha = \dfrac{1}{2}$。如果活化粒子的位置偏离双电层的中间位置，α 的数值也就偏离 0.5。因此，α 有时也被称为对称系数。

如以 i 表示电极系统的外测电流密度，并注意到我们已作的约定：η 与 i 同号，$\eta > 0$ 时，$i > 0$，电极系统的外测电流是阳极电流；$\eta < 0$ 时，$i < 0$，电极系统的外测电流是阴极电流；则电极系统的外测电流密度与过电位之间的关系可以写成：

$$i = i_0 \left[\exp\left(\frac{\alpha n F}{RT}\eta \right) - \exp\left(-\frac{(1-\alpha)nF}{RT}\eta \right) \right] \qquad (2-81)$$

以 i 对 η 作的曲线，叫做过电位曲线，以 i 对 E 作的曲线叫做极化曲线。图 2-12 上是 α 的数值分别为 0.4，0.5 和 0.6 的三条过电位曲线。曲线过原点，且只有当 $\alpha = 0.5$ 时过电位曲线对于原点是对称的。

过电位曲线在原点处的斜率是一个重要的电化学参数。当电极反应处于平衡时，外测电流为零。如果通以外电流使电极电位稍稍偏离平衡值，则这个微小过电位值 η 同相应于这一过电位的稳定的外测电流密度的比值，与 i_0 成反比，

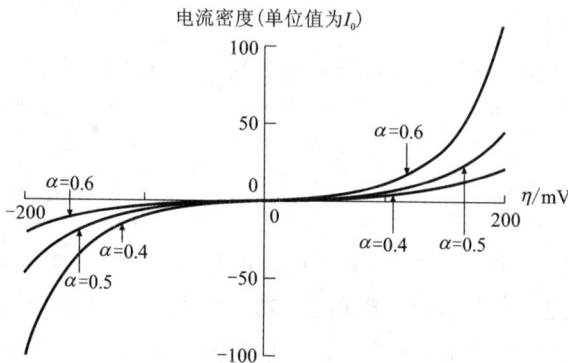

图 2-12 不同 α 值时的过电位曲线

称为法拉第电阻 R_F。从式(2-81)可以求得一个电极反应的法拉第电阻为：

$$R_F = \left(\frac{\partial \eta}{\partial i} \right)_{\eta = 0} = \frac{1}{i_0} \cdot \frac{RT}{nF} \qquad (2-82)$$

故一个电极系统中电极反应的交换电流密度 i_0 愈大，相应的法拉第电阻就愈小，这个电极系统就愈接近于不极化电极。相反，i_0 愈小，电极系统就愈容易极化，电极反应的平衡的稳定性就愈差。

在 $\left| \dfrac{\alpha n F}{RT}\eta \right|$ 和 $\left| \dfrac{(1-\alpha)nF}{RT}\eta \right|$ 远小于 1 的情况下，将式(2-81)右方指数项展开，就得到：

$$\eta = \frac{RT}{I_0 nF}i = R_F i \qquad (2-83)$$

因此，在过电位 η 很小的条件下，过电位 η 与外测电流密度之间呈线性关系，其形式就如欧姆定律一样。但是，这只是在上述限制条件下的情况。随着 η 值的增大，指数项的展开式中的高次项变得不可忽略，过电位曲线就会愈来愈偏离直线。

另一方面，在 $|\eta|$ 的数值比较大，以致

$$\left|\frac{\alpha nF}{RT}\eta\right| \gg 1$$

$$\left|\frac{(1-\alpha)nF}{RT}\eta\right| \gg 1$$

则在式(2-81)的两个指数项中，必然一个指数项的数值很大而另一个指数项的数值很小，以至于数值小的那个指数项可以忽略不计。例如若 $n=1$，当 $\eta \geq 120$ mV 时，式(2-81)中后一个指数项就可以忽略不计。此时得到的外测电流密度 i 是正值，外测电流是阳极电流，式(2-81)可以写成：

$$i = i_0\exp\left(\frac{\alpha nF}{RT}\eta\right)$$

或

$$\eta = \frac{RT}{\alpha nF}\ln i - \frac{RT}{\alpha nF}\ln i_0 \qquad (2-84)$$

或将自然对数变换为以 10 为底数的常用对数：

$$\eta = \frac{2.303RT}{\alpha nF}\lg i - \frac{2.303RT}{\alpha nF}\lg i_0 \qquad (2-85)$$

当 $\eta < -120$ mV 时，式(2-81)中第一个指数项可以忽略不计，此时电极系统的外测电流是阴极电流，是负值，其绝对值为：

$$|i| = i_0\exp\left[-\frac{(1-\alpha)nF}{RT}\eta\right]$$

或

$$\eta = -\frac{RT}{(1-\alpha)nF}\ln|i| + \frac{RT}{(1-\alpha)nF}\ln i_0 \qquad (2-86)$$

及

$$\eta = -\frac{2.303RT}{(1-\alpha)nF}\lg|i| + \frac{2.303RT}{(1-\alpha)nF}\lg i_0 \qquad (2-87)$$

因此在 $|\eta|$ 值的数值相当大的情况下，η 与外测电流密度的绝对值的对数呈直线关系，过电位曲线具有图 2-13 的形状。

在比较大的过电位下，过电位与外测电流密度绝对值的对数之间的线性关系，最早是从实验中得到的。实验得到的经验式一般写成下列形式：

$$\eta = a \pm b\lg|i| \qquad (2-88)$$

加号用于阳极过电位，减号用于阴极过电位。这个式子常被称为塔菲尔(Tafel)式。相应地像图 2-13 中的以 $\eta - \lg|i|$ 坐标系

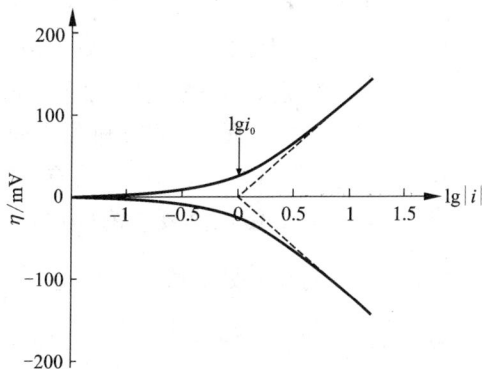

图 2-13　半对数坐标系统中的过电位曲线

统作的过电位曲线的直线部分，就叫做塔菲尔直线线段，而 b 就叫做塔菲尔斜率或塔菲尔系数。在本书中，经常以自然对数来表示塔菲尔式：

$$\eta = a' \pm \beta \ln|i| \qquad (2-89)$$

系数 β 叫做自然对数塔菲尔斜率，或为了简便起见，也叫做塔菲尔斜率，β 和 b 的关系是：$b = 2.303\beta$。

从式(2-82)至式(2-87)可以看到，如将塔菲尔直线线段延长到 $\eta = 0$ 处，相应的 $\ln|i|$ 或 $\lg|i|$ 的数值就等于 $\ln|i_0|$ 或 $\lg|i_0|$ 的数值。这也是求电极反应的交换电流密度的一个方法。

因此，对于一个控制步骤是带电荷的粒子穿越双电层的放电过程的电极反应来说，主要的动力学参数是交换电流密度 i_0 和塔菲尔斜率 b 或 β。前者反映电极反应的难易程度，后者反映改变双电层的电场强度对于反应速度的影响。

（2）溶液中的扩散过程控制

当电极反应进行时，如果反应物是溶液中的某一组分，那么随着它在电极反应中的不断消耗，它就必须不断从溶液深处传输到电极表面的溶液层中，才能保证电极反应不断进行下去。同样，在多数情况下电极反应的产物也要不断地通过传质过程离开电极表面。总之，伴随着电极反应的进行，在溶液中不免有传质过程同时进行。

溶液中的传质过程，可以依靠三种过程进行，即：扩散、电迁移和液体对流。本节主要讨论扩散过程。扩散过程是指由于某一物质的浓度的差异而引起其从浓度高的区域向浓度低的区域的传质过程。因此我们在这一节中简单地讨论一下这个过程对于电极反应动力学规律的影响。我们的讨论只局限于一维的、定常态的扩散过程。所谓一维的扩散过程是指在表示空间位置的三维直角

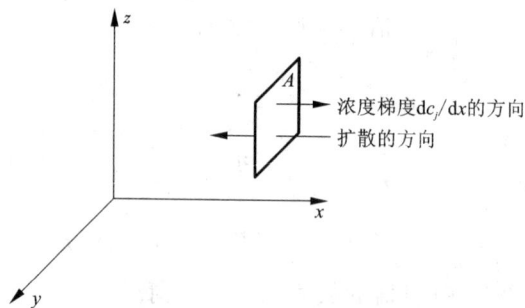

图 2-14 等浓度面、浓度梯度的方向与扩散的方向

坐标中，物质 j 的浓度只在一个坐标轴的方向，例如像图 2-14 的 x 轴方向有变化的扩散过程。相应于每一个 x 值，在 y 轴和 z 轴的方向的浓度是均匀的，构成等浓度面（例如图 2-14 中的面 A）。扩散过程只是沿着 x 轴的方向，穿过无限多个等浓度面进行。也就是说，只在一个坐标轴的方向存在着浓度梯度。浓度梯度是指空间位置改变单位值时浓度的变化量。例如，沿着 x 轴的方向在 x_0 处的浓度梯度就是 $\left. \dfrac{dc_j}{dx} \right|_{x=x_0}$。

如果各处的浓度 c_j 不随时间改变，各处的浓度梯度也就不随时间改变。这种扩散过程就是定常态扩散过程。相反，如果随着扩散过程的进行，浓度梯度不断随时间变化，就是非定常态的扩散过程。处理非定常态的扩散过程，涉及菲克(Fick)第二定律。目前我们只限于讨

论比较简单的定常态扩散过程。

如果取 x 轴向右边的方向为正，则在浓度梯度 $dc_j/dx > 0$ 时，就表示物质 j 的浓度是随着 x 的增大而增大的，因此此时浓度梯度的方向与 x 轴的方向相同，指向右方。扩散过程中物质的传输方向则是从浓度高的区域向浓度低的区域传输的。因此在 $dc_j/dx > 0$ 的情况下，物质 j 的扩散方向是按 x 轴的方向从右向左扩散的。所以，扩散的方向正好同浓度梯度的方向相反（图 2 - 14）。如果在位置为 x_0 处有一个等浓度面 A，在 x_0 处的浓度梯度为 $(dc_j/dx)_{x=x_0}$，单位时间内通过单位面积的面 A 扩散的物质 j 的物质的量（扩散速度）是 $(dm_j/dt)_{x=x_0}$，那么在这两者之间存在着一个关系式，这就是菲克第一定律：

$$\frac{dm_j}{dt} = -D_j \frac{dc_j}{dx} \qquad (2-90)$$

式中，右方的负号表示扩散方向同浓度梯度的方向相反，D_j 是物质 j 在溶液中的扩散系数。如扩散速度 dm_j/dt 的量纲是 $mol \cdot cm^{-2} \cdot s^{-1}$，$dc_j/dx$ 的量纲是 $mol \cdot cm^{-3} \cdot cm^{-1}$，扩散系数的量纲就是 $cm^2 \cdot s^{-1}$。D_j 的数值取决于扩散物质的粒子大小、溶液的黏度系数和绝对温度。在同样的温度条件下，扩散粒子的半径愈大，溶液的黏度系数愈大，扩散系数就愈小。上述关系可由式（2 - 91）给出：

$$D_j = \frac{kT}{6\pi r_j \eta_{\text{粘}}} \qquad (2-91)$$

式中，k 为玻尔兹曼常数，T 为绝对温度，r_j 为扩散粒子 j 的半径，$\eta_{\text{粘}}$ 为介质的黏度系数。

在定常态条件下，在扩散途径中每一点上的扩散速度都应相等。这就是说，沿着 x 轴，对于每一个像图 2 - 14 上的 A 这种垂直于 x 轴的平面来说，各个瞬间自右方扩散进来的物质 j 的克分子数应与向左方扩散出去的物质 j 的克分子数相等。因为只有这样才能保持相应于各个平面的浓度不随时间改变而处于定常态。如果 D_j 是不随 x 改变的常数，那么要得到沿着 x 轴方向的各个点上的扩散速度 dm_j/dt 都一样的结果，就必须要求浓度梯度是不随 x 改变的定值。这就

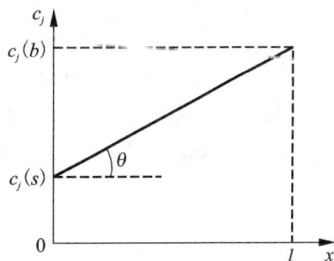

图 2 - 15　定常态扩散时的浓度分布

意味着物质 j 的浓度 c_j 是随着 x 值线性地改变的。如果扩散发生在 $x = 0$ 至 $x = 1$ 的区间内，且若扩散过程是这一区间内唯一的传质过程，则在定常态条件下，浓度 c_j 随着 x 的变化曲线就像图 2 - 15 上所画的那样是一条倾斜的直线。这条直线的斜率就是浓度梯度。若在 $x = 0$ 处物质 j 的浓度为 $c_{j(s)}$，$x = 1$ 处的浓度为 $c_{j(b)}$，则在这一扩散区间物质 j 的浓度梯度为：

$$\frac{dc_j}{dx} = \tan\theta = \frac{c_{j(b)} - c_{j(s)}}{l} \qquad (2-92)$$

现在我们来讨论进行电极反应时的定常态扩散过程。以阴极反应过程中的扩散为例。当

溶液中的某一物质在电极表面被阴极还原时，紧靠
电极表面的溶液层中这一物质的浓度由于电极反应
的消耗而低于其在溶液整体中的浓度，于是这一物
质就会不断从溶液深处向电极表面扩散，以补充它
在电极反应中的消耗。如果溶液的体积相当大，电
极反应过程引起这一物质在溶液整体中的浓度变化
很小，那就可以近似地认为这一物质在溶液深处的
浓度不变。另外，由于溶液的搅拌或其自然对流作
用，还可以认为溶液深处的浓度是均匀的。但在靠
近电极表面处有一层厚度为 l 的滞流层（图 2-16）。

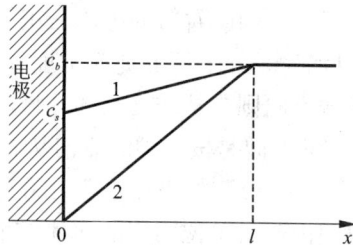

图 2-16　电极表面滞流层中的浓度分布
曲线 1：$c_s \neq 0$；曲线 2：$c_s = 0$

这一层滞流层的厚度同溶液的搅拌情况有关。一般说来，搅拌愈是强烈，l 的数值愈小。室
温下，在没有搅拌而只有溶液的自然对流的情况下，达到定常态时 l 的数值约为 10^{-2} cm。扩
散过程在滞流层中进行，因此有不少文献把这一层称为扩散层。但同时也有一些电化学文献
上把双电层结构中紧密层外的靠近溶液的那一分散层称为扩散层。为了避免混淆，本书中讨
论扩散问题时，不采用扩散层而采用滞流层（stagnant layer）的名称。

在定常态条件下，滞流层中的浓度梯度就等于滞流层外侧溶液深处的浓度即溶液整体中
的浓度 c_b 与电极表面处浓度 c_s 的差值除以滞流层的厚度 l。

$$\frac{\mathrm{d}c}{\mathrm{d}x} = \frac{c_b - c_s}{l} \qquad (2-93)$$

由于处于定常态，该从溶液深处通过滞流层扩散到电极表面的扩散速度应该等于它在电
极表面上阴极还原的速度，否则就不能保持处于定常态。如以 $|i|$ 表示阴极还原反应的电流
密度的绝对值，m 表示通过单位面积扩散到电极表面而被还原的物质的摩尔数，则由于相应
于 1 mol 的物质被还原的电量为 nF，故

$$\frac{\mathrm{d}m}{\mathrm{d}t} = \frac{-|i|}{nF} \qquad (2-94)$$

式中的负号是由于阴极电流的方向取负值。将式（2-93）和式（2-94）代入式（2-90），就
得到：

$$|i| = nFD\frac{c_b - c_s}{l} \qquad (2-95)$$

如阴极还原反应的电流密度的绝对值 $|i|$ 增大，为保持定常态，扩散速度就必须相应地增
大。在溶液整体中的浓度 c_b 和滞流层的厚度 l 不变的情况下，只有 c_s 的数值降低从而使滞流
层中的浓度梯度增大，才会使扩散速度增大。而在 c_b 和 l 不变的情况下，滞流层中的浓度梯
度在 $c_s = 0$ 时达到最大值（图 2-16 中的曲线 2）。即对应如下情形：被还原的物质刚一扩散
到电极表面，立即被阴极还原掉，因而 $c_s = 0$。与之相应的阴极电流密度叫做极限扩散电流密

度，今以 i_L 表示极限扩散电流密度的绝对值：

$$i_L = nFD\frac{c_b}{l} \tag{2-96}$$

现在我们考虑两种电极反应过程的情况。

(1)电极反应的交换电流密度很大，即使在有外测阴极电流时，仍可近似地认为电极反应处于平衡，因而电极电位是对于被还原的物质在紧靠电极表面处的浓度 c_s 下的可逆电位。在没有外测电流时，电极电位是平衡电位，被还原的物质在电极表面附近的浓度与其在溶液深处的浓度相等。按能斯特方程，此时的电极电位为：

$$E_1 = E^{\ominus} + \frac{RT}{nF}\ln c_b \tag{2-97}$$

在外测阴极电流密度为 $|i|$ 时，电极表面附近被还原的物质的浓度为 c_s，在电极电位对浓度 c 可逆的情况下，电极电位为：

$$E_2 = E^0 + \frac{RT}{nF}\ln c_s \tag{2-98}$$

电极的极化值亦即这一阴极反应的扩散过电位(习惯上也叫做浓度极化)为：

$$\eta_D = E_2 - E_1 = \frac{RT}{nF}\ln\frac{c_s}{c_b} \tag{2-99}$$

注意：由于 $c_s < c_b$，这里的 η_D 是负值。由式(2-95)和式(2-96)可以求得：

$$\frac{c_s}{c_b} = 1 - \frac{|i|}{i_L} \tag{2-100}$$

故在这情况下，扩散过电位为：

$$\eta_D = \frac{RT}{nF}\ln\left(1 - \frac{|i|}{i_L}\right) \tag{2-101}$$

或者，可以把电极反应过程的动力学式写成：

$$|i| = i_L\left[1 - \exp\left(-\frac{nF}{RT}|\eta_D|\right)\right] \tag{2-102}$$

目前讨论的情况就是在整个阴极反应过程中，放电步骤很容易进行，这一步骤所引起的电化学过电位可以忽略不计，而扩散过程是整个电极反应过程的速度控制步骤，它所引起的过电位就是整个电极反应的过电位，因此整个阴极反应的动力学式就是式(2-102)。

(2)电极反应是不可逆地进行的，即荷电粒子穿越双电层的放电过程并不是很容易进行，交换电流密度很小，在电极系统的外测电流密度的绝对值为 $|i|$ 时，这个阴极还原反应的逆过程的速度可以小到忽略不计。且扩散过程同时也是影响整个电极反应过程的速度的步骤之一，在定常态条件下靠近电极表面的溶液层中反应物的浓度由 c_b 降为 c_s，则此时阴极还原反应的电流密度的绝对值就应为：

$$|i| = i_0 \frac{c_s}{c_b} \exp\left(-\frac{\eta}{\beta_c} \right) \qquad (2-103)$$

将式(2-100)代入式(2-103)，就有：

$$|i| = i_0 \left(1 - \frac{|i|}{i_L} \right) \exp\left(-\frac{\eta}{\beta_c} \right) \qquad (2-104)$$

经整理后得：

$$|i| = \frac{i_0 \exp\left(-\frac{\eta}{\beta_c} \right)}{1 + \frac{i_0}{i_L} \exp\left(-\frac{\eta}{\beta_c} \right)} \qquad (2-105)$$

或者也可以写成：

$$\eta = -|\eta| = \beta_c \ln\left(1 - \frac{|i|}{i_L} \right) - \beta_c \ln \frac{|i|}{i_0} \qquad (2-106)$$

式(2-106)中等式右边的第一项为负值，且第二项即为电极体系在放电步骤控制时的阴极过电位。这说明，在混合控制条件下，过电位的绝对值进一步增大，即电极的极化更严重。

因此，总结以上讨论的两种情况，可以看到在电极反应是可逆的情况下和在电极反应是不可逆的情况下所得到的结果是不同的。

式(2-105)有两种极端的情况：

Ⅰ)
$$\frac{i_0}{i_L} \exp\left(-\frac{\eta}{\beta_c} \right) \ll 1$$

由于 η 是负值，故这种极端情况相当于 $|\eta|$ 很小而且 $i_L \gg i_0$，阴极过电位的绝对值比较小而极限扩散电流密度又远大于阴极反应的交换电流密度。此时式(2-105)就可以近似地写成：

$$|i| = i_0 \exp\left(-\frac{\eta}{\beta_c} \right) \qquad (2-107)$$

这就是放电步骤是电极反应过程的控制步骤的情况。

Ⅱ)
$$\frac{i_0}{i_L} \exp\left(-\frac{\eta}{\beta_c} \right) \gg 1$$

这相当于 i_L 的数值不很大而阴极过电位的绝对值 $|\eta|$ 比较大的情况。此时式(2-105)就变为

$$|i| = i_L$$

这就是阴极还原反应过程的速度完全由扩散过程的速度所控制的情况。此时，$c_s = 0$，阴极电流密度绝对值的大小不再与阴极过电位有关，而等于极限扩散电流密度。

如果 i_L 比 i_0 大得多，而且阴极过电位的绝对值可以达到相当大而不会发生其他电极反应的话，整个阴极反应过电位曲线可以表现为图 2-17 中的曲线形式。在半对数坐标系中，

AB 线段相当于第(i)种极端情况：$\frac{i_0}{i_L} \exp\left(-\frac{\eta}{\beta_c} \right) \ll 1$。此时阴极过电位曲线符合塔菲尔式，电

极反应速度只受放电过程控制。BC 线段相当于放电过程和扩散过程两者都对于电极反应速度有影响的情况。此时阴极过电位曲线随着 $|\eta|$ 值的增大愈来愈偏离塔菲尔直线；随着 $|\eta|$ 的不断增大，扩散过程的影响愈来愈重要。最后，到达 C 点后，阴极电流密度的绝对值等于极限扩散电流密度，电极反应速度完全受扩散过程所控制，η 的数值不再对阴极电流密度发生影响。

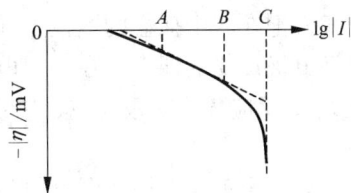

图 2 – 17　有浓度极化时的
阴极过电位曲线

但是要注意并不是在所有情况下都能得到完全像图 2 – 17 那样的阴极过电位曲线。例如在 i_L 并不比 i_0 大很多的情况下，可以不出现塔菲尔直线线段；也可能在 i_L 比较大的情况下，在阴极过电位 $|\eta|$ 的绝对值还没有大到足以使 $|i|$ 等于 i_L，就开始了另一个阴极反应。这时阴极电流密度的绝对值将随着电极电位向负的方向变化而进一步增大。

2.3.3　多电极反应的偶合与混合电位

前面，我们所讨论的都是在一个电极表面上只进行一个电极反应的情况。简要说来，如果一个电极上只能进行一个电极反应，则当这个电极反应处于平衡时，电极电位就是这个电极反应的平衡电位；此时电极反应按阳极反应方向进行的速度与按阴极反应方向进行的速度相等，既没有电流从外线路流入电极系统，也没有电流自电极向外线路流出。当电极反应偏离平衡时，电极电位为非平衡电位，它同平衡电位的差值是这个电极反应的过电位。此时，或有电流从外线路流入电极系统，或有电流自电极系统向外线路流出。

现在要讨论的问题是，如果在同一个电极表面上有两个电极反应可以进行，那么在既没有电流从外线路流入电极，又没有电流从电极流向外线路时，这个孤立电极的电极电位应当是什么电位？它是不是平衡电位？它同电极表面上同时进行的两个电极反应的平衡电位的关系如何？

我们把没有电流在外线路流通的电极叫做孤立的电极。目前只讨论电极材料是由一种均匀的金属材料构成的电极的情况，这种电极叫做均相电极。若一个孤立的电极上同时可以进行两个电极反应，这两个电极反应进行的情况相当于在短路的原电池中进行电极反应的情况。这就是：

(1)平衡电位比较高的电极反应按阴极反应的方向进行，平衡电位比较低的电极反应按阳极反应的方向进行。即两个电极反应必然均发生了电极极化，前者发生阴极极化，电极电位负移；而后者发生阳极极化，电极电位正移。由于是短路原电池，故最终两个电极反应极化到一个共同的极化电位值 E。我们把这个电位称为该孤立电极的混合电位。该电位可以在很长时间内保持不变，故也称稳态电位或静态电位。但一定要注意，这个电位不是平衡电位。

(2)这个孤立的电极上同时进行的阳极反应与阴极反应以等当的速度进行，使得阳极反应中从电极流向溶液的电流恰为阴极反应中相反方向的电流所抵消。

我们把在一个孤立的电极上同时以等当的速度进行着一个阳极反应和一个阴极反应的现象叫做电极反应的偶合。在两个电极反应互相偶合时,如果反应 1 是阳极反应,它的平衡电位是 E_{e1},反应 2 是阴极反应,它的平衡电位是 E_{e2},则这两个电极反应偶合的能量条件是:

$$A = nF(E_{e2} - E_{e1}) > 0 \qquad (2-108)$$

如果这个孤立电极的混合电位为 E,则阳极反应的非平衡电位为:

$$E_1 = E = E_{e1} + \eta_1 \qquad (2-109)$$

而阴极反应的非平衡电位为:

$$E_2 = E = E_{e2} - |\eta_2| \qquad (2-110)$$

按我们的约定,在上述两式中,阳极反应的过电位 $\eta_1 > 0$,而阴极反应的过电位 $\eta_2 < 0$。

由以上两个式子可以得到,当两个电极反应在一个孤立的电极上偶合时,混合电位 E 的数值落在两个电极反应的平衡电位之间:

$$E_{e2} > E > E_{e1} \qquad (2-111)$$

以上讨论的是在一个孤立的电极上同时进行两个电极反应的情况。但是混合电位的概念可以推广到在一个孤立的电极上同时进行两个以上的多个电极反应的情况。如果在一个孤立的电极上有 N 个电极反应同时进行,且电极的外电流等于零,则在 $N > 2$ 时,我们称这些电极反应组成了多电极反应偶合系统。当 N 个电极反应组成偶合系统时,其中一部分电极反应是阳极反应,另一部分电极反应是阴极反应。按我们约定,阳极反应的电流取正值,阴极反应的电流取负值,那么在一个多电极反应偶合系统中就应有:

$$i = \sum_{j=1}^{N} i_j = 0 \qquad (2-112)$$

式中,i_j 是第 j 个电极反应的电流;如电极面积为单位值,它就是第 j 个电极反应的电流密度。同时,由于阳极反应的过电位取正值,阴极反应的过电位取负值,而这 N 电极反应都是在同一个混合电位下进行的,所以应该有:

$$E = E_{e1} + \eta_1 = E_{e2} + \eta_2 = \cdots = E_{ej} + \eta_j = \cdots = E_{eN} + \eta_N \qquad (2-113)$$

式中,E_{ej} 是第 j 个电极反应的平衡电位,η_j 是第 j 个电极反应在偶合系统中的过电位。

式(2-112)和式(2-113)规定了 N 个电极反应形成多电极反应偶合系统时须满足的条件。要具体确定一个多电极反应偶合系统的混合电位 E,需要具体知道每一个电极反应的电流密度与它的过电位之间的函数关系,或是这种关系的曲线,也就是每个电极反应的过电位曲线。在下一节中将对最简单情况下的两个电极反应偶合时的腐蚀电位做进一步讨论。一个多电极反应偶合系统的混合电位有如下一些特点:

(1)式(2-113)包含了 N 个等式,从这 N 等式可以得到:

$$E = \frac{\sum_{j=1}^{N} E_{ej}}{N} + \frac{\sum_{j=1}^{N} \eta_j}{N} \qquad (2-114)$$

式中，第一项是偶合系统中各个电极反应的平衡电位的算术平均值，第二项是偶合系统中各个电极反应的过电位的算术平均值。由于 η_j 有的正，有的负，故视情况之不同，等式右方第二项可以是正值，也可以是负值。因此一个多电极反应偶合系统的混合电位总可以写成：

$$E = \bar{E}_e + \delta$$

式中，$\bar{E}_e$ 是所有电极反应的平衡电位的平均值，δ 可正可负。一般地说，电极反应很多时，E 同 $\bar{E}_e$ 的差值可能比较小些。

（2）在一个多电极反应偶合系统中，混合电位 E 总是处于最高的平衡电位与最低的平衡电位之间。或者说，在一个多电极反应偶合系统中，至少有一个电极反应的平衡电位高于混合电位；同理，至少有一个电极反应的平衡电位低于混合电位。

（3）凡是平衡电位比混合电位高的电极反应，按阴极反应的方向进行；反之，则按阳极反应的方向进行。因此，平衡电位最高的电极反应肯定是阴极反应，平衡电位最低的电极反应肯定是阳极反应。平衡电位处于最高和最低两者之间的电极反应是阴极反应还是阳极反应，则可由该电极反应的平衡电位同混合电位 E 相比较而确定。

2.3.4　腐蚀电位的形成与金属的腐蚀速度

如果在上述的偶合反应中，阳极反应是金属材料 M_1 的阳极溶解反应：

$$M_1 \rightarrow M_1^{n+} + ne$$

那么这一对电极反应进行的结果是导致金属 M_1 的腐蚀破坏。这种导致金属材料腐蚀破坏的电极反应的偶合，叫做腐蚀电偶。它的混合电位叫做腐蚀电位。整个氧化还原反应就是腐蚀反应，整个反应过程就是电化学腐蚀过程。若阳极反应即金属 M_1 的阳极溶解反应的平衡电位为 E_{e1}，与之相偶合的阴极反应：

$$Y + e \rightarrow Y^-$$

的平衡电位为 E_{e2}，则这对电极反应互相偶合的能量条件，也即发生这一电化学腐蚀过程的能量条件为：

$$E_{e1} < E_{e2}$$

因此，一个金属在溶液中发生电化学腐蚀的能量条件，或者说，一个金属在溶液中发生电化学腐蚀过程的原因，乃是：溶液中存在着可以使该种金属氧化成为金属离子或化合物的物质，这种物质的还原反应的平衡电位必须高于该种金属的氧化反应的平衡电位。这种物质，在金属腐蚀领域中有一个习惯上的名称，叫做腐蚀过程的去极化剂。这个套用电化学其他领域中使用的名称，用于腐蚀过程，并不十分恰当。但是由于这个名称已为腐蚀科技工作者所熟悉，本书将沿用这个名称。去极化剂，对于被腐蚀的金属来说，是氧化剂，它本身在腐蚀过程中被还原。

现在来讨论一个腐蚀金属电极的腐蚀电位的数学表达式，及腐蚀电极在没有外加电流时的阳极反应与阴极反应的速度，即金属的腐蚀溶解速度，相应的电流称作腐蚀电流密度。下

面讨论的情形是金属仅发生活性阳极溶解，即金属表面上没有钝化膜存在；且活性阳极溶解是在整个金属表面上均匀分布的(这个腐蚀过程就叫做活性区的均匀腐蚀过程)，这意味着阳极反应和阴极反应在金属表面上所有的"点"上进行的机会是大致相同的。故在均匀腐蚀的情况下，金属的阳极溶解反应和去极化剂的阴极还原反应都是宏观地在整个金属表面上均匀分布的。这就保证在均匀腐蚀条件下，金属的阳极溶解电流密度 i_a 等于去极化剂阴极还原的电流密度的绝对值 $|i_c|$。

如果我们以 $E_{e,a}$ 和 $E_{e,c}$ 分别表示金属阳极溶解反应和去极化剂阴极还原反应的平衡电位，E_{corr} 表示腐蚀电位，$i_{0,a}$ 和 $i_{0,c}$ 分别表示金属阳极溶解反应和去极化剂阴极还原反应的交换电流密度，则在放电步骤是电极反应的控制步骤的情况下，根据上一节内容有：

$$i_a = i_{0,a} \left[\exp\left(\frac{E_{corr} - E_{e,a}}{\vec{\beta}_a} \right) - \exp\left(-\frac{E_{corr} - E_{e,a}}{\overleftarrow{\beta}_a} \right) \right] \qquad (2-115)$$

$$|i_c| = -i_c = i_{0,c} \left[\exp\left(-\frac{E_{corr} - E_{e,c}}{\vec{\beta}_c} \right) - \exp\left(-\frac{E_{corr} - E_{e,c}}{\overleftarrow{\beta}_c} \right) \right] \qquad (2-116)$$

式中，$\vec{\beta}_j = \dfrac{RT}{n_j \alpha_j F}$，$\overleftarrow{\beta}_j = \dfrac{RT}{n_j(1-\alpha)F}$，$j = a$ 或 c。

式(2-115)与式(2-116)两式的等式右侧的第一项内容分别对应金属氧化反应与去极化剂发生还原的正向反应速度，而第二项内容则分别为金属氧化反应与去极化剂发生还原的逆向反应速度。

根据前面的说明，在均匀腐蚀过程中，$i_a = |i_c|$。现在我们考虑一种简单化了的情况：

$$\vec{\beta}_a = \overleftarrow{\beta}_a = \vec{\beta}_c = \overleftarrow{\beta}_c = \beta$$

这当然是一种特殊简单化了的情况。但是从这样一种特殊简单的条件出发所作出的关于 $i_{0,a}$ 和 $i_{0,c}$ 对腐蚀电位 E_{corr} 的影响的定性的讨论，仍具有普遍意义。做这样简单化的假设仅仅是为了便于数学处理，以便更容易看清 $i_{0,a}$ 和 $i_{0,c}$ 对 E_{corr} 的影响。

由于 $i_a = |i_c|$，从式(2-115)和式(2-116)就得出：

$$E_{corr} = \frac{\beta}{2} \ln \left[\frac{i_{0,a} \exp\left(\dfrac{E_{e,a}}{\beta} \right) + i_{0,c} \exp\left(\dfrac{E_{e,c}}{\beta} \right)}{i_{0,a} \exp\left(-\dfrac{E_{e,a}}{\beta} \right) + i_{0,c} \exp\left(-\dfrac{E_{e,c}}{\beta} \right)} \right] \qquad (2-117)$$

从式(2-117)可以看到，如果腐蚀过程的阳极反应的交换电流密度 $i_{0,a}$ 远远大于阴极反应的交换电流密度 $i_{0,c}$($i_{0,a} \gg i_{0,c}$)，以致 $i_{0,c} \exp\left(\dfrac{E_{e,c}}{\beta} \right)$ 和 $i_{0,c} \exp\left(-\dfrac{E_{e,c}}{\beta} \right)$ 可以忽略，就会得到 $E_{corr} \rightarrow E_{e,a}$。同样，如果 $i_{0,c} \gg i_{0,a}$，以致 $i_{0,a} \exp\left(\dfrac{E_{e,a}}{\beta} \right)$ 和 $i_{0,a} \exp\left(-\dfrac{E_{e,a}}{\beta} \right)$ 可以忽略，就会得到 $E_{corr} \rightarrow E_{e,c}$。在一般情况下，$E_{e,a} < E_{corr} < E_{e,c}$，腐蚀电位 E_{corr} 总是处于腐蚀过程的两个电极反

应的平衡电位之间的。现在我们可以看到两个电极反应的交换电流密度的相对大小对于 E_{corr} 的影响：哪一个电极反应的交换电流密度数值比较大，E_{corr} 就比较靠近这个电极反应的平衡电位。由于 $E_{e,c} > E_{e,a}$；因此，在 $i_{0,c} \gg i_{0,a}$ 的条件下，腐蚀电位 E_{corr} 就比较高，而在 $i_{0,a} \gg i_{0,c}$ 的条件下，E_{corr} 就比较低。这种情形可以如图 2 - 18 表示。

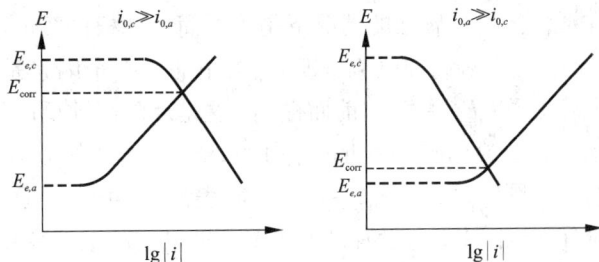

图 2 - 18　腐蚀过程的阴极反应和阳极反应的交换电流密度的相对大小对腐蚀电位高低的影响

在实际遇到的腐蚀过程中，大多数情况下腐蚀电位 E_{corr} 离开金属阳极溶解的平衡电位 $E_{e,a}$ 和去极化剂阴极还原反应的平衡电位 $E_{e,c}$ 都比较远，以致在腐蚀电位下 i_a 和 $|i_c|$ 可以分别表示为：

$$i_a = i_{0,a} \exp\left(\frac{E_{corr} - E_{e,a}}{\beta_a}\right) \tag{2-118}$$

$$i_c = i_{0,c} \exp\left(\frac{E_{e,c} - E_{corr}}{\beta_c}\right) \tag{2-119}$$

而且，
$$i_a = |i_c| = i_{corr} \tag{2-120}$$

由以上三个等式消去 E_{corr}，就可以得到表示腐蚀速度的腐蚀电流密度 i_{corr} 的一个表达式：

$$i_{corr} = i_{0,a}^{\frac{\beta_a}{\beta_a + \beta_c}} \cdot i_{0,c}^{\frac{\beta_c}{\beta_a + \beta_c}} \cdot \exp\left(\frac{E_{e,c} - E_{e,a}}{\beta_a + \beta_c}\right) \tag{2-121}$$

式 (2 - 121) 显示，决定活性区的均匀腐蚀电流密度 i_{corr} 的数值大小的因素有三个。

（1）阳极反应和阴极反应的交换电流密度 $i_{0,a}$ 和 $i_{0,c}$，它们是动力学参数。显然，$i_{0,a}$ 和 $i_{0,c}$ 的数值愈大，i_{corr} 的数值就愈大。图 2 - 19 表示了 $i_{0,c}$ 对于腐蚀电流密度影响 i_{corr} 的情况。$i_{0,a}$ 的影响情况与之相同。

（2）阳极反应和阴极反应的塔菲尔斜率 β_a 和 β_c，这两个也是动力学参数。它们对腐蚀电流密度 i_{corr} 的影响主要是通过

$$\exp\left(\frac{E_{e,c} - E_{e,a}}{\beta_a + \beta_c}\right)$$

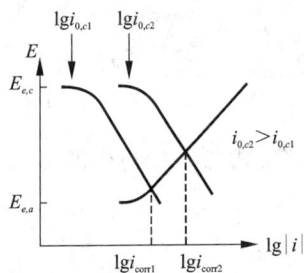

图 2 - 19　电极反应的交换电流密度对腐蚀电流密度的影响

这个因子表现出来的：β_a 和 β_c 的数值愈大，i_{corr} 就愈小。即在腐蚀极化图中阴阳极极化曲线的斜率越大 i_{corr} 愈小，这很容易理解。另外，从腐蚀极化图中还可推出，当 β_c 的数值不变时，β_a 的数值愈小，腐蚀电位 E_{corr} 就愈低（愈接近于 $E_{e,a}$）。反

过来,若 β_a 的数值保持不变,则 β_c 的数值愈小,腐蚀电位 E_{corr} 就愈高(愈接近于 E_{ec})。所以,在活性区均匀腐蚀的情况下是无法简单地根据腐蚀电位的高低来判断腐蚀速度的大小的。

(3)影响腐蚀电流密度 i_{corr} 大小的第三个因素是腐蚀过程的阴极反应与阳极反应的平衡电位之差: $E_{ec} - E_{ea}$。前面提到,这是反映腐蚀反应的化学亲和势大小的热力学参数。在其他动力学参数相同或相近的条件下, $E_{e,c} - E_{e,a}$ 的数值愈大,腐蚀速度就愈大。

在图 2–18 与图 2–19 中,将表征腐蚀电池特征的两个电极反应所对应的阴阳极极化曲线画在一张图上,并没有过于注重电极电位随电流变化的细节,把这样的图形叫作腐蚀极化图。腐蚀极化图中阴阳极两条极化曲线相交处可同时得到腐蚀电位 E_{corr} 与金属的腐蚀电流密度 i_{corr}。

如果腐蚀过程的阴极反应速度完全由去极化剂向金属表面的扩散过程所控制,阴极反应的电流密度的绝对值等于极限扩散电流密度 i_L,问题就要简单得多。此时腐蚀电流密度就等于阴极反应的极限扩散电流密度,其他因素对于腐蚀速度不发生影响:

$$i_{corr} = i_L \qquad (2-122)$$

但腐蚀电位 E_{corr} 则仍同阳极反应的动力学参数和它的平衡电位 $E_{e,a}$ 有关。这是因为按式(2–118)有:

$$i_{0,a} \cdot \exp\left(\frac{E_{corr} - E_{e,a}}{\beta_a}\right) = i_L = i_{corr}$$

故得:

$$E_{corr} = E_{e,a} + \beta_a \ln\left(\frac{i_L}{i_{0,a}}\right) \qquad (2-123)$$

如果阴极反应的速度同时受到穿越双电层的放电过程和去极化剂向电极表面的扩散过程的影响,问题就要复杂些。此时,除了上面讨论过的三个因素,即, $i_{0,a}$ 和 $i_{0,c}$, β_a 和 β_c,以及 $E_{e,c} - E_{e,a}$ 等的数值以外,阴极反应的极限扩散电流密度 i_L 也对腐蚀速度有影响。在这种情况下,根据式(2–105),腐蚀电流密度应为:

$$i_{corr} = \frac{i_{0,c} \cdot \exp\left(\dfrac{E_{e,c} - E_{corr}}{\beta_c}\right)}{1 + \dfrac{i_{0,c}}{i_L}\exp\left(\dfrac{E_{e,c} - E_{corr}}{\beta_c}\right)} = i_{0,a} \cdot \exp\left(\frac{E_{corr} - E_{e,a}}{\beta_a}\right) \qquad (2-124)$$

消去式(2–124)中的 E_{corr},就可以得到:

$$i_{corr} = \frac{i_{0,c} \cdot \exp\left(\dfrac{E_{e,c} - E_{e,a}}{\beta_c}\right)}{\left(\dfrac{i_{corr}}{i_{0,a}}\right)^{\frac{\beta_a}{\beta_c}} + \dfrac{i_{0,c}}{i_L}\exp\left(\dfrac{E_{e,c} - E_{e,a}}{\beta_c}\right)} \qquad (2-125)$$

由式(2–125)可以看到,在去极化剂的阴极还原极限扩散电流密度很大,以致

$$i_L \gg i_{0,c} \cdot \exp\left(\frac{E_{e,c} - E_{e,a}}{\beta_c}\right)$$

的条件下，决定 i_{corr} 大小的因子是

$$i_{0,c} \cdot \exp\left(\frac{E_{e,c} - E_{e,a}}{\beta_a + \beta_c}\right)$$

这实际上相当于阴极反应的浓度极化可以忽略的情况。电极反应的交换电流密度、塔菲尔斜率和腐蚀反应的化学亲和势这三种参数的影响情况同上面讨论过的一样。但在

$$i_{0,c} \cdot \exp\left(\frac{E_{e,c} - E_{e,a}}{\beta_c}\right) > i_L$$

的情况下，i_L 的大小对于腐蚀电流密度 i_{corr} 的大小就有重要的影响。i_L 的数值愈大，i_{corr} 就愈大。反之，i_L 愈小，i_{corr} 就愈小。在极端情况下，就得到 $i_L = i_{corr}$。因此，如果我们已知腐蚀过程的阳极反应和阴极反应的各项电化学参数，就可以估算出活性区的均匀腐蚀的腐蚀速度。

2.3.5 腐蚀电极体系的极化行为

上面讨论了一个金属腐蚀电极在没有外电流通过时的情况，即所谓的孤立电极的情形。此时所形成的混合电位称为腐蚀电位，也可叫做自腐蚀电位；同样此时金属的阳极反应电流称为腐蚀电流，也可叫做自腐蚀电流。一个基本的特点是：电极表面上发生的两个电化学反应中金属的阳极溶解反应电流大小等于去极化剂（氧化剂）的阴极还原反应的电流。现在的一个问题是，若对这个特殊的孤立电极体系施加一个外加电流，那么正如我们在前面曾提到的那样，这个腐蚀电极体系的电位将偏离自腐蚀电位。我们把这个过程称作腐蚀金属电极的极化。那么，腐蚀金属电极在发生极化时，电极电位与外测电流间有什么样的关系呢？

事实上，不管有几个电极反应，只要它们在同一电极材料表面发生，则总满足以下两个特点：

（1）所有这些电极反应都是在同样的电极电位下进行的。

（2）整个电极的外测电流密度 i 是电极上进行的各个电极反应的电流密度的代数和。

例如，如果电极上有 n 个电极反应，每个电极反应的速度（电流密度）与电位的关系是：

$$i_1 = f_1(E)$$
$$i_2 = f_2(E)$$
$$\vdots$$
$$i_n = f_n(E)$$

则在电极电位为 E 时，整个电极的外测电流密度 i 应为：

$$i = i_1 + i_2 + \cdots + i_n = f_1(E) + f_2(E) + \cdots + f_n(E) = f(E) \quad\quad (2-126)$$

因此如果已知各个电极反应的 $E-i$ 关系，就可以得到整个电极的外测电流密度 i 与电极电位 E 的关系，也就是，得到整个电极的极化曲线。我们把这个总的极化曲线称为表观的极化曲线，而把各电极反应的 $E-i$ 曲线称为真实的极化曲线。

现在我们来考虑简单情况下的腐蚀金属电极的极化曲线（也即表观的极化曲线）的数学表达式。

在最简单的情况下，一块腐蚀着的金属电极上只进行两个电极反应：金属的阳极溶解反应和去极化剂的阴极还原反应，而且假设这两个电极反应的速度都只由穿越双电层的放电的步骤控制，传质过程很快，浓度极化可以忽略。再一个简化条件就是：腐蚀电位离这两个电极反应的平衡电位比较远，因而这两个电极反应的逆过程可以忽略。在这样简化的条件下，每个电极反应的动力学式都可以用塔菲尔式表示，即：

$$i_a = i_{0,\,a} \cdot \exp\left(\frac{E - E_{e,\,a}}{\beta_a}\right) \qquad (2-127)$$

$$|i_c| = i_{0,\,c} \cdot \exp\left(-\frac{E - E_{e,\,c}}{\beta_c}\right) \qquad (2-128)$$

于是，整个金属电极的外测电流密度与电位的关系为：

$$i = i_a - |i_c| = i_{0,\,a} \cdot \exp\left(\frac{E - E_{e,\,a}}{\beta_a}\right) - i_{0,\,c} \cdot \exp\left(-\frac{E - E_{e,\,c}}{\beta_c}\right) \qquad (2-129)$$

由于在腐蚀金属电极的电位为腐蚀电位 E_{corr} 时，有如下等式：

$$i_{0,\,a} \cdot \exp\left(\frac{E_{\text{corr}} - E_{e,\,a}}{\beta_a}\right) = i_{0,\,c} \cdot \exp\left(-\frac{E_{\text{corr}} - E_{e,\,c}}{\beta_c}\right) = i_{\text{corr}} \qquad (2-130)$$

将式(2-130)代入式(2-129)，就得到：

$$i = i_{\text{corr}}\left[\exp\left(\frac{E - E_{\text{corr}}}{\beta_a}\right) - \exp\left(-\frac{E - E_{\text{corr}}}{\beta_c}\right)\right] \qquad (2-131)$$

这就是腐蚀金属电极的 $E-i$ 曲线的方程式。若定义：

$$\Delta E = E - E_{\text{corr}}$$

ΔE 就叫做腐蚀金属电极的极化值。在 $\Delta E = 0$ 时，$i = 0$；在 $\Delta E > 0$ 时，$i > 0$，此时腐蚀金属电极是进行阳极极化；在 $\Delta E < 0$ 时，$i < 0$，此时腐蚀金属电极是进行阴极极化。因此，外测电流密度也称为极化电流密度。$E-i$ 曲线的方程式为：

$$i = i_{\text{corr}}\left[\exp\left(\frac{\Delta E}{\beta_a}\right) - \exp\left(-\frac{\Delta E}{\beta_c}\right)\right] \qquad (2-132)$$

$E-i$ 曲线就叫做腐蚀金属电极的极化曲线。图2-20就是这种极化曲线。图中两条虚线分别表示金属阳极溶解反应和去极化剂阴极还原反应的 $E-i$ 曲线，在 ΔE 轴上方的是阳极曲线，在 ΔE 轴下方的是阴极曲线。

式(2-132)的表达式与式(2-81)非常相似，从形式上看只是将式(2-81)中的交换电流密度 i_0 与过电位 η 分别替换为式(2-132)中的腐蚀电流密度 i_{corr} 与极化值 ΔE。因此，同样可以参考2.3.2中介绍的数学处理方法对腐蚀金属电极的极化曲线做进一步分析。

当 $\Delta E \to 0$，即极化值很小时，式(2-132)可近似为

$$i = i_{\text{corr}}\left(\frac{1}{\beta_a} + \frac{1}{\beta_c}\right)\Delta E \qquad (2-133)$$

可见，在 $\Delta E \to 0$ 时表观极化电流与电位极化值间呈线性关系。我们把此线性的斜率的倒数

称为该腐蚀金属电极的极化电阻 R_p,其数学表达式为

$$\frac{1}{R_p} = \left(\frac{\mathrm{d}i}{\mathrm{d}(\Delta E)}\right)_{\Delta E = 0} = \left(\frac{\mathrm{d}i}{\mathrm{d}E}\right)_{E = E_{corr}}$$

$$(2-134)$$

从式(2-133)看出,由于 β_a、β_c 对于具体的腐蚀过程来说,是一个常数,故极化电阻与腐蚀电流密度成反比。

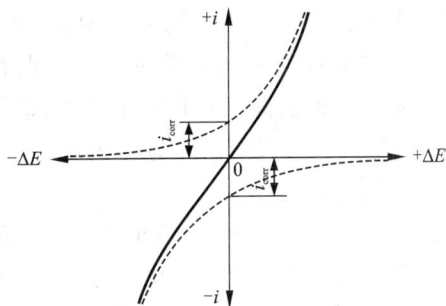

图 2-20 由一条阳极曲线和一条阴极曲线合成的腐蚀金属电极极化曲线

当 $|\Delta E|$ 足够大时,由于 β_a、β_c 均为正值,故式(2-132)中总有一项可近似为 0 忽略不计。此时测得的极化曲线的电位区间称作强极化区。一般认为 $|\Delta E| > 100$ mV,即可认为进入了强极化区。可以证明,当

$$|\Delta E| > \frac{4.605\beta_a\beta_c}{\beta_a + \beta_c} = \frac{2b_ab_c}{b_a + b_c}$$

时,腐蚀过程的一个电极反应的信息可占到99%以上,而在腐蚀过程中与之偶合的另一个电极反应的信息量小到1%以下。此时很容易得到,ΔE 与外测电流密度绝对值的对数 $\lg|i|$ 之间是直线的关系(图2-21)。例如,在进入强阳极极化区后,阴极反应的电流密度可以忽略不计,此时 ΔE 与外测阳极电流密度的关系是:

$$i_+ = i_{corr} \cdot \exp\left(\frac{\Delta E}{\beta_a}\right) \qquad (2-135)$$

或令 $b_a = 2.303\beta_a$,

$$\Delta E = b_a \lg i_+ - b_a \lg i_{corr} \qquad (2-136)$$

同样,在将腐蚀金属电极阴极极化到强阴极极化区后,腐蚀金属电极阳极溶解反应的电流密度可以忽略不计,此时,ΔE 与外测阴极电流密度的绝对值的关系是:

$$|i_-| = i_{corr} \cdot \exp\left(-\frac{\Delta E}{\beta_c}\right) \qquad (2-137)$$

或令 $b_c = 2.303\beta_c$,

$$\Delta E = -b_c \lg|i_-| + b_c \lg i_{corr} \qquad (2-138)$$

由图2-21中相应的直线的斜率可以分别求得阳极塔菲尔斜率 b_a 和阴极塔菲尔斜率 b_c。由式(2-137)和式(2-138)还可以看到,这两条塔菲尔直线延长到 $\Delta E = 0$ 处或 $E = E_{corr}$ 处,即图2-21上与 $\lg|i|$ 轴相交处,即得 $\lg i_{corr}$ 的数值。因此通过强极化区两条塔菲尔直线的测量,就可以将 $\lg i_{corr}$,b_a 和 b_c 这三个动力学参数都测定出来。

必须指出,上述分析基于以下几个假设:①金属的阳极腐蚀必须是均匀活性溶解,各电极反应的传质过程(扩散过程)对电极反应的影响很小,可忽略不计;②腐蚀电位一般远离两

个电极反应的平衡电位，故各电极反应的反方向的电流忽略不计；③从腐蚀电位到强极化电位区电极反应的动力学机构始终没有改变；④不管金属表面发生的电化学反应有多剧烈，电极的真实表面积都不会发生变化，即不影响电流密度的计算。

其实，可以在腐蚀极化图中很形象直观地来理解腐蚀金属电极的极化行为。图 2-22 简单地画出了一个腐蚀电极上面发生的两个不可逆电化学反应(分别为金属的阳极溶解，及去极化剂的还原过程)。两条曲线相交得到一个稳定的腐蚀电位 E_{corr}，相交处的电流即为腐蚀电流 i_{corr}。现在，对这个孤立电极进行极化。以阳极极化为例，电位从 E_{corr} 往正向移动至 E_1，则此时对应电极表面上金属阳极溶解反应的电流从原来的 i_{corr} 增大至 i_a，而去极化剂的阴极还原电流从原来的 i_{corr} 减小至 i_c。则电极表面的表观电流为 $i_a - i_c$。每改变一个电极电位，都有一个与之对应的表观电流。将所得到的表观电流与电极电位作图即得到腐蚀金属电极的表观极化曲线。

了解腐蚀金属电极的极化行为具有重要的意义。其中之一是，从极化曲线及极化方程可以看出，若对腐蚀电极进行阴极极化，即使电位低于

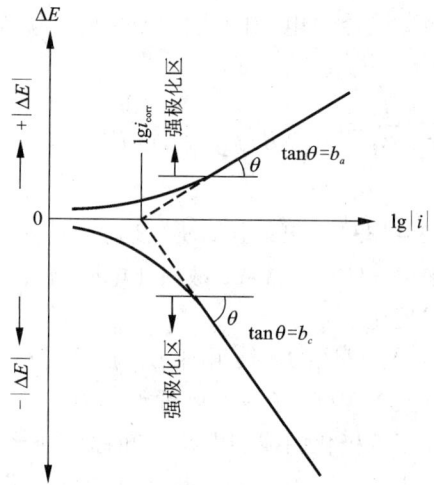

图 2-21　由强极化区的极化曲线测定 i_{corr}、b_a 和 b_c

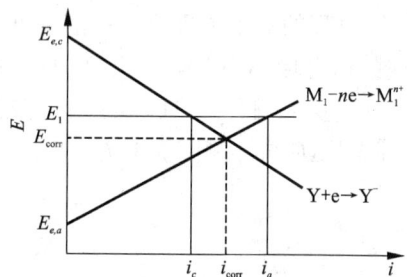

图 2-22　腐蚀金属电极的极化示意

腐蚀电位通以阴极表观电流，则金属的阳极溶解速度降低。这就是在防腐蚀中常用的外加电流阴极保护技术。

2.4　析氢腐蚀和吸氧腐蚀

2.4.1　析氢腐蚀

金属在酸溶液中腐蚀时，如果溶液中没有别的氧化剂，则析氢反应($H^+ + e \rightarrow \frac{1}{2}H_2$)是腐蚀过程唯一的去极化剂阴极还原反应。这个反应是电极反应中研究得比较充分的一个，了解析氢反应对研究金属的析氢腐蚀具有重要的作用。

析氢总的电极反应，在电极表面上可分成四个主要步骤进行：

（1）反应质点（H^+、H_3O^+ 或 H_2O）向电极表面传输。这个步骤一般不是电极反应的控制步骤。

（2）反应质点在电极表面发生放电反应，生成吸附氢原子：

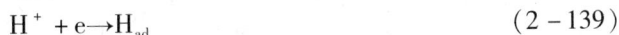

$$H^+ + e \rightarrow H_{ad} \qquad\qquad (2-139)$$

或

$$H_3O^+ + e \rightarrow H_{ad} + H_2O \qquad\qquad (2-140)$$

或

$$H_2O + e \rightarrow H_{ad} + OH^- \qquad\qquad (2-141)$$

式中，H_{ad} 表示吸附在金属表面上的氢原子。这一步反应称为放电反应，即电化学步骤，在电化学文献中也称之为伏尔默（Volmer）反应。

（3）形成附着在金属表面上的氢分子。这一步反应，可以按两种不同的方式进行：

1）由两个吸附在金属表面上的氢原子进行化学反应而复合成为一个氢分子：

$$2H_{ad} \rightarrow H_2 \qquad\qquad (2-142)$$

这个反应称为化学脱附反应，在电化学文献中也称之为塔菲尔（Tafel）反应，也称复合脱附步骤。

2）由一个氢离子同一个吸附在金属表面上的氢原子进行电化学反应而形成一个氢分子：

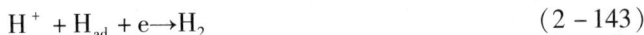

$$H^+ + H_{ad} + e \rightarrow H_2 \qquad\qquad (2-143)$$

这个反应叫做电化学脱附反应。

（4）H_2 分子离开电极表面进入气相。

一般来说，步骤（1）和步骤（4）不会成为控制步骤。决定析氢反应的动力学行为的是步骤（2）和（3）。故可根据各步骤的相对速度，将析氢反应机理分为下面 4 种情况：

（A）快电化学步骤 + 慢复合脱附步骤；

（B）快电化学步骤 + 慢电化学脱附步骤；

（C）慢电化学步骤 + 快复合脱附步骤；

（D）慢电化学步骤 + 快电化学脱附步骤；

（A）称为"复合机理"，（B）称为"电化学脱附机理"；（C）、（D）称为"缓慢放电机理"。不难看出，任何一个析氢反应过程都必然包括有电化学步骤和一种脱附步骤。故导出的析氢反应基本动力学特征在高的析氢过电位下都应该表现出电极电位与电流密度间的半对数关系，即 Tafel 关系。分别分析如下：

（1）缓慢放电机理，即在缓慢氢离子放电后接着的是快的化学脱附或电化学脱附步骤。

整个反应的速度由放电反应的速度所控制，则若以 θ 表示金属表面上吸附的氢原子所覆盖的面积分数（$0 \leqslant \theta \leqslant 1$），$i_v$ 表示氢离子放电反应的电流密度绝对值，k_1 表示它的反应速度常数，则当阴极过电位足够大，以至析氢反应的逆反应可忽略不记时，就有：

$$i = 2i_v = 2Fk_1 a_{H^+}(1-\theta) \cdot \exp\left[\frac{-(1-\alpha)F}{RT}E\right] \qquad\qquad (2-144)$$

式中，i 是整个反应的电流密度绝对值。由于整个电极反应每进行 1 次（生成 1 个 H_2 分子），氢离子放电反应就须进行 2 次，故 $i = 2i_v$。如取 $\alpha = 1/2$，式（2-144）可简写为：

$$i = i_{0,c} \cdot \exp\left(-\frac{F}{2RT}\eta\right) \tag{2-145}$$

或写为：

$$\eta = -\frac{2.3RT}{F}\lg i_{0,c} + \frac{2.3RT}{F}\lg i \tag{2-146}$$

25 ℃时塔菲尔斜率为 $\beta_c \approx 51.3$ mV 或 $b_c \approx 118$ mV。

实验证明，在 Hg、Pb、Cd、Zn 这几种金属电极上的析氢反应是按这种缓慢放电机理来进行的。

（2）复合脱附机理。由于氢离子放电反应步骤的速度很快，可以近似地认为这一反应处于平衡：

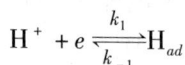

$$H^+ + e \underset{k_{-1}}{\overset{k_1}{\rightleftharpoons}} H_{ad}$$

这个反应的正反应的速度的绝对值为：

$$\vec{i} = Fk_1 a_{H^+}(1-\theta) \cdot \exp\left[\frac{-(1-\alpha)F}{RT}E\right] \tag{2-147}$$

逆反应的速度绝对值为：

$$\overleftarrow{i} = Fk_{-1} a_H \cdot \exp\left(\frac{\alpha F}{RT}E\right)$$

a_H 表示吸附在金属表面上的氢原子 H_{ad} 的活度。由于 a_H 与 θ 成正比，它们之间可以写成：

$$a_H = k'\theta$$

现在将常数 k' 合并到反应速度常数中去，仍以 k_{-1} 表示乘上了 k' 以后的反应速度常数，逆反应的电流密度绝对值就可以写成：

$$\overleftarrow{i} = Fk_{-1}\theta \cdot \exp\left(\frac{\alpha F}{RT}E\right) \tag{2-148}$$

在接近于平衡时，

$$\vec{i} \approx \overleftarrow{i}$$

由此得到：

$$\theta = \frac{\dfrac{k_1}{k_{-1}}a_{H^+} \cdot \exp\left(\dfrac{-F}{RT}E\right)}{1 + \dfrac{k_1}{k_{-1}}a_{H^+} \cdot \exp\left(\dfrac{-F}{RT}E\right)} \tag{2-149}$$

在电极电位 E 不是很负，也即析氢反应的阴极过电位的绝对值不是很大，θ 很小的情况下，式（2-149）就可以简化为：

$$\theta = \frac{k_1}{k_{-1}}a_{H^+} \cdot \exp\left(-\frac{F}{RT}E\right) \tag{2-150}$$

接着的化学脱附反应是：

$$2H_{ad} \overset{k_2}{\longrightarrow} H_2$$

这个反应的速度应该是：

$$\nu = k_2 a_H^2$$

同前面一样,将 a_H 与 θ 的比例系数 k' 合并到反应速度常数,仍以 k_2 表示乘上了 k' 以后的反应速度常数,于是表示反应速度的上式就可以写成:

$$\nu = k_2 \theta^2$$

将式(2-149)代入上式,得到:

$$\nu = k_2 \left(\frac{k_1}{k_{-1}} \right)^2 a_{H^+}^2 \cdot \exp \left(-\frac{2F}{RT} E \right)$$

整个反应的速度由这一步骤控制,而这一步骤的反应每进行 1 次,需要 2 个 H_{ad} 原子,亦即须在氢离子放电反应中消耗 2 个电子。故整个反应的电流密度为:

$$i = 2F\nu = 2Fk_2 \left(\frac{k_1}{k_{-1}} \right)^2 a_{H^+}^2 \cdot \exp \left(-\frac{2F}{RT} E \right) = i_{0, c} \cdot \exp \left(-\frac{2F}{RT} \eta \right) \qquad (2-151)$$

因此在这一反应动力学机构情况下,塔菲尔斜率为 $\beta_c \approx 12.7$ mV 或 $b_c \approx 30$ mV。

根据已有的实验结果,在平滑的 Pt、Pd 等贵金属电极上的析氢反应主要以这种机制进行。

(3)电化学脱附机理

对于电化学脱附反应

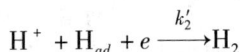

$$H^+ + H_{ad} + e \xrightarrow{k_2'} H_2$$

将 a_H 与 θ 的比例系数 k' 合并到反应速度常数 k_2' 中,这一反应的电流密度为

$$i_H = Fk_2' \theta \cdot a_{H^+} \cdot \exp \left[-\frac{(1-\alpha)F}{RT} \right] E$$

在定常态条件下,前面的氢离子放电反应的电流密度 i_v 应与后续的电化学脱附反应的电流密度 i_H 相等,故总的反应的电流密度为:

$$i = 2i_H = 2Fk_2' \theta \cdot a_{H^+} \cdot \exp \left[-\frac{(1-\alpha)F}{RT} E \right] \qquad (2-152)$$

将 θ 的表示式(2-149)代入式(2-152),得到:

$$i = 2F \frac{\frac{k_1 k_2'}{k_{-1}} a_{H^+}^2 \cdot \exp \left[-\frac{(2-\alpha)F}{RT} E \right]}{1 + \frac{k_1}{k_{-1}} a_{H^+} \cdot \exp \left(-\frac{F}{RT} E \right)} \qquad (2-153)$$

在阴极过电位不很大,θ 很小的条件下,

$$i \approx 2F \frac{k_1 k_2'}{k_{-1}} a_{H^+}^2 \cdot \exp \left[-\frac{(2-\alpha)F}{RT} E \right] = i_{0, c} \cdot \exp \left[-\frac{(2-\alpha)F}{RT} \eta \right] \qquad (2-154)$$

取 $\alpha = \frac{1}{2}$,就得到,$\beta_c \approx 17.1$ mV 或 $b_c \approx 40$ mV。

从上面的讨论知道,不同金属表面上析氢反应的机制(历程)可能是不一样的,这主要跟中间吸附粒子 H_{ad} 在金属表面的吸附状态和难易程度有关,我们把这种难易程度的大小称作金属对析氢反应的电催化活性大小。按照催化活性的大小，可将常用金属材料分为以下三类：

高析氢过电位金属，主要有 Pb、Cd、Hg、Tl、Zn、Ga、Bi、Sn 等。这些金属表面的析氢活性很低。

中析氢过电位金属，主要有 Fe、Co、Ni、Cu、W 等。

低析氢过电位金属，其中最重要的是 Pt 和 Pd 等贵金属。

上面谈到的是金属发生析氢腐蚀的其中一个电化学过程——去极化剂的还原过程（即电极反应 $H^+ + e \rightarrow \frac{1}{2}H_2$）。当它与金属的阳极反应相互偶合，变构成了一个完整的金属析氢腐蚀电极体系。一般来说，金属的析氢腐蚀有以下几个特点。

（1）在酸性溶液中，如果没有其他平衡电位比较高的氧化剂，则析氢反应是腐蚀的唯一阴极反应。

（2）在绝大多数情况下，金属在酸性溶液中的腐蚀是一种活性的阳极溶解过程，即腐蚀是在金属表面没有钝化膜或其他成相膜的状态下进行的。

（3）一般情况下，纯金属在酸性溶液中的腐蚀宏观上是均匀的。在金属表面上不会明显区分出腐蚀微电池的阴阳极区。

（4）除非溶液中的 H^+ 浓度很低（如小于 $10^{-3} mol \cdot L^{-1}$），一般说来析氢腐蚀不必考虑浓差极化的影响。

正如金属腐蚀的一般原理所讲的那样，金属析氢腐蚀时的腐蚀电位、腐蚀电流密度等数值均可通过阴极与阳极极化曲线（反应动力学）中得出。前边所介绍的一般性规律也可套用。例如，氢电极的平衡电位越高（即 H^+ 浓度越大），腐蚀反应的动力越大，所得腐蚀电位与腐蚀电流密度越大；阴阳极反应的交换电流密度越大，则腐蚀电流密度越大；阴极析氢反应的 Tafel 斜率越大，则金属的腐蚀速度越小等。所有这些，在上一节中都有详细讨论，在这里不专门叙述。

需要特别提醒的是，从附录 2 看到，析氢反应在不同的金属表面上发生的速度是不同的。这就意味着不能仅凭比较两种金属发生阳极溶解反应的平衡电极电位大小来简单地判断它们在同一酸性溶液中的析氢腐蚀速度大小。因为，金属的实际腐蚀速度是析氢反应与金属的溶解反应共同偶合决定的。例如，汞的正电性比 Zn 要大得多，若 Zn 金属上有 Hg 杂质存在，则按照上一节中所说的"牺牲阳极"概念，Zn 好像应该作为腐蚀原电池的阳极加速其在酸性溶液中的腐蚀。但是事实上，以 Hg 为杂质却可使锌的腐蚀速度大为降低。原因在于 Hg 表面极难发生析氢，它的加入加大了析氢反应阻力，从而减缓了锌的腐蚀。这就是为什么在很长一段时间里在 Zn – Mn 电池中一直使用 Hg，主要是为防止电池负极材料 Zn 的自放电腐蚀。

2.4.2 吸氧腐蚀

在中性或碱性介质中，氢离子浓度比较低，所以平衡电位也较低。对于一些不太活泼的金属，其阳极溶解反应的平衡电位较正，则这些金属发生腐蚀反应的共轭反应往往就不是氢的析出反应，而是溶解氧的还原反应。即氧气作为氧化剂或去极化剂，导致金属作为阳极的金属不断被腐蚀。这种腐蚀过程称为氧去极化腐蚀或吸氧腐蚀。

发生吸氧腐蚀的必要条件是金属的电位 E_M 比氧还原反应的电位 E_{O_2} 低。在中性和碱性溶液中氧还原反应为：

$$O_2 + 2H_2O + 4e \rightarrow 4OH^-$$

其平衡电位为：

$$E_{O_2} = E^{\ominus} + \frac{2.3RT}{4F} \lg \frac{p_{O_2}}{[OH^-]^4} \tag{2-155}$$

在 25℃ 下，$E^0 = 0.401$ V(vs. SHE)，$p_{O_2} = 0.021$，当溶液 pH = 7 时，$[OH^-] = 10^{-7}$ mol·L^{-1}，代入式(2-155)，得

$$E_{O_2} = 0.805 \text{ V}$$

在酸性溶液中氧的还原反应为：

$$O_2 + 4H^+ + 4e \rightarrow 2H_2O$$

其平衡电极电位为：

$$E_{O_2} = E^0 + \frac{2.3RT}{4F} \lg (p_{O_2}[H^+]^4) \tag{2-156}$$

在 25℃ 下，$E^{\ominus} = 1.229$ V(vs. SHE)，$p_{O_2} = 0.021$。代入式(2-156)，可得：

$$E_{O_2} = 1.229 - 0.059\text{pH}$$

考虑到 25℃ 下

$$[H^+] \cdot [OH^-] = 10^{-14}$$

不难证明，式(2-155)与式(2-156)在数值上是相等的。

从上面的分析看出，在中性溶液中只要金属在溶液中的电位低于 0.805 V，就可能发生吸氧腐蚀。所以，许多金属在中性或碱性溶液中，在潮湿的大气中、潮湿的土壤中，都能发生吸氧腐蚀，甚至在酸性介质中也会有部分吸氧腐蚀。可见，吸氧腐蚀比析氢腐蚀具有更大的普遍性，因此研究吸氧腐蚀的规律具有更大的重要性和实际意义。

先来介绍一下电极表面吸氧反应的一些特点。

吸氧反应的阴极过程可以看成是以下几个基本步骤的串联结果：

(1)溶液中的溶解氧向电极表面传输；

(2)氧吸附在电极表面上；

(3)吸附氧在电极表面获得电子进行还原反应，即氧的离子化反应。

很多情况下，氧分子的传输往往受到很大的阻滞作用；同时，氧的离子化也较 H$^+$ 的还原要难，并且离子化过程即电化学还原过程一般还包含多个基元过程。导致的一个结果是，通常要在很大的过电位下，甚至电极电位要比氢电极的平衡电极电位更负时，才能出现一定的

氧还原反应电流。

因此，氧电极反应的一个特点是经常受到电化学放电步骤和氧的传质步骤共同控制，常见的氧还原反应极化曲线如图 2-23 所示。整个阴极极化曲线可分为以下几个区段：

（1）当阴极电流密度较小且供氧充足时，相当于极化曲线的 $E_{e, O_2}AB$ 段，这时过电位与电流密度间呈半对数关系，说明阴极过程的速度主要取决于氧的离子化步骤（电化学步骤）。此区间，过电位与电流密度间的关系为：

$$|\eta_c| = a + b\lg i$$

由于是阴极极化，故 $\eta_c < 0$。

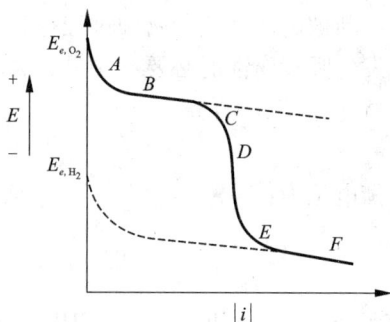

图 2-23　氧还原反应的极化曲线

（2）当阴极电流密度增大时，相当于图中的 BCD 段，由于氧的扩散速度有限，供氧速度有限，供氧过程受阻，出现明显的浓差极化。这时阴极过程受氧的离子化反应与氧分子的扩散共同控制。此阶段出现的电流条件一般为 $i_L/2 < i < i_L$。过电位与电流密度之间的关系式为：

$$|\eta_c| = a + b\lg i - b\lg\left(1 - \frac{i}{i_L}\right)$$

（3）随着极化电流的继续增大，由扩散过程缓慢而引起的浓差极化不断加强，使极化曲线更陡地上升。当电流值 $i = i_L$ 时，达到极限扩散电流。理论上说，在达到极限扩散条件下，过电位趋于无穷大。但在实际上，当阴极电位负移到一定程度时，在电极上除了氧的还原反应外，就有可能开始进行另一新的电极反应过程。例如，达到氢的平衡电位后，氢的去极化过程（图中 E_{e, H_2} EF 曲线）就开始与氧的去极化过程同时进行（图中 DEF 段）。两条极化曲线加和，得到总的阴极极化曲线。

下面来探讨金属发生实际吸氧腐蚀的情形。如果金属的阳极溶解过程与氧的还原反应相偶合，则会造成金属的吸氧腐蚀。在上一节介绍过，金属腐蚀的溶解速度是由阳极过程与阴极过程的极化行为共同决定的。但是，在下面将会看到，吸氧腐蚀在很多场合主要是由阴极的氧还原过程控制的。这种情形称为阴极控制。即金属的吸氧腐蚀速度主要是由在此金属上进行的氧的离子化过程及在其表面溶液层中氧分子的传输速度决定的。

下面用前面介绍过的腐蚀极化图（图 2-24）来说明金属的实际吸氧腐蚀速度。

（1）当金属的电负性很强，即它在腐蚀介质中的电位很低时，则金属阳极溶解极化曲线与去极化剂的阴极极化曲线很可能相交于吸氧反应与析氢反应同时起作用的电位范围内，此时金属腐蚀速度等于析氢速度与吸氧速度之和。即图中的 G 点处。它受溶液的 pH 值、溶解氧浓度与金属材料本身性质的不同而影响。符合这种情形的腐蚀有 Mg、Mn 等金属。

（2）如果腐蚀金属在溶液中的电位比较低，并自身处在活性溶解状态，而此时氧的传输速度又有限,则金属腐蚀的速度由氧的极限扩散电流密度决定。即图 2 – 24 中的交点 H。金属的腐蚀速度与金属自身的性质没有关系,而只与溶液性质有关(流动状态、溶解氧浓度等)。例如,钢铁在海水中发生腐蚀,普通碳钢和低合金钢的腐蚀速度就没有明显区别。事实上,在大多数情况下,金属的吸氧腐蚀属于这种情形。

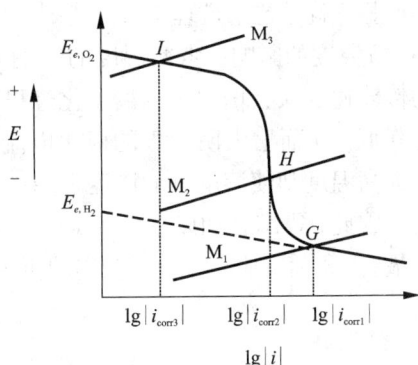

图 2 – 24　吸氧腐蚀极化图

(3)当金属的腐蚀电位很高,即金属本身的化学稳定性较高,此时氧的传输速度足够用来氧化金属,则金属的腐蚀速度主要由氧在电极上的放电速度决定。此时金属溶解的阳极极化曲线与氧阴极还原的极化曲线相交于氧还原反应的活化极化区。即图 2 – 24 中的 I 点。例如,铜在强烈搅拌的含氧介质中的腐蚀就属于这种情况。

在了解了金属吸氧腐蚀的几种类型以后,就可以进一步来分析影响吸氧腐蚀的一些主要因素。

(1)溶解氧浓度的影响。很容易理解,随着溶液中溶解氧浓度的上升,图 2 – 23 与图 2 – 24 中的氧去极化过程的阴极电流曲线将整体右移。这样,在不改变金属阳极溶解的动力学的前提下,与阴极极化曲线的交点,不管是上面探讨到的三个区域中的哪个区域,都将右移,即金属的腐蚀速度上升。

(2)溶液流速的影响。若流速变化前后,金属的腐蚀均落在氧的极限扩散区(即上面的情形(2),见图 2 – 25 中的金属 M_1),则由于氧的极限扩散电流密度与滞流层的厚度成反比,而在层流条件下,滞流层的厚度又与流速的平方根成反比,故氧的极限扩散电流密度随流速增大而上升。这样金属的腐蚀将会加剧。但若在低流速下金属的腐蚀即已落在氧阴极还原的活性电化学区域内(即上述的第三种情形,见图 2 – 25 中的金属 M_2),则即使溶液流速增大,金属的腐蚀仍处在氧的离子化过程所控

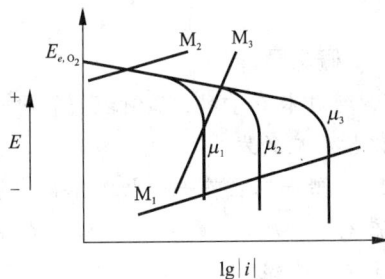

图 2 – 25　溶液流速 μ 对吸氧腐蚀的影响

制的区域。这样,金属的腐蚀速度将不随溶液的流速变化而变化。但若在低流速下,金属的腐蚀由氧的扩散控制,此时若增大流速,正像上面提到的,金属的腐蚀速度将增大,但若流速增大的结果是导致阴阳极极化曲线的交点落在了氧的离子化(电化学步骤)控制区,则再继续增大流速将不再影响金属的腐蚀速度(见图 2 – 25 中的金属 M_3)。实验数据表明,海洋中低碳钢的腐蚀速度随海水流速的变化,在低流速下随之增大而增加,但在超过一定流速后变

化不明显，就是这个道理。

(3)温度的影响。考察温度的影响时，必须考虑以下两个方面：一方面温度上升既增大氧的传输速度又会增大氧的离子化过程，也会增大金属的阳极反应速度，即将会使阴阳极的极化降低，从而增大阴阳极的极化电流密度，从而利于金属的腐蚀；但另一方面，在敞开体系中提高温度却使溶解氧的浓度下降，从而使氧阴极还原的电流降低，从而减轻金属的腐蚀速度。因此，需综合加以考虑。

最后，再简要地回顾一下金属的析氢腐蚀与吸氧腐蚀间的基本特点与不同点，列于表2－1中。

表2－1　析氢腐蚀与吸氧腐蚀间的比较

	析氢腐蚀	吸氧腐蚀
去极化剂	H^+、H_3O^+、H_2O等，迁移(包括电迁移)速度与扩散速度较大	中性氧分子，只能靠扩散和对流传输
去极化剂浓度	浓度大，酸性溶液中H^+放电，中性或碱性溶液中H_2O做去极化剂，来源丰富	浓度较小，其溶解度常随温度升高和盐浓度增大而减小
阴极控制步骤	主要是活化控制	主要是浓差控制
阴极反应产物	以氢气泡溢出，电极表面溶液同时得到搅拌，减轻浓差极化	产物OH^-只能靠扩散或迁移离开，无气泡溢出，溶液得不到附加搅拌。

思 考 题

一、概念题

1. 通过本章学习，如何理解在电子导体/离子导体界面上若有电子转移发生，必然导致净的化学反应的发生？

2. 一般而言，若一个电极体系中没有净的化学反应(物质变化)发生，则此电极上将无净电流流过。反之，即一个电极体系中无净电流通过，是否意味着电极体系中一定没有净的化学反应发生呢？

3. 如何理解电极电位的形成及绝对电极电位的不可测？

4. 试理解电位－pH图的作用与局限性。

5. 在20世纪的前40至50年，Gibbs、Van't Hoff和Nernst等的热力学成了大学中物理化学的基础。电化学家企图用化学热力学方法解释电极的极化现象：

他们把电流通过两类导体界面时所引起的电极电位的变化完全归之于电极表面附近反应物和产物浓度的变化，从而根据Nernst方程推出电极电位发生了变化。请问上述关于电极极化现象的解释是否科学？

化学腐蚀的本质是金属发生净的阳极溶解反应失去电子,而氧化剂(电子受体)接受电子被还原,从而构成一个短路的原电池(称为腐蚀电池)。根据这一描述,试分别从热力学与动力学角度出发,阐述金属本身与腐蚀溶液(介质)的性质对金属腐蚀的影响。

二、计算题

1. 现需确定硝酸亚汞的存在形式是 $HgNO_3$ 还是 $Hg_2(NO_3)_2$,设计如下电池反应:

$Hg(1)|0.001M$ 硝酸亚汞$|0.01M$ 硝酸亚汞$|Hg(1)$,实际测得 25℃下,电池的电动势为 0.029 V。试通过计算:

(1)判断硝酸亚汞的存在形式是 $HgNO_3$ 还是 $Hg_2(NO_3)_2$?

(2)若原负极侧硝酸亚汞的浓度增大至 0.1M,试问电池的电动势将变为多少?电池的正负极会不会发生对调?

2. 25℃时将表面积为 5 cm^2 的铜片浸入较大体积的 $CuSO_4$ 溶液(pH = 3)中,测得该体系的平衡电位为 0.16 V(vs. SHE)。现将 Cu 电极与相同表面积的 Pt 电极组成电解池进行电解。施加某一电流后,测得 Cu 电极的稳态电位为 −0.24 V(vs. SHE),试求:

(1)电解池中施加的电流是多少(单位安培)?

(2)试问 10 分钟后 Cu 片的厚度变化是多少?

(3)Pt 电极的稳态电极电位(vs. SHE)及需要加在电解池正负极两端的电压为多少?

[已知:$\varphi^0(Cu^{2+}/Cu) = 0.337$ V(vs. SHE),Cu^{2+} 还原反应的交换电流密度 $i_0 = 1 \times 10^{-9}$ $A \cdot cm^{-2}$;传递系数 $\alpha = 0.5$;铜元素相对原子质量为 63.5,密度为 8.9 $g \cdot cm^{-3}$。电极反应 $O_2 + 4H^+ + 4e = 2H_2O$ 的标准电极电位为 1.23 V(vs. SHE),该反应在 Pt 上的交换电流密度 $i^0 = 1 \times 10^{-10} A \cdot cm^{-2}$,传递系数 $\alpha = 0.5$,溶液的电导率为 1 $s \cdot cm^{-1}$,电解池中正负极正对并距离为 20 cm。]

注:上述动力学参数值仅供训练计算用,未实验验证其合理性。

3. 试用腐蚀极化图解释如下的腐蚀实验现象:将铁与镍分别插入同一酸性溶液中,其表面分别发生金属的溶解与析氢反应。现将两金属通过某一导线短接,发现铁的溶解速度下降,而镍的溶解速度上升,同时铁表面的析氢速度上升,而镍表面的析氢速度下降。

第3章　金属常见腐蚀形态及机理

金属腐蚀按腐蚀形态可分为全面腐蚀和局部腐蚀两大类。全面腐蚀是指腐蚀发生在整个金属材料的表面，其结果是导致金属材料全面减薄。局部腐蚀是相对全面腐蚀而言的，是指腐蚀破坏集中发生在金属材料的特定局部位置，而其余大部分区域腐蚀轻微，甚至不发生腐蚀。本章内容主要包括全面腐蚀和局部腐蚀机理和表现出诸多的不同特点。

3.1　全面腐蚀与局部腐蚀概论

全面腐蚀通常是均匀腐蚀，有时也表现为非均匀的腐蚀，其现象十分普遍。通常所说的全面腐蚀和局部腐蚀均特指由电化学反应引起的腐蚀。全面腐蚀的电化学特点是，从宏观上看，整个金属表面是均匀的，与金属表面接触的腐蚀介质溶液是均匀的，即整个金属/电解质界面的电化学性质是均匀的，表面各部分都遵循相同的溶解动力学规律。从微观上看，金属表面各点随时间有能量起伏，能量高时(处)为阳极，能量低时(处)为阴极，腐蚀原电池的阴、阳极面积非常小，而且这些微阴极和微阳极的位置随时间变换不定，因而整个金属表面都遭到近似相同程度的腐蚀。

局部腐蚀是由金属与环境界面上电化学性质的不均匀性造成的，而且这种不均匀性在相当长的时期内被固定下来。由于这种不均匀性，使腐蚀原电池的阳极区和阴极区截然分开，导致金属表面局部遭受集中的腐蚀破坏。通常局部腐蚀原电池的阴极面积比阳极面积大得多，腐蚀电池中的阳极区的金属溶解反应和阴极区去极化剂的还原反应在不同区域发生，而次生腐蚀产物又可能在第三地点形成。局部腐蚀原电池可由异金属接触电池或由活化－钝化电池构成；也可以由金属材料本身的组织结构或成分的不均匀性以及应力和温度状态的差异所引起；还可以因材料构件的几何形状或腐蚀产物生成与堆积导致的腐蚀环境的组成及状态的差异所引起。局部腐蚀可分为电偶腐蚀、点蚀、缝隙腐蚀、晶间腐蚀、选择性腐蚀、磨损腐蚀、应力腐蚀断裂、氢脆和腐蚀疲劳等。后四种属于应力作用下的腐蚀，将在第4章专门论述。

全面腐蚀虽然可能造成金属的大量损失，但其危害性并不如局部腐蚀大。因为全面腐蚀易于测定和预测，相对容易防护，而且在工程设计时可预先考虑留出腐蚀余量。与全面腐蚀相比，局部腐蚀难以预测和预防，往往在没有先兆的情况下，导致金属设备突然发生破坏，因此容易造成事故、环境污染甚至人身伤亡等重大问题。各类腐蚀失效事故事例的调查结果表明，全面腐蚀大约占20%，其余约80%为局部腐蚀破坏。基于这种原因，必须对局部腐蚀的机理、影响因素、评价方法和控制技术给予充分的关注。表3－1总结了全面腐蚀和局部腐蚀的主要区别。

表 3 - 1　全面腐蚀与局部腐蚀的比较

对比项目	全面腐蚀	局部腐蚀
腐蚀形貌	腐蚀遍布整个金属表面	腐蚀集中在一定的区域,其他部分腐蚀轻微
腐蚀电池	微阴极和微阳极区在表面上随时间变化不定,不可辨别	阴极和阳极区相对固定,可以分辨
电极面积	阳极区面积约等于阴极区面积	通常阳极区面积远小于阴极区面积
电　位	阳极极化电位 = 阴极极化电位 = 腐蚀电位	阳极极化电位 < 阴极极化电位
腐蚀产物	可能对金属有保护作用	无保护作用
质量损失	大	小
失效事故率	低	高
可预测性	容易预测	难以预测
评价方法	失重法、平均深度法、电流密度法	局部腐蚀倾向性、局部最大腐蚀深度法或强度损失法等

3.2　电偶腐蚀

3.2.1　电偶腐蚀的特征与概念

　　电偶腐蚀也叫异种金属腐蚀或接触腐蚀,是指两种不同电化学性质的材料在与周围环境介质构成回路时,电位较正的金属腐蚀速率减缓,而电位较负的金属腐蚀加速的现象(如图 3 - 1)。造成这种现象的原因是这两种材料间存在着电位差,形成了宏观腐蚀原电池。电偶腐蚀作为一种普遍的腐蚀现象,可诱导甚至加速应力腐蚀、点蚀、缝隙腐蚀、氢脆等腐蚀过程的发生。

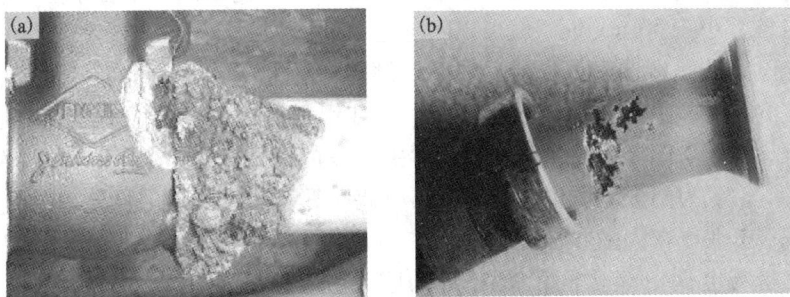

图 3 - 1　两种不同电化学性质的金属材料接触后诱发的电偶腐蚀
(a)铜 - 铁;(b)铜 - 铝

有些条件下，两种不同金属虽然没有直接接触，但也有引起电偶腐蚀的可能。例如循环冷却系统中的铜零件，由于腐蚀下来的铜离子可传送到碳钢设备表面上沉积出来，而沉积的疏松铜粒与碳钢之间会形成微电偶腐蚀电池，结果引起碳钢设备严重的局部腐蚀。这种现象归因于构成了间接的电偶腐蚀。

产生电偶腐蚀应同时具备下述三个基本条件：

(1)具有不同腐蚀电位的材料：电偶腐蚀的驱动力是被腐蚀金属与电连接的高腐蚀电位金属或非金属之间产生的电位差。

(2)存在离子导电支路：电解质必须连续地存在于接触金属之间，构成电偶腐蚀电池的离子导电支路。

(3)存在电子导电支路：即被腐蚀金属与电位高的金属或非金属之间要么直接接触，要么通过其他电子导体实现电连接，构成腐蚀电池的电子导电支路。

在腐蚀电化学中已讲过电动序的概念，电动序(标准电动序)是按金属标准电极电位高低排列的次序表。但由于确定金属标准电极电位的条件与实际腐蚀条件往往会相差很大，所以对金属偶对中的极性做判断时，不能以标准电极电位作为判据，而应该以金属的腐蚀电位作为判据，否则有时会得出错误的结论。对于实际的腐蚀体系而言，常采用电偶序判断金属在某一特定介质中的相对腐蚀倾向。所谓电偶序，就是根据金属在一定条件下测得的腐蚀电位或稳定电位(非平衡电位)的相对大小排列而成的次序表。由于实际的腐蚀体系受多种因素的影响，例如金属表面状态、环境温度、盐度、含氧量等，因此要确定甚至重现一稳定电位是很困难的。所以，一般而言，电偶序表中不给出实际测得的金属电位值，即使给出也仅仅是一种参考。

表 3-2 是一些金属或合金在海水中的电偶序。当位于表 3-2 上方的某种金属和位于下方的另一种金属在海水中组成电偶对时，前者作为阴极，后者充当阳极。电偶腐蚀的推动力是在连续的介质中两种金属的腐蚀电位差，由电位差较大(表 3-2 中上、下位置相隔较远)的两种金属在海水中组成电偶对时，阳极金属受到的腐蚀会较严重。位于表 3-2 中括号内的金属称为同组金属，表示它们之间的电位差很小(一般 <50 mV)，当它们在海水中组成电偶对时，电偶腐蚀倾向小到可以忽略的程度，如铸铁-钢、黄铜-青铜等。一般而言，当两金属之间的电位差小于 50 mV 时，就可以不考虑电偶腐蚀效应。

无论是电动序还是电偶序都只能反映腐蚀倾向，不能表示出实际的腐蚀速率。而且，某些金属在一些介质中双方电位可以发生逆转。例如铝和镁在中性氯化钠溶液中接触，开始时铝比镁电位正，镁作为阳极而发生溶解，随后由于镁的溶解使介质逐渐变为碱性，镁和铝的电位发生逆转，铝成为阳极。所以，电动序与电偶序都有一定的局限性。

研究发现，电偶序在大多数情况下能够准确地预测电偶电流的方向和电偶腐蚀倾向，但是，电偶电位差与电偶电流之间没有必然的联系，所以不能用电偶电位差指示电偶腐蚀程度。

表 3 − 2　常用金属和合金在海水中的电偶序（常温）

钝性金属或阴极		铂
		金
		石墨
		钛
		铍
		Chlorimet 3（62Ni, 18Cr, 18Mo）（镍铬铝合金 3）
		Hastelloy C（62Ni, 17Cr, 15Mo）（哈氏合金 C）
	[	18 − 8 钼不锈钢（钝态）
		18 − 8 不锈钢（钝态）
		11 − 30% Cr 不锈钢（钝态）
	[	因考耐尔（80Ni, 13Cr, 7Fe）（钝态）
		镍（钝态）
		银焊药
电位依次减小	[	蒙乃尔（70Ni, 30Cu）
		铜镍合金（60 − 90Cu, 40 − 10Ni）
		青铜（Cu − Sn）
		铜
		黄铜（Cu − Sn）
	[	Chlorimet 2（66Ni, 32 Mo, 1Fe）（镍钼合金 2）
		Hastelloy B（60Ni, 30 Mo, 6Fe, 1Mn）（哈氏合金 B）
	[	因考耐尔（活态）
		镍（活态）
		锡
		铅
		铅 − 锡焊药
	[	18 − 8 钼不锈钢（活态）
		18 − 8 不锈钢（活态）
		高镍铸铁
		13% Cr 不锈钢（活态）
活性金属或阳极	[	铸铁
		钢或铁
		2024 铝（4.5Cu, 1.5Mg, 0.6Mn）
		镉
		工业纯铝（1100）
		锌
		镁和镁合金

确定电偶腐蚀程度与发展进程可用电偶电流即由偶对的阴极流向阳极的电流来判断。电偶腐蚀的速率与电偶电流成正比,电偶电流由公式(3-1)确定。

$$i_g = \frac{V}{\frac{1}{\sigma} + R + R_a + R_c} \tag{3-1}$$

式中,i_g 是电偶电流密度,V 是阴极与阳极的开路电位差,R_a、R_c 分别为阳极、阴极极化阻力,σ 为介质电导率,R 为接触电阻。

由式(3-1)可以看出,电偶电流密度 i_g 与 V 成正比,说明阴极与阳极间的电偶电位差愈大,电偶腐蚀的驱动力就愈大;i_g 与 R_a、R_c、$1/\sigma$ 和 R 之和成反比,说明电偶腐蚀速率与具体的阴极和阳极电极过程进行难易程度、介质电阻和阴阳极间的连接状况有关。显然,阴极和阳极的极化阻力越大,以及偶对间接触电阻越大,电偶腐蚀速率就越小。从式(3-1)看,介质的导电率越大,电偶腐蚀越严重。

阳极金属因偶接而腐蚀加速的程度,常采用阳极金属的溶解电流密度 i_a 与未偶接时自溶解电流密度 i_o 的比值 $\gamma = i_a / i_o$ 表示,称为电偶腐蚀效应,γ 愈大,意味着电偶腐蚀愈严重。

3.2.2 电偶腐蚀机理

设由两块表面积相等的金属 N 和 M 分别放入含去极化剂的同一介质中,两种金属各自发生腐蚀,反应处于活化控制,即腐蚀反应的动力学行为服从塔菲尔关系。假设 N 的腐蚀电位比 M 的低,当 N 和 M 在介质中直接接触时,便构成一个宏观电偶腐蚀电池,N 成为电池的阳极,M 成为电池的阴极,如图3-2所示。设此时两电极间的接触电阻和溶液电阻可忽略,由于有电偶电流从 M 流向 N,两极同时向相反的方向极化,即 N

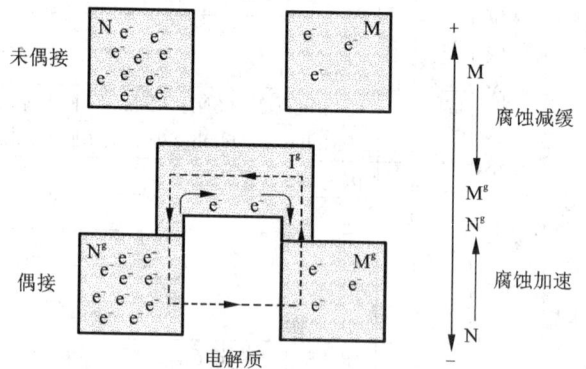

图3-2 电偶腐蚀的原理图

(在电偶序中金属 N 的腐蚀电位小于金属 M 的腐蚀电位,偶合后 N 的腐蚀加剧而 M 被保护)

发生阳极极化,M 发生阴极极化。在电偶腐蚀电池中,腐蚀电位较低的金属由于和腐蚀电位较高的金属接触而产生阳极极化,导致溶解速率增加,产生电偶腐蚀效应;而与之对应的腐蚀电位较高的金属产生阴极极化,结果是溶解速率下降,产生阴极保护效应。这两种效应同时存在,互为因果。

现通过极化图进一步分析电偶腐蚀的原理。图3-3为电位高的金属 M 和电位低的金属 N 构成电偶对前、后的极化图。为使问题简化,假设两种金属面积相等,且阴极过程仅是氢离子的还原。在两金属表面各自发生的共轭电极反应如下:

金属 M 表面上，氧化反应为

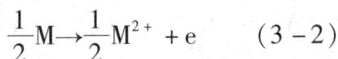

$$\frac{1}{2}M \rightarrow \frac{1}{2}M^{2+} + e \qquad (3-2)$$

还原反应为

$$H^+ + e \rightarrow \frac{1}{2}H_2 \qquad (3-3)$$

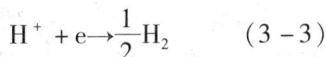

金属 N 表面上，氧化反应为

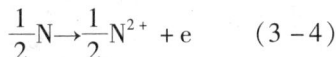

$$\frac{1}{2}N \rightarrow \frac{1}{2}N^{2+} + e \qquad (3-4)$$

还原反应为

$$H^+ + e \rightarrow \frac{1}{2}H_2 \qquad (3-5)$$

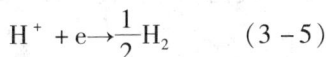

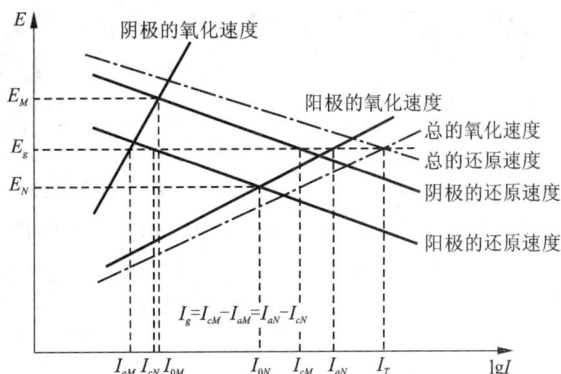

图 3-3　M 和 N 金属偶合前后的极化图

由极化图可知，两金属偶接前，两金属的自腐蚀速率和自腐蚀电位分别由各自的阴极和阳极极化曲线的交点决定（E_M 和 E_N），其自腐蚀速率分别为 I_{0M} 和 I_{0N}。两金属偶接后，当系统达到稳态时，从阳极流出的表观阳极极化电流必须等于作为阴极流入的表观阴极极化电流，即 $I_g = I_{cM} - I_{aM} = I_{aN} - I_{cN}$。根据混合电位理论，在总混合电位（电偶电位）$E_g$ 处，电偶腐蚀电池的总氧化速率与总还原速率相等，即在总的阴极和阳极极化曲线的交点 E_g 对应电偶全体系的总腐蚀速率 $I_T = I_{aN} + I_{aM} = I_{cM} + I_{cN}$。对于电偶腐蚀，人们更关注的是作为偶对阳极的腐蚀加速问题。从极化图可知，电偶腐蚀效应可表达为

$$\gamma = \frac{I_{aN}}{I_{0N}} = \frac{I_g + |I_{cN}|}{I_{0N}} \approx \frac{I_g}{I_{0N}} \qquad (3-6)$$

3.2.3　电偶腐蚀的影响因素

（1）面积效应

通常阴阳极面积比对电偶腐蚀影响很大，当阴极面积增大时，阳极性金属的腐蚀速率会加快。若阴极还原反应是氢去极化，阴极面积增大使得电流密度减小，导致析氢过电位减小，将使电偶腐蚀速率增加；如果阴极还原反应是由氧的扩散控制，阴极面积增加意味着可接受更多的氧发生还原反应，同样会导致电偶腐蚀速率增加。

例如，有金属 1 和金属 2 偶接成电偶浸入含氧中性介质（如海水）中，腐蚀完全受氧的扩散过程控制。因为阴极过程受氧的扩散控制，故两金属表面的阴极电流密度相等，都为氧的极限扩散电流密度 i_L，即

$$i_{c1} = i_{c2} = i_L \qquad (3-7)$$

根据混合电位理论，在电偶电位 E_g 下，两金属表面总的氧化反应电流等于总的还原反应电流。假设金属 2 比金属 1 的电位正，且金属 2 的阳极溶解电流 I_{a2} 可以忽略，则有

$$I_{a1} = I_{c1} + I_{c2} \qquad (3-8)$$

若金属 1 和金属 2 的表面积分别为 S_1 和 S_2，则式（3 - 8）可表达为

$$i_{a1} \cdot S_1 = i_{c1} \cdot S_1 + i_{c2} \cdot S_2 = i_L \cdot S_1 + i_L \cdot S_2 \qquad (3-9)$$

$$i_{a1} = i_L \left(1 + \frac{S_2}{S_1} \right) \qquad (3-10)$$

这就是集氧面积原理表达式。它表明当腐蚀完全受氧的扩散控制时，电偶的阳极腐蚀速率与单位时间内扩散达到电偶对阳极和阴极表面的溶解氧的总量相等。显然，两种金属未偶合时，其腐蚀速率 i_{01} 应等于 i_L，所以在这种条件下，电偶腐蚀效应为

$$\gamma = \frac{i_{a1}}{i_{01}} = 1 + \frac{S_2}{S_1} \qquad (3-11)$$

可见，当 $S_2 \gg S_1$ 时，电偶腐蚀速率大大增加。因此，常用大面积的惰性电极（如不锈钢或 Pt 片）进行加速电偶腐蚀试验。

（2）介质的影响

介质的组成、温度、电导率、pH 值、环境工况条件的变化等因素均对电偶腐蚀有重要的影响。通常，介质腐蚀性越强，电偶腐蚀程度也就越严重。当金属发生全面腐蚀时，介质的电导率越高，则金属的腐蚀速率越大，但是对于电偶腐蚀而言，介质电导率高低对阳极金属的腐蚀程度的影响有所不同。对于

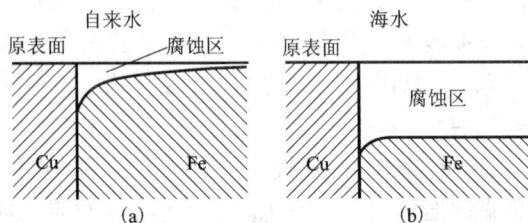

图 3 - 4　腐蚀介质电导率不同时腐蚀区域的不同分布
（a）自来水（低电导率）；（b）海水（高电导率）

高电导率的介质体系，如海洋环境，介质的电导率高，溶液的欧姆压降可以忽略，电偶电流可分散到离接触点较远的阳极表面上，阳极所受的腐蚀较为"均匀"。如果是在软水或普通大气环境中，由于介质的电导率低，两极间溶液引起的欧姆压降大，腐蚀会集中在离接触点较近的阳极表面，相当于把阳极的有效表面缩小，因而局部腐蚀严重，如图 3 - 4 所示。

（3）温度的影响

温度升高，电偶腐蚀电流增大，腐蚀加速。有时，温度还能使电偶对中的金属发生极性反转。例如，镀锌铁板表面的镀锌层在室温的中性水或大气中相对于铁基体是阳极，由于锌表面生成的一层 $Zn(OH)_2$ 覆盖层结构疏松，对锌没有保护作用，因此锌优先被腐蚀而使得铁得到保护。但是，在 80℃ 以上的自来水中，$Zn(OH)_2$ 会脱水生成 ZnO，而 ZnO 对锌有良好的保护作用，使得锌的腐蚀电位正移，$Zn - Fe$ 电偶发生极性逆转，此时基体铁变为阳极，腐蚀加速。因此，白铁制成的水桶不能用来盛沸水。

（4）表面膜的影响

当把两组电偶对 Al - 不锈钢和 Al - Cu 分别置于海水体系中，根据表 3 - 2 中的电偶序可知，不锈钢与 Cu 的位置比较接近，因此两组电偶对的电位差应该很接近，即 Al 在两个电池

中的电偶腐蚀倾向应该差不多。然而，实际上在 Al – 不锈钢电偶对中，Al 只受到了轻微的腐蚀，而在 Al – Cu 电偶对中，Al 和 Cu 都遭受到了强烈的腐蚀。造成上述理论分析和实验之间的差异性的原因就是表面膜的影响。由于 Al 和不锈钢两种金属的表面都能生成高耐蚀的氧化膜，两者偶合后，氧化膜都未破坏，所以 Al 的腐蚀轻微。但是在 Al – Cu 组成的电偶对中，Cu 为 Al 提供了一个强的阴极体，使 Al 进入过钝化状态，因此 Al 的腐蚀严重。同时，由于 Cu 初始时在海水中生成的 Cu_2O 表面膜在阴极电流下会被还原为 Cu 而成为裸露的金属，而在两者的偶合电位下，Cu 不能得到有效的阴极保护，因此导致 Cu 的自腐蚀速率也增加。

3.2.4　电偶腐蚀评价方法

电偶腐蚀评价方法主要有暴露试验、电位测量、电偶电流测量和极化曲线测量等。暴露试验是将不同金属材料按规定的面积比例制成一定形状的试样，紧固在一起，构成一组电偶对试样，暴露于腐蚀介质中进行电偶腐蚀试验；同时将未偶接的这两种金属试样也分别在相同介质条件下进行对比性腐蚀试验。根据实验目的和要求，采用失重测量、电阻测量、表观检查和机械力学性能检测等评定方法，对比这两组试验结果以判断电偶效应。电位测量可以确定金属和合金材料间的电偶序，为判断各种材料组成电偶对时发生电偶腐蚀的热力学趋势提供依据。为了确保测量的准确性，电位测量必须采用高阻抗电压表。电偶电流的测量可以从动力学角度进一步确定电偶腐蚀的程度，阳极上的电偶电流密度正比于阳极的电偶腐蚀速率。测量时需要采用零电阻电流计（ZRA）才能保证测试结果的准确性。极化测量可确定材料各自的腐蚀速率，估算电偶电位、电偶电流，并判断阴极材料和阳极材料的极化阻力等动力学影响因素。

3.3　点蚀

3.3.1　点蚀的特征与概念

点蚀又称小孔腐蚀，是一种腐蚀集中在金属表面很小范围内并深入到金属内部甚至穿孔的孔蚀形态，如图 3 – 5 所示。图 3 – 5 为不锈钢在 3.5%（质量）NaCl 溶液中产生点蚀的试片。具有自钝化特性的金属，如不锈钢、铝和铝合金等在含氯离子的介质中，经常发生点蚀。在许多含氯离子的介质中碳钢亦会出现点蚀现象。

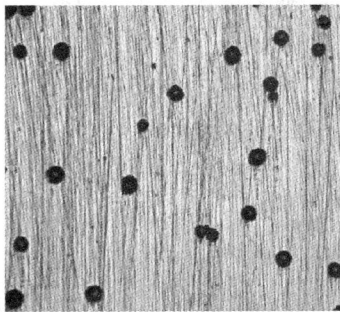

图 3 – 5　304 不锈钢在 3.5%（质量）NaCl 溶液中产生点蚀的试片图像

点蚀的蚀孔直径一般只有数十微米，但

深度等于或远大于孔径。孔口多数有腐蚀产物覆盖，少数呈开放式（无腐蚀产物覆盖）。蚀孔通常沿着重力方向发展，一块平放在介质中的金属，蚀孔多在朝上的表面出现，很少在朝下的表面出现。

点蚀产生的主要特征有下列三个方面：

（1）点蚀多发生于表面生成钝化膜的金属或表面有阴极性镀层的金属上（如碳钢表面镀锡、铜、镍）。当这些膜上某些点上发生破坏，破坏区域下的金属基体与膜未破坏区域形成活化－钝化腐蚀电池，钝化表面为阴极而且面积比活化区大很多，腐蚀向深处发展形成小孔。

（2）点蚀发生在含有特殊离子的介质中，如不锈钢对卤素离子特别敏感，其作用顺序为 $Cl^- > Br^- > I^-$。

（3）点蚀通常在某一临界电位以上发生，该电位称作点蚀电位或击破电位（E_b），又在某一电位以下停止，而这一电位称作保护电位或再钝化电位（E_p）。当电位大于 E_b，点蚀迅速发生、发展；电位在 $E_b \sim E_p$ 之间，已发生的蚀孔继续发展，但不产生新的蚀孔；电位小于 E_p，点蚀不发生，即不会产生新的孔蚀，已有的蚀孔将被钝化不再发展。但是，也有许多体系可能找不到特定的点蚀电位，如点蚀发生在过钝化电位区（铁在 ClO_4^- 溶液中）、发生在活化/钝化转变区（铁在硫酸溶液中）时，就难以确定点蚀电位。在一些情况下，例如含硫化物夹杂的低碳钢在中性氯化物溶液中，点蚀也可能发生在活化电位区。

点蚀形貌是多种多样的，随材料与腐蚀介质而不同（如图3－6所示）。点蚀形态既决定于材料成分和组织结构，又取决于介质的组成和点蚀坑内的溶液组成。目前尚不十分清楚必须满足哪些条件，才能形成某种形状的蚀孔。蚀孔将会在设备哪些部位出现，腐蚀的程度如何，这些问题都难以通过有效的检测方法作出估计，所以严重的腐蚀穿孔事故往往可能突然发生，如地下输油、输气管线以及工

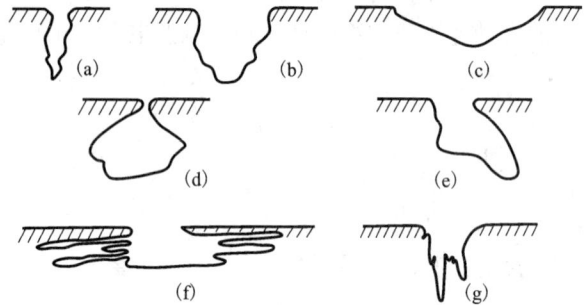

图3－6　各种点腐蚀形貌
(a)窄深；(b)椭圆形；(c)宽浅；(d)在表面下面；
(e)底切形；(f)水平形；(g)垂直形

业介质输送管网，管壁穿孔会引起大量的物料流失甚至引起火灾或爆炸。此外，点蚀同其他类型的局部腐蚀的发生（如缝隙腐蚀、应力腐蚀和腐蚀疲劳）有着密切的关系，因此点蚀是一种破坏性和隐患性极大的局部腐蚀。

3.3.2　点蚀的机理

点蚀可分为两个阶段，即点蚀成核(发生)阶段和点蚀生长(发展)阶段。

(1)点蚀成核(发生)

点蚀从发生到成核之前有一段孕育期，有的长达几个月甚至几年时间。孕育期是从金属与溶液接触一直到点蚀开始的这段时间。孕育期阶段是一个亚稳态阶段，它包括亚稳孔形核、生长、亚稳孔转变为稳定蚀孔的过程。孕育期随着氯离子浓度的增大和电极电位的升高而缩短。

关于亚稳孔成核的原因主要有两种学说，即钝化膜破坏理论和吸附理论。

1)钝化膜破坏理论：当侵蚀性阴离子(如氯离子)在不锈钢钝化膜上吸附后，由于氯离子半径小而穿过钝化膜，氯离子进入膜内后"污染了氧化膜"，产生了强烈的感应离子导电，于是此膜在一定点上变得能够维持高的电流密度，并能使阳离子杂乱移动而活跃起来，当膜 - 溶液界面的电场达到某一临界值时，就发生点蚀。

2)吸附理论：该理论认为点蚀的发生是由于氯离子和氧的竞争吸附而造成的。当金属表面上氧的吸附点被氯离子所替代时，形成可溶性金属 - 羟 - 氯络合物，使膜的完整性遭到破坏。这种吸附置换假说可用图 3 - 7 表示。图中 M 表示金属，在除氧溶液中金属表面吸附的不是氧分子，而是由水形成的稳定的氧

$$M+ZX^- \longrightarrow MX_z+Ze^-$$

$$M\begin{vmatrix} H^+ \\ O^{2+} \\ H^+ \end{vmatrix}+ZX^- \longrightarrow M\begin{vmatrix} X^- \\ Z \end{vmatrix}+H_2O \longrightarrow MX_z+Ze^-+H_2O$$

水解 ↓

$$Ze^-+M(OH)_z+ZH^+$$

图 3 - 7　吸附置换假说示意图

化物离子。ZX^- 为氯的络合离子。当氯的络合物离子一旦取代稳定氧化物离子，该处吸附膜被破坏，进而发生点蚀。根据这一理论，点蚀击破电位 E_b 是腐蚀性阴离子可以可逆地置换金属表面上吸附层的电位。大于 E_b 值时，氯离子在某些点竞争吸附更强，该处发生点蚀。

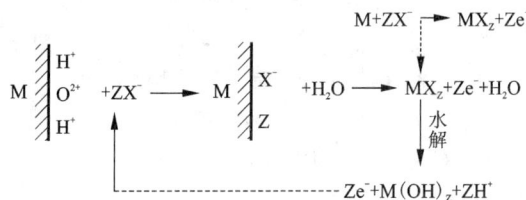

用含示踪原子[36]Cl 的氯化钠研究氯离子在铬表面的吸附作用，以及硫酸钠对这种吸附作用的影响，其结果如图 3 - 8 所示。研究结果表明，溶液中没有 Na_2SO_4 时，大量氯离子吸附在铬的表面，而当 Na_2SO_4 含量足够高时，能完全把氯离子从表面排挤掉。其他离子，特别是 OH^-，也有类似 SO_4^{2-} 的作用，可以减少和抑制 Cl^- 的吸附。对比图 3 - 9 可知 SO_4^{2-} 浓度增大能使 18 - 8 不锈钢的点蚀电位升高。这两方面的实验数据是吸附理论的主要依据。

形核后的小孔处于亚稳态，随时可能发生再钝化而停止生长，大多数亚稳孔在一定时间内发生再钝化。为解释这种现象，说明亚稳孔的生长行为，研究者们提出了不同的亚稳孔生长模型。

1)膜下成核模型：Frankel 认为亚稳小孔在生长过程中被完整的覆盖膜所覆盖。这层膜是多孔性的，使得孔内溶解产物和孔外侵蚀性离子能通过膜进行扩散。这些微孔造成的电流

的集中导致了较大的阻抗和欧姆降，而亚稳孔的生长就是受膜阻抗的控制。在亚稳孔生长的后期，膜由于应力或渗透压等原因而破裂，电位降 IR 突然消失，这时可观察到电流密度瞬间增大，但由于小孔内外溶液迅速混合，孔内不能维持溶解所需的高浓度，小孔迅速钝化。因此，膜的性质是亚稳孔生长的决定性因素，结实的覆盖膜有利于孔的生长，否则膜易破裂，亚稳孔将被再钝化而消亡。

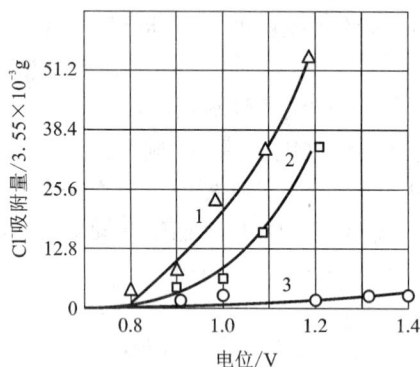

图 3 - 8　Cl⁻ 在 Cr 表面上的吸附量
与 SO_4^{2-} 和电位的关系

1—0.01N NaCl；2—0.01N NaCl + 0.01N Na₂SO₄；
3—0.01N NaCl + 0.1N Na₂SO₄

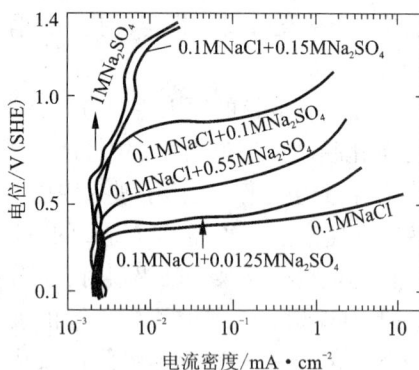

图 3 - 9　18 - 8 不锈钢在 NaCl + Na₂SO₄
中的极化曲线

2）扩散控制模型：Pistorius 等提出的扩散控制模型认为，亚稳态小孔的生长是受由小孔内向孔外的离子扩散速率控制的。在小孔生长期间，离子通过膜盖上的小孔的扩散速率保持恒定，从而溶解电流密度恒定，膜盖上的小孔若增多或增大，可加速离子扩散，使小孔生长速率加快，但若膜盖在渗透压或内应力的作用下破裂，扩散大大加快，孔内溶液不能保持活性溶解所需的高浓度，小孔就发生钝化。

3）孔生长两阶段模型：小孔生长的初期无膜覆盖，孔内溶解电流密度 i_d 受到溶解产物由孔内向孔外的传质速率 J 控制，其速率决定于孔内外的浓度梯度。如果 $i_d < J$，孔内产物浓度降低，孔发生再钝化，否则小孔继续发展。小孔继续进行将导致金属在钝化膜下方发生溶解，钝化膜残留表面，这时孔的生长由孔口的扩散控制，但残留的钝化膜在应力或溶解的作用下随时可能破裂。膜一旦破裂，扩散突然加快，孔内溶液浓度降至临界浓度之下，亚稳孔发生再钝化。

以上三个模型都部分解释了小孔生长过程中出现的一部分现象。小孔生长究竟是由阻抗控制或是扩散控制，还是两者的混合控制，以及是否还有别的控制因素有待进一步研究。

非金属夹杂物的分布和组成以及金属组织不均匀性都对点蚀有重大影响。硫化物夹杂是碳钢、低合金钢、不锈钢以及镍等材料萌生点蚀最敏感的位置。研究表明，Cl^-、S^{2-} 等侵蚀性离子优先吸附于钢表面上的硫化物夹杂周围。在不锈钢表面，硫化物夹杂对表面钝化膜来说电位较负，为阳极，孔蚀时优先溶解。而在碳钢表面上硫化物夹杂对于金属表面来说电位较正，为阴极。在硫化物夹杂与金属交界处是含有少许硫化物夹杂碎屑的基体，此为纯基体与硫化物夹杂的过渡区。当有孔蚀发生时，该过渡区的电位最负，Cl^- 在此吸附成核。硫化物中大部分是 MnS，而剩余的硫化物夹杂则是更容易溶解的 FeS，当在 FeS 上吸附 Cl^- 时，则不存在过渡区，FeS 直接溶解。但是，并非所有的硫化物都可形核。

非金属夹杂如氧化物、硅酸盐、碳化物、碳氮化物、TiN 处都是点蚀发生的敏感处。

晶界也是点腐蚀敏感的位置，例如，Cr18Ni14 钢中加入 5% V、Si、Mo 等元素后，晶界上明显出现点蚀，这是由于在回火后或焊缝处晶界析出碳化铬引起晶界铬贫化的结果。对 3RE60 双相不锈钢点蚀研究表明，在 1% $FeCl_3$ 溶液中浸泡，点蚀起源于相界，并且在奥氏体一侧，这是由于合金元素铬、钼在两相中的分布是不均匀的，在铁素体相中较多，致使铁素体比奥氏体有较好的钝态稳定性。

此外，钝化膜的划伤或应力集中，甚至晶格缺陷（例如错位）也都可能是产生点蚀的起因。

（2）点蚀生长（发展）

一旦形成蚀孔后，孔蚀的发展是很快的。孔蚀发展模型也有很多，目前比较公认的是蚀孔内发生酸化自催化过程。现以不锈钢在充气的含 Cl^- 的中性介质中的腐蚀过程为例，讨论点蚀孔的生长过程。如图 3 - 10 所示，蚀孔一旦形成，孔内金属处于活性状态（电位较负）成为阳极，而孔外不锈钢表面仍处于钝化状态，电位较正而成为阴极。于是蚀孔内外构成了一个活化 – 钝化的微电偶腐蚀电池。蚀孔内金属溶解形成 M^{n+}（如 Fe^{2+}、Cr^{3+}、Ni^{2+} 等）阳离子，孔内发生的阳极反应可表示为：

图 3 - 10　不锈钢在充气 NaCl 溶液中点蚀的闭塞电池示意图

$$M \rightarrow M^{n+} + ne \tag{3-12}$$

孔外发生的阴极反应为：

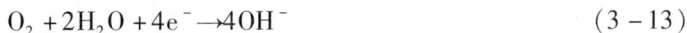

$$O_2 + 2H_2O + 4e^- \rightarrow 4OH^- \tag{3-13}$$

孔口处由于 pH 值增高，金属离子产生二次反应，以 Fe^{2+} 为例：

$$Fe^{2+} + 2OH^- \rightarrow Fe(OH)_2 \tag{3-14}$$

$$4Fe(OH)_2 + 2H_2O + O_2 \rightarrow 4Fe(OH)_3 \tag{3-15}$$

反应形成的氢氧化铁沉积在孔口。随着腐蚀的进行，蚀孔外 pH 值逐渐升高，水中可溶性盐

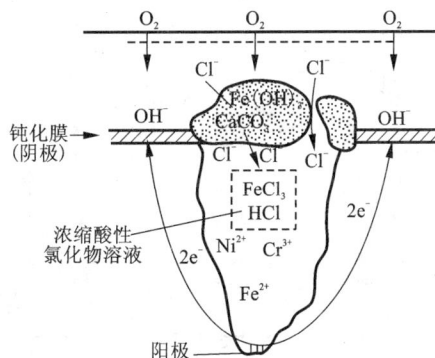

如 $Ca(HCO_3)_2$ 将转为 $CaCO_3$ 沉淀，结果锈层与垢层一起在蚀坑口堆积逐渐形成一个闭塞电池，阻碍了孔内外离子的迁移。闭塞电池形成之后溶解氧更不易扩散进入孔内，在孔内外构成氧浓差电池。在蚀孔内溶解下来的金属离子不易向外扩散，造成 Fe^{2+} 等阳离子浓度不断增加，为保持电中性，孔外 Cl^- 离子向孔内迁移，造成孔内 Cl^- 离子浓度增高（如 1Cr18Ni12Mo2Ti 不锈钢蚀孔内 Cl^- 浓度可达 $6 \sim 12 \ mol \cdot L^{-1}$，高出孔外溶液一个数量级以上）。孔内氯化物浓缩，水解使孔内 pH 值逐渐下降，孔内高酸性和高 Cl^- 浓度的环境促进孔内金属的腐蚀，随之又引起更多的 Cl^- 迁入，孔内溶液更加酸化。如此循环往复，形成了一个闭塞电池自催化过程。由此可见，点蚀的发展是化学和电化学共同作用的结果。

一般认为不锈钢发生点蚀时，蚀孔内的溶液存在着一个临界状态，如临界 pH 值、临界 Cl^- 浓度或者临界盐浓度等。当达到临界值后，蚀孔才能够快速长大。采用闭塞电池研究 18-8 不锈钢点蚀发展过程中 pH 值和 Cl^- 离子浓度的变化，发现当 pH 值低于 1.3，Cl^- 离子超过 $1.5 \ mol \cdot L^{-1}$ 后，腐蚀速率急剧升高（见图 3-11）。

蚀孔内金属的溶解依赖于蚀孔内溶液中的盐浓度，当盐浓度达到饱和浓度的 60% 后，阳极溶解电流迅速增加，但盐浓度太高后，溶解速率又有所下降（见图 3-12）。这可能是当盐浓度超过一定值后，金属从钝化态转变为活化状态，溶解速率加快；另外，盐浓度太高时，由于溶液导电率下降，导致腐蚀速率降低。

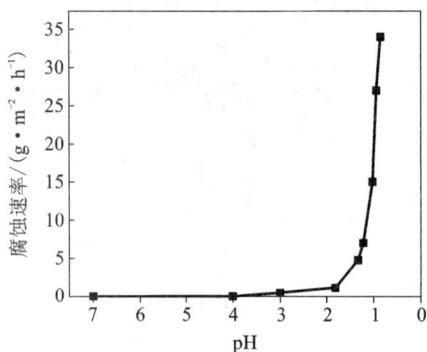

图 3-11　pH 值对 18-8 不锈钢在闭塞区模拟溶液中的腐蚀速率的影响

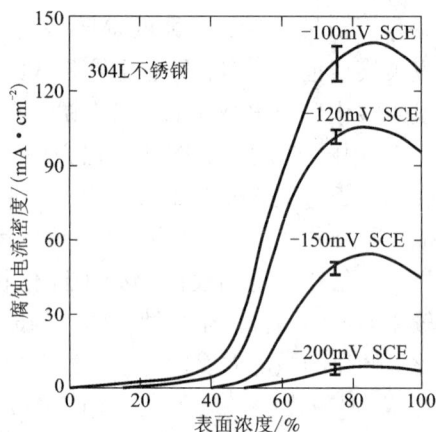

图 3-12　304 不锈钢阳极溶解电流随盐浓度的变化

研究结果表明，碳钢在闭塞区内的腐蚀不存在临界 pH 值和临界 Cl^- 浓度，腐蚀速率的对数与 pH 值呈线性关系（如图 3-13 所示）。

对 1Cr13、1Cr17 在 3.5% NaCl 水溶液中的点蚀发展过程研究发现 Cr/Fe 越高，材料耐点蚀性能越好。点蚀一旦发生，以后的发展同样具有自催化作用，只是溶解的铬离子并不是与铁离子一样全部发生扩散和水解，而是一部分铬离子又重新沉积在点蚀孔壁内，放电沉积后在孔壁内形成了铬含量较高的表面层，这样溶解反应主要发生在孔底部，使点蚀成为一个较深的坑。

铝的点蚀成长机理与不锈钢类似，蚀孔周围的 Al_2O_3 钝化膜起着大阴极作用。铝表面若有铜沉积或嵌入 Al_2O_3 晶格内，则能起有效的阴极作用，加快在它上面的溶解氧的还原过程，因此，当水中含有微量铜离子时，铝的点蚀就能迅速发生。金属间化合物相 $CuAl_2$ 或 $FeAl_3$ 等也使氧的还原速率加大。

碳钢的点蚀成长机理也与不锈钢基本类似，不同之处一是硫化物夹杂对点蚀孔的形成和发展起到一定的促进作用。硫化物相对于钢基体

图 3 – 13　碳钢腐蚀速率与 pH 值之间的关系

为阳极，点蚀自硫化物/碳钢界面处萌生，向基体一侧发展。点蚀孔内的自催化酸化作用导致硫化物夹杂（如 MnS）溶解，即

$$MnS + 2H^+ \rightarrow H_2S + Mn^{2+} \tag{3 – 16}$$

表面硫化物夹杂的溶解，会露出新鲜的金属基体，同时产生 H_2S 酸性溶液，加速铁基体的阳极溶解。第二个不同之处是碳钢点蚀孔内不存在一个临界 pH 值，而是随着孔内 pH 值的下降，腐蚀速率逐渐增加。

（3）点蚀生长动力学

对点蚀发展的速率，即点蚀生长动力学的问题，虽然有许多研究，但至今仍不能得到充分的解答。

蚀孔的生长动力学的研究一般有两种方法，一种是恒电流的方法，即在腐蚀过程中电流保持为恒定值，观察电位、孔半径、孔深和点蚀数目随时间的变化。另一种是恒电位的方法，即在点蚀过程中控制电位始终为一常数，观察电流、点蚀孔尺寸和点蚀数目随时间的变化。

1）恒电流方法：当采用此法时，电位经常发生波动，每次波动相应形成一个点蚀孔，电位波动的频率近似等于单位时间内形成的点蚀数。但波动次数并不总能决定点蚀数，如果波动的频率非常高，金属阳极溶解的时间将非常短，宏观上就看不到点蚀坑。F. Rosenfeld 研究了 Cr18Ni10Ti 在 0.1NNaCl 溶液中的点蚀行为，结果表明，点蚀坑的平均半径随时间变化的关系可用方程式（3 – 17）表达：

$$r \propto t^{0.37} \tag{3 – 17}$$

而从极化电流和点蚀的总面积出发计算点蚀的电流密度，结果为

$$i_p \propto t^{-2/3} \tag{3 – 18}$$

2）恒电位方法：用恒电位方法研究了蚀孔发展速率，认为小孔的发展速率正比于时间的 2~3 次方，即 $i_p = kt^b$，式中 k 是依赖于 Cl^- 浓度的常数，t 为时间。当点蚀数不随时间变化时，$b=2$；当点蚀数正比于时间时，$b=3$。这里假设点蚀坑为半圆形，蚀坑内的电流密度为常数，蚀孔半径 r 随时间线性增加。由于在许多情况下都不符合以上解释，因此除了半圆模

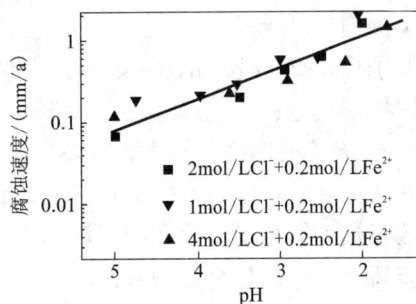

型($r = h$)外，又有帽子形模型($r > h$)，圆柱形模型($r < h$)。

半圆模型：$i \propto r^3/t$；

帽子形模型：$i \propto h^2 R(3 - a)/t$，其中 R 为球半径，h 为蚀坑深，$a = h/r$；

圆柱形模型：$i = r^2 h/t$。

r、h、R 都是时间的函数，所以指数 b 也可以具有各种数值。

其实实际的点蚀的形貌多种多样，生长动力学极其复杂，以上研究还缺乏系统性，没有充分的根据和解析说明蚀孔的深浅和形状，不能对众多的点蚀现象进行解释。这些问题有待进一步研究并作出更全面的解说。

3.3.3 点蚀的影响因素

(1)环境因素

这里是指材料所处的介质特性，介质特性对点蚀的形成有重要的影响。

1)介质类型：某些材料在特定的介质中易发生点蚀，如不锈钢易在含卤族元素阴离子 Cl^-、Br^-、I^- 的介质中发生，而铜则对 SO_4^{2-} 更敏感。当溶液中含有 $FeCl_3$、$CuCl_2$ 为代表的二价以上重金属氯化物时，由于金属离子强烈的还原作用，将大大促进点蚀的形成和发展。

2)介质浓度：以卤族离子为例，一般认为，只有当卤族离子达到一定浓度时才发生点蚀。可以把产生点蚀的最小浓度作为评定点蚀趋势的一个参量。不锈钢的点蚀电位与卤族离子浓度的关系可用式(3-19)表示：

$$E^{X^-} = a + b\lg C_{X^-} \qquad (3-19)$$

式中，E^{X^-} 为点蚀电位；C_{X^-} 为阴离子浓度；a、b 值随钢种及卤族离子种类而定。

$Fe-Cr$、$Fe-Cr-Ni$ 合金在 H_2SO_4 溶液中发生点蚀的最小 Cl^- 浓度值如表 3-3 所示。可见当铬含量达 25% 时，发生点蚀的最小 Cl^- 浓度值提高到 1.0，而镍影响不大。

表 3-3 不同合金在 1N H_2SO_4 溶液中发生点蚀的最小 Cl^- 值(N)

合金成分	纯铁	5.6Cr	11.6Cr	20Cr	24.5Cr	29.4Cr	18.6-9.9Ni
$[Cl^-]_{最小}$	0.0003	0.017	0.069	0.1	1.0	1.0	0.1

3)介质中其他阴离子作用：介质中如存在 OH^-、SO_4^{2-} 等阴离子，对不锈钢点蚀起缓蚀作用，效果随下列顺序而递减 $OH^- > NO_3^- > Ac^- > SO_4^{2-} > ClO_4^{2-}$，对铝则有 $NO_3^- > CrO_4^- > Ac^- > SO_4^{2-}$。

对应于一定的 Cl^- 浓度的溶液，使不锈钢不产生点蚀的最低阴离子浓度有如下经验关系：

$$\lg[Cl^-] = 1.62\lg[OH^-] + 1.84$$
$$\lg[Cl^-] = 1.88\lg[NO_3^-] + 1.84$$

$$\lg[\,Cl^-\,] = 1.13\lg[\,Ac^-\,] + 0.06$$

$$\lg[\,Cl^-\,] = 0.85\lg[\,SO_4^{2-}\,] + 0.06$$

$$\lg[\,Cl^-\,] = 0.83\lg[\,CrO_4^-\,] + 0.05$$

4)介质温度影响：温度升高，对不锈钢来说点蚀电位降低。如图 3 – 14 的实验结果所示，点蚀电位随温度的升高而降低。一般来说，在含氯介质中，各种不锈钢都存在临界点蚀温度（CPT），达到这一温度发生点蚀几率增大，并随温度进一步升高，点蚀更易产生并更趋严重。

5)溶液 pH 的影响：在碱性介质中，随 pH 值升高，金属的 E_b 显著变正。在酸性介质中，对 pH 值的影响有不同看法，一方面认为随 pH 的升高，E_b 稍有增加，另一方面则认为 pH 值实际上对 E_b 没有影响。

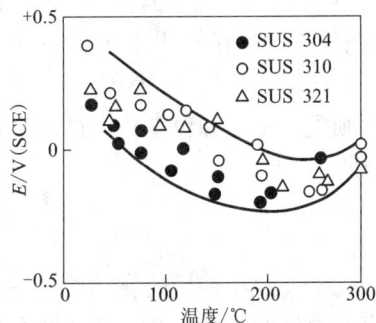

图 3 – 14　在 0.1N NaCl 溶液中温度对奥氏体不锈钢点蚀电位的影响

6)介质流速的影响：一般流速增大，点蚀倾向降低，对不锈钢而言，有利减少点蚀的流速为 $1\ m\cdot s^{-1}$ 左右；若流速过大，则可能发生冲刷腐蚀。

(2)冶金因素

提高不锈钢耐点蚀性能最有效的元素是铬和钼，氮、镍也有好的作用。含铬量增加可提高钝化膜的稳定性。钼的作用在于它以 MoO_4^{2-} 的形式溶解，并吸附于金属表面，抑制了 Cl^- 的破坏作用；也有人认为钼的作用可能是通过形成类似于 $O{=}Mo{\big\langle}^{Cl}_{Cl}$ 结构的保护膜，从而防止了 Cl^- 的穿透。关于氮的作用的解说更不统一，可能是由于点蚀初期在孔内形成了氨，消耗了 H^+，从而抑制了 pH 的降低。铬、钼、氮的联合作用对提高金属材料耐点蚀性能的效果更为显著。另外，不锈钢中加入适量的 V、Si、稀土对提高耐点蚀性能也有一定作用。

从合金材料的组织结构来看，提高其均匀性可增强其抗点蚀能力。如果钢中含硫量增加，硫化物夹杂增多，以及碳含量增多和不适当的热处理，均易产生晶界析出，这都会增加点蚀的起源点，促进点蚀形核。反之，降低钢中 S、P、C 等杂质元素，则减小点蚀敏感性。

最近十几年，已提出一些根据合金成分来判断其在含氯离子介质中耐点蚀能力的指数，其中之一为耐点蚀当量（PRE）。对奥氏体不锈钢，PRE = % Cr + 3.3 × % Mo + 30 × % N；对铁素体不锈钢，PRE = % Cr + 3.3 × % Mo。PRE 值越高，不锈钢耐点蚀性能越好。

除合金成分外，表面氧化膜及表面状态也会对点蚀敏感性有影响。一般，光滑和清洁的金属表面不易产生点蚀。积有灰尘或各种的杂屑的表面，则容易引起孔蚀。经冷加工的粗糙表面也容易引起点蚀。

3.3.4 点蚀敏感性评价方法

点蚀敏感性的评定方法可分为化学浸泡法、电化学测量法和现场试验法三类。

(1)化学浸泡法是将板状试样浸泡到腐蚀溶液中,一定时间后取出试样进行评定。耐点蚀性能评定的判据可以选择点蚀坑深度、点蚀密度、腐蚀率(失重)等指标。将腐蚀率和蚀孔特征(分布、密度、形状、尺寸、深度等)综合起来,并借助统计学的方法评定材料的点蚀敏感性则更为全面和科学。点蚀对容器等设备的贯穿程度可以用点蚀系数(或点蚀因子)来表示,即

$$点蚀系数 = \frac{最大腐蚀深度}{平均腐蚀深度}$$

化学浸泡法选用的腐蚀溶液是根据材料的种类确定的。三氯化铁腐蚀溶液被用于检验不锈钢及含铬的镍基合金在氯化物介质中的耐点蚀性能。

(2)电化学测量法是利用电化学测试仪器测量点蚀电位(E_b)、保护电位(E_p)、电化学噪声(电极电位或电流密度的随机波动现象)等,用以评价材料的点蚀敏感性。用于测量点蚀电位的方法有控制电位法(如动电位法、恒电位下的电流－时间曲线法)和控制电流法(动电流法、恒电流下的电位－时间曲线法),其中控制电位法,又称电化学滞后技术,是指采取恒电位正反扫描方法,测得环形阳极极化曲线,然后根据 E_b,E_p 两个参数来共同评定合金的耐孔蚀性能。这种电化学技术可以比较全面地对合金的耐点蚀性能做出评定,因此应用较为广泛。

图 3－15 是两种不锈钢在 3.5% NaCl 溶液中

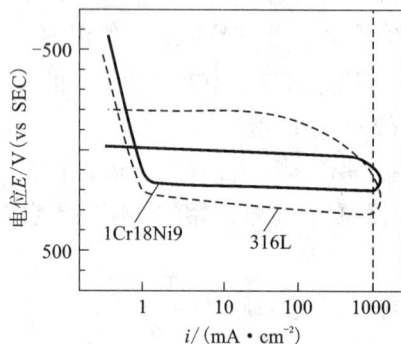

图 3－15 两种不锈钢在 3.5% NaCl(30℃)中的阳极极化曲线

的环形阳极极化曲线。全程扫描速率为 $10 \text{ mV} \cdot \text{min}^{-1}$,回扫电流密度为 $1000 \text{ μA} \cdot \text{cm}^{-2}$。它们的极化曲线特征参数列于表 3－4 中,数据为 4 次重复试验的平均值。

两种钢的 E_b 值相差不大,不能由此作出两者耐孔蚀性能接近的结论。因为反映耐孔蚀性能的参数除 E_b 外,还有 E_p,只有把这两个参数综合考虑才能对它们的耐点蚀性能做出全面的评价。

表 3－4 两种不锈钢在 3.5% NaCl 溶液中的 E_b 和 E_p 值

钢 种	E_b/mV	E_p/mV	$E_b - E_p$/mV
1Cr18Ni9Ti	150	−30	180
316L	200	−190	390

应该指出,E_b 和 E_p 这两个参数的确定,与实验方法及实验条件有很大的关系,它们的数值往往随这些条件的不同而不同,尤其是 E_b 值就变化更大。因为点蚀的发生都有一个诱导期,这个诱导期和试片浸泡的时间有关。

3.4　缝隙腐蚀

3.4.1　缝隙腐蚀的特征与概念

金属表面因异物的存在或结构上的原因而形成缝隙，从而导致狭缝内金属腐蚀加速的现象，称为缝隙腐蚀。

造成缝隙腐蚀的狭缝或间隙的宽度必须足以使腐蚀介质进入并滞留其中，当缝隙宽度处于 25~100 μm 之间时是缝隙腐蚀发生最敏感的区域，而在那些宽的沟槽或宽的缝隙中，因腐蚀介质易于流动，一般不发生缝隙腐蚀。缝隙腐蚀是一种很普遍的局部腐蚀，因为在许多设备或构件中缝隙往往不可避免地存在着。缝隙腐蚀的结果会导致部件强度的降低，配合的吻合程度变差。缝隙内腐蚀产物体积的增大，会引起局部附加应力，不仅使装配困难，而且可能使构件的承载能力降低。

金属的缝隙腐蚀表现出如下主要特征：

（1）不论是同种或异种金属的接触还是金属同非金属（如塑料、橡胶、玻璃、陶瓷等）之间的接触，甚至是金属表面的一些沉积物、附着物（如灰尘、砂粒、腐蚀产物的沉积等），只要存在满足缝隙腐蚀的狭缝和腐蚀介质，几乎所有的金属和合金都会发生缝隙腐蚀。自钝化能力较强的合金或金属，对缝隙腐蚀的敏感性更高。

（2）几乎所有的腐蚀介质（包括淡水）都能引起金属的缝隙腐蚀，而含有氯离子的溶液最容易引起缝隙腐蚀。

（3）遭受缝隙腐蚀的金属表面既可表现为全面性腐蚀，也可表现为点蚀形态。耐蚀性好的材料通常表现为点蚀型，而耐蚀性差的材料则为全面腐蚀型。

（4）缝隙腐蚀存在孕育期，其长短因材料、缝隙结构和环境因素的不同而不同。缝隙腐蚀的缝口常常为腐蚀产物所覆盖，由此增强缝隙的闭塞电池效应。

3.4.2　缝隙腐蚀的机理

关于缝隙腐蚀机理有着多种不同的解释。目前普遍为大家所接受的机理是氧浓差电池和闭塞电池自催化效应共同作用的机理。现以在充气海水环境中金属（如铁或钢）与覆盖于表面的玻璃片之间的缝隙中腐蚀发生过程为例，介绍机理模型。

如图 3-16 所示，在腐蚀初期，金属材料缝隙内、外整个表面都与含氧溶液相接触，所以电化学腐蚀的阴极反应和阳极反应均匀地发生在缝隙内部及外部的整个表面上。其阴极和阳极反应分别为：

$$O_2 + 2H_2O + 4e \rightarrow 4OH^- \tag{3-20}$$

$$Fe - 2e \rightarrow Fe^{2+} \tag{3-21}$$

然而，缝隙内溶液中的氧只能通过缝隙开口处扩散进入，补充十分困难，随着腐蚀过程的进行，在缝隙腐蚀的孕育期氧就消耗殆尽，从而中止了缝隙内氧的阴极还原反应；另一方面，缝隙外的金属表面附近的溶液，氧随时可以得到补充，所以氧还原反应继续进行。由此导致缝隙内、外形成了氧浓差宏观电池。贫氧的区域（缝隙内）电位较低为阳极区，富氧的区域（缝隙外）电位较高为阴极区。缝内金属溶解，Fe^{2+} 在缝内不断积累、过剩，从而吸引缝隙外溶液中的 Cl^- 迁入缝内，以保持电荷平衡，造成

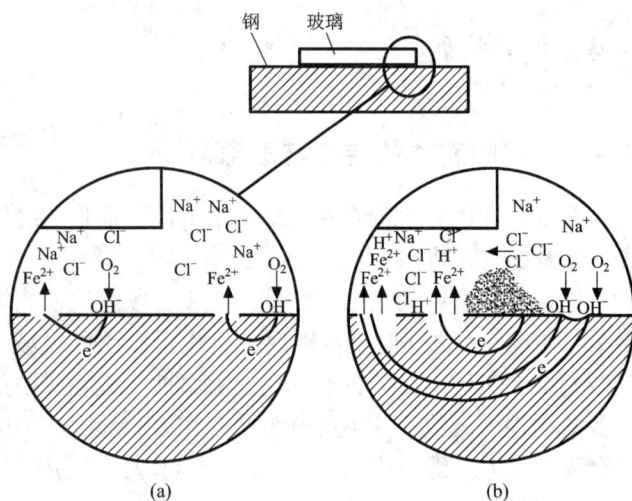

图 3 - 16　金属在 NaCl 溶液中发生缝隙腐蚀的示意图
(a)腐蚀初期阶段；(b)腐蚀后期阶段

Cl^- 在缝隙内富集（可比本体溶液中 Cl^- 含量高 3 ~ 10 倍）。由于 Fe^{2+} 的浓缩和 Cl^- 的富集，生成可溶性金属氯化物。随着金属氯化物的水解生成不溶的金属氢氧化物和游离酸[如式(3 - 22)]，使溶液中 pH 值下降（可降至 2 ~ 3），即缝隙内溶液酸化。

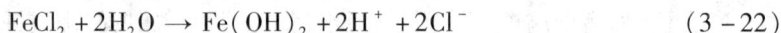

$$FeCl_2 + 2H_2O \rightarrow Fe(OH)_2 + 2H^+ + 2Cl^- \qquad (3 - 22)$$

缝隙内高酸性和高 Cl^- 浓度的环境进一步促进了缝内金属的阳极溶解。阳极的加速溶解又引起更多的 Cl^- 迁入，氯化物的浓度增加，其水解又进一步使缝隙内介质酸化。如此循环往复，形成了一个闭塞电池自催化过程，使缝内金属的溶解不断加剧。

对于活化 - 钝化金属如不锈钢、铝合金等金属来说，在含 Cl^- 的中性介质中，缝隙腐蚀的敏感性比铁、碳钢还要高。这是因为缝隙内 Cl^- 和 H^+ 浓度的增加都会促进缝隙内钝态的破坏。缝隙内溶液 pH 值的下降，将导致金属的弗来德（Flade）电位（即金属由钝态转变为活性状态时的电位）升高。这可从以下的表达式中看出

$$E_F = E_F^{\ominus} - 0.059 \text{pH} \qquad (3 - 23)$$

式中，E_F 为 Flade 电位；$E_F^{\ominus}$ 为 pH = 0 时的 Flade 电位。

弗来德电位上升意味着原来的钝化状态可能转变为活化状态，致使钝态不能维持，金属由钝态转变为活化态时的 pH 值，称之为去钝化临界 pH 值。当缝隙内溶液的 pH 值降到临界 pH 值或之下时，缝隙内金属表面的钝化膜发生全面的破坏。缝隙内活化阳极和缝隙外钝化阴极构成大阴极、小阳极面积比的腐蚀电池，两极电位差通常为 50 ~ 100 mV，有时高达 600 mV，造成缝隙内金属的严重腐蚀。上面这种腐蚀称为活化型缝隙腐蚀，多数发生在还原介质和材料耐蚀性较差（腐蚀电位较低）的场合。腐蚀的发生取决于去钝化临界 pH 值的高低。

另一类是点蚀型缝隙腐蚀，一般发生在氧化性介质（如充气的海水）和材料耐蚀性较好（腐蚀电位较高）的场合。这种缝隙腐蚀起源于点蚀，由于 Cl^- 离子浓度增高，使钝化金属的点蚀电位降低，以至腐蚀电位超过点蚀电位，使缝隙内金属钝化膜遭到破坏，产生点蚀型缝隙腐蚀。这类缝隙腐蚀的发展与 Cl^- 离子浓度有很大关系。钝性金属究竟是发生活化型缝隙腐蚀还是点蚀型缝隙腐蚀，要依具体条件而定，对于不锈钢一般可依据表 3 – 5 所列的各方面因素进行综合分析。

表 3 – 5　活化型与点蚀型缝隙腐蚀产生条件的比较

比较项目	介质的氧化还原性	腐蚀电位所处电位区	决定性临界条件	钢种耐蚀性	孕育期或腐蚀时间
活化型	还原性介质	低电位区	去钝化临界 pH 值	差	长
点蚀型	氧化性介质（如充气海水）	较高电位区	临界 Cl^- 浓度	好	短

3.4.3　缝隙腐蚀的影响因素

（1）几何形状的影响

缝隙的几何形状、宽度和深度，以及缝隙内/外面积比等，决定着缝内、外腐蚀介质及产物交换或转移的难易程度、电位的分布和宏观腐蚀电池的有效性等。缝内外金属在腐蚀介质中构成腐蚀电池，缝内金属为阳极，缝外金属为阴极。缝隙外大面积的金属表面（大阴极）上发生的阴极还原反应将显著加速缝内微小区域（小阳极）的阳极溶解反应。图 3 – 17 示出了 2Cr13 不锈钢在 $0.5\ mol\cdot L^{-1}$ NaCl 溶液中缝隙开口宽度对缝内腐蚀深度和总腐蚀率的影响。由图 3 – 17 可见，当缝隙开口宽度变窄时，腐蚀率变大，腐蚀深度也随之变化。当缝隙开口宽度为 $0.1\sim0.12\ mm$ 时，腐蚀深度最大；缝口非常窄时，深度虽有所降低，但总腐蚀量却增大了，这可能是由于缝内介质酸化和 Cl^- 浓度提高导致缝内整个金属表面转变为活化腐蚀所致。缝口宽度在 $0.25\ mm$ 以上时，该体系将不产生缝隙腐蚀。另外，如图 3 – 18 所示，缝隙外和缝隙内面积比增加，缝隙腐蚀发生的几率显著增加，缝隙腐蚀也越严重。

（2）环境因素的影响

在缝隙腐蚀中，环境因素的影响主要有溶解 O_2 量、电解质的流速、温度、pH 值和 Cl^- 浓度等。溶液中氧浓度增加，缝隙外部阴极反应随之加速，缝隙内腐蚀加快，但在酸性溶液中，阴极过程是氢还原反应，氧的影响不大。

温度升高，缝隙腐蚀危险性增大，各种不锈钢材料都存在临界缝隙腐蚀温度（CCT），达到这一温度后发生缝隙腐蚀的几率增大，不过溶液温度的影响比较复杂，因为温度对各相关因素会产生各不相同或相反的影响。

流速的影响可分为两种情况，随着流速的增大，缝隙外溶液中含氧量增加，缝隙腐蚀速率加快，当流速增加到可把沉积物冲掉时，可降低缝隙腐蚀发生的敏感性。

降低 pH 值，只要缝隙外部金属仍处于钝化状态，则缝隙腐蚀量增加。

卤素离子的存在和提高浓度，将引发和加剧缝隙腐蚀。其他阴离子对缝隙腐蚀的影响相对研究较少。有的研究表明，SO_4^{2-} 和 NO_3^- 等对缝隙腐蚀有一定的缓蚀作用，但取决于它们的浓度及其与 Cl^- 浓度的比值等因素。

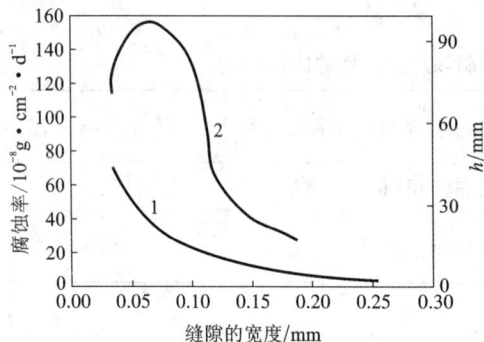

图 3-17　2Cr13 不锈钢在 0.5 mol·L⁻¹ NaCl 中
缝隙腐蚀和缝隙宽度的关系

1—总腐蚀率；2—腐蚀深度 h

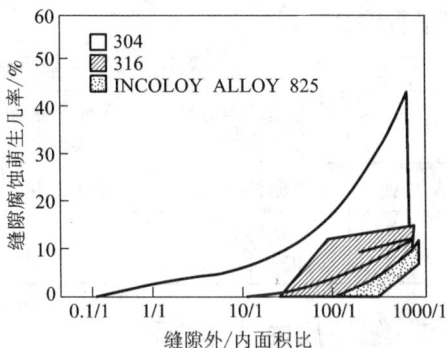

图 3-18　缝隙腐蚀萌生几率与缝隙外（裸露）
面积和缝隙内面积比的关系

（3）合金元素的影响

不同材料耐缝隙腐蚀的能力不同。对不锈钢而言，Rh、Pd 是有害元素，而 Cr、Ni、Mo、N、Cu、Si 等是提高耐缝隙腐蚀性能的有效元素，这与合金元素对点蚀的影响相似，均涉及它们对钝化膜的稳定性、钝化及再钝化能力所起的作用。其中，Mo 对改善不锈钢耐缝隙腐蚀性能的作用最大。Cr、Ni、Mo 三元素通过其相互的协同作用能显著地改善不锈钢的耐缝隙腐蚀性能。

3.4.4　缝隙腐蚀敏感性的评价方法

缝隙腐蚀敏感性的试验评定方法包括化学浸泡试验法和电化学测量法。化学浸泡试验法有：三氯化铁试验，多缝隙试样试验，临界缝隙腐蚀温度试验方法，活性碳加速试验方法。电化学测试法有：临界（再钝化）电位测试法，去钝化 pH 值比较法，稳态 pH 值与去钝化 pH 值比较法等。下面介绍已形成国家标准的两种方法：不锈钢缝隙腐蚀电化学试验方法（GB/T 13671—1992）和不锈钢三氯化铁缝隙腐蚀试验方法（GB/T 10127—2002）。

化学浸泡试验法将合理设计的缝隙试样按要求组装后浸泡到特定的腐蚀溶液中，一定时间后取出试样进行评定，评定内容包括腐蚀形态、腐蚀失重、测试缝隙内外的面积比及配对材料等因素。由于人工缝隙试样的几何形状不易重现，因此有时需要从统计学角度设计试样和处理试验结果。

通常电化学测试方法可缩短缝隙腐蚀的诱导期而达到加速腐蚀试验的目的。不锈钢缝隙腐蚀电化学试验方法，以 E_b 和 E_p 差值为判据，可用于评价不锈钢在氯化物环境中的抗缝隙腐蚀性能，特别适用于不同钢种或不同状态的比较。我国已颁布的《不锈钢缝隙腐蚀电化学测试方法》（GB/T13671）推荐的就是临界（再钝化）电位测试法。其原理是将确定的人工缝隙试样放在恒温的 NaCl 溶液中，用恒电位法使其极化到 0.800V（vs. SCE）（此电位远高于不锈钢在该溶液中的自腐蚀电位），诱发缝隙腐蚀。然后，立即将电位降至某一预先钝化电位，如果在该电位下，材料缝隙腐蚀敏感，腐蚀将继续发展，反之试样将发生钝化。以缝隙腐蚀试样表面能够再钝化的最高电位为判据，评价材料抗缝隙腐蚀性能，即再钝化电位越高，抗缝隙腐蚀性能越好。此外，采用类似测点蚀电位 E_b 和保护电位 E_p 的方法，测定缝隙腐蚀试样 $E_b - E_p$ 差值及循环阳极极化曲线也是评定缝隙腐蚀敏感性的一种电化学方法。$E_b - E_p$ 差值愈大，材料的缝隙腐蚀敏感性也愈大。

3.4.5　特殊形式的缝隙腐蚀——丝状腐蚀

丝状腐蚀是发生在处于一定湿度大气环境中有有机涂层保护的钢、铝、镁、锌等材料表面的一类常见腐蚀类型，腐蚀形态呈细丝状，其腐蚀机理被认为与缝隙腐蚀十分接近，故也常将其作为一种特殊形式的缝隙腐蚀。因为这类腐蚀多数是发生在漆膜下，也被称做膜下腐蚀。通常情况下，丝状腐蚀并不会导致严重的后果，但会损害金属制品的外观，特别是表面涂有清漆膜的机械产品。不过，丝状腐蚀有时也会发展成缝隙腐蚀和点蚀甚至诱导应力腐蚀开裂。

（1）丝状腐蚀的特征

丝状腐蚀有其明显的特点，就是在表面膜下会形成丝状的腐蚀痕迹，一旦产生就会很快发展，最后形成密集的网状花纹（见图 3 - 19）。在金属表面生成可觉察的细沟，深度通常为数微米。对于铝，腐蚀痕迹的宽度在 0.5 ~ 1 mm，而对于铁或钢，其宽度约为 0.2 mm。腐蚀细丝

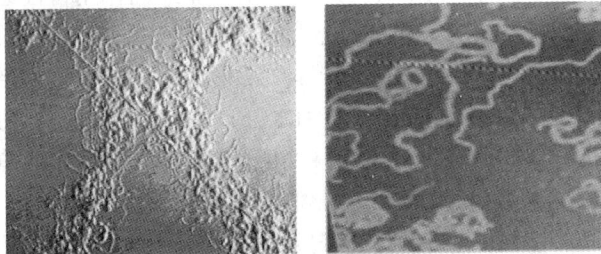

图 3 - 19　涂层金属发生的丝状腐蚀

是由一个活性的头部和一个非活性的尾部构成，对于铁或钢来讲，通常是头部为蓝绿色（Fe^{2+} 的颜色），是能够继续发展的活性区域；身尾部则是红棕色（Fe^{3+} 的颜色），这部分是无法发展的非活性区域。活性头部含有酸性的液体，腐蚀是由头部发展向前，丝身是由腐蚀生成物堆积而成，一般呈碱性。

丝状腐蚀的发展有个有趣的现象，就是两条腐蚀痕迹永远不会相交。当一条腐蚀痕迹与另一条腐蚀痕迹相遇时，细丝不穿过另一丝的非活性的躯体或尾部，而是"反射"回来，如同光射到镜子后反射一样。图 3 - 20 给出了两条腐蚀丝相遇后可能发生的几种情况：（a）当两

条迹线不垂直相遇时，如一个发展着的头接近一个非活性的身或尾，则在所接近的一条痕迹附近产生一条新的腐蚀痕迹，发生折轨其反射角约等于入射角，有人称它有"反射现象"；(b)当两条腐蚀痕迹垂直相遇时，由于有效空间减小，而使垂直的一条活性头"死掉"；(c)迴旋生长，即所谓"弯绕现象"；(d)一条痕迹继续与其他痕迹发生弹进，即所谓"连折现象"。

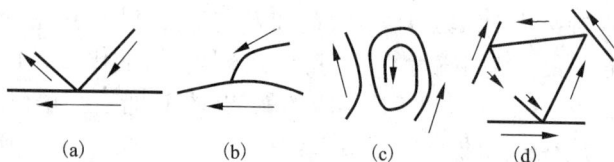

图3-20　两条腐蚀丝相遇时出现的几种情况：
(a)"反射"；(b)"死掉"；(c)"绕弯"；(d)"连折"

丝状腐蚀的产生，通常要具备如下一些基本条件：

1)较高的相对湿度：金属发生丝状腐蚀的相对湿度范围为60%～95%。相对湿度在80%～85%时，通常最易引发丝状腐蚀；如果相对湿度在60%以下，则难以发生丝状腐蚀；相对于湿度高于95%时，丝充分宽化，以致造成涂层鼓泡。

2)涂层存在缺陷：丝状腐蚀通常起源于涂层的孔隙、机械缺陷、气泡或较薄的边缘处。

3)有氧气存在：氧气的存在是维持丝状腐蚀阴极反应的条件。

4)合适的温度条件：室温下丝状腐蚀通常就会发生，但温度升高，发展速率则增加。

(2)丝状腐蚀的机理

丝状腐蚀的机理较为复杂。人们对丝状腐蚀发展过程的理解较为清晰，对丝状腐蚀萌生的确切机理仍存在争议，而对细丝相互间作用特性原因的认识尚不够清楚。

引发丝状腐蚀是依靠腐蚀介质的渗透，所以开始往往是在一些漆膜的破坏处、边缘棱角及较大的针孔等缺陷或薄弱处，形成活化源。这些活化源随着大气中少量的腐蚀介质(如氯化钠、硫酸盐的离子、氧和水分)的渗入而活化，形成丝状腐蚀的源点。在这个活化源为核心的一个很小的活化区域内，由于空气渗入不均形成氧浓差电池，推动着丝状腐蚀向前发展。

如图3-21所示，在细丝生长过程中，由于头部溶解有高浓度的Fe^{2+}，使周围大气中的水借渗透作用源源不断渗入。而在非活性的尾部，由于锈蚀产物($Fe_2O_3 \cdot H_2O$或$Fe(OH)_3$)沉积，Fe^{2+}浓度较低，渗透作用使水分渗出。大气的水分不断渗入活性头部，并从非活性的尾部渗出。大气中的氧可以从膜的各个方位扩散进入膜下，但由于侧

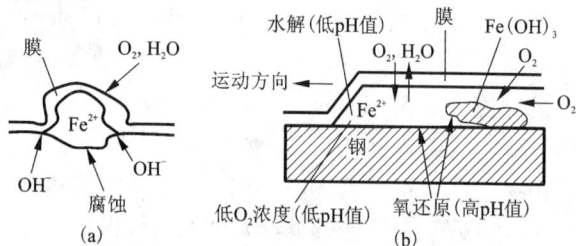

图3-21　钢铁表面的丝状腐蚀示意图
(a)头部横切面图；(b)丝的侧面切图

面和干的尾部扩散较为充分，因此在尾部和头部之间形成氧浓差电池。头部中心及头的前部为阳极区发生腐蚀，生成Fe^{2+}的浓溶液为蓝色流体。高浓度的Fe^{2+}的水解，使头部溶液酸性

化(pH可降低到1左右),产生腐蚀的自催化加速效应。细丝的躯干和尾部相对于活性的阳极头部来说,成为较大面积的阴极,这种大阴极—小阳极的效应也是推动活性细丝头部向前快速发展的推动力之一。由此可见,从它形成氧浓差电池、水解和酸化的自催化作用以及大阴极—小阳极效应等作用机制来看,十分类似于缝隙腐蚀,所以丝状腐蚀可以看做是自行延伸的缝隙腐蚀。

对于铝和镁的丝状腐蚀,人们发现在活性的头部有小的氢气泡形成,这是由于头部附近高浓度 H^+ 的二次阴极还原的结果 $\left(H^+ + e^{-1} \rightarrow \dfrac{1}{2}H_2\right)$。铁基材料丝状腐蚀中难以发现氢气泡,可能是析出的 H_2 量太少。

丝状腐蚀的发生与发展,与环境因素(相对湿度、温度、腐蚀介质等)和涂料自身性质有关,也与表面处理状态和基体金属的性质有关。评价表面处理和材料因素等对丝状腐蚀的影响,可依据美国材料试验学会标准 ASTMD2803 进行。

3.4.6　垢下腐蚀

由于各种固态沉积物在金属表面形成垢层,引起垢层下的腐蚀,称之为垢下腐蚀。垢下腐蚀是一种十分常见的腐蚀类型,多出现在冷却水系统,地面水、油气集输管线等系统(锅炉水系统的垢下腐蚀由于其发生的状态和机理不同,将不在此介绍)。从腐蚀发生的条件(介质的电化学不均匀性)来看,缝隙腐蚀和垢下腐蚀具有许多的相似性,而且垢层与金属界面往往会形成缝隙而产生缝隙腐蚀。所以,较多的将垢下腐蚀归于缝隙腐蚀一类或不进行单独讨论。本书将在此章节对垢下腐蚀进行简单介绍,垢层和金属之间形成缝隙可以产生垢下腐蚀,没有缝隙,垢下腐蚀也可能发生。与缝隙腐蚀相比,垢下腐蚀具有自身的独特性。

(1)垢下腐蚀的特征

垢下腐蚀可能是全面腐蚀,也可能是局部腐蚀,但更常见的是局部腐蚀。形成垢层的沉积物主要有三大类:第一类为无机盐垢,如 $CaCO_3$、$CaSO_4$、$BaSO_4$ 等;第二类为腐蚀产物,如 $FeCO_3$、FeS、Fe_2O_3、$FeOOH$ 等;第三类为微生物的黏液等,根据腐蚀环境的不同,这三类沉积物可能单独出现,也可能共存。垢下腐蚀与垢层的组成和分布形态有关。金属表面上形成不连续的垢层将产生垢下腐蚀,即或是形成连续的垢层,也可能产生严重的垢下腐蚀。

虽然不同介质中形成的垢层有其独有的特性,但它们却有着类似的结构与组成。例如对水集输管网系统,离散的腐蚀垢层的结构包括:①腐蚀的基底;②含有固体及液体的多孔状内核;③相对致密的覆盖多孔核的壳状层;④垢/水界面上疏松地吸附在壳状层顶部的表面层。其化学组成主要包括 $\alpha - FeOOH$、$\gamma - FeOOH$、Fe_3O_4、$\alpha - Fe_2O_3$、$Fe(OH)_3$、$Fe(OH)_2$ 及 $FeCO_3$、$CaCO_3$ 等。通常输水管内产生垢下腐蚀的地方表面看起来呈锈瘤状,剥离垢层后会发现,金属基体已经严重腐蚀,形成蚀坑,随着腐蚀的发展,蚀坑不断深入,直至穿孔。

如果金属表面形成连续致密的垢层,可能抑制金属的腐蚀。但是许多垢层是多孔的不均匀的，具有 N 型半导体性质因而具有电子导电性（如一些金属氧化物和大多数金属硫化物），垢层自身也可能成为阴极促进腐蚀反应的进行，因此，垢层下会发生全面腐蚀或局部腐蚀。例如在含有 CO_2 和 H_2S 的油气集输管线中，通常金属表面会形成以腐蚀物为主体的垢层，由于介质环境条件不同，生成的腐蚀产物的组成和形态不同，有时可能抑制金属的腐蚀，有时可能在垢层下产生严重的全面腐蚀或局部腐蚀。

（2）垢下腐蚀机理

垢下腐蚀机理主要可分为以下两种。

1）闭塞电池自催化机理

金属表面生成垢层后，垢层和金属之间形成的缝隙或垢层自身的微孔均将成为腐蚀反应的物质通道，形成垢下腐蚀。当金属表面局部有垢覆盖时，垢下形成相对闭塞的微环境，由于垢层的阻塞作用，氧通过缝隙或垢层微孔扩散进入垢层下的金属界面十分困难，因此，随着腐蚀反应的进行，垢层下成为贫氧区，将与垢层外部的其他部分形成宏观的氧浓差电池。通常腐蚀垢层具有阴离子选择性，垢层下金属阳离子难以扩散到外部，随着 Fe^{2+} 的积累，造成正电荷过剩，促使外部的 Cl^- 迁入以保持电荷平衡，金属氯化物的水解使垢层下环境酸化，进一步加速垢下的腐蚀。因此，这种闭塞电池自催化机理与缝隙腐蚀的发展机理相同。

2）电偶腐蚀机理

许多金属的腐蚀产物垢层具有 N-性半导体性质，有电子导电性，在腐蚀介质中的稳定电位可能较金属自身高（如土壤环境中软钢的锈层，在一定条件下的 CO_2 和 H_2S 环境中碳钢表面生成的腐蚀产物沉积层等），因此，不管垢层是部分覆盖或是完全覆盖，垢层可作为阴极与垢层下的基体金属组成电偶对，加速垢层下的腐蚀。同样，腐蚀过程中，随着 Fe^{2+} 的积累，外部的 Cl^- 通

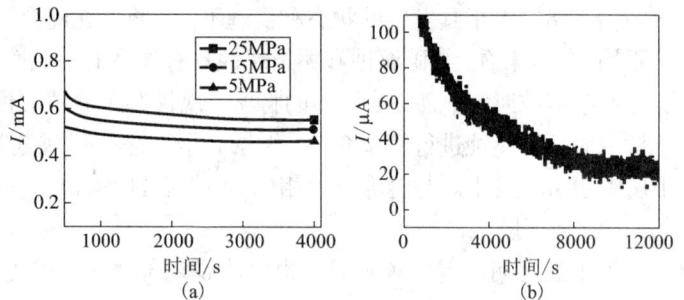

图 3-22　垢层与裸露金属之间的电偶腐蚀电流

(a)90℃不同 CO_2 分压下生成的腐蚀产物沉积层与基体金属间的电偶电流；(b)35℃ H_2S 和 CO_2 饱和条件下生成的腐蚀产物沉积层与基体金属间的电偶电流

过垢层缝隙或微孔迁入，在垢层和金属界面富集，加速垢下的腐蚀。图 3-22 显示了分别在一定条件下的含有 CO_2 和 H_2S 的腐蚀介质中碳钢表面生成的腐蚀产物沉积层与裸露碳钢之间构成的宏观电偶电池的电流-时间曲线，裸露碳钢作为阳极被加速腐蚀。在这样的条件下，虽然金属表面全部被腐蚀产物垢层覆盖，但垢层下的金属腐蚀仍以较高的速率进行着。

（3）影响因素

垢下腐蚀的影响因素十分复杂，垢下腐蚀的产生和发展与垢的结构和组成密切相关，当

然也与介质的组成相关。垢层的形成过程与水质参数如 pH 值、Cl⁻ 浓度、溶解氧浓度、有机物含量、无机物成分以及水的流动形态、温度的波动等因素密切相关，而这些因素也会影响垢下腐蚀的发展。垢下腐蚀的主要影响因素可从以下方面考虑。

1) 垢层的组成和形态：垢层的组成和形态直接影响垢下腐蚀的发生和发展。疏松多孔分布不均的垢层易导致严重的垢下腐蚀。具有电子导电性的垢层可作为阴极将加速垢下腐蚀，阴离子选择性的多孔垢层，将促进 Cl⁻ 渗透到垢下闭塞区，产生酸化自催化效应，促进垢下腐蚀的发展。若垢层呈阳离子选择性，垢层下将不会产生显著的酸化自催化效应，而自催化是造成腐蚀加速进行的最主要的原因，换言之，只有氧浓差而没有自催化，不至于构成严重的垢下腐蚀。

2) 介质组成：在含有较高浓度的易成垢离子的介质中，如 Ca^{2+}，Mg^{2+}，HCO_3^-，CO_3^{2-} 等离子，垢下腐蚀敏感性增大。

3) Cl⁻、溶解氧与其他腐蚀性气体：一般来说，Cl⁻ 和溶解氧会促进垢下腐蚀，CO_2 和 H_2S 等腐蚀性气体的分压越高，腐蚀越严重。但是，在含有 CO_2 和 H_2S 的腐蚀环境中，腐蚀产物沉积层的性质与其分压有关，在一定的条件下更高的分压可能有利于生成具有保护性的致密的腐蚀产物沉积层，抑制沉积垢层下的腐蚀。

4) 温度的影响：一般而言，在许多体系中(如冷却水系统)温度越高，越容易沉积垢层，垢下腐蚀的敏感性增大。但对于有些体系可能存在温度敏感区间，开始垢下腐蚀敏感性随温度升高而增大，当温度超过某个临界点后，垢下腐蚀的敏感性和腐蚀速率迅速降低。如在含 CO_2 的腐蚀介质中，当温度超过临界点(与材料和介质环境有关)时，将生成致密的具有良好保护性的碳酸亚铁沉积膜(垢)。

5) 流速的影响：通常，流速对抑制垢下腐蚀有利。在较高的流速下，不易生成沉积垢层，更高的流速甚至可能冲掉沉积物，降低垢下腐蚀发生的敏感性。

3.4.7　点蚀和缝隙腐蚀及垢下腐蚀的比较

点蚀、缝隙腐蚀和垢下腐蚀有许多相似之处，特别是它们发展阶段的机理有许多共同的特点。比如闭塞电池的形成、酸化自催化过程在三种局部腐蚀发展过程中具有重要作用。但是，在发生和发展的机理以及难易程度等方面均存在很大的差异。

从腐蚀发生的条件来看，点蚀是由于金属材料的钝态或保护层的破坏引起的，而缝隙腐蚀和垢下腐蚀是介质的电化学不均匀性引起的。造成垢下腐蚀的介质的电化学不均匀性是由于垢的生成，而造成缝隙腐蚀的介质的电化学不均匀性既可以是垢的形成，也可以是材料构件的几何构型或相互连接(接触)产生的。点蚀是通过腐蚀逐渐形成蚀孔，形成闭塞电池，而后在自催化过程中加速腐蚀；而缝隙腐蚀是在腐蚀前就已存在缝隙，腐蚀一开始就是闭塞电池作用，在自催化作用下加速，且缝隙腐蚀的闭塞程度较孔蚀的大。而垢下腐蚀是由于垢的生成在垢下形成闭塞区，垢下腐蚀的发展既可能是闭塞电池自催化机理，也可能是垢层 – 基体金属电偶腐蚀机理。从腐蚀发生的条件(介质的电化学不均匀性)来看,缝隙腐蚀和垢下腐蚀具有更多的相似性。

点蚀一定要在含有 Cl^- 等活性阴离子的介质中才发生,而缝隙腐蚀和垢下腐蚀即使在不含活性阴离子的介质中亦能发生。点蚀通常发生在钝性金属的表面,而缝隙腐蚀既可导致钝性金属加速腐蚀,又可促进活性金属的腐蚀破坏。从腐蚀形态上看,缝隙腐蚀既可呈现均匀的全面活化腐蚀,也可呈现局部点蚀型腐蚀。对缝隙内的腐蚀而言,耐蚀性差的材料表现为全面腐蚀型,而耐蚀性好的材料通常表现为点蚀型,即使对于后一种情况,点蚀也广而浅,而一般点蚀的蚀孔则窄而深。

另外,与点蚀相比,对同一种金属或合金而言,缝隙腐蚀更易发生。缝隙腐蚀的发生与成长电位范围比点蚀的宽,萌生电位也比点蚀电位低。在 $E_b \sim E_p$ 之间的电位范围内,原有点蚀可以发展,但不产生新的蚀孔;而缝隙腐蚀在该电位区间,既能发生,也能发展。

与点蚀类似,合金材料也存在耐缝隙腐蚀当量。表 3-6 给出了主要的奥氏体不锈钢、铁镍基和镍基耐蚀合金的临界点蚀温度(CPT)、临界缝隙腐蚀温度(CCT)和耐点蚀当量(PRE)。从表 3-6 中可以看出,同一种合金的临界缝隙腐蚀温度较临界点蚀温度低 20℃左右,表明缝隙腐蚀较点蚀更敏感。

表 3-6　一些合金材料的 PRE 和 CPT、CCT 值

合金	CPT/℃	CCT/℃	PRE
304L	5	< -2.5	18
316L	15	< -2.5	25
317L	30	<0	29
20cb-3	30	<10	29
825	30	<15	32
904L	45	20	32
28	45	30	37
254SMO		32.5	46
1925bMo	60	40	47
AL-6XN		32.5	48
31	>85	65	54
G-3	70	40	45
625	>75	57.5	52
33	85	40	50
654SMO	>85	>85	63
C-22	>85	58	65
C-4	>85	>85	69
C-276	>85	>85	69
59	>85	>85	74
686	>85	>85	76

3.5　晶间腐蚀

3.5.1　晶间腐蚀的特征和概念

晶间腐蚀是金属在适宜的腐蚀环境中沿着或紧挨着材料的晶粒间界发生和发展的局部腐蚀破坏形态,如图 3-23 所示。晶间腐蚀从金属材料表面开始,沿着晶界向内部发展,使晶粒间的结合力丧失,以致材料的强度几乎完全消失。例如,经受这种腐蚀的不锈钢材料,外表虽然还十分光亮,但轻轻敲击可能碎成细粉。因此,晶间腐蚀是一种危害性很大的局部腐蚀。

晶间腐蚀的产生必须具备两个条件:①晶界物质的物理化学状态与晶粒不同;②特定的环境因素。晶间腐蚀常在不锈钢、镍基合金、铜合金等合金上发生,主要在焊接接头上或经

一定热处理后使用时发生。晶间腐蚀不仅导致材料的承载能力降低，而且诱发晶间型应力腐蚀开裂，或引发点腐蚀。

晶间腐蚀的根本原因是晶粒间界及其附近区域与晶粒内部存在电化学上的不均匀性，这种不均匀性是金属材料在熔炼、焊接和热处理等过程中造成的。例如：①晶界析出第二相，造成晶界某一合金成分的贫乏化；②晶界析出易于腐蚀的阳极相；③杂质与溶质原子在晶界区偏析；④晶界区原子排列杂乱，位错密度高；⑤新相析出或转变，造成晶界处较大的内应力。这些原因均可能构成特定体系的晶间腐蚀机理模型。总之，当某种介质与金属所共同决定的电位下，晶界的溶解电流密度远大于晶粒本身的溶解电流密度时，便可产生晶间腐蚀。

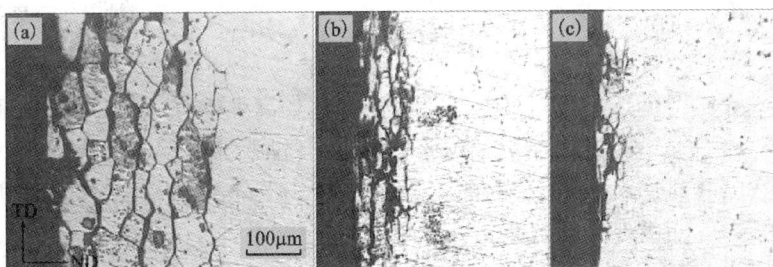

图 3 – 23　不同 Zr 含量 7055 型铝合金空气淬火时效后典型晶间腐蚀形貌

(a)0%Zr；(b)0.10%Zr；(c)0.15%Zr

3.5.2　晶间腐蚀的机理

晶界与晶粒间存在显著的成分和结构的不均匀性，导致电化学上的不均匀性，各种晶间腐蚀的理论模型都认同这种电化学不均匀性是导致晶界区成为微阳极而遭受腐蚀的原因，但是在对阳极区的来源、发展和分布的看法有所不同。下面介绍几种有代表性的理论模型。

(1)贫化理论

贫化理论在实践上已得到了证实，是目前大家广泛接受的理论。例如，对不锈钢来讲是贫铬、铝铜合金是贫铜、镍钼合金是贫钼等。下面主要以奥氏体不锈钢为例，介绍晶间腐蚀的贫化理论。

图 3 – 24 为奥氏体不锈钢敏化状态下 $Cr_{23}C_6$ 相沿晶界析出及晶间腐蚀电池的示意图。电化学测量表明，贫铬区与晶粒的极化性能有很大的区别，在贫铬区(阳极)与处于钝态的晶粒(阴极)之间建立起一个具有很大电位差的活化 – 钝化电池，使贫铬区遭受到晶间腐蚀，而在晶界上析出的 $Cr_{23}C_6$ 并不被侵蚀。值得指出，在弱氧化性介质中的晶间腐蚀是在活化 – 钝化电位区产生的，可用贫铬理论进行解释；在过钝化区以外的各电位区产生的晶间腐蚀也可用贫铬理论来说明。

铁素体不锈钢的晶间腐蚀也可用贫乏理论来解释，自 900℃以上高温区快速冷却(如淬火或空冷），就能产生晶间腐蚀倾向，就是含 C（或 N）很低的不锈钢也难免产生晶间腐蚀倾向，而在 700℃～800℃重新加热可消除。铁素体不锈钢与奥氏体不锈钢产生晶界腐蚀的倾向的条件是不同的，但机理是一样的，都是由于晶界上析出铬的碳、氮化物的结果。C 或 N 在铁素体不锈钢中的固溶度比奥氏体不锈钢中还要小得多，而且铬原子在铁素体中的扩散速率比奥氏体中大两个数量级，所以即使自高温快速冷却，铬的碳或氮化物仍能在晶界析出。铁素体不锈钢产生晶间腐蚀倾向的碳化物，主要为 $(Cr, Fe)_7C_3$ 型。

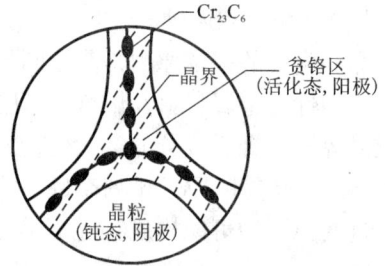

图 3 - 24　敏化态晶界析出及腐蚀电池示意图

其他一些合金的晶间腐蚀也可用贫乏理论解释。如高强铝合金（Al - Cu, Al - Cu - Mg 合金）在工业大气、海洋大气及海水中都能产生晶间腐蚀，都是因为在晶界上析出 $CuAl_2$ 或 Mg_2Al_3 而形成贫 Cu 或贫 Mg 区间引起的；镍基合金（Ni - Mo 合金）在还原性介质中沿晶界析出 Ni_7Mo_6 造成贫 Mo 而出现晶间腐蚀。

（2）第二相析出理论

不锈钢在强氧化性介质中的腐蚀电位处于过钝化电位区。在这种情况下，也能产生晶间腐蚀。此时敏化态的不锈钢不产生晶间腐蚀，而固溶态的不锈钢反而产生晶间腐蚀。超低碳不锈钢，特别是高铬含钼钢在 650～850℃加热或热处理时，易析出 σ 相。通常，σ 相析出引起的晶间腐蚀较碳化物导致的晶界贫铬引起的晶间腐蚀产生的难度大，如具有 σ 相的奥氏体不锈钢只能在质量分数为 0.65 的 HNO_3 等强氧

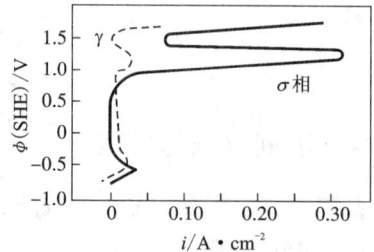

图 3 - 25　奥氏体不锈钢中 γ 相和 σ 相的阳极极化曲线

化性介质中产生晶间腐蚀，这是因为，σ 相在过钝化区会发生严重的选择性溶解，如图 3 - 25 所示。强氧化性介质中 σ 相的选择性溶解引起晶间腐蚀是最具有代表性的第二相析出理论的例证。

铝 - 锌 - 镁合金的析出相，在晶界上发生选择性溶解所引起的晶间腐蚀，也可用第二相析出理论给予解析。

（3）晶界吸附理论

人们发现在一些非敏化态钢中，由于杂质元素（P, Si）等在晶界吸附而产生晶间腐蚀。例如在强氧化性热浓的"硝酸 + 重铬酸盐"介质中，经 1050℃固溶处理的超低碳 18 - 8 型奥氏体不锈钢等也能产生晶间腐蚀，这既不能用晶界沉积 $M_{23}C_6$ 引起的贫铬解释，也不能用 σ 相析出现象来说明。如图 3 - 26（a）所示，14Cr - 14Ni 钢中的 P 含量对钢在 115℃的 315

$g \cdot L^{-1}$ HNO_3 + 4 $g \cdot L^{-1}$ Cr^{6+} 溶液中腐蚀行为有显著的影响。钢中含 C 量对其腐蚀速率几乎没有影响,当含 C 高达 0.1%,也没有产生晶间腐蚀,而含 P 大于 0.01%,腐蚀量就迅速增加。另外,Si 含量对不锈钢在强氧化介质中晶间腐蚀产生影响,特别是当 Si 含量为 1% 左右时影响最大(图 3-26(b)所示)。实验表明,当固溶体中含有 P 杂质达到 100 mg/m^3 时或 Si 杂质达到 1000 ~ 2000 mg/m^3 时,它们在高温区会被晶界吸附,并在晶界偏析。这些杂质将在强氧化性介质作用下发生溶解,导致晶界选择性的晶间腐蚀。这类晶间腐蚀可归于晶界对杂质 P 等的吸附。这类钢进行敏化加热处理后,析出的碳化物有可能阻碍磷在晶界上的偏聚,因此反而不产生晶间腐蚀。

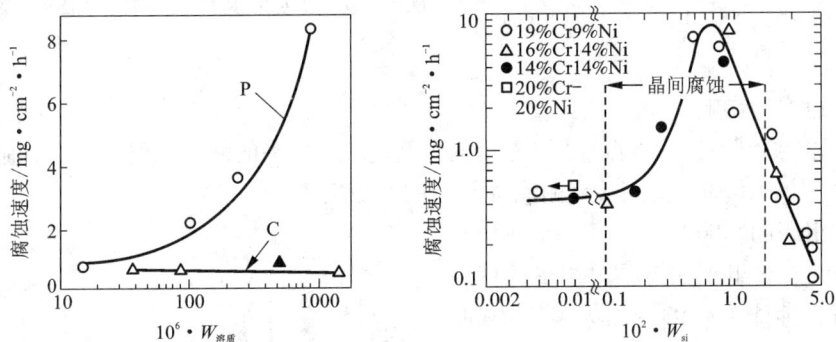

图 3-26　(a)P 和 C 对 14Cr - 14Ni 钢在在 115℃的 5N(315 $g \cdot L^{-1}$)HNO_3 + 4 $g \cdot L^{-1}Cr^{6+}$ 溶液中
腐蚀速率的影响;(b)HNO_3 + Cr^{6+} 溶液中合金腐蚀速率随 Si 含量的变化

上述三种晶间腐蚀理论模型各自适用于一定的合金组织状态和介质条件,并不相互抵触,而是相辅相成的。由于晶间腐蚀的复杂性,目前所提出的机理模型仍不完善,有待进一步的发展。对于不锈钢的晶间腐蚀大多是发生在氧化性或弱氧化性介质中,因此大多数的晶间腐蚀实例可用贫化理论来解析。

3.5.3　晶间腐蚀的影响因素

晶间腐蚀的影响因素主要有热处理制度、合金成分和腐蚀介质等。

(1)热处理制度的影响

1)加热温度和加热时间的影响

对 18 - 8 型不锈钢,当加热温度小于 450℃或大于 850℃时,不会产生晶间腐蚀。因为温度小于 450℃时,由于温度较低,不会形成碳化铬。当温度超过 850℃时,由于温度较高扩散能力增强,有足够的铬扩散至晶界和碳结合,不会在晶界形成"贫铬区"。所以产生晶间腐蚀的温度是在 450℃ ~ 850℃之间,这个温度区间就成为产生晶间腐蚀的"危险温度区"(又称

"敏化温度区"），其中尤以 650℃ 为最危险。焊接时，焊缝两侧处于"危险温度区"的地带最容易发生晶间腐蚀。焊缝由于在冷却过程中其温度也要穿过"危险温度区"，也会产生晶间腐蚀，如图 3－27 所示。这种表示产生晶间腐蚀倾向与加热温度和时间范围的实验曲线，称为温度－时间－敏化曲线即 TTS 曲线。利用 TTS 曲线，可以帮助我们制定正确的不锈钢热处理制度及焊接工艺，以免产生晶间腐蚀倾向。

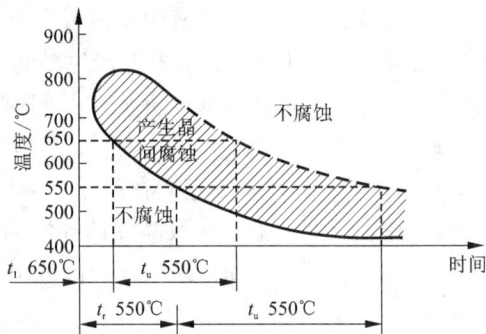

图 3－27　加热温度和加热时间对晶间腐蚀的影响

2）冷却速率的影响

不锈钢焊接接头在"危险温度区"停留的时间越短，接头的耐晶间腐蚀能力越强。所以不锈钢焊接时，快速冷却是提高接头耐腐蚀能力的有效措施。

3）金相组织的影响

不锈钢的金相组织如果是单相奥氏体，则其抗晶间腐蚀能力较差。如果组织中同时还有一定数量的铁素体存在，形成奥氏体加铁素体的双相组织，会大大提高抗晶间腐蚀的能力。双相组织对抗晶间腐蚀的有利作用如图 3－28 所示。单相组织的焊缝由于柱状晶发展较快，晶间夹层厚而连续，析出碳化物后，贫铬区贯穿于晶粒之间，构成侵蚀性介质的腐蚀通道。双相组

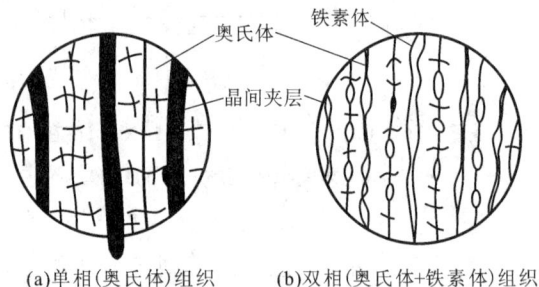

(a)单相(奥氏体)组织　　(b)双相(奥氏体+铁素体)组织

图 3－28　双向组织对抗晶间腐蚀的影响

织的焊缝，由于树枝晶粒打乱了柱状晶的生长，晶间夹层分散而不连续，并且由于铁素体中铬的质量分数远高于奥氏体，碳化铬等化合物优先在铁素体的边缘以内析出，因而不致在晶界形成贫铬区。即使形成了贫铬区，也容易从临近的高铬铁素体中及时得到铬的补充。因此，这种双相组织会大大提高抗晶间腐蚀的能力。

（2）合金成分的影响

1）C 的影响

C 是不锈钢敏化的关键性元素，对晶间腐蚀有重大影响。C 含量 <0.08% (质量) 时，析出量较少；含量 >0.08% (质量) 时，则析出量迅速增加。随着不锈钢中 C 含量的增加，在晶界生成的 Cr_3C_2 数量随之增多，导致晶界形成贫 Cr 区的机会增多，产生晶间腐蚀的倾向增大，使不锈钢的腐蚀速率增大，可见 C 是晶间腐蚀最有害的元素之一。奥氏体不锈钢中碳含量愈

高,不仅产生晶间腐蚀倾向的加热温度和时间范围扩大,晶间腐蚀程度也愈严重。316L 钢(0.006%)的抗晶间腐蚀性能优于 316Ti(0.036%),而 316Ti 钢的抗晶间腐蚀性能优于 316钢。随着含 C 量的降低,如果奥氏体不锈钢的含 C 量 <0.02%,即使在 650℃较长时间加热时也不会产生晶间腐蚀。

2)Cr、Ni、Mo 的影响

Cr 和 Mo 的含量增高,可降低 C 的活度,有利于减弱晶间腐蚀的倾向。Ni 含量的增加会提高 C 的活度,降低了 C 在奥氏体中的溶解度,并促进了碳化物($Cr_{23}C_6$)的析出和长大,所以 Ni 会增加晶间腐蚀敏感性。Ni 和 Cr 对不锈钢的晶间腐蚀具有协同作用。Cr、Ni 和 C 的综合影响的研究表明,当 Ni 量相同时,不产生晶间腐蚀所容许的临界碳量(C_c)随 Cr 量的增加而增加;而当 Cr 量相同时,C_c 因 Ni 量增加而降低。值得指出的是,奥氏体不锈钢中 Cr 含量的增加,在低敏化温度区会加速晶间腐蚀,在高敏化温度区则会延长产生晶间腐蚀的时间。18−8 不锈钢的晶间腐蚀在低于 550℃时受 Cr 的扩散控制;高于此温度时,受碳化物的生成速率控制。因此,在低温下,低碳不锈钢也易于敏化。

3)Ti、Nb 的影响

Ti 和 Nb 与 C 的亲和力大于 Cr 与 C 的亲和力,高温下能形成稳定的碳化物 TiC 和 NbC,大大降低了钢中的固溶碳量,使 Cr 的碳化物难以析出,从而降低了产生晶间腐蚀倾向的敏感性。

4)N 的影响

不锈钢中的 N 元素对晶间腐蚀的影响是复杂的,它取决于合金成分、处理温度及在合金中的含量。对于含 Nb 的不锈钢含有 0.002% N 时可形成稳定性极高的 NbN 和 NbC,在钢冷凝中优先形成高度弥散的晶核、细化晶粒,增强了 C 和 N 与基体的结合能力,既增强抗晶间腐蚀的能力,又增加了钢的强度和韧性。但在含 Ti 和 Nb 的不锈钢中,Ti 和 Nb 加入量应严格控制,否则,Ti 和 Nb 会与 N 结合,生成 TiN 或 NbN,从而失去固溶碳的作用。

5)其他元素

不管是作为杂质元素还是作为合金的添加元素,晶间腐蚀主要取决于其在晶界的浓度和分布。例如一般在晶间腐蚀区域的 Si 含量不超过晶粒本身的 3 倍。

(3)腐蚀介质的影响

不锈钢在酸性介质中晶间腐蚀较严重。尤其是在 H_2SO_4 或 HNO_3 中添加氧化性阳离子,如 Cu^{2+}、Hg^{2+}、Cr^{6+} 等能增大阴极过程电流密度,从而使晶间阳极溶解速率显著加快。就引起不锈钢晶间腐蚀的介质而言,主要是氧化性或弱氧化性介质,包括无机酸和有机酸在内的酸性介质。近年来还报道了一些不锈钢在水中与水蒸气中发生晶间腐蚀的事例。

3.5.4　晶间腐蚀敏感性的评价方法

从晶间腐蚀的原理出发,各种晶间腐蚀试验方法都是通过选择适当的侵蚀剂和侵蚀条件对晶界区进行加速选择性腐蚀,通常采用化学浸泡法和电化学方法。有些晶间腐蚀试验方法通过试验本身就可以确定晶间腐蚀敏感性；而有些方法在试验之后尚需辅以其他评定方法，如常用的物理检验法等。

（1）化学浸泡法

各种晶间腐蚀试验方法的原理和适用范围不同，不同的方法适用于不同的材料，因此需正确合理地选择晶间腐蚀试验方法。表3-7列出了我国制订的不锈钢晶间腐蚀试验方法。

表3-7　不锈钢耐酸钢晶间腐蚀倾向试验方法

试验标准	试验介质	试验条件	溶液量
GB/T4334.1—2000	$H_2C_2O_4 \cdot 2H_2O$ 100 g 蒸馏水 900 mL	20℃～50℃, 1 A·cm^{-2}, 1.5 min	
GB/T4334.3—2000	质量分数(65±0.5)% HNO_3	沸腾3～5个周期，每周期48 小时，防止溶液蒸发损失，每一周期更换溶液	按试样表面积计算，每 1 cm^2 不少于20 mL
GB/T4334.4—2000	质量分数10% HNO_3, 3% HF 溶液 70℃时加入	(70±0.5)℃ 2 小时，防止溶液蒸发损失	按试样表面积计算，每 1 cm^2 不少于10 mL
GB/T4334.5—2000	$CuSO_4 \cdot 5H_2O$ 100 g H_2SO_4(相对密度1.84)100 mL 蒸馏水 1000 mL	沸腾16 小时，防止溶液蒸发损失	按试样表面积计算，每 1 cm^2 表面不少于 8 mL
GB/T4334.6—2000	质量分数5% H_2SO_4	溶液沸腾6 小时，防止溶液蒸发损失	25～30 mL/cm^{2}表面

草酸电解侵蚀试验最常用，只能获得有晶间腐蚀（沟状）和无晶间腐蚀（台阶状）的定性结果。酸性硫酸铜溶液试验（加或不加铜屑）在欧洲各国广泛使用，适用于检验奥氏体或双相不锈钢因晶界贫铬区引起的晶间腐蚀。沸腾硝酸（65% HNO_3）试验法在美国应用最广，它以失重评定试验结果，在某些情况下辅以肉眼或显微观察晶粒脱落情况，是一种定量评定晶间腐蚀敏感性的试验方法。

（2）电化学试验方法

研究不锈钢的晶间腐蚀敏感性的电化学试验方法除了传统的极化曲线外，还可以应用电化学阻抗谱方法研究不锈钢在过钝化区的晶间腐蚀。

另外，为了提供快速定量和非破坏性的测试奥氏体不锈钢敏感性，发展了一种电化学动电位氧化－还原实验方法（EPR）。EPR 实验方法首先阳极极化通过活性溶解区进入钝化区，然后沿反方向还原扫描。当以给定的扫描速率从腐蚀电位到钝化区电位进行阳极极化，将在试样表面产生钝化膜。电位以相同的速率反向回扫下降到腐蚀电位，将导致贫铬区钝化膜的破裂，即试样表面局部区域"再活化"。如图3-29所示，极化曲线将出现一个正扫描的氧化峰和一个逆扫描的还原峰。实验表明再活化过程所需的电量(即还原峰的面积)和再活化的峰电流密度与晶间腐蚀敏感性相关联,敏化材料具有较高的再活化电量和电流峰值,所以可测量再活化过程所需的电量和再活化的峰电流密度,作为判断材料晶间腐蚀敏感性的依据。

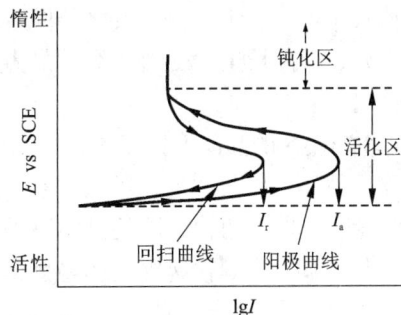

图 3 - 29　ERP 测试极化曲线示意图

在前述化学浸泡试验或电化学试验之后,为判断晶间腐蚀敏感性,有时还需辅以其他一些物理检验和评定。例如,用金相显微镜观察,确定晶界是否受到侵蚀及晶界的侵蚀深度;或将腐蚀试验后的试样弯曲 90°、180°,放大 10 ~ 20 倍下观察其弯曲外表面,看其是否出现裂纹;或用电阻法检测煮沸后试样电阻率的变化(此法对薄片和丝状金属检测更为灵敏);声响法是最简单常用的方法,将腐蚀试验后试样自 1 m 高处自由下落在板上,判断其声音是否变哑,以失去金属声音为准,一般晶间腐蚀严重的试样无金属声音。

3.5.5　特殊形式的晶间腐蚀

(1)剥层腐蚀

剥层腐蚀又叫剥蚀或层蚀,有时也称为层状腐蚀。具有沿晶腐蚀倾向的材料经轧制或锻压加工后,在一定的腐蚀条件下,沿着与表面平行的晶界方向发生的沿晶腐蚀。因这时晶粒具有特殊形状和规则的排列,这种腐蚀具有剥层状的特征。剥层腐蚀大多发生在铝合金中,尤以 Al - Cu - Mg 系合金为甚。

对于晶粒具有层状结构的铝型材,不论腐蚀产物为 Al_2O_3 或 $Al(OH)_3$,体积都会膨胀,并沿晶界产生与材料表面的法线方向一致的应力。随着该应力的增大,必然会使已与基体失去结合的晶粒向外鼓起,最终呈层状扬起剥落。剥蚀通常用肉眼即可判断,因为剥蚀区外表上有腐蚀产物或肿胀凸起,侧面可看到起层开裂(如图 3 - 30 所示)。

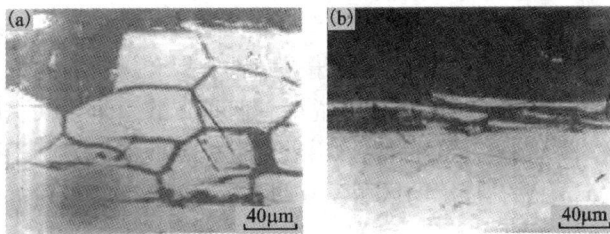

图 3 - 30　铝 - 锂合金试验在 EXCO 溶液中浸泡试验后的截面图
(a)AA8090,浸泡 24 小时; (b)AA2090,浸泡 120 小时

剥层腐蚀的产生需要以下条件:①合金具有晶间腐蚀的倾向;②合金具有层状结构,晶粒尺寸的长度、宽度远大于其厚度;③适当的腐蚀介质。用晶间腐蚀模型来阐述剥层腐蚀已被多数人所接受,但对剥离腐蚀也有其他不同的观点。如有实验表明有些铝合金中可看到剥离腐蚀穿晶发展,即晶间腐蚀不是剥离腐蚀的必要条件;也有人认为剥离腐蚀是沿轧制加工

方向伸长了的 Al－Fe－Mn 系化合物的腐蚀所致；但更多的证据表明剥离腐蚀由表面钝化膜破裂开始，沿拉长了的变形组织的晶界发展。不同的实验结果表明，不同的合金组织，其剥离腐蚀机理可能不同。

（2）焊接区的晶间腐蚀

奥氏体不锈钢焊接时，靠近焊缝处均有受晶间腐蚀而发生破坏的可能。根据钢种的差异，焊缝区表现出两种不同的晶间腐蚀形式。

1）焊接腐蚀：焊接腐蚀特指经固溶处理的奥氏体不锈钢焊接后在离焊缝有一定距离的母材上，由于经受了敏化加热，因而具有晶间腐蚀敏感性，使得热影响区发生的晶间腐蚀现象。

2）刀线腐蚀：刀线腐蚀发生在紧邻焊缝的母材上一条窄带内。尽管刀线腐蚀与焊缝腐蚀均为晶间型腐蚀，同时均与焊接有联系，但刀线腐蚀与焊接腐蚀产生的机理有所不同。刀线腐蚀只出现于含 Ti 或 Nb 这类元素的 18－8 不锈钢接头中，并且发生在紧邻焊缝过热区中，由于这种沿晶破坏呈深而窄的形状，类似刀削切口形状，故称刀线腐蚀。

3.6 选择性腐蚀

3.6.1 选择性腐蚀的特征与概念

选择性腐蚀是指腐蚀在合金的某些特定部位有选择性地进行的现象。选择性腐蚀发生在二元或多元固溶体合金中，电位较高的组元为阴极，电位较低的组元为阳极，组成腐蚀原电池，电位较高的组元保持稳定或重新沉积，而电位较低的组元发生溶解。选择性腐蚀形态主要有 2 种类型：均匀型层状和局部塞状。均匀层状多发生于含易溶解相较高时，而局部塞状多发生于优先溶解相含量较低的或在氧化条件较弱的情况下。

选择性腐蚀最典型的例子是黄铜脱锌和铸铁的石墨化腐蚀。

从腐蚀形态上看，黄铜脱锌有两种形式，即塞状式脱锌和层式脱锌，如图 3－31 所示。塞状式脱锌的特点为是腐蚀沿着局部区域向深处发展 [图 3－31（b）]，局部腐蚀速率可达每年 5 mm，而孔周围的区域没有明显的腐蚀迹象，这种腐蚀易导致黄铜管穿孔，或引起突发生脆性断裂。层式（或层状）脱锌则是在铜合金材料的整个表面上发生锌元素的优先脱除，构件整体减薄，强度逐渐减弱，通常较塞状式脱锌的破坏性低 [图 3－31（a）]。一般含锌量较低的黄铜在高于室温的高盐含量的中性、碱性或弱酸性介质中易发生塞状式脱锌；而含锌量较高的黄铜则易在低盐含量的酸性或弱酸性介质中发生层式脱锌。

灰口铸造铁中的石墨以网络状形式分布在铁素体的基体内，对于铁素体来说石墨为阴极，在一定的腐蚀介质中发生铁的选择性腐蚀，而留下一个多孔的石墨骨架，称为石墨化腐蚀。石墨化腐蚀使灰口铸造铁丧失原有的强度和金属性能，具有一定的危险性。石墨化腐蚀通常发生在较为缓和的环境中，如盐水、矿水、土壤或极稀的酸性溶液等。船舶的冷凝器、地下管道等设施中使用的灰口铸造铁常常发生石墨化腐蚀。

　　石墨化腐蚀通常仅发生在有石墨网存在的灰口铸铁中，不能保持连续石墨残留物的可锻铸造铁及球墨铸造铁则不发生石墨化腐蚀，而没有自由碳的白口铸造铁同样也不发生石墨化腐蚀。石墨化腐蚀是一个缓慢进行的过程，当灰口铸造铁处于腐蚀性十分强烈的环境中时，则取代石墨化腐蚀的是整个铸造铁表面的均匀化腐蚀。

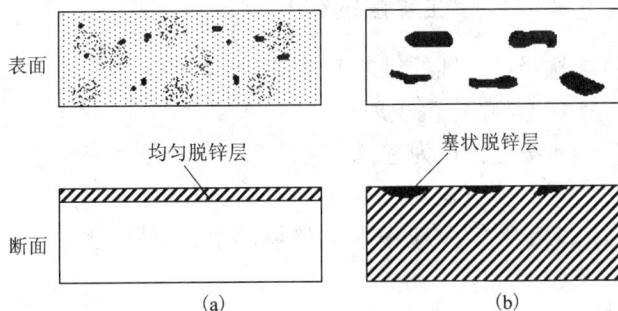

图 3 – 31　黄铜脱锌类型
(a)均匀性脱锌；(b)塞状脱锌

　　其他合金体系在酸溶液中，也会发生选择性腐蚀。如铝黄铜、铝青铜(当含铝量较高时，例如 92Cu – 8Al)，易在酸性溶液特别是在氢氟酸中，发生选择性腐蚀。对双相结构的铝黄铜，这类腐蚀敏感性更大，当介质中含有少量 Cl⁻ 离子时，就会在合金的缝隙中产生强烈的脱铝腐蚀。硅青铜脱硅、Co – W – Cr 合金脱钴也属于选择性腐蚀。易发生选择性腐蚀的一些合金 – 介质体系如表 3 – 8 所示。

表 3 – 8　发生成分选择性腐蚀的合金/介质体系

合金	介质条件	脱除元素
黄铜	多种水溶液	锌
铝青铜	氢氟酸，含氯离子的酸	铝
硅青铜	高温蒸汽和酸性物质	硅
锡青铜	热盐水或蒸汽	锡
铜镍合金	海水	镍
铜银合金		铜
铜金合金	氯化铁	铜
蒙乃尔合金	氢氟酸和其他酸	铜和镍
金铜和金银合金	硫化氢溶液和人唾液	铜和银
铝锂合金	氯化物溶液、海水	锂
灰口铸铁	多种水、土壤	铁
高镍合金	熔融盐	铬、铁、钼和钨
铁铬合金	高温氧化性气氛	形成保护膜的铬
镍钼合金	氧化性气氛、高温下的氢	钼
中碳钢和高碳钢	氧化性气氛、高温下的氢	碳
铍青铜	卤素气体	铍

3.6.2 选择性腐蚀的机理

选择性腐蚀的机理主要有如下几种。

(1)溶解 – 沉积理论

这种理论认为选择性腐蚀机理包括下列三个步骤:合金溶解,贱金属离子留在溶液中,贵金属重新沉积到基体上。例如黄铜选择性腐蚀(图 3 – 32 所示)。

黄铜脱锌反应中发生整体溶解,阳极反应为:

$$Zn \rightarrow Zn^{2+} + 2e \qquad (3-24)$$

$$Cu \rightarrow Cu^+ + e \qquad (3-25)$$

阴极反应为:

$$O_2 + 2H_2O + 4e \rightarrow 4OH^- \qquad (3-26)$$

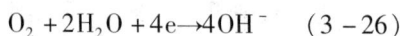

锌溶解成 Zn^{2+} 留在溶液中,而一价铜离子则与海水中的氯化物发生反应,形成 Cu_2Cl_2,然后分解为 Cu 和 $CuCl_2$,即

图 3 – 32 黄铜(Cu – Zn 合金)选择性腐蚀示意图

$$Cu_2Cl_2 \rightarrow Cu + CuCl_2 \qquad (3-27)$$

这里的 Cu^{2+} 的析出电位比合金腐蚀电位高,所以 Cu^{2+} 参加阴极还原反应

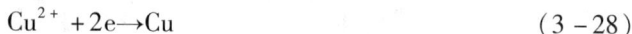

$$Cu^{2+} + 2e \rightarrow Cu \qquad (3-28)$$

使还原的 Cu 又重新沉积到基体表面上。分析表明,脱锌区含有 90% ~95% Cu,所以总的效果是 Zn 的溶解,留下了多孔的铜。

(2)活性组织溶解理论

这种理论认为,合金表层中的贱组元发生选择性溶解,合金内部的贱组元通过表层上的空位迅速扩散并达到溶解反应地点继续被溶解,表层留下疏松的贵组元层。该理论十分直观,并得到一些实验的证实。但是,该理论模型的理由仍不充分,因为,合金内部的贱组元通过空位扩散,以及溶液或离子要通过复杂曲折的微小空位都是困难的,这种腐蚀机理难以使腐蚀达到相当深度,会使腐蚀脱锌过程变得极为缓慢。

(3)组成高效腐蚀电池

由于组元(或相)之间电化学性质不均匀而构成腐蚀电池,较贵组元或较贵组元富集的相为阴极,保持稳定,较贱组元或较贱组元富集的相为阳极,发生腐蚀溶解。例如灰铸铁石墨化腐蚀,其实质是在腐蚀介质中,组成以铁素体为阳极、网状石墨为阴极的腐蚀电池,经选择性腐蚀后,成为石墨、孔隙和铁锈构成的多孔体,使铸铁丧失原有的金属特性和性能。

(4)成分差异理论

在焊缝区的选择性腐蚀中的成分差异存在两种情况:一是母材和焊缝金属间本身固有的成分差异,即由母材和焊缝金属搭配不当而引起;二是母材和焊缝金属之间固有成分差异很

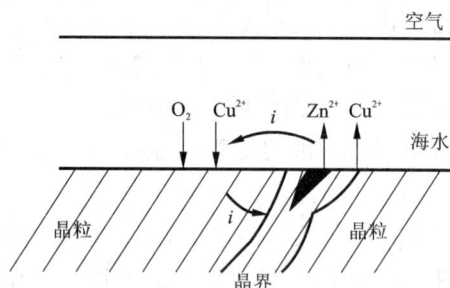

小，但在焊接过程中冷热循环使热影响区与母材或焊缝金属之间产生成分差异，进而造成电化学性能间的差异，形成电偶电池，局部阳极区加速腐蚀。NdFeB 合金发生腐蚀的时候，数量很大的主相和少数的富钕相组成了"大阴极、小阳极"的电偶腐蚀结构，加速了合金中富钕相的选择性腐蚀。

关于合金的选择性腐蚀机理，主要存在两种不同的观点：即选择性溶解理论和溶解－再沉积理论。这两种理论均有一定的依据，并能解释一些实验现象，但却不能完全否定另外一种理论。近年来愈来愈多的人倾向于认为两种机理可能共存。

3.6.3　选择性腐蚀的影响因素

选择性腐蚀影响因素主要有以下方面：

（1）组织结构和成分

合金中活性组元的含量越高，脱合金元素的倾向就越大。如黄铜中含锌量愈高，其脱锌倾向愈大。锌含量小于15%红黄铜，一般不发生脱锌腐蚀。实际应用中，主要是含锌量高于15%的黄铜上发现脱锌。如含锌30%含铜70%的普通黄铜呈黄色，在海水等介质中，其表面的锌被选择性溶解。合金由原来的黄色变成多孔、红色的富铜状态，从而导致黄铜强度大大的降低。

另外，合金组织结构对选择性腐蚀有重要影响。例如，对于二元铝铜合金，脱铝腐蚀的严重程度通常按如下顺序递增：α 相→含铝少的马氏体→含铝高的马氏体→γ_2 相。因此，通过恰当地控制热处理工艺，以获得选择性腐蚀倾向低的组织是解决选择性腐蚀破坏的另一个途径。

（2）温度影响

温度升高，选择性腐蚀加快。如图 3 – 33 所示，随着温度升高，蒙茨黄铜（40% Zn）、海军黄铜（37% Zn）和红黄铜（15% Zn）腐蚀速率均增加。

（3）腐蚀介质的组成

合金成分选择性腐蚀与介质状况密切相关，特定的合金仅对某些介质有选择性腐蚀。对于黄铜脱锌腐蚀，当介质中氯化物浓度高、含氧量大、流速低或合金表面存在有利于于缝隙形成的垢层及沉积物时，均会增大脱锌的敏感性。又如尿素

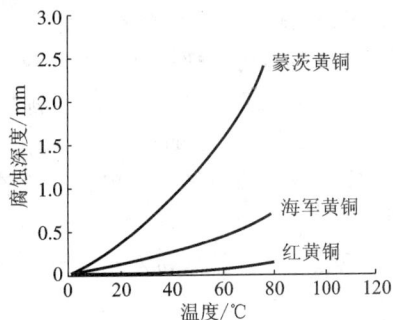

图 3 – 33　温度对不同含锌量黄铜腐蚀的影响

合成塔选择性腐蚀包括奥氏体选择性腐蚀和铁素体选择性腐蚀两种。通常在含氧量较充分时易发生铁素体选择性腐蚀，停车封塔氧含量下降时易发生奥氏体选择性腐蚀。

3.6.4　选择性腐蚀的评价方法

关于选择性腐蚀的评定，有标准化试验（化学浸泡）方法和电化学试验方法等。标准化试验方法可参考我国 GB10119《黄铜耐脱锌腐蚀性能的测定》标准，采用在温度75℃的质量分

数为 0.01 的氯化亚铜水溶液中浸渍 24 小时的化学浸渍法，试样浸渍后，用金相显微镜测定脱锌层深度，作为材料脱锌的评价和判断。

选择性腐蚀常用的电化学试验方法包括恒电位极化法和恒电流极化法。恒电位极化试验法的理论依据是：选择性腐蚀是合金中两组元在一定介质中稳定性不同的表现，选择性腐蚀发生在一定的电极电位和介质的 pH 值条件下。因此，在选定的介质条件中，用恒电位仪把试样的电位控制在脱合金元素区域的最适宜电位上，即可快速而准确地取得实验结果。例如，α 黄铜在 0.5 mol·L^{-1} NaCl 溶液中的试验，恒定电位在 $-100 \sim 150$ mV 范围内，控制溶液 pH 值为 3，在室温下试验 $3 \sim 10$ 小时，就可得到结果。选择性腐蚀的评定通过对试验后的溶液进行化学分析，计算脱合金元素系数（即试验后溶液中贱、贵元素离子质量比值，除以合金原有成分中的贱、贵元素的质量比），利用金相法测定选择性腐蚀深度。恒电流试验法与恒电位试验法所用试验装置相同，不过此时控制的不是试样的阳极极化电极电位，而是阳极极化电流，阳极极化电流的选择同样要通过试验进行确定。

思考题

1. 为什么全面腐蚀的阴极和阳极极化电位相等并等于腐蚀电位，而局部腐蚀的阴极和阳极极化电位不相等？

2. 试述点蚀萌生和发展的机理模型。

3. 点蚀电位与保护电位所代表的意义是什么？它们是如何确定的？其数值与测定方法是否有关？

4. 阐述缝隙腐蚀的机理及其影响因素，并比较点蚀、缝隙腐蚀和垢下腐蚀的共性与差异性。

5. 丝状腐蚀的机理是什么？试说明为何丝状腐蚀互不相交（相互穿越）？

6. 阐述焊缝腐蚀、刀线腐蚀和剥层腐蚀产生的原因和机理，并讨论 65% 硝酸法和硫酸铜 - 硫酸法评价晶间腐蚀的适应性和差异性。

7. 选择性腐蚀的根本原因是什么？试说明恒电位极化法评价材料选择性腐蚀性能的理论依据。

8. 哪些金属材料更易发生点蚀、缝隙腐蚀和晶间腐蚀？这三种类型的腐蚀机理中有无相同的作用因素和联系？

9. 用 6 个铁铆钉铆接两块面积为 1800 cm^2 的铜板，每颗铆钉的总暴露面积为 3.0 cm^2。将铆接铜板，放入充气的海水中，试计算铁铆钉的腐蚀速率（已知，未铆接时，铁铆钉在该介质中的腐蚀速率为 0.2 mm·a^{-1}）。

10. 在某腐蚀介质中，金属 A 的自腐蚀电位为 0.20 V（vs. SCE），金属 B 的自腐蚀电位为 -0.40 V（vs. SCE），A 和 B 的自腐蚀速率分别为 80 μA·cm^{-2} 和 200 μA·cm^{-2}，A 的阴极 Tafel 斜率和 B 的阳极 Tafel 斜率分别为 120 mV 和 80 mV，当面积为 100 cm^2 的 A 和面积为 10 cm^2 的 B 偶接时，试计算该介质中 A、B 两种金属偶接后的电偶腐蚀电流（忽略溶液电阻和金属间的连接电阻）。

第4章　应力作用下的腐蚀

金属材料在实际使用过程中,不仅会受到腐蚀介质的作用,同时还会受到各种应力的作用,并常常因此造成更为严重的腐蚀破坏。这些应力可以是外部施加的,如通过拉伸、压缩、弯曲、扭转等方式直接作用在金属上,或通过接触面的相对运动、高速流体(可能含有固体颗粒)的流动等施加在金属表面上;也可以来自金属内部,如残余应力,表面腐蚀膜引起的附加应力以及产物楔入作用引起的内应力等。因而,应力作用会导致金属材料的一些特殊腐蚀破坏现象。应力作用下的腐蚀一般可分为如下几种形式,即应力腐蚀、腐蚀疲劳、磨损腐蚀;磨损腐蚀又包括微振腐蚀、冲击腐蚀(或湍流腐蚀)和空泡腐蚀。

4.1　应力腐蚀开裂

4.1.1　应力腐蚀开裂的定义和特点

应力腐蚀开裂(Stress Corrosion Cracking, SCC)是指受拉伸应力作用的金属材料在某些特定的介质中,由于腐蚀介质和应力的协同作用而产生滞后开裂或滞后断裂的现象。材料由环境因素和力学因素共同引起的断裂,也称之为环境断裂。通常,在某种特定的腐蚀介质中,材料在不受应力时腐蚀速度很小,而受到一定的拉伸应力(可远低于材料的屈服强度)下,经过一段时间后,即使是延展性很好的金属也会发生低应力脆性断裂。一般这种SCC断裂事先没有明显的征兆,往往造成灾难性的后果。常见的SCC有:锅炉钢在热碱溶液中的"碱脆"、低碳钢在硝酸盐中的"硝脆"、奥氏体不锈钢在氯化物溶液中的"氯脆"和铜合金在氨水溶液中的"氨脆"等。

一般认为发生SCC需要同时具备三个条件,即:敏感材料、特定介质和拉伸应力。具体来说:

(1)材料本身对SCC具有敏感性。几乎所有的金属或合金在特定的介质中都有一定的SCC敏感性,合金和含有杂质的金属比纯金属更容易产生SCC。

(2)存在能引起该金属发生SCC的介质。对每种材料,并不是任何介质都能引起SCC,只有某些特定的介质才产生SCC。表4-1列出了一些合金发生SCC的常见环境。通常特定介质的量很少就足以引起合金产生SCC。

(3)发生SCC必须有一定拉伸应力的作用。这种拉伸应力可以是工作状态下材料承受外加载荷造成的工作应力;也可以是在生产、制造、加工和安装过程中形成的热应力、形变应力等残余应力；或表面腐蚀产物膜(钝化膜或脱合金疏松层)引起的附加应力，裂纹内腐蚀产物的体积效应造成的楔入作用也会产生拉应力。例如304L 不锈钢退火酸洗后在 42% $MgCl_2$ 沸腾溶液中放置 3 个月，发现断面上有穿晶应力腐蚀裂纹。这是因为点蚀坑中的固体腐蚀产物比容大，能起到楔子的作用，从而产生横向张应力。

表 4 - 1   一些金属和合金产生应力腐蚀的特定介质

材　料	介　　质
低碳钢	NaOH 溶液、硝酸盐溶液、含 H_2S 和 HCl 溶液、$CO - CO_2 - H_2O$、碳酸盐、磷酸盐
高强钢	各种水介质、含痕量水的有机溶剂、HCN 溶液
奥氏体不锈钢	氯化物水溶液、高温高压含氧高纯水、连多硫酸、碱溶液
铝和铝合金	湿空气、海水、含卤素离子的水溶液、有机溶剂、熔融 NaCl
铜和铜合金	含 NH_4^+ 的溶液、氨蒸气、汞盐溶液、SO_2 大气、水蒸气
钛和钛合金	发烟硝酸、甲醇(蒸气)、高温 NaCl 溶液、HCl、H_2SO_4、湿 Cl_2、N_2O_4 (含 O_2，不含 NO，24 ~ 74℃)
镁和镁合金	湿空气、高纯水、氟化物、$KCl + K_2CrO_4$ 溶液
镍和镍合金	熔融氢氧化物、热浓氢氧化物溶液、HF 蒸气和溶液
锆合金	含氯离子水溶液、有机溶剂

(4)应力腐蚀是一种与时间有关的典型的滞后破坏，即材料在应力和腐蚀介质共同作用下，需要经过一定时间使裂纹形核、扩展，并最终达到临界尺寸，发生失稳断裂。304 不锈钢的应力腐蚀孕育期如图 4 - 1 所示。对无裂纹的拉伸试样，当应力还远低于断裂强度乃至屈服强度时就能引起应力腐蚀裂纹的产生和扩展。而对预裂纹试样，使裂纹扩展的应力场强度因子 K_I 远小于使材料快速断裂的断裂韧性 K_{IC}。因此，这种滞后破坏可明显分成三个阶段（如图 4 - 2）：孕育期(t_i)——裂纹萌生阶段，

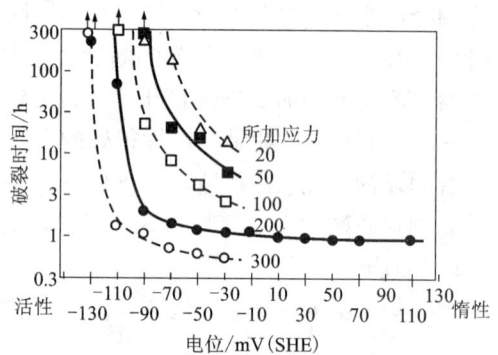

图 4 - 1   304 不锈钢破裂时间和电位及应力的关系(144℃CMgCl₂ 溶液)

即裂纹源成核所需时间，对无裂纹试样，t_i 占整个时间 t_F 的 90% 左右；裂纹扩展期(t_p)——裂纹成核后直至发展到临界尺寸所经历的时间；快速断裂期 - 裂纹达到临界尺寸后，由纯力学作用裂纹失稳导致试样或构件瞬间断裂。

整个断裂时间 $t_F = t_i + t_p$，与材料、介质、应力有关，短则几分钟，长则可达若干年。对于一定的材料和介质，随应力(应力强度因子 K_I)降低，断裂时间增长。对大多数的腐蚀体系

来说，存在一个门槛应力 σ_{SCC}（或门槛应力强度因子 K_{ISCC}），在此临界值以下，不发生 SCC。

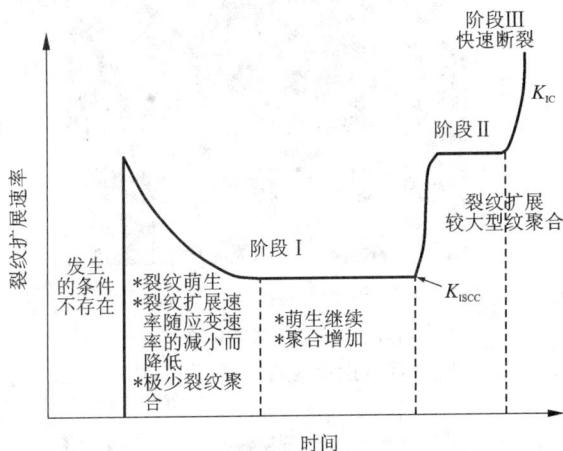

图 4－2　应力腐蚀裂纹发生及扩展速率示意图

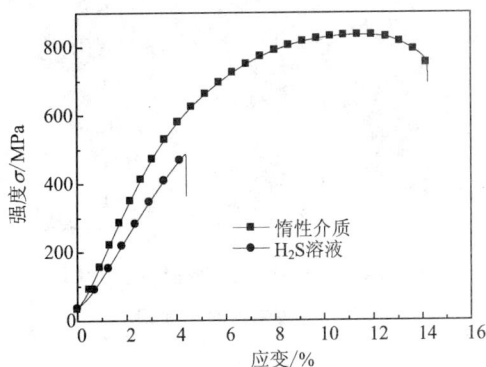

图 4－3　00Cr13Ni5Mo 马氏体不锈钢
在惰性介质和饱和 H_2S 溶液（5％NaCl
+0.5％醋酸）中慢应变速率拉伸曲线

（5）应力腐蚀是一种低应力脆性断裂。因为导致应力腐蚀开裂的最低应力（或 K_I）远小于过载断裂的应力 σ_b（或 K_{IC}），而且断裂前没有明显的宏观塑性变形，故应力腐蚀往往会导致无先兆的灾难性事故。图 4－3 所示为 00Cr13Ni5Mo 不锈钢在硫化氢环境中低应力断裂的情况。一般情况下应力腐蚀将获得脆性断口，如解理（图 4－4）、准解理（图 4－5）或沿晶（图 4－6）。由于腐蚀的作用，断口表面颜色暗淡，显微断口往往可见腐蚀产物、腐蚀坑和二次裂纹（图 4－7）。穿晶解理断口上往往具有河流花样、扇形花样或羽毛状花样；而穿晶准解理断口的形貌并不确定，但和韧窝断口（图 4－8）及解理断口不同；沿晶应力腐蚀断口上可看到多角形或多面体的晶粒，类似冰糖块状。

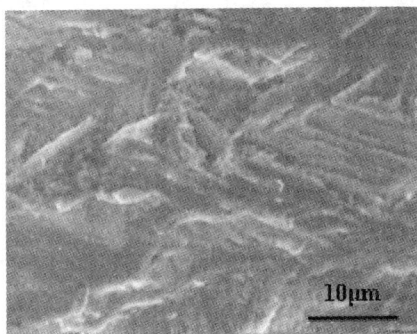

图 4－4　304 不锈钢在沸腾 $MgCl_2$ 溶液中的解理断口

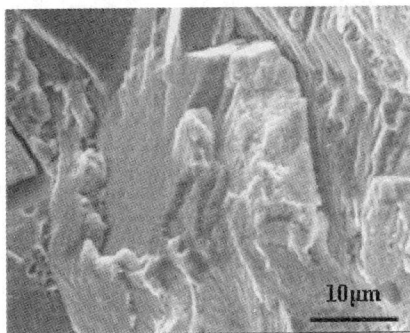

图 4－5　300 不锈钢在沸腾 $MgCl_2$ 溶液中的准解理断口

图 4-6 300 不锈钢在沸腾 MgCl₂
溶液中的沿晶断口

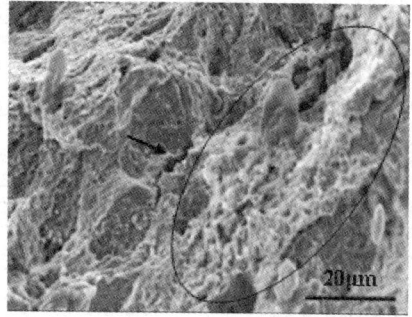

图 4-7 0Cr13 马氏体不锈钢(二次回火)带腐蚀产物(圆圈标识区域)和二次裂纹(箭头指示区域)的断口表面

(6)应力腐蚀裂纹的扩展速率一般为 10^{-6} ~ 10^{-3} mm·min^{-1},它比均匀腐蚀要快 10^6 倍,而且和裂纹前端 K_I 有关。它一般可分为三个阶段,第 II 阶段的裂纹扩展速率 $\mathrm{d}a/\mathrm{d}t$ 基本上与 K_I 无关,它完全由电化学条件所决定。

应力腐蚀按机理可分为阳极溶解型和氢致开裂型两类,主要是根据阳极金属溶解所对应的阴极过程进行区分。

(1)阳极溶解型应力腐蚀

在 SCC 时阳极过程是金属(M)溶解,阴极过程是析氢或吸氧反应,即

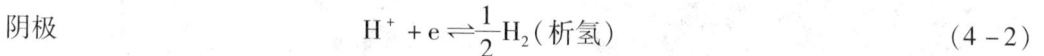

图 4-8 2205 双相不锈钢在 0.1wt%H₂S
溶液(pH 4.5)中韧窝断口形貌

阳极
$$M \rightleftharpoons M^{n+} + ne \quad (金属 M 溶解) \qquad (4-1)$$

阴极
$$H^+ + e \rightleftharpoons \frac{1}{2}H_2 \quad (析氢) \qquad (4-2)$$

$$或:2H_2O + O_2 + 4e \rightleftharpoons 4(OH)^- \qquad (4-3)$$

式中,M 代表金属,n 是交换电子价数。

如果阴极过程是吸氧反应,则应力腐蚀和氢无关,称为阳极溶解型应力腐蚀。如黄铜在氨水溶液、钛和钛合金在甲醇溶液,阴极反应不涉及氢,故是阳极溶解型。如阴极过程是析氢反应,但应力腐蚀时进入试样的氢含量小于氢致开裂的临界值,从而不会引起氢致开裂,仍然是阳极溶解型 SCC。如奥氏体不锈钢在热盐溶液中应力腐蚀时,进入的氢量太低,不足以引起氢致开裂,仍属于阳极溶解型。但氢能促进阳极溶解型 SCC。

(2)氢致开裂型应力腐蚀

对超高强钢在水中 SCC,阴极过程是析氢反应,氢能进入试样,从而产生氢致开裂,称

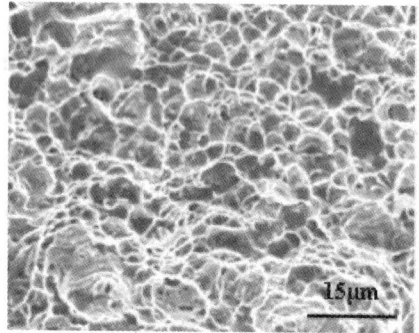

为氢致开裂型应力腐蚀。它是氢致开裂的一个特例，和 $H_2(H_2S)$ 环境下的氢致开裂或预充氢试样的氢致开裂本质相同。

4.1.2　阳极溶解型应力腐蚀机理

本节将介绍阳极溶解型 SCC 机理，氢致开裂型 SCC 机理将在 4.3 节中论述。关于阳极溶解型 SCC 的机理有多种，但一直存在争议，到目前为止仍然没有解决。已提出的阳极溶解型 SCC 机理主要有如下几种。

(1)滑移溶解机理

滑移溶解机理也称为膜破裂理论。其示意图如图 4-9 所示。金属或合金在腐蚀介质中可能会形成一层钝化膜。如应力能使膜局部破裂(如位错滑出表面产生滑移台阶使膜破裂，蠕变使膜破裂或拉应力使沿晶脆性膜破裂)，局部地区(如裂尖)露出无膜的金属，它相对膜未破裂的部位(如裂纹侧边)是阳极相，会发生瞬时溶解。新鲜

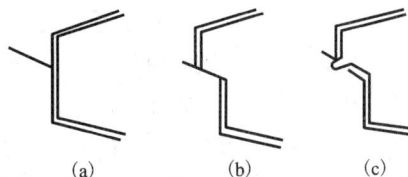

图 4-9　滑移溶解机理示意图

(a)钝化膜破坏之前的裂尖；(b)拉应力使滑移面突破保护膜露出无膜金属表面；(c)破口再钝化，剩余一小缺口腐蚀使得裂纹扩展

金属在溶液中会发生再钝化，钝化膜重新形成后溶解(裂纹扩展)就停止，已经溶解的区域(如裂尖或蚀坑底部)由于存在应力集中，因而使该处的再钝化膜再一次破裂，又发生瞬时溶解，这种膜破裂(通过滑移或蠕变)、金属溶解、再钝化过程的循环重复，就导致应力腐蚀裂纹的形核和扩展。

滑移溶解机理有一定的局限性。比如 SCC 时不形成钝化膜而是形成脱合金疏松层，如黄铜在氨水溶液、Cu_3Au 在 $FeCl_3$ 溶液中，这时就不能用滑移溶解机理来解释阳极溶解型 SCC。

(2)择优溶解机理

这个理论包括沿晶择优溶解模型和隧道腐蚀模型。沿晶择优溶解模型是针对铝合金提出的。由于合金中有第二相沿晶界析出，它可能是阳极相，造成晶界阳极相择优溶解，应力一方面使溶解形成的裂纹张开，使其他沿晶阳极相进一步溶解；另一方面应力可使各个被溶解阳极相之间的孤立基体"桥"撕裂或使它的电位下降而被溶解。对其他一些晶界没有第二相析出的应力腐蚀体系，这个理论不适用。

隧道腐蚀模型(图 4-10)认为，在平面排列的位错露头处或新形成的滑移台阶位置，处于高应变状态的原子发生

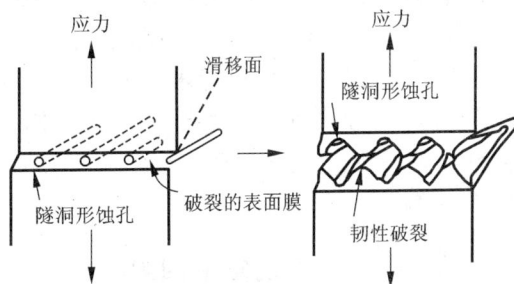

图 4-10　隧道腐蚀促进应力腐蚀裂纹扩展的示意图

择优溶解，它沿位错线向纵深发展，形成一个个隧道孔洞。在应力作用下，隧道孔洞之间的

金属产生机械撕裂，当机械撕裂停止后，又重新开始隧道腐蚀。这个过程的反复就导致了裂纹的不断扩展，直到金属不能承受载荷而发生过载断裂。断口上有时会存在腐蚀沟槽。但是，隧道腐蚀并非是应力腐蚀的必要条件。所以，这个模型虽然有一定的实验基础，但不能成为应力腐蚀的主要机理。

（3）介质导致解理机理

该理论认为应力腐蚀的本质是脆性裂纹不连续形核和扩展的过程，腐蚀介质的作用是使材料由韧变脆，其原因也分为两种理论。一种是应力吸附脆断机理，认为应力作用下特殊离子（如 Cl^-）的吸附能降低表面能，从而导致脆断（应力吸附脆断理论）。该理论可以解释某些用电化学理论（如滑移溶解理论）无法解释的现象，但这个理论本身并不自恰。例如，在很多应力腐蚀体系中均存在缓蚀剂，它们能延缓和抑制应力腐蚀；很多缓蚀剂（如氯化物中醋酸盐离子）的吸附能力比损伤离子（Cl^-）更强，它们应当使表面能下降更大，从而升高应力腐蚀敏感性，但实际上，它们选择性吸附后能抑制应力腐蚀。

另一种是钝化膜（或疏松层）导致脆断机理。认为在介质中会形成钝化膜或脱合金疏松层，它们能阻碍位错从有膜的裂尖发射，或使裂尖发出的位错塞积在钝化膜或疏松层中，位错不能进入基体就意味着材料"变脆"。裂尖应力集中可使微裂纹在钝化膜或疏松层中形核，然后以解理方式扩展至基体，扩展很短一段距离（微米量级）就将止裂，即解理裂纹以不连续方式形核、扩展。该机理可解释穿晶应力腐蚀断口和空拉脆性解理断口的一致性，也可解释应力腐蚀裂纹形核和扩展的不连续性。但其最大问题在于形成钝化膜（或疏松层）后是否一定能阻碍位错发射和运动，从而使材料由韧变脆呢？已有计算证明，这个结论不成立。另外，大量实验表明，对金属材料来说，不论是韧断还是脆断都是首先发射位错，当它到达临界状态时才导致微裂纹形核。因此，裂尖是否发射位错并不是由韧变脆的关键。

（4）腐蚀促进塑性变形导致 SCC 开裂

透射电镜下原位实验证明，腐蚀过程本身能促进位错发射和运动，即促进局部塑性变形。对于阳极溶解型应力腐蚀体系，金属表面的钝化膜或疏松层与基体界面处存在拉应力，由于它的协助作用，在较无钝化膜或疏松层存在时更低的外应力下位错就开始发射和运动。腐蚀促进局部塑性变形的同时就使该处产生应变集中，当整个试样的平均应变 ε_0^* 还很小时，应变集中区中的局部应变就可能达到在空气中拉伸时的断裂应变 ε_a，从而导致应力腐蚀裂纹形核、扩展，最终导致断裂。因此，SCC 时的断裂应变 ε_c 就远小于空拉时的断裂应变 ε_a，从而引起 SCC 敏感性 $I_\varepsilon = (\varepsilon_a - \varepsilon_c)/\varepsilon_a \times 100\%$ 增加。由此可知，腐蚀介质促进局部塑性变形和应力腐蚀导致脆断并不矛盾。

4.1.3 应力腐蚀开裂的影响因素

影响 SCC 的因素主要包括环境、电化学、力学、冶金等方面，这些因素与应力腐蚀的关系较为复杂，如图 4-11 所示。奥氏体不锈钢在氯化物中的 SCC 就是典型的例子。在遇水可分解为酸性的氯化物溶液中均可能引起奥氏体不锈钢的 SCC，其影响程度为 $MgCl_2 > FeCl_3 > CaCl_2 > LiCl > NaCl$。奥氏体不锈钢的 SCC 多发生在 $50 \sim 300℃$ 范围内。氯化物的浓度上升，SCC 敏感性增大。溶液的 pH 值越低，奥氏体不锈钢发生 SCC 断裂的时间越短。阳极极化使断裂的时间缩短，阴极极化可以抑制 SCC。

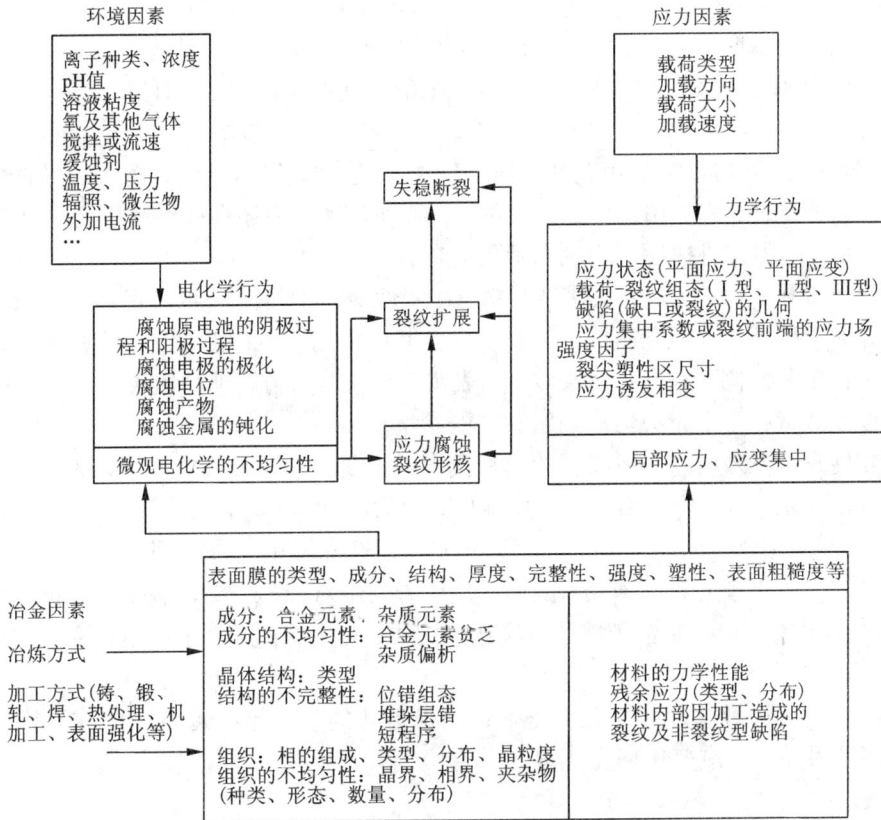

图 4 - 11　SCC 开裂的影响因素及关系

4.1.4　应力腐蚀开裂的研究方法

（1）应力腐蚀的表征参量

1）慢应变速率拉伸实验

当拉伸应变速率小于临界值（由应力腐蚀体系决定，一般为 $10^{-4} \sim 10^{-7} \, s^{-1}$）后应力腐蚀过程就能充分发展，断裂后的塑性指标将会明显下降，断口形貌也会有明显变化。因此可用慢应变速率拉伸实验来判断材料在特定介质中的应力腐蚀敏感性。由于试样处在环境室中，可在慢拉伸过程中同时研究其他因素（如温度、电极电位、溶液 pH 值等）对应力腐蚀过程的影响。无裂纹试样在特定的腐蚀介质和惰性介质（如空气，油）中缓慢拉断后，就可根据下述指标来评定材料在特定介质中应力腐蚀的敏感性。

①相对塑性损失：用惰性介质和腐蚀介质中延伸率 δ、断面收缩率 ψ（或断裂真应变 ε_f）的相对差值作为应力腐蚀敏感性的度量，即

$$I_\delta = (\delta_a - \delta_c)/\delta_a \times 100\% \tag{4-4}$$

$$\text{或 } I_\psi = (\psi_a - \psi_c)/\psi_a \times 100\% \tag{4-5}$$

其中下标 a 表示惰性介质，c 表示腐蚀介质。I_δ 或 I_ψ 越大，应力腐蚀就越敏感。

②断裂应力相对损失：在腐蚀介质中和惰性介质中断裂应力的相对损失为

$$I_\sigma = (\sigma_a - \sigma_c)/\sigma_a \times 100\% \tag{4-6}$$

其中下标 a 表示惰性介质，c 表示腐蚀介质。I_σ 越大，应力腐蚀敏感性就愈大。对脆性材料或带缺口的慢拉伸试样，往往用这个指标来衡量，特别是当应力还在弹性范围内试样就已滞后断裂时，用断裂应力相对损失 I_σ 作判据就更为合适。

③断口形貌和二次裂纹：对大多数材料，在惰性介质中拉断后将获得韧窝断口，在应力腐蚀敏感介质中拉断后往往获得脆性断口。脆性断口比例愈高，则应力腐蚀愈敏感。如介质中拉断的试样主断面侧边存在二次裂纹，则表明此材料对应力腐蚀是敏感的。往往用二次裂纹的长度以及数量作为衡量应力腐蚀敏感性的参量。

④吸收能量：应力－应变曲线下的面积代表试样断裂前所吸收的能量，惰性介质和腐蚀介质中吸收能差别愈大，则应力腐蚀敏感性也就愈大。

⑤断裂时间：应变速率相同时，在腐蚀介质和惰性介质中断裂时间 t_F 的比值愈小，应力腐蚀敏性就愈大。由于 t_F 和 $\dot\varepsilon$ 有关，因而介质中 t_F 的绝对值（或慢拉伸断裂时的平均裂纹扩展速率 da/dt）并不是应力腐蚀敏感性的度量。例如，无论是在空气中还是在介质中拉伸，随 $\dot\varepsilon$ 下降，t_F 均升高，da/dt 均不断下降。

在研究应力腐蚀敏感性时，应变速率是个很重要的参量，对大多数材料及其相应的环境，应力腐蚀最敏感的应变速率为 $\dot\varepsilon_c = 10^{-5} \sim 10^{-7} \text{ s}^{-1}$。

2）门槛应力 σ_{SCC}

将无裂纹拉伸试样加恒应力 σ，放入腐蚀介质，则经过一定的孕育期 t_i 后就会产生应力腐蚀开裂，直至滞后断裂。裂纹的形核时间（t_i）以及试样断裂时间（t_F）明显依赖于外加应力。随着应力的下降，t_i 和 t_F 均增长。当外加应力 σ 小于某一临界值 σ_{SCC} 时，试样在规定的时间内并不发生应力腐蚀断裂，我们把 σ_{SCC} 称为门槛应力，它是能产生滞后断裂的最小应力或不产生滞后断裂的上限应力。σ_{SCC} 是衡量应力腐蚀开裂敏感性的定量参量之一，σ_{SCC} 愈小，应力腐蚀愈敏感。

设 σ_y 是能产生滞后断裂的最低应力，σ_n 是规定时间内不断的最大应力，则

$$\sigma_{\text{SCC}} = \frac{\sigma_y + \sigma_n}{2}, \quad \sigma_y - \sigma_n \leqslant 0.2\sigma_{\text{SCC}} \tag{4-7}$$

当满足式（4-7）中第二条后就能保证算出的 σ_{SCC} 和真实值的误差小于 10%；如果不满足，这

时需要在 σ_y 和 σ_n 之间再内插某个应力补做试验，直到满足为止。应当指出，σ_{SCC} 的数值和截止时间的选择有关。一般来说，截止时间愈短，σ_{SCC} 值愈高。

如有合适的测试方法(如声发射法，电位法或电化学噪声法)，能测出应力腐蚀裂纹产生的孕育时间 t_i，则可获得 $\sigma - t_i$ 曲线，由此可获得试样不发生应力腐蚀开裂的最大临界应力 σ^*_{SCC}，它比不发生应力腐蚀断裂的门槛值 σ_{SCC} 要低。

3)门槛应力强度因子 K_{ISCC}

可用断裂力学来计算预裂纹(或尖缺口)试样加载后裂纹前端的应力强度因子 K_I。能产生应力腐蚀的最小 K_I 称为应力腐蚀门槛应力强度因子，用 K_{ISCC} 表示，其测量方法类似门槛应力 σ_{SCC}。可用恒载荷试样或恒位移试样来测量。

4)裂纹扩展速率 da/dt

应力腐蚀裂纹扩展速率 da/dt 是衡量应力腐蚀开裂敏感性的重要参数之一。它可以用预裂纹的恒载荷或恒位移试样来测量。首先测出裂纹长度随时间的变化曲线，即 $a - t$ 曲线，由其斜率可求出某一点的 da/dt。把该点的 a 值代入 K_I 公式，可求出和该 da/dt 相对应的 K_I，由此可作出 $da/dt - K_I$ 曲线。在很多情况下 $da/dt - K_I$ 曲线分三个阶段，第 II 阶段的 da/dt 与 K_I 无关，称为应力腐蚀裂纹稳态扩展速率，如图 4-12。很显然，da/dt 随温度升高而升高，即 $da/dt = A\exp(-Q/RT)$，根据不同温度下的 da/dt，可求出应力腐蚀过程的激活能 Q。

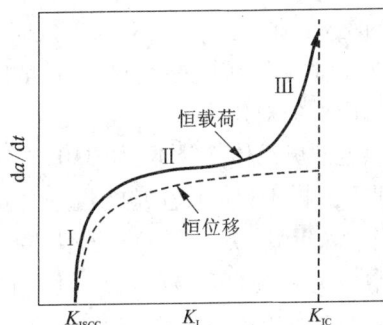

图 4-12　da/dt 随 K_I 的变化，
实线为恒载荷试样，虚线为恒位移试样

应当指出，慢拉伸时可用 t_F 求出 da/dt 的平均值，但它不能作为应力腐蚀敏感性的参量，因为随 $\dot{\varepsilon}$ 下降，t_F 升高，da/dt 下降；这和 I_δ，I_ψ 随 $\dot{\varepsilon}$ 的变化规律不同。

5)恒应变试样

将矩形薄片试样围绕一个预定的半径弯曲成 180°，然后用螺钉和螺母夹紧，就构成一个 U 形弯曲恒应变试样。弯曲时试样外表面已产生塑性变形，因而对应力腐蚀极为敏感，由于无法计算塑性区中的应力，故不能测出 σ_{SCC}；但可测出试样开裂或断裂的时间。故 U 弯试样只能定性描述应力腐蚀敏感性。

(2)区分阳极溶解型和氢致开裂型应力腐蚀的方法

因为阳极溶解型和氢致开裂型的微观机理不同，因此对每一类 SCC 体系，首先要区分它是阳极溶解型还是氢致开裂型。下面将论述区分这两类 SCC 的方法。

1)电化学研究

早期一般通过外加电位对 SCC 参量如门槛值 σ_{SCC} 或 K_{ISCC}、裂纹扩展速率 da/dt 或试样断裂寿命 t_F 的影响来判断该应力腐蚀究竟是阳极溶解型还是氢致开裂型。一般认为，如果阳极溶解是应力腐蚀的控制过程,则外加阳极电位必然能促进阳极溶解过程,从而使 σ_{SCC} 或 K_{ISCC} 下降,da/dt 升高,断裂寿命下降。相反,如果氢致开裂是应力腐蚀的控制过程,则外加阳极电位(或电流)将会抑制 H^+ 的还原过程,从而使进入试样的氢量减少,σ_{SCC} 或 K_{ISCC} 上升,da/dt 下降,断裂时间延长。而阴极极化则正相反。但是后来有研究表明,在很多情况下极化对 da/dt 或 t_F 的影响都是很复杂的。

超高强度钢在水介质中应力腐蚀时,不论是阳极极化还是阴极极化都能促进氢的放出,从而使 da/dt 上升,断裂时间下降。氢渗透试验表明,随阴极电流升高,氢渗透电流急剧增大,如阳极极化时,则当极化电流较大时也能使氢渗透增加。da/dt 和进入试样中氢浓度大小的变化相一致,这就表明高强度钢在水中应力腐蚀是一种氢致开裂。

总的说来,研究外加电位对应力腐蚀敏感性(如 K_{ISCC}、t_F、da/dt)的影响是判断应力腐蚀机理的重要手段之一。但对大多数应力腐蚀体系,这种影响比较复杂,单纯靠外加电位对应力腐蚀参量的影响来决定应力腐蚀的宏观机理(氢致开裂或阳极溶解)是不合适的。

2)门槛值对比研究

稳定型奥氏体不锈钢(如310)在室温或160℃的熔盐中动态充氢时也能发生氢致滞后开裂;Ⅲ型试样不仅能产生应力腐蚀,也能发生氢致滞后开裂。

用Ⅰ型、Ⅱ型(缺口剪切)和Ⅲ型(缺口扭转)试样测量奥氏体不锈钢在 $MgCl_2$ 溶液以及高强钢在水中应力腐蚀(SCC)的门槛值,并和大电流下动态充氢(HIC)的门槛值相对比,结果如表4-2。对奥氏体不锈钢来说,无论是Ⅰ型、Ⅱ型还是Ⅲ型均有 $K_{ISCC} < K_{IH}$,因此,如果外加 K_I 大于 K_{ISCC} 而小于 K_{IH},这时即使大电流动态充氢,也不会产生氢致开裂,但却能引起应力腐蚀。这表明,应力腐蚀不是进入试样的氢引起的,而是由阳极择优溶解过程所控制。对高强钢在水中的应力腐蚀,情况正相反,它属于氢致开裂。由于应力腐蚀时进入的氢量比动态充氢时低,故 $K_{ISCC} > K_{IH}$。如在水中加入毒化剂以增加试样中的氢含量,可使 K_{ISCC} 或 K_{IIISCC} 大幅度下降,但仍低于 K_{IH}(或 K_{IIIH})。因此,门槛值的对比研究是区分应力腐蚀机理的重要方法之一。

表4-2 应力腐蚀(K_{ISCC}/K_{IC})和氢致开裂(K_{IH}/K_{IC})归一化门槛值

试样类型	钢号	奥氏体不锈钢			高强钢	
		SCC	HIC		SCC	HIC
		143℃	室温	160℃	室温	室温
Ⅰ	304	0.18	0.58	0.52	0.42	
	321	0.27	0.52	0.51	(0.12*)	0.02
	310	0.30	0.65	0.55		
Ⅱ	321	0.19	0.59	—	0.45	0.10
Ⅲ	304	0.13	0.62	—	0.73(0.40*)	0.17

注: * 水中加 1 g·L^{-1} 硫脲。

3）裂纹形核位置的对比研究

对 I 型试样，最大正应力和最大剪应力都处在同一位置，无论是氢致开裂还是阳极溶解型应力腐蚀，裂纹总是沿原裂纹面形核和扩展，无法用它来进行裂纹形核位置和扩展方向的对比研究。但对 III 型和 II 型试样，最大正应力和最大剪应力则分布在不同的位置和不同的方向。对 III 型圆柱缺口扭转试样，最大剪应力 $\tau_{\max}$ 在缺口面（0°面）上，而最大正应力则处在 45°面上。对 II 型缺口试样，最大剪应力处在缺口顶端 $\theta = 80°$ 处，而最大正应力处在 $\theta = -110°$ 处。而纯剪应力（ III 型或无裂纹扭转试样）能发生氢致开裂。因此，可以用 III 型和 II 型试样来研究正应力和剪应力在应力腐蚀和氢致开裂中的作用。

奥氏体不锈钢在热盐溶液中应力腐蚀时，III 型试样的裂纹沿具有最大正应力的 45°面上形核；对 II 型缺口试样，裂纹也沿 $\theta = -110°$ 的最大正应力位置形核。但动态充氢时情况和应力腐蚀不同，III 型试样的裂纹沿最大剪应力的 0°面上形核，这是氢促进奥氏体不锈钢室温蠕变，从而使扭转角在恒载荷下不断增大的结果。对 II 型试样，氢致裂纹在最大剪应力位置 $\theta = 80°$（K_I 高）或最大正应力位置 $\theta = -110°$（K_I 低）形核。对高强钢，无论是 II 型还是 III 型，水中应力腐蚀和动态充氢时裂纹形核位置完全相同，均在最大正应力位置。这表明，高强钢的应力腐蚀属于氢致开裂型，而奥氏体不锈钢的应力腐蚀则属于阳极溶解型。

4）断口形貌研究

无论是 I 型还是 II 型和 III 型试样，奥氏体不锈钢在热盐溶液中应力腐蚀的断口形貌和动态充氢时氢致开裂断口形貌完全不同。应力腐蚀是典型的解理断口（有时会混有一些沿晶断口）；而氢致开裂则是韧窝断口（K_I 较高）或准解理断口（K_I 较低）。但对高强度钢，应力腐蚀断口和氢致开裂断口基本一致。因为氢致开裂断口与钢的强度、氢含量以及 K_I 大小有关，应力腐蚀时氢含量低，相当于小电流充氢的情况。因此，断口形貌的对比研究也可用来判断应力腐蚀的类型。

5）激活能研究

一般来说，应力腐蚀裂纹扩展速率随介质温度升高而升高，且成指数关系，即：

$$da/dt = A\exp(-Q/RT) \tag{4-8}$$

式中，Q 为应力腐蚀裂纹控制过程的表观激活能，A 为常数，R 是气体常数，T 是绝对温度。

测出不同温度下的 da/dt 并对 l/T 作图，由直线斜率就可获得 Q 值。有些人认为，测出了 Q 值，把它和某些已知过程的激活能比较就可判断应力腐蚀的机理。但实际上，裂纹扩展过程的控制机制和开裂机理并不是一回事。如超高强钢在 H_2 或 H_2S 气体中滞后断裂是由原子氢引起的，其机理可能是氢降低原子间结合力（弱键理论）或氢致滞后塑性变形机理。但控制 da/dt 的过程可能是原子氢的扩散过程，也可能是分子 H_2（或 H_2S）向裂纹表面迁移和碰撞的过程。

6）裂纹扩展的连续性研究

早期认为，由于氢致滞后开裂是由原子氢的扩散和富集过程所控制的，因而扩展是不连续的。如应力腐蚀是由阳极溶解过程所控制，则只有当裂纹前端保持和溶液相接触时才会溶解，故裂纹扩展是连续的。用电阻法或声发射法可测定任一时刻裂纹长度 a，由此可得 $a-t$ 曲线。有人认为，如 $a-t$ 曲线是光滑的连续曲线，则应力腐蚀就是阳极溶解过程；如 $a-t$ 曲线不连续，则是氢致开裂过程。但 $a-t$ 曲线的连续性除了和测试精度有关外，还和其他因素有关。有人认为，电阻法和声发射法配合在一起就可研究应力腐蚀的机理。如电阻随时间连续上升，但没有声发射信号，这就表明裂纹连续扩展，故应力腐蚀是阳极溶解机理；相反，如电阻变化和累积发射率的变化一致，则是氢致开裂机理。应当指出，裂纹扩展连续性的实质是指裂纹前沿是连续前进，还是先在裂纹前方形成一个弧立的小裂纹、然后长大和原裂纹相连接。因此，$a-t$ 曲线的连续性并不一定和裂纹扩展的真实连续性相一致。

在透射电镜中的原位跟踪观察发现，阳极溶解型应力腐蚀(黄铜在氨水溶液，Ti 和 Ti_3Al + Nb 在甲醇溶液)和氢致开裂(高强度钢在 H_2 中或水溶液中)裂纹均可连续形核，也可不连续形核。因而，裂纹扩展的连续性不能作为应力腐蚀类型的判据。

由此可知，只有用多种方法进行综合研究才能确定某一应力腐蚀是阳极溶解型还是氢致开裂型。但要注意，无裂纹(光滑)试样在中性溶液中，即使对氢致开裂型的应力腐蚀，也必须首先通过局部阳极溶解，产生点蚀坑后才能使蚀坑底部溶液局部酸化，保证有足够的氢进入试样；另外，只有先产生点蚀坑才会产生局部的应力或应变集中。

4.2 腐蚀疲劳

4.2.1 腐蚀疲劳的定义与特点

腐蚀疲劳是指金属材料在循环应力或脉动应力和腐蚀介质共同作用下，所产生的脆性断裂的腐蚀形态。在腐蚀介质和交变应力的共同作用下，金属的疲劳极限大大降低，因而会过早地破裂。这种破坏要比单纯交变应力造成的破坏(即疲劳)或单纯腐蚀造成的破坏严重得多，而且有时腐蚀环境不需要有明显的侵蚀性。船舶的推进器、涡轮和涡轮叶片、汽车的弹簧和轴、泵轴和泵杆及海洋平台等常出现这种破坏。

机械疲劳是指材料在交变应力作用下导致疲劳裂纹萌生、亚临界扩展，最终失稳断裂的过程。交变应力(疲劳应力)是指大小或大小和方向随时间改变的应力。按一定规律呈周期性变化的应力叫周期变动应力或等幅疲劳应力，简称循环应力；而无规律随机变化的应力叫随机变动应力或变幅疲劳应力。

工程材料的疲劳性能是通过疲劳试验得出的疲劳曲线(一般称 $S-N$ 曲线)来确定的，即建立应力幅值 σ_a 与相应的断裂循环周次 N_f 的关系，如图 4-13 所示。随着疲劳应力降低，发生疲劳断裂所需的循环周次增加，把经历无限次循环而不发生断裂的最大应力称为疲劳极限。它与应力比 R(又称应力不对称系数)有关，在 $R = \sigma_{min}/\sigma_{max} = -1$ 时的疲劳极限记作 σ_{-1}。通常低、中强度钢具有明显的疲劳极限；而高强钢、不锈钢、铝合金等往往不存在疲劳极限，而只能以材料在疲劳寿命为 $N(10^7 \sim 10^8$ 周次范围)时不发生疲劳断裂的最大应力称作材料的条件疲劳极限或疲劳强度。

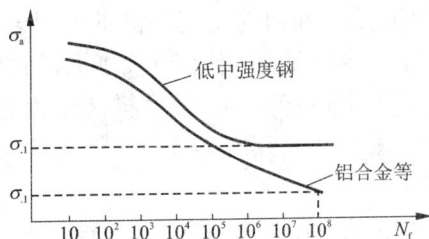

图 4 – 13　不同金属的疲劳曲线

疲劳失效约占机械失效的 80%。疲劳按其受力方式不同可分为弯曲疲劳、拉压疲劳、扭转疲劳、冲击疲劳、复合疲劳等。按介质、温度、接触情况不同又可分为一般(空气)疲劳、腐蚀疲劳、接触疲劳、微动磨损疲劳和冷热反复循环的热疲劳。一般破断循环周次数 $N_f > 10^4$ 次称为高周疲劳，而低于此值称为低周疲劳。

产生腐蚀疲劳的金属材料中有碳钢、低合金钢、奥氏体不锈钢以及镍基合金和其他非铁合金等。腐蚀疲劳一般按腐蚀介质进行分类，有气相腐蚀疲劳和液相腐蚀疲劳。从腐蚀介质作用的化学机理上分，气相腐蚀疲劳过程中，气相腐蚀介质对金属材料的作用属于化学腐蚀；而液相腐蚀疲劳通常指在电解质溶液环境中，液相腐蚀介质对金属材料的作用属于电化学腐蚀。腐蚀疲劳按试验控制的参数，又分为应变腐蚀疲劳和应力腐蚀疲劳。前者是控制应变量，得到应变量与腐蚀疲劳寿命的关系；后者是控制试验应力，得到应力与腐蚀疲劳寿命的关系。

腐蚀疲劳是构件在循环载荷和腐蚀环境共同作用下，腐蚀疲劳损伤在构件内逐渐积累，达到某一临界值时，形成初始疲劳裂纹。然后，初始疲劳裂纹在循环应力和腐蚀环境共同作用下逐步扩展，即发生亚临界扩展。当裂纹长度达到其临界裂纹长度时，难以承受外载，裂纹发生快速扩展，以致断裂。因此，对于光滑试件的腐蚀疲劳过程包括裂纹形成、亚临界扩展和快速扩展，以致断裂等过程。

腐蚀疲劳除具有常规疲劳的特点外，由于受腐蚀性环境的侵蚀，是一个很复杂的材料或构件失效现象，影响因素众多，包括冶金、材料、环境、应力、时间、温度等，其中任何一个因素的变化都会影响到腐蚀疲劳性能。严格讲，只有在真空中的疲劳才是真正的纯疲劳，对疲劳而言，空气也是一种腐蚀环境。但一般所说的腐蚀疲劳是指在空气以外腐蚀环境中的疲劳行为。腐蚀作用的参与使疲劳裂纹萌生所需时间及循环周次都明显减少，并使裂纹扩展速度增大。

腐蚀疲劳的特点如下：

(1)腐蚀疲劳不存在疲劳极限。一般以预指的循环周次下不发生断裂的最大应力作为腐蚀疲劳强度，用以评价材料的腐蚀疲劳性能。

(2)与应力腐蚀相比，腐蚀疲劳没有这种选择性，几乎所有的金属在任何腐蚀环境中都会产生腐蚀疲劳，发生腐蚀疲劳不需要材料 – 环境的特殊组合。金属在腐蚀介质中可以处于钝态，也可以处于活化态。

(3)金属的腐蚀疲劳强度与其耐蚀性有关。耐蚀材料的腐蚀疲劳强度随抗拉强度的提高而提高，耐蚀性差的材料腐蚀疲劳强度与抗拉强度无关。

(4)腐蚀疲劳裂纹多起源于表面腐蚀坑或缺陷，裂纹源数量较多。腐蚀疲劳裂纹主要是穿晶的，有时也可能出现沿晶的或混合的，只有主干，没有分支。腐蚀疲劳裂纹的前缘较"钝"，所受的应力不像应力腐蚀那样的高度集中，裂纹的扩展速度比应力腐蚀缓慢。

(5)腐蚀疲劳断裂是脆性断裂，没有明显的宏观塑性变形。断口有腐蚀的特征，如腐蚀坑、腐蚀产物、二次裂纹等，又有疲劳特征，如疲劳辉纹。断口大部分有腐蚀产物覆盖，小部分较为光滑。

腐蚀疲劳比应力腐蚀裂纹易于形核，原因在于应力状态不同。在交变应力下，滑移具有累积效应，表面膜更容易遭到破坏。在静拉伸应力下，产生滑移台阶相对困难一些，而且只有在滑移台阶溶解速度大于再钝化速度时，应力腐蚀裂纹才能扩展，所以对介质有一定要求。

腐蚀疲劳与纯疲劳的差别在于腐蚀介质的作用，使裂纹更容易形核和扩展。在交变应力较低时，纯疲劳裂纹形核困难，以至低于某一数值便不能形核，因此存在疲劳极限，而且提高抗拉强度也会提高疲劳极限。存在腐蚀介质时，裂纹形核容易，一旦形核便不断扩展，故不存在腐蚀疲劳极限。由于提高强度对裂纹形核影响较小，因此腐蚀疲劳强度与抗拉强度并无一定的比例关系。

4.2.2 腐蚀疲劳的机理

腐蚀疲劳是交变应力与腐蚀介质共同作用的结果，所以在腐蚀疲劳机理研究中，常常把纯疲劳机理与电化学腐蚀作用(以至于借助应力腐蚀或氢致开裂的机理)结合起来。现已建立了4种腐蚀疲劳模型，分别介绍如下：

(1)蚀孔应力集中模型

在腐蚀疲劳初期，金属表面固有的电化学性不均匀和疲劳损伤导致滑移带形成所造成的电化学性不均匀，腐蚀的结果在金属表面形成点蚀坑，在孔底产生应力集中产生滑移，滑移台阶的溶解使逆向加载时表面不能复原，成为裂纹源。反复加载，使裂纹不断扩展(图4-14)。

(2)滑移带优先溶解模型

有些合金在腐蚀疲劳裂纹萌生阶段并未产生蚀坑，或虽然产生蚀孔，但没有裂纹从蚀孔处萌生，故有人提出滑移带优先溶解模型。认为在交变应力作用下产生驻留滑移带，挤出、挤入处由于位错密度高，或杂质在滑移带沉积等原因，使原子具有较高的活性，受到优先腐蚀，导致腐蚀疲劳裂纹形核。滑移带集中的变形区域与未变形区域组成腐蚀电池，变形区为阳极，未变形区为阴极，阳极不断溶解而形成疲劳裂纹；变形区为阳极，未变形区为阴极，在交变应力作用下促进了裂纹的扩展。

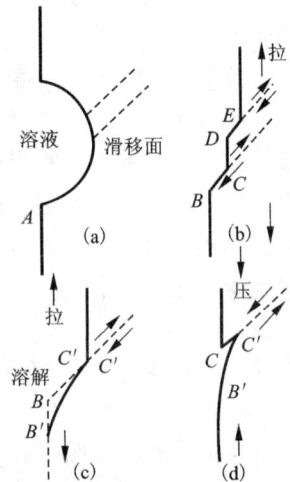

图4-14 腐蚀疲劳的蚀孔
应力集中模型示意图

(a)产生点蚀；(b)生成 BCDE 滑移台阶；
(c) BC 台阶溶解生成 B'C'新表面；
(d)滑移生成 B'C'C 裂纹

（3）保护膜破裂理论

对易钝化的金属，腐蚀介质首先在金属表面形成钝化膜，在循环应力作用下，表面钝化膜遭到破坏，而在滑移台阶处形成无膜的微小阳极区，在四周大面积有膜覆盖的阴极区作用下，阳极区快速溶解，直到膜重新修复为止，重复以上滑移—膜破—溶解—成膜的过程，便逐步形成腐蚀疲劳裂纹。

（4）吸附理论

金属与环境界面吸附了活性物质，使金属表面能降低，从而改变了金属的机械性能，氢脆是吸附理论的典型例子。

4.2.3　腐蚀疲劳的影响因素

影响材料腐蚀疲劳的因素主要包括力学因素、环境因素和材料因素三个方面。

（1）力学因素

1）应力循环参数：当应力交变频率 f 很高时，腐蚀的作用不明显，以机械疲劳为主；当 f 很低时，又与静拉伸的作用相似；只有在某一交变频率下最容易发生腐蚀疲劳。R 值高，腐蚀的影响大；R 值低，较多反映材料固有的疲劳性能（图 4-15）。在产生腐蚀疲劳的交变频率范围内，频率越低，裂纹扩展速度越快。

2）疲劳加载方式：一般来说，扭转疲劳 > 旋转弯曲疲劳 > 拉压疲劳。

3）应力循环波形：与纯疲劳不同，应力循环波形对腐蚀疲劳有一定影响，方波、负锯齿波影响小，而正弦波、三角波或正锯齿波影响较大。

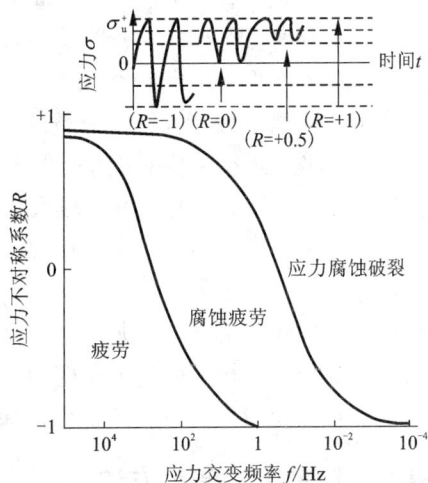

图 4-15　应力交变频率 f 与应力不对称系数 R 对材料应力腐蚀、腐蚀疲劳及疲劳的影响

4）应力集中：表面缺口处引起的应力集中，容易引发裂纹，故对腐蚀疲劳初始影响较大。但随疲劳周次增加，对裂纹扩展的影响减弱。

（2）环境因素

1）温度：温度升高，材料的腐蚀疲劳性能下降，但对纯疲劳性能影响较小。温度升高时，材料抗腐蚀疲劳的能力一般会下降。

2）介质的腐蚀性：介质腐蚀性越强，腐蚀疲劳强度越低，越容易发生腐蚀疲劳。但腐蚀性过强时，形成疲劳裂纹的可能性减少，反而使裂纹扩展速度下降。一般在 pH < 4 时，疲劳寿命较低；在 pH = 4~10 时，疲劳寿命逐渐增加；当 pH > 12 时，与纯疲劳寿命相同。在介质中添加氧化剂可以提高可钝化金属的腐蚀疲劳强度，例如介质中含氧量增加，腐蚀疲劳寿命降低，认为氧主要影响裂纹扩展速度。水溶液经过除氧处理，可以提高低碳钢的腐蚀疲劳强度，甚至与空气中相同。

3) 外加电流：阴极极化可使裂纹扩展速度明显降低，甚至接近于空气中的疲劳强度。但是阴极极化进入析氢电位区后，对高强钢的腐蚀疲劳性能会产生有害作用。对处于活化态的碳钢而言，阳极极化加速腐蚀疲劳，但对氧化性介质中的碳钢，特别是不锈钢，阳极极化可提高腐蚀疲劳强度，有的甚至比在空气中的还高（图4-16）。

（3）材料因素

1) 耐蚀性：材料耐蚀性越强，对腐蚀疲劳越不敏感。耐蚀性高的金属，如 Ti、Cu 及 Cu 合金、不锈钢等，对腐蚀疲劳敏感性小；耐蚀性差的金属，如高强 Al 合金、Mg 合金等，敏感性大。因而，改善材料耐蚀性的合金化对腐蚀疲劳性能是有益的。

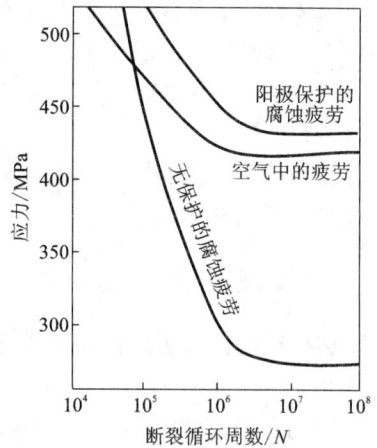

图 4-16　阳极保护对 Fe-13Cr 合金在 10% NH_4NO_3 溶液中腐蚀疲劳的影响

2) 组织结构：组织结构对碳钢、低合金钢腐蚀疲劳行为影响不大，但对不锈钢影响较大。提高碳钢、低合金钢强度的热处理可以提高疲劳极限，但对腐蚀疲劳影响很小，甚至有时会降低腐蚀疲劳强度。某些提高不锈钢强度的处理可以提高腐蚀疲劳强度，但敏化处理有害。细化晶粒可以提高钢在空气中的疲劳强度，对腐蚀疲劳作用类似。钢中的杂质、夹杂物对腐蚀疲劳裂纹形成有促进作用。

3) 表面状态：材料表面残余压应力有利于减轻腐蚀疲劳。表面残余应力为压应力时的腐蚀疲劳性能较为拉应力时好。施加保护涂层可以改善材料的腐蚀疲劳性能。

4.2.4　腐蚀疲劳的研究方法

（1）腐蚀疲劳的试验目的

腐蚀疲劳的试验目的有如下几个方面：①测定材料在给定环境下的腐蚀疲劳寿命曲线（ $S-N$ 曲线）；②测定材料在给定环境下的条件腐蚀疲劳临界应力场强度因子范围或条件临界腐蚀疲劳极限应力；③测定材料在给定环境、给定应力范围下裂纹扩展速率曲线；④研究缓蚀剂或其他防护效果；⑤各种腐蚀疲劳试验方法的比较；⑥研究影响腐蚀疲劳裂纹扩展各因素的作用及腐蚀疲劳断裂机理。

腐蚀疲劳试验中重要的因素是：交变应力的大小、平均应力的大小、波形、交变应力的频率、材料的机械性能。因为影响材料腐蚀疲劳开裂的因素很多，即使模拟实际构件运行的情况，也很难控制试验条件与实际运行状态相同。因此，目前尚未建立适合各种情况的标准腐蚀疲劳试验方法。

（2）腐蚀疲劳的试验方法

常用的腐蚀疲劳试验方法是在腐蚀环境中进行疲劳试验。实验室腐蚀疲劳试验可以分为两类：即循环失效（诱发裂纹）试验及裂纹扩展试验。在循环失效试验中，试样或部件承受交变载荷的作用，并达到诱发腐蚀疲劳裂纹和使其长大到足以导致失效的应力循环数。通常采用光滑试样和带缺口的试样获取试验数据。试验中总循环周数的大部分用于诱发裂纹。裂纹扩展试验利用断裂力学方法确定在交变载荷下预制裂纹的裂纹扩展速率。材料中的预裂纹能减少（以至忽略）疲劳寿命中诱发裂纹的孕育期。

腐蚀疲劳试验的加载方法，一般说来与普通疲劳试验的加载方法相同，因而在很多情况下腐蚀疲劳试验可在普通疲劳试验机上进行。具体的加载方式有：单轴拉压或拉压反复加载；反复弯曲加载，如四点弯曲反复加载法（图4-17）；旋转弯曲加载，如适用于丝材的回转弯曲腐蚀疲劳试验装置（图4-18）；扭转弯曲加载；应用电子计算机复合加载；超声疲劳试验。

腐蚀疲劳试验时，腐蚀介质的引入有多种方法，包括：浸泡法，把整个试样浸泡在腐蚀槽中；捆扎法，用棉花、布或其他纤维包扎在试样表面上，保持棉花、布或纤维与腐蚀介质接触而使试样表面与介质接触；灯芯法，用一玻璃棒或塑料棒与试样保持一定的距离，使腐蚀溶液依靠其表面张力与旋转的试样保持接触（图4-19）。此外，还有液滴法和喷雾法等。

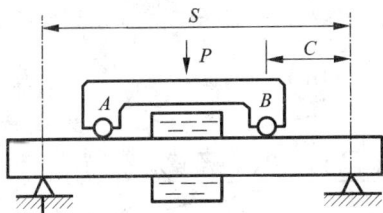

图4-17　四点反复弯曲加载法

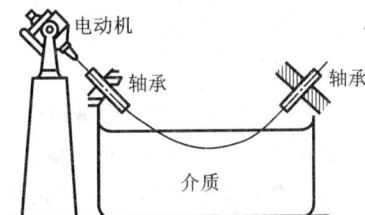

图4-18　丝材的回转弯曲腐蚀疲劳试验装置

（3）腐蚀疲劳的评定方法

腐蚀疲劳试验结果常用疲劳的寿命曲线（$S-N$曲线）来表示，其中S为应力，N是试样断裂时的周次。将在腐蚀介质中得到的$S-N$曲线与在空气中的$S-N$曲线对比，可以看出腐蚀介质的作用。不同的试验目的，需从腐蚀疲劳试验的数据中整理出所需要的参数。试验结果以报告形式写出，并应包括试验条件，如试样的形状和尺寸、载荷谱、频率、介质浓度、温度、pH值及加液方式等。

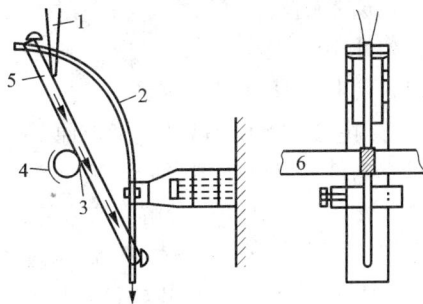

图4-19　灯芯法腐蚀疲劳试验装置

1—喂管；2—塑料弓；3—腐蚀介质；
4—旋转试样；5—圆棒灯芯；6—试样

4.3 氢致开裂

金属材料在冶炼、加工及使用过程中，经常会有氢进入材料中。在某些特殊情况下，氢有有益作用。例如，对钛合金，氢可作为临时合金元素来改善其热加工性能及室温机械性能，金属氢化物可用作储氢材料和电池材料。但在一般情况下，进入材料的氢是极其有害的，使材料产生氢损伤。它包括两类：一类是和外载荷无关的氢压裂纹(如钢中白点，焊接冷裂纹、H_2S 中浸泡裂纹等)；另一类是外载荷下氢通过扩散、富集而引起的滞后开裂或滞后断裂。氢损伤也称氢脆，包括氢压引起的微裂纹、高温高压氢腐蚀、氢化物相或氢致马氏体相变、氢致塑性损失等。严格来说，氢脆主要涉及金属韧性的降低，而氢损伤除涉及韧性降低和开裂外，还包括金属材料其他物理性能或化学性能的下降，因此含义更为广泛。有时氢脆、氢损伤和氢致开裂三个名词并不仔细区分，而是混淆使用。

4.3.1 氢在金属中的行为

氢致开裂过程涉及氢的进入、氢的扩散和富集及产生的结果等一系列过程，如图 4-20 所示。

(1)氢的来源

氢的来源可分为内氢和外氢两种。

1)内氢是指材料在使用前内部就已经存在的氢，主要是在冶炼、酸洗、电镀、焊接、热处理等过程中吸收的氢。冶炼时原料或大气中的 H_2O 会分解成氢进入钢液，当氢含量很高时就会在构件中产生裂纹(钢中白点)；浇铸时大气中的 H_2O 也会分解而产生氢；酸洗、电镀时水中 H^+ 放电形成原子氢进入构件；焊接就相当局部冶炼过程，焊条或大气中 H_2O 分解而进入氢；在氢气气氛下进行热处理也会使氢进入。

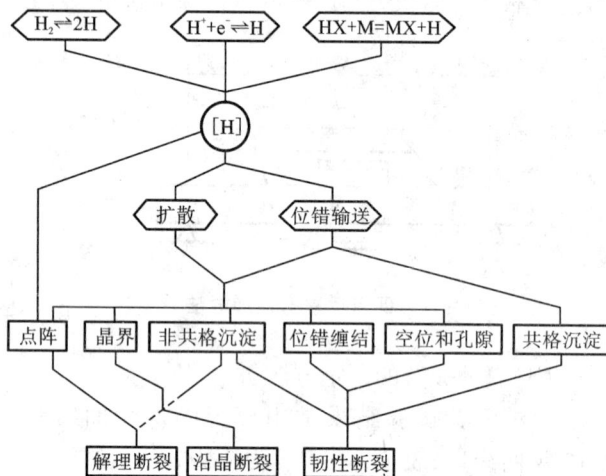

图 4-20 金属中氢的行为和结果示意图

2)外氢或环境氢是指材料在使用过程中吸收的氢。如在 H_2 或 H_2S 气体或 H_2S 水溶液中服役时，H_2 或 H_2S 能分解出 H 进入构件或试样；在 SCC 时如阴极过程是析氢反应，则氢就会进入构件或试样。

(2)氢在金属中的溶解度

可以用多种方法来表示氢浓度：

1) 原子分数浓度 $C_A = N_H/N_M = [H]/[M]$，即每个金属原子（总数为 N_M）所对应的氢原子（总数为 N_H）数；

2) 重量分数浓度 $C_w = g(H)/g(M)$，即每克金属中所含氢的克数。$10^{-6} C_w = 10^{-4}\% = 1$ ppm（或 1 wppm）；

3) 相对体积浓度 $C_V = cm^3(H)/cm^3(M)$，即每 cm^3 金属中所含标准状态（273 K，1 atm）下的氢原子体积；

4) 重量体积浓度 $C_{wV} = cm^3(H)/100g(M)$，即每 100 g 金属中所含标准状态下的氢原子体积。

氢在金属中的溶解度取决于温度和压力。在气体氢和溶解在金属中的氢达到平衡时：

$$\frac{1}{2}H_{2(g)} = [H]（金属中）\tag{4-9}$$

化学反应自由焓 G 的改变量为：

$$\Delta G = \Delta G^{\ominus} + RT\ln\frac{C_H}{p_{H_2}^{\frac{1}{2}}}$$

平衡时 $\Delta G = 0$，则有

$$\Delta G^{\ominus} = -RT\ln K_p = -RT\ln\frac{C_H}{p_{H_2}^{\frac{1}{2}}}\tag{4-10}$$

式中，p_{H_2} 为环境中的氢分压；C_H 为氢在金属中的溶解度。标准自由焓变 $\Delta G^{\ominus} = \Delta H - T\Delta S$，其中 ΔH 称溶解热；ΔS 为熵变。一般认为 $\Delta S = 0$，从而，式（4-10）变为：

$$C_H = \sqrt{p_{H_2}}\exp\left(-\frac{\Delta H}{RT}\right)\tag{4-11}$$

当温度 T 恒定时，$C_H = K\sqrt{p_{H_2}}$，即所谓 Sievert 定律。

如 $\Delta H > 0$，氢的溶解过程是吸热反应，故随温度升高，氢的溶解度增大。例如，在环境的氢压为 10^5 Pa 时，氢在液态 Fe 中的溶解度可达 2.4×10^{-5}，而在室温条件下，氢在 $\alpha-Fe$ 中的溶解度仅为 5×10^{-10}。$\Delta H > 0$ 的金属称为 A 类金属，如 Fe、Ni、Cr、Al 和 Cu 等。氢在 A 类金属中溶解度很小，室温时往往小于 $10^{-2}\sim10^{-3}$ μg/g。

相反，如 $\Delta H < 0$，即溶解过程是放热反应，金属称为 B 类金属，如 V、Nb、Ta、Ti、Zr、Hf 及稀土。氢的溶解度很大，且随温度升高，氢的溶解度下降。因为氢在 B 类金属中绝大部分以氢化物的形式存在。

（3）氢的存在形式

在金属中，氢的存在形式有很多种。

1) 氢离子和原子氢：氢可以负离子 H^-、正离子 H^+ 或原子 H 的形式固溶在金属中。在碱金属（Li、Na、K）中，当形成化合物如 NaH，氢就以负离子 H^- 的形式存在。当氢进入金属后，分解为质子和电子，电子进入金属能带，而氢以质子状态 H^+ 固溶在金属中。很多人认为氢原子半径很小（0.53 Å），很容易以原子的形式存在于点阵的间隙位置。

2）氢分子：当氢原子进入空腔（孔洞、裂纹、疏松），就会通过反应 H + H→H₂，形成分子氢，并产生氢压 $p_{H_2} = nRT/V$，其中 n 是 H_2 的摩尔数，V 是空腔体积。

3）氢化物：氢在 B 类金属及其合金中很容易形成金属氢化物，如氢在 Ti 合金中会形成 TiH$_x$（$x = 1.58 \sim 1.99$）。此外，氢在 A 类金属及合金中也有可能形成氢化物，如 Al－Li 合金，Mg 合金，Co 合金，Fe－Ni 奥氏体合金等。

4）气团：氢与位错结合形成气团。

4.3.2　氢的扩散与富集

（1）氢的扩散

1）扩散方程及其解

如氢在晶体中存在浓度梯度，则氢将从高浓度处向低浓度处扩散迁移，扩散过程可以由菲克（Fick）第一定律［参见式（2－92）］来描述，其中扩散系数 D_j，可通过实验测量。

2）扩散系数的物理意义

氢处在点阵的间隙位置，它从一个间隙位置跳到另一个间隙位置（需要克服能垒 $\Delta Z = \Delta U - T\Delta S$）的过程就是氢的扩散。氢原子在间隙位置处作热振动，存在能量涨落，只有当热能大于能垒 ΔZ 时，才能进行扩散。$\Delta U = Q$ 称为扩散激活能 Q。可以证明，扩散系数 $D_j = -D_0 e^{-Q/RT}$，其中 D_0 是扩散常数，它与晶体点阵常数、间隙位置配位数和热振动频率有关。

（2）氢陷阱和表观扩散

通常，固溶在金属中的氢原子占据晶体点阵的最大间隙位置，如 bcc 金属的四面体间隙和 fcc 金属的八面体间隙。然而，某些金属在室温下实测的氢浓度（称表观溶解度）往往比点阵中的溶解度高很多。原因是除了少量氢处于晶格间隙外，绝大部分氢处于各种缺陷位置，如晶界、第二相（夹杂沉淀）、位错、空位、孔隙等，这些缺陷就是所谓的氢陷阱。

一般来说，处于晶格间隙位置的氢原子 H_L（浓度为 c_L）可以被陷阱捕获，而陷阱中的氢原子 H_T（浓度为 C_T）也可能跑出陷阱进入晶格间隙位置。在平衡时：

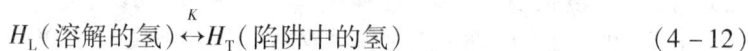

$$H_L（溶解的氢）\overset{K}{\leftrightarrow} H_T（陷阱中的氢） \tag{4-12}$$

式中，平衡常数 $K = \dfrac{C_T}{C_L} = B\exp\dfrac{E_b}{RT}$；$E_b$ 为陷阱结合能。如 E_b 较小（< 0.3 eV），则平衡常数 K 就小，即使在室温下氢也能从陷阱中跑出来，这种陷阱称为可逆陷阱，如一般溶质原子（< 0.2 eV），位错弹性场，小角晶界等。处于可逆陷阱中的氢在室温就能参与氢的扩散及氢致开裂过程。如果 E_b 较大（> 0.6 eV），室温下捕获在陷阱中的氢难以跑出，这类陷阱称为不可逆陷阱。如升温，处于不可逆陷阱（如第二相，大角晶界，相界面等）中的氢也可以跑出陷阱。可逆陷阱和不可逆陷阱在外部条件（如温度）变化时可能发生转变。

氢在陷阱中的富集将可能导致氢致开裂。过饱和的氢原子在孔隙中结合成分子氢，能产生氢压,如进入的氢量高,空腔体积小,则氢压可达到很高的值。

(3)氢富集

引起氢致开裂的平均氢含量一般都很低,如 $\alpha-Fe$ 中浓度为 4×10^{-6} 的氢相当于 10^6 个铁原子中只有 223 个氢原子,因此发生氢致开裂需要氢的局部富集。氢在间隙位置产生应变场,它和外应力发生交互作用,通过应力诱导扩散,氢将向高应力区富集。氢在应力梯度下的扩散可以与浓度梯度下的扩散相叠加,从而加速氢的扩散。

一般认为,加载产生的裂纹尖端前方存在一个塑性区,存在高度的应力集中,因而氢在应力诱导下将富集在裂尖区。

(4)氢的迁移

位错是一种特殊的氢陷阱。通常位错密度高的地方,氢浓度也高,也可以认为塑性应变愈大的地方,氢浓度愈高。位错不仅能将氢原子捕获在其周围,形成 Cottrell 气团,而且由于氢在金属中扩散快,在位错运动时氢气团能够跟上位错一起运动,即位错能够迁移氢。当运动的位错遇到与氢结合能更大的不可逆陷阱时,氢将被"倾倒"在这些陷阱处。

4.3.3 氢脆

(1)氢压裂纹

在材料中某些缺陷位置,氢原子 H 能复合成氢分子 H_2,室温时它是不可逆反应,即 H_2 不会再分解成 H。随着进入该缺陷氢浓度的增加,复合后 H_2 的压力也增大。当氢压大于屈服强度时就会产生局部塑性变形,如缺陷在试样表层,则会使表面鼓起,形成氢气泡。当氢压等于原子键合力时就会产生微裂纹,称为氢压裂纹。它包括钢中白点,H_2S 浸泡裂纹,焊接冷裂纹以及高逸度充氢时产生的微裂纹。

钢中的白点:钢材剖面酸洗后有时可以看到像头发丝一样的细长裂纹,宽度约 1 μm,故也常称为"发裂"。如沿着这些裂纹把试样打断,在断口上可观察到具有银白色光泽的椭圆形斑点,故称为"白点",它实际上是一个扁平状裂纹,类似钱币中的钢镚儿。白点形成的原因一般公认是氢压的作用,当这个内压超过钢的断裂强度时就导致了发裂(白点)的形核和扩展。钢中的氢含量是决定能否产生白点的基本因素。一般认为,钢中氢含量小于 3 ppm 时不会产生白点。但不同钢种,钢的化学成分和组织结构等都对白点的产生有很大影响。

H_2S 诱发裂纹:碳钢或低合金钢在 H_2S 溶液中浸泡时,即使不存在外应力,H_2S 在钢的界面上反应生成 H,它进入试样后富集在夹杂物(特别是长条状 MnS)周围,复合成 H_2,产生氢压,当分子氢压大于临界值时就会产生裂纹。裂纹一般呈台阶状,如裂纹处在试样表面附近,则容易在表面引起鼓泡。提高管线钢抗 H_2S 裂纹的措施主要是降低钢中 S 含量,减少宏观和微观偏析以及使 MnS 夹杂球化。

焊接冷裂纹:焊接过程是个局部冶炼过程,焊条及大气中的水分会进入熔池变成 H,当进入的氢量较高时,在焊后的冷却过程中就有可能产生氢压微裂纹(类似于钢中白点)。采用低氢焊条，焊前焊条和工件烘烤，焊后工件缓冷等措施就可避免焊接冷裂纹。

（2）氢脆的分类

按照氢脆敏感性与应变速率的关系可以将氢脆分成两大类：

第一类氢脆：氢脆的敏感性随应变速率的增加而增加，即材料加载前内部已存在某种裂纹源，加载后在应力作用下加快了裂纹的形成与扩展。这类氢脆包括三种形式：

1）氢腐蚀：由于氢在高温高压下与金属中第二相（夹杂物或合金添加物）发生化学反应，生成高压气体（如 CH_4、SiH_4）引起材料脱碳、内裂纹和鼓泡的现象。氢腐蚀最早是在德国用 Haber 法合成氨的压力容器上发现的。发生氢腐蚀时，氢与钢中的 C 及 Fe_3C 反应生成甲烷，造成表面严重脱碳和沿晶网状裂纹。氢腐蚀的发展大致分为三个阶段：①孕育期：晶界碳化物及附近有大量亚微型充满甲烷的鼓泡形核，钢的力学性能没有变化。②迅速腐蚀期：小鼓泡长大，达到临界密度后便沿晶界连接起来形成裂纹。钢的体积膨胀，力学性能下降。③饱和期：裂纹彼此连接的同时，C 逐渐耗尽。

在高温高压下氢与 C 反应形成甲烷气泡经历了如图 4 - 21 所示的过程。最先，氢分子扩散到钢的表面，产生物理吸附（$a \rightarrow b$），被吸附的部分氢分子分离为氢原子或氢离子，并经化学吸附（$b \rightarrow c \rightarrow d$），氢原子通过晶格和晶界向钢内扩散（$e \rightarrow f$）。钢中的氢与 C 反应生成甲烷，甲烷在钢中的扩散能力很差，聚集在微孔隙中，如晶界、夹杂物。不断反应的结果使孔隙周围的 C 浓度降低，其他位置上的 C 通过扩散不断补充（$g \rightarrow h$ 为渗碳体中 C 原子的扩散补充；$g' \rightarrow h'$ 为固溶 C 原子的扩散补充），造成局部高压。

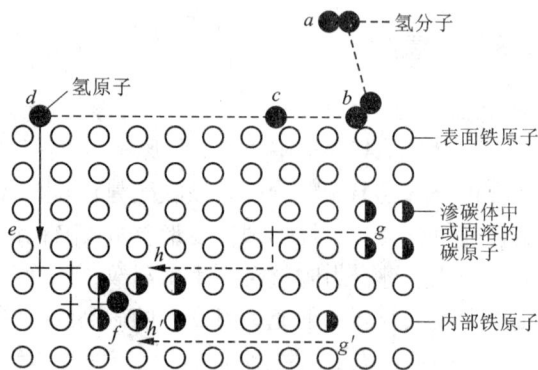

图 4 - 21　钢的氢腐蚀机理模型示意图

在甲烷压力较低时，主要靠 Fe 原子沿晶界扩散离开气泡，从而使气泡长大；在甲烷压力较高时，主要靠周围基体的蠕变使气泡长大。在靠近表面的夹杂等缺陷形成的气泡，最终造成钢表面出现鼓泡；在钢内部的气泡，最终发展成裂纹。

如上所述，氢腐蚀属于化学反应，因此无论反应速度、氢的吸收或 C 的扩散，以及裂纹的扩展都是克服势垒的活化过程，故提高温度和压力均可使孕育期缩短。各种钢在一定氢压下均存在发生氢腐蚀的起始温度，一般为200℃以上，低于此温度，反应速度极慢，以致孕育期超过正常使用寿命。当氢分压低于一定值后，即使温度很高也不会产生氢腐蚀，只发生表面脱碳，产生甲烷的压力较低，不足以引起鼓泡和开裂。当氢中含有氧或水蒸气，可以降低氢进入钢中的速度，使孕育期延长；含有 H_2S 时，孕育期变短。钢的氢腐蚀与含 C 量有直接关系。含 C 量增加,孕育期变短。当钢中加入足够量的碳化物形成元素,如 Ti、Zr、Nb、Mo、W、Cr 等,可使碳化物不易被氢分解,减少甲烷生成的可能性。MnS 夹杂常常是裂纹源的引发处,应尽量避免。

热处理和冷加工对氢腐蚀有一定的影响。碳化物的球化处理可减少表面积,使界面能下降,有助于延长孕育期。冷加工变形将增加组织和应力的不均匀性,提高了晶界的扩散能力并增加了气泡形核位置,故加速了钢的氢腐蚀。

2)氢鼓泡:过饱和的氢原子在缺陷位置(如夹杂周围、空腔)析出,形成氢分子,在局部造成很高的氢压,引起表面鼓泡或内部裂纹的现象。在湿 H_2S 环境中钢有两类开裂现象:一种是硫化物应力腐蚀开裂,多发生于高强钢,必须有应力存在,裂纹与主应力方向垂直,是一种可逆氢脆;另一种是氢诱发开裂,发生于低强钢,不需要应力的存在,裂纹平行于轧制的板面,接近表面的形成鼓泡,称氢鼓泡;靠近内部的裂纹呈直线或阶梯状,称阶梯状开裂,危险性最大。如图 4 - 22 所示。

H_2S 是一种弱酸性电解质,在 pH = 1 ~ 5 的水溶液中主要以分子形式存在。在金属表面发生下述反应:

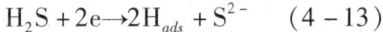

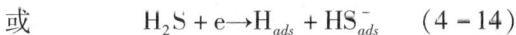

$$H_2S + 2e \rightarrow 2H_{ads} + S^{2-} \qquad (4-13)$$

或

$$H_2S + e \rightarrow H_{ads} + HS_{ads}^- \qquad (4-14)$$

$$HS_{ads}^- + H_3O \rightarrow H_2S + H_2O \qquad (4-15)$$

为氢渗入钢中创造条件。进入钢中的氢原子通过扩散到达缺陷处,析出氢分子,产生很高的压力。

研究证实,非金属夹杂物是裂纹的主要形核位置,如图 4 - 23。特别是 II 型 MnS 夹杂,由于与基体的膨胀系数不同,热轧过程中变成扁平状,在夹杂与基体之间形成孔隙,可视为二维缺陷。氢原子在其端部聚积,并由此引发裂纹。此外,硅酸盐、串联状的氧化铝及较大的碳化物、氮化物也能成为裂纹的起始位置。低强钢主要是珠光体 - 铁素体组织,裂纹往往沿着 Mn、P 偏析造成的低温转变的反常组织(马氏体

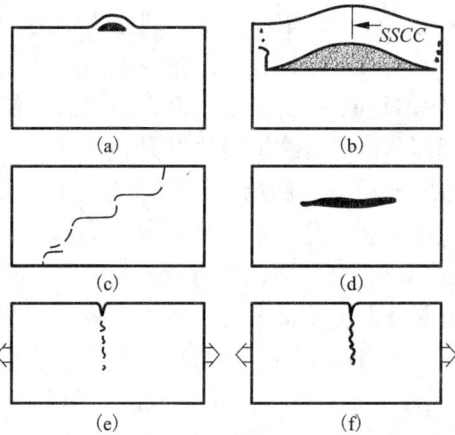

图 4 - 22　在 H_2S 环境中的各种破坏形态示意图

(a)氢鼓泡;(b)氢鼓泡并伴随阶梯状开裂;(c)阶梯状裂纹;(d)直线状裂纹;(e)低强钢的硫化物应力腐蚀;(f)高强钢的硫化物应力腐蚀

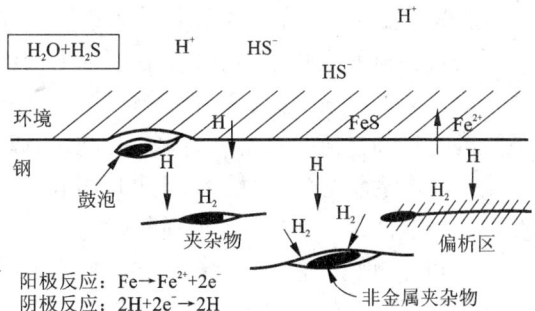

图 4 - 23　氢鼓泡机理示意图

或贝氏体)或带状珠光体扩展,造成氢鼓泡。

氢鼓泡主要发生在 H_2S 水溶液中,随 pH 降低,裂纹形成几率增大;随 H_2S 浓度增大,出现裂纹的倾向增大。Cl^- 的存在,影响电极反应过程,促进氢的渗透。可采取以下措施抑制氢鼓泡的发生:

①改变温度:氢鼓泡主要在室温下出现,提高或降低温度,可减少开裂倾向。

②降低钢中的硫含量:降低钢中的硫含量可减少硫化物夹杂的数量,降低钢对氢鼓泡的敏感性。MnS 的形态与脱氧制度有关,Ⅱ型 MnS 主要出现在 Al 或 Al – Si 镇静钢,采用半镇静钢、硅镇静钢、沸腾钢得到的Ⅰ型 MnS,可明显减少氢诱发开裂。在钢中加入适量的 Ca 或稀土元素,使热轧铝镇静钢的硫化物球化,可有效降低敏感性。

③合金化:通过合金化在钢中加入 0.2% ~0.3% Cu 对抑制氢鼓泡非常有效,原因是抑制了表面反应,减少了氢向钢中的渗入。钢中加少量 Cr、Mo、V、Nb、Ti 等,可改善力学性能,提高基体对裂纹扩展的阻力。

④调整热处理和控制轧制状态也有一定的作用。如增加奥氏体化温度和时间,可减少 Mn、P 的偏析,但对Ⅱ型 MnS 夹杂影响小,其作用有限。研究表明,淬火 + 回火比正火组织在减少氢诱发开裂方面更有效。轧制时,压缩比越大,终轧温度越低,硫化物夹杂伸长越严重,开裂几率显著增大。

3)氢化物型氢脆:氢与很多金属和合金金属(如第 IVB 族 Ti, Zr, Hf, 第 VB 族 V, Nb, Ta 以及稀土元素 RE 等)有较大的亲和力,能形成稳定的氢化物。氢化物时一种脆性中间相,一旦有氢化物析出,材料的塑性和韧性就会下降,即氢化物析出导致材料变脆。这是一种氢致相变引起的氢脆,由于氢化物相引起的氢脆和氢的扩散富集过程无关,因而即使高速加载(如冲击)或低温试验也能反映出氢化物引起的氢脆。

上述三种情况将造成金属的永久性损伤,使材料的塑性或强度降低。即使从金属中除氢,损伤也不能消除,塑性或强度也不能恢复,故称为不可逆氢脆。

(3)第二类氢脆:氢脆的敏感性随应变速率增加而降低,即材料在加载前并不存在裂纹源,加载后在应力和氢的交互作用下逐渐形成裂纹源,最终导致脆性断裂。包括两种形式:

1)应力诱发氢化物型氢脆:在能够形成脆性氢化物的金属中,当氢含量较低或氢在固溶体中的过饱和度较低时,尚不能自发形成氢化物。而在应力作用下氢向应力集中处富集,当氢浓度超过临界值时就会沉淀出氢化物。这种应力诱发的氢化物相变只是在较低的应变速率下出现,并导致脆性断裂。一旦出现氢化物,即使卸载除氢,静置一段时间后再高速变形,塑性也不能恢复,故也是不可逆氢脆。

2)可逆氢脆:是指含氢金属在高速变形时并不显示脆性,而在缓慢变形时由于氢在应力梯度作用下向高的三向拉应力区逐渐富集,当偏聚的氢浓度达到临界值时,材料便在应力与氢交互作用作用下开裂。在未形成裂纹前去除载荷,静置一段时间后高速变形,材料的塑性可以得到恢复,即应力去除后脆性消失,因此称可逆氢脆。由内氢引起的叫可逆内氢脆,由外氢引起的叫环境氢脆。可逆内氢脆和环境氢脆对材料脆化的本质是相同的，差别是氢的来源不同，从而影响氢脆的历程及裂纹扩展速度。通常所说的氢脆主要指可逆氢脆，是氢致开裂中最主要、最危险的破坏形式。典型的可逆氢脆有高强钢的滞后断裂、硫化氢的应力腐蚀断裂、钛合金的内部氢脆等，主要有如下特点：

①时间上属于滞后断裂：与应力腐蚀类似，材料受到应力和氢的共同作用后，经历了裂纹形核（孕育期）、亚临界扩展、失稳断裂的过程，是一种滞后破坏，所以有时又叫氢致滞后开裂。

②对含氢量敏感：随钢中氢浓度的增加，钢的临界应力下降，延伸率减小。

③对缺口敏感：在外加应力相同时，缺口曲率半径越小，越容易发生氢脆。

④室温下最敏感：氢脆一般发生在 -100℃ ~ 100℃ 的温度范围，在室温附近（ -30℃ ~ 30℃）最为严重。

⑤发生在低应变速率下：应变速率越低，氢脆越敏感；冲击实验和正常的拉伸试验不能揭示材料是否对氢敏感。

⑥裂纹扩展不连续：通过电阻法、声发射及位移传感器等监测，氢脆裂纹扩展是不连续的。

⑦裂纹一般不在表面，较少有分枝现象：宏观断口比较齐平，微观断口可能涉及沿晶、准解理、韧窝等较为复杂的形貌，这些形貌与裂纹前沿的应力强度因子 K_1 值及氢的浓度有关。

4.3.4 氢致开裂机理

关于氢脆的机理，尚无统一认识。各种理论的共同点是：氢原子通过应力诱导扩散在高应力区富集，只有当富集的氢浓度达到临界值 C_{cr}，使材料断裂应力 σ_f 降低，才发生脆断。富集的氢是如何起作用的，尚不清楚。较为流行的观点有四种：

（1）氢压理论：认为金属中的过饱和氢在缺陷位置富集、析出、结合成氢分子，造成很大的内压，因而降低了裂纹扩展所需的外应力。该理论可以解释孕育期的存在、裂纹的不连续扩展、应变速率的影响等，但难以解释高强钢在氢分压远低于大气压力时也能出现开裂的现象，也无法说明可逆氢脆的可逆性。但在含氢量较高时，如没有外力作用下发生的氢鼓泡等不可逆氢脆，只有这种理论得到公认。

（2）吸附氢降低表面能理论：Griffith 提出材料的断裂应力 $\sigma_f = \sqrt{\dfrac{2E\gamma_s}{\pi a}}$。当裂纹表面有氢吸附时，比表面能 γ_s 下降，因而断裂应力降低，引起氢脆。该理论可以解释孕育期的存在、应变速率的影响，以及在氢分压较低时的脆断现象，但是该公式只适用于脆性材料。金属材料的断裂还需要塑性变形功，γ_p，即 $\sigma_f = \sqrt{\dfrac{E(2\gamma_s + \gamma_p)}{\pi a}}$。$\gamma_p$ 大约是 γ_s 的 10^3 倍，氢吸附是 γ_s

的下降并不会对 σ_f 产生显著影响。此外，O_2、SO_2、CO、CO_2、CS_2 等吸附能力都比氢强，按理应能造成更大的脆性，而事实并非如此，甚至氢气中混有少量的这些气体后，对氢脆还有抑制作用。

（3）弱键理论：认为氢进入材料后能使材料的原子间键力降低，原因是氢的 1s 电子进入过渡族金属的 d 带，使 d 带电子密度升高，从而 s-d 带重合部分增大，因而原子间排斥力增加，即键力下降。该理论简单直观，容易被人们接受。然而实验证据尚不充分，如材料的弹性模量与键力有关，但实验并未发现氢对弹性模量有显著的影响。此外，没有 3d 带的铝合金也能发生可逆氢脆，因此不可能有氢的 1s 电子进入金属的 d 带。

（4）氢促进局部塑性变形理论：认为氢致开裂与一般断裂过程的本质是一样的，都是以局部塑性变形为先导，发展到临界状态时就导致了开裂，而氢的作用是能促进裂纹尖端局部塑性变形。实验表明，通过应力诱导扩展在裂尖附近富集的原子氢与应力共同作用，促进了该处位错大规模增殖与运动，使裂尖塑性区增大，塑性区内变形量增加。但受金属断裂理论本身不成熟的限制，局部塑性变形到一定程度后裂纹的形核和扩展过程尚不清楚，氢在这一过程中的作用也有待深入研究。

4.3.5 降低氢致开裂敏感性的途径和方法

氢致开裂可以归结为作为裂纹源的缺陷所捕获的氢量 C_T 与引起缺陷开裂的临界氢浓度 C_{cr} 之间的关系。当 $C_T \ll C_{cr}$ 时，材料不会开裂；当 $C_T \rightarrow C_{cr}$ 时，起裂；当 $C_T > C_{cr}$ 时，裂纹扩展。因此，任何可提高 C_{cr} 和降低 C_T 的措施均可减轻氢致开裂的敏感性。

（1）降低 C_T：可从减少内氢和限制外氢的进入两方面入手。

1）减少内氢：通过改进冶炼、热处理、焊接、电镀、酸洗等工艺条件及对含氢材料进行脱氢处理，减少带入材料的氢量。还可以通过添加陷阱分摊吸氢，以降低 C_T。必须要求添加的氢陷阱本身具有较高的 C_{cr}，否则先在这些地方引发裂纹。陷阱的数量应足够多，具有不可逆陷阱的作用，并在基体中均匀分布。能满足条件的陷阱很多，如原子级尺寸的陷阱（以溶质原子形式存在）有 Sc、La、Ca、Ta、K、Nd、Hf 等；碳化物和氮化物形成元素（以化合物形式存在）有 Ti、V、Zr、Nb、Al、B、Th 等。

2）限制外氢：有建立障碍和降低外氢活性两方面的措施。通过在材料表面施加限制氢的扩散和溶解的金属镀层，如 Cu、Mo、Al、Ag、Au、W 等，进行表面处理生成致密氧化膜，通过喷砂及喷丸在表面形成压应力层，及涂覆有机涂料，均可在材料表面建立直接障碍。通过向材料中加入某些合金元素抑制腐蚀反应或生产抑制氢扩散的腐蚀产物，向介质中加入某些阳离子，使材料表面形成低渗透性膜，可对氢的渗透构成间接障碍。此外，在气相含氢介质中加氧，在液相中加入某些促进氢原子复合的物质，可降低外氢的活性。

（2）提高 C_{cr}：与降低 C_T 相比，提高 C_{cr} 是更为重要的途径。可控制的因素主要与材料的组织相关。

1)晶界：晶界是杂质元素 As、P、S、Sn 等及碳化物、氮化物偏析的地方，晶界的 C_{cr} 因此下降。通过改进冶炼、热处理可减少杂质含量、消除偏析，对提高晶界的 C_{cr} 有益。细化晶粒使晶界表面积增大，加之细晶粒边界较为致密、结合力强，可使 C_{cr} 提高。

2)夹杂物和碳化物：控制有害夹杂物(如硫化物、氧化物)以及碳化物的类型、数量、形状、尺寸和分布。如球状 MnS 夹杂较带状的 C_{cr} 高，添加 Ca 或稀土元素对改善 MnS 的形状和分布有非常好的效果。

3)位错：位错是一种特殊的陷阱。可动位错能够在塑性变形的情况下载氢运动，与第二相质点相遇时，往往造成质点附近氢的过饱和。适当的冷变形、热变形、表面处理造成的高密度静位错可分摊氢原子，降低 C_T。故大变形量的冷拔钢丝抗氢脆性能较好。

4)显微组织：组织结构对氢致开裂的影响较复杂。不同的组织对裂纹扩展的阻力不同，因而 C_{cr} 不同。一般认为，热力学较稳定的组织敏感性小，奥氏体结构较铁素体结构更耐氢致开裂，可能与其氢的溶解度较高、扩散系数较低，因而 C_{cr} 较高有关。

4.4　磨损腐蚀

应力与环境介质对材料的协同作用，不仅表现在金属承受拉、压、弯、扭等静载荷或交变载荷的情况下，也发生在金属受到磨损的情况下。磨损是金属同固体、液体或气体接触进行相对运动时，由于摩擦的机械作用引起表层材料的剥离而造成金属表面以至基体的损伤。磨损可看做在金属表面及相邻基体的一种特殊断裂过程，它包括塑性应变积累、裂纹形核、裂纹扩展及最终与基体脱离的过程。在工程中有不少磨损问题涉及腐蚀环境的化学、电化学作用，材料或部件失效是磨损与腐蚀交互作用的结果。腐蚀环境中摩擦表面出现的材料流失现象称为磨损腐蚀，简称磨蚀。

本章介绍磨损腐蚀中的冲刷腐蚀、空泡腐蚀、摩擦副磨损腐蚀和微动腐蚀。

4.4.1　冲刷腐蚀

(1)冲刷腐蚀的定义和特点

冲刷腐蚀是金属表面与腐蚀流体之间由于高速相对运动引起的金属损伤。通常在静止的或低速流动的腐蚀介质中，腐蚀并不严重，而当腐蚀流体高速运动时，破坏了金属表面能够提供保护的表面膜或腐蚀产物膜，表面膜的减薄或去除加速了金属的腐蚀过程，因而冲刷腐蚀是流体的冲刷与腐蚀协同作用的结果。

冲刷腐蚀常发生在近海及海洋工程、油气生产与集输、石油化工、能源、造纸等工业领域的各种管道及过流部件等暴露在运动流体中的各种金属及合金上。冲刷腐蚀在弯头、肘管、三通、泵、阀、叶轮、搅拌器、换热器的进口和出口等改变流体方向、速度和增大紊流的部位比较严重。冲蚀的金属表面一般呈现沟槽、凹谷、泪滴状及马蹄状，表面光亮且无腐蚀

产物积存，与流向有明显的依赖关系，通常是沿着
流体的局部流动方向或表面不规则所形成的紊流
（图4-24）。在这些地方进入弯管的水流往往呈湍
流状态并带有空气泡。湍流的机械作用，气泡冲击
作用和气泡中氧的去极化作用造成弯管的严重局部
腐蚀，使管壁迅速减薄，甚至穿洞（图4-25）。

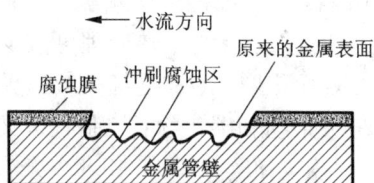

图4-24　冷凝器管壁冲刷腐蚀示意图

（2）冲刷腐蚀的机理

　　冲刷腐蚀是以流体对电化学腐蚀行为的影响、流体
产生的机械作用以及两者的交互作用为特征的。冲刷
对腐蚀的加速作用主要表现为加速传质过程，促进去极
化剂如 O_2 到达金属表面和腐蚀产物从表面离开。冲刷
的机械作用主要表现为高流速引起的切应力和压力变
化，以及多相流固体颗粒或气泡的冲击作用，可使表面
膜减薄、破裂或通过塑性变形、位错聚集、局部能量升
高，形成"应变差异电池"，从而加速腐蚀。此外，冲刷

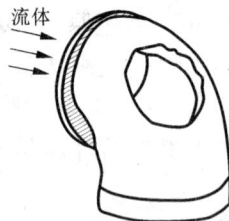

图4-25　弯管受到冲刷腐蚀破坏

使保护膜局部剥离，露出新鲜基体，由于孔-膜的电偶腐蚀作用加速腐蚀。反过来，腐蚀促
进冲刷过程的作用可表现为腐蚀使表面粗化、形成局部微湍流；腐蚀还可以溶解掉金属表面
的加工硬化层，露出较软的基体；腐蚀也能使耐磨的硬化相暴露以至脱落。

　　冲刷腐蚀中流体中存在气泡对活性金属来说，气泡中的氧使腐蚀加速；对纯性金属来说，
氧促进了保护膜的存在，此时的磨蚀速度是由冲击作用（使膜破坏）和气泡中氧（使金属再钝化）
的竞争过程决定的。泥浆中的固体悬浮物使冲击作用加剧，更容易造成冲刷腐蚀。在较低流速
下，腐蚀起主要作用；在很高的流速下，机械因素起主要作用。含固体沙粒的油田水（高矿化盐
水）对管线钢腐蚀磨损，发现在多数条件下，腐蚀和磨损均存在明显交互增强作用，尤其当纯腐
蚀和纯磨损作用都处于某个适中范围时，交互作用最大可达材料损失总量的90%～95%，即相
当于纯腐蚀量和纯磨损量之和的9～19倍。在管道液体流速范围内（小于 $3~\mathrm{m \cdot s^{-1}}$），控制介质
腐蚀性（如加缓蚀剂）可显著降低这种交互作用，从而减轻腐蚀磨损的总量。

　　（3）冲刷腐蚀的影响因素

　　与其他应力作用下的腐蚀相比，冲刷腐蚀的影响因素更为复杂。除了材料本身的化学成
分、组织结构、机械性能、表面粗糙度、耐蚀性能等，介质的温度、pH、溶氧量、各种活性离
子的浓度、黏度、密度、固相和气相在液相中的含量、固相的颗粒度和硬度等，以及过流部件
的形状、流体的流速和流态等都有很大的影响。这里只讨论与流体运动有关的几个因素。

　　1）流态：流体的流动状态有层流和湍流两种。层流时流体质点互不混杂，质点的迹线彼
此平行；湍流是非稳态流，流速和压强常有不规则变化。发生层流或湍流与流速、流体的物
性和流经表面的几何有关。湍流还可分为非扰动流和扰动流，后者是由于边界的变化（如管

道截面的突变或弯头)和压力的变化引起的(图 4 – 26)。

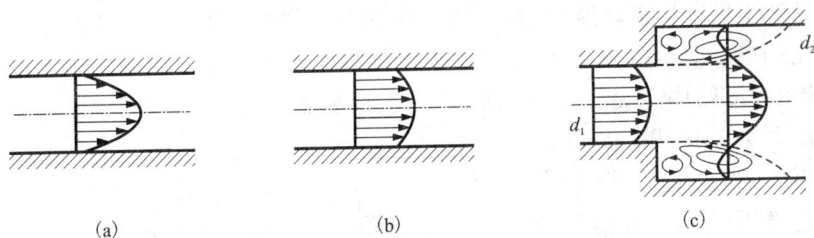

图 4 – 26　管道内单相液体的三种主要流动状态

(a)充分发展的层流 – 抛物线速度分布;(b)充分发展的湍流 – 对数分布(非扰动流);

(c)带有扩张段的管内湍流,显示了带有反向流动的复杂速度场(扰动流)

除了高流速外,在有突出物、沉积物、缝隙等管道截面突然变化和流向突然改变的场合,都容易造成湍流,湍流是最为有害的一种流态。

2)流速:流速的变化具有双重作用。只是在某些情况下,增加流速可以减轻腐蚀。如增加流速有利于缓蚀剂向相界面的传输,比静态时需要的用量少;不锈钢在发烟硝酸中由于阴极产物 HNO₂ 具有自催化作用使腐蚀加速,增大硝酸的流速使产物迅速离开表面,反而降低了腐蚀速度;再者,与静态相比,增加流速可以减少钝化金属的局部腐蚀。在多数情况下,流速增加,腐蚀速度增大。在某一流速范围内失重的变化并不显著,当流速超过某个临界值后,冲刷腐蚀速度急剧上升。

3)第二相:存在第二相(气泡或固体颗粒)的双相流比单相流造成的冲刷腐蚀更严重,并使临界流速下降。携带固体颗粒的流体造成的冲刷腐蚀与固体颗粒的形状、尺寸、硬度、固液比有关,也与流体冲击速度、冲击角度有关。此外,固体颗粒的存在还可影响介质的物性,甚至改变流形,破坏表面的边界层,加重冲刷腐蚀的程度。

4)表面膜:不管是金属表面原有的钝化膜,还是在腐蚀过程中形成的具有保护性的腐蚀产物膜,它们的成分、厚度、硬度、韧性、与基体附着力及再钝化能力,对抵御冲刷腐蚀是十分重要的。例如,对易钝化金属,氧的存在对维持钝化膜的完整性是十分重要的,在流体中氧含量很少且处于静止或较低的流速时,氧的补充可能不足以维持钝态,常常发生局部腐蚀。流速增加,供氧改善,容易消除造成局部腐蚀的局部溶液与整体溶液的成分差异,满足维钝条件,使金属在较高的流速下可以工作。高流速带来的好处甚至能发生在流体中氧含量较低的情况下。但当流速过高时,如超过 10 m·s^{-1},可能会产生空泡腐蚀导致金属严重损伤。

4.4.2　空泡腐蚀

(1)空泡腐蚀的定义和特点

空泡腐蚀[也称空蚀,气(汽)蚀]是一种特殊形式的冲刷腐蚀,是由于金属表面附近的液体中空泡溃灭造成表面粗化、出现大量直径不等的火山口状的凹坑，最终丧失使用性能的一种破坏。空泡腐蚀只发生在高速的湍流状态下，特别是液体流经形状复杂的表面，液体压强发生很大变化的场合，常常发生在高速流体流经形状复杂的金属表面，液体压强变化的场合，如汽轮机叶片、船用螺旋桨、泵叶轮、阀门及换热器的集束管口等。

根据流体动力学的 Bernoulli 定律，在局部位置当流速变得十分高，以至于其静压强低于液体汽化压强时，液体内会迅速形成无数个小空泡。气泡主要是水蒸气以及少量从水中析出的气体。空泡中主要是水蒸气，随着压力降低，空泡不断长大，单相流变成双相流。气泡随液体到达压强高的区域时，气泡破灭，同时产生很大的冲击压强。由于溃灭时间极短，约 10^{-3} s，其空间被周围液体迅速充填，造成强大的冲击压力。大量的空泡在金属

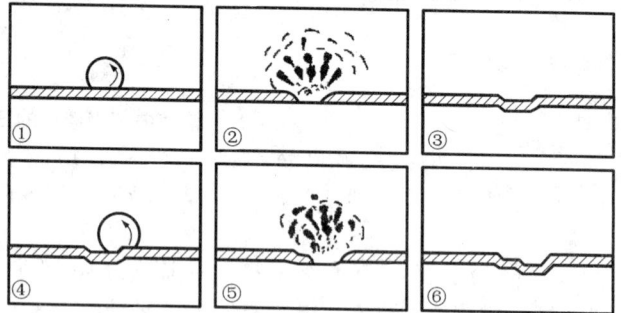

图 4 - 27　空泡腐蚀过程示意图
①金属表面形成空泡；②空泡溃灭使表面膜破坏；③暴露的金属基体受到腐蚀并重新成膜；④在该处易形成新的空泡；⑤空泡溃灭，膜再次破坏；⑥腐蚀坑发展并重新成膜

表面某个区域反复溃灭，足可以使金属表面发生应变疲劳并诱发裂纹，导致空泡腐蚀破坏，如图 4 - 27 所示。

(2)空泡腐蚀的机理

早期的一些研究者强调空泡腐蚀的电化学作用，后来理论计算(气泡破灭产生的冲击压强可达 10^3 MPa)和实验测量表明，空泡破灭的机械作用足以使韧性金属发生塑性变形或使脆性金属开裂。空泡溃灭造成的机械破坏最初认为是由空泡溃灭产生的冲击波引起的，后来的研究表明空泡溃灭瞬间产生的高速微射流也有重要的作用。关于空泡腐蚀的机理，存在两种较容易接受的金属材料空蚀破坏机制，即冲击波机制和微射流机制。

液体内局部压力的起伏而引起蒸气泡的形核、生长及溃灭的过程会导致空泡的产生。当液体内的静压力突然下降到低于同一温度下液体的蒸气压时，在液体内就会形成大量的空泡，而空泡群进入较高压力的位置时，空泡就会溃灭。空泡的溃灭使气泡内所储存的势能转变成较小体积内流体的动能，使流体内形成流体冲击波。这种冲击波传递给流体中的金属构件时，会使构件表面产生应力脉冲和脉冲式的局部塑性变形。流体冲击波的反复作用使金属材料表面出现空蚀坑。

由于液体中压力的降低而产生了大量的空泡，空泡在金属材料边壁附近或与边壁接触的情况下，由于空泡上下壁角边界的不对称性，故在溃灭时，空泡的上下壁面的溃灭速度是不同的。如图 4 - 28 所示，远离壁面的空泡壁将较早地破灭，而最靠近材料表面的空泡壁将较

迟地破裂，于是形成向壁的微射流，其速度可达 $100 \sim 400 \mathrm{~m \cdot s^{-1}}$。此微射流在极短的时间内就完成对金属表面的定向冲击，所产生的应力相当于水锤作用。

流体力学（机械）因素对空泡腐蚀的贡献是主要的，但在腐蚀介质中，电化学因素也是不能忽视的，两者之间存在着协同作用。空泡溃灭破坏了表面保护膜，促进腐

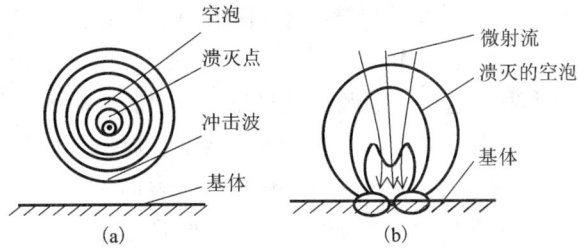

图 4 - 28　空泡腐蚀的机制

(a)冲击波机制；(b)微射流机制

蚀；另一方面，蚀坑的形成进一步促进了空泡的形核，已有的蚀坑又可起到应力集中的作用，促进了物质从表面和基体的剥离。一般在应力不太大时，腐蚀因素与机械因素不相上下，腐蚀因素（介质的成分、合金耐蚀性和钝性、电化学保护或应用缓蚀剂等）对空泡腐蚀有很大影响，随流体的腐蚀性增大，空泡腐蚀将更为严重；当应力很大时，如在强烈的水冲击下，机械因素的作用将显著增加。

4.4.3　摩擦副磨损腐蚀

（1）摩擦副磨损腐蚀的定义和特点

摩擦副磨损腐蚀是摩擦副接触表面的机械磨损与周围环境介质发生的化学或电化学腐蚀的共同作用，导致表层材料流失的现象。常发生在矿山机械、工程机械、农业机械、冶金机械等接触部件或直接与砂、石、煤、灰渣等摩擦的部件，如磨煤机、矿石破碎机、球磨机、溜槽、振动筛、螺旋加料器、刮板运输机、旋风除尘器等。

（2）摩擦副磨损腐蚀的机理

摩擦副磨损的机理包括粘着磨损和磨料磨损。

1）粘着磨损：是两个固体表面在一定的压力下发生相对运动，表面的突出部位或凸起发生塑性形变，在高的局部压力作用下焊合在一起，当表面继续滑动时，物质从一个表面剥落而粘着在另一个表面所引起的磨损。在此过程中，还经常会产生一些小的磨粒或碎屑，进一步加重表面的磨损（图 4 - 29）。

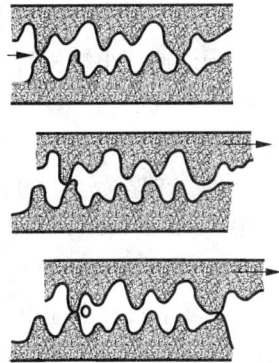

图 4 - 29　粘着磨损过程示意图

(a)两个接触的表面在凸起处焊合；(b)在足够的外力下焊合处断裂，表面相对滑移；(c)表面滑移导致物质剥落，并产生碎屑

2）磨料磨损：是粗糙而坚硬的表面在一定的压力下贴着软表面的滑动，或游离的坚硬固

体颗粒在两个摩擦面之间的滑动而产生的磨损(图4-30)。与粘着磨损不同,在磨料磨损中没有微焊接的发生。

在不发生这些机械磨损的情况下,材料在腐蚀环境中由于受到表面保护膜的保护,腐蚀很轻微;在存在这种机械磨损作用时,表面保护膜局部遭到破坏,腐蚀得以进行,而且摩擦

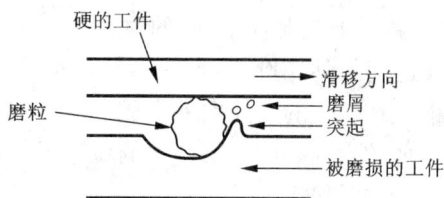

图4-30 磨料磨损过程示意图

热会加快腐蚀速度。另一方面,剥落的保护膜通常以固体碎屑形式存在于两个表面之间,会引起磨料磨损。因此,在很多场合下,腐蚀磨损总的损失量往往大于纯腐蚀与纯磨损损失量之和。在少数情况下,如介质的腐蚀性很弱且具有一定的润滑能力,在轻载和较高速度下能发挥其减摩和冷却作用时,腐蚀磨损的损失量才有可能小于相同摩擦参数下的干磨损,产生所谓的"负交互作用"。此外,当表面膜是软而韧的氯化物、硫化物、磷酸盐和脂肪酸盐等,磨损虽然可使局部膜剥落,但不会造成严重的腐蚀磨损。

摩擦副腐蚀磨损很少发生在苛刻的腐蚀介质条件下,大多在大气或天然水中。在干大气条件下主要是化学氧化,在潮湿大气和天然水中是电化学腐蚀,腐蚀并不十分突出。

4.4.4 微动腐蚀

(1)微动腐蚀的定义和特点

微动腐蚀(又称微振腐蚀)是腐蚀磨损的一种形式,是指两个相互接触、名义上相对静止而实际上处于周期性小幅相对滑动(通常为振动)的固体表面因磨损与腐蚀交互作用所导致的材料表面破坏现象。

产生微动腐蚀的相对滑动极小,振幅一般为$2 \sim 20 \ \mu m$。反复的相对运动是产生微动腐蚀的必要条件,在连续运动的表面上并不产生微动腐蚀。如正常行驶的汽车,轴承表面间的相对运动很大(整周运动),不产生微动腐蚀。而在用船舶或火车运输汽车时,汽车滚动轴承的滚道上就会出现一条条光滑的凹坑,并有棕红色的氧化产物,这是由于轴承上承受着载荷,在运输中又不断有小幅相对滑动,因而发生了微动腐蚀的结果。

微动腐蚀一般使金属表面出现麻坑或沟槽,并且周围往往有氧化物或腐蚀产物。在各种压配合的轴与轴套、铆接接头、螺栓连接、键销固定等连接固定部位,钢丝绳股与股、丝与丝之间,矿井下的轨道与道钉之间,都可能发生微动腐蚀。在有交变应力的情况下,还可因微动腐蚀诱发疲劳裂纹形核、扩展,以致断裂。

(2)微动腐蚀机理

大多数微动腐蚀是在大气条件下进行的,微动腐蚀涉及微动磨损与氧化的交互作用。基于磨损和氧化的关系,提出了磨损-氧化和氧化-磨损两种不同的机理。

1)磨损-氧化机理:在承载情况下,两个金属表面实际接触的突出部位处于粘着和焊合

状态。在相对运动过程的中，接触点被破坏，金属颗粒脱落下来。由于摩擦，颗粒被氧化，这些较硬的氧化物颗粒在随后的微动腐蚀中起到磨料的作用，强化了机械磨损过程，如图 4－31 所示。

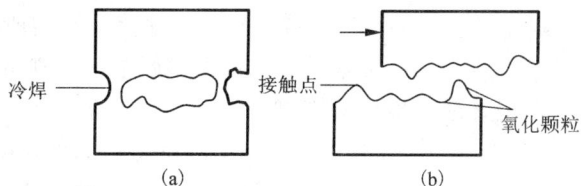

图 4－31 微动腐蚀的磨损－氧化理论示意图
（a）微动腐蚀前；（b）微动腐蚀后

2）氧化－磨损机理：认为多数金属表面本来就存在氧化膜，在相对运动中，突出部位的氧化膜被磨损下来，变成氧化物颗粒，而暴露出的新鲜金属重新氧化，这一过程反复进行，导致微动腐蚀，如图 4－32 所示。

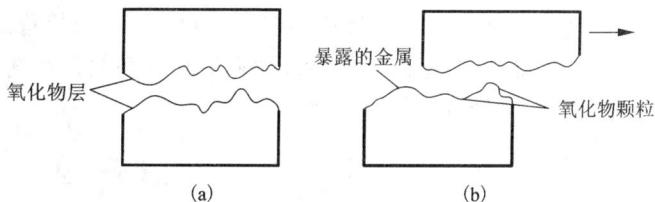

图 4－32 微动腐蚀的氧化－磨损理论示意图
（a）微动腐蚀前；（b）微动腐蚀后

事实上，这两种机制都可能存在。研究发现，氧气确实能加速微动腐蚀，如碳钢在氮气中的微动磨损损失量仅为空气中的 1/6，在氮气中的产物是金属铁，而在空气中是 Fe_2O_3。因此，微振腐蚀是机械微动磨损与氧化共同作用的结果。

4.4.5 磨损腐蚀的研究方法

（1）磨损腐蚀的试验方法

磨损腐蚀是与机械作用有关的材料破坏形式。用于评定金属磨损腐蚀的实验室试验方法包括：① 高速流动试验，其中包括文丘里管试验、转盘试验以及将试样置于喉管部位的管道试验；② 利用磁致伸缩装置或压电装置的高频震荡试验；③ 冲击流试验，将固定试样或旋转试样暴露于高速射流或飞沫冲击之下。

对于空泡腐蚀和冲刷腐蚀有 ASTM 标准试验方法。空泡腐蚀的标准有 ASTM G32，图 4－33 进行空泡腐蚀的超声振动试验装置，标准中对试验的介质、温度和振动的频率及振幅有明确的规定。

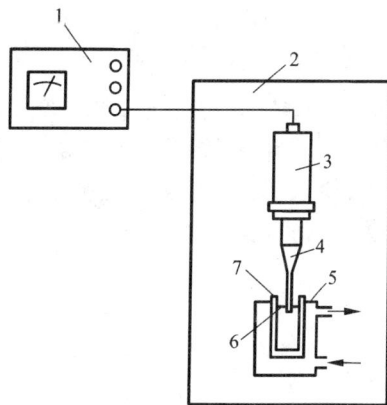

图 4－33 空泡腐蚀试验装置
1—电源；2—隔音外壳；3—传感器；
4—集音器；5—冷却槽；6—试样；7—烧杯

ASTM G73 提供了进行液滴冲击试验的指导原则。液滴冲击试验除了用于评定材料的耐蚀性，还可用于评定液体冲击作用造成材料的性能的降低和涂层的破坏。

还有许多其他方法可用于实验室评定空泡腐蚀和磨蚀。其中多数是上述试验方法的改型，利用旋转圆盘、振荡装置或文丘里管使流体达到所需的速度。此外，可以使用液体喷枪将短而分散的液体喷到试样上，造成空泡腐蚀或冲刷腐蚀。

(2)磨损腐蚀试验数据的相关性

不同的试验方法(即高流速、振动和冲击试验)和试验参数(振动频率、试样的形状和尺寸)所产生磨损腐蚀强度存在相当大的差别。但是，试验材料的相对排列顺序一般还是一致的。目前还无法根据实验室结果定量表示实际使用中的磨损腐蚀速率，但已经发展了一些方法，可以在控制操作的条件下鉴别使用中的磨损腐蚀强度。这些方法包括：将铝条贴附到水轮机的叶片上，用应变仪测量实验室和实际使用装置的相对磨蚀强度；利用某种放射性涂料，得出运行的涡轮机的磨损腐蚀强度和速率的指数间的相互关系。利用后一种方法，已经建立了相对耐蚀性的换算关系。

思 考 题

1. 什么叫应力腐蚀开裂？应力腐蚀开裂发生的条件是什么？
2. 常用的应力腐蚀开裂的机理有哪些？如何区分？
3. 应力腐蚀开裂的影响因素有哪些？如何预防应力腐蚀开裂发生？
4. 腐蚀疲劳的定义和特点各是什么？
5. 腐蚀疲劳机理中的蚀孔应力集中模型和滑移带优先溶解模型各是什么？
6. 力学、环境和材料因素如何对腐蚀疲劳产生影响的？
7. 腐蚀疲劳的研究方法有哪些？
8. 什么叫氢致开裂？
9. 磨损腐蚀的定义是什么？磨损腐蚀可分成哪几类？
10. 冲刷腐蚀过程中机械冲刷和腐蚀是如何产生交互作用的？
11. 空泡腐蚀的定义和机理各是什么？
12. 微动腐蚀的定义、特点和机理各是什么？

第 5 章　自然环境中的腐蚀

　　材料的自然环境腐蚀是指材料在大气、土壤和水环境或其他特殊自然(例如太空或其他星球)环境下服役过程中,与环境发生交互作用,逐渐腐蚀失效的进程。绝大部分材料都是在自然环境中使用的,因此,自然环境腐蚀是最重要的一类腐蚀形态。本章内容主要包括大气腐蚀、土壤腐蚀、水环境腐蚀和太空环境腐蚀。将来,一定也会包括其他星球的环境腐蚀。

5.1　金属的大气腐蚀

5.1.1　大气腐蚀的特征与概念

　　金属大气腐蚀是指其在服役过程中,与大气环境发生化学或电化学反应而失效的过程。相比于其他类型的环境腐蚀,大气腐蚀是一种更加普遍的现象,无论在室内或室外,金属都会发生大气腐蚀。大部分金属及其制品是在大气环境下存放和使用的,例如桥梁、铁道、机械设备、车辆、电工产品以及武器装备等多数是在大气环境下使用,据统计因大气腐蚀而损失的金属占总腐蚀量的一半以上。而对于某些功能材料(如电子材料)、装饰材料、战略武器材料或文物艺术品而言,即使是轻微的大气腐蚀有时也是不能允许的。大气腐蚀是人类最早发现的腐蚀类型,其过程不同于浸入溶液中的腐蚀,反应动力学受到多个影响因素的作用,因此金属大气腐蚀速率随地点、季节和时间的变化显著。

　　按金属表面的潮湿度,即按照电解液膜层的存在与否和状态,通常把大气腐蚀分成三类:

　　(1)干大气腐蚀:在空气非常干燥的条件下,金属表面不存在液膜层时的腐蚀称为干大气腐蚀。这类腐蚀发生在生成氧化物反应自由能为负的金属表面,其特点是在金属表面形成极薄的不可见氧化膜,例如铁的氧化膜厚度约为 30Å。

　　(2)潮大气腐蚀:当相对湿度足够高,金属表面存在肉眼看不见的薄液膜层时,所发生的腐蚀称为潮大气腐蚀。例如铁在没有雨雪淋到时的生锈。

　　(3)湿大气腐蚀:当空气湿度接近 100%,以及当水分以雨、雪、泡沫等形式落在金属表面上时,金属表面便存在着用肉眼可见的凝结水膜层,此时所发生的腐蚀称为湿大气腐蚀。

　　图 5-1 定性了表示大气腐蚀速度与金属表面上膜层厚度之间的关系。

　　区域 I:在大气湿度特别低的情况下,金属表面只有薄薄的吸附水膜,最多只有几个分子厚度(1~10 nm),还不能认为是连续的电解液。此区相当于干大气腐蚀,腐蚀速度很低。

区域Ⅱ：随大气中湿度的增加，金属表面液膜层厚度也逐渐增加，水膜厚可达几十或几百个水分子层厚，形成连续电解液薄层，开始了连续电化学腐蚀过程。此区腐蚀速度急剧增加，相当于潮大气腐蚀。

区域Ⅲ：当金属表面水膜层继续增加到几微米厚时，进入到湿大气腐蚀区。由于随着液膜的增厚，氧通过液膜扩散到金属表面变得困难了，所以在此区域腐蚀速度随着液膜的增厚有所下降。

区域Ⅳ：当金属表面水膜层变得更厚（如大于1 mm），已相当于全浸在电解液中的腐蚀情况，腐

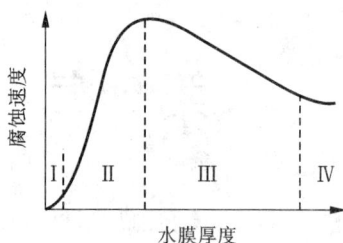

图5-1 大气腐蚀速度与金属表面上水膜层厚度之间的关系

Ⅰ—膜厚 $\delta = 1 \sim 10$ nm 的区域；

Ⅱ—$\delta = 10$ nm ~ 1 μm；

Ⅲ—$\delta = 1$ μm ~ 1 mm；Ⅳ—$\delta > 1$ mm

蚀速度基本不变。在实际大气环境情况下，通常腐蚀多在Ⅱ、Ⅲ区域进行，由于环境条件的变化，各种腐蚀形式可以相互转换。

地球表面上自然状态的空气称为大气。大气是组成复杂的混合物，从全球范围看，它的主要成分几乎是不变的，如表5-1所示。但其中的水汽含量是随着地域、季节、时间等条件而变化的。参与金属大气腐蚀过程的主要组分是氧和水汽，二氧化碳虽参与锌、铁等某些金属的腐蚀过程，形成碳酸盐腐蚀产物，但它的作用是很次要的。

表5-1 大气的基本组成（温度10℃，1标准大气压）

组成	g·m⁻³	重量/%	组成	g·m⁻³	重量/×10⁻⁶
空气	1172	100	氖	14	12
氮	879	75	氦	4	3
氧	269	23	氪	0.8	0.7
氩	15	1.26	氙	0.5	0.4
水蒸气	8	0.70	氢	0.05	0.04
二氧化碳	0.5	0.04			

随着地区条件的不同，大气有不同的特征。例如，海洋大气中随着离海岸线距离的不同，就有不同的含盐量；工业大气中则含有 SO_2、H_2S、NH_3 和 NO_2 等杂质及各种悬浮颗粒和灰尘；而农村地区的大气都比较洁净。

我国幅员辽阔，一年四季各地区气候特征各有不同，气候区可分为：寒温带、中温带、暖温带、亚热带、热带和高原气候带等区域。如果按大气中有害杂质组分的不同，又可分为农村大气、海洋大气、城郊大气、工业大气等。根据以上特征，建立了13个能够反映我国典型大气环境的材料大气腐蚀试验站，其地理位置与气候特征见表5-2。

表 5-2　我国材料大气环境腐蚀试验站的地理位置与环境特征

序号	试验站名	东经、北纬	大气环境
1	武汉大气站	114°04′, 30°36′	北亚热带湿润城市大气
2	广州大气站	113°13′, 23°23′	南亚热带湿润城市大气
3	琼海大气站	110°28′, 19°14′	北热带湿润大气
4	北京大气站	116°16′, 39°59′	南温带亚湿润半乡村大气
5	青岛大气站	120°25′, 36°03′	南温带湿润海洋大气
6	沈阳大气站	123°26′, 41°46′	中温带亚湿润城市大气
7	江津大气站	106°15′, 29°19′	中亚热带湿润酸雨大气
8	万宁大气站	110°05′, 18°58′	北热带湿润海洋大气
9	敦煌大气站	94°41′, 40°09′	南温带干旱沙漠大气
10	拉萨大气站	91°08′, 29°40′	高原亚干旱大气
11	漠河大气站	122°23′, 53°01′	北寒带寒冷型森林大气
12	西双版纳大气站	100°40′, 21°35′	北热带湿润雨林大气
13	库尔勒大气站	86°13′, 41°24′	南温带干旱盐渍沙漠大气

5.1.2　大气腐蚀机理

大气腐蚀是金属处于表面薄层电解液下的腐蚀过程，因此既可以应用电化学腐蚀的一般规律，又要注意大气腐蚀电极过程的机理和特点。

（1）大气腐蚀初期的腐蚀机理

当金属表面形成连续电解液薄层时，就开始了电化学腐蚀过程，如图 5-2 所示。

阴极过程：主要是依靠氧的去极化作用，通常的反应为

$$O_2 + 2H_2O + 4e^- \rightarrow 4OH^-$$

$$(5-1)$$

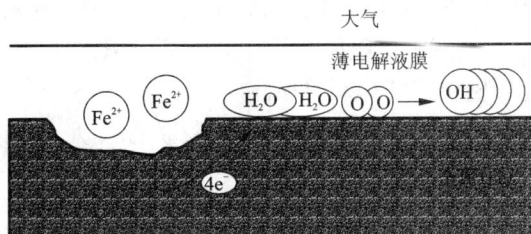

图 5-2　铁的大气腐蚀反应过程示意图

即使是电位极负的金属，如当镁及其合金，从全浸于电解液的腐蚀转变为大气腐蚀时，阴极过程由氢去极化为主转变为氧去极化为主。在强酸性的溶液中，像铁、锌、铝这些金属在全浸时主要依靠氢去极化进行腐蚀，但是在城市污染大气所形成的酸性水膜下，这些金属的腐蚀主要依靠氧的去极化作用。这是因为在薄的液膜条件下，氧的扩散比全浸状态更为容易。

阳极过程：在薄的液膜条件下，阳极过程会受到较大阻碍，阳极钝化以及金属离子水化过程的困难是造成阳极极化的主要原因。

随着金属表面电解液层变薄，大气腐蚀的阴极过程通常将更容易进行，而阳极过程相反变为困难。对于湿大气腐蚀，腐蚀过程主要受阴极控制，但其阴极控制的过程和全部浸入电解质溶液中腐蚀情况相比，已经大为减弱。对于潮大气腐蚀，腐蚀过程主要是阳极过程控制。可见随着水膜层厚度变化，不仅表面潮湿程度不同，而且彼此的电极过程控制特征可能也不同。

（2）大气腐蚀在金属表面形成锈层后的腐蚀机理

在一定条件下，腐蚀产物会影响大气腐蚀的电极反应。大气腐蚀的铁锈层处于湿润条件下，可以作为强烈的氧化剂而作用。在锈层内，其腐蚀电化学过程如图 5－3 所示。

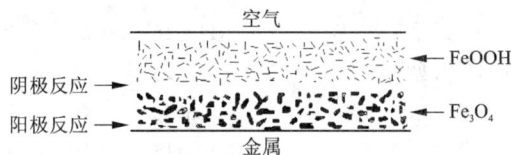

图 5－3 锈层内的腐蚀电化学过程

在金属/Fe_3O_4界面上发生阳极反应：$Fe \rightarrow Fe^{2+} + 2e^-$

在 Fe_3O_4/FeOOH 界面上发生阴极反应：

$$6FeOOH + 2e^- \rightarrow 2Fe_3O_4 + 2H_2O + 2OH^- \tag{5-2}$$

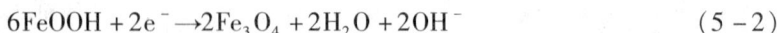

即锈层内发生 $Fe^{3+} \rightarrow Fe^{2+}$ 的还原反应，可见锈层参与了阴极过程。

在锈层干燥时，即外部气体相对湿度下降时，锈层和底部基体金属的局部电池成为开路，在大气中氧的作用下锈层重新氧化成为 Fe^{3+} 的氧化物。可见在干湿交替的条件下，带有锈层的钢能加速腐蚀的进行。

但是一般说来，在大气中长期暴露的钢，其腐蚀速度是逐渐减慢的。原因之一是锈层的增厚会导致锈层电阻的增加和氧渗入的困难，这就使锈层的阴极去极化作用减弱；其二是附着性好的锈层内层将减小活性的阳极面积，增加了阳极极化，使大气腐蚀速度减慢。

（3）锈层的结构及保护性

普通碳钢表面所形成的锈层保护性不大，碳钢锈层的结晶结构主要由 γ - FeOOH、α - FeOOH 和 Fe_3O_4 构成，锈层中大约还有 40% 的无定型物质。在工业大气中，碳钢锈层中常存在一些盐类，例如 $FeSO_4 \cdot 7H_2O$、$FeSO_4 \cdot 4H_2O$、$Fe_2(SO_4)_3$ 等，它们降低了锈层的保护性。表 5－3 表明由于生成锈层的环境不同，锈层中各种晶体结构的相对含量也是变化的。

低合金耐候钢的锈层具有很好的保护作用，同时外表色泽也符合建筑要求，可用于建造无油漆的大型建筑物。耐候钢的锈层组织结构一般分为内外两层，外层是疏松容易剥落的附着层，而内层常常是附着性好，结构致密，能起到保护作用的致密层。

由表 5－3 可见，锈层的主要晶体结构是随环境变化的。一般认为，钢表面锈层首先形成的是 γ - FeOOH，再转变为 α - FeOOH 和 Fe_3O_4。转变程度受周围大气湿度、污染因子等因素的影响。在工业区由于大气中含 SO_2，故铁锈中 Fe_3O_4 含量很少。在受 Cl^- 影响的沿海地区，则 γ - FeOOH 少而 Fe_3O_4 多。在污染少的森林地带，则 α - FeOOH 多。锈层液膜的 pH 较低则易于生成 γ - FeOOH；pH 较高则易于生成 α - FeOOH 和 Fe_3O_4。

表 5 - 3　锈层中各种晶体结构的相对含量　　　　　　　　　　　　　　%

锈层生成环境	γ – FeOOH	α – FeOOH	Fe_3O_4
工业地区	55	33	11
	60 ~ 0	40 ~ 100	—
	45 ~ 70	余量	<5
	35 ~ 40	余量	20
海岸地区	>0	40	60
	≤10	余量	80 ~ 20
森林地带	27	64	9
	10 ~ 35	60 ~ 80	<20 ~ 35

　　耐候钢比普通碳钢耐大气腐蚀，主要是由于耐候钢锈层的保护性优于普通碳钢锈层的保护性。通常耐候钢经 2 ~ 4 年后，就形成了稳定的保护性锈层，腐蚀速度降至很低，因而也可以不经涂装直接使用。锈层结构分析表明，虽然耐候钢与普通碳钢锈层都主要由 γ – FeOOH、α – FeOOH、Fe_3O_4 所组成，但耐候钢生成的锈层与基体金属黏附性好、致密，形成了富集合金元素的非晶态层，这是耐候钢提高耐蚀性的主要原因。

5.1.3　大气腐蚀的影响因素

（1）环境因素

1）湿度

　　金属表面的润湿时间是一个复杂变量，决定着电化学腐蚀过程的持续时间。当金属表面处在比其温度高的空气中，空气中含有的水蒸气将以液体凝结于金属表面上，这种现象称为结露。金属表面能否结露与空气的湿度有关。一般讲空气中湿度越大，金属表面结露越容易，表面上的电解液膜存在的时间也越长，腐蚀速度也相应增加。各种金属都有一个腐蚀速度开始急剧增加的湿度范围，使金属大气腐蚀速度开始急剧增加的大气相对湿度称为临界湿度。钢铁、铜、镍、锌等金属的临界湿度在 50% ~ 70% 之间。可知如果相对湿度达 60% 以上时，钢的腐蚀量就急剧上升；而小于 60% 时腐蚀量很小。

　　为什么在大于临界湿度时，金属就出现明显的大气腐蚀呢？这说明金属表面在超过临界湿度时，已形成了完整的水膜，使电化学腐蚀过程可以顺利进行。而湿度升高时形成液膜的原因是由于下列作用：

　　毛细管的凝聚作用：毛细管直径越小，毛细管液面上的饱和蒸气压就越低，水蒸气也更容易凝聚下来。从表 5 – 4 可见，当毛细管直径为 2.1 nm 时，相对湿度只需为 60% 就可引起水蒸气的凝聚。腐蚀产物中的孔隙，沉积在金属表面的灰尘和金属构件间的狭缝都能形成毛细管而凝聚成液膜。

表5-4　水分子凝聚所需相对湿度与毛细管直径的关系

毛细管直径/nm	相对湿度/%	毛细管直径/nm	相对湿度/%
36.0	98	3.0	70
9.4	90	2.1	60
4.7	80	1.5	50

化学凝聚作用：当金属表面存在着来自大气的盐类或生成易溶的腐蚀产物时，大气中的水分就会优先凝聚，这就是化学凝聚作用。例如金属表面存在着铵盐或氯化钠（这在大气条件下是常有的），将会使大气中的水分在相对湿度70%~80%时就凝聚下来。

物理吸附作用：金属表面即使很平整，但由于水分和固体表面之间存在范德华分子引力作用，也能吸附一定量的水分子。如相对湿度为55%时，铁表面能吸附15个水分子层厚的水膜；当湿度接近100%时，物理吸附层厚到90个水分子层厚。在大气湿度临界湿度范围时，物理吸附的水膜就极薄，电化学腐蚀过程实际很难进行。

2）温度

结露与温度有关，在临界湿度附近能否结露和气温变化有关，这意味着与其说是湿度不如说是温度的高低具有更大的影响。图5-4为露点温度关系图，可以通过气温和相对湿度简单地求出露点温度。

统计结果表明，在其他条件相同时，平均气温高的地区，大气腐蚀速度较大。气温剧烈变化也影响大气腐蚀。例如昼夜之间有温度变化，当夜间温度下降，由于金属表

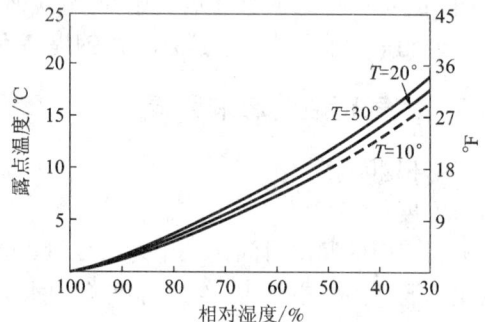

图5-4　露点温度关系图

面温度低于大气温度，使大气中水蒸气结露凝结在金属表面上，这样就加速了腐蚀。

3）降雨量

降雨量对室外大气腐蚀有很大影响，通常在下雨前后空气湿度上升，雨水沾湿金属表面，冲刷破坏腐蚀产物保护层，促进腐蚀。据估计钢在室外地大气腐蚀量有一半是由于雨雪的腐蚀作用造成的。可是雨水也有另一方面的作用，它能把原来附着在金属表面上的灰尘、盐粒或锈层中易溶于水的腐蚀性物质冲洗掉，这样在某种程度上减缓了腐蚀。在大气腐蚀试验时以30°倾斜角放置的金属试样，其向上的一面由于受到雨水直接淋洗，它的腐蚀量常比向下的一面要轻微一些。

4）大气成分

在大气中除表5-2的基本组成外，由于地理环境不同，常含有其他杂质，如在工业区常混入如表5-5所列的一些成分，称为大气污染物质。其中有工厂废气排出的硫化物、氮化物、

CO、CO_2 等, 也有来自自然界如海水的氯化钠以及其他固体颗粒, 对金属大气腐蚀影响较大。

表 5-5 大气杂质组分(大气污染物质)

固　　体	灰尘、沙粒、$CaCO_3$、ZnO、金属粉或氧化物粉、NaCl
气体　硫化物	SO_2、SO_3、H_2S
氮化物	NO、NO_2、NH_3、HNO_3
碳化物	CO、CO_2
其　他	Cl_2、HCl、有机化合物

硫氧化物的影响: 在硫氧化物中, SO_2 是最常见也是影响最严重的污染物。石油、煤燃烧的废气中都含有大量的 SO_2, 由于冬季燃烧消耗比夏季多, SO_2 的污染也更为明显, 所以对腐蚀的影响也极严重。

SO_2 促进金属大气腐蚀的机理主要有两种看法。其一是认为排放出的 SO_2 有一部分在高空中能直接氧化成 SO_3, 溶于水后生成 H_2SO_4; 其二认为有一部分 SO_2 被吸附在金属表面, 它们与铁作用生成易溶的硫酸亚铁, $FeSO_4$ 进一步氧化并由于强烈的水解作用生成了硫酸, 硫酸又可返回与铁作用, 整个过程具有自催化反应, 反应如下:

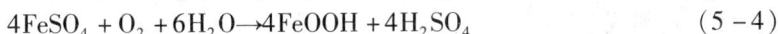

$$Fe + SO_2 + O_2 \rightarrow FeSO_4 \qquad (5-3)$$
$$4FeSO_4 + O_2 + 6H_2O \rightarrow 4FeOOH + 4H_2SO_4 \qquad (5-4)$$
$$2H_2SO_4 + 2Fe + O_2 \rightarrow 2FeSO_4 + 2H_2O \qquad (5-5)$$

锈层内 $FeSO_4$ 生成如图 5-5 所示, 即可分为外层 FeOOH、内层 $Fe(OH)_2$ 和基体铁表面上的 $FeSO_4 \cdot nH_2O$ 三层。当大气中的 SO_2、H_2O 及 O_2 浸入锈层形成 SO_4^{2-} 离子, 它与铁表面阳极溶解出的 Fe^{2+} 反应生成硫酸亚铁。

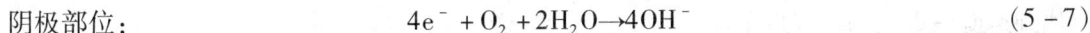

$$Fe^{2+} + SO_4^{2-} \rightarrow FeSO_4 \qquad (5-6)$$

阴极部位:
$$4e^- + O_2 + 2H_2O \rightarrow 4OH^- \qquad (5-7)$$
$$Fe^{2+} + 2OH^- \rightarrow Fe(OH)_2 \qquad (5-8)$$

可溶性 $FeSO_4$ 存在于锈层中, 锈层保护能力减小; 另外 $FeSO_4$ 存在于锈层下的金属上, 这对于已生锈的钢重新涂覆影响极大。

海盐颗粒(NaCl)的影响: 在海洋附近大气中, 含有氯化钠的海水水滴在海浪水沫飞散时混入大气, 所以大气中含有较多的 Cl^- 或 NaCl 颗粒。若 NaCl 颗粒落在金属表面上, 它有吸湿作用, 增大了表面液膜层的电导, 氯离子本身又有很强的侵蚀性, 因而使腐蚀变得严重。研究表明离海岸线距离越远, 空

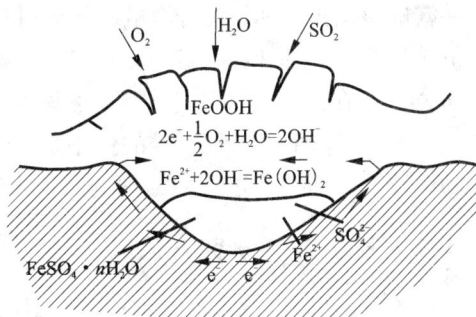

图 5-5 铁在含 SO_2 潮湿空气中的腐蚀过程

气中海盐粒子减少，材料腐蚀速度也小。

固体尘粒的影响：大气中通常称为灰尘的固体微粒杂质也能加速腐蚀，它的组成十分复杂，除海盐粒外还包括碳和碳化物、硅酸盐、氮化物、铵盐等固体颗粒。在城市大气中它的平均含量为 $0.2 \sim 2 \ mg \cdot m^{-3}$，而在强烈污染的工业大气中，甚至可达 $1000 \ mg \cdot m^{-3}$ 以上。

固体尘粒对大气腐蚀影响的方式可分为三类：①尘粒本身具有腐蚀性，如铵盐颗粒，能溶入金属表面水膜，提高了电导或酸度，起促进腐蚀的作用；②尘粒本身无腐蚀作用，但能吸附腐蚀性物质，如碳粒能吸收 SO_2 及水汽，冷凝后生成腐蚀性的酸性溶液；③尘粒既非腐蚀性，又不吸附腐蚀性物质，如砂粒落在金属表面能形成缝隙而凝聚水分，形成氧浓差的局部腐蚀条件。

尘粒加速大气腐蚀的作用很易被证实。如把同样两个铁样品置于室内大气环境下，其中一个用布屏蔽起来，防止尘埃落在金属表面。经过几个月后，被屏蔽的样品往往并未生锈，失重很小，而另一样品却生锈层严重。由此对机械设备、仪器、仪表应注意防尘。

异常气候条件的影响：近年来酸性雨出现已成为自然环境保护中的一个重要问题。从大气腐蚀的角度来看，这也是不能忽视的问题。酸性雨是指 pH 值低达 $4.3 \sim 5.3$ 范围的雨水，其起因主要是由于含有大量来自于汽车废气及燃料燃烧所生成的 NOx、SOx 等污染物质所致。在酸性雨的条件下，Zn、Cu、Pb 等金属的耐蚀性大为降低。

（2）材料因素

碳钢和低合金钢是应用最为广泛的材料。为了提高它在大气中的耐蚀性，通过合金化在普通碳钢的基础上加入 Cr、Cu、P 等合金元素，可以改变锈层的结构，生成一层具有保护性的锈层，改善了钢的耐大气腐蚀性能。

不锈钢在大气环境中通常是很耐蚀的。但含 Cr 量较低的 Cr13 型不锈钢在户外的大气环境中仍会发生锈蚀，且腐蚀形态常为点蚀。对 18 - 8 型不锈钢或含 Cr、Ni 量更高的不锈钢，其腐蚀速度在 $0.1 \ \mu m \cdot a^{-1}$ 以下。

铝、铜及其合金在大气环境中通常具有较好的耐蚀性。在我国不同类型大气环境中 10 年的暴露试验结果表明，铝合金的平均腐蚀速度为：城市和乡村 $< 0.5 \ \mu m \cdot a^{-1}$，海洋 $0.16 \sim 0.90 \ \mu m \cdot a^{-1}$，酸雨地区 $> 0.75 \ \mu m \cdot a^{-1}$。铜合金在污染少的一般大气环境中，腐蚀速度为 $1.0 \ \mu m \cdot a^{-1}$。在污染大气环境中，受酸雨及 SO_2 的影响，铜合金腐蚀速度约为 $2 \sim 3 \ \mu m \cdot a^{-1}$。

从上面可以看到，各种因素的作用是错综复杂的，因而金属材料在各个具体大气环境条件下的腐蚀行为需要通过长期的现场试验来确定。

5.1.4 大气腐蚀的研究方法

金属大气腐蚀经过近百年的研究，其试验研究方法从室外暴晒发展到室内加速腐蚀试验。近年来随着科技发展，其试验与分析手段也逐步向多元化发展，产生了大量有价值的试验研究方法。主要包括腐蚀环境方式与腐蚀载荷谱研究、电化学方法和检测表征等方面。

（1）现场暴露试验

自然环境下的暴露试验一直是研究大气腐蚀最常用的试验方法。现场暴露试验一般分为户外和室内暴露试验两种形式。户外试验的目的是获得户外自然大气环境下的腐蚀特征与数据，研究材料在不同环境下的主要影响因素和腐蚀规律，选择该环境下材料的合适防护措施，为制定室内加速试验方法，提供对比数据，判定加速试验方法的可行性；室内暴露实验是进行户内自然环境长期暴露，观察腐蚀特征及测定腐蚀数据，该种试验是为了评价金属材料、非金属材料、覆盖层和防锈包装等在户内储存条件下的耐蚀性能，确定保护性覆盖层和防锈包装的有效保护期。

大气暴露试验的优点是较能反映现场实际情况，所得的数据直观、可靠，可以获得户外自然环境下金属的腐蚀特征、腐蚀规律，可以用来评估试验环境下金属的使用寿命，为合理选材、有效设计和产品防护标准提供依据。但大气腐蚀暴露试验的试验周期长、试验区域性强，而且试验结果是多种环境因素共同作用的反映，不利于寻找主要影响因素和试验结果的推广和应用。

（2）室内加速试验方法

室内加速试验仍然是研究大气腐蚀强有力的试验手段。目前主要采用的室内加速试验方法有：

1）湿热试验法

环境的温度和湿度是影响材料大气腐蚀的主要因素。目前广泛使用湿热试验法作为室内大气腐蚀加速试验之一。湿热试验方法分为恒定湿热试验和交变湿热试验两种。但上述两种湿热试验方法凝集在试片表面的常常是大小不一的水珠，它们不能凝集和流淌，不能形成稳定均匀的水膜，与实际大气环境周期性气候变化存在一定差异。

2）盐雾试验

盐雾试验包括以下三种：中性盐雾试验（NSS）；醋酸盐雾试验（AASS）；醋酸氯化铜盐雾试验（CASS）。盐雾试验加速性好，但模拟性较差，因此盐雾试验方法仅作为一种人工加速腐蚀试验方法，对金属材料进行评价和选材时比较适用。

3）周期喷雾复合腐蚀试验

周期喷雾复合腐蚀试验能模拟液膜由厚变薄、由湿变干的周期性循环过程，这种方法可更好地模拟和加速大气腐蚀。研究表明单一的 NaCl 盐雾试验并不能可靠地模拟工业环境及进行加速腐蚀试验，而在使用基于 $(NH_4)_2SO_4$ 和 NaCl 的混合液，加上干/湿循环过程，可以更好地模拟和加速大气腐蚀。

4）干湿周浸循环试验

干湿周浸循环试验是目前国内外普遍使用的加速试验方法。此试验将试样周期性地浸入不同的浸润液来模拟不同的大气环境，如蒸馏水、$NaHSO_3$ 或 NaCl 溶液分别用来模拟乡村气氛、工业气氛和海洋气氛下的大气腐蚀情况。此方法同周期喷雾复合腐蚀试验一样抓住了大气腐蚀干/湿交替的特征，重现了金属表面经历的三种大气腐蚀状态：浸润—潮湿—干燥。该方法具有较好的模拟性和加速性。

5）多因子循环复合腐蚀试验

金属大气腐蚀受到的是多种复杂因素的综合作用，在模拟试验中需要的将大气中的环境因素综合起来考虑，近几年模拟大气腐蚀的加速试验方法向多因子复合加速腐蚀试验方向发展，这也是以后加速试验发展的方向。

近二十年来，模拟大气腐蚀的加速试验研究得到广泛发展，加速试验已从获得单一或几个环境因素向多因子复合加速腐蚀的方向发展。但是没有任何加速试验能非常准确且可重现自然环境下的大气腐蚀情况，主要原因是尚缺乏对不同腐蚀因素作用的全面认识、评价标准和有关腐蚀机理的详细信息。

（3）电化学方法

金属在大气中的腐蚀是一种电化学过程，服从电化学腐蚀的一般规律，目前使用较多的方法有：极化测量和阻抗测量方法，电化学噪声法，大气腐蚀监测电池，Kelvin探头参比电极技术。

1）极化、交流阻抗、电化学噪声法方法

交流阻抗与极化、腐蚀电位测量是研究金属大气腐蚀的有效工具。主要用于如下三方面测试：第一，用于测试大气暴晒带锈试样的电化学行为，比较不同材料的耐蚀性，也可测试极化曲线和自腐蚀电位；第二，用于测试加速试验中试样浸在不同溶液中（不同的溶液模拟不同的大气环境）的电化学行为；第三，用于原位监测材料的大气腐蚀行为。

电化学噪声法是以随机过程理论为基础，采用统计方法来研究腐蚀过程中电极/溶液界面电位电流波动规律性的一种新型的电化学方法。孔蚀的发生是一个随机事件，并且存在着钝化膜的破裂和修复引起的电位电流波动现象，因此，电化学噪声是一个比较合适的研究方法。

2）大气腐蚀监测电池

大气腐蚀监测电池是根据薄液膜电化学电池的电流讯号来反映大气环境腐蚀性的强弱。它可以对户外大气腐蚀进行长期的电化学监测以及对室内加速大气腐蚀进行实时监测，已经成为一种比较成功的研究和监测大气腐蚀的工具。

3）扫描电化学技术

扫描电化学技术（如Kelvin探头参比电极技术）对环境试验中大气腐蚀的电化学研究测试带来了突破性进展，可不接触测定体系而对薄液层乃至吸附液层下的金属进行电化学测量，可测得薄液膜下的金属的电极电位及金属在极薄液膜下的极化曲线，进而研究金属的大气腐蚀规律，从而克服了三电极电化学方法在大气腐蚀研究中受到的限制。利用Kelvin装置测定薄液层下金属的电极电位不仅具有较高的分辨率和稳定性，且易于按常规电极电位进行标定。

4）大气腐蚀原位动态实时监测

目前大气腐蚀原位监测主要采用如下方法：石英晶体微天平（QCM）、红外光谱（IR）和原子力显微镜（AFM）有机组合；石英晶体微天平（QCM）与电化学仪器联用；电化学交流阻抗原位监测方法。

（4）表面分析方法

大气腐蚀分析除了采用常规的金相显微镜、扫描电子显微镜、X－射线衍射和光电子能谱分析外，近年来有一些新进展：

1）环境扫描电镜、环境扫描隧道显微镜和原子力显微镜

环境扫描电镜（ESEM）可对自然状态下的材料（比如湿润或干燥）直接成像，不要求样品表面导电，在进行连续观察样品时可对样品温度（从 -20℃ 到 1000℃），润湿程度和气体环境都进行控制，从而有效地记录大气腐蚀的动态过程。环境扫描电镜克服了一般 SEM 对高真空度要求的局限，允许样品室在高大气压下（大于 20torr）工作。

环境扫描隧道显微镜（ESTM）和原子力显微镜（AFM）都有 1nm 或更好的分辨率，可对单个原子成像。扫描隧道显微镜和原子力显微镜可以在真空和大气中工作，但由于试样表面的腐蚀产物会阻碍针尖和试样间的隧穿电流，ESTM 只适合在腐蚀初期阶段使用。原子力显微镜（AFM）通过测量试样和针尖悬臂梁之间作用力获得分析表面形貌，因而不要求试样是导体且表面具有导电性，对表面有氧化膜的铝及铝合金来说，原子力显微镜是一个更有用的工具。在金属大气腐蚀的原位研究中，ESTM 和 AFM 将会起到重要作用。

2）红外吸收光谱和拉曼光谱

在常规和原位确定腐蚀产物相和相转变过程中，红外吸收光谱（IRAS）是非常实用的技术。红外吸收光谱在研究铝及其合金大气腐蚀产物方面具有较大的优势，因为铝及其合金的大气腐蚀产物常以非晶态出现，缺点是分辨精度较差。拉曼光谱（RS）是利用可见光范围内的拉曼散射效应测定分子振动光谱，从而揭示物质分子的组成、结构，能够原位观察腐蚀过程中金属表面膜及腐蚀产物的组成和变化。激光拉曼光谱能在多种环境中对固体、液体和气体进行测试。拉曼光谱表面增强效应可用来观察金属表面的电化学吸附过程，检测电化学反应过程中的中间产物，进而推测反应机理。

（5）大气腐蚀性的评价

为了对大气环境腐蚀性进行评价，国际标准组织制定了《ISO 9223 大气腐蚀性分类标准》。这种方法是根据金属标准试件在某环境中自然暴露试验所得出腐蚀率或综合某环境中大气污染物浓度和金属表面潮湿时间而进行分类的，其总体结构如图 5 - 6 所示。

按测定金属标准试样腐蚀速率

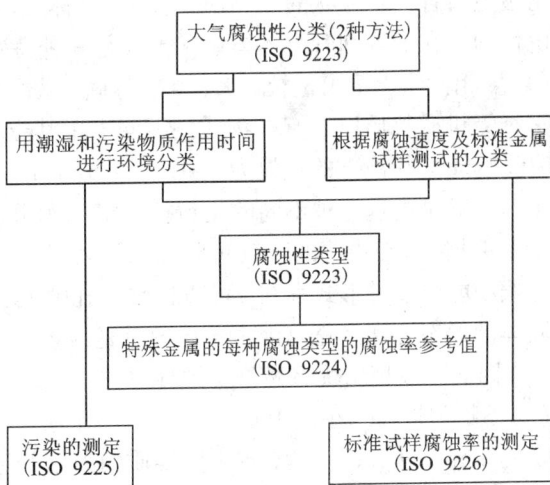

图 5 - 6　国际标准化组织关于大气腐蚀性的分类方法

进行分类，将大气腐蚀性分为 C1、C2、C3、C4、C5，即腐蚀性很低、低、中、高、很高 5 类，如表 5-6 所示。

表 5-6 以不同金属暴露第一年的腐蚀速率进行环境腐蚀性分类

腐蚀类型	金属的腐蚀速率				
	单位	碳钢	锌	铜	铝
C1（很低）	$g \cdot m^{-2} \cdot a^{-1}$	< 10	< 0.7	< 0.9	< 0.2
	$\mu m \cdot a^{-1}$	< 1.3	< 0.1	< 0.2	
C2（低）	$g \cdot m^{-2} \cdot a^{-1}$	10 ~ 200	0.7 ~ 5	0.9 ~ 5	
	$\mu m \cdot a^{-1}$	1.3 ~ 25	0.1 ~ 0.7	0.1 ~ 0.6	
C3（中）	$g \cdot m^{-2} \cdot a^{-1}$	200 ~ 400	5 ~ 15	5 ~ 12	0.6 ~ 1.3
	$\mu m \cdot a^{-1}$	25 ~ 50	0.7 ~ 2.1	0.6 ~ 1.3	
C4（高）	$g \cdot m^{-2} \cdot a^{-1}$	400 ~ 650	15 ~ 30	12 ~ 25	
	$\mu m \cdot a^{-1}$	50 ~ 80	2.1 ~ 4.2	1.3 ~ 2.8	
C5（很高）	$g \cdot m^{-2} \cdot a^{-1}$	650 ~ 1500	30 ~ 60	25 ~ 50	
	$\mu m \cdot a^{-1}$	80 ~ 200	4.2 ~ 8.4	2.8 ~ 5.6	

5.2 金属的土壤腐蚀

5.2.1 土壤腐蚀的特征与概念

埋在土壤中的金属及其构件的腐蚀称作金属的土壤腐蚀。

土壤是由各种颗粒状的矿物质、水分、气体及微生物等组成的多相并具有生物活性和离子导电性的多孔的毛细管胶体体系。土壤是一种特殊的电解质，有其固有的特性。

（1）多相性 土壤由土粒、水、空气等固、液、气三相组成，结构复杂，而且土粒中又包含着多种无机矿物质以及有机物质。不同土壤其土粒大小不同，例如，沙砾土的颗粒大小为 0.07 ~ 0.2 mm，粉沙土的颗粒为 0.005 ~ 0.07 mm，而黏土的颗粒尺寸则小于 0.005 mm。实际的土壤一般是由这几种不同的土粒按一定比例组合在一起的。

（2）多孔性 在土壤的颗粒间形成大量毛细管微孔或孔隙，孔隙中充满了空气和水。水分在土壤中能以多种形式存在，可直接渗入孔隙或在孔壁上形成水膜，也可以形成水化物或者以胶体的形态存在。正是因为土壤中总是或多或少的存在着一定量的水分，土壤就成为离子导体，因此可以把土壤看做是腐蚀性电解质。

（3）不均匀性 从小范围看，有各种微结构组成的土粒、气孔、水分的存在以及结构紧密程度的差异。从大范围看，有不同性质的土壤交替更换等。因此，土壤的各种物理 - 化学性质，尤其是与腐蚀有关的电化学性质，也随之发生明显的变化。

（4）相对固定性 土壤的固体部分对于埋在土壤中的金属表面可以认为是固定不动的，

土壤中的气相和液相可作有限的运动。

由于土壤介质的不均匀性，导致土壤腐蚀电化学行为的不均匀性。因此由于宏电池引起的不均匀腐蚀是土壤腐蚀的主要形式，甚至造成严重的局部腐蚀。由杂散电流和微生物引起的腐蚀也是土壤腐蚀的常见形式。

我国地域辽阔，有数十种土壤类型。砖红壤、赤红壤、红壤是南方脱硅富铝化作用明显的酸性土壤；黄棕壤分布在北亚热带地区，具有粘化和弱富铝化的特点，呈微酸性和中性；灰漠土发育于温带山前平原黄土母质上，有不明显的石灰、石膏淀积层，多数中、深位盐渍化，碱化普遍；盐土分布在东北、华北和宁夏一带，与非盐渍化土壤组合或与碱土伴生，呈花斑状，表层含盐量 1% 以上，多为氯化物、硫酸盐，其中碱化盐土苏打成分较高。此外，还有褐土、白浆土、黑钙土、草甸土、沼泽土和紫色土等。我国的土壤腐蚀试验网站 1959 年开始建设，部分土壤腐蚀站的环境因素与地理位置如表 5 - 7 所示。西部为古海底，现为含盐量极高的盐渍土壤，如库尔勒站和格尔木站，表现出很强的腐蚀性。分布于东南沿海一带的酸性土壤，如鹰潭站，对材料有很强的腐蚀性。黄河、海河入海口的海滨盐碱土壤，如大港站，对材料也有很强的腐蚀性。西北盐渍土壤、东南酸性土壤和海滨盐碱土壤对材料的腐蚀是最值得关注的。

表 5 - 7   我国材料土壤环境腐蚀试验站的地理位置与环境特征

序号	试验站名	东经、北纬	土壤类型
1	成都土壤站	104°02′, 30°24′	水稻土
2	鹰潭土壤站	117°02′, 28°08′	红壤
3	大港土壤站	117°24′, 38°48′	滨海土壤
4	大庆土壤站	125°06′, 46°22′	苏打盐土
5	库尔勒土壤站	86°13′, 41°24′	荒漠盐渍土
6	拉萨土壤站	91°08′, 29°40′	高山草甸土
7	格尔木土壤站	94°33′, 36°16′	盐渍土
8	沈阳土壤站	123°26′, 41°46′	草甸土

5.2.2 土壤腐蚀机理

（1）土壤腐蚀的电极过程

1）阳极过程的特点

铁在潮湿土壤中的阳极过程和在溶液中的腐蚀时相类似，阳极过程没有明显的阻碍；在干燥且透气性良好的土壤中，阳极过程接近于大气腐蚀的阳极行为，即阳极过程因钝化和离子水化的困难而有很大的极化。一般金属在潮湿的土壤中的腐蚀远比在干燥土壤中严重。在长时间的腐蚀过程中，由于腐蚀的次生反应所生成的不溶性腐蚀物的屏蔽作用，可以观察到阳极极化逐渐增大。

根据金属在潮湿、透气不良且含有氯离子的土壤中阳极极化行为，可以将金属分为四类：

①阳极溶解时没有显著阳极极化的金属，如 Mg、Zn、Al、Mn、Sn 等。

②阳极溶解的极化率较低，并决定于金属离子化的反应的过电位，如 Fe、碳钢、Cu、Pb。

③因阳极钝化而具有高的起始极化率的金属。在更高的阳极电位下，阳极钝化又因土壤中存有 Cl⁻ 离子而受到破坏，如 Cr、Zr、含铬或铬镍的不锈钢。

④在土壤条件下不发生阳极溶解的金属，如 Ti、Ta 是完全钝化稳定的。

2）阴极过程的特点

常用金属，例如钢铁，其土壤腐蚀阴极过程主要是氧的去极化；在强酸性土壤中，氢去极化过程可能参与；在某些情况下，微生物可能参与阴极还原过程。

土壤中氧的去极化过程同样是两个基本步骤，即氧向阴极的传输和氧离子化的阴极反应。土壤中氧离子化反应和在普通的电解液中相同，但氧的传输过程则比在电解液中更为复杂。氧在多相结构的土壤中由气相和液相两条途径输送并通过下面两种方式进行。

①土壤中气相或液相的定向流动。定向流动的程度取决于土壤表层温度的周期波动、大气压力及土壤湿度的变化、下雨、风吹及地下水涨落等因素。这些变化能引起空气及饱和空气中水分的吸入和流动，使氧的输送速度远远超过纯粹扩散过程的速度。对于疏松的粗粒结构的土壤来说，氧依靠这种方式传递的速度是很大的。对于密实潮湿的土壤内氧的这种传送方式的效果则很小。这就导致氧在不同土壤中传送速度的差异。

②在土壤的气相和液相中的扩散。氧的扩散过程是土壤中供氧的主要途径。氧的扩散速度取决于土层的厚度、结构和湿度。厚的土层将阻碍氧的扩散，随着湿度和黏土组分含量的增加，氧的扩散速度可以降低 3~4 个数量级。在氧向金属表面的扩散过程中，最后还要通过金属表面在土壤毛细孔隙下形成的电解液薄层及腐蚀产物层。

3）土壤腐蚀的控制特征

根据以上对土壤腐蚀的阳极、阴极过程的分析，可以预测在不同土壤条件下腐蚀电池的控制特征有三种，如图 5-7 所示。对于大多数土壤来说，当腐蚀决定于腐蚀微电池的作用时，腐蚀过程强烈地为阴极过程所控制［图 5-7(a)］，这和完全浸没在静止电解液中的情况相似；在疏松干燥的土壤中，腐蚀过程转变为阳极控制占优势［图 5-7(b)］，这时腐蚀过程的控制特征类似于大气腐蚀；对于由长距离宏电池作用下的土壤腐蚀，如地下管道经过透气性不同的土壤形成氧浓差腐蚀电池时，

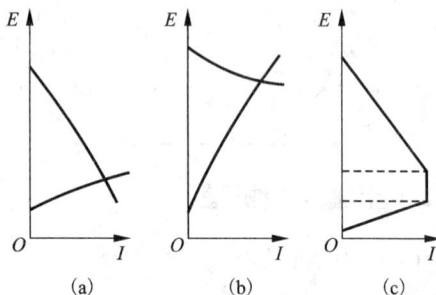

图 5-7 不同土壤条件下的腐蚀过程控制特征
(a)阴极控制——大多数土壤中的微电池腐蚀
(b)阳极控制——大多数土壤中的微电池腐蚀
(c)阴极-电阻控制——长距离宏电池腐蚀

土壤的电阻成为主要的腐蚀控制因素，其控制特征是阴极-电阻混合控制或者是电阻控制占

优势[图 5 - 7(c)]。

（2）土壤中的腐蚀电池

土壤腐蚀和其他介质的电化学腐蚀过程一样，都是因金属和介质的电化学不均一性所形成的腐蚀原电池作用所致，这是腐蚀发生的基本原因。同时土壤介质具有多相性和不均匀性等特点，所以除了有可能生成和金属组织不均一性有关的腐蚀微电池外，土壤介质的宏观不均一性所引起的腐蚀宏电池，往往在土壤腐蚀中起着更大的作用。

土壤介质的不均一性主要是由于土壤透气性不同引起的。在不同透气条件下，氧的渗透速度变化幅度很大，强烈地影响着和不同区域土壤相接触的金属各部分的电位，这是促使建立氧浓差腐蚀电池的基本因素。土壤的 pH 值、盐含量等性质的变化也会造成腐蚀宏电池。此外，地下的长距离管道难免要穿越各种不同条件的土壤，从而形成有别于其他介质情况的长距离腐蚀宏电池。

另外，不同金属接触的异金属腐蚀以及由于金属构件不同部位温度不同产生的温差电池等也会形成腐蚀电池。

在土壤中起作用的腐蚀宏电池有下列类型：

1）长距离腐蚀宏电池　埋设于地下的长距离金属构件通过组成、结构不同的土壤时形成长距离宏电池。在从土壤（Ⅰ）进入另一种土壤（Ⅱ）的地方形成电池：钢|土壤（Ⅰ）|土壤（Ⅱ）|钢。一种情况是因为土壤中氧的渗透性不同而造成氧浓差电池，如图 5 - 8 所示，埋在密实潮湿的土壤（黏土）中的钢作为阳极而受腐蚀。另一种情况

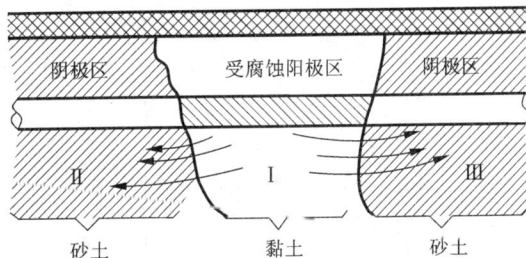

图 5 - 8　管道在结构不同的土壤中所形成的氧浓差电池

是如果其中一种土壤含有硫化物、有机酸或工业污水，因土壤性质的变化，也能形成腐蚀宏电池。长距离腐蚀宏电池可产生相当可观的腐蚀电流（也称长线电流）。有时电流可达 5 A，流动的范围可超过 1.5 km。土壤的电导率越高，长线电流也越大。

2）土壤的局部不均一性所引起的腐蚀宏电池　土壤中石块等夹杂物的透气性比土壤本体差，使得该区域金属成为腐蚀宏电池的阳极，而和土壤本体区域接触的金属就成为阴极。所以在埋设地下金属构件时，回填土壤的密度要均匀，尽量不带夹杂物。

3）埋设深度不同及边缘效应所引起的腐蚀宏电池　即使金属构件被埋在均匀土壤中，由于埋设深度的不同，也能造成氧浓差腐蚀电池。因此，在地下埋设的金属构件上，能看到离地面较深的部位有更严重的局部腐蚀，甚至在直径较大的水平输送管道上，也能看到管道的下部比上部腐蚀更为严重。

同样，由于氧更容易到达电极的边缘（即边缘效应），因此，在同一水平面上金属构件的

边缘就成为阴极,比成为阳极的构件中央部分腐蚀要轻微得多。地下大型储罐常会出现这类腐蚀情况。

4)金属所处状态的差异引起的腐蚀宏电池 由于土壤中异种金属的接触、温差、应力及金属表面状态的不同,也能形成腐蚀宏电池,造成局部腐蚀。图5-9是新旧管道连接埋于土壤中形成腐蚀电池的一例。

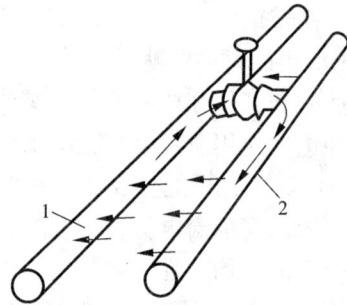

图5-9 土壤中新旧管道连接形成的腐蚀电池

1—旧管(阴极);2—新管(阳极)

5.2.3 土壤腐蚀的影响因素

(1)环境因素

影响土壤腐蚀的环境因素主要包括土壤本身的参量,和外界环境的一些干扰因素,如杂散电流等。目前已经确定了几个重要的变量会影响土壤腐蚀速率(图5-10):空隙度(透气性)、土壤温度、水、pH值、电阻率、可溶性离子(盐)、氧化还原电位和微生物、杂散电流等。

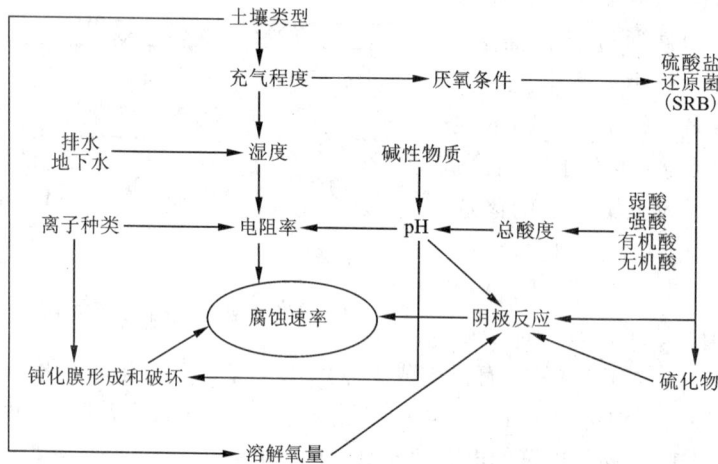

图5-10 土壤中影响腐蚀速率的变量之间的关系

(为简化仅表示了硫酸盐还原菌的 MIC 作用)

1)孔隙度(透气性) 土壤的孔隙度与土壤的结构(土壤中无机物粒子在土壤中的分布)和有机物的组成与分布有很大关系。较大的孔隙度有利于氧渗透和水分传输,而它们都是腐蚀初始发生的促进因素。由于金属的表面状态及导致腐蚀的电池的不同,透气性好与坏均可能有两方面的作用。

透气性良好一般会加速微电池作用的腐蚀过程,但是透气性太大,易在金属表面生成具有保护能力的腐蚀产物层，阻碍金属的阳极溶解，使腐蚀速度减慢下来。透气性不良会使微电池作用的腐蚀减缓，但是当形成腐蚀宏电池时，由于氧浓差电池的作用，透气性差的区域将成为阳极而发生严重腐蚀。同时当透气性不良的土壤中存在微生物活动时，又由于厌氧微生物的作用产生微生物腐蚀。

2）土壤温度　随季节的更迭，土壤温度变化较大，温度同样也是影响腐蚀过程的一个主要因素。一方面金属在土壤中的腐蚀，在某些情况下是扩散过程控制的。而扩散速度与温度的关系十分密切。温度还影响到气体在土壤液相中的溶解度，这涉及氧的对阴、阳极化产生作用。温度还影响金属的电极电位，每相差10℃，电极电位可改变几十毫伏。另外，土壤温度对土壤电阻率的影响是比较明显的，温度每相差1℃，土壤电阻率约变化2%。

3）土壤含水量　实际土壤液相分为地表水和地下水两部分。从地表至地下水间是地表水的移动范围，常伴有气相。地下水有滞留性水和移动性水两种。在土壤的液相和气相中，通常湿度增加，O_2和CO_2也增加，导致对金属电极电位和阴极极化产生作用。

对于微电池作用的腐蚀，当土壤水含量很高时（水饱和度>80%），氧的扩散渗透受到阻碍，腐蚀减小；随着水含量的减少，氧的去极化变易，腐蚀速度增加；当水含量下降到10%以下，由于水分的短缺，阳极极化和土壤电阻率加大，腐蚀速度又急速降低。

当腐蚀由长距离氧浓差宏电池作用时，随着水含量增加，土壤电阻率减小，氧浓差电池的作用增强，腐蚀速度增大；当土壤水含量再增加接近饱和时，氧扩散受阻，氧浓差电池的作用减轻了，腐蚀速度下降。因此，通常埋得较浅的水含量少的部位的管道是阴极，埋得较深接近地下水位的管道因土壤湿度大成为氧浓差电池的阳极而被腐蚀。

通常土壤的腐蚀性随着湿度的增加而增加，直到达到某一临界湿度为止，再进一步提高湿度，土壤的腐蚀性将会降低。值得指出的是，不同的土壤临界湿度是不同的。

4）pH 值　土壤的 pH 值代表了土壤的酸碱度。大部分土壤属中性范围，pH 值处于6~8之间，也有 pH 值为8~10 的碱性土壤（如盐碱土）及 pH 值为3~6 的酸性土壤（如沼泽土，腐殖土）。

土壤中氢离子的活度和总含量首先会影响金属的电极电位。在强酸性土壤中，它通过H^+的去极化过程直接影响阴极极化。随着土壤酸度增高，土壤腐蚀性增加。在氧的阴极去极化占主导的一般土壤中，土壤酸度是通过中和阴极过程形成的OH^-而影响阴极极化的。阳极过程溶解下来的金属离子，在不同 pH 值时所形成的腐蚀产物的溶解度也是不同的，因此有可能影响阳极极化。

5）电阻率　土壤电阻率是表征土壤导电性能的指标，常用做判断土壤腐蚀性的最基本参数。土壤电阻率与土壤孔隙度、水含量及盐含量及组成等许多因素有关。在盐渍土中，离子电导占主导作用；在淋溶性土壤中，胶体电导也占相当的比重。土壤电阻率的变化范围很大，从小于 1 欧·米到高达几百甚至上千欧·米。

一般来说，土壤电阻率越小，土壤腐蚀越严重，因此可以把土壤电阻率作为评价土壤侵蚀性的重要参数。但是值得指出的是，也有些场合违反这一规律，呈现土壤电阻率大腐蚀性也大。因为电阻率并不是影响土壤腐蚀的唯一因素。

6）可溶性离子（盐）　土壤中一般含有硫酸盐、硝酸盐和氯化物等无机盐类。在土壤电解质中的阳离子一般是钾、钠、钙、镁等离子；阴离子是碳酸根、氯和硫酸根离子。土壤中盐含量大，土壤的电导率也增加，因而增加了土壤的腐蚀性。

土壤中不同种类的可溶性盐对腐蚀电极的影响也不尽相同，土壤中盐分对金属腐蚀的影响可以从两方面考虑：第一，其影响了土壤介质的导电性，盐分在土壤导电过程中起主导作用，是电解液的主要成分，含盐量越高，土壤电阻率越小，对于未受阴极保护的金属，其腐蚀速率将增加。但是某些离子则有相反的作用，如钙和镁离子会在金属表面上形成难溶的碳酸盐沉积，所以在富含石灰石和白云石的土壤中，在金属表面的石灰质沉积将降低金属的腐蚀速率；第二，溶解的盐离子还有可能参与金属的电化学反应，从而对土壤腐蚀性有一定的影响。此外含盐量还能影响到土壤溶液中氧的溶解度，含盐量越高，氧溶解度就越低，削弱了土壤腐蚀的阴极过程。

在土壤中除了 Ca、Mg 能在金属表面生成难溶盐从而阻碍腐蚀的进一步进行外，一般阳离子对金属材料的腐蚀影响不大。

在各种阴离子中 Cl^- 是对腐蚀进程影响最大的一种阴离子。氯离子对土壤腐蚀有促进作用，所以在海边潮汐区或接近盐场的土壤，腐蚀性更强。随 Cl^- 离子浓度增大，这种催化作用增强，阳极溶解速率也增大。这样，一方面 Cl^- 会破坏腐蚀产物膜在金属表面的覆盖，增大活性区面积；另一方面其还会加速活性区的阳极溶解。此外，也有研究认为：Cl^- 离子不参与电极反应也不被反应所消耗，但是其在腐蚀产物的传质过程中充当着重要作用，它在腐蚀过程中充当着催化剂的作用，相对于 Cl^-，硫酸根离子对金属的腐蚀作用表现得更加温和。但是硫酸盐会被厌氧的硫酸盐还原菌转变成为腐蚀性硫化物，对金属材料造成很大的腐蚀危害性。

7）土壤的氧化还原电位　土壤氧化还原电位是反映土壤中各种氧化还原平衡的一个多系列的无机、有机综合体系，它包括氧体系、氢体系、铁体系、锰体系、硫体系和有机体系等。

土壤的氧化还原电位和土壤电阻率一样也是判断土壤腐蚀性的主要指标，一般认为在 $-200\ mV$（vs. SHE）以下的厌氧条件下腐蚀激烈，易受到硫酸盐还原菌的作用。

土壤的氧化还原电位是以氢的氧化电位和氧的还原电位为上、下极限测得的。通常土壤中含铁多，基于 2 价和 3 价铁离子及氢氧化物的氧化还原反应的能斯特方程是适用的。

8）微生物　微生物影响的腐蚀（MIC）即由于微生物的存在及活动和（或）它们的代谢物的作用而产生的腐蚀。细菌、真菌和其他微生物在土壤腐蚀中起着重要作用。已经发现，在土壤中由于微生物的作用导致惊人的腐蚀速率。土壤中与腐蚀破坏有关的微生物包括：

厌氧细菌（作为它们的部分的代谢物，产生高腐蚀性物质）、嗜氧细菌（产生腐蚀性无机酸）、真菌（在代谢物中可能产生腐蚀性的副产品，如有机酸）、生成黏泥的微生物会在表面产生浓差腐蚀电池。有关微生物腐蚀的详细内容，将在后面介绍。

9）杂散电流　　所谓杂散电流是指由原定的正常电路漏失而流入他处的电流，其主要来源是应用直流电大功率电气装置，如电气化铁道、电解及电镀槽、电焊机、电化学保护装置、大地磁场的扰动等。杂散电流可以是静态的（不变化的），也可以是动态的（变化的）。

在很多情况下，杂散电流导致地下金属设施的严重腐蚀破坏。当杂散电流流过埋在土壤中的管道、电缆等时，在电流离开管线进入大地处的阳极端就会受到腐蚀，称之为杂散电流腐蚀。

杂散电流腐蚀的破坏特征是阳极区的局部腐蚀。在管线的阳极区，外绝缘涂层的破损处腐蚀尤为集中。在使用铅皮电缆的情况下，电流流入的阴极区也会发生腐蚀，这是因阴极区产生的氢氧根离子和铅发生作用，生成可溶性的铅酸盐。

人们已发现，交流电也会引起杂散电流腐蚀，但破坏要弱得多。频率为 60 Hz 交流电的作用约为直流电的 1%。

可以通过测量土壤中金属体的电位来检测杂散电流的影响。如果金属体的电位高于它在这种环境下的自然电位，就可能有杂散电流通过。防止杂散电流腐蚀的措施有排流法，即把原先阳极区的管线用导线与阴极保护系统直接相连，使整个管线处于阴极性；另外还有绝缘和牺牲阳极阴极保护。

（2）材料因素

金属的种类、合金元素与微量杂质、晶体结构、结晶取向与晶体缺陷、金属材料的表面状态、热处理状态以及内部应力状态都会对金属土壤腐蚀产生不同程度的影响。相对来说，金属的种类对材料土壤腐蚀影响更为突出。

钢铁是地下构件普遍采用的材料，腐蚀速度一般约为 $0.2 \ mm \cdot a^{-1}$。通常，金属的腐蚀速度随着在地下埋置时间的增长而逐渐减缓。钢广泛地用于土壤中，都要采取附加的腐蚀防护措施。未受保护的钢很容易遭受局部腐蚀破坏（点腐蚀）。铸铁合金广泛被应用于土壤中，遭受腐蚀的情形类似于钢的腐蚀。

铜是一种耐土壤腐蚀的材料，铜及铜合金的腐蚀速度是铁和低合金钢的 $1/5 \sim 1/10$。在干燥土壤中铜的腐蚀比较慢，只有在含有氧化物、硫化物、有机物成分高和高酸性土壤中时，铜及其合金的腐蚀比较严重，常常产生点腐蚀。黄铜（锌超过 15%）的腐蚀速度比较快，在土壤中倾向于"脱锌"类型腐蚀。

铅在土壤中的耐蚀性比碳钢高 4 倍以上。由于铅的标准电位并不很负，属于不活泼金属，另外由于在含碳酸盐、硅酸盐和硫酸盐的土壤中易生成铅盐保护层，其腐蚀速度还要低些。而在酸性沼泽土地带，铅的耐蚀性较差。

锌在埋地结构物中的应用主要是镀锌钢材。钢铁上镀锌层在土壤中有很好的保护效果，130 μm 厚的镀锌层在 10 年中能保护钢构件不发生点蚀，镀锌层起到了阴极保护作用。通气差的土壤对锌有较大的腐蚀性，通气较好或好的但含有高浓度氯化物和硫酸盐的土壤有诱发深度点腐蚀的倾向，泥泞的黏土和泥沙（与沙相比）通常对锌有较大的腐蚀性，在高碱性土壤中，锌的腐蚀比较严重。锌的电偶腐蚀量一般随土壤电阻率的减小而增加。然而，在高电阻率的土壤中，对钢的电偶保护的程度较低。

铝在土壤中的耐蚀性变动很大。一般认为，铝易于因充气不匀而局部腐蚀，并发现在含有氯化物、硫酸盐的土壤中以及在碱性土壤中，局部腐蚀严重。在一般透气性良好的土壤中，Al 的平均腐蚀速度为 0.01 mm·a^{-1}，低于钢铁；但在透气不良的酸性土壤或碱性土壤中，铝的腐蚀相当严重。在酸性沼泽土中，Al 的腐蚀速度是 0.1 mm·a^{-1}，比钢铁还差。

镁具有较高的化学活性，基本上对所有金属都是阳极，所以常作为牺牲阳极材料。Mg 在介质环境中，表面会形成不稳定的氧化膜 $Mg(OH)_2$，此氧化膜呈碱性，微溶于水。在干燥的环境下这种氧化膜有一定的防腐性能。一般在土壤中，镁阳极的效率随土壤电阻率的增大而变高。另外，土壤中的硫酸盐与钙盐也能提高镁阳极的效率。实验发现：在库尔勒地区的沙土中，随着土壤含水量的增加，腐蚀速率呈明显上升状态。但是在鹰潭地区的酸性土壤中，腐蚀速率对含水量的变化并不敏感。所以土壤本身的性质和土壤含盐量对其腐蚀行为还是有明显影响。HCO_3^- 易使镁阳极钝化，Cl^- 浓度对加速镁阳极腐蚀的作用明显。

5.2.4　土壤腐蚀的研究方法

土壤腐蚀的研究方法分为：室外现场埋设方法和室内模拟及加速方法。

土壤室外现场埋设试验是指在选取的土壤环境中，埋设所要研究的材料及制品，然后按一定埋设周期挖掘，确定试件的腐蚀形态、腐蚀产物及腐蚀速率。在试验过程中还需定期测取土壤的物理、化学参数，记录气候数据，以及相应的电化学测量结果，以便建立材料、环境因素和腐蚀速度之间的相互关系。这是一种简单也是最可靠的确定土壤中金属腐蚀的方法，是土壤腐蚀试验中的基本方法。

土壤室外现场埋设试验一般包括小试片试验和长尺寸试件试验。小试片试验所获得的土壤腐蚀试验结果一般可以代表某种材料在所埋设的土壤中的腐蚀情况。但是对于延伸相当距离（或深度）的大型埋地金属结构，由于土壤本身的不均匀性引起充气差异电池和其他不均匀电池的作用，在金属表面形成宏电池腐蚀，应该选用长尺寸试件试验。

通过实际失重率的测量可以知道试件的腐蚀速率，这是一种最简单的，也是最可靠的确定土壤中金属腐蚀速度的方法。但其应用范围主要针对均匀腐蚀类型，对于点蚀、晶间腐蚀等，还需要测定点蚀深度、蚀孔间距等参数，以对腐蚀状况作出全面的分析。

土壤室外现场埋设试件的失重和土壤理化性质的分析方法已经成为确定土壤中金属腐蚀速度、评价土壤腐蚀性的经典方法。在此基础上建立和发展起来的原位测量技术、加速试验和统计分析等方法，以及土壤腐蚀性评价的新方法，已经成为土壤腐蚀试验研究工作的重要组成内容。

土壤室内模拟及加速方法主要包括：室内模拟试验和室内加速试验。试验方法围绕影响土壤腐蚀的主要因素展开，各主要因素的作用效果及其相互间的交互作用是土壤腐蚀研究的重点，也是对各类土壤腐蚀性的评价、分类和预测的基础。与室外现场埋设试验相比，室内模拟试验具有试验条件易于控制、参数测量精确、试验周期短的优点。但其局限性在于试验条件与现场条件偏差较大，因此室外埋设试验与室内模拟试验间的相关性问题是研究的一个重点。

通常土壤室内模拟试验又分为室内土壤埋设试验及模拟溶液试验。室内土壤埋设试验是指将所研究的材料制成试片在实验室中埋设到从现场取来的土壤（有时根据研究需要，适当对土壤进行处理）中，进行腐蚀试验。而模拟溶液实验是指将所研究的材料制成试片在实验室中埋设到土壤模拟溶液中（根据现场土壤的理化分析数据配制的模拟溶液）进行腐蚀试验。

腐蚀加速试验是一种人为控制试验条件而加速腐蚀的试验方法，力求在较短的时间内，确定金属材料发生某种腐蚀的倾向、材料的耐蚀性或介质侵蚀性强弱。制定和使用加速试验方法时必须了解各种因素对腐蚀过程的影响。一种恰当的加速试验方法应具有足够的"侵蚀性"和良好的"鉴别性"，其具体要求是：①加速条件下的腐蚀产物应与工作环境中的腐蚀产物相同；②反应机理应与实际发生的腐蚀机理相同或相似；③有较高的加速比，即在较短时间内达到的腐蚀效果可相当于实际环境中较长时间的效果。关于土壤腐蚀，目前常用的加速方法有：强化介质法、电偶加速法、电解加速法、间断极化法和冷热交替及干湿交替法等。

（1）强化介质法

强化介质法是通过改变土壤介质的理化性质（如加入 Cl^-、SO_4^{2-}、Fe^{2+}、CO_2、空气以及加入酸碱改变土壤的 pH 值等）来改变土壤腐蚀性，加速材料在土壤中的腐蚀。这种方法的优点是无外加电场的影响，土壤溶液中离子浓度基本可控，增加离子浓度降低了土壤电阻率，增加了土壤腐蚀性。但此方法的局限性在于离子浓度的提高改变了土壤的理化性质，在增大腐蚀速率的同时其腐蚀产物、腐蚀机理等也会发生变化。

（2）电偶加速法

电偶加速试验是在不改变土壤理化性质条件下加速腐蚀的有效办法，它是利用碳－铁或铜－铁等电偶对在土壤中短接，组成电偶腐蚀电池，加大钢铁试片在土壤介质中的腐蚀速率。在电偶加速试验中，除了要考虑通常对单一金属腐蚀的影响因素外，还要考虑异金属间的电位差、金属电极的极化、阴阳极面积比和电偶电路的内阻、外阻等因素。其优点是加速试验简单、易操作、加速比大，但由于引入电偶电流的作用，对土壤腐蚀行为有较大影响。

（3）电解失重法

电解失重是通过控制外加电流或电压，阴、阳极面积比，阴、阳极距离等条件使金属材料在土壤中电解，使阳极电流流过被加速腐蚀的试样，使其阳极极化，加速了其腐蚀进程。其基本原理是在研究电极和辅助电极间加以外电压，使其形成一个电解池，电源的正极接研究电极，负极接辅助电极。电解加速法适用于多数土壤，但不能用于酸性土壤，因为在酸性土壤中，阴极反应不仅决定于土壤中氧的扩散，而且也决定于析氢过程，而在这样高的电压下，酸性土壤中析氢反应已是完全可能的了。值得指出的是电解法是通过使研究电极阳极极化来加速腐蚀的，因此其结果及腐蚀机理与金属在土壤中的腐蚀（开路电位下的腐蚀）还是有本质的区别的，目前不倾向于使用此种方法。

(4)间断极化法

间断极化法的加速原理与电解法相类似，它是通过间歇式的外加电流使研究电极极化，从而缩短腐蚀诱导期，使金属迅速进入活化区后停止极化，从而增大腐蚀速率的一种方法。日本的 Kasahara 等用反向方波，对试样进行间断计划，研究了 40 种土壤中试样的极化阻力、极化电容、腐蚀电位等，并将试验结果与腐蚀失重、点蚀深度等腐蚀数据进行相关性研究。结果表明金属与土壤界面间电化学回路的时间常数与点蚀因子间有很好的相关性。

(5)冷热交替和干湿交替加速试验

利用实际土壤，不引入其他离子，控制土壤的含水量、温度变化，适当通入空气，进行冷热交替和干湿交替来加速碳钢在土壤中的腐蚀。该方法没有改变土壤性质，也不是在外电压强制作用下进行，模拟了自然环境中不同季节的温度和含水量变化，同时还包括土壤干裂或强对流天气引起的空气扩散速率加快的作用，是一种相关性较好的模拟加速方法。

对各种土壤的腐蚀性做出正确的评价具有重要的实际意义，土壤腐蚀性评估是埋地钢质管道腐蚀防护系统设计的主要依据之一。

评价土壤腐蚀性最基本的方法是测量典型金属在土壤中的腐蚀失重(失重法)和最大点蚀深度。这两种方法能最直接、客观和比较准确地反映土壤的腐蚀性，同时还可以作为其他方法是否正确的依据。各国普遍采用这种方法积累材料的长期土壤腐蚀数据。但这种方法必须进行埋片试验，在试片埋入一定时间后开挖，才能得到结果。如全国土壤腐蚀试验网站根据碳钢在我国土壤的腐蚀情况制定了划分土壤腐蚀性分级标准，按照每年每平方分米的腐蚀失重或年平均深度划分为 5 级，见表 5-8。

表5-8　碳钢土壤腐蚀性分级标准

腐 蚀 等 级	I(优)	II(良)	III(中)	IV(可)	V(劣)
腐蚀速率/$g \cdot dm^{-2} \cdot a^{-1}$	<1	1~3	3~5	5~7	>7
最大腐蚀深度/$mm \cdot a^{-1}$	<0.1	0.1~0.3	0.3~0.6	0.6~0.9	>0.9

值得指出的是由于不同材料在土壤中的腐蚀机制不同，不同金属材料的腐蚀程度也有较大差异。因此用碳钢标定的土壤腐蚀性对其他材料也是不完全相同的。

为了快速评定土壤的腐蚀性，可以根据金属在土壤中的电化学行为来研究土壤腐蚀性。目前运用的主要方法有：线性极化电阻法、交流阻抗法及 Tafel 斜率外推法。也可以利用土壤的某些理化性质作为评价指标，来评价土壤的腐蚀性。目前使用的有单项指标法和多项指标法。

单项指标法是采用土壤的单一理化性质或电化学参数，如土壤电阻率、含水量、含盐量、pH 值、氧化还原电位、钢铁材料对地电位等评价和预测土壤的腐蚀性。单项指标虽然在有些情况下较为成功，但过于简单，经常会出现误判现象。实际上，由于土壤理化性质时常受到季节、气候、地理位置、排水、蒸发等多种因素的影响，造成土壤腐蚀性的主要影响因素可能完全不同,因此,可以说没有一个土壤因素可单独决定土壤的腐蚀性,必须考虑多种因素的交互作用,从而采用多项指标综合评价可能更加合理和准确。

1)美国 ANSI A2115 土壤腐蚀评价法

该方法也是先对土壤理化指标打分,然后进行腐蚀性等级评价。考虑的指标有:电阻率(基于管道深处的单电极或水饱和土壤盒测试结果)、pH 值、氧化还原电位、硫化物、湿度等。但是这种方法没有区分微观腐蚀和宏观腐蚀,而且只针对铸铁管在土壤中使用时是否需用聚乙烯保护膜,在其他情况下未必可行。

2)德国的 DIN 50929 土壤腐蚀评价法

DIN 50929 综合了与土壤腐蚀性有关的多项物理化学指标,包括土壤类型、土壤电阻率、含水量、pH 值、酸碱度、硫化物、中性盐(Cl^-、SO_4^{2-})、硫酸盐(SO_4^{2-}、盐酸提取物等)、埋设试样处地下水的情况、水平方向土壤均匀状况、垂直方向土壤均匀性、材料/土壤电位等 12 项理化性质。评价方法是先把土壤各项理化性质指标评分,再根据分值评出土壤腐蚀性。这种方法具有一定的实用价值,得到国内外许多腐蚀工作者的肯定。但是,不同的土壤理化因素作用大小可能差别很大,同时考虑因素过多,在实际应用中很难收集齐全,而且有的因素测量也十分不便,实用中该法的评价结果也并不理想。

土壤是一个特殊的腐蚀体系,影响土壤腐蚀性的因素很多,许多因素相互影响、相互制约,构成了一个复杂的腐蚀体系,且各腐蚀因素数据离散、随机性大,传统的数理统计方法难于分析处理。因此,在建立土壤腐蚀因素与材料腐蚀速率之间的量化模型以及确定土壤的腐蚀级别时,采用近代非线性科学进行定量分析是一种有效的途径和方法。这些数据处理方法主要包括如下一些方法:①非线性映照(NLM);②主分量分析法(PCA);③灰色模型法;④模糊聚类分析法;⑤神经网络法;⑥灰关联方法;⑦综合方法应用等。但是,这些数据处理技术在土壤腐蚀中的研究应用还刚刚开始,其重要性也必将逐渐被人们所认识,并获得广泛的应用,从而可以揭示出材料在土壤中发生腐蚀时的更为复杂的内在规律,才能为埋地钢质管道的腐蚀与防护提供科学的依据。

5.3　金属的水环境腐蚀

5.3.1　水环境腐蚀的特征与概念

水环境腐蚀是材料自然环境腐蚀中的重要类型。水环境腐蚀一般包括淡水腐蚀、盐湖水腐蚀和海水腐蚀。

(1)淡水环境

淡水一般指河水、湖水、地下水等含盐量少的天然水。表 5 - 9 是世界河水溶解物的平均组成。

表 5-9　世界河水溶解物的平均组成　　　　　　　　　　　　　　%

CO_3^{2-}	SO_4^{2-}	Cl^-	NO_3^-	Ca^{2+}	Mg^{2+}	Na^+	K^+	$(Fe, Al)_2O_3$	SiO_2	总计
35.15	12.14	5.68	0.90	20.39	3.14	5.76	2.12	2.75	11.57	100.00

　　与海水相比，淡水的含盐量低，水质条件多变，淡水腐蚀受水质环境因素的影响较大。

　　(2)盐湖水环境

　　盐湖是湖泊在演化发展过程中进入到末期阶段的含盐量很高的湖，通常把湖泊水体的含盐度≥5.0%(50 g·L^{-1})的卤水湖或有自析盐沉积的那些湖泊才定义为盐湖。由于湖水中的主要盐类是由钠、钾、镁、钙、氯、硫酸根、碳酸根和重碳酸氢根8种离子组成，它们在水中占有绝大的含量，其他微量元素极少，可以忽略不计。采用湖水的上述8种常量元素定量分析的总和来计算湖水含盐量。

　　据统计，我国有大小盐湖1000多个，面积约50000 km^2。我国近几年才开始关注盐湖水环境材料的腐蚀问题研究，2002年6月，国家材料环境腐蚀试验站网在格尔木设立了盐湖水腐蚀试验站，此处水环境为盐湖卤水，属饱和盐溶液，含盐量约32.5%。

　　(3)海水环境

　　地球表面70.9%是海洋，金属材料在海洋中的腐蚀相当严重，海洋腐蚀的损失约占总腐蚀损失的1/3。近年来海洋开发受到普遍重视，各种海上运输工具与舰船、海上采油平台、开采和水下输送的大量增加，海洋腐蚀问题也更为突出。海水是一种成分很复杂的天然电解质，除含有大量盐类以外，还含有溶解氧、二氧化碳、海生物和腐败的有机物。表层海水(1~10 m)为氧和二氧化碳所饱和，pH值8.2左右，是常温、有一定流速的腐蚀性电解质溶液。它具有高的含盐量、导电性、腐蚀性和生物活性。海水中含有大量的氯化钠为主的盐类，人们常把海水近似看做为3%和3.5%的NaCl溶液。海水中含盐量用盐度或氯度来表示。盐度是指1000 g海水中溶解的固体盐类物质的总克数，而氯度是表示1000 g海水中的氯离子克数，常用百分数或千分数作单位。通常先测定海水的氯度(Cl‰)，然后用经验公式推算得到盐度(S‰)值，公式如下：

$$S‰ = 1.080655Cl‰$$

　　正常海水的盐度一般在32‰到37.5‰之间变化，通常取盐度35‰(相应的氯度为19‰)作为大洋性海水的盐度平均值。海水的总盐度随地区而变化，在某些海区和隔离性的内海中，盐度有较大的变化，如在江河的入海口，海水被稀释，盐度变小。在地中海、红海这些封闭性海中，由于水分急速蒸发，盐度可达40‰。我国近海的盐度平均值约为32.1‰。表5-10和表5-11分别给出了海水中盐类的主要组成、各种离子的含量和主要海域的海水含盐量。

表 5 – 10　海水中盐类的主要组成和各种离子的含量

组分	组成/g·kg^{-1}海水，盐度：35‰	阳离子/%	阴离子/%
氯化物	19.353	Na$^+$ 1.056	Cl$^-$ 1.898
钠	10.76	Mg^{2+} 0.127	SO$_4^{2-}$ 0.265
硫酸盐	2.712	Ca^{2+} 0.040	HCO$_3^-$ 0.014
镁	1.294	K$^+$ 0.038	Br$^-$ 0.0065
钙	0.413	Sr^{2+} 0.001	F$^-$ 0.0001
钾	0.387	累计：1.262	累计：2.184
重碳酸盐	0.142		
溴化物	0.067		
锶	0.008		
硼	0.004		
氟	0.001		

表 5 – 11　主要海域的海水含盐量

海域	总盐含量/%	海域	总盐含量/%
大西洋	3.5 ~ 3.8	中国渤海	2.9 ~ 3.1
太平洋	3.4 ~ 3.7	中国黄海	3.0 ~ 3.1
地中海	3.7 ~ 3.9	中国东海	2.7
红海	>4.1	中国南海	3.4
黑海	1.7 ~ 2.2	英国北海	3.5 ~ 3.6
白海	1.9 ~ 3.3	一般河水	0.01 ~ 0.03
波罗的海	0.2 ~ 0.8		

　　海水的平均电导率约为 4×10^{-2} S·cm^{-1}，其电导率远远超过河水（2×10^{-4} S·cm^{-1}）和雨水（1×10^{-5} S·cm^{-1}）。

　　随地理位置、海洋深度、昼夜季节等的不同，海水温度在 0℃ ~ 35℃ 之间变化。如我国青岛附近海域水温为 2.7℃ ~ 24.3℃，年平均气温为 13.6℃；南海榆林海域水温为 20.0℃ ~ 32.2℃，年平均气温为 27℃。

　　海水中的氧含量是海水腐蚀的主要因素。在海面正常情况下，海水表面层被空气饱和。表 5 – 12 为海水在标准大气压空气饱和下的溶氧量，氧的浓度随水温变化大体在（5 ~ 10）× 10^{-6} 范围内变化。

　　海水中 pH 通常为 8.1 ~ 8.3，这些数值随海水深度而变化。另外如果植物非常茂盛时，由于 CO_2 减少，溶氧浓度上升，pH 接近 9.7。当在海底有厌氧性细菌繁殖的情况下，氧容量低且含有 H_2S，pH 常低于 7。

　　按照金属和海水的接触情况可将海洋环境区域分类为海洋大气区、飞溅区、潮汐区、全浸区和海泥区。根据海水的深度不同，全浸区又可分为浅水、大陆架和深海区。以海上采油平台为例，将不同区域的环境条件和腐蚀特点表示于表5－13。

表5－12　海水在标准大气压空气饱和下的溶氧量

氯度/‰	0	5	10	15	20
盐度/‰	0	9.06	18.08	27.11	36.11
0	14.6	13.3	12.8	11.9	11.0
10	11.3	10.7	10.0	9.4	8.7
20	9.2	8.7	8.2	7.8	7.2
30	7.7	7.3	6.8	6.4	5.4

表5－13　不同海洋环境区域的腐蚀特点比较示意图

区域划分	海洋区域	环境条件	腐蚀特点
	大气区	风带来小海盐颗粒，影响腐蚀因素有：高度、风速、雨量、温度、辐射等	海盐离子使腐蚀加快，但随离海岸距离而不同
平均高潮线	飞溅区	潮湿，充分充气的表面，无海生物玷污	海水飞溅，干湿交替，腐蚀激烈
	潮汐区	周期沉浸，供氧充足	由于氧浓差电池，本区受到保护
平均低潮线	全浸区	在浅水区海水通常为饱和，影响腐蚀的因素有：流速、水温、污染、海生物、细菌等。在大陆架生物玷污大大减少，氧含量有所降低，温度也较低	腐蚀随温度变化，浅水区腐蚀较重，阴极区往往形成石灰质水垢，生物因素影响大。随深度增加，腐蚀减轻，但不易生成水垢保护层
海底面	（深海区）	深海区氧含量可能比表层高，温度接近0℃，水流速低，pH值比表层低	钢的腐蚀通常较轻
	海泥区	常有细菌（如硫酸盐还原菌）	泥浆通常由腐蚀性，有可能形成泥浆海水间腐蚀电池，有微生物腐蚀的产物，如硫化物

　　海洋大气区是指海面飞溅区以上的大气区和沿海大气区。碳钢、低合金钢在海洋大气区的腐蚀速度在 0.05 mm·a^{-1} 左右，低于其他各区。飞溅区是指平均高潮线以上海浪飞溅润湿的区段。由于此处海水鱼空气充分接触，含氧量达到最大程度，再加上海浪的冲击作用，使飞溅区成为腐蚀性最强的区域。在飞溅区碳钢的腐蚀速度约为 0.5 mm·a^{-1}，最大可达 1.2 mm·a^{-1}。潮汐区是指平均高潮位和平均低潮位之间的区域，海洋挂片腐蚀试验结果表明，对于孤立样板，其腐蚀速度稍高于全浸区。但对于长尺寸的钢带试样，潮汐区的腐蚀速度反而

低于全浸区。这是由于对孤立样板,主要为微电池腐蚀作用,腐蚀速度受氧扩散控制,潮汐区的腐蚀速度要高于全浸区。对长尺试样,除微电池腐蚀外,还受到氧浓差电池作用,潮汐区部分因供氧充分为阴极,受到一定程度保护,腐蚀减轻。而紧靠低潮线以下的全浸区部分,因供氧相对缺少而成为阳极,使腐蚀加速。在平均低潮线以下部分直至海底的区域称为全浸区。该区碳钢的腐蚀速度约为 $0.12\ \mathrm{mm \cdot a^{-1}}$。海泥区是指海水全浸区以下部分,主要由海底沉积物构成。与陆地土壤不同,海泥区含盐度高,电阻率低,腐蚀性较强。与全浸区相比,海泥区的氧浓度低,因而钢在海泥区的腐蚀速度通常低于全浸区。

近年来随着地球陆地能源和矿产资源枯竭等问题的日益加剧,开发深海成为海洋战略的重要组成部分,目前我国深海材料的腐蚀相关数据不充分。根据海水深度可分为三层:①海面到同水温的表层(100 ~ 200 m);②表层下约1000 m,属于盐分和氧浓度急剧下降的过渡层;③更深层时盐分、水温大体一定,而溶氧相反上升。海底资源的开发要求查明深海海水的性质及进行深海腐蚀试验,到目前为止深海腐蚀数据还很不充分。图 5 - 11 示出了海水深度、温度、盐度、溶氧之间的关系曲线。

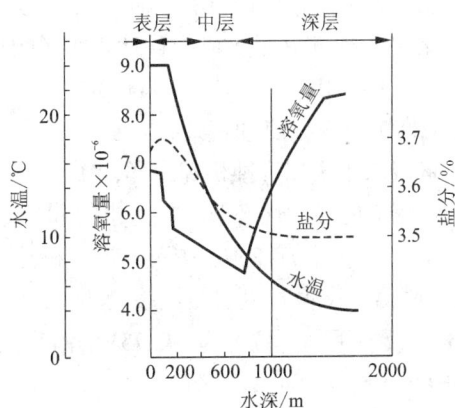

图 5 - 11　海水深度与温度、
盐度、溶氧分布的关系

材料在深海的腐蚀行为与海水深度的溶氧相关,海面表层溶氧含量为 5 ~ 10 ppm,过渡层溶氧含量为 3 ppm 以下,进入深层溶氧含量有回升趋势。归纳深海的腐蚀行为如下:碳钢腐蚀趋向均匀,海面腐蚀显著减小,同样缝隙腐蚀亦非常小。对不锈钢无论在表层和深海都产生激烈的缝隙腐蚀。哈氏合金、钛和钛合金在海洋环境中其耐蚀性较优越。

我国主要的水环境腐蚀试验站主要环境因素与地理位置如表 5 - 14 所示。

表 5 - 14　我国材料水环境腐蚀试验站的地理位置与环境特征

序号	试验站名	东经、北纬	水环境类型
1	青岛海水站	120°25′, 36°03′	黄海海水环境
2	舟山海水站	122°06′, 30°30′	东海海水环境
3	厦门海水站	118°04′, 24°27′	东海海水环境
4	三亚海水站	109°32′, 18°13′	南海海水环境
5	武汉淡水站	114°04′, 30°38′	长江淡水环境
6	郑州淡水站	111°19′, 34°48′	黄河淡水环境
7	格尔木盐湖水站	95°13′, 36°41′	青海盐湖水环境

5.3.2 水环境腐蚀机理

(1)淡水环境腐蚀机理

淡水中金属的腐蚀主要是氧去极化的电化学腐蚀过程,通常是受阴极过程所控制。

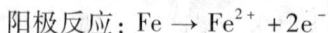

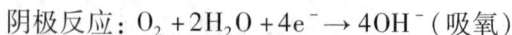

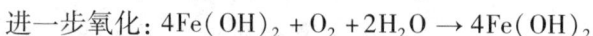

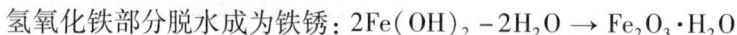

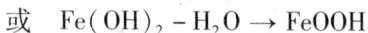

阳极反应: $Fe \rightarrow Fe^{2+} + 2e^-$

阴极反应: $O_2 + 2H_2O + 4e^- \rightarrow 4OH^-$(吸氧)

溶液中: $Fe^{2+} + 2OH^- \rightarrow Fe(OH)_2$

进一步氧化: $4Fe(OH)_2 + O_2 + 2H_2O \rightarrow 4Fe(OH)_2$

氢氧化铁部分脱水成为铁锈: $2Fe(OH)_2 - 2H_2O \rightarrow Fe_2O_3 \cdot H_2O$

或 $Fe(OH)_2 - H_2O \rightarrow FeOOH$

(2)海水环境腐蚀机理

同淡水中金属腐蚀机理一样,海水中金属的腐蚀也主要是氧去极化的电化学腐蚀过程,它是腐蚀反应的控制性环节。在海水的 pH 条件下,析氢反应的平衡电位约为 -0.48 V。Pb、Zn、Cu、Ag、Au 等金属在海水中不会形成析氢腐蚀。Fe 在 $pH = 8.8$,Cr 在 $pH = 10.9$ 以内虽有可能进行析氢反应,其速度也是很缓慢的。海水中的阴极过程主要是氧去极化: $O_2 + 2H_2O + 4e^- \rightarrow 4OH^-$,反应平衡电位约为 $+0.75V$。溶氧的还原反应在 Cu、Ag、Ni 等金属上比较容易进行,其次是 Fe、Cr。在 Sn、Al、Zn 上过电位较大,反应进行困难。因此 Cu、Ag、Ni 只是在溶氧量低的情况下才比较稳定,而在海水中溶氧量高、流速大的场合腐蚀速度是不小的。

另外在含有大量 H_2S 的缺氧海水中,也可能发生硫化氢的阴极去极化作用。Cu、Ni 是易受硫化氢腐蚀的金属。Fe^{3+}、Cu^{2+} 等高价的重金属离子也可促进阴极反应。当 $Cu^{2+} + 2e^- \rightarrow Cu$ 的反应析出的铜沉积在铝等其他金属表面上将成为有效的阴极,因此海水中如含有 0.1 $\mu g \cdot g^{-1}$ 以上浓度的 Cu^{2+} 离子,就不能使用铝合金。

另一方面,海水是典型的电解质,其电化学过程也必然有其自身的一系列特征:

1)海水腐蚀的阳极极化电阻对于大多数金属(例如铁、钢、锌、铜等)是很小的。海水中的金属腐蚀速度相当大。只有极少数易钝化金属,如钛、锆、铌、钽等才能在海水中保持钝态。

2)海水腐蚀的电阻性阻滞很小,异种金属的接触能造成显著的电偶腐蚀。海水具有良好的导电性,因此在海水中异种金属接触所构成的腐蚀电池,其作用将更强烈,影响范围更远,如海船的青铜螺旋桨可引起远达数十米处的钢制船身的腐蚀。

3)在海水中由于钝化的局部破坏,很易发生点蚀和缝隙腐蚀等局部腐蚀。

5.3.3 水环境腐蚀影响因素

(1)淡水环境腐蚀的影响因素

1)pH 影响 钢铁的腐蚀速度与淡水 pH 关系示于图 5-12。可见 pH 在 4~9 范围内,腐蚀速度与 pH 无关,这是因为钢的表面盖上一层氢氧化物膜,氧要通过膜才能起去极化作用。

pH 小于 4 时，膜被溶解，发生放氢，腐蚀加剧。但当水中含有 Cl⁻ 和 HCO₃⁻，即便在 pH = 8 附近时，腐蚀加速，出现水锈，如图 5 - 13 所示。当碱度很高时，钝化膜重新破坏，铁生成可溶性 NaFeO₂，因而腐蚀速度上升。

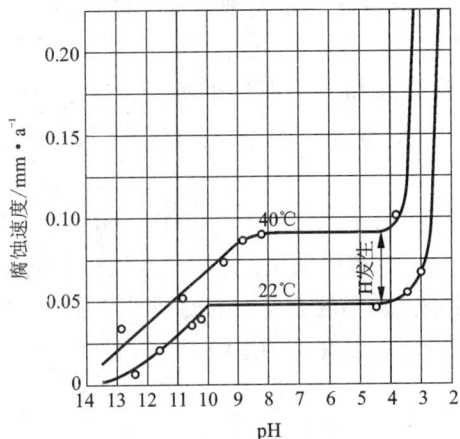

图 5 - 12　软钢的腐蚀速度与淡水 pH 的关系

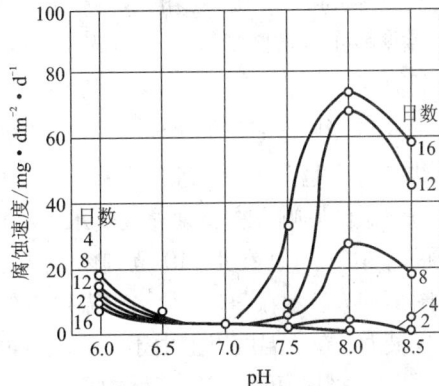

图 5 - 13　水中含有 Cl⁻ 和 HCO₃⁻ 时钢的腐蚀速度
（NaHCO₃ 2.5 × 10⁻⁶，NaCl 0.5 × 10⁻⁶，空气饱和，19℃ ~ 28℃，流速 4 cm·s⁻¹）

2）溶氧的影响　淡水的腐蚀受阴极过程所控制，所以除酸性强的水以外，腐蚀速度与溶氧量及氧的消耗成正比（图 5 - 14）。而当氧超过一定值，由于淡水中高浓度的溶氧，金属形成钝态，使腐蚀速度急剧下降（图 5 - 14），酸性水或含盐分多的水则难以钝化。

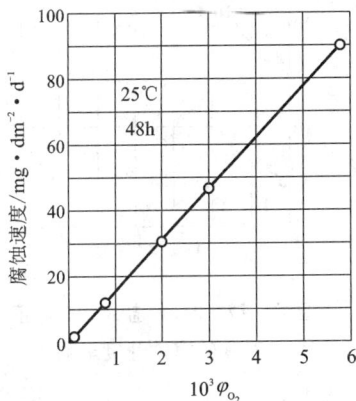

图 5 - 14　碳钢的腐蚀速度和水中溶氧的体积分数的关系
（含 CaCl₂ 165 × 10⁻⁶，低速流水中）

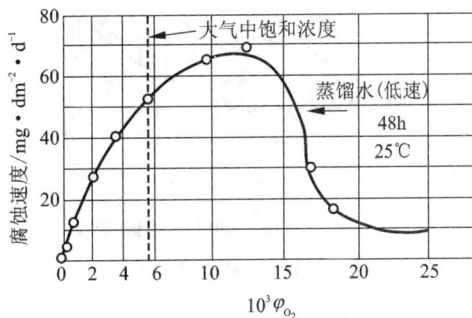

图 5 - 15　高溶氧浓度下钢的腐蚀速度

3）淡水中溶解成分的影响　水中含盐量的成分增加，其导电率增加，局部电流也增加，同时腐蚀产物易离开金属表面，因此腐蚀速度增加。当含盐量超过一定浓度后，氧的溶解度降低,因而腐蚀速度又减小,如图 5 – 16 所示。

在淡水中,一般的阳离子影响不大。如果溶解的阳离子是 Cu^{2+}、Fe^{3+}、Cr^{3+}、Hg^{2+} 等氧化性重金属离子时,则对阴极极化过程有害;而 Ca^{2+}、Zn^{2+}、Fe^{2+} 则呈现有防蚀作用。在天然淡水中含 Ca、Mg 盐类多的水为硬水,少的为软水,软水比硬水腐蚀性大。硬水由于水中的重碳酸钙在钢表面形成 $CaCO_3$ 的膜,阻止了溶氧的扩散,所以腐蚀性小。

阴离子一般都有害。如 Cl^- 等卤族元素是产生点蚀和应力腐蚀的原因之一;SO_4^{2-} 或 NO_3^- 比 Cl^- 影响小;ClO^-、S^{2-} 等也是有害的。而 PO_4^{2-}、NO_2^-、SiO_3^- 等有缓蚀作用;HCO_3^- 和 Ca^{2+} 共存时,也有抑制腐蚀的效果。

4)水温的影响 在腐蚀速度受水中氧扩散控制的情况下,当水温上升 10℃,钢的腐蚀速度大约提高 30%。pH 在 4~10 范围内,温度上升,化学反应速度加快,而同时溶液中氧溶量减少。图 5 – 17 表示在 3% 食盐水中温度对铁腐蚀的影响。随温度上升铁的腐蚀量增加,80℃时腐蚀量最大,在这温度以上由于溶氧减少而腐蚀速度减小。而在密闭系统中,随温度上升溶氧不能放出,腐蚀速度同样继续增加。

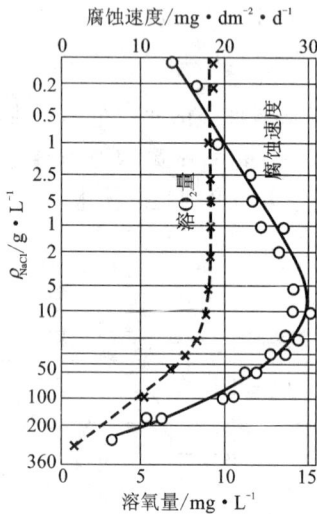

图 5 – 16 钢的腐蚀速度
与盐的质量浓度的关系

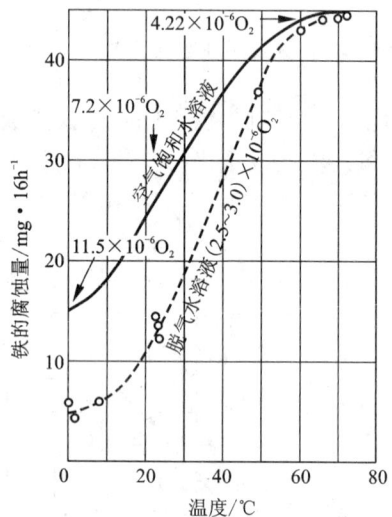

图 5 – 17 3% 食盐水中,温度
对铁的腐蚀速度影响

5)流速的影响 对于水中的腐蚀,流速的影响因和其他因素相联系是很复杂的。图 5 – 18 表示了金属腐蚀速度与淡水运动速度之间的关系曲线。开始腐蚀速度是随流速增加而增加,这是由于到达金属表面上的氧增多,使微阴极的作用增加了。当流速增加到一定程度,氧到达表面速度可建立起强氧化条件,使钢铁进入钝态,腐蚀速度急剧下降。直到流速增到更高,对金属表面的保护层出现机械性冲刷破坏作用,腐蚀速度重新增加。

（2）海水环境腐蚀的影响因素

海水是一种复杂的多种盐类的平衡溶液，因而不能像简单的盐溶液一样，容易搞清影响腐蚀的每个因素的作用。由于海水中还含有生物、悬浮泥沙、溶解的气体和腐败的有机物质，因此金属的腐蚀行为是与这些因素的综合作用有关。表5-15列举了海水环境中的诸因素及其对腐蚀的影响。

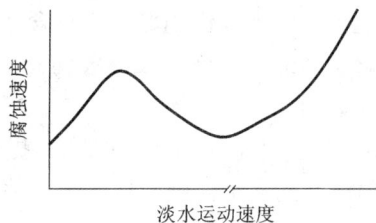

图5-18　金属腐蚀速度与淡水
运动速度之间的关系曲线

表5-15　海水环境中的腐蚀影响因素

化学因素	物理因素	生物因素
（1）溶解的气体 　　O_2 　　CO_2 （2）化学平衡 　　盐度 　　pH 　　碳酸盐溶解度	（3）流速 　　空气泡 　　悬浮泥沙 （4）温度 （5）压力	（6）生物污染 　　硬壳类 　　非硬壳类 　　游动和半游动类 　　植物生活 　　氧的产生 　　二氧化碳的消耗 　　动物生活 　　氧的消耗 　　二氧化碳的产生

以铁为例，有下列的趋向：①氧是加速腐蚀的主要因素；②pH增高有利于生产保护性水垢（碳酸盐型）；③增加流速会促进腐蚀，尤其是存在夹杂物质时；④温度升高使秦是加速；⑤压力增加，pH降低，如在深海处，不宜生成保护性碳酸盐型水垢；⑥生物玷污会减轻侵蚀，或造成局部腐蚀电池。下面将主要因素简述如下：

1）盐度：海水中以氯化钠为主的盐类，其浓度范围对钢来讲，刚好接近于腐蚀速度最大的浓度范围，溶盐超过一定值后，由于氧的溶解度降低，使金属腐蚀速度也下降。

2）pH：海水的pH一般处于中性，对腐蚀影响不大。在深海处，pH略有降低，此时不利于在金属表面生成保护性碳酸盐层。

3）碳酸盐饱和度：在海水的pH条件下，碳酸盐一般达到饱和，易于沉积在金属表面而形成保护层，当施加阴极保护时更易使碳酸盐沉积析出。河口处的稀释海水，尽管电解质本身的腐蚀性并不强，但是碳酸盐在其中并非饱和，不易在金属表面析出形成保护层，致使腐蚀增加。

4）含氧量：海水中含氧量增加，可使金属腐蚀速度增加。这是由于局部阳极的腐蚀率取决于阴极反应，去极化随到达阴极氧量的增加而加快。海水中含氧量可高达12×10^{-6}，波浪及绿色植物的光合作用能提高氧含量，而海洋动物的呼吸作用及死生物分解需要消耗氧，故使氧含量降低。污染海水中含氧量可大大下降。海水中含氧量随流速和深度也有很大变化，这将在后面述及。

5）温度：与淡水中作用类似，提高温度通常能加速反应，但随温度上升，氧的溶解度随之下降，又削弱了温度效应。一般将铁、铜和它们的合金在炎热的环境或季节里海水腐蚀速度要快些。

6）流速：碳钢的腐蚀速度随流速的变化如图 5-19 所示。但对在海水中能钝化的金属则不然，有一定的流速能促进钛、镍合金和高铬不锈钢的钝化和耐蚀性。当海水流速很高时，金属腐蚀急剧增加，这和淡水一样，由于介质的摩擦、冲击等机械力的作用，出现了磨蚀、冲蚀和空蚀。

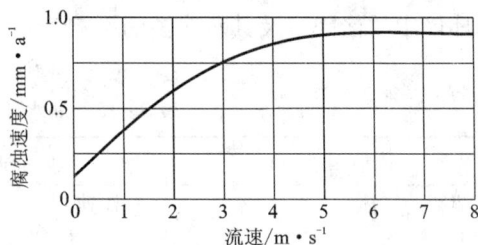

图 5-19　海水的流速对低碳钢腐蚀的影响

7）生物性因素的影响：海水中有多种动植物和微生物生长，其中与腐蚀关系最大的是栖居在金属表面的各种附着生物。在我国沿海常见附着生物有藤壶、牡蛎、苔藓虫、水螅、红螺等。

5.3.4　水环境腐蚀的研究方法

材料在水环境腐蚀的研究方法一般可分为材料自然环境暴露腐蚀试验（又称现场试验）、实验室模拟腐蚀试验。

（1）自然环境暴露腐蚀试验

自然环境暴露腐蚀试验根据试件暴露的位置可以分为海水飞溅区、潮差区和全浸区的腐蚀试验，以及江水、河水和湖水的全浸暴露腐蚀试验。根据试件的类型，又可分为常规的挂片试验、构件试验与实物（产品与建筑物等）暴露试验。

国家标准对试件制备、试验装置、试验程序、试验结果评定与试验报告等都做了具体规定。其他材料如涂（镀）层、合成材料等的水环境腐蚀试验亦可参照金属材料的海水腐蚀试验方法进行。在材料海水腐蚀试验方法中，国外对飞溅区试验高度没有明确规定，目前已研究弄清了我国各海域试验站飞溅区的高度范围：在海水平均高潮位以上 0~2.4 m，腐蚀峰的位置在海水平均高潮位以上 0.6~1.2 m 处，这就是材料在飞溅区腐蚀试验挂片的正确高度。表 5-16 列出了青岛试验站 1 年、2 年、3 年、4 年的实验结果。其中以全浸区的腐蚀最严重，潮汐区居中，飞溅区最轻。腐蚀速度的差异与供氧情况和海洋生物附着情况有关。供氧情况好，有利于不锈钢钝化，而海洋生物附着则常导致局部腐蚀的发生。飞溅区无海洋生物附着，且供氧充分，所以腐蚀最轻。

表 5 – 16　不锈钢在青岛站的暴露试验结果

材料牌号	暴露时间/a	全浸区				潮汐区				飞溅区			
		①	②	③	④	①	②	③	④	①	②	③	④
00Cr19Ni10	1	3.40			1.45	0.1				0.3			0.12
	2	1.70			2.10	0.1	0.14	0.30	0.40				
	4	0.33	0.29	1.02	1.28	0.065	0.13	0.35		0.15	0.08	0.13	0.25
2Cr13	1	69.2		1.59	1.59	4.0	0.41	0.70	0.75	24	0.32	0.47	
	2	66.8		1.60	1.54	9.6		1.60	0.90	11	0.35	0.50	
	4	36.0		1.57	1.60	5.8		1.60	0.36	7.7	0.42	0.55	0.26
F179	1	21.0		3.22	1.30	0.2			0.10	0.50	0.08		0.09
（000Cr17）	2	18.0		3.00	3.00	0.8	0.27	0.40	0.52	0.29	0.12	0.22	0.25
	4	13.0		3.14	3.14	0.6	0.51	1.20	0.07	0.22	0.12	0.17	0.22
1Cr18Ni9Ti	1	8.0			1.45	0.1				0.20			0.10
	2	13.0		2.00	2.00	0.04	0.08	0.20	0.30	0.13			0.20
	4	7.5		2.00	2.00	0.03		0.50	0.16	0.10	0.11	0.16	0.20
000Cr18Mo2	1	0.90			0.19	0.1			0.05	0.20			0.32
	2	0.13			0.36	0.061	0.17	0.10	0.05	0.10			0.25
	4	0.38		0.25	1.30	0.018	0.05	0.11	0.18	0.088	0.11	0.16	0.28

注：1. 2Cr13 钢全浸区数据为厦门站测得；2. 数字下有横线的数据表示腐蚀穿孔。①平均腐蚀速度/10^{-3} mm·a^{-1}；②平均孔蚀深度/mm；③最大孔蚀深度/mm；④最大缝隙腐蚀深度/mm。

　　材料自然环境暴露试验的优点是：试验操作简单，能采用各种尺寸与形状的试件。试验的环境条件与实际使用环境相同，能反映环境的综合影响，试验结果真实可靠。其缺点是试验周期长，影响材料腐蚀的环境影响不能控制，各种环境因素的作用难以区分，试验结果重现性差。

　　（2）实验室模拟腐蚀试验

　　实验室模拟腐蚀试验方法分为：模拟自然环境腐蚀试验方法和模拟自然环境加速腐蚀试验方法。前者，虽然环境条件与因素可控、可调、容易观察、试验结果比较可靠、重现性较高，但要实现自然环境条件的模拟困难较大，而且试验周期长、经费较高，故很少采用。模拟自然环境加速腐蚀试验方法是在基本实现模拟实际自然环境条件的基础上，通过改变一个或多个腐蚀影响因素，使腐蚀环境更苛刻，如升高温度、增大腐蚀性离子浓度等，可以在较短时间内获得材料的腐蚀倾向、腐蚀行为及相对耐蚀性的试验结果，从而快速评定材料的耐蚀性，并预测其长期腐蚀行为和使用寿命的试验方法。

　　设计与建立模拟加速腐蚀试验方法必须遵循两个原则：一是不能引入材料自然环境腐蚀系统中不存在的因素；二是不能改变材料在典型自然环境中原有的腐蚀行为的机理。通常是通过模拟某一典型自然环境的主要条件和主要因素，强化该环境对材料腐蚀某个或少数几个控制因素来建立模拟加速腐蚀。只有在证明了模拟加速试验的结果与长期腐蚀行为相关性好、加速倍率达到要求以后，这种方法才能投入使用与推广。

5.4 太空环境腐蚀

5.4.1 太空环境腐蚀的特征与概念

太空环境是诱发航天材料腐蚀和航天器故障的主要原因之一。目前的太空环境，是特指日地空间环境，太阳和地球之间的环境。航天器在这个区域里遭遇的环境有高层大气，还有地磁场、重力场。在空间中有大量的高能带电粒子存在，能量非常高的银河宇宙线，太阳宇宙线。地球磁场在地球的周围形成了两个辐射带，辐射强度很大，一个是内辐射带，靠地球比较近，从200多km一直到2万km左右，中心区域在2万km左右。另一个是外辐射带，距离地球稍微远一些，中心达到3万多km左右。还有空间等离子体，包括电离层、磁层等离子体、太阳风。还有太阳电磁辐射、微流星、空间碎片和空间污染等。

近地空间一般指距离地面90～65000 km(约为10个地球半径)的地球外围空间，其外边界是地球引力可以忽略的范围。对于航天活动，近地空间仍可以定义为航天器绕地球作轨道运动的空间范围。近地空间环境由多种环境要素组成，其对航天活动存在较大影响的环境要素主要包括太阳电磁辐射、地球中性大气、地球电离层、地球磁场以及空间带电粒子辐射等。航天器在近地轨道运行时，会受到许多环境因素的影响。空间环境对航天器的影响表现为一种综合效应，即一个环境参数可以对航天器产生多方面的影响，一个航天器状态也会受到多种环境因素的作用：表5-17简要归纳了一些空间环境因素对航天器各方面的不良影响。

表5-17　几种轨道空间环境对航天器的影响

	低轨道 $10^2 \sim 10^3$ km	中轨道 $10^3 \sim 10^4$ km	地球同步轨道 36000 km	行星际轨道
中性大气	阻力对轨道影响严重，原子氧对航天器表面腐蚀严重	没有影响	没有影响	没有影响
等离子体	影响通信，电源泄漏	影响微弱	航天器表面充电问题严重	影响微弱
高能带电粒子	辐射带南大西洋异常区和高纬度区宇宙射线诱发单粒子事件	辐射带和宇宙射线的总剂量效应和单粒子效应严重	宇宙射线的总剂量效应和单粒子效应严重	宇宙射线的总剂量效应和单粒子效应严重
太阳电磁辐射	对航天器表明材料性能有影响	对航天器表明材料性能有影响	对航天器表明材料性能有影响	对航天器表明材料性能有影响
地球大气辐射	对航天器辐射收支有影响	影响微弱	没有影响	没有影响
流星体	低撞概率	低碰撞概率	低碰撞概率	低碰撞概率

其中，低地球轨道距离地面200～700 km，是大多数对地观测卫星、气象卫星、空间站等航天器的运行区域。低轨道空间环境很恶劣，对航天器的影响一直为人们所关注。低地球轨道中的原子氧对材料表面的腐蚀可导致材料性能的退化，空间辐射使有机材料性能劣化，热循环造成材料尺寸的不稳定和机械性能下降，超高真空则会导致有机材料分解蜕变，这些因素往往协同作用，加速了材料的破坏。太空环境腐蚀就是由于这些空间因素的侵蚀作用导致材料性能退化的现象。

5.4.2 太空环境腐蚀机理

目前，人类航天器活动的太空环境主要在低地球轨道，低地球轨道空间环境很复杂，因此本节主要讨论在低地球轨道下原子氧、热循环、空间辐射、高真空对材料的影响。空间原子氧对低轨卫星介质材料表面造成严重腐蚀，大温差是造成有机介质老化的关键因素，空间辐射和高真空会造成有机材料迅速老化降解，性能丧失，这些因素同时作用的结果是对航天器寿命的严重影响的协同老化效应，而不是简单叠加。

（1）原子氧的侵蚀

在低地球轨道（LEO），通常高度为200～600 km范围，环境中主要有 N_2，O_2，Ar，He，H 及 O 等，相应粒子密度为 10^7～10^9个 cm^{-3}。其中原子氧含量约80%，分子氮约20%。作为 LEO 环境中含量最多的粒子，原子氧是氧分子 O_2 在波长小于 243 nm 的太阳紫外线的光致分解作用下形成原子态的氧。

$$O_2 \xrightarrow{h\nu} 2O \qquad (5-9)$$

在 LEO 环境中，由于总压极低处于高真空状态，原子氧发生粒子间碰撞的几率极小，原子氧导致材料发生性能变化，主要表现在两个方面：一方面，原子氧具有很强的氧化性，可与材料直接发生氧化还原反应，它对航天器的表面材料、光学镜头等都有很强的腐蚀作用；另一方面，飞行器以轨道速度在 LEO 中飞行时，受到原子氧以 7～8 $km \cdot s^{-1}$ 的相对速度的撞击。由于此时原子氧的平均动能高达 4～5 eV，因此可引起材料表面性能的变化。原子氧通过不同的化学反应机理与多种有机材料相互作用。空间材料暴露在原子氧环境下，多数都会产全质损、厚度损失，引起热学、光学、机械、表面形貌等诸多的变化，结果导致材料性能的损伤。原子氧与材料反应形成氧化物，它可能从表面材料中挥发出来。活泼金属以及无机聚合物，如硅与原子氧作用形成的氧化物附着在基底上，造成材料增重。氧原子对航天器的剥蚀作用也相当明显。美国在1981～1985年先后在 STS-2 至 STS-8 等穿梭机上进行过多种材料在氧原子环境中的暴露和照射试验，并同时监测运行轨道上大气中的原子氧的密度变化。发现装载穿梭机上厚度为 12.7 μm 的 Kapton 介质材料样品，暴露在轨道高度上的氧原子环境中 100 小时后，氧原子对材料的剥蚀厚度大于 10.4 μm，一种厚度为 40.6 μm 的 Mylar 材料样品在同样条件下被剥蚀的厚度为 12 μm。可见氧原子对材料的剥蚀是相当严重的。将金属银暴露在原子氧环境中发现，氧化过程中样品质量变化的平方与时间成正比，即银膜的质量变化随时间的变化呈抛物线规律，这表明反应是一个受扩散限制的过程。银在原子氧中的氧化分为两个阶段：在开始氧化过程中，表面形成了一层较厚的 Ag_2O 膜，由于氧化膜内较大的生长应力使得氧化膜起皱开裂和剥落；氧化过程的第二阶段为氧化膜顶层 AgO 的形成，AgO 是由 Ag_2O 和 O 反应生成的（图 5 – 20）。

图 5 – 20　银箔在原子氧暴露后的表面形貌 SEM 照片
(a)0 分钟；(b)5 分钟；(c)20 分钟；(d)4 小时

（2）热循环导致材料的失效

航天器在轨飞行期间，反复进出地球阴影，环境温度交替变化，航天器表面温度一般在 172 ~ 366 K 范围内变化。轨道周期约为 90 分钟，工作寿命为 30 年的航天器将承受 17500 次左右的热循环。长期的热循环作用会在结构中产生热应力，使材料发生疲劳。对于广泛应用于航天器上的复合材料，由于增强物（尤其是长纤维）与基体之间存在线膨胀系数差，或是不同取向的铺层间的线膨胀系数失配，都能造成热应力；热应力值随着使用温度和温度差值的增加而增大。当热应力足够大时，基体中便会产生微裂纹。通常，热循环和其他因素一起联合作用，将加速材料的腐蚀和老化。质子辐照与热循环联合作用对空间级硅橡胶损伤效应的研究表明：硅橡胶经质子辐照与热循环联合作用与单一质子辐照相比，辐照与热循环联合作用使硅橡胶出现老化龟裂更为严重；试样质损率更高；这与热循环时，在高温和高真空下使硅橡胶固化过程中的小分子添加成分及辐照降解的低分子链段更易挥发有关；材料在热循环过程中，内部温度不均匀，会形成温度场和产生热应力，而辐照后试样表面已经形成老化龟裂，在热应力的反复交变作用下，会使裂纹进一步延伸扩展，导致材料拉伸性能进一步下降。

（3）带电粒子的辐射

空间中的高能带电粒子主要有来自银河系的银河宇宙线、太阳爆发的太阳宇宙线、被地磁场捕获的带电粒子。这些带电粒子对航天器的影响主要是两个方面，一是航天器的材料、电子器件、太阳电池、生物及宇航员的辐射损伤效应。二是对大规模集成电路的微电子器件产生的单粒子事件效应。此外，太阳质子事件、沉降粒子的注入，使电离层电子浓度增加，对通信、测控和导航都有严重的影响。

辐射损伤可分为两种形式：机械失效机理和电子损伤机理。机械失效机理是辐射脆变；电子现象更多的是一种不可预测的过应力和由单个辐射离子穿过超大规模集成电路而产生的软错误。

对于不同的材料,辐射损伤会产生不同类型的老化。金属陶瓷和有机材料也会产生辐射老化,金属和陶瓷材料受到辐射会导致点缺陷,例如由于将原子击出分子晶格结构而导致空位和填隙原子的成对出现(Schottky 缺陷),这些点缺陷会导致材料脆变与老化。在电子封装材料的应用中,这些缺陷也会改变有源器件的热、光和电特性,从而影响其性能。对于有机聚合材料,辐射损伤是通过打破聚合物链,或由于改变聚合程度导致辐射老化,它们都会导致聚合体强度的下降,最常见的形式是聚合物长时间暴露在强太阳光的紫外线下,会导致光降解。辐射损伤效应,对材料和电子器件的性能都会带来一系列的影响,对太阳能电池的损伤,造成功率大幅度的下降。1991 年 3 月 22 日的质子事件使日本 1990 年 8 月发射的电视卫星 B35A 损坏。

在低地球轨道,太阳紫外辐射对材料具有更大的损伤作用。波长在 300 nm 以下的紫外光子的能量高于 376.6 kJ·mol^{-1},而有机聚合物分子的结合键能一般在 250 ~ 418 kJ·mol^{-1},因此能造成某些有机化学键的断裂。导致材料变脆,产生表面裂纹、皱缩等,使机械性能下降。飞行试验表明,紫外辐照还使聚合物基体严重变色,影响了光学性能。在某些情况下,紫外辐射的存在可进一步加剧原子氧对材料的侵蚀,使材料的质量损失显著增加。

(4)高真空导致材料失效

低地球轨道航天器是运行在高真空的环境下的,其真空度大约为 1.33×10^{-7} Pa。高真空度导致有机材料的放气,其产物包括水、吸附性气体、溶剂、低分子质量添加剂以及分解产物等。可凝挥发性产物在光学观察系统或是电路表面上重新沉积会严重影响光学系统的性能,甚至引起电路失灵。同时,有机材料的放气还会引起材料性能的下降,材料尺寸发生变化,因此会对航天器结构的稳定性造成威胁。NASA 要求低轨道航天器材料的总体质量损失 <1%,可收集的挥发性凝聚物应 <0.1%。在低轨道环境下有机材料的质量损失是蒸发、升华、分解、降解等各种过程的综合效应引起的,根据材料的不同而有所差异。Apollo 飞船绕地飞行实验表明,在高真空环境下,由于航天器密封材料的硅橡胶中的挥发组分迅速挥发,从而老化和龟裂,成为影响了密封舱工作环境安全的隐患。金属和陶瓷等无机材料在高真空环境下的放气和蒸发是微不足道的,因此高真空对其组织和性能的影响不大;但是金属材料在高真空下互相接触时,由于表面被高真空环境所净化而加速了分子扩散过程,出现"冷焊"现象;所以高真空度是选择航天器材料时不可忽视的重要因素。

5.4.3　太空环境腐蚀的影响因素

太空环境腐蚀的影响因素很多,而且这些因素往往会综合在一起对材料产生协同的腐蚀效应,加速材料的腐蚀与老化。相关的影响因素也很多,比如,在低地球轨道,航天器材料的腐蚀与其运行轨道、太阳活动、高层大气成分、温度等因素有关。下面列举几个影响太空环境腐蚀的影响因素。

(1)温度

温度的变化将对航天材料的老化、变质行为产生重要影响。高层大气环境受太阳活动控制，当太阳活动剧烈时，高层大气的温度也随之发生剧烈变化。热层以上大气分子碰撞减少、运动速度加快，其温度可达 1000 K 以上。但由于该层以上大气稀薄，大气分子导热和对流实际上对航天器的热平衡不起作用，因此，航天器的温度远远低于大气分子温度，其温度基本上取决于航天器的温控方式和辐射热交换。在 1000 km 左右高度轨道上的航天器，其环境温度(背阳面)低于 173 K；运行于辐射带以上外层空间的飞行器，其环境温度低于 73 K；极深的宇宙空间是既冷又黑的 3 K 黑体。

(2)大气成分

由于大气成分不同，也将对航天材料的退化行为产生明显的影响。如高层大气成分与海平面、地面大气成分有较大的区别。随高度的变化，大气成分发生明显变化，在 20 ~ 50 km，由于太阳紫外线辐照，大气中臭氧丰富，又称臭氧层；在 100 km 以上，由于受到粒子辐射和太阳电磁辐射作用，大气各成分开始扩散分离，氧分子开始部分离解成氧原子。从 100 ~ 200 km，氮分子的数密度从 10^9 个 cm^{-3} 降到 10^8 个 cm^{-3}；氧分子从 10^{12} 个 cm^{-3} 降到 10^8 个 cm^{-3}；氧原子从 10^{11} 个 cm^{-3} 降到 10^9 个 cm^{-3}；氮原子的数量不超过氮分子的 2% ~ 5%。在这一区间内，大气各成分的数密度还随着太阳活动、季节、纬度等变化，变化率可达 7 ~ 10 倍。在 300 km 以下，大气的主要成分是氧原子、氮分子和氧分子。在 600 ~ 1000 km，大气的主要成分是氦和氢。原子氧和臭氧含量不同，对材料的侵蚀行为尤其是有机高分子材料有明显的影响。

(3)高层大气密度

高层大气环境受太阳活动控制(图 5 - 21)。太阳电磁辐射进入高层大气后，其中紫外辐射和 X 射线大都被吸收，太阳产生的带电粒子以及地磁扰动产生的沉降粒子也部分被吸收。吸收的能量加热了大气，导致高层大气升温和密度加大。在太阳活动的高年和低年，高层大气密度有很大差异，高度越高，受太阳活动影响越大。例如，在 200 km 高度上可相差 3 ~ 4 倍；在 500 km 高度上相差 20 ~ 30 倍；在 1000 km 高度上相差达 100 倍。太阳发生大耀斑也会使大气密度急剧变化，特别是在大地磁暴之后，由于沉降粒子注入，使大气加热并造成大气密度明显增加。例如，1960 年 11 月 12 日的地磁暴就导致了不同轨道 200 ~ 1120 km 上大气密度的增加，持续大约 3 天。在 650 km 高度上，大气密度增加了 8 倍。1989 年 3 月 13 日的大地磁暴期间，840 km 高度的大气密度增加了 3 倍。当然，随着地球绕太阳运转，加之地球的自转和太阳光投射的角度不同，高层大气也会具有周日变化、季节变化、地方时变化以及纬度变化等。由于大气密度的变化，直接导致大气中带电粒子和原子氧对材料的侵蚀行为发生变化。

(4)辐射

地球辐射带是磁层中被地球磁场俘获的高能粒子带，对航天器的安全运行影响较大。地球辐射带分内、外辐射带，其空间分布如图 5 - 22 所示。

内辐射带空间范围在赤道平面内 600 ~10000 km 的高度上,在子午面内其纬度边界大约为 40°。中心位置随粒子的能量大小而不同,高能粒子的中心位置离地球近些,低能粒子的中心位置则离地球远些。内辐射带有负磁异常区和正磁异常区。在负磁异常区,内辐射带下边界下降到 200 km 左右;在正磁异常区,内辐射带下边界上升至 1500 km 左右。由此可见,即使是轨道较低的航天器,也有可能穿越内辐射带。内辐射带粒子的主要成分是质子和电子。内带质子受太阳活动影响不大,即使发生磁暴时,其强度和中心位置也无显著变化。外辐射带空间范围延伸很广,在赤道平面内高度为 10000 ~ 60000 km,中心位置为 2000 ~ 25000 km,纬度边界为 55° ~ 75°。外辐射带受太阳活动的影响很大,磁扰时,外辐射带粒子的强度和位置都有显著变化。外辐射带粒子的主要成分是电子。在远离地球的外层空间,银河宇宙线的空间分布基本上是各向同性的。但是,当银河宇宙线进入地磁作用范围时,由于受到地磁场强烈的偏转,它将显示出空间分布的不均匀性和各向异性,即地磁效应。例如,高纬处银河宇宙线强度大于低纬处(纬度效应)。尽管如此,仍可认为银河宇宙线的空间分布近似整个空间。太阳宇宙线(太阳质子)的地磁效应十分明显,其分布空间为磁纬 50° 以上的高纬度区域和赤道几千千米以上的高度。观测表明,大于 2 MeV 的太阳质子就能全部进入同步轨道高

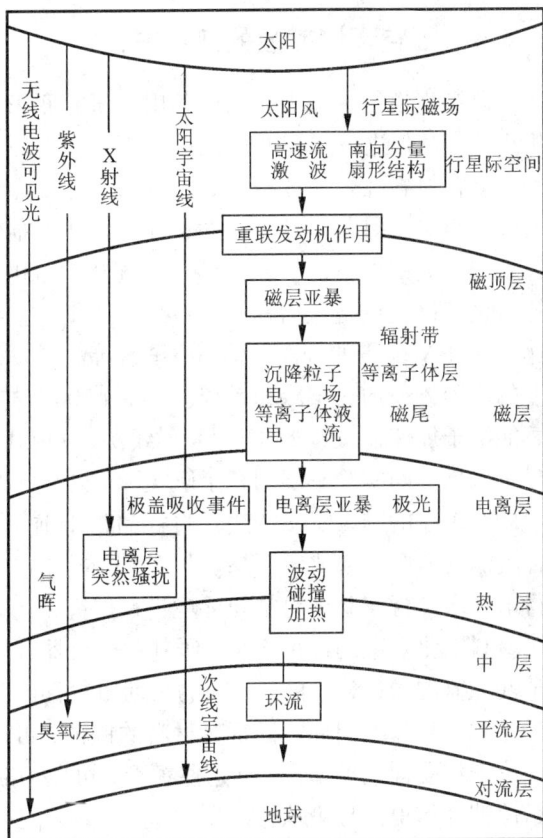

图 5 – 21　太阳对地球空间环境的影响

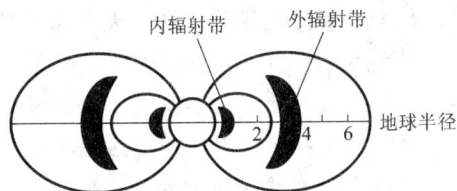

图 5 – 22　地球辐射带示意图

度。太阳宇宙线的空间分布恰好与辐射带粒子相反。宇宙线的主要成分是质子,其次是 α 粒子,其他重核成分则不到 1%。太阳宇宙线中还有少量的电子。根据资料统计,较大的太阳质子事件在太阳活动峰年可达 10 多次,而低年仅为几次,甚至更少。太阳宇宙线具有较高的

能量，而且强度又相当大，因此，它对空间飞行危害较大。

5.4.4　太空环境腐蚀的研究方法

研制高性能的地面模拟设备用于研究原子氧、热循环、空间辐射、高真空对材料的作用机理；对材料进行加速暴露试验，获取太空环境与材料相互作用的数据；研究空间材料，特别是复合材料在热循环条件下的行为；模拟低地球轨道环境，探讨各因素的协同作用对材料的综合影响。目前，精确模拟空间环境是困难的，但却可以找到导致一种结果的关键因素。这就需要关键设备，即指能产生导致介质带电和介质老化主要因素的空间特定环境模拟设备。关键试验设备包括真空罐系统，要求真空度最高能达到 10^{-11} Pa；等离子源，可产生最高达 100 MeV 能量的等离子体；原子氧等离子发生器，要求能产生浓度高达 10^{13} atoms·cm^{-3} 以上的原子氧。加热与冷却系统，能在 +200℃ 与 -160℃ 之间迅速切换。各种射线源，主要是高能电子加速器、紫外线源、X 射线源、γ 射线源等。

采用空间实验来实测和了解实际的空间环境及其效应，即空间暴露试验，验证地面实验室研究工作的结果。该方法是将样品带上航天器，但是限制条件多、周期长、费用高，但这种实测的试验结果比较可靠。如 NASA 提出的 SEE 计划（空间环境及其效应计划）组织和进行了许多飞行实验来对空间环境进行研究，其中包括研究卫星在高辐射带环境下，空间环境对材料老化效应的评价实验；研制对航天器外表面热控观察窗口反射镜面进行定量评价的光学性能监测器；对材料在空间的长期服役性能劣化的评价等。

对于某些空间环境因素对材料的侵蚀，可以在大量试验的基础上，借助试验结果和相关理论来建立理论模型，根据这些模型，可以为航天工程选材和估算某些空间环境因素对材料腐蚀的计算提供理论依据。

思 考 题

1. 试述大气腐蚀的分类及其影响因素。
2. 大气腐蚀的过程是怎样？大气腐蚀的机理是什么？
3. 大气腐蚀一般有哪些研究方法？
4. 试述土壤腐蚀的分类及其影响因素。
5. 土壤腐蚀一般有哪些研究方法？
6. 常用的土壤腐蚀评价方法有哪些？
7. 试述水环境腐蚀的影响因素。
8. 试述太空环境腐蚀的特征和概念。

第6章 典型工业环境中的腐蚀

与自然环境相对比，工业环境中材料往往是在高温、高压、高流速和各种腐蚀介质(如酸、碱、盐和一些化学介质)环境中服役，这就使得工业环境中的腐蚀问题愈加复杂和重要。本章以石油化工、化学工业、核电和航空航天等典型工业领域中的材料腐蚀理论与防护技术为代表，讨论典型工业环境中材料腐蚀类型、理论研究与防护方法。

6.1 石油化工腐蚀

石油工业是由勘探、钻井、开发、采油、集输、炼制和储存等环节组成的。石油工业的各个环节均与钢铁紧密相连，这些钢铁结构大都在非常恶劣的环境服役，导致石油工业的设备遭受严重腐蚀。

6.1.1 石油开采过程中的腐蚀

(1)腐蚀的类型与特征

石油开采过程中容易发生腐蚀的环节主要包括钻井工程、采油工程和集输工程。钻井过程中的腐蚀介质主要来自大气、钻井液和地层产出物，通常是几种组分同时存在。对钻井专用管材、井下工具、井口装置等金属常见的腐蚀类型有：应力腐蚀、腐蚀疲劳、坑点腐蚀、冲蚀等，其特征见表6-1。

表6-1 钻井过程中金属局部腐蚀类型及特征

腐蚀类型	特 征
应力腐蚀	由残余或外加应力导致应变和腐蚀联合作用产生材料破坏过程，如钻杆表面出现腐蚀裂缝甚至断裂。例如硫化物应力开裂
腐蚀疲劳	金属材料在交变应力与腐蚀联合作用下，使材料产生破坏，破坏沿管壁圆周方向发生且垂直于钻杆轴线
点腐蚀	产生点状或坑状的腐蚀，且从金属表面向内扩展，一般开口处直径小于点穴深度
缝隙腐蚀	由于狭缝和间隙的存在，在狭缝内或近旁产生腐蚀
垢下腐蚀	由于腐蚀产物或其他物质如钻井液的沉积，在其下面或周围发生腐蚀
磨损腐蚀	由于腐蚀或两接触面间滚动滑移而引起磨损的联合作用使材料破裂，通常发生在滚动构件的机械结合处
冲蚀	流体高速流动及载有悬浮颗粒的冲刷和腐蚀联合作用使材料破坏
微生物腐蚀	由于硫酸盐还原菌使无机硫酸盐还原成硫化氢，使钻杆、套管发生硫化物应力开裂。在氧充分的水中，好氧细菌使水中硫氧化成硫酸，加速钢的腐蚀

采油工程中的腐蚀主要是油水井油管、套管及井下工具的腐蚀。主要腐蚀问题有以下几个方面：

1) 井下工具及抽油杆的腐蚀：采油井井下工具是在油井出现游离水后腐蚀才趋于严重。抽油杆、活塞、阀等由于处于运动状态因磨蚀导致的失效程度更严重。在含水量高且含有较高浓度 H_2S 的油井中，抽油杆易于发生腐蚀疲劳、氢脆、应力腐蚀等导致断裂。

2) 油管、套管的内腐蚀：油、套管内腐蚀主要是由 CO_2、H_2S 及采出水造成的。

3) 套管外的腐蚀：地层水和硫酸盐还原菌是引起油井套管外腐蚀的主要原因。

另外，油气集输工程中的腐蚀是指油井采出液集输系统中涉及的设备的腐蚀问题。油气集输系统中的油田建设设施主要包括原油集输管线，加热炉，伴热水或掺水管线，阀门、泵以及小型原油储罐等。其中以油气集输管线和加热炉的腐蚀对油田正常生产的影响最大。

(2) 腐蚀的影响因素

1) 钻井液：根据不同的钻井目的和地质条件，选用不同类型的钻井液体系，对金属材料腐蚀程度亦不同。表 6-2 和表 6-3 分别为未经处理的钻井液的腐蚀速率表和无固相盐水体系的腐蚀速率。

表 6-2　未经处理的钻井液的腐蚀速率

钻井液类型	腐蚀速率/mm·a^{-1}	钻井液类型	腐蚀速率/mm·a^{-1}
新鲜水	1.85 ~ 9.26	KCl 聚合物	9.26
非分散低固相	1.85 ~ 9.26	饱和 NaCl	1.23 ~ 3.09
海水	9.26	油基泥浆	<1.23

表 6-3　无固相盐水体系的腐蚀速率

腐蚀介质	温度/℃	实验方法	腐蚀速率/[g/(m²·h)]	腐蚀描述
15% NaCl	20	静态挂片	0.0736	均匀腐蚀
36% NaCl	20	静态挂片	0.0416	均匀腐蚀
15% NaCl + 10% Na_2SO_4	20	静态挂片	0.0342	均匀腐蚀
47% $CaCl_2$	130	动态扰动	1.3920	疏松腐蚀物
25% $ZnBr_2$	20	静态挂片	0.0385	均匀腐蚀
25% $ZnBr_2$	170	静态挂片	161.7460	腐蚀严重

从表 6-3 中可以看出，不同类型的盐水对钢的腐蚀速率不同，在 36% NaCl 盐水中的腐蚀速率大于在 15% NaCl + 10% Na_2SO_4 盐水中的腐蚀速率，说明 Cl^- 引起钢片的电化学腐蚀比 SO_4^{2-} 严重。

不同温度下，钢片的腐蚀速率也不同。静态 20℃ 下，各种盐水介质的腐蚀速率均小于 0.1 g/(m²·h)，高温下钢片在盐水介质中腐蚀速率明显增加，是常温下腐蚀速率的几十倍甚至上千倍。

不同密度加重钻井液中的腐蚀速率亦各不同，钻井液中的固相颗粒对钻杆腐蚀影响较大，固相颗粒含量越高，对金属表面的腐蚀越大，因此，在钻砂岩和砂质地层时钻井液中会含有腐蚀性沙粒，其含量必须控制在最低限度。

钻井液 pH 值对腐蚀会产生较大的影响，一般来说，钻具的腐蚀速率随钻井液 pH 的上升，腐蚀速率会逐渐降低。控制钻井液的 pH 值是控制钻具腐蚀的主要措施之一。

钻井时，旋转速度、钻压、泵压及深井钻进等都是高应力产生的条件，由于钻井液循环系统中带有许多腐蚀性介质，在这种环境下高强度钻杆对应力腐蚀破裂更为敏感。

2）氧含量：钻井过程中，由于钻井液循环系统是非封闭的，大气中的氧通过振动筛、泥浆罐、泥浆泵等设备在钻井液循环过程中混入钻井液，成为游离氧，部分氧溶解在钻井液中，直到饱和状态。水中的氧达到饱和时可含 $8 \sim 12$ mg·L^{-1}，而氧在相当低的含量下（小于 1 mg·L^{-1}）就能引起严重腐蚀。钻井液中的溶解氧是钻杆腐蚀的主要原因之一。

3）硫化氢：硫化氢对钻具及钻井设备具有强烈的腐蚀性。硫化物应力腐蚀开裂往往在很短时间猝不及防的发生，造成严重后果。

4）二氧化碳：干 CO_2 是一种非腐蚀性气体，但是当存在水时，水与 CO_2 反应生成碳酸，引起腐蚀作用。CO_2 腐蚀最典型的特征是呈现局部的点蚀、轮癣状腐蚀和台面状坑蚀。其中，台面状坑蚀是腐蚀过程最严重的一种情况。这种腐蚀的穿孔率很高，腐蚀速率可达 $3 \sim 7$ mm·a^{-1}，在缺氧条件下，腐蚀速率可达 20 mm·a^{-1}。根据 CO_2 分压大小，可确定是否存在腐蚀：分压超过 0.2 MPa，有腐蚀；分压在 $0.05 \sim 0.2$ MPa，可能有腐蚀；分压小于 0.05 MPa，无腐蚀。

（3）防护技术

在钻井工程中采取的腐蚀防护技术主要有降低钻井液腐蚀性、防腐层保护和正确选材。同时强化科学管理对防腐蚀有重要意义。

1）控制钻井液的腐蚀性：钻井过程中，各种来源的钻井液杂质会使钻杆因腐蚀而损坏，抑制钻井液的腐蚀性，国内外常用的措施有以下几种。

①控制 pH 值。通常将钻井液泥浆 pH 值提高到 10 以上，是抑制钻井液对钻具及井下设备腐蚀的最简单、最有效、成本最低的一种处理方法。

②正确选择缓蚀剂。钻井液中使用较多的缓蚀剂为有机类缓蚀剂。常用缓蚀剂品种是有机胺类、胺类的脂肪酸盐、季胺化合物、酰胺化合物及咪唑啉盐类。缓蚀剂用量的确定应考虑包括吸附在表面比它大得多的泥浆悬浮颗粒上的用量。

③添加除氧剂。由于大气中的氧通过泥浆枪，泥浆池表面和泥浆振动筛吸入而产生协同效应，加剧了钻井液的腐蚀性。广泛使用的除氧剂为亚硫酸盐。亚硫酸盐在水基钻井液中的最小含量应保持在 100 mg·L^{-1}，当水中钙盐含量高时，除氧剂的最小含量保持 300 mg·L^{-1}。

④选择性添加除硫剂。虽然大多数钻井作业中遇到的 CO_2 和 H_2S 浓度很低，但它们的存在对钻具的危害性也很大。除掉钻井液中硫化氢的常用办法是加除硫剂，它的作用原理是通

过化学反应将钻井液中的可溶性硫化物等转化成一种稳定的，不与钢材起反应的惰性物质，从而降低钻具的腐蚀。常用的除硫剂是海绵铁和微孔碱式碳酸锌。

2）使用内防腐层钻杆：钻杆内涂层防腐是使金属与腐蚀介质隔绝，不使腐蚀介质与金属直接接触。从而，大大减少钻杆的腐蚀疲劳，可延长钻杆使用寿命1倍以上。

3）钻井过程中的腐蚀监测：目前比较成熟的方法是腐蚀环法，即在钻杆上放一个金属腐蚀试验环，放入井下与钻井液接触一段时间后，提起钻杆取下腐蚀试验环进行检测。腐蚀试验环材质的选择应与钻具的材质相同或类似，并用耐高温塑料绝缘环套在试验环外，以隔绝金属腐蚀试验环与钻杆接头的直接接触，消除电偶腐蚀。

6.1.2 石油加工过程中的腐蚀

（1）腐蚀的类型与特征

在石油加工过程中导致设备腐蚀的主要原因是原油中的杂质和加工过程中的外加物质。石油加工分为炼油、化工、化纤和化肥等方面。典型的腐蚀类型如下。

1）炼油设备基本腐蚀系统分析

①轻油部位 $HCl + H_2S + H_2O$ 腐蚀：这种腐蚀环境主要存在于常减压蒸馏装置常压塔顶循环返回口以上，温度低于150℃的部位。这种腐蚀环境的形成主要来自三个方面：第一是原油中的无机盐，主要是氯化钠、氯化钙及氯化镁。一般认为，氯化镁、氯化钙被加热到100℃以上遇水就发生水解，生成HCl气体。研究表明，即使是在较低温度下，如果有环烷酸存在，氯化钠也可能水解并成为原油中生成HCl的主要来源。第二是原油中的硫和硫化物在260℃以上硫化物分解出硫化氢。第三是该部位的凝结水。在加工过程中形成的氯化氢、硫化氢均伴随着常压塔中的油气聚在常压塔顶。在110℃时遇蒸气冷凝水会形成pH值达1~1.3的强酸性腐蚀环境。硫化氢与盐酸交互作用，使腐蚀速度呈指数倍增加。很多炼油厂曾经受到过这种类型的腐蚀，这是炼油厂最基本的腐蚀系统。

②硫化物腐蚀：硫化物腐蚀分高温硫化物的腐蚀，低温硫化物的应力开裂腐蚀和中温硫化物的露点腐蚀。

高温硫化物的腐蚀是指240℃以上的重油部位硫、硫化物和硫化氢形成的腐蚀环境。典型的高温硫化物腐蚀环境存在于常压塔减压塔下部及塔底管线、常压重油和减压渣油的高温换热器，催化裂化装置分馏塔的下部、延迟焦化装置分馏塔的下部等。在这些高温硫化物的腐蚀环境部位，碳钢的腐蚀速率一般是很高的。国内工业装置的实测数据表明，其腐蚀速率都在 $1.1~mm·a^{-1}$ 以上。

低温硫化物的应力腐蚀，指 $H_2S + H_2O$ 的腐蚀环境。在含硫原油加工工业中，这种腐蚀存在的部位相当广泛。这种腐蚀的典型例子为炼油厂二次加工装置和加氢脱硫装置高压分离器及其下游设备。腐蚀调查表明：湿硫化氢对碳钢设备的均匀腐蚀，随温度的提高而加剧。在80℃温度下腐蚀速率最高，在110℃~120℃温度腐蚀速率最低。在开工的最初几天可达

$10\ mm\cdot a^{-1}$ 以上，随着开工运转时间的增长迅速下降，到 1500～2000 小时后，其腐蚀速率趋于 $0.3\ mm\cdot a^{-1}$。

硫化物的露点腐蚀也是炼油厂中常见的腐蚀系统，从 1994 年开始，我国相继 20 多套重油催化装置发生了露点腐蚀开裂，此腐蚀为新中国成立以来最大的一宗腐蚀案例，造成了严重的损失。

③环烷酸腐蚀：环烷酸（RCOOH，R 为环烷基）是石油中一些有机酸的总称，又可称为石油酸，占原油中总酸量的 95% 左右。环烷酸是环烷基直链羧酸，其通式为 $C_nH_{2n-1}COOH$，其中五、六环为主的低分子质量环烷酸腐蚀性最强。一般是环戊烷的衍生物，相对分子质量在 180～350 范围内变化。其环状结构为：

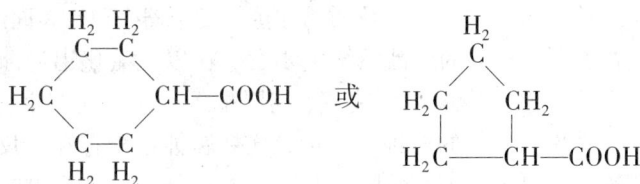

$$
\begin{array}{ccc}
& \underset{C-C}{\overset{H_2\ H_2}{|\quad\ |}} & \\
H_2C & & CH-COOH \\
& \underset{C-C}{\overset{|\quad\ |}{H_2\ H_2}} &
\end{array}
\qquad 或 \qquad
\begin{array}{c}
\overset{H_2}{\underset{C}{|}} \\
H_2C \qquad CH_2 \\
H_2C-CH-COOH
\end{array}
$$

环烷酸的腐蚀主要与酸、温度、物流的流速有关，其影响因素主要是原料中的酸值和温度。环烷酸常集中在柴油和轻质润滑油馏分中，其他馏分含量较少。遭受环烷酸腐蚀的钢材表面光滑无垢，位于介质流速低的部位的腐蚀仅留下尖锐的孔洞；高流速部位的腐蚀则出现带有锐边的坑蚀或蚀槽。环烷酸在常温下对金属没有腐蚀性，但在高温下能与铁生成环烷酸盐，引起剧烈的腐蚀。环烷酸的腐蚀起始于 220℃，随温度上升而腐蚀逐渐增加。在 270℃～280℃ 时腐蚀最大。温度再提高，腐蚀又下降。可是到 350℃ 附近又急剧增加。400℃ 以上就没有腐蚀了。此时原油中环烷酸已基本汽化完毕。气流中酸性物浓度下降。环烷酸腐蚀生成特有的锐边蚀坑或蚀槽，是它与其他腐蚀相区别的一个重要标志。一般以原油中的酸值来判断环烷酸的含量。原油酸值大于 0.5 mg KOH/g（原油）时即能引起设备的腐蚀。

④氢损伤：氢损伤是指由氢导致的设备损伤，主要是氢脆和氢腐蚀。氢脆主要发生在低温下。氢腐蚀指温度在 200℃ 以上，氢分压 >0.5 MPa 造成的腐蚀。氢腐蚀的典型例子为加氢裂化装置中的反应器，加氢脱硫装置中的反应器、铂重整装置铂重整部分的重整反应器等。氢腐蚀多发生在碳钢、C - 0.5Mo 钢及铬钼钢中。表面脱碳是指钢中的碳在高温下迁移到表面，并在表面形成碳的气体化合物，此类表面脱碳不产生裂纹，碳钢高温和低氢分压环境的组合有利于表面脱碳。内部脱碳（氢腐蚀）是指高温高压氢扩散进入钢中并和不稳定的碳化物反应生成不能逸出的甲烷气体，因此引起钢的内部脱碳（氢腐蚀），当钢中含有偏析杂质、条形夹杂物或分层时，甲烷在这些部位聚集可导致严重的鼓泡，使性能下降。

以上四种腐蚀系统是炼油厂常见的、能导致设备大面积腐蚀的腐蚀系统。另外，高温 $H_2S + H_2$ 型腐蚀系统、$RN_2—CO_2—H_2S + H_2$ 型腐蚀系统、$N_xO + H_2O$ 腐蚀系统、$H_2S + NH_3 + H_2 + H_2O$ 腐蚀系统、$CO_2 + H_2O$ 腐蚀系统、重金属腐蚀系统以及以上系统组成的复合系统都是常见的腐蚀系统。另外，在工程实际中，由于随机性的因素导致的腐蚀事故多有发生，这方面的原因是复杂的，主要是要遵守工艺规程和操作规范。

2）石油化工设备的腐蚀系统分析

①乙烯裂解装置的腐蚀：乙烯装置存在的腐蚀问题，一是裂解炉管的渗碳和开裂、系统的结焦和炉管弯曲变形，二是稀释蒸气发生系统的腐蚀。

裂解炉炉管的抗高温氧化性能、抗渗碳性能、抗高温蠕变性能、抗热疲劳性能和抗热冲击性能是开好裂解炉的关键。我国的乙烯装置大部分炉管内壁都存在着不同程度的渗碳和炉管弯曲变形现象。

稀释蒸气发生系统是乙烯裂解装置经常发生腐蚀部位。由于裂解原料中会有硫化物，裂解有 CO_2、H_2S 及有机酸性物质的产生，这些物质易在蒸气发生器壳程管表面沉积结垢和腐蚀。

②高温盐酸的腐蚀：高温盐酸的腐蚀系统主要发生在以三氯化铝为催化剂的烃化、异构化生产装置中，如苯乙烯装置、苯酚/丙酮装置、间甲酚等。三氯化铝催化剂水解产生盐酸、反应温度升高时，对装置产生强烈的腐蚀。目前，这一腐蚀系统存在于反应器、冷凝器、加热器、再沸器等静设备，泵、阀等动设备中。

③高温硫酸的腐蚀：高温（80℃以上）硫酸腐蚀系统主要集中在碳四抽提及加工装置、烧碱装置中的氯气干燥部分，如异丁烯装置、丁腈、丁苯橡胶装置、粘胶生产装置等。其中高温稀硫酸的腐蚀是国内长期没有解决的难题。自早期硫酸法制酒精生产装置，由于工艺路线改变和高温稀硫酸腐蚀得不到满意解决而下马后，现在仍有一些石油化工生产装置遭受着这一严重的腐蚀。例如异丁烯装置，虽然防腐改造费用增加到原装置投资费用的 4~5 倍，部分管段使用了锆材，但生产仍然很被动，一直只能处于开开停停的状态。

另外，高温浓硫酸及浓稀交替硫酸的腐蚀也相当严重。例如丁腈车间的磺化釜，因浓稀硫酸交替，操作温度高（100℃左右），采用铅管和搪铅防腐，每年均需堵管和更换铅管，维修工作量大，检修费用高。在烧碱装置中，氯气干燥塔冷却器的合金管，因高温浓硫酸腐蚀而穿孔。

④氟化氢与氢氟酸腐蚀：氟化氢气体与氢氟酸腐蚀是完全不同性质的腐蚀。氟化氢气体是化学腐蚀，生成金属氟化物和氢气。金属在氢氟酸溶液中的腐蚀是电化学过程，其腐蚀速度受电化学因素的控制。如碳钢在40%的氢氟酸溶液中的腐蚀高达 $31\ mm \cdot a^{-1}$。设备腐蚀类型为：均匀腐蚀、点蚀、沟槽腐蚀、氢脆、氢鼓包和应力腐蚀。国内十多套氢氟酸烷基化装置，大多数由于严重的腐蚀问题，开开停停，有的则由于腐蚀问题，完全处在长期停工状态。

3）石油化纤设备的腐蚀系统

①有机酸的腐蚀：在化纤生产中，常接触到有机酸，如醋酸、马来酸等。这些有机酸为弱酸，一般情况下腐蚀不严重，但随着温度的升高，一些固体颗粒和杂质的混入，腐蚀明显加剧。这种腐蚀通常发生在涤纶高温氧化法的离心机和管道中、涤纶低温氧化法的氧化塔和脱水塔中、醋酸装置的回收塔和精馏塔中。往往造成点蚀、晶间腐蚀、腐蚀疲劳、全面腐蚀和局部腐蚀。

②无机酸腐蚀：硫酸腐蚀系统多发生在维纶整理工艺缩醛化设备、腈纶生产回收设备、锦纶 6 生产己内酰胺等设备中，主要表现为应力腐蚀、全面腐蚀和焊缝腐蚀等电化学腐蚀形态。盐酸腐蚀系统一般发生在乙醛装置反应器、除沫器、催化剂再生器和冷凝器上。硝酸腐蚀系统多发生于锦纶 66 中的硝酸装置和己二酸装置，表现为高温腐蚀疲劳开裂。磷酸和铬酸腐蚀系统多发生于锦纶 66 中的己二酸装置和醇酮装置。氢氰酸腐蚀系统多发生于丙烯晴装置的回收塔和解析塔中，表现为腐蚀疲劳开裂。另外，化纤设备中还存在己二酸腐蚀系统、对苯二甲酸腐蚀系统和氢氧化钠腐蚀系统。

4) 大氮肥装置基本腐蚀系统

①大型合成氨装置的腐蚀概况：大型合成氨装置的腐蚀介质可分为低温 $H_2S - CO_2 - H_2O$ 系统、高温氢系统、中温 $CO_2 - CO - H_2$ 系统、$K_2CO_3 - CO_2 - H_2O$ 系统、高温高压 $H_2 - N_2 - NH_3$ 系统、常温氨系统、水系统。主要的腐蚀形式有均匀腐蚀、应力腐蚀、氢腐蚀和氮化腐蚀、点蚀、高温蠕变和高温氧化腐蚀等。

②高温甲胺溶液的腐蚀：大型尿素装置的腐蚀主要是由高温甲胺介质引起的，腐蚀部位主要在高压设备。

尿素合成塔是尿素合成的主要反应器。合成塔的腐蚀主要表现在塔衬里的板，塔内件腐蚀减薄，焊缝发生选择性腐蚀。

CO_2 汽提塔是尿素高压设备中汽提反应的关键设备。其存在的腐蚀主要表现在：一是汽提塔易发生冷凝腐蚀，如上封头、管箱及换热管等部位，而以换热列管腐蚀最为严重。有的年腐蚀高达 $0.1 \, mm \cdot a^{-1}$ 以上。

甲铵冷凝器是尿素装置腐蚀最为严重的设备。甲铵冷凝器的腐蚀在管程(甲铵介质)和壳程(冷却水介质)都很严重，一般发生在上下管板端，其中上管板最为严重，这是由于列管在上管板附近产生应力腐蚀引起的。高压洗涤器也存在应力腐蚀开裂问题，还有些管束腐蚀减薄严重。

(2) 腐蚀的影响因素

1) 环境因素：

①腐蚀介质的浓度。一般来说，腐蚀环境中硫化氢、氯离子、二氧化碳、无机盐、环烷酸等腐蚀性介质的浓度越高，腐蚀越严重。

②pH 值。在 $H_2S - H_2O$ 环境中碳钢和低合金钢随溶液中 pH 值的增加，应力开裂的时间延长。pH 值在 5 ~ 6 时不易破裂，pH≥7 时一般不发生破裂。

③敏感性离子。石油加工过程中带入的 Cl^-、CO_3^-、CN^- 等离子会显著加速材料的腐蚀性。

④温度：温度是导致石油加工设备腐蚀的一个重要因素。加工高酸含硫的原油时，可根据温度可以分为高温及低温(低于 120℃)两大类。当 $t \leqslant 120℃$ 硫化物未分解，在无水情况下，对设备无腐蚀；$120℃ < t \leqslant 240℃$，原油中活性硫化物未分解故对设备无腐蚀；$240℃ < t \leqslant 340℃$，硫化物开始分解，生成 H_2S 对设备腐蚀开始，并随着温度升高而腐蚀加重；340℃

$<t \leqslant 400℃$，H_2S 开始分解为 H_2 和 S，有酸存在时（如盐酸或环烷酸），腐蚀进一步发生，强化了硫化物的腐蚀；$420℃ < t \leqslant 430℃$，高温硫对设备腐蚀最快；$t > 480℃$，硫化物近于完全分解，腐蚀率下降；$t > 500℃$，不是硫化物腐蚀范围，此时为高温氧化腐蚀。

2）材料因素：材料的化学成分、夹杂物、金相组织、强度硬度等对其耐腐蚀性能有重要影响。国内外炼油厂多次发生误用材料导致的恶性腐蚀事故。

3）应力因素：炼油工业中的管线和塔器多为钢材冷加工与焊接制备，残余应力变大以及氢在钢中的吸收量增加。因此，冷加工和焊接往往降低材料的抗硫化氢应力开裂的能力。

（3）防护技术

①合理选材：针对石油加工工业特点，选用耐蚀级别较高的材料是重要的防护措施。合理选材既要考虑工艺条件，又要考虑材料的性能和成本。设备的工作条件，如介质、温度和压力对合理选材有重要影响；另一方面任何材料的耐蚀性都是相对的，选材要根据实际情况进行具体分析。

②合理设计：在石油加工过程中要进行合理设计，避免出现金属应力集中，结构形式尽量简单，尽量避免电偶腐蚀，避免冲刷腐蚀或安装可拆卸的折流板减缓冲刷，焊接时尽量减少残余应力以及防止缝隙腐蚀等。

③工艺防护：合理设计工艺流程可以避免多种腐蚀，例如石油加工中的脱盐脱水、脱硫和脱重金属等工艺防护措施十分有效。

④化学药剂保护：通过在不同的工艺部位添加适当的缓蚀剂、脱硫剂、脱硝剂等化学药剂可以有效减缓腐蚀。

⑤加强在线监控：通过挂片试验，安装腐蚀探针等监测手段实现设备的在线监控，及时发现腐蚀问题也至关重要。

6.2 化学工业腐蚀

6.2.1 无机酸腐蚀

（1）金属在无机酸中的腐蚀特征与概念

工业生产中常见的无机酸有硫酸、硝酸、盐酸等。它们对金属的腐蚀是严重的，腐蚀规律也复杂。在无机酸腐蚀中，非氧化性酸腐蚀的特点是腐蚀的阴极过程纯粹为氢去极化过程；氧化性酸的特点是腐蚀的阴极过程为氧化剂的还原过程（例如，硝酸根还原成亚硝酸根）。但是，若要硬性地把酸划分成氧化性和非氧化性是不恰当的。例如，硝酸在浓度高时是典型的氧化性酸，可当硝酸的浓度不高时，它对包括铁在内的许多金属的腐蚀却和非氧化性酸的一样，属于氢去极化腐蚀；稀硫酸是非氧化性酸，而浓硫酸则表现出氧化性酸的特点。金属在无机酸中的腐蚀的主要影响因素为：

1）杂质元素

当金属中含有电位比金属电位更正的杂质时，如果杂质上的氢过电位比基体金属上的过电位低，则阴极反应过程将主要在杂质表面上进行，杂质就成为阴极区，基体金属就成为阳极区，阳极过程和阴极过程将主要在表面的不同区域进行。此时杂质上的氢过电位的高低对基体金属的腐蚀速度有着很大的影响。氢过电位高的杂质将使基体金属的腐蚀速度减小，而氢过电位低的杂质将使金属的腐蚀速度增大。

图 6-1 表明了不同杂质对锌在稀硫酸中的腐蚀速度影响以及腐蚀速度随时间变化的情况。从图 6-1中可以看出，虽然汞的正电性比铜的强，但是汞作为杂质存在时使锌的腐蚀速度大为减小了，而铜作为杂质存在时却使锌的腐蚀速度大为增加了，这主要是因为汞上的氢过电位很高，汞在锌中存在使氢不易析出，加大了阴极极化率，从而减小了锌的腐蚀速度。而铜上的氢过电位比锌上的氢过电位低，铜在锌中存在使氢析出反应更容易进行，因而加大了锌的腐蚀速度。氢在镉和锡上的过电位都比在锌上的高，它们作为杂质之所以加速了锌的腐蚀，主要是由于当它们伴随着一部分锌溶解后又以海绵状黑色残渣的疏松形式析出并散布在剩余的锌的表面上，这种分散存在的海绵状残渣一方面大大增加了阴极区的有效面积，另一方面对氢析出反应有一定的催化作用，因此就加速了锌的腐蚀。这反映了杂质对基体金属腐蚀的综合性影响，因此不能一律单从氢过电位角度加以解释。

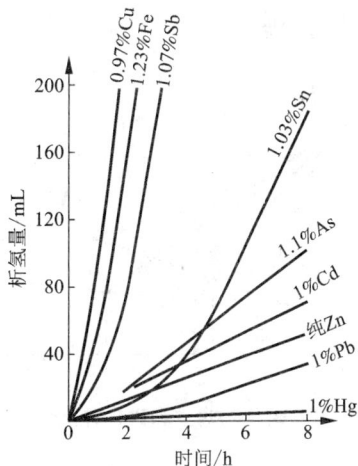

图 6-1　不同杂质对锌在 0.5 mol/L硫酸中腐蚀速度的影响

2）阴极极化

铁在稀硫酸中的腐蚀与锌不同。氢在铁上的过电位比在锌上的过电位低得多，所以氢在铁上析出的阴极极化曲线的斜率较小。因此，虽然铁的电极电位比锌的正，但铁在稀硫酸或其他非氧化性酸溶液中的腐蚀速度却比锌的腐蚀速度大。

3）铂盐效应

由于铁等过渡元素的交换电流密度较小，所以铁的阳极反应的活化极化较大，其阳极极化曲线的斜率较大。因此当向酸中加入相同微量的铂盐后，锌的腐蚀会被剧烈加速，而铁的腐蚀增加得要少些，如图 6-2 所示。铂盐效应是由于铂盐在锌和铁表面上

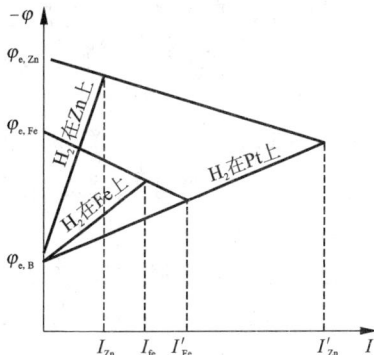

图 6-2　锌和铁在稀硫酸中的腐蚀及铂盐对腐蚀的影响

被还原成铂。而铂上的氢过电位很低，使氢析出的阴极极化曲线变得较平坦所致。

4）硫化氢

硫化氢的存在会促进铁的溶解反应，减小阳极极化曲线的极化率，从而加速铁或碳钢的腐蚀，如图6-3所示。硫化氢的存在还往往引起"氢脆"现象，使金属开裂。硫化氢可以是来自于金属相中的硫化物，如硫化锰或硫化铁等，也可以是溶液中所含有的。如果钢中含有铜，由于铜与硫化氢生成稳定的硫化铜沉淀，这样，就可以消除硫化氢的影响，如图6-4中含铜碳钢的腐蚀速度比不含铜碳钢要小。

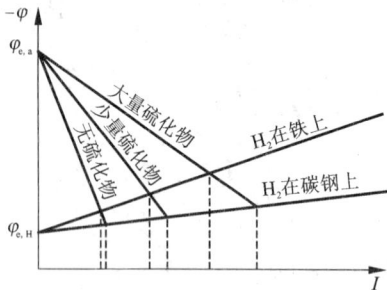

图6-3　硫化物对铁和碳钢在酸溶液中的腐蚀

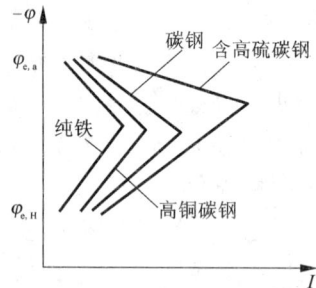

图6-4　铁和碳钢在非氧化性酸溶液中腐蚀影响过程示意图

5）酸的浓度

对于非氧化性酸如盐酸，腐蚀速度随浓度的增加而上升。图6-5表明了工业纯铁及碳钢的腐蚀速度与盐酸浓度的关系。从图6-5中可以看出，它们的腐蚀速度都随盐酸的浓度增加而上升，含碳量越高，腐蚀速度越大。这是因为盐酸的浓度增加，氢离子浓度就增加，氢电极电位就更正，因而腐蚀的驱动力就增大了，故腐蚀速度随盐酸浓度增加而上升。由于碳钢中的碳是以 Fe_3C 的形式分散存在的，在 Fe_3C 上的析氢过电位较低，所以含碳的钢比不含碳的工业纯铁腐蚀严重。如果含碳量越高，则局部阴极（Fe_3C）的面积就越大，阴极极化率就越小，腐蚀速度就越大。因此碳钢在盐酸中的腐蚀速度随含碳量的增加而上升。图6-6中的各种金属和合金在盐酸中的腐蚀速度是随盐酸浓度的增加而增大的。

对于氧化性酸如硝酸，其氧化性随浓度增加而急剧升高。对于负电性金属来说，一般在稀硝酸中主要发生氢去极化腐蚀。但对于有钝化倾向的金属或合金，如铁、铝或碳钢、不锈钢等，随着硝酸浓度的增加，它们很快会变为钝态，因而腐蚀速度却大大降低。因此，稀硝酸表现出非氧化性酸的特点，当浓度增加到一定程度后，再增加浓度腐蚀速度却大大降低，表现出氧化性酸的特点。

6）流速

一般情况下，流速增加，金属的腐蚀增大。表6-4显示出了输送 H_2SO_4 时浓度与流动速度对钢管寿命的影响。数据表明，随浓度增加，流速增大，钢管寿命降低，可见输送硫酸时，不宜采用高的流动速度。

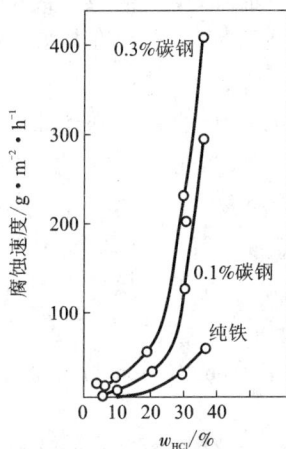

图 6-5

图 6-5 钝铁及碳钢腐蚀速度与盐酸浓度的关系

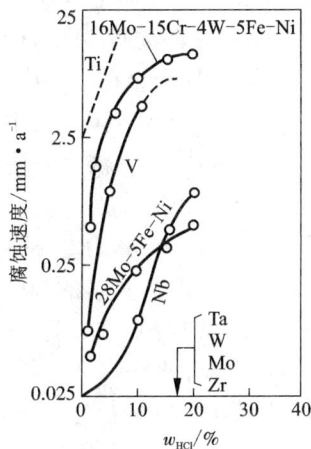

图 6-6 各种金属的腐蚀速度与盐酸浓度的关系

表 6-4 输送 H_2SO_4 时浓度与流动速度对钢管寿命的影响

硫酸质量分数/%	流速/$m·s^{-1}$	寿命/a
93	0.1	10
98	0.3	15
93	1.1	5
93	1.7	5~8
93	2.0	3~5
98	2.0	1.5
99	3.6	1

7) 溶解氧或氧化剂

在非氧化性酸中存在氧化剂时，当酸的浓度高时阴极为氢去极化，但当酸浓度低时，氧去极化占优势，腐蚀速度增加。对自钝化能力强的合金如不锈钢，溶解氧或氧化剂的存在将降低腐蚀速度。

8) 温度

随着温度的升高，氢过电位减小。一般地说，温度的微小升高(1℃)就会导致过电位约减小 2 mV，所以温度升高，氢去极化加剧，金属的腐蚀速度加快。

9) 表面状态

表面状态对氢过电位也有影响。粗糙表面与光滑表面相比，前者因为实际面积大，电流密度小，氢过电位就小，所以氢去极化的腐蚀也就越严重。

(2) 金属在几种常见无机酸中的腐蚀

1) 金属在盐酸中的腐蚀机理

① 腐蚀特点：盐酸是一种非氧化性酸，金属在盐酸中腐蚀的阳极过程是金属的溶解，阴极过程是氢离子的还原。

随着溶液的 pH 值增加，氢的平衡电位移向负值，发生氢去极化腐蚀就困难。

② 常用金属在盐酸中的腐蚀

对于可用电化学方法或化学方法钝化处理的金属材料来说，在盐酸中它们的钝态区很窄或完全不存在钝态区。因而耐盐酸腐蚀的金属材料仅限于具有极强钝化性能的特殊金属及合金，如 Ta、Zr 及 Ti – Mo 合金等。

钛在盐酸中的腐蚀。钛在 HCl 中具有中等的耐蚀性。一般认为工业纯钛可用于室温、质量分数为 7.5%，60℃、质量分数为 3%，100℃、质量分数为 0.5% 的盐酸中。盐酸中含有氯气、HNO_3、铬酸盐、Fe^{3+}、Cu^{2+}、Ti^{4+} 及少量贵金属离子以及空气等都能促进 Ti 在盐酸中的钝化，因此扩大了钛在盐酸中的应用范围。Ti 合金在盐酸中的腐蚀如表 6 – 5 所示。

耐蚀钛合金的研制是为了改善纯钛在强还原介质中的耐蚀性。Ti – Mo 合金对强还原性硫酸、盐酸具有优异的耐蚀性、Ti – (30 ~ 40)Mo 合金在沸腾的质量分数为 20% 的盐酸中的腐蚀率为 10 $mm \cdot a^{-1}$，而工业纯钛只能用于室温质量分数为 3% ~ 10% 的盐酸中。迄今为止，Ti – 30Mo、Ti – 32Mo 是在还原性酸中最耐蚀的钛合金，该合金不含稀贵金属，因而受到广泛重视。

钽能提高 Ti 在还原性介质中的耐蚀性，钽在沸腾的 20% 的盐酸中几乎不腐蚀；含钽超过 50% 的 Ti – Ta 合金在沸腾的 20% 的盐酸中腐蚀率低于 0.05 $mm \cdot a^{-1}$。

镍基合金在盐酸中的腐蚀。Ni – Cu 型耐蚀合金。典型牌号有 Ni70Cu28(Monel) 合金，它兼有镍的钝化性和铜的贵金属性。耐中等温度的稀盐酸。

Ni – Mo(w) 及 Ni – CrMo 型合金。它是高耐蚀的镍基合金。在 HCl 等还原介质中有极好的耐蚀性，但当酸中有氧或氧化剂时，耐蚀性显著下降。Ni60Cr16Mo16W4(HastelloyC) 合金室温耐所有浓度的盐酸及氢氟酸腐蚀，在王水中，也具有一定耐蚀性。

表 6 – 5　某些钛合金在盐酸中的腐蚀率　　　　　　　　　　　　　　$mm \cdot a^{-1}$

盐酸浓度 (质量分数) 合金	室温		50℃		75℃		90℃ ~ 93℃	
	10%	20%	10%	20%	10%	20%	10%	20%
Ti – 32Mo	0.009	0.057	0.004	0.004	0.024	0.024	0.035	0.096
Ti – 32Mo – 2Nb	0.009	0.006	0.002	0.000	0.001	0.040	0.066	0.063
Ti – 32Mo – 5Nb	0.009	0.062	0.001	0.003	0.018	0.043	0.042	0.067
Ti – 25Mo – 15Nb	0.007	0.034	0.004	0.006	0.006	0.069	0.116	0.112
Ti – 15Mo – 0.2Nb	0.000	0.011	0.008	0.167	—	1.13	0.255	0.109
Ti – 32 焊接	0.008	0.057	0.002	0.004	0.021	0.025	0.044	—
Ti	0.017	0.204	4.11	12.5	—	—	—	—
Ti – 0.2Pd	0.000	0.000	0.015	6.67	0.008	—	1.04	—

2）金属在硝酸中的腐蚀机理

①腐蚀特点：硝酸是一种氧化性的强酸。因此在硝酸中能钝化的金属（合金）适用于硝酸介质。Ag、Ni、Pb、Cu 一般不耐硝酸腐蚀。碳钢在硝酸中的腐蚀与硝酸浓度的关系示于图 6 – 7。

当硝酸浓度低于 30% 时，碳钢的腐蚀速度随酸浓度的增加而增加，腐蚀过程和盐酸中相同。这是属于氢去极化腐蚀，这时碳钢的腐蚀电位亦较负。

当酸浓度超过30%时，腐蚀速度迅速下降。酸浓度达到50%时，腐蚀速度降到最小。这是由于碳钢在硝酸中发生了钝化的缘故。此时，碳钢的腐蚀电位亦迅速往正方向变化，发生了强烈的阳极极化。由于腐蚀电位已经比氢的平衡电位更正，所以不可能发生氢去极化腐蚀。这里的阴极过程是氧化剂即硝酸根的还原过程：

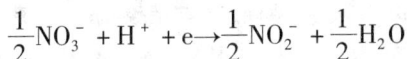

$$\frac{1}{2}NO_3^- + H^+ + e \rightarrow \frac{1}{2}NO_2^- + \frac{1}{2}H_2O$$

图 6-7　低碳钢在25℃时腐蚀速度与硝酸浓度的关系

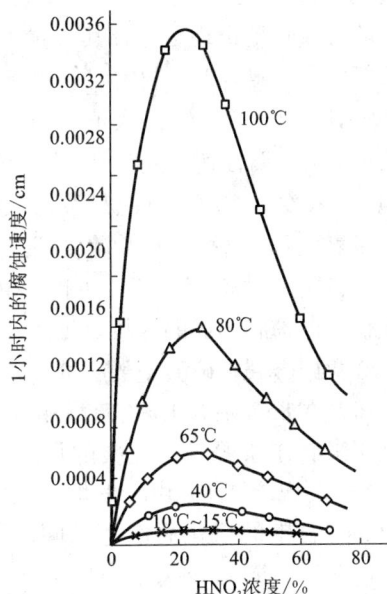

当酸浓度超过85%以后，处在钝化状态的碳钢腐蚀速度又有一些增加，这种现象称为过钝化。这是由于处在很正的电位下，碳钢表面形成了易溶的高价氧化物所致，此时亦出现晶间破坏的情况。所以，不能用铁和钢来制造与很高浓度的硝酸相接触的容器。

②常用金属在硝酸中的腐蚀

普通铸铁在硝酸中的腐蚀规律类似碳钢。高铬铸铁具有很好的耐硝酸腐蚀性能，常温下能耐95%以下的硝酸，在沸点以下可耐70%以下硝酸，但不耐沸腾的浓硝酸。高硅铸铁对浓硝酸具有很好的耐蚀性，可耐沸腾的浓硝酸。

不锈钢是硝酸系统中大量被采用的耐蚀材料。例如，在硝铵、硝酸生产中，大部分设备都用不锈钢制造。不锈钢在稀硝酸中很耐蚀，虽然稀硝酸的氧化性比较差些，但是由于不锈钢本身比碳钢要容易钝化，所以不锈钢和稀硝酸接触时，仍能发生钝化，腐蚀速度很小。而不锈钢在浓硝酸中，会因过钝化使腐蚀速度增大。

铝是电位非常负的金属。铝在硝酸中的腐蚀速度与硝酸浓度的关系如图6-8所示。酸浓度在30%时，腐蚀速度最大，这也是由于氢离子浓度增加，氢去极化加剧的缘故。当酸浓度超过30%以后，由于

图 6-8　铝在不同浓度硝酸中的腐蚀

钝化而使腐蚀速度降低，但是铝和不锈钢及碳钢不同，在非常浓的硝酸中，铝并不发生过钝化。图6-9表示了铝和铬镍不锈钢的腐蚀速度与硝酸浓度的关系。可见当硝酸浓度在80%以上时，铝的耐蚀性比不锈钢好得多。所以，铝是制造浓硝酸设备的优良材料之一。

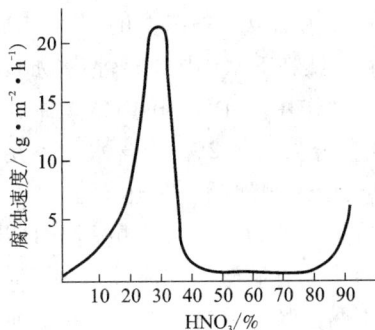

钛在沸点以下各浓度的 HNO_3 中均具有优异的耐蚀性，钛在 HNO_3 中的腐蚀产物 Ti^{4+} 作为氧化剂具有缓蚀作用。在发烟的 HNO_3 中，当 NO_3 含量较高（质量分数大于 2%）、含水量不足时，钛与发烟 HNO_3 会由于剧烈反应放热而引起爆炸。钛一般不用于质量分数为 80% 以上的高温 HNO_3 中。

3）金属在硫酸中的腐蚀机理

①腐蚀特点：铁在硫酸中的腐蚀速度与浓度的关系见图 6 – 10。当硫酸浓度低于 50% 时，铁的腐蚀速度随酸浓度的增加而增大。稀硫酸是非氧化性酸，对铁的腐蚀如同在盐酸中一样，产生强烈的氢去极化腐蚀。当酸浓度超过 50% 以后，由于产生钝化，腐蚀速度迅速下降，在 70%～100% 时，腐蚀速度就很低了，所以用碳钢制造 78%～100% 浓度的硫酸设备是允许的。当酸浓度超过 100% 以后，过剩的三氧化硫出现，随着其含量增加，腐蚀速度又重新增大，相当于过剩的三氧化硫的含量为 18%～20% 时，出现第二个最大值。当三氧化硫的含量继续增大时，腐蚀速度再度下降。有人认为，第一次钝化（浓度为 50%）可能是浓硫酸的氧化作用而产生了氧化膜，这种膜在酸浓度超过 100% 的发烟硫酸中遭到破坏，所以腐蚀速度又重新增大。第二次腐蚀速度下降，可能是由于硫酸盐或硫化物保护膜形成的缘故。

②常用金属在硫酸中的腐蚀

铸铁在 85%～100% 的硫酸中非常稳定，工业上用来制作泵等输送硫酸的设备。但浓度高于 125% 发烟硫酸中，由于发烟硫酸能引起铸铁中的硅和石墨的氧化而产生晶间腐蚀，所以并不建议在这种浓度下使用铸铁。

铝在硫酸中的腐蚀速度与硫酸浓度的关系示于图 6 – 11。铝在稀硫酸中稳定，而在中等浓度和高浓度的硫酸中却不稳定，腐蚀速度仍然很大。但在发烟硫酸中，特别当三氧化硫含量高时，又很稳定。当铸铁中硅含量高于 14.5%

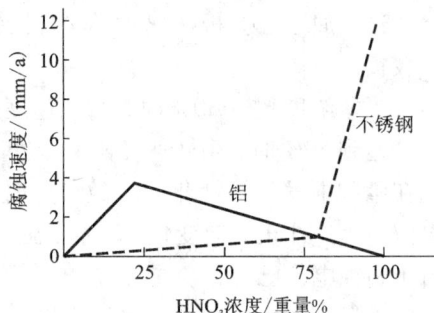

图 6 – 9　铝及铬镍不锈钢的腐蚀速度与硝酸浓度的关系

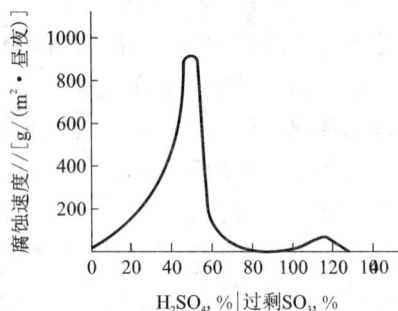

图 6 – 10　铁的腐蚀速度与硫酸浓度的关系

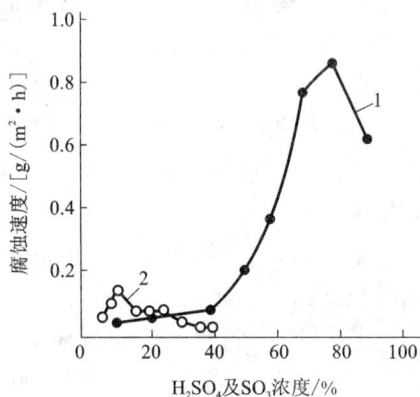

图 6 – 11　铝的腐蚀速度与硫酸浓度的关系

1—在硫酸中；2—在发烟硫酸中

时,它对常温下 0 ~ 100% 的硫酸都有良好的耐蚀性,对于高温甚至沸腾的浓硫酸也具有很好的耐蚀性(腐蚀速率 < 0.1 mm·a^{-1})。不过当硫酸浓度超过 100% 或使用环境中存在 SO_3 时,对高硅铸铁的腐蚀将变得较快。含铜 8% ~ 10% 的铸铁在 80℃ 的各种浓度硫酸中都有较好的耐蚀性(腐蚀率不大于 0.3 mm·a^{-1})。加铜后耐蚀性的改善被认为是 Cu 在晶界处析出而促进了铁素体晶粒阳极钝化之故。

图 6 - 12 为硫酸浓度对于铅腐蚀速度的影响。硫酸对铁碳合金及不锈钢等常用的金属材料都会产生强烈的腐蚀。铅在稀硫酸及硫酸盐溶液中,具有特别高的耐蚀性能。这是由于在铅的表面生成了一层致密并结合牢固的硫酸铅保护膜所致。但铅在热的浓硫酸中,会发生如下反应:

$$PbSO_4 + H_2SO_4 \rightarrow Pb(HSO_4)_2$$

这说明硫酸铅在较高的温度和浓度下的硫酸中非常易于溶解,一般很少在大型设备中单独用作结构材料,而多数作为衬里材料。铅中若加入 6% ~ 13% 的锑,组成铅锑合金

图 6 - 12　硫酸温度、浓度对铅腐蚀速度的影响
1—50℃;2—沸腾

(称为硬铅),适用于制造强度要求高的制件(如耐酸泵、阀等),而其耐蚀性要比纯铅低一些。铅是一种贵重的有色金属材料。现在,硫酸工业中,已大量被非金属材料(如聚氯乙烯、玻璃钢)所代替,节约了不少铅材。铅在亚硫酸、冷磷酸、铬酸及氢氟酸中,都很稳定。

钛在质量分数为 10% ~ 98% 的 H_2SO_4 中不耐蚀,只能用于室温、质量分数为 5% 的溶氧 H_2SO_4 中,当 H_2SO_4 中存在少量的氧化剂和重金属离子(如 Fe^{3+}、Ti^{4+}、铬酸根等)时能显著提高钛的耐蚀性。

4)金属在磷酸中的腐蚀机理

磷酸的腐蚀性更像硫酸(和盐酸相比),通气以及有其他氧化剂存在时会使酸的腐蚀性增加。磷酸的温度和流动速度的增加,通常也增加了其腐蚀性。

一般来说,铁和钢不耐磷酸的腐蚀。退火的碳钢(0.02% 碳)在试剂磷酸中(温度为 24℃ ~ 48℃,浓度为 20% ~ 85%)和工业磷酸中(温度为 24℃ ~ 85℃,浓度为 10% ~ 65%),均可采用阴极保护,且保护效果较好,能有效地减缓腐蚀。当温度较低(< 30℃)时,铁与钢对含有 70% 以上浓度的粗磷酸尚耐蚀。添加适量的砷,可以防止腐蚀。据研究,碳钢在磷酸中也能钝化,但在浓度低于 100% 的磷酸中,钝化膜不稳定,维钝电流密度也很大,所以碳钢只有在过磷酸中进行阳极保护才有效。

高硅铸铁在任何温度和浓度的磷酸中均有较好的耐蚀性。

18 - 8 不锈钢耐磷酸腐蚀性能示于图 6 - 13。在 75% 以上的磷酸中,18 - 8 不锈钢可以

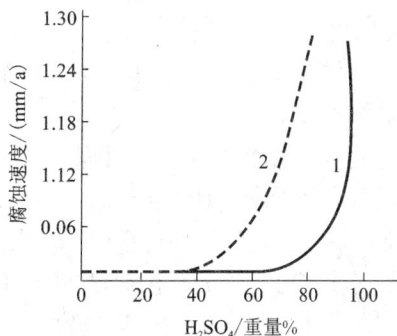

使用，但当温度高时则不能使用，特别是磷酸中含有氯离子时，腐蚀和点蚀都很严重。

铜及其合金对于温度不超过60℃、浓度不大于85%的磷酸耐蚀性尚好。工业纯铜对于温度在沸点以下、浓度至100%的无空气纯液体磷酸，有较好的耐蚀性。在高温下，尤其是高浓度的磷酸中，需要用贵金属银、铂以及硅酸盐制品等作为耐蚀材料。如对于200℃纯的89%液体磷酸，就曾用银来作蒸发器。

5）金属在氢氟酸中的腐蚀机理

氢氟酸类似盐酸，但酸性相对要弱些，且氟化

图6-13 18-8不锈钢耐磷酸的腐蚀性能

物盐通常比氯化物盐溶解性也小些。对大多数金属来说，与氢氟酸的反应是迅速的。当氢氟酸暴露于空气或当有另外的氧化剂存在时，增加了酸的腐蚀性，温度的增加亦使腐蚀性加剧。

碳钢在低浓度的氢氟酸中迅速腐蚀。中、低碳钢对60%冷氢氟酸是耐蚀的，当浓度超过80%时，碳钢亦能耐中等温度下的氢氟酸腐蚀。在高浓度的氢氟酸中，钢有良好的耐蚀性，这是由于铁的氟化物盐形成了保护膜，而膜在高浓度的氢氟酸中不易溶解的缘故。这是很特殊的，因为浓的无水氢氟酸对于许多氟化物盐是一个极好的溶剂。例如，铅能抗65%以下浓度的氢氟酸，但不能抗更高的浓度，因为在高浓度时，铅氟化物膜在无水的氢氟酸中明显地溶解。

6.2.2 有机酸腐蚀

（1）金属在有机酸中的腐蚀特征与概念

酸酐和醛类因为在某些条件下，它们能水解成相应的酸，所以亦被看成是有机酸。一般来说，除非水解，否则它们是不具有腐蚀性的。下面仅讨论关于有机酸的腐蚀。

有机酸是弱酸，它们能轻微地离子化，产生少量氢离子，虽然它们的腐蚀性不像无机酸那样强，但除了这些酸中最弱的外，对金属的腐蚀亦可以是迅速的。如果有氧化剂（像氧）存在，弱酸也能提供足够的去极化剂，使金属产生迅速的腐蚀。

最强的有机酸是甲酸，离子化程度比其他有机酸更高，所以腐蚀性更大。乙酸次之，接着是丙酸、丁酸。显然，如上所述，有机酸的酸度随碳链的增长而减小。长链的脂肪酸如硬脂酸和油酸，除在高温外，相对说来是不腐蚀的。升高温度会增加所有有机酸的活性，在高温时，甚至脂肪酸和环烷酸亦变成强腐蚀性的介质。

（2）常见金属在有机酸中的腐蚀

1）碳钢和铸铁在有机酸中的腐蚀

在任何浓度和温度下的甲酸中，腐蚀均很迅速。在任何浓度的乙酸中，甚至在室温时，腐蚀也相当迅速。室温的冰醋酸比更弱的有机酸腐蚀轻微，但其腐蚀速度仍为0.75～1.25

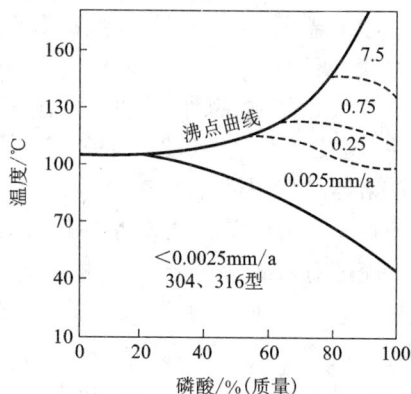

$mm \cdot a^{-1}$。钢在室温纯丙酸中腐蚀速度约为 $0.63\ mm \cdot a^{-1}$，而在其酸的水溶液中有更高的腐蚀速度。所以在甲酸、乙酸的生产和使用部门，钢是不被使用的，在处理丙酸中亦被限制。但是，在分子质量更高的酸中，在室温时钢是可用的，而且在许多酸和它们相应的酸酐的贮存中亦被采用。

铸铁情况与碳钢类似，高硅铸铁对任何浓度和温度的有机酸溶液都极耐蚀。

2)铝和铝合金在有机酸中的腐蚀

在室温、没有被污染的甲酸中，铝有良好的耐蚀性。典型的 1100 – H14 铝腐蚀率示于图 6 – 14，由图中可以看出在室温下 1100 铝对任何浓度的甲酸都是耐蚀的，50℃时在80%时腐蚀速度最大约 $2.25\ mm \cdot a^{-1}$，在沸腾条件下 1100 铝不耐蚀，腐蚀高达 $25\ mm \cdot a^{-1}$。污染(如被重金属盐或汞污染)能引起铝在任何浓度和温度的甲酸中的严重腐蚀。5086 铝只有用在 45℃，95% ~99%的甲酸中，才令人满意。

铝在室温、任何浓度的乙酸中，有良好的耐蚀性。因此广泛被用于醋酸的贮存和运输中。它对处于沸点时的 97% ~99% 的醋酸亦是耐蚀的，但当浓度接近100%或含过剩醋酐时，腐蚀又是非常迅速的。对于纯醋酐，铝再度成为耐蚀的金属。图 6 – 15、图 6 – 16 指出了铝在醋酸和醋酐中的耐蚀性。如果酸被某些物质所污染，铝几乎在任何温度，任何浓度下均被腐蚀。铝在丙酸中的腐蚀特征示于图 6 – 17 中，腐蚀情况非常类似于醋酸中的情况。丙酸的污染亦有效地影响着铝的腐蚀速率。

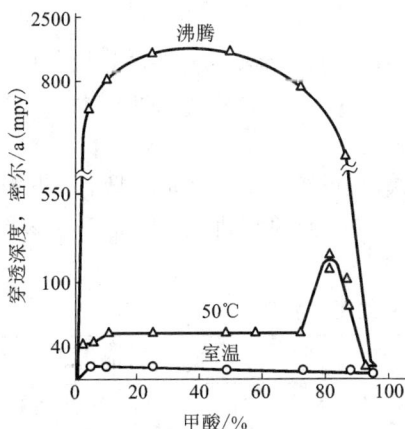

图 6 – 14　1100 – H14 铝在试剂级
甲酸水溶液中的腐蚀率

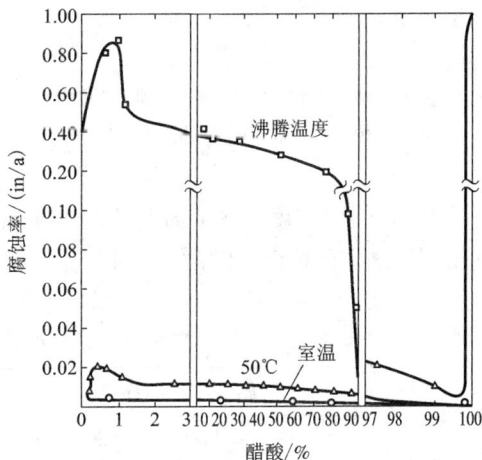

图 6 – 15　在醋酸中，浓度和温度对
铝合金的耐蚀性的影响

3)铜和铜合金在有机酸中的腐蚀

铜和铜镍合金在甲酸中的典型腐蚀情况示于表 6 – 6 中。铜及其合金在甲酸中的耐蚀性，完全取决于氧和其他氧化剂的存在与否。如果游离空气和其他氧化剂存在，腐蚀率就高，如

果酸中没有空气和其他氧化剂存在时，铜在任何浓度，在至常压沸点甚至更高的温度时，都可使用。铜和它的合金(除黄铜外)是处理甲酸中最广泛使用的耐蚀材料。由表 6 - 6 的数据中可以看出，浓度为 50% ~ 70% 甲酸，虽然属中等强度酸，但腐蚀率是有些增加的，因为在这些浓度时，酸有最大的解离度。另外腐蚀速度大也可能是因在试验时没有完全除气所致。

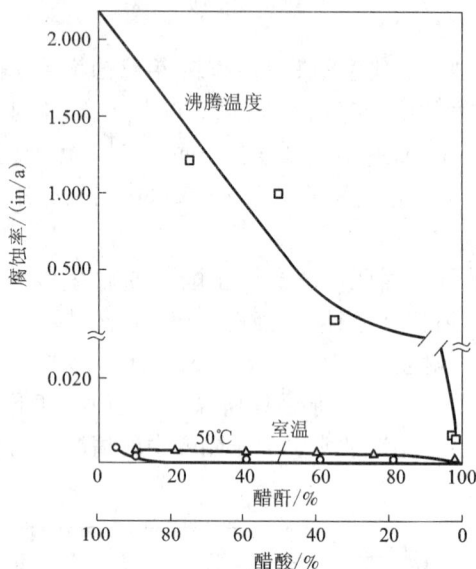

图 6 - 16　在醋酸、醋酸 - 醋酐溶液中
1100 - H14 铝合金的腐蚀率

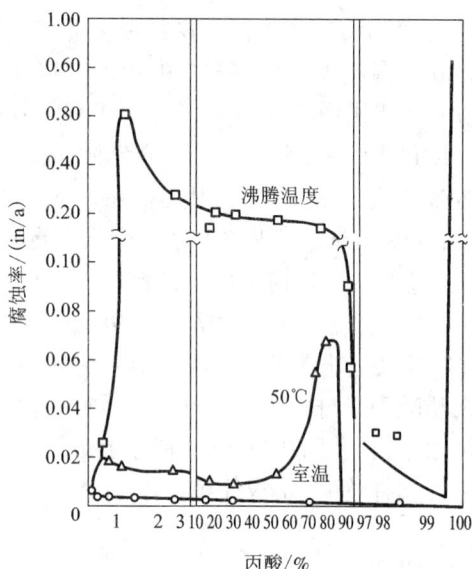

图 6 - 17　在各种温度的丙酸溶液中
1100 - H14 铝合金的耐蚀性

醋酸在任何浓度、常压沸点甚至更高温度时，在缺氧和其他氧化剂的情况下，铜及其合金(除黄铜外)有着良好的耐蚀性能。但当含有氧化剂时，醋酸的腐蚀性会增大。

表 6 - 6　铜和铜镍合金在甲酸中的腐蚀情况

酸浓度/%	腐蚀率/mm·a⁻¹		酸浓度/%	腐蚀率/mm·a⁻¹	
	铜	90 - 10 铜镍		铜	90 - 10 铜镍
1.0	0.020	0.022	50.0	0.255	0.528
5.0	0.017	0.022	60.0	0.050	0.032
10.0	0.015	0.017	70.0	0.750	0.750
20.0	0.195	0.392	80.0	0.195	0.125
40.0	12.625	0.332	90.0	0.218	0.190

铜和铜合金对丙酸的耐蚀性如同对甲酸、醋酸一样，只有当溶液中完全去掉空气和不含有其他氧化剂时才非常耐蚀。如果含气或有氧化剂存在亦会产生腐蚀。

4) 不锈钢在有机酸中的腐蚀

在室温、任何浓度的甲酸中，304 型不锈钢非常耐蚀，但在常压沸点时，仅对 1% ~ 2% 的甲酸耐蚀。表 6 - 7 指出了不锈钢在各种浓度的甲酸中，在常压沸点时的腐蚀率。

表 6 - 7　不锈钢在甲酸中的腐蚀情况

酸的浓度 /%	腐蚀率/mm·a^{-1}				酸的浓度 /%	腐蚀率/mm·a^{-1}			
	304[①]	316[①]	316[②]	20 钢		304[①]	316[①]	316[②]	20 合金[③]
1.0	0.17	0.02	—	—	60.0	3.40	0.46	—	—
5.0	0.78	0.04	—	—	70.0	3.98	0.49	0.32	—
10.0	1.33	0.26	—	—	80.0	4.22	0.47	—	—
20.0	1.90	0.27	—	—	90.0	3.22	0.41	0.15	0.10
40.0	3.40	0.20	—	—	100.0			0.10	—
50.0	4.20	0.50	0.38	0.025					

注：①未控制氧；②除空气；③暴露 48 小时。

316 不锈钢在室温、任何浓度的甲酸中很耐蚀，在沸点时，至 5% 浓度的甲酸中亦耐蚀，但在更高温度、中等强度的酸中却能发生严重的腐蚀。20 合金比 316 不锈钢要更耐蚀些。

304 不锈钢在稀醋酸溶液中有良好的耐蚀性。处理冰醋酸的设备中亦可用 304 不锈钢。而在醋酸的加工设备中却广泛使用了 316 不锈钢，因为它能耐任何浓度、至常压沸点或更高的温度下的醋酸的腐蚀。但在醋酸中有少量醋酐存在时，则引起 316 不锈钢腐蚀率的增加，见图 6 - 18。

304 不锈钢在室温丙酸中有良好的耐蚀性。而在沸点时，至 50% 浓度的丙酸水溶液中也有良好的耐蚀性。但在处理热浓的丙酸液时，则优先选用 316 不锈钢。

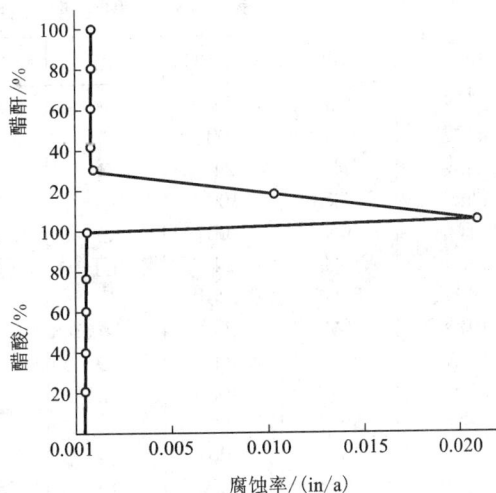

图 6 - 18　316 不锈钢在醋酸、醋酸 - 醋酐 混合物中腐蚀的实验室试验

对于高分子质量的有机酸，在室温时以及低浓度高温度时，304 不锈钢能耐蚀，但有时亦出现严重的腐蚀。而 316 不锈钢几乎对所有的酸甚至在提高温度时均能耐蚀。

5）钛及钛合金在有机酸中的腐蚀

钛有良好的耐甲酸腐蚀的性能，但在无水的甲酸中，钛却以很高的腐蚀率被腐蚀。对于醋酸，钛在任何浓度、至常压沸点时均耐蚀，而在无水的醋酸中腐蚀。Ti – 0.3Mo – 0.8Ni（Ti – Codel2）合金以及 Ti – Pd 合金在沸腾的还原性有机酸中的耐蚀性优于工业纯钛及 304、316 型不锈钢，Ti – Codel2 合金在质量分数为 45% 的沸腾甲酸中没有腐蚀，在质量分数为 80% ~ 95% 的沸腾甲酸中年腐蚀率仅为 $0 \sim 0.5588 \; mm \cdot a^{-1}$。

6）其他合金在有机酸中的腐蚀

哈氏合金在处理甲酸中是良好的合金材料之一，且能在任何浓度和温度下使用。硅铁在大多数甲酸浓度、至常压沸点时有良好的耐蚀性，有时亦用它们来制作处理酸的泵。哈氏 B 和 C 能耐任何浓度和温度时醋酸的腐蚀，特别是在被无机酸和其盐污染的醋酸中，不锈钢和铜合金都不能使用时，它仍可使用。哈氏 B 多用于还原性条件下，如醋酸加硫酸中。哈氏 C 通常用于氧化性的醋酸溶液中。哈氏 B 和 C 对丙酸溶液在有还原性或氧化性条件下均很耐蚀。另外镍合金在低浓度的丙酸中耐蚀性很好，但在高浓度高温度时却不及 316 不锈钢好，对于高分子质量的有机酸，哈氏 S 具有良好的耐蚀性。镍基合金，特别是蒙乃尔（Monel），当酸被污染不能使用 316 不锈钢时仍具有很好的耐蚀性。表 6 – 8 列举了几种金属（合金）在有机酸中的腐蚀数据。

表6－8　几种金属（合金）在有机酸中的腐蚀数据

酸	浓度	温度/℃	铝	铜和青铜	304 型	316 型	20#钢	高硅铸铁
醋酸	50%	24	●	●	○	●	●	●
醋酸	50%	100	※	○	□	●	●	●
醋酸	冰	24	●	●	●	●	●	●
醋酸	冰	100	○	※	※	○	○	●
柠檬酸	50%	100	○	□	○	○	●	●
柠檬酸	50%	24	□	□	※	○	○	●
甲酸	80%	100	○	●	○	●	●	●
甲酸	80%	24	※	●	※	○	●	●
乳酸	50%	24	○	○	○	●	○	●
乳酸	50%	100	※	○	※	●	○	○
马来酸	50%	24	○	□	○	○	●	●
马来酸	50%	100	※	○	○	○	●	○
环烷酸	100%	24	○	○	●	●	●	●
马烷酸	100%	100	○	※	●	●	●	●
酒石酸	50%	24	○	□	●	●	●	●
酒石酸	50%	100	※	○	●	●	●	●
脂肪酸	100%	100	●	□	○	●	●	●

对环烷酸和脂肪酸，含水量大于 1%；充气使腐蚀率大增。

注：● 小于 0.05mm · a⁻¹；○ 小于 0.05 ~ 0.5 mm · a⁻¹；□ 0.5 ~ 1.27 mm · a⁻¹；※ 大于 1.27 mm · a⁻¹。

6.2.3　碱腐蚀

化学工业环境中接触到的严格意义上的碱以无机苛性碱、氨水为常见,"纯碱"、许多碱性盐及称之为"强碱"的有机醇钠等中虽有"碱"名,但实际归为盐类。

碱对金属的腐蚀以溶液相发生的情况为常见,而碱与金属的理想固-固相界面接触反应包括腐蚀反应是相当慢的。不少的固相状态的碱在潮湿或水雾的环境中导致有碱表面的浓溶液存在。

根据金属腐蚀理论可知,随着溶液的 pH 值增加,致使氢离子的浓度降低,金属腐蚀过程中氢离子去极化的阴极反应受到抑制,金属表面生成氧化性保护膜的倾向增大。故而,大多数金属在碱类溶液中的腐蚀,属于氧去极化腐蚀。

金属在碱溶液中腐蚀的影响因素主要有:pH 值、碱性物浓度及温度等。

铂、金等电极电势较正、化学稳定性较高的金属,其腐蚀速度很小,pH 值对它们的腐蚀速度影响很小,即使其 pH 值处于碱性范围内亦然。

铁、镍、镉、镁等金属,由于其氧化物溶于酸性水溶液而不溶于碱性水溶液,它们在低 pH 值时腐蚀得较快,而在高 pH 值时就腐蚀得就较慢。但必须指出的是,铁若处在 pH 值很高的溶液中时,铁会溶解而生成铁酸盐致使腐蚀加剧。以铁为例,图6-19、图6-20分别示出了充气软水的碱性 pH 值条件下对铁腐蚀速度影响的情况、碳钢在冷却水中腐蚀速度随水 pH 值的升高而降低的情况。

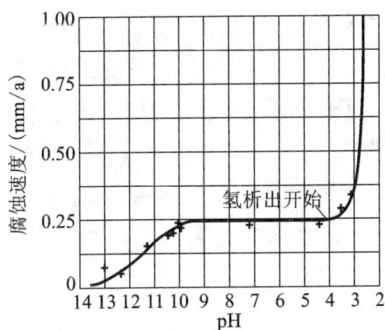

图6-19　充气软水的 pH 值
对铁的腐蚀速度影响

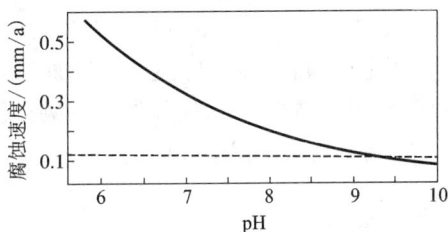

图6-20　冷却水的 pH 值
对碳钢腐蚀速度影响

由图6-20中可见,碳钢在冷却水中的腐蚀速度随水 pH 值的升高而降低。当冷却水的 pH 值升高到 8.0~9.5 时,碳钢的腐蚀速度将降低到 0.200~0.125 $mm \cdot a^{-1}$,接近于循环冷却水腐蚀控制的指标:腐蚀速度 $< 0.125\ mm \cdot a^{-1}$(5 mpy)(图6-20中的虚线)。

铝、锌、铅、铬和锡等这些两性金属,其氧化物属于两性氧化物(即既溶于酸性水溶液中，又溶于碱性水溶液中）。这些金属在中间的 pH 值范围内具有最高的腐蚀稳定性。图 6-21 中示出的水溶液的 pH 值升高到碱性区时对铝腐蚀速度的影响，可以作为 pH 值对两性金属腐蚀速度影响的一个例子。

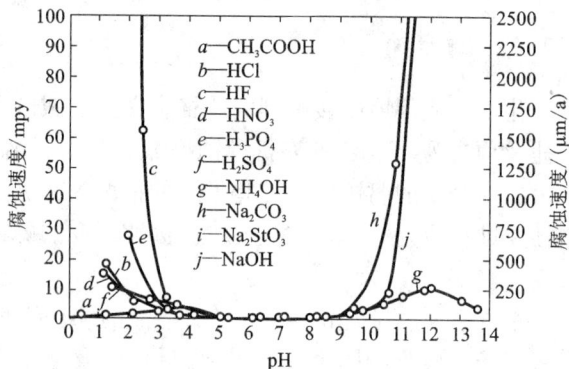

图 6-21　铝的腐蚀速度与 pH 值的关系
(1 mpy = 0.025 mm·a⁻¹)

钢铁在碱溶液中的腐蚀稳定性（腐蚀行为估计）可以参见图 2-8。从这里可以看到，当冷却水中有溶解氧存在时，例如在敞开式循环冷却水系统中，把冷却水的 pH 值提高到大于 8.0 的碱性区域，例如提高到其自然平衡 pH 值(pH = 8.0~9.5)，对于控制碳钢的腐蚀十分有利。此时碳钢将易于钝化。

在常温下，钢铁在碱中是较为稳定的，因此在碱的生产中，最常用的材料是碳钢和铸铁。在 pH 值为 4~9 时，腐蚀速度几乎与 pH 值无关；在 pH 值为 9~14 时，钢铁的腐蚀速度较低，这主要是因为腐蚀产物（氢氧化铁膜）在碱中的溶解度很低，并能较牢固地覆盖在金属表面上，阻滞金属的腐蚀。

当碱的浓度超过 pH = 14 时，腐蚀增加。这是由于氢氧化铁膜转变为可溶性的铁酸钠(Na_2FeO_2)所致。如果碱液的温度再升高，这一过程显著加速，腐蚀将更为强烈。

当氢氧化钠的浓度高于 30% 时，膜的保护性能随着浓度的升高而降低，若温度升高超过 80℃ 时，普通钢铁就会发生严重的腐蚀。同样，碳钢在氨水中也有类似的情况。碳钢在稀氨水中腐蚀很轻，但在热而浓的氨水中，腐蚀速度增大。当碳钢承受较大的应力时，它在碱液中还会产生应力腐蚀破裂，这种应力腐蚀破裂称为"碱脆"。

由此可见，贮存和运输农用氨的碳钢压力容器，可能发生应力腐蚀破裂。因此对于这种容器，在制造后应设法消除应力，以最大限度地减少发生应力腐蚀破裂的可能性。

6.2.4　盐腐蚀

化学工业环境中接触到的盐的情况是很常见的，盐的种类与数目众多。同碱腐蚀类似的是，盐对金属的腐蚀仍以溶液相发生的情况为常见，而盐与金属的理想固-固相界面的腐蚀反应是相当慢的。

盐溶液对金属的腐蚀基本机理有：一是盐溶液作为电解质溶液提供电化学微电池腐蚀的一个基本要素；二是盐溶液中成盐离子自身的化学活性与所接触到的金属之间可能有的化学腐蚀反应。氧去极化仍然是盐溶液中的腐蚀要考虑的。

盐有多种类别形式，它们对金属的作用不尽相同。按盐溶于水时所显示出的酸碱性，可分成酸性、中性及碱性盐；按成盐离子的氧化－还原能力又可有氧化性、非氧化性盐的区分。两者分类交叉，见表6－9所列出的部分无机盐的分类。

表6－9 部分无机盐的分类

	中性盐	酸性盐	碱性盐
非氧化性	氯化钠 NaCl 氯化钾 KCl 硫酸钠 Na_2SO_4 硫酸钾 K_2SO_4 氯化锂 LiCl	氯化铵 NH_4Cl 硫酸铵 $(NH_4)_2SO_4$ 氧化锰 MnO_2 二氯化铁 $FeCl_2$ 硫酸镍 Ni_2SO_4	硫化钠 Na_2S 碳酸钠 Na_2CO_3 硅酸钠 Na_2SiO_3 磷酸钠 Na_3PO_4 硼酸钠 $Na_2B_2O_7$
氧化性	硝酸钠 $NaNO_3$ 亚硝酸钠 $NaNO_2$ 铬酸钾 K_2CrO_4 重铬酸钾 $K_2Cr_2O_7$ 高锰酸钾 $KMnO_4$	三氯化铁 $FeCl_3$ 二氯化铜 $CuCl_2$ 氯化汞 $HgCl_2$ 硝酸铵 NH_4NO_3	次氯酸钠 $NaClO$ 次氯酸钙 $Ca(ClO)_2$

盐腐蚀的影响因素有：盐溶液的酸碱性、成盐离子的氧化－还原能力、配位能力以及盐与溶解氧的浓度、温度等。

（1）中性盐

在许多情况下，腐蚀速度和中性盐类的浓度的关系，其曲线的形式具有最大值（图6－22）。对于不同金属和不同的盐，最大值不同。

图6－22中曲线的上升部分是由于盐浓度的增加，增大了溶液的导电性，因而腐蚀电流可以增大。此外，如 Cl^-、SO_4^{2-} 这些阴离子浓度的增高，正如我们所知的，可以降低膜的保护性能，因而可以同样升高腐蚀速度。可是当增大盐的浓度时，电解质溶液中氧的溶解度下降（图6－23），这就导致阴极去极化的速度下降，腐蚀速度就相应减小。

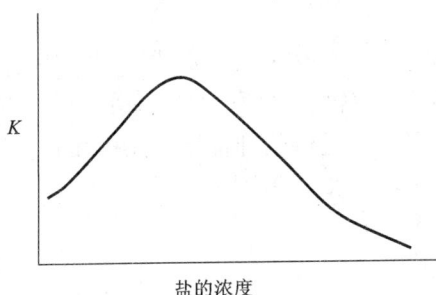

图6－22 腐蚀速度与溶液中
盐浓度的典型的关系

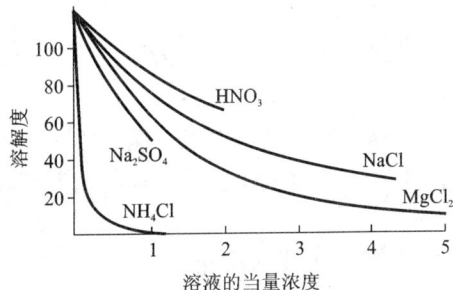

图6－23 氧的相对溶解度与
溶液中盐浓度的关系（25℃）

钢铁在中性盐溶液中的腐蚀速度随浓度的增加而增大,当浓度达到某一数值(如 NaCl 为 3%)时,腐蚀速度最大(相当于海水的浓度),然后随浓度增加腐蚀速度下降。

(2)酸性盐

由于这类盐在水解后能生成酸,所以对铁的腐蚀既有氧的去极化作用,又有氢的去极化作用,其腐蚀速度与同一 pH 值的酸差不多。

(3)碱性盐

碱性盐水解后生成碱。当它的 pH 值大于 10 时,和稀碱液一样,腐蚀较小。这些盐中,磷酸钠、硅酸钠都能生成铁的盐膜,具有很好的保护性能。

(4)配体盐

NH_3 是常见的能与金属离子发生配位反应的配体。对于铵盐而言,NH_3 可来自于溶液相中 NH_4^+ 的解离。

NH_4Cl 当其浓度大于一定值(约 $0.05\ mol\cdot L^{-1}$)时,它对铁的腐蚀大于相同 pH 值的酸。这是因为,铵离子(NH_4^+)解离出来的 NH_3 能和铁离子生成配位化合物,增加了腐蚀反应倾向。硝酸铵在高浓度时的腐蚀性又大于氯化铵和硫酸铵,因为硝酸根离子也参加了阴极去极化作用。

金属铜的腐蚀更需考虑配体 NH_3 的影响,因为 Cu^{2+} 更易与 NH_3 发生配位反应加剧铜腐蚀。盐中可作为配位体的离子尚有 X^-、$S_2O_3^{2-}$、$C_2O_4^{2-}$ 等。

(5)氧化性盐

氧化性盐可分成两类:一类是很强的去极化剂,所以对金属的腐蚀很严重,如三氯化铁、二氯化铜、氯化汞、次氯酸钠等。另一类能使钢铁钝化,如铬酸钾、亚硝酸钠、高锰酸钾,只要用量适当,钝化膜的生成可以阻滞金属的后续腐蚀,这些强钝化能力的氧化性盐通常是很好的缓蚀剂。

值得注意的是,与三价铁盐相比,氧化性盐是更强的氧化剂,但是三价铁盐却能引起更迅速的腐蚀。类似的情况,还有硝酸盐比亚硝酸盐具有更高的氧化态,但亚硝酸盐对金属的腐蚀更强一些。

(6)次生盐

考虑盐的腐蚀情况,还需注意次生盐的影响。如无水的液体或气体卤素,在一般的温度下,对多数金属是不腐蚀的。这是因为卤素与金属生成的腐蚀产物通常是金属卤化物,它可以在金属表面形成膜且提供一定的保护,其保护程度依赖于盐的物理性质。无机和有机的卤素化合物,在无水的条件下,基本上没有腐蚀性,而它们的水溶液却具有腐蚀性。

6.3 核电工业腐蚀

腐蚀与防护研究在核电工业领域是十分重要的。数十年来国内外核电工业发展过程中与核工业有关的腐蚀问题长期存在并不断发生。核工业装备特别是反应堆压力容器的腐蚀如果引起事故,那是灾难性的。早期的国外核动力装置几乎均发生过腐蚀故障,甚至严重的腐蚀事故。核工业中的腐蚀性介质和环境主要有:射线与辐照;高温高压水;高纯钠及高纯锂;强侵蚀性介质。核反应堆运行中的辐照腐蚀、冲刷腐蚀和腐蚀疲劳以及锆合金在高温水蒸气中的氧化问题都很重要。有些腐蚀形式有一定的潜伏期,极易使人们忽视其危害性,因此世界各国对核工业中的腐蚀与防护问题的研究都十分重视,也都进行了大量的研究。

现代核电站除了选用的核反应堆类型不同以外,其他系统的装置大致相同。从总体上说,核电站由核蒸汽供给系统和常规系统所组成。核蒸汽供给系统的核心装置是核反应堆及主回路系统等。常规系统指的是二回路及三回路系统。为了保证核电站的安全运行,它们各有其独立完整的辅助体系。我国核电站以压水堆为主,本节将围绕压水堆介绍核工业中的腐蚀环境与材料的腐蚀行为。

6.3.1　核电工业的腐蚀环境

以压水堆核电站系统为例,其基本流程图见图6-24,电站是由反应堆回路(一回路)、汽轮机回路(二回路)和发电机回路三个基本部分所组成,装设有蒸汽发生器,使带有放射性的一回路系统与二回路的汽水系统完全隔离,一回路带放射性的冷却剂不会进入二回路,进入汽轮机的蒸汽不带

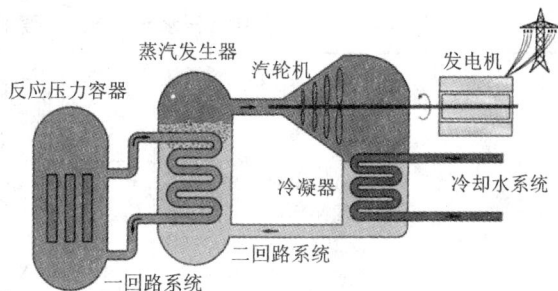

图6-24　压水堆型核电站流程

放射性,因而二回路运行维护方便。压水堆工作时,水在主泵的推动下从下部进入堆芯,吸收了裂变产生的热能,水温升高,密度降低,从堆芯上部流出压力壳。入口时水温292℃,出口时水温326℃,堆内压力保持为158个大气压。高温高压的水经一回路管道进入蒸汽发生器,在蒸汽发生器内,一回路的水在管子里流动,把部分热能传给二回路的水。然后,一回路的水经主泵又循环回到反应堆。这样,使二回路的水变成280℃左右和60~70个大气压的高温高压蒸汽,去推动汽轮发电机组发电。

核电工业的腐蚀环境可以划分为:

(1)射线与辐照

核工业中经常见到的射线有α射线、β射线、X射线、γ射线和中子流等,此外还有质子流、氘核流等带电重粒子束。这些射线或多或少都会对材料的腐蚀起一定的作用。

(2)高温高压水、高纯钠、高纯锂以及高纯氦

高温高压水主要应用于轻水堆,核电工业中的高温高压水环境控制非常严格。高纯钠主要应用于液态金属冷却堆,高纯锂主要应用于聚变反应堆。此外,还有高温气冷堆使用高纯氦。氦气中如有杂质存在,就会产生腐蚀问题。

（3）强侵蚀性介质

核工业中铀矿开采，矿石的化学处理与加工，铀化合物的精制、浓缩，在核反应堆内核反应后的核燃料元件处理，裂变产物的分离、回收，放射性废液、废料的处理过程，都需要使用大量的酸、碱、盐类化合物，都具有不同的侵蚀性。焊缝处的腐蚀问题以及矿料产生的磨损腐蚀问题都比较严重。在铀同位素的分离过程中，六氟化铀的化学性质异常活泼，它与水反应生成 HF，具有侵蚀作用。

6.3.2　核电材料的腐蚀行为

表 6-10 给出了压水堆型核电站所用材料的一览表，电站材料的选择就是按照表所控制，特别是焊接和制造的难易程度、产品的均匀性以及炼钢和制造工序的经济性。

表 6-10　压水堆核电站主要部件所用材料一览表

部件或系统 / 国家	反应堆压力容器	反应堆冷却剂系统的其他部件	反应堆压力容器堆内构件	核辅助和外围系统	蒸汽发生器管	水-蒸汽循环	耐磨部件和表面硬化
德国	20MnMoNi55 22NiMoCr37 奥氏体堆焊层 X6CrNiNb 1810		X6 CrNiNb 1810 G-X5 CrNiNb 18 9 Alloy 718 Alloy X 750	Alloy 800	C22.8 St35.8 15Mo3 GS-C25	硬质合金，无 Co 的替代物
法国	16Mn D5 18Mn D5 奥氏体堆焊层 308L 309L		Z3 CN 20.09-M Z2 CN 19.10 Z2 CN 18.12	Alloy 600 Alloy 690	Tu 42 c Tu 48 c	硬质合金
美国	SA533 Cr. B Cl. 1 SA 508 Cl. 2 SA 508 Cl. 3		AISI 304 L AISI 316NG AISI 316 L	Alloy 600 Alloy 690	SA 350 Cr. LF2 SA 516 Cr. 70 SA 333 Cr. 6 SA352 Cr. LCB	硬质合金，无 Co 的替代物
俄罗斯	15Ch 2MFA 15Ch 2NMFA 奥氏体堆焊层	08Ch18N12T 10GN2MFA 06Ch10N3DL	08 Ch 18 N 10T	08Ch18 N10 T	ST 120 16 GS	硬质合金，无 Co 的替代物
日本	SFV Q1A	SUS 304L SUS 316L SFV Q1A	SUS 304 L SUS 316 L SCS 16/SCS 19	Alloy 600 Alloy 690	SM 41 SQV 1A SPC H2	硬质合金，无 Co 的替代物

（1）点蚀

作为水冷反应堆燃料元件包壳材料和结构材料的铝材会遇到点蚀问题，其危害主要表现为：轻者可以使容器、管道及设备上产生很多麻坑，重者还可导致溃疡状的腐蚀或穿孔，或诱发应力腐蚀等其他局部腐蚀,尤其当燃料元件铝包壳和铝制堆壳体及管道等穿孔后就会发生放射性污染事故。

(2)应力腐蚀开裂

应力腐蚀开裂是核电工业中最常见的腐蚀类型之一,在反应堆内结构材料和各回路中使用材料上,SCC 时有发生。

一回路水诱发应力腐蚀开裂(PWSCC)与一回路的水化学和材料有关。腐蚀产物从蒸汽发生器材料中释放主要取决于其铬含量,回路中许多杂质是晶间腐蚀与 SCC 的潜在来源。

表 6-11　蒸汽发生器材料的腐蚀形态

类　型	出现范围	原　因	补救措施
应力腐蚀开裂	世界范围内,在 Alloy800 的 SG 中不出现	在 U 形弯曲区域中存在高的残余应力 Alloy600 的使用	去应力热处理 改换材料
凹蚀,晶间腐蚀(IG)	世界范围内,在不锈钢支撑板的 SG 中不出现	管子支撑板上钻孔铁素体板材腐蚀性的化学工况	采用抗腐蚀材料 改进机械设计 改善水化学
耗蚀,点蚀	世界范围内	低流速区腐蚀产物和盐的沉积	水化学的全挥发处理 PO_4^{3-} 的含量减少到 2mg/kg 管板的清洗
晶间应力腐蚀开裂(IGSCC) 晶间腐蚀(IG)	特殊的 SG 型号	管子和管板之间的深缝隙腐蚀产物和盐的沉积	改善水化学 消除管子和管板之间的深缝隙

沸水堆中,不锈钢管道约有 6000 个焊缝,几乎每年都会在连接奥氏体不锈钢管道与有关部件的焊缝热影响区观察到几个 SCC 的实例。奥氏体不锈钢对 SCC 十分敏感,其中最主要的环境介质是氧。由于压水堆内采用联氨和氢过压控制,冷却剂中氧含量较低,快中子堆使用氧含量极低的钠作为冷却剂,所以很少出现冷却剂管道破裂事故。但沸水堆的情况就不同,通常遇到的是不锈钢管道的晶间应力腐蚀开裂(IGSCC),与材料的敏化程度

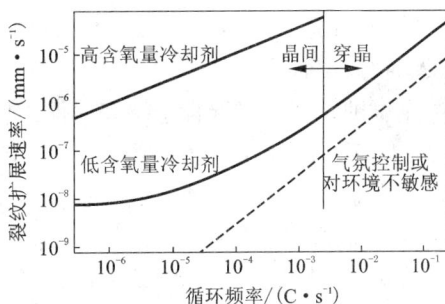

图 6-25　304 不锈钢管道的裂纹扩展速率与循环频率的关系

有关,图 6-25 给出了敏化不锈钢中裂纹扩展的趋势以及裂纹生长速率随循环频率的变化。

核电站的蒸汽-水系统内,蒸汽发生器传热管及其管束承担着大量工作负荷,其运行环境较恶劣,蒸汽发生器传热管用镍基合金,如 600 合金、800 合金和 690 合金的 SCC 性能一

直是研究的热点。以 600 合金 SCC 为例，在一回路侧观察到轴向晶间裂纹，其部位在 U 弯头、管与管板交界等位置。其原因主要是材料在制造中，弯管、管与管连接等操作中使管子受到冷加工，引入了高的内应力，对 600 合金进行 715℃，12 小时的去应力热处理可以延长在一定运行温度下发生损伤的时间。从外部因素考虑则有水化学条件、温度等对裂纹的萌生和扩展起到了促进作用。800 合金在成分和热处理制度上比 600 合金有了明显的改进，即提高了 Cr 含量，降低了 Ni 含量，使材料表面形成稳定的 Cr_2O_3 氧化膜，将碳含量降低到 0.03%以下，添加钛，使 Ti/C ≥12，形成 TiC 以增加抗敏化能力，从而提高抗 SCC 性能。690 合金成分是在 600 合金的基础上作了充分调整，将碳含量控制到 0.03%以下，控制 Cr 含量在28% ~31%，Ni 含量≥58%，以提高抗腐蚀能力。镍基合金经压水堆一回路冷却剂工况和水质条件的试验（316℃，O_2 = 8 μg/g，Cl^{-1} = 100 μg/g，pH = 7），得到 690、800 和 600 合金耐SCC 时间分别为 11000 小时、10230 小时和 5000 小时，在纯水中没有观察到 SCC 现象。

在水冷堆燃料元件中，芯块与包壳的相互作用（PCI）是指燃料元件芯块与包壳之间的机械相互作用和化学相互作用引起的元件破损现象。从堆外实验和堆内破损检查证实，绝大部分 PCI 破损的实质就是 SCC，具体而言属于碘致 SCC。其开裂原因一方面由于燃料芯块和包壳间的机械相互作用而导致包壳上的周向应力，另一方面存在碘这种活性腐蚀剂，它是燃料棒中产生的裂变物，两者共同作用导致了应力腐蚀开裂而使包壳失效。堆外碘腐蚀实验结果表明，锆包壳产生 SCC 所需要的碘浓度极低，为 3×10^{-3} ~ 7×10^{-3} mg/cm^3。水冷堆的燃料元件在达到足够的燃耗（约 5000 小时）后，如果快速提高反应堆功率，就可达到产生 SCC 所需之临界应力和临界碘浓度的条件。锆合金包壳 SCC 破裂断口具有典型的脆性断裂特征：裂纹从包壳表面开始，且垂直于包壳内表面；初始裂纹呈树枝状，根部很细，开始为晶界破裂，裂纹达到一定深度后就转变为穿晶破裂；存在明显的环形劈裂区，在劈裂区面上有时可观察到平行的凹槽结构；在包壳外表区域，可观察到具有延性特征的韧窝。

（3）冲刷腐蚀

冲刷腐蚀是碳钢或低合金钢表面保护性的氧化膜在水流或多相混合物液流冲刷作用下发生溶解、破坏，从而引起管壁减薄的过程。冲刷腐蚀的特征是大面积的壁厚减薄而非局部腐蚀。肉眼观察到的冲刷腐蚀表面有多种形貌。在单相流体条件下，当腐蚀速率较高时，金属表面出现马蹄形、扇贝形、橘子瓣形的腐蚀形貌，如图 6-26 所示。在双相流条件下，管道的腐蚀形貌是"虎皮纹"，通常认为这种形貌是由高度紊乱和充满气泡的水冲刷造成。冲刷腐蚀主要发生在管形装置中有强烈湍流的部位，减薄区域在工作压力、水流突然冲击或启动加载等冲击力的作用下会发生破坏，对于大型装置可能发生突然爆裂，如图 6-27 所示。

在实际生产过程中，碳钢管道表面存在一层薄氧化膜，冲刷腐蚀发生时，氧化膜非常薄（小于 1 μm）且呈透明状，碳钢表面呈现金属光泽。随氧化膜增厚，碳钢表面呈黑色。对发生腐蚀破坏的碳钢表面进行检查，发现其氧化膜不连续，存在腐蚀坑，这与碳钢表面的微观选择性腐蚀有关。碳钢中珠光体的腐蚀速率大于铁素体，由于相间电化学的差异在碳钢表面形成微观腐蚀坑。

核电站易发生冲刷腐蚀的系统包括：冷凝和给水系统、辅助给水系统、加热器排水系统、湿气分离器排水系统、蒸汽发生器系统、再加热器排水系统、排出系统、密封蒸汽系统和给水加热器口等。防止冲刷腐蚀主要采取了改良水化学成分方法来降低腐蚀速率。对于敏感区和损坏区，通常采用更换材料或构件的方法来解决冲刷腐蚀。

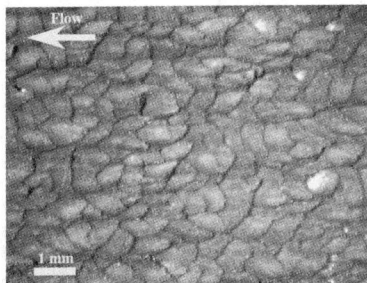

图 6-26　冲刷腐蚀的典型表面扇贝形貌

图 6-27　冲刷腐蚀引起的管道失效

（4）氧化

非合金锆在水或水蒸气中的抗氧化特性不佳，可以通过添加 Sn、Nb、Fe、Cr、Ni 等元素形成锆合金进行改善。锆合金在高纯水或蒸汽中与水反应在表面生成一层氧化膜，氧化的一般规律可以用增重随时间变化的曲线来表示（如图6-28 所示）。锆合金的氧化对显微组织、成分、环境条件如温度、水化学和中子注量率敏感。堆外试验表明，去应力提高腐蚀阻力。典型的氧化特征是其动力学曲线从抛物线逐渐转变为

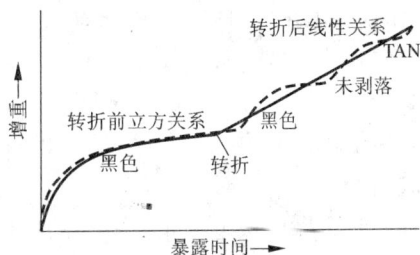

图 6-28　锆合金在 200℃~400℃水和蒸汽中腐蚀动力学曲线
（虚线为试验结果，实线为拟合曲线）

线性，这是由于压力管高温区的金属/氧化物界面上有薄的阻挡层，在外部有多孔的氧化层。

（5）氢化

氢化是在核辐射环境中金属材料与产生的氢反应生成氢化物而导致材料失效破坏的过程。例如，锆对氢是活性的，在同氧尚不会起反应的温度下，就发生氢化作用。核工业中氢的来源主要包括：腐蚀反应过程中产生的氢；溶解在水和蒸汽中的氢；在辐照作用下，一回路水辐射分解形成的氢；在压水反应堆冷却水中特意加入的氢。也可能有其他的 H₂ 来源，如从外界吸收氢，对 Candu 堆燃料通道来说，难以找到氢吸收与氧化之间的定量关系。所发现的氢化物中绝大多数是锆氢化物（ZrH），但在氢含量高时，已鉴别出材料中还有少量 σ 氢化物和 ε 氢化物。氢含量的增加可以显著降低 Zr 合金的拉伸性能（如图6-29 所示）。

（6）辐照对腐蚀的影响

与其他高温高压环境相比，核电环境中的辐照有其特殊性，辐照对腐蚀的影响不可忽视。反应堆内外的腐蚀情况是很不相同的，原因是堆内部件要受到源于部件内部的热流作用、中子辐照造成显微组织出现严重的辐照损伤以及辐照分解引起的水化学变化。

辐照在金属中产生了大量的各种缺陷，使得腐蚀电位发生变化而降低其稳定性，从而加速了腐蚀过程。以锆合金为例，其均匀腐蚀速率与注入量近似成正比，试验表明经 $1025\ n/m^3$ 的中子注入量辐照后，其均匀腐蚀速率增加了

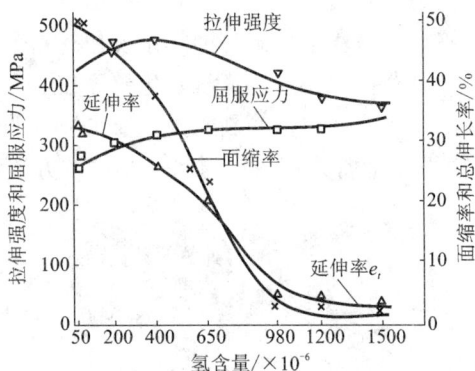

图 6-29 氢含量对 Zr-4 合金室温拉伸性能的影响

2 倍。同时辐照还造成第二相粒子的溶解以及合金元素的再分布，也会对腐蚀产生影响。

水经辐照后，会分解产生 H_2 和 O_2，H_2 在高温高压下能使核压力容器材料（特别是钢材）产生氢腐蚀，而氧气则加剧了材料的氧化，使压力容器材料受到很大的损害。大量的 H_2O^+、$e^-_{永合}$、H_2O^+、H_3O^+、H^+、OH^- 等初级辐射产物相互作用，产生种种次级辐解产物。次级辐解产物在向水体扩散过程中又交互作用，最终形成稳定物质 H_2、H_2O_2、O_2，迅速达到化学平衡，H_2、H_2O_2 主要由氢离子和氢氧自由基复合组成。H_2O_2 的自氧化还原分解反应随着反应温度和 pH 值的增加而加快。金属离子的催化作用也会加剧 H_2O_2 的分解，H_2O_2 也会与金属离子反应放出 O_2。

辐照时金属电极电位正向移动的幅度与交换电流的大小和阳极极化曲线的特性有关。如果电极电位处于极化曲线的钝化过渡区或钝化区，交换电流很小，则氧化性辐解产物的积聚就会使电极电位增加幅度较大；如果电极电位处于活化区，交换电流或致钝化电流很大，则辐照使电极电位正常移动的幅度就小。一般认为，辐照导致电极电位正向变化主要是 H_2O_2 等氧化性产物作用的结果，氧化膜的作用次之。

辐照效应反映了辐照对腐蚀介质的作用；辐照-电化学作用从能量角度反映了辐照对金属电化学性质的作用；结构效应则是辐照改变金属的相结构，形成缺陷，特别是对氧化膜的影响导致腐蚀速率的变化。例如，18-8 型不锈钢在中子辐照下，可发生从奥氏体到珠光体的转变，使钢在含氯化物介质中的耐蚀性下降。氧化膜辐照损伤形成的缺陷对膜的电导率和扩散过程的影响也会改变金属的腐蚀速率。

具有保护性氧化膜的金属材料如锆合金、不锈钢和珠光体钢等，在反应堆运行温度下，辐照使腐蚀速率增大 1.2~4.4 倍。随着辐照剂量的进一步增高，辐照增强腐蚀效应会更为明显。

反应堆材料在水溶液中的辐照腐蚀是多种因素综合作用的复杂过程，进一步探明各因素的作用机理，特别是各因素的协同作用，是腐蚀研究工作的重点。

　　辐照在使材料产生大量缺陷的同时,可以显著降低材料的力学性能(如图 6 – 30 所示),因此在辐照和 SCC 联合作用下会产生辐射增强应力腐蚀开裂(IASCC)。IASCC 能在低应力下出现,在沸水堆中还能观察到其影响有增加的趋势。使用高纯奥氏体材料可能是降低 IASCC 的有效办法。

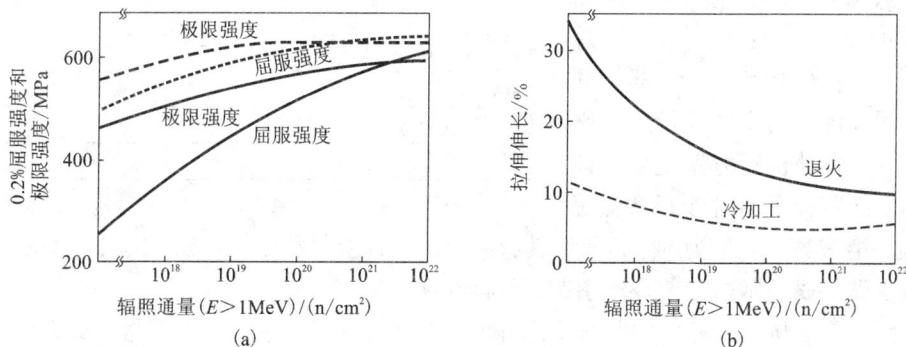

图 6 – 30　辐照对力学性能的影响

(a)由于缺陷产生而引起屈服强度和断裂强度随辐照剂量增加(虚线为 10% 冷加工;实线为退火);
(b)对于延性出现的相同效应

　　总之,腐蚀与磨蚀在核反应堆和核电站辅助系统内是随处可见的,尤其是对一回路内与冷却剂相接触的众多部件更是屡见不鲜。在核反应堆内,不仅是高温、高压和高流速的冷却剂本身(如 H_2O、He、液态 Na 等),而且包括其内含的腐蚀性杂质(如氯离子、游离氧、碳、氢等)均可引起燃料元件、回路管道和蒸汽发生器传热管以及堆内构件的腐蚀和磨蚀。腐蚀是降低核电工业中使用材料和部件寿命,增加维修费用和威胁核电站正常安全运行的重要原因之一。因此,需要加强相关领域研究,进一步通过选材、制造和腐蚀控制等手段提高核电设备及材料耐蚀性。

6.4　航空航天装备的腐蚀

　　航空航天装备的腐蚀是指航空航天器及其装备的工程结构材料的腐蚀,航空航天装备的选材料和腐蚀环境的特点,因此,各种航空航天装备材料在各种载荷及服役环境作用下的腐蚀损伤形式特征明显与其他工业领域的材料腐蚀特征不同。

6.4.1　航空装备的腐蚀

　　航空装备使用范围广,服役条件恶劣,腐蚀问题突出。航空装备结构用材常见腐蚀形式如表 6 – 12 所示。与其他工业环境相比,航空装备的腐蚀问题有以下特点:

（1）航空装备的使用环境复杂，包括飞行环境和停放环境。航空器停放期约占其全寿命的 70%（民机）和 90%（军机）。而环境的腐蚀作用并不因为停放而终止。航空装备的使用环境大致可分为三类：整机所处的总体环境，多为自然环境；航空器不同部位、不同部件和组合件服役的特殊环境，例如，发动机短舱温度高。油箱易积水、起落架滑跑时沙石磨损等

表 6 – 12 航空装备结构用材常见腐蚀形式

腐蚀类型	高强钢	铝合金	钛合金	复合材料
点蚀	有	有	轻微	—
晶间腐蚀	有	有		
缝隙腐蚀	有	有	有	有
剥蚀	—	有	—	—
应力腐蚀（氢脆）	有	有	有	有
腐蚀疲劳	有	有	有	有
电偶腐蚀	有	有	有	有

局部环境；第三类环境称为细节环境，其影响范围仅涉及结构细节，如，接头，口盖，连接紧固件，航空器的腐蚀常由细节环境引起，不容忽视。

（2）力学因素与腐蚀环境的联合作用非常突出，如腐蚀疲劳、磨振腐蚀、应力腐蚀破裂、氢脆等腐蚀形式在飞机结构中都很常见，并且往往造成比单纯腐蚀危害更大的灾难性破坏。飞机结构常见的腐蚀类型如下：

1）飞机机身的腐蚀

飞机整机所处的自然环境，主要是典型的大气环境。湿、热、污染的大气是造成航空器腐蚀的主要原因，飞机机身结构中常见的腐蚀损伤形式如下：

①电偶腐蚀。飞机机身结构材料在使用中经常要与异种材料进行搭接，因而其电偶腐蚀问题受到普遍重视。电偶腐蚀深度、失重速率以及平均电偶电流密度是评价电偶腐蚀性能的重要指标。飞机结构中应用了多种金属、合金及镀层，如铝、镁、钛及其合金，高强钢，各种不锈钢，镀铬层、镀镉层等等，不同金属接触时可发生电偶腐蚀。例如：镀镉的钢制紧固件与铝合金蒙皮接触，导致铝合金蒙皮上沿紧固件外缘发生严重腐蚀；用导电性胶黏剂将防冰罩黏结在铝合金机翼前沿，铝合金与胶粘剂之间构成电偶，使铝合金蒙皮受到腐蚀；高强铝合金销钉与钢制套筒接触，铝合金受到腐蚀；副翼控制杆用铸造合金制作，表面涂有富锌铬酸盐底漆和环氧面漆以防腐蚀，杆上有一球窝与钢球结合，由于钢球的摩擦导致涂层破坏，镁合金与钢之间构成电偶，其中镁合金作为阳极发生严重腐蚀。

阳极金属腐蚀特性，应尽量避免腐蚀倾向差别较大的两种金属接触。

②点蚀。飞机机身点蚀多半发生在表面有钝化膜或保护膜的金属上。凡是表明具有氧化或钝化膜的金属或合金材料，如铝及铝合金、不锈钢、耐热钢、钛合金等，在大多数含有氯离子或氯化物的腐蚀介质中，都有发生点蚀的可能。机翼的铰链支承用镀铬的 440C 型马氏体不锈钢制作，其内侧产生许多蚀孔，并进而导致断裂。某插销柄用低合金钢制作，多次发生由点蚀诱发的疲劳断裂事件。美制 C – 4A 型运输机的制动衬套原用铍材制造，其外表面发生多处点蚀。后来改用碳复合材料代替铍制造此件，既避免了腐蚀又减轻了重量。某液压传

动缸体用 2024 - T4 铝合金制造,其外表面发生多次点蚀并导致破裂。一些结构件用铸造镁合金制造,并经过铬酸盐转化膜处理,在表面转化膜受损的部位很容易发生点蚀。

飞机机身点蚀的影响因素:冶金因素,不同的金属合金在电解液中有不同的点蚀电位,材料点蚀电位愈高,点蚀耐力越强,同时在同一种金属材料中添加不同的合金元素也会提高或者降低材料的耐点蚀性能。航空装备常用的结构材料中,铝耐点蚀的能力最差,钛合金最强,而点蚀的位置和孔的深度具有随机性;环境因素,点蚀多发生在含氯离子或氯化物的水介质或气氛中,我国南海湿热海洋大气环境下飞机机身各部位的点蚀极易发生。

③缝隙腐蚀。航空装备结构件一般都采用铆、焊、螺钉等方式连接,因此在连接部位容易形成缝隙。一般发生在宽度为 0.025 ~ 0.1 mm 的缝隙内,此宽度内足以使介质滞留在其中,引起缝隙内金属的腐蚀。例如航空装备用镁合金、铝合金和普通不锈钢等结构材料,几乎所有含水介质都会使它们发生缝隙腐蚀,尤其是含氯化物的中性水溶液。关于缝隙腐蚀机理用氧浓差电池与闭塞电池联合作用机制可得到圆满解释,缝隙腐蚀过程是一个有自催化作用的闭塞电池作用的过程。当缝隙内成为阳极加速腐蚀时,缝口外金属表面氧化还原反应加速,成为受缝内金属"牺牲"保护的阴极区,很少发生或不发生腐蚀,这就是为什么缝隙不易发现、往往要在构件分解拆卸后才检查出的原因。

④应力腐蚀破裂和氢脆。航空结构材料中对应力腐蚀破裂最为敏感的主要是高强铝合金(Al - Cu - Mg 系和 Al - Zn - Mg - Cu 系)及高强钢。对大量铝合金应力腐蚀破裂事例分析表明,发现绝大多数破裂事例集中发生在 7075 - T6、7079 - T6 和 2024 - T3 三种合金中。由滚轧、挤压或锻造而成的金属制件易产生应力腐蚀开裂。应力腐蚀是飞机腐蚀中最为普遍且危害最大的一种腐蚀形式。

⑤腐蚀疲劳。航空器飞行时,其许多结构件都处于循坏载荷作用下,还可能发生交变应力与腐蚀介质交互和协同作用导致的裂纹形成、扩展和断裂现象,即腐蚀疲劳。除真空中的疲劳是纯机械疲劳外,其他任何环境包括大气中的疲劳都是腐蚀疲劳。在腐蚀介质作用下,构件的疲劳极限降低,疲劳寿命缩短。在既对疲劳应力敏感也对腐蚀敏感的构件处,腐蚀疲劳尤为严重。航空器上发生过腐蚀疲劳断裂事故的典型构件包括:低合金高强钢制作的军用直升机螺旋桨传动件,镁合金制的起落架轮盘,铝合金铆钉等。

航空航天装备腐蚀疲劳损伤理论与经典的力学 - 电化学理是一致的。在容易出现点蚀的腐蚀介质中,金属表面首先出现蚀孔;在交变应力作用下,蚀孔处出现应力集中并诱发裂纹,裂纹尖端腐蚀破裂,应力强度加速破坏,从而使材料最终失稳断裂。即腐蚀疲劳系机械损伤和腐蚀损伤交互协同作用导致的破坏。

航空航天装备腐蚀疲劳损伤影响因素为力学因素和环境因素。介质的 pH 值对腐蚀疲劳影响很大,温度对腐蚀疲劳亦有显著的影响,一般温度高,腐蚀疲劳寿命降低;材料因素,耐蚀性较高的金属及合金的耐腐蚀疲劳性强。如钛、铜及其合金等,以及耐点蚀的不锈钢对腐蚀疲劳的敏感性小;而高强铝合金,镁合金等耐蚀性差的材料对腐蚀疲劳的敏感性较大。碳钢、低合金钢热处理后，其抗腐蚀疲劳性能好，故提高强度的热处理工艺有降低腐蚀疲劳的倾向。钢中的杂质、夹杂物对腐蚀疲劳裂纹形成有促进作用。

⑥晶间腐蚀与脱层腐蚀。容易发生晶间腐蚀的铝合金主要是 Al－Cu－Mg 系、Al－Zn－Mg－Cu 系 和 Al－Mg 系合金。在含铜的铝合金中，铜能提高合金的电极电位。当 $CuAl_2$ 相在晶界析出时，导致晶界附近贫铜，贫铜区电位较负，作为阳极发生溶解造成晶间腐蚀。在含镁的铝合金中，沿晶界析出连续的 Mg_5Al_8 相，其电极电位比基体要负，作为阳极而溶解，也导致晶间腐蚀。研究认为，飞机飞行时的震动会造成表面涂层中产生许多细小裂纹，空气中的盐分，主要是钠和钙，存在于这些裂纹中，它们吸收大气中的水分，从而导致涂层下方铝合金的晶间腐蚀。Cl^- 可加速腐蚀，沿晶界析出的 $Al(OH)_3$ 促进晶界的分离。在飞机机身和机翼蒙皮、水平与垂直尾翼、直升机主螺旋桨叶等处都发现过较严重的脱层腐蚀。晶间腐蚀和脱层腐蚀也很容易出现在紧固件的孔洞周围，当铆钉孔周围的油漆层起泡时，一般是脱层腐蚀的特征。最新研究进一步证明了剥蚀过程与晶界区阳极溶解和腐蚀产物的楔应力有关。

航空装备用结构铝合金型材、板材，无论是传统的 7000 系列或 2000 系列都存在晶间腐蚀和剥蚀问题。新型 Al－Li 合金不仅密度小，力学性能、耐蚀性、适焊性、成形性等综合性能好，并且对海水应力腐蚀开裂也不敏感，但对晶间腐蚀、点蚀仍较敏感。

⑦磨损腐蚀。航空器中容易发生磨损腐蚀的部件有万向轴承、推进器轴承、轴与轴套、仪表轴承、副翼和舵的铰接轴承、键连接、销钉、铆接重叠部位。管道口径的突然收缩处等可能改变介质流向的部位以及叶轮和螺旋桨等形状不规则部件都在湍流条件下工作，容易发生湍流腐蚀。所谓湍流腐蚀是指高速流体直接不断冲刷金属表面造成的冲刷腐蚀。

2）发动机的高温腐蚀

详见第 7 章内容。

3）其他装备的腐蚀

航空装备中的舱内环境是造成航空器内部的驾驶舱、仪表和电子设备、客机客舱、运输机货舱、军机特设及炮舱等装备腐蚀的重要因素。在机场停放时，昼夜 24 小时舱内的温度与湿度的变化远远大于舱外机场温度变化。军用飞机在一级战备状态时，即在机场起飞线长时间停机待命时，飞行员舱内温度高达 70℃ 以上。在飞行时，飞机在爬升和下降过程中，环境温度变化很大，对舱内温度、湿度都有影响。中远程客机客舱中成员较多，实测表明，每个成员呼出的二氧化碳和水蒸气在适当的条件下可形成碳酸型腐蚀介质，腐蚀铝合金等航空装备用材。

当代飞机的飞行性能、飞行安全和可靠性在很大程度上取决于电子设备的水平、精度和可靠性。电子产品中材料性能及元件在环境或使用条件作用下，发生的变质或腐蚀会大大降低它的精度和可靠性，尤其是在电子工业高度发达的今天，密集的装配、大规模集成电路以及很高的放大率使现代器件对表面沾污、腐蚀和由此形成的"噪音"和"漂移"更为敏感。其中主要由环境效应造成的：氧化使金属导电率降低，在两个导体间因为霉菌生长导通了桥隙而引起短路，在储存期间密封容器内的"晶须"生长也会引起短路，因水份的吸收而在带状天线内造成几个分贝的损耗，因吸潮使电机绝缘电阻下降等等。航空电子设备的制造、运输、储存及使用都是在地面上或接近地面的空中进行，所以要侧重研究地球大气层的腐蚀作用。

6.4.2　航天装备的腐蚀

航天装备的设计和制造过程中，腐蚀是最重要的问题。航天装备主要有火箭推进器、卫星、飞船或航天飞机几大部分，其中航天飞机的腐蚀和腐蚀控制问题最为复杂。载人航天飞机中，不同部位的工作温度相差很大，从低至 $-253℃$（液氢容器），到高至 $1455℃$（推进器喷嘴）。航天器上所使用的材料种类非常之多，采用的金属材料有数百种，包括铍、镁、铝等轻金属合金、钛合金，低合金钢，工具钢，不锈钢，沉淀硬化钢，马氏体时效钢，镍和各种镍基、钴基高温合金，难熔金属铌、钼，铜与各种铜合金，各种贵金属和金属镀层等。航天器构件接触的腐蚀介质也多种多样，除了海洋性大气环境以外，还有许多强腐蚀介质，如高温氧气、四氧化二氮、高压氢、氨等。材料在空间环境中可能产生严重的衰变、热学－光学性能改变、力学性能降低（表面腐蚀、开裂，脱层）等。空间环境有很多要素：真空、电磁太空辐射（紫外线）、粒子辐射（地球辐射带中的质子和电子、行星际介质中的太阳风）、微陨星体、巨大温差等。除了上述的这些自然要素外，还有航天器的设计和操作所构成的人为环境因素如各种污染（分子产物、尘埃）、热环境以及人造碎片等。这些因素都会对航天材料造成破坏影响。

航天装备在制造、运输、发射和回收过程中所处的环境分别为地球大气环境、太空环境和海洋环境。航天飞机的固体火箭助推器要求回收后多次使用，使用次数可能达 20 次之多。回收过程一般是令推进器溅落在海中，然后用船拖回，因此其主要问题是海水腐蚀。助推器主体材料是高强铝合金，能够用机械方法联接的构件用 7075 和 2024 铝合金，焊接结构则用 2219 铝合金。航天飞机的机身结构为减轻重量，大部分材料采用 2000 及 7000 系列的高强铝合金制作，主要的腐蚀环境是海洋性大气，关键问题是防止应力腐蚀破裂。航天装备在大气环境中的腐蚀与航空装备的腐蚀类型相似，这里就不详细阐述。

航天装备上涉及的化学介质有近 20 种，如氢、肼、液氢、液氧、单甲基肼、氮和 N_2O_4、氨、呼吸用氧、氟利昂、高温氢气（$280℃$）、水等介质。其贮存、输送、处理装置构成的流体系统对其贮存系统结构用材（尤其是作为结构材料的某些金属）具有较强的腐蚀作用，引起局部材料失效，进而造成贮存化学介质的泄漏，带来巨大的损失。液体推进剂对材料的腐蚀作用尤为重要。

通常使用液体推荐剂包括硝酸、四氧化二氮、过氧化氢、液氟、液氧等氧化剂和乙醇、煤油、肼、偏二甲肼和液氢等燃烧剂。其中液氧、液氟、液氢为冷冻推进剂，其余为可贮存推荐剂，这些推进剂中大多数易与作为结构材料的某些金属材料发生作用，导致金属材料的腐蚀、氢脆或造成推进剂本身的分解，冷冻推进剂由于低温易使所接触的材料因韧性降低而变脆。其中液氢使金属材料产生氢脆的现象严重，金属环境氢脆度分类如表 6-13 所示。火箭发动机使用单甲基肼做燃料，N_2O_4 作为氧化剂，这两种介质的贮罐都用钛合金制作。N_2O_4 是强腐蚀介质，能腐蚀镍，使油漆脱落，使尼龙溶解，如果有水分进入，还会进一步形成硝酸，因此须防止其渗漏。此外，N_2O_4 会导致钛合金发生应力腐蚀破裂。

表 6-13　液氢使金属环境氢脆度的分类

氢脆度	材料	特点
极严重	高强钢 镍基合金	缺口强度、缺口和非缺口韧性大大降低，非缺口强度有些下降，表面裂纹扩展
严重	塑性的低强钢 纯镍、钛合金	缺口强度、缺口和非缺口韧性明显降低，非缺口强度下降，表面裂纹扩展
轻微	亚稳定的 300 系列 破青铜、纯钛	缺口强度、非缺口韧性略有降低，非缺口试件内部破裂
略微	铝合金、铜 稳定的不锈钢	表面无裂纹时基本不脆裂

　　饮用水和冷却水管线在早期的阿波罗飞船上用铝合金制作，发现严重的结垢、点蚀问题，航天飞机中已一律改用不锈钢。氨和氮气贮罐用 Ti-6Al-4V 制作，氧气贮罐采用 Inconel718 合金。钛和镁不能用于氧气系统，因其受撞击后可能打火。除了镍合金以外，铝和不锈钢也用于制作氧化系统管线。燃料电池中的电解质是氢氧化钾，其电极采用了镀金的镁电极，电池反应所需的氢气和氧气分别贮存在铝合金和镍合金容器中。

　　航天飞机中许多装置用液压驱动，使用的介质是肼。肼在催化床中分解蒸发，有一台二段透平压缩机加压驱动液压驱动泵，催化床温度可超过 925℃，透平压缩机工作温度为 595℃。肼分解后形成 N_2、H_2 和 NH_3，故要求材料能耐高温并抗氮化。在肼处理系统中，常使用奥氏体不锈钢、沉淀硬化不锈钢、碳化钨和哈氏合金 B。

　　冷却水管线在早期的阿波罗飞船上用铝合金制作，发现严重的结垢、孔蚀。有关空间环境辐射对材料的损伤、空间微流星体与空间轨道碎片对结构材料的损伤、高真空环境对材料的影响和原子氧对航天装备的腐蚀等方面的内容已经在第 5 章第 4 节中讨论，这里就不详细阐述。

思 考 题

　　1. 试述石油开采过程中的腐蚀类型与特征。

　　2. 试述石油加工过程中的腐蚀类型与特征。

　　3. 试述金属在石油化工环境中防腐蚀的措施。

　　4. 为什么大多数金属在碱类溶液中的腐蚀属于氧去极化腐蚀？

　　5. 盐腐蚀的影响因素有哪些？为什么钢铁在中性盐溶液中的腐蚀速度开始随浓度的增加而增大，当浓度达到某一数值腐蚀速度最大时又随浓度增加腐蚀速度下降？

　　6. 盐酸清洗碳钢设备过程中三价铁离子浓度会越来越高，其对设备清洗效果有何影响？如何消除其不良影响？对于浓硝酸储罐选用何种材料制作较为合适？

　　7. 试述金属在核电环境中腐蚀的主要类型和特征。

第7章 金属的高温腐蚀与防护

金属高温腐蚀(高温氧化)是指金属在高温下与气氛中的氧、硫、氮、碳等元素发生化学或电化学反应导致金属的变质或破坏过程。以上是指金属的广义氧化,狭义的高温氧化主要是指金属与氧反应形成各类的氧化物。因此,广义的氧化,既包括高温氧化,也包括硫化、氮化、碳化、钒蚀等反应,通常所说的高温腐蚀,无疑是指广义的高温氧化。

高温腐蚀的高温是一个相对的概念,对高温腐蚀中的高温,尚无统一的确切含义。根据多年来对高温下工作材料的研究,一般认为,对某一种金属来讲,以其熔点的分数来表示温度的高低较为适宜,例如,对纯铁或低碳钢来讲,工作温度为$(0.3 \sim 0.4)T_{\mathrm{m,Fe}}$(450℃以上)即可认为是高温,而对纯铝或铝合金来讲240℃就算高温了。因此,通常我们所说某一金属的高温腐蚀,其温度概念对不同的金属是不同的。

7.1 金属高温腐蚀热力学

金属在高温环境中是否腐蚀以及产生何种腐蚀产物是研究高温腐蚀必须首先解决的问题,由此产生了金属高温腐蚀热力学。由于金属高温腐蚀的动力学过程往往是比较缓慢的,体系多处于热力学平衡状态,因此热力学是研究金属高温腐蚀的重要工具。近代工业的飞速发展,导致金属在高温下工作的环境日趋复杂化,除了单一气体的氧化外,还受到多种气体的作用,如$O_2 - S_2$、$H_2 - H_2O$、$CO - CO_2$的二元气体中的氧化,以及多样化的腐蚀,如发生热腐蚀时金属表面存在固相腐蚀产物和液相熔盐,熔盐层外面还是气相。腐蚀环境的复杂化以及新型高温材料的不断发展为高温腐蚀热力学带来了新的研究课题。目前,高温腐蚀热力学的研究发展较快,人们已经由通过人工热力学计算、数据表格化发展到根据相图进行热力学判断。现代计算机技术为高温腐蚀热力学的发展提供了有利的条件,使许多复杂的体系的高温热力学相图的绘制成为可能。现在又有多种系统化的相图,其中最重要的有四种:

(1)氧化物、硫化物、碳化物等化合物的标准生成自由能$\Delta G^{\ominus}$与温度T的关系图;

(2)挥发性氧化物相图,各种化合物的蒸气压可以表达为环境气体分压的函数;

(3)金属及合金在单元气体中的相平衡;

(4)金属及合金在二元气体中的相平衡。

7.1.1 金属高温腐蚀的可能性和方向性

研究金属高温腐蚀的热力学涉及体系的性质:温度T、压力P和体系的内能U、焓H、熵

S、Helmholts 自由能 F、Gibbs 自由能 G 等五个热力学函数。判断体系发展的方向，可以采用 ΔS、ΔF 和 ΔG。但是，ΔS 用于判断体系发展方向时，只能用于隔离体系，对于实际过程必须采用

$$\Delta S_{过程} = \Delta S_{环境} + \Delta S_{反应} \tag{7-1}$$

来判断，而计算 $\Delta S_{环境}$ 往往是一种繁琐的工作。考察实际过程的倾向性，一般采用 ΔG 和 ΔF，由于高温腐蚀大多数都是在恒温恒压下进行的，因而判断高温腐蚀体系的发展方向都采用 ΔG。

若高温腐蚀体系发生反应：

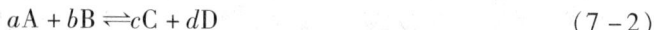

$$aA + bB \rightleftharpoons cC + dD \tag{7-2}$$

式中，A、B、C、D 可以是单质或化合物，a、b、c、d 是相应的化学计量系数。反应(7-2)的自由能变化 ΔG 可按下式计算：

$$\Delta G = \Delta G^{\ominus} + RT\ln J \tag{7-3}$$

或

$$\Delta G = \Delta H - T\Delta S \tag{7-4}$$

式中，

$$J = \frac{\alpha_C^c \alpha_D^d}{\alpha_A^a \alpha_B^b} \tag{7-5}$$

$\Delta G^{\ominus}$ 为标准自由能，可以通过三个途径获得：热力学数据，热力学平衡测量，电动势测量。相应的计算公式为：

$$\Delta G^{\ominus} = \Delta H^{\ominus} - T\Delta S^{\ominus} \tag{7-6a}$$

$$\Delta G^{\ominus} = \sum \Delta G_{产物}^{\ominus} - \sum \Delta G_{反应物}^{\ominus} \tag{7-6b}$$

$$\Delta G^{\ominus} = -RT\ln K \tag{7-7}$$

$$\Delta G^{\ominus} = -nFE \tag{7-8}$$

K 为标准状态下的 J。以式(7-7)代入式(7-3)即为 Voh't Hoff 等温方程式：

$$\Delta G = -RT\ln K + RT\ln J \tag{7-9}$$

以上共识在物理化学中已有详尽的论述，这里只着重讨论它们在高温腐蚀体系中的应用。

7.1.2 金属高温腐蚀热力学判据

对于金属腐蚀和大多数化学反应来说，一般是在恒温、恒压的开放条件下进行的。这种情况下，通常用吉布斯(Gibbs)自由能判断反应的方向和限度。即在等温等压条件下：

$$\left.\begin{array}{l} (\Delta G)_{T,P} < 0 \ 自发过程 \\ (\Delta G)_{T,P} = 0 \ 平衡过程 \\ (\Delta G)_{T,P} > 0 \ 非自发过程 \end{array}\right\} \tag{7-10}$$

$(\Delta G)_{T,P}$ 表示等温等压下，过程或反应的自由能变化，ΔG 只取决于始态和终态，与过程

或反应的途径无关。用它可作为过程或反应能否自发进行的统一衡量标准。

如何计算过程或化学反应的自由能变化呢?

对于腐蚀体系,它是由金属与外围介质组成的多组分开放体系。恒温恒压下,腐蚀反应自由能变化可由反应中各物质的化学位计算:

$$(\Delta G)_{T,P} = \sum \nu_i \mu_i \qquad (7-11)$$

式中,ν_i 为化学反应式第 i 种物质的化学计量系数。规定反应物的系数取负值,生成物的系数取正值。μ_i 为第 i 种物质的化学位,单位通常取 $kJ \cdot mol^{-1}$。

对于理想气体:

$$\mu_i = \mu_i^{\ominus} + 2.3RT \lg p_i \qquad (7-12)$$

对于溶液的物质:

$$\mu_i = \mu_i^{\ominus} + 2.3RT \lg a_i = \mu_i^{\ominus} + 2.3RT \lg \gamma_i c_i \qquad (7-13)$$

式中,p_i、a_i、γ_i 和 c_i 分别为第 i 种物质的分压、活度、活度系数和浓度;R 为气体常数;$\mu_i^{\ominus}$ 为第 i 种物质的标准化学位。

化学位在判断化学变化的方向和限度上具有重要意义。由式(7-10)和式(7-11)可得下列判据:

$$\left.\begin{array}{l} (\Delta G)_{T,P} = \sum \nu_i \mu_i < 0 \quad 自发过程 \\ (\Delta G)_{T,P} = \sum \nu_i \mu_i = 0 \quad 平衡过程 \\ (\Delta G)_{T,P} = \sum \nu_i \mu_i > 0 \quad 非自发过程 \end{array}\right\} \qquad (7-14)$$

由此可判断腐蚀反应是否能自发进行以及腐蚀倾向的大小。

为了简便,常用标准摩尔自由能变化 $\Delta G_m^{\ominus}$ 为判据,近似地判断金属的腐蚀倾向:

$$\left.\begin{array}{l} \Delta G_m^{\ominus} < 0 \qquad\qquad 反应自发进行 \\ \Delta G_m^{\ominus} > 40 \ kJ \cdot mol^{-1} \quad 反应不自发进行 \end{array}\right\} \qquad (7-15)$$

最后必须指出,通过计算 ΔG,只能判断金属腐蚀的可能性及腐蚀倾向的大小,而不能决定腐蚀速度的高低。腐蚀倾向大的金属不一定腐蚀速度大,但对于 ΔG 为正值的腐蚀反应,在给定条件下不会发生。

7.1.3　金属高温氧化腐蚀热力学

(1)高温氧化的可能性和方向性

由热力学可知,任何能自发进行反应的系统的自由能必然降低,而熵增加。因此可根据反应自由能的变化 ΔG 来判断反应的可能性和方向性。

对于高温氧化反应:

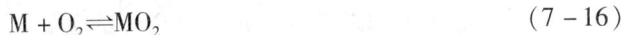

$$M + O_2 \rightleftharpoons MO_2 \qquad (7-16)$$

按照 Van't Hoff 等温方程式,在温度 T 下此反应的自由能变化为:

$$\Delta G_T = \Delta G_T^{\ominus} + RT\ln \frac{a'_{MO_2}}{a'_M \cdot p'_{O_2}} \qquad (7-17)$$

式中，$\Delta G_T^{\ominus}$ 为 T 温度下反应的标准自由能变化，a'_M 和 a'_{MO_2} 分别为金属 M 及氧化物 MO_2 的活度，因它们都是固态物质，其活度均为 1。p'_{O_2} 为气相中氧的分压。$\Delta G_T^{\ominus}$ 与反应平衡常数 K 的关系如下：

$$\Delta G_T^{\ominus} = -RT\ln K = -RT\ln \frac{a_{MO_2}}{a_M \cdot p_{O_2}} \qquad (7-18)$$

式中，a_M 和 a_{MO_2} 分别为金属 M 及氧化物 MO_2 在 T 下平衡时的活度，因它们皆为固态，故活度均为 1。p_{O_2} 为给定温度下平衡时氧的分压，也就是该温度下金属氧化物 MO_2 的分解压。

将式(7-18)代入式(7-17)，化简可得：

$$\Delta G_T = -RT\ln \frac{1}{p_{O_2}} + RT\ln \frac{1}{p'_{O_2}} \qquad (7-19)$$

可见，在温度 T 下，金属是否会氧化，或者说反应(7-16)的方向，可根据氧化物的分压 p_{O_2} 与气相中氧的分压 p'_{O_2} 的相对大小来判断。由式(7-19)可知：

若 $p'_{O_2} > p_{O_2}$，则 $\Delta G_T < 0$，反应向生成 MO_2 的方向进行；

若 $p'_{O_2} = p_{O_2}$，则 $\Delta G_T = 0$，高温氧化反应达到平衡；

若 $p'_{O_2} < p_{O_2}$，则 $\Delta G_T > 0$，反应向 MO_2 分解的方向进行。

将式(7-18)化简，并将气体常数 $R = 8.314 \text{ J} \cdot \text{mol}^{-1} \cdot \text{K}^{-1}$ 代入，可得：

$$\Delta G_T^{\ominus} = -RT\ln K = -RT\ln \frac{1}{p_{O_2}} \qquad (7-20)$$

$$\Delta G_T^{\ominus} = 19.15 T\lg p_{O_2}(\text{J} \cdot \text{mol}^{-1}) \qquad (7-21)$$

可见，只要求出温度 T 下反应的标准自由能变化 $\Delta G_T^{\ominus}$ 值，就可以算出该温度下氧化物的分解压 p_{O_2}，将其与气相中的氧的分压作比较，就可以判断氧化的可能性或反应的方向性。

(2)金属氧化物的高温稳定性

除了上述从金属氧化物的分解压与温度的关系可以判断金属氧化物的高温稳定性外，还可从其熔点和蒸气压来判断它们的高温稳定性。

一定温度下，物质都有一定的蒸气压，金属氧化物的蒸发热越大，则蒸气压越小，该固体氧化物越稳定。如果金属氧化物易挥发，这种氧化物膜对基体就无保护作用。例如，MoO_3 在 450℃以上就开始挥发了，因而起不到保护作用。

有些金属的熔点虽高，但其氧化物的熔点较低，当温度超过氧化物熔点时，氧化物处于液态，也无保护性，有时还会加速金属的腐蚀。例如钒的熔点为 1750℃，而 V_2O_5 的熔点只有 658℃，因此钒的高温稳定性差。

合金氧化时，往往出现两种或两种以上的金属氧化物。当两种氧化物形成共晶时，其熔点降低。当温度超过此熔点时，会加速氧化。

7.1.4　其他类型高温腐蚀热力学

现代工业技术的发展导致金属材料的高温工作环境日趋复杂化。例如，炼制高硫原油，金属构件将产生高温硫腐蚀和含硫混合气体腐蚀；煤和有机燃料的燃烧将产生 CO_2、CO 和 H_2O(气)使金属材料发生碳化；燃气涡轮在海上或沿海工作，高温部件上会生成 Na_2SO_4 熔盐导致热腐蚀。本节简要介绍一些主要的其他类型金属高温腐蚀的基本情况。

(1)金属的高温硫化

金属的高温硫化是金属材料与含硫气体(如 S_2、SO_2、H_2S 等)反应形成硫化物的过程。与金属氧化物相比较，硫化物具有如下特性：

1)硫化物的热力学稳定性低于氧化物，即硫化物的生成自由能相差较小，如表 7-1 所示。因此在热力学上合金发生选择性硫化比发生选择性氧化困难；

表 7-1　常见金属硫化物和氧化物在 1000℃的标准生成自由能

硫化物		氧化物	
化合物	$\Delta G^{\ominus}/kJ \cdot mol^{-1}$	化合物	$\Delta G^{\ominus}/kJ \cdot mol^{-1}$
$\frac{1}{3}Al_2S_3$	-219	$\frac{1}{3}Al_2O_3$	-429
$\frac{1}{3}Cr_2S_3$	-135	$\frac{1}{3}Cr_2O_3$	-261
FeS	-86	FeO	-176
CoS	-80	CoO	-136
NiS	-88	NiO	-127
MnS	-190	MnO	-294

2)除难熔金属的硫化物外，常用金属的硫化物中的缺陷浓度比相应金属的氧化物高；

3)常用金属硫化物的熔点比氧化物低得多，而且许多金属(如 Fe、Co、Ni 等)可与其硫化物形成低熔点共晶，导致金属材料发生灾难性的硫化腐蚀；

4)硫化物的 PBR(氧化物与形成该氧化物消耗的金属的体积比)值较氧化物大，且远大于1，因此硫化物膜在生长中存在很大的应力，使硫化膜易发生破裂和剥落，从而使含硫气体同金属基体接触加速硫化。

研究发现，除纯难熔金属外，含难熔金属和铝的合金，如 MoAl、FeMoAl、FeWAl 等也具有优异的抗硫化性能，其可能于极低氧分压和高硫压下仍然可以生成铝的氧化物，起到阻碍硫化发展的作用有关。

(2)金属在 O-S 体系中的高温腐蚀

这类高温腐蚀的典型环境为 $SO_2 - O_2$ 的混合气体，常产生于各类燃料油和煤的燃烧气体中。根据 M-O-S 体系的相平衡图(图 7-1)，在特定环境条件下，在热力学上只能生成一种稳定的金属化合物，如氧化物、硫化物和硫酸盐。但是在高温腐蚀过程中，由于动力学的原因，可能导致各种化合物的产生。

图 7-1 M-O-S 体系的相平衡示意图及动力学上发生不同腐蚀机理的范围

1)金属氧化-硫化的热力学转变

金属氧化-硫化热力学的转变边界如图 7-1 中的 MO 区和 MS 区的边界线 CD。但在实际腐蚀过程中，氧化-硫化的转变边界线往往位于较高的氧分压下，如图 7-1 中的 $C'D'$ 的位置。金属氧化-硫化转变的边界在热力学上和动力学上的这种差异，与在热力学上金属处于 MO 稳定区，但在动力学上金属仍然有可能生成硫化物有关。

2)金属在 O-S 体系中生成硫化物的机理

根据 M-O-S 体系的相平衡图，金属在 $SO_2 - O_2$ 的混合气氛中可能产生四种情况:

第一种情况金属处于图 7-1 中 ACD 线的左上方，为硫化物 MS 的稳定区，金属只发生硫化。

第二种情况金属处于 DCE 的右上方的区域，为热力学上可生成 MO 区域的一部分。金属表面生成 MO 后，在 MO/气相界面的硫分压大于 MO/M 界面的硫分压，则环境中的硫可在氧化膜内向 MO/M 界面扩散。由于存在下列反应:

$$S_2 + 2O_2 \rightleftharpoons 2SO_2 \qquad\qquad (7-22)$$
$$2SO_2 + O_2 \rightleftharpoons 2SO_3 \qquad\qquad (7-23)$$

氧化膜内氧分压下降，硫分压上升，满足生成 MS 的条件，其结果是硫化物在氧化膜中或在 MO/M 界面生成。

第三种情况金属处于 ECF 区，仍然为热力学上可生成 MO 区域的一部分，CF 线平行于 SO_2 等压线，这种环境中硫分压低于 MS/M 的平衡分压，硫不可能以 S_2 的方式向 MO/M 界面扩散，但硫可以 SO_2 的形式通过氧化膜中的微空隙或微裂纹向 MO/M 界面传输，随着氧分压的下降，硫分压上升，仍然可能生成 MS。

第四种情况金属处于 BCF 区域，在热力学和动力学上均只能生成氧化物 MO。

由以上分析可以看出，当金属在热力学上处于 MO 生成区时，仍然有可能生成硫化物，而且与硫在氧化膜中的传输过程有很大的关系。当硫在氧化膜中的传输速率较小时，硫化过程受到阻滞，生成硫化物较困难;而当硫在氧化膜中的传输速率较大时，易导致 MO + MS 混合物的生成。

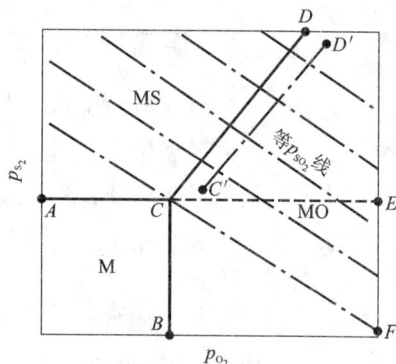

7.2　金属氧化物的结构、性质及缺陷

金属与气体高温反应生成致密氧化物膜，将金属与反应气体隔离，继续反应的唯一途径是反应物质原子或离子经由膜的扩散传输以及电子经由膜的迁移。氧化膜高温下的许多性质如扩散型蠕变、塑性变形、再结晶、晶粒长大以及烧结等均与扩散传质机制有关；电导、热电效应、光电效应以及非均质催化等性质与膜的电子迁移密切相关。要了解扩散机制必然涉及各种金属氧化物的晶体结构，特别是晶体结构缺陷以及它们对上述各种性质的影响。

7.2.1　金属氧化物的晶体结构

大多数的金属氧化物（包括硫化物、卤化物等）的晶体结构都是由氧离子的密排六方晶格或立方晶格组成。在六方密堆结构中有四面体间隙和八面体间隙，每个氧离子对应两个四面体和一个八面体间隙。许多金属氧化物或硫化物晶体中，阳离子或者占据四面体或者八面体，或者同时占据两者间隙位置。

（1）氯化物结构

氯化物（如 NaCl）晶体为阴离子密堆立方晶体，较小的金属阳离子处于八面体间隙位置，每一个阳离子周围有 6 个阴离子，如图 7－2 所示。CaO、SrO、BaO、MgO、CdO、CoO、NiO、MnO、FeO、TiO、NbO 与 VO 属于此种结构，但后 5 种氧化物的结构中含有高的缺陷浓度。有少数 MO 型氧化物的金属离子占据四面体间隙位置，如纤锌矿结构的 ZnO 与 BeO，阴离子与阳离子都具有四面体结构，如图 7－3 所示。

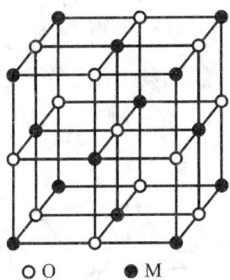

图 7－2　氯化物晶体结构　　　图 7－3　纤锌矿晶体结构　　　图 7－4　萤石晶体结构

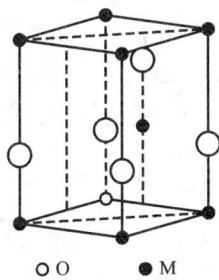

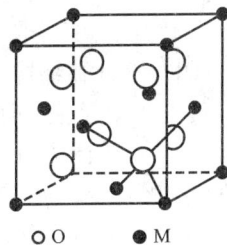

○○ O　　●M　　　　　○○ O　　●M　　　　　○○ O　　●M

（2）萤石结构

氟化物（萤石，CaF_2）型的氧化物，由金属离子密堆面心立方点阵和氧离子占据所有四面体间隙组成，即每个金属离子周围有 8 个氧离子，也就是说，金属离子位于立方体中央，氧离子处于立方体的角位置，如图 7－4 所示。MO_2 型氧化物 ZrO_2、HfO_2、CeO_2、ThO_2、PuO_2 和

UO_2等均属此类。这种结构中八面体间隙空间较大,易于接纳间隙离子。

(3)金红石结构

金红石(TiO_2)晶体结构如图7-5所示,金属离子处于由TiO_6组成的八面体的间隙空洞中。在边和棱角处每个氧离子属于三个邻近八面体所共有氧的配位数为3。SnO_2、MnO_2、VO_2、MoO_2、WO_2、RnO_2和GeO_2晶体等具有与金红石晶体相同的结构。类似构成金红石的氧八面体MO_6是许多氧化物基本结构单元,如M_2O_5与MO_3型氧化物。MO_3型氧化物有RhO_3、ReO_3、MO_3和WO_3。它们的氧八面体的顶角相连构成三维晶格(如图7-6所示的ReO_3晶体结构)。这是晶体结构中"最松散"的一种,易于压坍形成特殊晶格面缺陷,结晶学成为剪切平面。

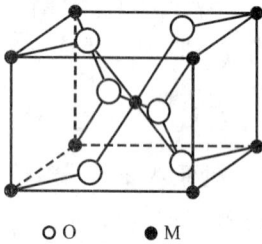

图7-5 金红石晶体结构   图7-6 MO₃型晶体结构   图7-7 刚玉型晶体结构

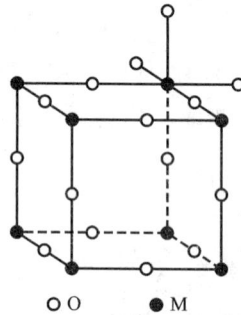

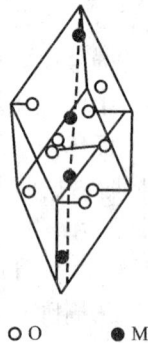

(4)刚玉结构

以刚玉($\alpha - Al_2O_3$)为代表的M_2O_3型氧化物属三方晶系,氧离子作ABAB…六方密堆积。Al^{3+}占据2/3八面体间隙空洞,1/3八面体空着。如图7-7所示在此情况下,每个阳离子周围有6个氧离子,每个阴离子周围有4个阳离子。除$\alpha - Al_2O_3$外,还有Cr_2O_3、$\alpha - Fe_2O_3$、Ti_2O_3与YeO_3具有此种结构。许多$M_{(1)}M_{(2)}O_3$型氧化物,当金属$M_{(1)}$和$M_{(2)}$的平均价数等于3,且它们的离子半径相当时,也具有这种结构,如$FeTiO_3$。

(5)尖晶石结构(AB_2O_4)

在此结构中氧离子形成密排立方晶格,其中金属离子A和B分别占据八面体和四面体的间隙位置。尖晶石晶胞有32个氧离子,因而含有32个八面体位置和64个四面体位置。这些间隙位置可以以不同方式填充二价和三价阳离子,产生两种尖晶石结构,即正尖晶石结构和反尖晶石结构。在正尖晶石结

(a)   (b)

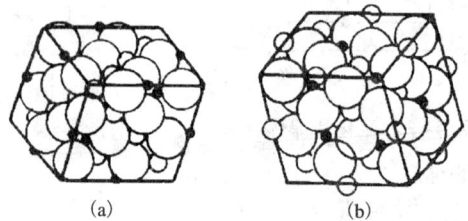

图7-8 正尖晶石结构(a)与反尖晶石结构(b)

构中,如$MgAl_2O_4$,一半的八面体间隙为Al^{3+}填充,八分之一的四面体间隙为Mg^{2+}填充。在

反尖晶石结构中，八分之一的四面体间隙为三价阳离子填充，其余的三价阳离子和二价阳离子统计地分布在 16 个八面体间隙中，其结构式为 $B(AB)O_4$，Fe_2O_3 就是这种反尖晶石结构，其正确的化学式应为 $Fe^{3+}(Fe^{2+}, Fe^{3+})O_4$。两种尖晶石结构如图 7-8 所示。

（6）SiO_2 结构

在大气压下，晶态的 SiO_2 有石英、鳞石英、百硅石三种主要形式，三种结晶 SiO_2 均由 Si-O 四面体构成。三种结构中氧均连接两个四面体，但每种结构中四面体互相连接的方式是各不相同的。非晶 SiO_2 的结构单元仍然是 Si-O 四面体，但四面体的有序连接只能持续一个不大的距离，而不像晶体 SiO_2 那样可以无限地持续下去。

7.2.2　金属氧化物的基本性质

（1）氧化物的熔点

不同氧化物的熔点不同，甚至可以相差很大。将氧化物的熔点和实验温度对比时可以估计氧化物相的高温稳定性。表 7-2 列出了部分金属和它们的氧化物的熔点。大多数氧化物的熔点很高。但也有些氧化物的熔点较低，如 MoO_3、V_2O_5 等。还有些氧化物的熔点虽然较高，但低于形成该种氧化物的金属的熔点，如 FeO、WO_2、WO_3 等。那么，在低于金属的熔点而高于氧化物的熔点的温度下氧化时，金属表面产生液态氧化物，对金属起不到保护作用。因此，当有熔点低于氧化温度的氧化物形成时，金属的高温氧化会变得非常严重。

另外，两种氧化物共存时有时会形成一种低熔点共晶氧化物，这种现象主要在合金氧化时发生。例如，$FeO \cdot Fe_2SiO_4$ 共晶氧化物的熔点（1170℃）要低于 FeO 和 SiO_2 的熔点，这使得 Fe-Si 合金的抗氧化性与硅含量和氧化温度有关。此外，即使实验温度低于氧化物的熔点，氧化物不发生熔化，但如果实验温度是在氧化物熔点的一半以上，氧化物就有可能发生再结晶和烧结等，并且其高温蠕变会变得显著。氧化膜结构和力学性质的变化会明显影响金属材料的抗氧化性能。因此，从实验温度和氧化物的熔点的对比中，常常可用以解释一些金属氧化的现象。

表 7-2　部分金属和它们氧化物的熔点

金属	熔点/℃	氧化物	熔点/℃
Na	97.8	Na_2O	920
Mg	650	MgO	2800
Al	660	Al_2O_3	2047
Be	1284	BeO	2530
V	1920	V_2O_3	1970
		V_2O_5	670
Mo	2620	MoO_2	1927
		MoO_3	801
W	3380	WO_2	1570
		WO_3	1473
β-Ti	1660	TiO_2	1870
δ-Fe	1537	FeO	1374
		Fe_3O_4	1597
		Fe_2O_3	1562
Ni	1455	NiO	1957
Cu	1083	Cu_2O	1242
		CuO	1336
Zn	419.5	ZnO	1975
β-Zr	1860	ZrO_2	2900
Nb	2470	Nb_2O_5	1490

(2)氧化物的挥发性

在一定的温度下，凝聚态物质都有一定的蒸气压。当固态氧化物的蒸气压低于该温度下固－气相平衡蒸气压时，氧化物发生蒸发。根据氧化物的蒸气压大小能够衡量氧化物在该温度下固相的稳定性。如果氧化物的蒸气压很高，那么这种氧化物就是挥发性的。氧化物发生蒸发时，体系自由能变化为：

$$\Delta G = RT\ln\left(\frac{p_{蒸气}}{p'_{蒸气}}\right) \qquad (7-24)$$

式中，$p'_{蒸气}$为平衡时的蒸气压。蒸气压与温度的关系可由 Clapeyron 关系式得出：

$$\frac{\mathrm{d}p}{\mathrm{d}T} = \frac{\Delta S^{\ominus}}{\Delta V} = \frac{\Delta H^{\ominus}}{T(V_{气} - V_{固})} \qquad (7-25)$$

式中，V 为氧化物摩尔体积，$\Delta S^{\ominus}$ 为氧化物蒸发平衡反应的标准熵变，$\Delta H^{\ominus}$ 为标准焓变。固体的摩尔体积 $V_{固}$ 要远小于气体的摩尔体积 $V_{气}$，作为近似可忽略。同时将蒸气看做理想气体，满足 $pV_{气} = RT$，代入式(7-25)并积分得出：

$$\ln p = -\frac{\Delta H^{\ominus}}{RT} + C \qquad (7-26)$$

式中，C 为积分常数。由式(7-26)可以看出，氧化物蒸发时的标准焓变越大则蒸气压越小，即氧化物越稳定；蒸气压随温度升高而增大，也即氧化物的稳定性随温度升高而下降。

(3)氧化物与金属的体积比

PBR 是判断氧化膜完整性的一个主要判据。考虑如下的反应：

$$2a\mathrm{M} + b\mathrm{O}_2 \rightleftharpoons 2\mathrm{M}_a\mathrm{O}_b$$

可以得出：

$$\frac{\Delta W_{\mathrm{OX}}}{\Delta W_{\mathrm{M}}} = \frac{M_{\mathrm{OX}}}{aA_{\mathrm{M}}} \qquad (7-27)$$

式中，ΔW_{OX} 为氧化物的生成量；ΔW_{M} 为金属的消耗量；A_{M} 为金属相对原子质量；M_{OX} 为氧化物相对分子质量；a 为一个氧化物分子中所含金属原子的个数。

依据定义，PBR 可以表达为：

$$\mathrm{PBR} = \frac{V_{\mathrm{OX}}}{V_{\mathrm{M}}} = \frac{\Delta W_{\mathrm{OX}}\rho_{\mathrm{M}}}{\Delta W_{\mathrm{M}}\rho_{\mathrm{OX}}} = \frac{M_{\mathrm{OX}}\rho_{\mathrm{M}}}{aA_{\mathrm{M}}\rho_{\mathrm{OX}}} \qquad (7-28)$$

式中，ρ_{M} 和 ρ_{OX} 分别代表金属和氧化物的密度。部分常见氧化物的 PBR 值列于表 7-3 中。

由表 7-3 可以看出，碱金属和碱土金属对应的氧化物的 PBR 值小于 1，也就是说，这类金属的氧化膜体积较小，不足以覆盖整个金属表面。或者说，氧化膜内存在张应力极易发生破裂，氧化膜不具有保护性能。钨、钼、钒的氧化物的 PBR 值大于 3。这类氧化物受大的压应力，易发生破裂，也不具有保护性能。因此，具有保护性能的氧化物的 PBR 值在 1~2 范围内。

表 7 - 3　部分氧化物与对应纯金属的体积比

氧化物	PBR	氧化物	PBR	氧化物	PBR
Li_2O	0.58	Cu_2O	1.64	NiO	1.65
Na_2O	0.55	CuO	1.72	MnO	1.79
MgO	0.81	Ag_2O	1.56	MoO_3	3.30
BaO	0.67	ZnO	1.55	$\alpha - WO_3$	3.35
V_2O_3	1.82	CoO	1.86	$\beta - TiO$	1.20
$\alpha - Al_2O_3$	1.28	Co_3O_4	2.01	TiO_2	1.73
$\beta - Al_2O_3$	1.54	FeO	1.68 ~ 1.76	$\beta - Nb_2O_5$	2.68
$\gamma - Al_2O_3$	1.49	Fe_3O_4	2.10	$\alpha - ZrO_2$	1.56
Cr_2O_3	2.07	$\alpha - Fe_2O_3$	2.14	$\beta - ZrO_2$	1.45

（4）氧化物间的溶解性

一般而言，氧化物间的溶解度都很低。但也有不少的氧化物例外，这些氧化物间可以完全互溶，如表7-4所列。当合金氧化时，常常有两种以上的元素形成氧化物。如果有两种氧化物是完全互溶的，就形成氧化物固溶体。这种氧化物固溶体的形成会对元素的扩散及氧化膜结构产生作用，从而影响合金的氧化行为。完全固溶的氧化物体系中有许多是最常见的，如 $Al_2O_3 - Cr_2O_3$、$Fe_2O_3 - Cr_2O_3$ 及 CoO - NiO 等，在研究合金的氧化时常会碰到这类氧化物固溶体。它们常用下列方式写出，例如 $\alpha - Al_2O_3 - Cr_2O_3$ 体系可写成 $(\alpha - Al, Cr)_2O_3$，CoO - NiO 体系可写成 (Co, Ni) O，其余与此类似。

表 7 - 4　一些完全互溶的双氧化物体系

$\alpha - Al_2O_3 - Cr_2O_3$；CaO - MnO；$CeO_2 - Y_2O_3$；CoO - NiO；CoO - MgO；$Cr_2O_3 - Fe_2O_3$；FeO - MgO；		
FeO - MnO；$Fe_3O_4 - Mn_3O_4$；MgO - NiO；$PuO_2 - ThO_2$		

事实上，能够完全互溶的两种氧化物必须满足晶体结构相似且阳离子半径相近的条件。否则，一种金属阳离子取代晶格结点上的另一种金属阳离子时，会导致晶格发生明显畸变而变得不稳定。

（5）氧化物间的固相反应

两种氧化物还可以发生固相反应，形成复合氧化物。例如：

$$NiO + Cr_2O_3 \rightleftharpoons NiCr_2O_4$$

$$NiO + Al_2O_3 \rightleftharpoons NiAl_2O_4$$

$$CoO + Al_2O_3 \rightleftharpoons CoAl_2O_4$$

其中，有一类复合氧化物具有相同的晶体结构，即尖晶石结构。上面的反应形成的都属于这类尖晶石氧化物。表7-5列出了部分具有尖晶石结构的复合氧化物种类。尖晶石氧化物具有类似的表示式，即 MN_2O_4 或是 M_2NO_4。我们熟悉的 Fe_3O_4 也属于这类氧化物，它可以看成是 $FeFe_2O_4$。

与固溶体氧化物相似，尖晶石氧化物与构成它的任一单个氧化物性质不同。由于尖晶石氧化物具有致密的结构，因而尖晶石氧化物本身被认为是具有抗氧化性的。特别是，两种氧化物中，如果有一种氧化物的抗氧化性能较差，那么尖晶石的形成表明这种抗氧化性差的氧化物减少甚至消失，合金的抗氧化性能可得到明显改善。

表7-5 一些尖晶石结构的复合氧化物

$MnAl_2O_4$；$FeAl_2O_4$；$CoAl_2O_4$；$NiAl_2O_4$；$ZnAl_2O_4$；Mg_2VO_4；MgV_2O_4；FeV_2O_4；ZnV_2O_4；
$MgCr_2O_4$；$MnCr_2O_4$；$FeCr_2O_4$；$CoCr_2O_4$；$NiCr_2O_4$；$ZnCr_2O_4$；Fe_2MnO_4；$MgFe_2O_4$；$MgCo_2O_4$；
Fe_2CoO_4；Fe_2NiO_4；Co_2NiO_4；$CuFe_2O_4$；$CuCo_2O_4$；$ZnFe_2O_4$；$GeNi_2O_4$；$SnCo_2O_4$；Mg_2SnO_4；Zn_2SnO_4

7.2.3 金属氧化物中的缺陷

氧化物中的缺陷包括从原子、电子尺度的微观缺陷到显微缺陷。缺陷可以分为以下几类：①点缺陷（零维缺陷）；②线缺陷（一维缺陷）；③面缺陷（二维缺陷）；④体缺陷（三维缺陷）；⑤电子缺陷，如电子和电子空穴。

在热力学上缺陷又分为不可逆缺陷和可逆缺陷。不可逆缺陷的数量与环境的温度和气体分压无关，线缺陷、面缺陷及体缺陷为不可逆缺陷。可逆缺陷的数量与环境温度及气体分压有关，点缺陷为可逆缺陷。这里，我们重点讨论点缺陷。

点缺陷可以在氧化物内部形成，也可以通过与环境的反应而形成。正确地描述缺陷反应必须遵守一些规则，包括晶格常数的变化、质量守恒、电中性和质量作用定律。点缺陷的热力学理论基于以下假设：实际晶体可以看成一种溶液，晶格为溶剂而点缺陷为溶质。点缺陷的热力学的定量描述只有在缺陷浓度不超过千分之几时才是正确的。

晶体点缺陷在文献中有若干种表征方法。现在最常用的是 Kroger 与 Vink 提出的表征方法。以 MO 型氧化物为例，点缺陷可表征为：

V_0——阴离子（氧离子）空位，即阴离子阵点空缺；

V_M——阳离子（金属离子）空位，即阳离子阵点空缺；

O_i——间隙氧离子，氧离子在晶格的间隙位置；

M_i——间隙金属离子，金属离子在晶格间隙位置；

O_O 与 M_M 分别为氧离子与金属离子在晶格正常点阵位置；

M_O 与 O_M 分别为金属离子占据氧离子位置与氧离子占据金属正常晶格位置，称为错位离子。已知这两种缺陷在金属氧化物中不重要，可忽略不计。

点缺陷的荷电状态：点缺陷可以是中性的或者载有电荷。间隙金属离子载正电荷，氧离子空位也载有效正电荷，以"·"表征；间隙氧离子和金属离子空位载负有效电荷，以"'"表征；中性原子以"X"表征。电子缺陷中，电子载流子和空穴载流子分别记为 e' 和 $h\cdot$。

金属氧化物可以分成化学计量比氧化物和非化学计量比氧化物两大类：

(1)化学计量比氧化物及其点缺陷

当氧化物组分符合化学计量比时，点缺陷成对地形成，以保证物质守恒和电中性。符合化学计量比的晶体中的点缺陷有四种情况，如图7－9所示。

Frenkel 型缺陷：含有等量的间隙阳离子和阳离子空位；

反 Frenkel 型缺陷：含有等量的间隙阴离子和阴离子空位；

Schottky 型缺陷：含有相同当量的阳离子和阴离子空位；

反 Schottky 型缺陷：含有相同当量的间隙阳离子和间隙阴离子。

以 Frenkel 型缺陷为例，在化学计量比氧化物 MO 中形成时，其反应为：

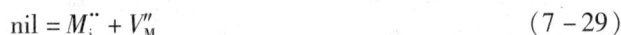

$$nil = M_i^{\cdot\cdot} + V_M'' \qquad (7-29)$$

式中，nil 是完整晶体的符号。按照质量作用定律，其平衡常数为：

$$\left[M_i^{\cdot\cdot} \right]\left[V_M'' \right] = K_F \qquad (7-30)$$

$$\left[M_i^{\cdot\cdot} \right] + \left[V_M'' \right] = K_F^{1/2} \qquad (7-31)$$

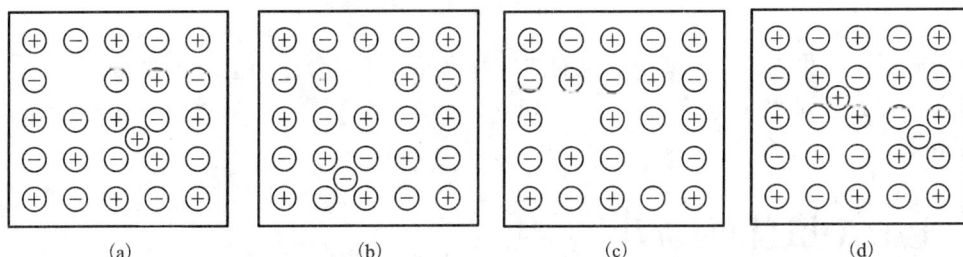

图7－9　化学计量化合物晶体的缺陷类型

(a)Frenkel 型；(b)反 Frenkel 型；(c)Schottky 型；(d)反 Schottky 型

同样可以得出反 Frenkel 型缺陷、Schottky 型缺陷和反 Schottky 型缺陷的缺陷反应和平衡常数。这类缺陷的浓度与氧分压无关，而且与电子缺陷无关，因此化学计量氧化物是离子导体。

(2)非化学计量比氧化物及其点缺陷

氧化物的非化学计量程度与温度和氧分压有关。在金属过剩氧化物中，非化学计量程度随着氧分压下降而增大；与此相反，在金属不足氧化物中，非化学计量程度随氧分压增大而增大。

在金属过剩氧化物中，过剩的金属离子位于晶格的间隙，形成点缺陷 $M_i^{n\cdot}$，带 n 个有效正电荷，为了保持电中性，每形成一个 $M_i^{n\cdot}$ 必然产生 n 个电子。因此，这类氧化物为 n 型半导

体，其缺陷反应为

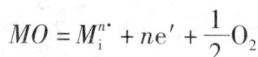

$$MO = M_i^{n \cdot} + ne' + \frac{1}{2}O_2$$

反应常数为
$$K = [M_i^{n \cdot}][e']^n p_{O_2}^{1/2} \qquad (7-32)$$

由于氧化物的电导率 σ 与 $[e']$ 成正比，且

$$[M_i^{n \cdot}] = \frac{1}{n}[e'] \qquad (7-33)$$

则
$$[M_i^{n \cdot}] = \frac{1}{n}[e'] = n^{-\frac{n}{n+1}} K^{\frac{1}{n+1}} p_{O_2}^{-\frac{1}{2(n+1)}} \qquad (7-34)$$

由于氧化物的电导率 $\sigma \propto [e']$，因此金属过剩氧化物的间隙金属离子浓度及电导率均随着氧分压的增加而减小。根据电导率与氧分压的关系可以得出间隙金属离子所携带的有效电荷。

典型的金属过剩氧化物有 ZnO、CdO、BeO、RaO、V_2O_5、PbO_2、MoO_3、WO_3、CdS、BaS、Cr_2S_3、TiS_2 等。

在金属不足氧化物中，形成金属离子的空位 $V_M^{n \prime}$，带 n 个有效负电荷，按电中性原则，每一个 $V_M^{n \prime}$ 将产生 n 个电子空穴，因此这类氧化物为 P 型半导体，其缺陷反应为

$$\frac{1}{2}O_2 = V_M^{n \cdot} + nh^{\cdot} + O_o \qquad (7-35)$$

反应常数为
$$K = [V_M^{n \cdot}][h^{\cdot}]^n p_{O_2}^{-1/2} \qquad (7-36)$$

可以导出
$$[V_M^{n \cdot}] = \frac{1}{n}[h^{\cdot}] = n^{-\frac{n}{n+1}} K^{\frac{1}{n+1}} p_{O_2}^{-\frac{1}{2(n+1)}} \qquad (7-37)$$

因此，金属不足氧化物的金属离子空位的浓度及电导率随氧分压的上升而增大。

典型的金属不足氧化物有 NiO、FeO、Cu_2O、CoO、MnO、Bi_2O_3、FeS、Cu_2S、Ag_2O、Ag_2S、SnS、CuI 等。

7.3 金属氧化过程的动力学

7.3.1 金属高温氧化的基本过程

金属的高温氧化是一个复杂的物理化学过程，包括氧在金属表面的物理吸附、化学吸附、氧化物生核和长大、形成连续的氧化膜，以及氧化膜增厚等环节。

金属的表面具有较高的表面能，可以自动吸附来自环境介质或其内部的其他分子和原子。高温下介质中的氧在裸露的金属表面上的吸附，最初为氧分子的物理吸附，其吸附热一般小于 $25\ J \cdot mol^{-1}$，形成一种松散结合的吸附层；接着氧分子解离，变成紧密结合的化学吸附，吸附热可以达到 $200\ kJ \cdot mol^{-1}$ 以上，接近发生化学反应水平。金属表面点阵缺陷的露头处具有更大的吸附能力，促使氧化物首先在此生核。提高氧的浓度会大幅度增加氧化物的生

核速率。适度地提高温度，不仅增加氧化物的生核率，而且增大氧化物晶核长大速率，加速连续氧化膜的生成进程，直至完全覆盖金属表面，形成完整的氧化膜。

当金属表面形成了致密而完整的氧化膜后，随时间的延长，氧化反应持续进行，氧化膜不断增厚。这时介质中的氧在气体/氧化物界面处发生物理吸附，进而发生化学吸附，并最终以 O^{2-} 的形式结合到氧化物晶格中；同时在氧化物/金属界面，金属发生电离变成金属阳离子。为维持界面反应的持续进行，必须保证有一定流量的金属阳离子能通过氧化膜向气体/氧化物界面迁移，或 O^{2-} 通过氧化膜向氧化物/金属界面迁移。一旦形成完整的氧化膜，氧化过程的继续进行将取决于两个因素：一是界面反应速率，包括金属/氧化物及氧化物/气体两个界面上的反应速率；二是参加反应物质通过氧化膜的扩散和迁移速率，包括浓度梯度作用下的物质扩散和电位梯度引起的电荷迁移。这两个因素控制了继续氧化的速率。当表面金属与氧开始作用，生成的氧化膜极薄时，这时起主导作用的是界面反应，即界面反应为氧化的控制因素。但是，随着氧化膜生长增厚，扩散过程（包括浓差扩散和电迁移）将逐渐起着越来越重要的作用，以致成为继续氧化的控制因素。

金属离子和氧通过氧化膜的扩散，可能有三种方式。

（1）金属离子通过氧化膜向外扩散，在氧化物/气体界面上与氧进行反应，膜在外侧继续生长。例如铜的氧化过程，如图 7-10(a) 所示。

（2）氧离子通过氧化膜向内扩散，在金属/氧化物界面上与金属进行反应，膜在内侧生长。例如钛、锆等金属的氧化过程，如图 7-10(b) 所示。

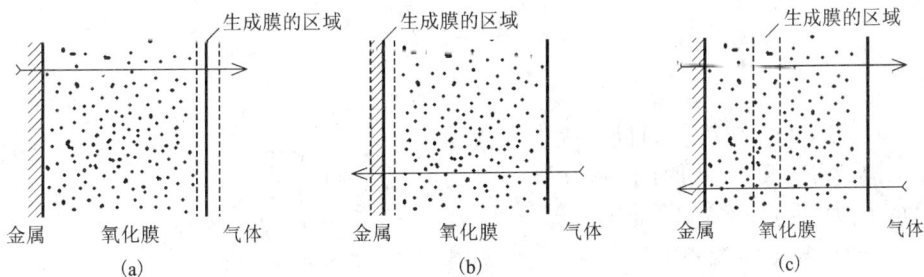

图 7-10　金属离子和氧离子扩散方向与膜生长的位置示意图
(a) 金属离子向外扩散；(b) 氧离子向内扩散；(c) 双向扩散

（3）两者相向，即金属离子向外扩散，氧向内扩散；两者在氧化膜中相遇并进行反应，使膜在该处生长。例如钴的氧化过程，如图 7-10(c) 所示。

实际上金属氧化的扩散方式往往比较复杂，氧化膜的裂纹、间隙、结构缺陷等都会影响离子、原子的扩散和渗透，使膜的生长发生相应的变化。

7.3.2 金属氧化的动力学规律

金属的氧化程度，通常用单位面积上增重 ΔW 来表示，也可用氧化膜的厚度 y 来表示，而氧化膜的生长速率，即单位时间内氧化膜的生长厚度可用 dy/dt 表示。氧化增量与膜厚 y 则可用式

$$y = \frac{(\Delta W \cdot M_{OX})}{(M_{O_2} \cdot \rho_{OX})} \qquad (7-38)$$

进行换算。式中，M_{OX} 为氧化物的相对分子质量，M_{O_2} 为氧的相对分子质量，ρ_{OX} 为氧化物的密度。

金属的氧化动力学是研究金属的氧化速率问题。在通常情况下，氧化速率问题也就是氧化膜增厚规律的问题。恒温下测定氧化过程中氧化膜的增重 ΔW 或厚度 y 与氧化时间 t 的关系曲线——恒温动力学曲线——是氧化动力学最基本的方法。它不仅可提供许多关于氧化机理的信息，如氧化过程的速率控制步骤，膜的保护性及反应速率常数变化等，而且还可应用于氧化防护工程的设计。

各种金属氧化的动力学曲线大体上可分为直线、抛物线及对数或反对数等几种类型。

（1）直线规律

当金属氧化时，若不能生成保护性氧化膜（PBR < 1），或在反应期间形成气相或液相产物而脱离金属表面，则氧化速率与膜厚无关，直接由形成氧化物的化学反应所决定，为一常数，可用如下方程式表示：

$$\frac{dy}{dt} = k_1$$

或

$$y = k_1 t + C \qquad (7-39)$$

即膜厚（或增重）与氧化时间 t 成直线关系。式中，y 为氧化膜厚度；t 为时间；k_1 为氧化的线性速率常数；C 为积分常数。碱金属和碱土金属以及钼、钒、钨等金属高温氧化皆遵循直线规律。图 7-11 所示为镁在氧气中于不同温度下的氧化动力学规律。

（2）抛物线规律

大多数金属和合金的氧化动力学为抛物线规律。氧化时，由于金属表面上形成致密的较厚（≥ 10 nm）的氧化膜，氧化速率与膜的厚度成反比，即

$$\frac{dy}{dt} = \frac{k_p}{y}$$

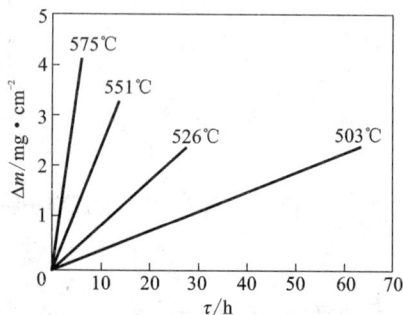

图 7-11　镁在不同温度下的线性氧化规律

或
$$y^2 = k_p t + C \qquad (7-40)$$

这时，氧化膜生长服从抛物线规律。式中，k_p 为抛物线速度常数；C 为积分常数，与初始状态有关，通常不为零。抛物线速度常数 k_p 是一个重要的参量，它与温度成指数关系：

$$k_p = A \cdot \exp\left(-\frac{Q}{RT}\right) \qquad (7-41)$$

式中，A 为常数、Q 为激活能。大多数金属在实用温度范围内氧化时是符合抛物线规律的。例如，铜在 300℃ 以上和铁在 500℃ 以上的空气和氧气中、镍、铬、钴及几乎所有的高温合金在多数温度下不是特别长时间内的氧化都是如此。图 7 – 12 所示为铁在空气中高温下的氧化情况。

图 7 – 12　铁在空气中高温氧化的抛物线规律

但在中温范围和氧化膜较薄的情况下，一些金属的氧化常常偏离抛物线的平方规律，比如铜在 100℃ ~ 300℃ 的氧气中恒温氧化、镍在 400℃ 左右、钛在 350℃ ~ 600℃ 氧化时服从立方规律，因此可将式(7-40)写成通式

$$y^n = k_p t + C \qquad (7-42)$$

当 $n < 2$ 时，表明氧化速率并非完全与膜厚的增加呈反比关系。即除了正常扩散的阻滞作用外，可能存在诸如空洞和晶界等加速扩散的因素。

当 $n > 2$ 时，说明膜厚增加对氧化所产生的阻滞效应比单纯受扩散的影响更严重，即还有其他抑制氧化过程的因素。例如，合金氧化物的掺杂效应，致密阻挡层的形成等都是可能的原因。因此，这类金属具有更好的抗氧化性。

（3）对数反对数规律

有些金属在较低温度或室温氧化时服从对数或反对数规律。对数规律的关系为

$$\frac{dy}{dt} = A \cdot e^{-By}$$

或者
$$y = k_1 \ln(k_2 t + k_3) \qquad (7-43)$$

反对数规律为

$$\frac{dy}{dt} = A \cdot e^{\frac{B}{y}}$$

或
$$\frac{1}{y} = k_4 - k_5 \cdot \ln t \qquad (7-44)$$

式中，A、B、k_1、k_2、k_3、k_4、k_5 都为常数。

这两种规律均在氧化膜相当薄时才成立，它们意味着氧化过程受到的阻滞远比抛物线关系中的大。铜、铁、锌、镍、铝、钛、钽等的初始氧化行为符合对数规律。室温下，铜、铁、

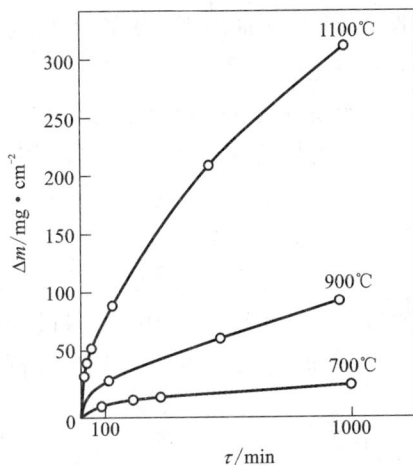

铝、银的氧化服从反对数规律。实际上有时很难区分这两种规律，因为对于短时间氧化所获得的薄膜数据，无论用哪个方程处理，常都能获得较好的结果。图 7 – 13 所示为纯铁在较低温度下的氧化动力学曲线，它符合对数规律。

以上所述氧化膜生长规律的三大类型，是在金属表面已经形成完整的氧化膜后，对于氧化膜的稳定生长阶段而言的。以抛物线生长规律为例，由式(7 – 44)可见，$y \to 0$，$dy/dt \to \infty$，显然与实际情况不符，因此式(7 – 44)不能表示氧化初期氧化膜的增厚规律。在氧化初期，当金属表面未形成完整的氧化膜时，膜增厚主要受化学反应速率的控制，故服从直线规律。实际上整个氧化过程的动力学曲线应包括初期的直线段、稳定期的特有生长规律，以及它们之间的过渡段。如果考虑膜在增厚过程中，受内应力作用而遭破坏，则动力学曲线将由几个线段组成(例如铜在 500℃氧化时的情况，如图 7 – 14 所示)。

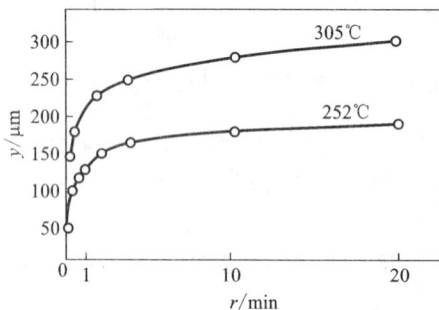

图 7 – 13　铁在较低温度下氧化的对数规律

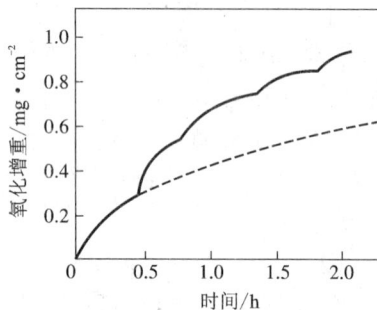

图 7 – 14　铜在 500℃的氧化曲线
(虚线表示氧化膜不发生破坏的抛物线关系)

因此，实际情况下金属的氧化规律往往是非常复杂的，随温度、时间和气氛不同，金属的氧化规律发生变化。同一金属在不同温度下氧化可能遵循不同规律；而在同一温度下，随着氧化时间的延长，氧化膜增厚的动力学也可能从一种规律转变为另一种规律。例如，铜在 300℃～1000℃氧化遵从抛物线规律，在 100℃以下则符合对数规律；铁在 500℃～1100℃氧化遵从抛物线规律，在 400℃以下则符合对数规律。

7.3.3　金属氧化的机理

不同条件下，金属氧化的控制步骤可能不同，甚至在同一氧化过程中，不同阶段的控制步骤也会发生变化。氧化过程的控制步骤不同，氧化的机理和动力学规律也就不同。除了在稀薄的气体环境外，一般情况下在氧化气氛中(例如在大气中)，气氛中的氧向氧化膜表面传输的速率是非常迅速的，可以供应充分的氧以维持整个氧化过程的进行，不会成为氧化的控制步骤。在氧化的初期，当生成的氧化膜不足以把金属与介质完全隔开的情况下，或者当生成的氧化物不具有保护性(例如生成挥发性氧化物)的情况下，界面反应便成为氧化的控制步骤，氧化动力学符合直线规律。在高温下，由于金属与氧发生化学反应的速率是相当快的，金属氧化的绝大多数情况，是一旦生成了一定厚度的氧化膜，正、负离子在氧化膜内的扩散和迁移，就成为氧化过程的控制步骤。

(1)抛物线生长动力学理论

对具有抗氧化性的金属材料，表面已形成一层较厚氧化膜时(≥10 nm)，金属氧化动力学符合抛物线规律。理论模型的建立要采用许多假设条件，实际应用中必须注意到这些条件成立的范围。

1)金属氧化的扩散模型

假如金属表面形成致密均匀的氧化膜，并且金属/氧化膜和氧化膜/气体界面上的反应速率很快，那么，氧化过程的控制因素便是离子穿过不断增长的氧化膜中的扩散。在扩散模型里，假设各种扩散粒子的浓度在氧化膜内的分布呈直线，粒子在氧化膜内扩散的驱动力是内、外界面的浓度差。同时，由于界面反应的速率很快，假设在每个界面上均可达到热力学平衡。若生成的氧化物为 p 型半导体，即晶格中存在金属离子空位和电子空穴。氧化过程中金属离子空位向内界面迁移，而电子空穴向外界面迁移。金属离子空位的向内迁移通量 J_{VM}，也可以看做是相等能量的金属离子向反方向迁移。据此，得金属离子的扩散通量为

$$J_{M^{n+}} = -J_{VM} = \frac{D_{VM}(c''_{VM} - c'_{VM})}{y} \qquad (7-45)$$

式中，y 为氧化膜厚度，D_{VM} 为金属离子空位的扩散系数，c''_{VM} 和 c'_{VM} 分别为氧化膜/气体界面和氧化膜/金属界面上的空位浓度。金属离子的扩散通量 $J_{M^{n+}}$ 还可表示为

$$J_{M^{n+}} = c''_{M^{n+}} \cdot \frac{dy}{dt} \qquad (7-46)$$

式中，$c''_{M^{n+}}$ 为氧化膜/气体界面上金属离子的浓度。这样便有

$$c''_{M^{n+}} \frac{dy}{dt} = \frac{D_{VM}(c''_{VM} - c'_{VM})}{y} \qquad (7-47)$$

因为在每个界面上都达到了热力学平衡，所以 $c''_{M^{n+}}$ 和 $c''_{VM} - c'_{VM}$ 都是常数，由此得到

$$\frac{dy}{dt} = \frac{D_{VM}(c''_{VM} - c'_{VM})}{c''_{M^{n+}} \cdot y} \qquad (7-48)$$

对式(7-48)积分，并取 $t=0$ 时 $y=0$，则有

$$y^2 = k_p t \qquad (7-49)$$

这就是通常的抛物线规律，其中系数 k_p 是个常数，并且有

$$k_p = \frac{2D_{VM}(c''_{VM} - c'_{VM})}{c''_{M^{n+}}} \qquad (7-50)$$

由于阳离子空位浓度与氧分压有关，可表示为

$$C_{VM} \propto (p_{O_2})^{\frac{1}{m}} \qquad (7-51)$$

因而有

$$k_p \propto [(p''_{O_2})^{\frac{1}{m}} - (p'_{O_2})^{\frac{1}{m}}] \qquad (7-52)$$

p''_{O_2} 和 p'_{O_2} 分别为氧化膜/气体界面和氧化膜/金属界面上的氧分压。由于 $p'_{O_2} \ll p''_{O_2}$，故有

$$k_p \propto (p''_{O_2})^{\frac{1}{n}} \qquad (7-53)$$

由此可见，抛物线系数 k_p 是与空位扩散系数 D_{VM} 和氧分压 $(p''_{O_2})^{1/n}$ 成正比的一个常数。

2）Wagner 金属氧化理论

Wagner 金属氧化理论的出发点是：①氧化膜是均匀、致密、完整的，②氧化膜的厚度远远大于空间电荷层的厚度，③在金属/氧化膜界面、氧化膜中以及氧化膜/气体界面建立热力学平衡，④氧化膜的成分偏离化学计量比很小，⑤离子和电子在氧化膜中的传输是控制步骤。Wagner 在此前提下建立了离子和电子在化学位梯度和电位梯度下，即在电化学位梯度下的传质方程，推导出抛物线规律的氧化速度常数的表达式。之后不久，Hoar 和 Price 根据金属氧化的电池模型推导出与 Wagner 理论一致的抛物线速度常数。最新的金属氧化的电化学理论认为，金属氧化电池存在若干电荷传输步骤和化学步骤。在不同的条件下，氧化电池具有不同的控制步骤，因而呈现不同的动力学规律，氧化电池理论具有更普遍的意义。因此，本节按照电池模型来推导 Wagner 抛物线速度常数，并按文献中传统的说法，统称为 Wagner 金属氧化理论。

金属氧化是一个如图 7-15 所示的电化学电池过程。以两价金属为例，在金属/氧化物界面上金属失去电子变为金属离子，发生阳极反应：

$$M \rightleftharpoons M^{2+} + 2e$$

在氧化物/气体界面上，氧得到电子变为氧离子，发生阴极反应：

$$O_2 + 4e \rightleftharpoons 2O^{2-}$$

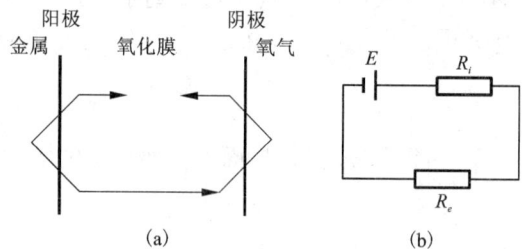

图 7-15 金属氧化电池模型（a）和等效电路（b）

电池总反应为：

$$2M + O_2 \rightleftharpoons 2MO$$

电池的电动势 E 由反应的自由能变化决定，即

$$E = -\frac{\Delta G}{nF} \qquad (7-54)$$

氧化膜同时起到离子传输的固体电解质的作用和电子传输的半导体的作用。氧化膜的生长既要求电子的迁移，也要求阳离子或阴离子穿过膜的迁移。电化学模型相应的电池回路的总电阻 R 为离子电阻 R_i 和电子电阻 R_e 之和。对于面积为 S，厚度为 y 的氧化膜，其电子电阻 R_e 为：

$$R_e = \frac{y}{n_e \cdot \sigma S} \qquad (7-55)$$

离子电阻 R_i 为：

$$R_i = \frac{y}{(n_c + n_a) \cdot \sigma S} \tag{7-56}$$

因 $n_e + n_c + n_a = 1$，总电阻为：

$$R = R_e + R_i = \frac{y}{n_e \cdot \sigma S} + \frac{y}{(n_c + n_a) \cdot \sigma S} = \frac{y}{n_e \cdot (n_c + n_a) \cdot \sigma S} \tag{7-57}$$

式中，σ 为氧化膜的平均电导率；n_e、n_c、n_a 分别为电子、阳离子、阴离子的迁移数。根据欧姆定律，通过电池的电流为：

$$I = \frac{E}{R} = \frac{E \cdot n_e \cdot (n_c + n_a) \cdot \sigma S}{y} \tag{7-58}$$

则氧化膜的生长速度可表示为

$$\frac{dy}{dt} = \frac{IM_{OX}}{nFS\rho_{OX}} = \frac{M_{OX}E\sigma \cdot n_e \cdot (n_c + n_a)}{ynF\rho_{OX}} \tag{7-59}$$

式中，M_{OX} 为氧化物的相对分子质量；ρ_{OX} 为氧化物的密度。将式（7-59）积分，可得金属氧化抛物线理论方程式：

$$y^2 = k_p t + C \tag{7-60}$$

式中，C 为积分常数；k_p 为抛物线氧化速度常数：

$$k_p = \frac{2M_{OX}E\sigma \cdot n_e \cdot (n_c + n_a)}{nF\rho_{OX}} \tag{7-61}$$

在上面的处理中，抛物线速度常数是从作为反应参数的氧化膜厚度有关的单位导出的。依据所选择的反应参数不同，都可以导出相应的具有不同含义的抛物线速度常数。在 Wagner 金属氧化理论中常使用不同的符号来表示这些特定的抛物线速度常数：

①测量氧化膜厚度（y）。抛物线速度方程为：

$$y^2 = k't \tag{7-62}$$

式中，k' 称做"氧化常数"，单位为 $cm^2 s^{-1}$。

②测量试样单位面积增重（ΔW）。计算公式为：

$$\Delta W^2 = k''t \tag{7-63}$$

式中，k'' 也称做"氧化常数"，单位为 $g^2 cm^{-4} s^{-1}$。

③测量金属表面位移（1）。测量被消耗的金属厚度，从而获得速度常数。动力学方程为：

$$l^2 = k_c t \tag{7-64}$$

式中，k_c 称做"腐蚀常数"，单位为 $cm^2 \cdot s^{-1}$。

④测量单位厚度氧化膜生长率。相应的速度常数定义为单位厚度氧化膜的单位表面积上生成的氧化物分子数，即：

$$k_r = \frac{y}{S} \cdot \frac{dn}{dt} \tag{7-65}$$

式中，n 代表厚度为 y 的氧化膜中氧化物分子的摩尔数；S 代表发生反应的表面积；k_r 称做

"理论氧化常数",单位为 $mol \cdot cm^{-1} s^{-1}$。

对满足 Wagner 假设条件的氧化膜,以上所有的速度常数间都有确定的关系,可以相互转换。如 $k_r = k'/V_{OX}$。V_{OX} 为氧化物的摩尔体积。

表 7 - 6 列出了某些金属氧化速率常数的计算值和实测值。从表 7 - 6 中可以看出,理论计算值与实测值符合得很好,说明 Wanger 理论的基本假设是正确的。

表 7 - 6 部分金属氧化时 k_p 的计算值与实测值的比较

金属	反应气体	氧化物	温度/℃	$k_{计}/(mol \cdot cm^{-1} s^{-1})$	$k_{测}/(mol \cdot cm^{-1} s^{-1})$
Ag	S(l)	Ag_2S	220	2.4×10^{-6}	1.6×10^{-6}
Ag	$Br_2(g)$	AgBr	200	2.7×10^{-11}	3.8×10^{-11}
Cu	$I_2(g)$	CuI	195	3.8×10^{-10}	3.4×10^{-10}
Cu	$O_2(8.3 \times 10^3 \ Pa)$	Cu_2O	1000	6.6×10^{-9}	6.2×10^{-9}
Cu	$O_2(1.5 \times 10^3 \ Pa)$	Cu_2O	1000	4.8×10^{-9}	4.5×10^{-9}
Cu	$O_2(2.3 \times 10^2 \ Pa)$	Cu_2O	1000	3.4×10^{-9}	3.1×10^{-9}
Cu	$O_2(3.0 \times 10 \ Pa)$	Cu_2O	1000	2.1×10^{-9}	2.2×10^{-9}

根据式(7 - 59)和式(7 - 61),可对氧化过程分析如下:

1)当金属氧化反应的 $\Delta G = 0$,即 $E = 0$ 时,$k_p = 0$,此时处于平衡状态,金属不能进行氧化反应。当 ΔG 的负值越大,则 E 越大,k_p 值越大,说明氧化膜增长的速度越大。

2)氧化膜的电导率 σ 越大,则 k_p 值越大,金属氧化速率越大;反之,σ 越小,则 k_p 值越小,金属氧化速率越小;若生成的膜是绝缘的,则氧化过程将停止。所以加入生成具有高电阻率氧化物的合金元素,可提高合金的抗氧化性。

3)当生成的氧化膜为半导体时,电子迁移数 $n_e \approx 1$,则 k_p 大小主要取决于离子迁移数 $n_c + n_a$ 的大小,离子迁移是金属氧化的控制因素;当生成的氧化膜为离子导体时,离子迁移数 $n_c + n_a \approx 1$,则 k_p 大小主要取决于电子迁移数 n_e 的大小,即电子迁移是金属氧化的控制因素。当 $n_e = n_c + n_a$ 时,$n_e(n_c + n_a)$ 值最大,k_p 值也最大。这说明在氧化膜增长过程中,电子迁移和离子迁移的比例恰当,未发生极化现象,因而氧化速度最快。根据氧化膜中电子和离子迁移比例的大小,加入适当的合金元素,减少电子或离子的迁移速率,从而提高合金的抗氧化性。

Wagner 理论是基于氧化膜中存在着浓度梯度和电位梯度,进行扩散和电迁移而导出的,因此,它对于薄的氧化膜的生长并不适用。

(2)薄氧化膜的生长机理

金属在较低温度或室温中氧化往往形成薄氧化膜,其生长机理与在高温下生成厚氧化膜大不相同。在低温下氧化,实验表明氧化物的生长速度不符合抛物线规律。事实上,即使在高温下,在氧化的初始阶段氧化速度也异常高。只有当表面形成了一定厚度氧化膜后,氧化速度才会降下来。在氧化初期以及在较低温度中氧化形成几个纳米厚度的氧化膜时，氧化膜生长动力学通常为对数或反对数规律。相应的模型最早是由 Mott 提出的，其后分别由 Cabrera 和 Mott 以及 Hauffe 和 Ilschner 完善并进行了具体分析。Mott 理论和 Wagner 理论的基本假设条件相同，反应粒子通过氧化膜的迁移是氧化控制步骤。但不同的是，Mott 理论认为，在薄氧化膜情况下，粒子的迁移主要靠氧化层内建立起的双电层提供的电位差。

在表面已存在一层极薄的氧化物膜时，电子可以通过隧道效应从金属表面转移到吸附于氧化物膜表面的氧原子上，从而这些氧及时获得电子成为氧离子，其结果是在金属/氧化物界面形成了阳离子区，在氧化物/气体界面形成了阴离子区，于是在氧化物膜两边就形成了电位差。由于氧化膜极薄，氧化膜中产生的电场变得极强，这时在强电场作用下离子的迁移比浓度梯度产生的迁移大得多，因此可以不必考虑后者的作用。

1）当氧化膜为离子导体时，在强电场作用下，金属离子在氧化膜中较易迁移，而电子的迁移较困难，成为金属氧化的控制步骤。在低温和极薄氧化膜的条件下，电子可以通过隧道效应进入导带。电子的隧道效应随着膜的厚度增加呈指数下降，当氧化膜厚度增至 4 nm 时，隧道效应终止，因此氧化膜的生长速率随着膜厚呈指数下降。

在此情况下，氧化膜的生长速度与电子穿透的几率成正比。若氧化膜的厚度为 y，氧化速度可表示为：

$$\frac{dy}{dt} = A \cdot \exp\left(-\frac{y}{y_0}\right) \tag{7-66}$$

其中

$$y_0 = \frac{h}{4\pi(2m_e\Phi)^{\frac{1}{2}}} \tag{7-67}$$

式中，h 为普朗克常量；m_e 为电子的质量；Φ 为势垒。将式（7-67）积分，得

$$y = k\ln(t+A) + B \tag{7-68}$$

式中，k、A、B 是常数。所以在极薄氧化膜的生长受电子迁移控制时，氧化动力学呈对数规律。

2）氧化膜为电子导体时，离子的迁移速率小于电子的迁移速率，因此离子的迁移成为金属氧化的控制步骤。在极薄氧化膜中电场强度可高达 10^7 V·cm^{-1} 左右，氧化膜中存在很大的电位梯度 E，使离子迁移的势垒下降。氧化速度可表示为：

$$\frac{dy}{dt} = A \cdot \exp\left(\frac{y_1}{y}\right) \tag{7-69}$$

其中

$$y_1 = \frac{ZaeV}{2k_BT} \tag{7-70}$$

式中，Z 为离子带电荷数；a 为势垒的谷间距；e 为电子电量；V 为氧化膜双电层的电势差；

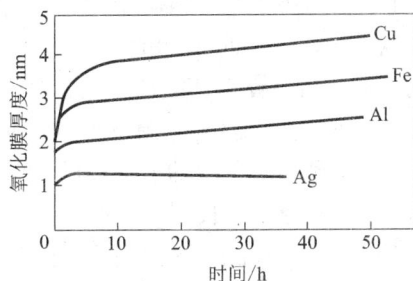

图 7-16　在室温银、铝、铁、铜的氧化规律

k_B 为玻尔兹曼常数；T 为绝对温度。这表明了电场的影响随着膜的增厚呈指数减弱，当氧化膜达到一定厚度时，金属离子的迁移停止，氧化膜不再生长。将式(7-69)积分，可得

$$\frac{1}{y} = A - B \cdot \ln t \tag{7-71}$$

此即所谓的反对数规律。铜、铁、铝、银等金属在室温或低温下的氧化均表现为此规律(如图7-16所示)。

7.4 高温合金的氧化

7.4.1 高温合金氧化的特征

在高温下使用的金属材料统称为高温合金或超合金。高温合金必须满足两方面的性能要求：一是具备良好的高温力学性能，二是具备优异的抗高温腐蚀性能。目前，工程上应用的高温合金主要是铁基合金、镍基合金和钴基合金。

所有高温合金都是由基体金属和添加的合金元素组成。适合作基体金属的只有铁、镍和钴。而适合作合金元素的种类也并不很多。纯铁、镍或钴无论是高温强度，还是耐高温腐蚀性均达不到使用要求。但是，通过添加各种元素后，可使合金具有显著提高的高温强度和耐高温腐蚀性能。添加的元素分两类：一类是为了改善铁、镍、钴基合金的耐高温腐蚀性能。这类元素主要有铬、铝、硅等。另外，添加钛、锆、铪、稀土元素，亦可降低合金的氧化速度并改善氧化膜的抗剥落性能。这一效应被称做活性元素效应。

另一类添加的元素主要是为了改善合金的高温强度。如为了获得各方面性能良好的耐热钢，选择添加的元素或者是稳定 α 相的元素，如铬、铝，可保证合金的抗高温腐蚀性能；或者添加的是稳定 γ 相的元素，如镍，可强化合金的高温强度。当然强化合金还可以通过其他方式，添加的元素也可以是其他种类的，如钼、钨、钽的固溶强化以及这些元素的碳化物弥散强化。镍基合金和钴基合金也都是通过添加合金元素，利用析出相强化、钼和钨的固溶强化、碳化物的析出强化等措施来强化合金基体。此外，为改善塑性和热加工性能同时还需要加入其他一些元素，如加钴和钒。

绝大多数高温合金氧化时都主要形成 Al_2O_3 膜或 Cr_2O_3 膜，即合金中都含有相当数量的铝或铬元素。Al_2O_3 膜或 Cr_2O_3 膜的形成，可以初步保证合金的抗恒温氧化性能。但是，由于具体的合金体系不同，生成的氧化膜的黏附性相差较大。合金具有优异的抗氧化性能，包括在恒温情况下，氧化膜生长缓慢并保持完整；而在温度变化时，氧化膜不容易发生开裂和剥落。此外，不同合金上形成的氧化膜的表面形貌、微观结构、生长速度、自修复性能都会有差别。加之考虑到温度、气氛、合金元素、氧化时间的影响，同一种高温合金也可能会表现出相异的氧化行为。

7.4.2 高温合金氧化的机理

通过以上的介绍可以了解到，高温合金一般都含有多种合金成分，以便通过固溶强化、弥散强化等途径获得必要的机械性能。这些合金中的添加元素使得高温合金的氧化机理变得极为复杂，但可以观察到，高温合金的氧化是各种纯金属氧化、简单合金的氧化产生的混合，许多在纯金属氧化中发生的现象也会在高温合金氧化中发生。高温合金氧化必须考虑更多的影响因素和参数。合金氧化的机理将比纯金属氧化更复杂。下面就通过合金氧化的基本原理介绍高温合金氧化的机理。

以 Ni – Cr 合金的高温氧化为例，图 7 – 17 为 Ni – Cr 合金在 1000℃ 氧化时抛物线速度常数与 Cr 含量的关系曲线。可以分成三个区：Ⅰ区，合金中含 Cr 量较低，随着 Cr 含量增加，抛物线速度常数增大，生成的氧化膜以 NiO 为主，次层为 NiO 和弥散的 $NiCr_2O_4$ 尖晶石相，合金表层为 Ni 和岛状内氧化物 Cr_2O_3［图 7 – 18(a)］；Ⅱ区，Cr 含量增加，抛物线速度常数迅速下降，逐渐形成连续的 $NiCr_2O_4$ 层，内氧化物消失［图 7 – 18(b)］；Ⅲ区，Cr 含量增加，抛物线速度常数几乎不变，这时形成了选择性 Cr_2O_3 保护膜［图 7 – 18(c)］。其他二元合金的氧化也有类似的规律。这说明，只有合金表面形成保护性的选择氧化膜，合金才能具有最佳的保护性能。因此，本节重点分析合金表面生成保护性选择氧化膜的条件。

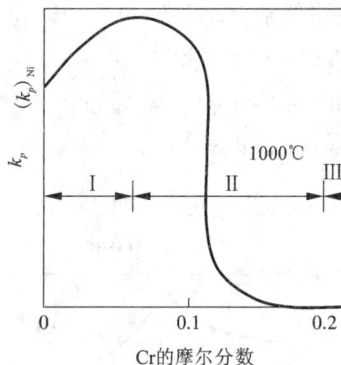

图 7 – 17　Cr 含量对 Ni – Cr 合金氧化动力学的影响

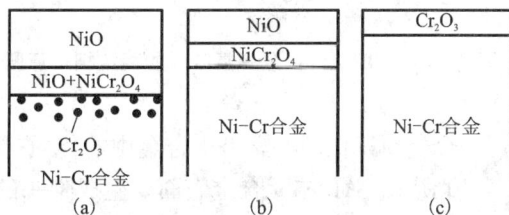

图 7 – 18　Cr 含量对 Ni – Cr 合金氧化产物结构的影响

(a) >15%；(b)15% ~20%；(c) >20%

（1）合金的选择氧化

设二元合金 AB，其中 B 比 A 具有对氧更大的亲和力。两组元与氧的反应为

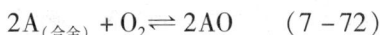

$$2A_{(合金)} + O_2 \rightleftharpoons 2AO \qquad (7 – 72)$$

$$2B_{(合金)} + O_2 \rightleftharpoons 2BO \qquad (7 – 73)$$

为了简化分析，设 AO 与 BO 不互溶。上述两式的平衡常数 K_1 和 K_2 可分别表示为：

$$K_1 = \frac{a_A p_{O_2}^{\frac{1}{2}}}{a_{AO}} \qquad (7 – 74)$$

$$K_2 = \frac{a_B p_{O_2}^{\frac{1}{2}}}{a_{BO}} \qquad (7 – 75)$$

式中，a 为金属元素或氧化物的活度。

设氧化物的活度等于 1，A 和 B 的活度正比于它们的原子分数，即 $a_A = \gamma_A N_A$，$a_B = \gamma_B N_B$，γ 为活度系数，$N_A + N_B = 1$，则 AO 和 BO 可以同时生成的氧分压 $p_{O_2}^e$ 和合金成分 N_B^e 分别为：

$$p_{O_2}^e = \left(\frac{K_1}{\gamma_A} + \frac{K_2}{\gamma_B}\right)^2 \tag{7-76}$$

$$N_B^e = \frac{1}{\dfrac{K_1}{K_2} \cdot \dfrac{\gamma_B}{\gamma_A} + 1} \tag{7-77}$$

这种平衡条件示意如图 7-19。可以看到，$p_{O_2} > p_{O_2}^e$ 时，可同时生成 AO 和 BO；$p_{O_2} < p_{O_2}^e$ 且 $N_B < N_B^e$ 时，只生成 AO；$p_{O_2} < p_{O_2}^e$ 且 $N_B > N_B^e$ 时，只生成 BO。图 7-19 中 Π_{AO} 和 Π_{BO} 分别是 AO 和 BO 的平衡分解压。因此，AB 合金要生成选择性 BO 氧化膜，必须使氧化膜/合金界面满足 $p_{O_2} < p_{O_2}^e$ 和 $N_B > N_B^e$。

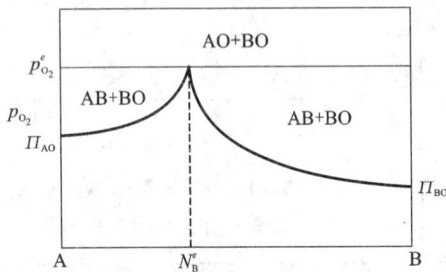

图 7-19 AB 二元合金-氧体系的稳定相示意图

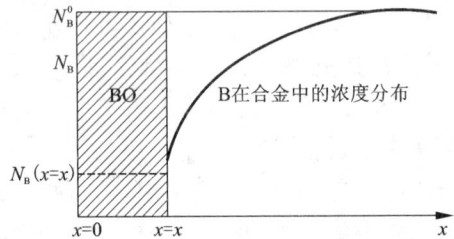

图 7-20 AB 合金选择氧化生成 BO 氧化膜时，合金中 B 的扩散模型

合金的氧化动力学是由合金中的传质过程和氧化膜中的传质过程两者共同决定的，如图 7-20 所示。AB 二元合金表面要生成唯一的 BO 氧化膜，BO 氧化膜/合金界面合金的成分必须满足 $N_B > N_B^e$。在动力学上，提高 B 元素在合金中向 BO 氧化膜/合金界面的扩散速度，降低 B 元素进入氧化膜的速度（或氧化膜的生长速率），都可以提高 BO 氧化膜/合金界面 B 元素的浓度，都利于满足 $N_B > N_B^e$。Wagner 导出 AB 二元合金表面生成唯一的 BO 氧化膜时，合金中 B 的最低浓度 $N_{B(min)}$ 必须满足：

$$N_{B(min)} > \frac{\sqrt{\pi} \cdot V_{AB}}{V_{BO}} \cdot \sqrt{\frac{k_p}{2D}} \tag{7-78}$$

式中，D 为合金的互扩散系数；k_p 为 BO 的抛物线速度常数；V_{AB} 为合金的摩尔体积；V_{BO} 为 BO 的摩尔体积。

可以看到，氧化膜的生长速率越低（k_p 越小），合金的扩散系数越大，合金越易发生选择氧化。因此，Fe(Ni,Co)Cr 和 Fe(Ni,Co)Al 合金中的 Cr 和 Al 含量超过某一临界浓度时将

选择氧化生成 Cr_2O_3 或 Al_2O_3 氧化膜。当合金的晶粒细化时，发生沿晶界的短路扩散（D 值变大），可以降低发生选择氧化所需合金元素的临界浓度。在 $Fe(Ni, Co)Cr$ 合金中加入少量的稀土元素或弥散稀土氧化物，合金发生选择氧化所需 Cr 元素的临界浓度显著下降。这是由于稀土元素或弥散稀土氧化物可以改变氧化膜的生长机制，使 k_p 变小。最近的研究发现，当含有稀土元素或弥散稀土氧化物的 $Fe(Ni, Co)Cr$ 合金晶粒细化后，合金发生选择氧化所需 Cr 元素的临界浓度更低。因此，稀土元素或弥散稀土氧化物与合金晶粒细化可使 k_p 变小的同时使 D 值变大，在促进合金的选择氧化时存在协同作用。

（2）合金的内氧化及外氧化

在氧化过程中，氧溶解到合金相中并在合金中扩散，合金中较活泼的组元与氧反应，在合金内生成氧化物，这一过程称为内氧化。相应地，当硫、碳、氮等元素扩散到合金中生成硫化物、碳化物、氮化物等沉淀，发生内硫化、内碳化、内氮化等，这些过程也可称为广义的内氧化。

下面以 $A-B$ 二元合金为例说明内氧化的热力学条件。设金属 A 在氧化条件下为稳定金属，即不生成 A 的氧化物，金属 B 可以生成一种氧化物 BO。整个反应过程可分为两个步骤，第一步是氧气以氧原子溶解到合金中

$$\nu O_2 \rightleftharpoons 2\nu O_{(溶解)} \qquad (7-79)$$

第二步是溶解的氧原子同合金中的 B 反应生成氧化物

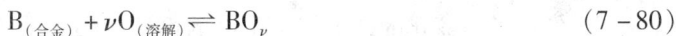

$$B_{(合金)} + \nu O_{(溶解)} \rightleftharpoons BO_\nu \qquad (7-80)$$

合金相中形成 BO_ν 内氧化粒子的必要条件为

$$p_{O_2} > \left(\frac{a_{BO_\nu}}{a_B}\right)^{\frac{2}{\nu}} \cdot \exp\left(\frac{2\Delta G^0_{(BO_\nu)}}{\nu RT}\right) \qquad (7-81)$$

式中，$G^0_{BO_n}$ 为形成 BO_ν 的标准吉布斯自由能，a_B 为合金中 B 的活度，a_{BO_ν} 为氧化物的活度。

合金相中形成 BO_ν 的必要条件可以按形成 BO_ν 的活度积 K_{sp} 表示

$$K_{sp} = [a_B][a_O]^\nu \qquad (7-82)$$

式中，a_O 为氧在合金中的活度。

当 $[a_B][a_O]^n > K_{sp}$ 时，生成内氧化物 BO_ν 沉淀，内氧化的深度一直延伸到刚刚不再满足生成 BO_ν 条件的地方。

大量的试验证明，内氧化的深度 ξ 与时间 t 呈抛物线关系：

$$\xi = 2\gamma(D_0 t)^{\frac{1}{2}} \qquad (7-83)$$

式中，γ 为无量纲常数；D_0 为氧在合金中的扩散系数。

发生内氧化时，氧和元素 B 都在合金中发生扩散，而且 O 和 B 的浓度分布都不是线性的，如图 $7-21$ 所示。B 以 BO_ν 的形式在内氧化区发生富集，其富集程度取决于 O 和 B 的扩散能力的相对大小。一般规律是 O 的扩散能力越小，B 的扩散能力越大，则 BO_ν 的富集程度越高。

大量的研究发现，当内氧化物富集到一定程度，或内氧化物 BO_ν 的体积分数 $\varphi = f(V_{BO_\nu}/$

V_{AB}）达到某一临界值 φ^* 时，合金不再内氧化，形成连续的外氧化膜，即发生所谓的内氧化向外氧化的转变。当合金内氧化物发生富集接近临界体积分数时，氧向合金内的扩散受到阻碍，内氧化物只能在合金表面生成，即转变为外氧化。由内氧化向外氧化转变的判据为：

$$x_B^0 > \left[\frac{\pi \varphi^* x_O^s D_O V_{AB}}{2\nu D_B V_{BO\nu}} \right]^{\frac{1}{2}} \qquad (7-84)$$

式中，x_B^0 为发生转变 B 的摩尔分数，x_O^s 为氧在合金表面的摩尔分数，D_O、D_B 分别为 O、B 在合金中的扩散系数。

由式（7-91）可以看到，降低氧向合金内传输的因素，如降低 x_O^s（或 p_{O_2}）及 D_O；以及加强 B 向外传输的因素，如合金表面微晶化，通过增强短路扩散来增大 D_B，这些因素都有利于在较低的溶质浓度下发生向外氧化的转变。

在二元合金中加入中等活性元素可以促进合金由内氧化向外氧化的转变。例如，在 NiAl 合金中加入适量的 Cr，可使生成 Al_2O_3 外氧化膜所需的 Al 含量显著下降，如 Ni-Cr-Al 合金系的氧化图，如图 7-22 所示。这是由于铬起到了除氧剂的作用，合金表面先生成一层 Cr_2O_3 氧化膜，降低了氧化膜/合金界面的氧活度，使合金中的铝在较低浓度下就可以选择氧化生成连续的 Al_2O_3 氧化膜。在高温和高氧压下 Cr_2O_3 逐渐以 CrO_3 蒸发掉，留下一个连续的保护性好的 Al_2O_3 氧化膜。图 7-23 中 Ni-8.5%Cr、Ni-6%Al、Ni-19.5%Cr 和 Ni-9.3%Cr-5.8%Al 四种合金在 1200℃氧化的结果就是很好的例证。加入中等活性元素促进合金的外氧化是高温合金设计的重要原则。Fe-Cr-Al、Co-Cr-Al、Cu-Zn-Al 等合金均具有同样的效应。

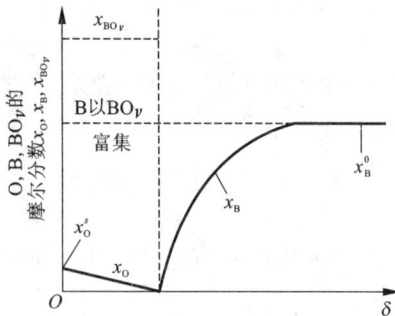

图 7-21　AB 二元合金内氧化的模型

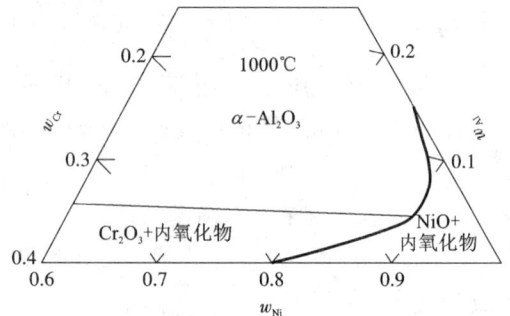

图 7-22　Ni-Cr-Al 合金系的氧化图

（3）掺杂对合金氧化的作用

在分析抛物线氧化速度常数的影响因素时，已提到在合金中加入适当元素使其掺杂到氧化膜中，降低离子或电子的迁移，可以提高金属的抗氧化性能。本节对此进行更深入的分析。

1）离子导体氧化物

例如，Ag 和 Br_2 蒸气反应形成 AgBr 晶格，晶格内存在等当量的阳离子空位 V'_{Ag} 和电子空

穴 $h^{\cdot}$，其缺陷反应为：

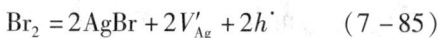

$$Br_2 = 2AgBr + 2V'_{Ag} + 2h^{\cdot} \qquad (7-85)$$

缺陷平衡时浓度关系为：

$$[V'_{Ag}][h^{\cdot}] = Kp_{Br_2}^{\frac{1}{2}} \qquad (7-86)$$

若在 Ag 中加入少量 Cd 形成 Ag - Cd 合金，生成的膜中掺入 Cd^{2+}，每掺入一个 Cd^{2+} 就产生一个 V'_{Ag}

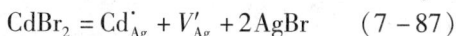

$$CdBr_2 = Cd^{\cdot}_{Ag} + V'_{Ag} + 2AgBr \qquad (7-87)$$

当 p_{Br_2} 为定值时，由式（7 - 86）可知 V'_{Ag} 增加，$h^{\cdot}$ 下降。由于离子导体的生长受电子迁移步骤控制，Ag 中加入高价的 Cd 后氧化速度变慢。

2）金属过剩氧化物

以 ZnO 为例，其缺陷反应为：

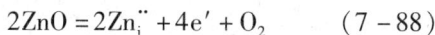

$$2ZnO = 2Zn^{\cdot\cdot}_i + 4e' + O_2 \qquad (7-88)$$

缺陷的平衡浓度关系为

$$[Zn^{\cdot\cdot}_i][e']^2 p_{O_2}^{\frac{1}{2}} = K \qquad (7-89)$$

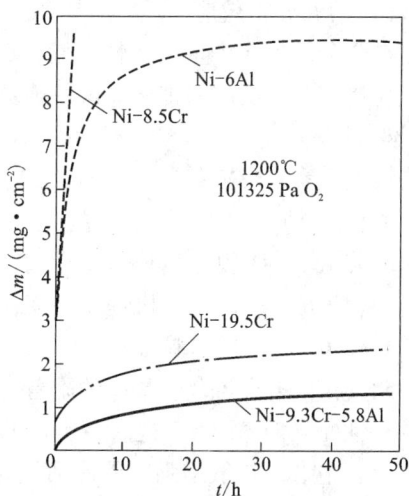

图 7 - 23　四种合金在 1200℃ 101. 325 PaO_2 中氧化动力学的比较

当 Zn 中加入少量 Al 形成 Zn - Al 合金时，氧化膜中将掺杂 Al^{3+} 离子，其反应为：

$$2Al_2O_3 = 4Al^{\cdot}_{Zn} + 4e' + 4O_O + O_2 \qquad (7-90)$$

每掺入 1 个 Al^{3+} 就放出 1 个电子，由式（7 - 89）和式（7 - 90）知 $Zn^{\cdot\cdot}_i$ 浓度将下降，氧化速度下降。

在 Zn 中加入低价金属则产生相反的效果。例如，Zn 中加入质量分数为 0. 004 的 Li 形成合金，其氧化速率是原来的 250 倍。

3）金属不足氧化物

以 NiO 为例，其缺陷反应和缺陷平衡为：

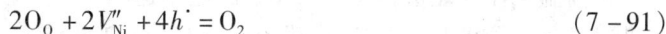

$$2O_O + 2V''_{Ni} + 4h^{\cdot} = O_2 \qquad (7-91)$$

$$[V''_{Ni}][h^{\cdot}]^2 = Kp_{O_2}^{\frac{1}{2}} \qquad (7-92)$$

在 Ni 中加入少量 Cr 形成 Ni - Cr 合金，Cr^{3+} 掺杂到 NiO 中，产生缺陷反应：

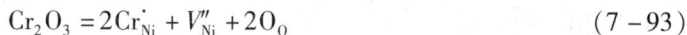

$$Cr_2O_3 = 2Cr^{\cdot}_{Ni} + V''_{Ni} + 2O_O \qquad (7-93)$$

增加了 NiO 中的 V''_{Ni}，导致氧化速率上升。如图 7 - 17 所示，Ni - Cr 合金在 I 区氧化速度随 Cr 含量的增加而上升，其原因正是如此；相反，加入低价金属，如 Li，则降低氧化速度。

综上所述，为了通过掺杂降低氧化速度，开成离子导体膜时，应掺杂高价的金属；形成金属过剩氧化膜时，应掺杂高价的金属；形成金属不足氧化膜时，应掺杂低价的金属。上述规律称为控制合金氧化的原子价规律，也称为 Hauffe 原子价规律。

值得指出的是，掺杂对合金氧化动力学的影响是有限的。工程中最有意义的是通过选择氧化形成具有保护性的 Cr_2O_3、Al_2O_3、SiO_2 氧化膜。

（4）活性元素效应

在合金中加入少量的活性元素（又称为反应元素）可以显著提高抗氧化能力，特别是提高氧化膜在合金上的附着能力，这一现象称为活性元素效应。"活性元素"通常包括钇、稀土金属、锆、铪等。

活性元素对形成氧化铬的合金的氧化行为具有以下效应：

1）促进 Cr_2O_3 保护性氧化膜在合金的 Cr 含量较低的情况下生成；

2）降低 Cr_2O_3 膜的生长速度；

3）使 Cr_2O_3 膜的生长机理发生变化，以氧向内扩散为主；

4）使 Cr_2O_3 膜的晶粒细化；

5）使 Cr_2O_3 膜与合金基体的附着力显著改善，具有优异的抗热循环氧化能力。

活性元素对 Al_2O_3 膜也有着类似的效应：活性元素改善 Al_2O_3 膜与合金基体的附着性；使在氧化膜中氧的扩散增强。然而活性元素并不能像生成 Cr_2O_3 膜那样有效地降低合金中的铝含量以及 Al_2O_3 膜的生长速率。

目前，对活性元素效应的机理还没有一致的观点，已提出的各种模型和假说有如下几种：

1）大尺寸的活性元素原子吸附在合金表面的位错等缺陷处，阻止金属离子向氧化膜内迁移，因而改变了氧化膜的生长机制，使氧化膜的生长以氧向内扩散为主；

2）弥散的活性元素的氧化物粒子起着空位陷阱的作用，降低或消除了孔洞的形成，提高了氧化膜的附着力；

3）在主氧化膜与基体之间形成一层完整的活性元素化合物的封闭层，具有优良的热膨胀性能；

4）活性元素的存在可以通过内氧化和晶间氧化起到钉扎氧化膜的作用；

5）活性元素改善了合金/氧化膜界面的化学键。

抗高温氧化性能优异的 MCrAlY 涂层是运用活性元素效应的一个典型例子，广泛采用的 NiCoCrAlY 涂层的成分（质量分数）是 20% Co、20% Cr、8% ~12% Al 和小于 1% Y。

7.4.3 高温合金氧化的影响因素

（1）温度的循环

温度循环和热疲劳（这是通常存在的）促进氧化物的剥落。氧化物脱落常常使合金裸露，引起防护合金元素（Al、Cr）贫化，以致随后的氧化速率变得较快，在这一过程中大量的金属被消耗掉。

（2）微量元素

在镍基高温合金和钴基高温合金中发现的最普通的微量元素和杂质为 S、P、B、C、Fe、Zr、Si、Mg、Mn、Y、Th 和稀土元素。其中前 4 种如果过量存在时，可认为是有害的，铁既无害又无益，其余如果使用得适当可能是有益的。优先氧化的偏析物如碳化物和硼化物破裂会产生不均匀的氧化物薄膜。

（3）表面质量

根据静态和动态氧化试验的综合结果，表面质量对高温合金氧化行为的影响可概括为：不同表面光洁度的影响主要在于表面变形，而非表面粗糙度；增加表面变形会促进内部氧化，但这种影响在动态的气氛中似乎不太严重；铸造合金表面变形的影响比变形合金更为显著；随着表面变形程度的不同，在氧化物反应产物中看不出有什么差别，但形态上的变化是明显的。到目前为止，表面质量对复杂高温合金氧化行为的影响，及控制该过程的机理尚无统一的理论，但影响确实存在而且不可忽略。

（4）施加应力

随着应力增加到一种临界应力值，氧化以一种不受影响的速度进行，当高于这一应力值时氧化进行得较快。在临界的使用应力（一般来说，这相当于在100个小时内延伸1%所要求的应力）下，金属变形的速度使防护性和黏附的氧化物层不能形成。这样，新鲜的金属不断暴露使氧化速度加快。在这种情况下，在氧化物-金属表面上产生过渡切应变的任何应力都可能引起防护氧化物的开裂、分离和剥落及新鲜金属的暴露。

（5）高速气流环境

许多高温合金部件都需要暴露于高速度和复杂的环境中工作，例如喷气式发动机或工业燃气涡轮，合金是暴露于含有 O_2、N_2、CO_2、H_2O 或 SO_2 的高速度气氛（约0.5马赫）中。燃气涡轮也可能受到外来粒子的侵蚀和吸入海盐，这会产生热腐蚀。由于表面氧化物层中 Cr_2O_3 的氧化蒸发或含有铬的氧化物的氧化蒸发导致加速重量损失和金属渗透。氧化物挥发性和合金恶化程度倾向大小是可以估计出来的。一般来讲，含铬量愈高，高速气流中受侵蚀的敏感性愈大。含有一种外部布满 $MnCr_2O_4$ 尖晶石氧化层，可使 Cr_2O_3 稳定化并提供特殊的保护作用，这些氧化层对这一相互关系则是一个例外。

7.4.4　提高高温合金抗氧化的途径

提高高温合金的抗氧化性能主要有以下两个主要途径：

（1）改变合金的组织结构

采用特殊工艺制备定向凝固合金、单晶合金、氧化物弥散强化合金（ODS合金）等。等轴晶的变形合金和铸造合金的蠕变断裂和热疲劳破坏都与垂直于应力轴的晶界有关。通过控制减小横向晶粒密度、使晶粒拉长至平行于应力轴方向来抑制晶界断裂和提高延性，这就是定向凝固技术。它已发展成为工业生产发动机涡轮叶片的手段。单晶高温合金无晶界，无需加入晶界强化元素，因而成分简单。该技术可提高合金的蠕变强度，并能改善组织和性能。就抗氧化性而言，定向凝固和单晶合金与常规多晶合金相比，主要差别在于晶界减少及存在取向。晶界数量多时，有利于合金中抗氧化性元素的选择性氧化。但在较高温度下，晶界扩散的作用下降。因此，在较高温度下，无论定向凝固合金还是单晶合金，与同成分的常规合金的氧化速度相差不会太大。弥散强化是把惰性质点非常均匀地弥散加入到合金中,从而使合金获得强化的一种方法。由于金属氧化物的热稳定性最高,通常采用金属氧化物作强化相。作强化相的氧化物种类包括 ThO_2、Y_2O_3、Al_2O_3 等,其中 Y_2O_3 是最常用的一种,Y_2O_3 的添加,不仅可强化合金,同时还可以大幅度改善合金的抗氧化性能。

(2)抗氧化保护涂层

通过前面的金属和高温合金氧化讨论,清楚地表明,单一金属的抗氧化能力是有限的,于是通过添加元素(合金化)可以明显地改善单金属的抗氧化性能。但是,在 Fe、Co、Ni 等基体金属中能改善抗氧化性能的添加元素,常常是影响基体的力学性能。而这些问题一般可以通过使用涂层的办法加以解决。

7.5 其他类型环境金属高温腐蚀

7.5.1 高温混合气态介质环境中的金属高温腐蚀

到本章为止我们考虑的主要是金属和合金在氧气环境下的高温腐蚀。然而,在高温材料的许多工业化实际应用条件下,金属材料可能工作在混合性的气体中。所谓混合性气体是指含有两种或两种以上与金属元素反应的气体。按此定义,混合性气体可以是由两种或两种以上介质组成,如 $SO_2 + O_2$ 或 $CO_2 + CO$ 等。

在动力、能源、石化等工业环境中普遍存在含硫和含碳气体环境。这主要是因为煤和石油燃烧时产生 CO_2 和 $H_2O(g)$,燃烧不完全则产生 CO,而尾气中还存在尚未燃烧的碳氢化合物如 CH_4。煤和石油中含硫,燃烧后形成 SO_2 和 SO_3。因此,金属的硫化和碳化是除氧化外最重要的高温腐蚀类型。

在城市垃圾焚烧炉内,所处理的塑料中的氯在燃烧过程中可以转化为 $HCl(g)$ 和 Cl_2。因此,在这样的环境中主要含有 N_2、H_2O、CO、SO_2 和 $HCl(g)$、Cl_2。在含有 HCl 的混合气体环境中,不需要很高温度即可造成金属的严重腐蚀。

N_2 是大气中的主要气体组分。但和含氯、硫、氧、碳气体介质相比,它的氧化性最弱。在空气中,对绝大多数金属,氧分压足够高,金属发生氧化从而在表面形成氧化膜。而氮往往穿过氧化膜,在氧化膜下发生氮化。如铬在 1200℃ 空气中氧化时,形成 Cr_2O_3 膜,同时在氧化层下还可能生成一层 Cr_2N。在工业环境中,氮的另一个来源是 NH_3。

表 7-7 中汇总了各种高温混合气态介质环境中所含有的典型气体介质及由此而引起的腐蚀特征。从中可以看出,实际工业领域高温环境中的金属腐蚀行为是复杂的。例如,燃气涡轮发动机燃烧气氛中含有 O_2、CO、H_2O、CO_2、SO_2、SO_3 等,因此叶片要经受高达 1050K 的高温,同时会发生氧化和硫化反应。另外,在各种工业的燃烧体系中,燃烧后的产物还可能含有低熔点的燃烧灰分(V_2O_5、Na_2SO_4、PbO 等),它们附着在金属表面,就会使表面已形成

的保护性氧化膜溶解破坏。燃烧体系中也存在未燃烧的固体燃料颗粒、固体灰分及盐颗粒，它们随热气流高速冲击金属材料表面，发生高温冲蚀。特别是在这些燃烧体系中，高温气体介质反应与冲撞往往是联合作用的，能造成金属材料更严重的损耗。

表 7 – 7　各种高温混合气态介质环境中所含有的典型气体介质及材料的腐蚀特征

工业设备或工业规程		腐蚀环境	腐蚀现象	使用的主要材料及表面处理
燃气轮机	航空发动机叶片	金属温度约 1300K，燃气中含有 CO、H_2O、SO_2 等气体，硫酸钠系熔融灰分附着，离心力、热应力等负荷	复杂气氛中高温氧化、高温硫化腐蚀，磨蚀	镍基耐热合金，铬、铝等金属渗层
	发电机叶片	金属温度约 1050K，燃气、钒化合物、硫酸钠系熔融灰分附着，离心力、热应力等负荷	复杂气氛中高温氧化、高温硫化腐蚀，钒腐蚀，磨蚀	镍基耐热合金，铬、铝等金属渗层
	蒸汽涡轮叶片	高温高压水蒸气(约 840K，24.6MPa)	高温高压下水蒸气氧化，磨蚀	铁素体不锈钢
锅炉	过热器管(火焰侧面)	金属温度约 880K，燃气(通过燃烧在锅炉内局部形成还原气氛)，燃气、钒化合物、硫酸钠系熔融灰分附着(煤燃烧时常常是铁、钾的化合物)	复杂气氛中高温氧化、高温硫化腐蚀，钒腐蚀，渗碳，磨蚀	铬 – 钼钢，奥氏体不锈钢
	过热管(蒸汽侧面)，空气预热管	蒸汽温度约 840K，压力约 25MPa；温度低于 470K，硫酸冷凝	水蒸气氧化，硫酸露点腐蚀	低合金铁素体钢
汽车	排气用加热反应器	温度约 1370K，燃气(铅、磷、硫、氯、溴等化合物存在)，反应加热，冷却，振动	复杂气氛中高温氧化，PbO 引起的加速腐蚀	铁素体和奥氏体不锈钢，铬、铝等金属渗层
	CO 催化器	温度约 1120K	复杂气氛中高温氧化	铁素体和奥氏体不锈钢
石油化工	石油精制/原油蒸馏	温度 570~720K，常压或负压，含 H_2S、HCl 气氛	硫化	铬 – 钼钢，熔融镀铝
	接触改性	温度 690~850K，压力 1.5~5 MPa，H_2 和碳氢化物气氛	氢蚀	钼钢，铬 – 钼钢
	接触分解	温度 720~820K，常压，存在流动的催化剂	硫化，由催化剂引起的磨蚀	铬 – 钼钢，不锈钢
	氧化脱硫	温度 470~770K，压力 3.5~20MPa，H_2、H_2S	硫化，氢蚀	铬 – 钼钢，铝、铬金属渗层
	乙烯制造	温度 970~1170K，压力 0.2~0.5MPa，H_2、H_2O、C_2H_4 及其他碳氢化物	氧化，增碳损伤	HK40，In – coloy800 等

续上表

工业设备或 工业规程		腐蚀环境	腐蚀现象	使用的主要材料及 表面处理
原子反应堆	热交换器，轻水冷却	温度 530～570K，水和水蒸气	高温引起的应力腐蚀	奥氏体系不锈钢，镍基合金
	液体金属冷却	温度 670～970K，液态钠	脱碳、碱腐蚀	奥氏体不锈钢
	氮冷却	温度 1020～1270K，不纯氮	氮中微量杂质引起氧化（内氧化），脱氮	铁－镍基耐热合金，镍基耐热合金

7.5.2 高温液态介质环境中的金属高温腐蚀

液态环境介质一般包括液态金属、熔盐和低熔点氧化物。

液态金属对固态金属（合金）的高温腐蚀有三种不同的表现形式：其一是由于固态金属被液态金属溶解而出现的腐蚀，腐蚀结果导致固态金属减重而且体积减少；其二是液态金属与固态金属在其界面上发生化学反应并且在固态金属表面形成金属间化合物型锈蚀物，腐蚀强弱表现在固态金属的增重和体积的增大；其三是液态金属浸润固态金属表面，然后溶于固态金属并与固态金属内的活化元素形成相应的内腐蚀相，腐蚀结果造成固态金属增重，但其体积不变。在液态金属钠中，固态的纯金属铁、钴、镍、铌、钽、铬、钼、钨在温度低于900℃时都具有优良的抗蚀性。在液态金属锂中，纯金属铁、铌、钽、钼的抗蚀温度可达900℃，以铌抗蚀性最佳；Ni－Cr钢、Cr钢、镍基合金、钴基合金的抗蚀温度都低于400℃～500℃。液态锂比液态钠有着更强的高温腐蚀性，尤其对于纯金属铬和镍，腐蚀表现得更加突出。在液态金属铅、铍中对固态金属造成的局部腐蚀破坏比在液态碱液中更为严重。

金属在熔盐中的腐蚀既有化学腐蚀，又有电化学腐蚀。高温是熔盐与固态金属之间进行化学反应的条件，固态金属表面的成分不均匀性及熔盐的离子导电则提供了电化学腐蚀的可能性。防止或减缓这类破坏应集中在减少多种界面反应的不均匀性。

低熔点氧化物对金属的腐蚀主要是它处于液体时沉积在金属表面上对金属造成的腐蚀。如 V_2O_5 便属于这类氧化物，它的熔点为670℃。在燃油的加热炉采用劣质燃料时，燃烧的产物中就会有 V_2O_5，当炉温高于670℃时，将以液态形式沉积在固态金属部件表面。这时，液态的 V_2O_5 一方面直接氧化与其接触的固态金属，另一方面空气中的氧可以方便地通过它进行扩散，加强固态金属表面的高温氧化。在液态 V_2O_5 的作用下，金属铁及其合金破坏严重，而金属镍、铬、铝、钛有较优良的高温抗蚀性。

7.5.3　固态介质环境中的金属高温腐蚀

在燃料燃烧的装置的金属表面上往往会沉积一些固态金属熔盐颗粒，这些熔盐颗粒在高温气氛中，对金属部件表面产生热腐蚀和冲刷腐蚀。

热腐蚀是指金属材料在高温工作时，基体金属与沉积在表面的熔盐（主要为 Na_2SO_4）及周围气体发生的综合作用而产生的腐蚀现象。金属发生热腐蚀的腐蚀产物外层为疏松的氧化物和熔盐；次内层为氧化膜，氧化膜下为硫化物。根据发生热腐蚀温度的高低，可将热腐蚀分为低温热腐蚀和高温热腐蚀。低温热腐蚀发生的温度在 700℃ 左右，对应于 Na_2SO_4 - $NiSO_4$（共晶温度 671℃）、Na_2SO_4 - $CoSO_4$（共晶温度 565℃）低温共晶熔盐的产生。高温热腐蚀发生的温度在 850℃ ~ 900℃，对应于 Na_2SO_4（熔点 884℃）熔盐的产生。热腐蚀的机理是错综复杂的，目前大多数人认为热腐蚀的机理是热腐蚀的酸 - 碱熔融机理，该机理强调，在热腐蚀时，由于表面生成的氧化膜不断被表面沉积的熔盐溶解而造成加速腐蚀。

如果高温装置的运行导致熔盐颗粒以高速撞击金属部件表面时，则这些颗粒既可以以机械磨损的方式破坏金属表面，也可能发生运动固态粒子与金属之间的界面化学反应，以腐蚀的形式破坏金属表面。机械磨损后金属表面无任何锈蚀物；腐蚀破坏后的金属表面有锈蚀物痕迹。

纯机械磨损不包括在高温腐蚀的范畴之内，但是固态高速运动的粒子在冲刷金属表面的同时，又作为腐蚀剂与金属在其表面发生化学反应并生成腐蚀产物。这里固态粒子对金属表面冲刷的最初瞬时仍保持着对金属单一磨损破坏的特征，随着时间的延续，持续的冲刷产生的表面缺陷（条状坑、圆坑）对固态粒子沿其固有轨迹运动造成一定障碍。这时作为腐蚀剂的固态颗粒在继续冲刷中就会被保留在前期磨损破坏的坑状缺陷中，并借助于高温环境及粒子冲刷表面所产生的热与金属发生化学反应，生成相应锈蚀物于磨损坑中。继续的冲刷变成固态粒子对锈蚀物表面的不断冲刷，使锈蚀物被磨损或碎化。所以，这两种破坏的综合作用比起单一破坏的加和更为严重。

思 考 题

1. 如何判别金属发生高温腐蚀的可能性和方向性？
2. 金属氧化物中的缺陷类型有哪些？
3. 金属高温氧化的基本过程和动力学规律是什么？
4. 试述金属高温氧化时薄氧化膜的生长机理？
5. 试述高温合金氧化的特征和机理？
6. 提高高温合金抗氧化的途径有哪些？
7. 常用的高温腐蚀表面防护技术有哪些？

第8章 金属腐蚀的防护与控制方法

腐蚀问题遍及各行各业，只要人类掌握了腐蚀的基本原理和方法，就可以因地制宜的提出各种有效的腐蚀防护与控制方法。目前，虽然防腐的具体方法很多，但这些方法归纳起来主要可以分为以下几类：①正确选用金属材料与合理设计金属的结构；②电化学保护，包括阴极保护和阳极保护；③涂层保护，包括金属涂层、化学转化膜、非金属涂层等；④改变环境使其腐蚀性减弱，如添加缓蚀剂或去除对腐蚀有害的成分等。

对于具体的金属腐蚀问题，需要根据金属产品或构件的腐蚀环境、保护的效果、技术难易程度、经济效益和社会效益等，进行综合评估，选择合适的防护方法。

8.1 正确选材与合理结构设计

8.1.1 正确选用金属材料

正确选材是腐蚀控制的第一步，也是腐蚀设计中最为关键的一步。选材是否合理不仅影响产品的使用寿命，还影响到产品的各种性能。因此，选材时除了考虑耐蚀性能之外，还需要考虑力学性能、加工性能以及材料的价格等因素。选材时应遵循下列原则：

（1）选择耐蚀性满足实际服役环境的材料。遴选材料时首先要研究清楚该材料在所处介质中可能发生哪些类型的腐蚀，在选用部位所承受的应力、所处环境的介质条件以及可能发生的腐蚀类型，与其接触的材料是否相容，是否会发生接触腐蚀等。

（2）除了耐蚀性能要满足工程所需，材料的物理性能、机械性能和加工性能也要满足服役条件要求。对于结构材料的选材不可单纯追求强度指标，应考虑在具体腐蚀环境条件下的性能。例如，在腐蚀介质中，只考虑材料的断裂韧性 K_{IC} 值是不够的，应当考虑应力腐蚀强度因子 K_{ISCC} 和应力腐蚀断裂门坎应力 σ_{th} 值。

（3）选材需要考虑经济上的合理性，在保证其他性能和设计的使用期的前提下，尽量选用价格便宜的材料，根据整个设备的设计寿命和各部件的工作环境条件选择不同的材料，对于腐蚀相对轻微的部件考虑选用成本低、耐蚀性稍差的材料。

（4）在保证其他性能相近的情况下，尽量选择对环境污染小且便于回收的材料。

8.1.2 合理设计金属结构

完成选材之后，合理设计金属结构是保证在腐蚀环境中达到人们预期目的和寿命的关键步骤。从减少腐蚀或防止腐蚀的角度，金属结构的设计应注意如下几点：

（1）设计时要考虑腐蚀裕量。对于发生均匀腐蚀的构件可以根据腐蚀速率和设备的寿命计算构件的尺寸，决定是否需要采取保护措施，设计时要特别考虑腐蚀裕量；对于发生局部腐蚀的构件的设计必须慎重，不仅要考虑腐蚀裕量，还需要考虑更多的因素。

（2）合理设计构件之间的连接方式。设计的构件应尽可能避免形成有利于形成腐蚀环境的结构。例如，应避免形成使液体积留的结构，在能积水的地方设置排水孔；采用密闭的结构防止雨水、海水、雾气等的侵入；布置合适的通风口，防止湿气的汇集和结露；尽量少用多孔吸水性强的材料，不可避免时可采用密封措施；尽量避免缝隙结构，如采用焊接代替螺栓连接来防止产生缝隙腐蚀。

（3）避免电偶腐蚀：尽可能避免不同金属的直接接触产生电偶腐蚀，特别是要避免小阳极、大阴极的电偶腐蚀。当不可避免时，接触面要进行适当的防护处理，如采用缓蚀密封膏、绝缘材料将两种金属隔开，或采用适当的涂层。

（4）避免构件局部应力集中。设计前要计算材料的最大允许使用应力；零件在制造中应注意晶粒取向，尽量避免在短横向上受拉应力；应避免使用应力、装配应力和残余应力在同一个方向上叠加，以减轻或防止应力腐蚀断裂。

8.2　缓蚀剂保护

8.2.1　缓蚀剂的分类与作用机理

（1）缓蚀剂的分类

缓蚀剂是一种以适当的浓度和形式存在于环境（介质）中时，可以防止或减缓腐蚀的化学物质或几种化学物质的混合物。一般来说，加入微量或少量这类化学物质可使金属材料在该介质中的腐蚀速度明显降低，甚至几乎为零，同时还能保持金属材料原来的物理力学性能不变。缓蚀剂种类繁多，作用机理复杂，可以通过下述几种方法进行分类。

1）按缓蚀剂的化学组成分类

可将缓蚀剂划分为无机缓蚀剂和有机缓蚀剂。代表性缓蚀剂见表8-1。

表8-1　按化学组成分类的缓蚀剂

组　成	代　表　性　缓　蚀　剂
无机缓蚀剂	硝酸盐、亚硝酸盐、铬酸盐、重铬酸盐、磷酸盐、多磷酸盐、钼酸盐、硅酸盐、碳酸盐、硫化物
有机缓蚀剂	胺类、醛类、杂环化合物、炔醇类、季胺盐、有机硫磷化合物、咪唑啉类、其他

2)按缓蚀剂对电极过程的影响分类

可以将缓蚀剂分为阳极型、阴极型和混合型三种类型：

①阳极型缓蚀剂：这类缓蚀剂抑制阳极过程，增大阳极极化，使腐蚀电位正移，从而使腐蚀电流下降，其金属腐蚀极化图如图8-1(a)。

②阴极型缓蚀剂：这类缓蚀剂抑制阴极过程，增大阴极极化，使腐蚀电位负移，从而使腐蚀电流下降，其金属腐蚀极化图如图8-1(b)。

③混合型缓蚀剂：这类缓蚀剂对阳极过程和阴极过程同时具有抑制作用，腐蚀电位的变化不大，但可使腐蚀电流显著下降，其金属腐蚀极化图如图8-1(c)。

3)按形成的保护膜特征分类

可将缓蚀剂分为如下三类：

①氧化(膜)型缓蚀剂：此类缓蚀剂能使金属表面生成致密而附着力好的氧化物膜，从而抑制金属的腐蚀。这类缓蚀剂有钝化作用，故又称为钝化型缓蚀剂，或者直接称为钝化剂。钢在中性介质中常用的缓蚀剂如 $NaCrO_4$、$NaNO_3$、$NaMoO_4$ 等都属于此类。

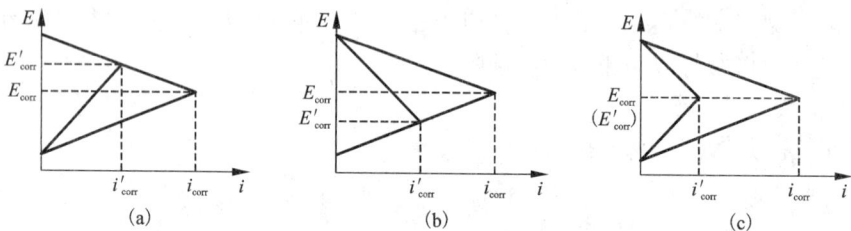

图8-1 不同类型缓蚀剂的金属腐蚀极化图
(a)阳极型缓蚀剂；(b)阴极型缓蚀剂；(c)混合型缓蚀剂

②沉淀(膜)型缓蚀剂：此类缓蚀剂本身无氧化性，但它们能与金属的腐蚀产物(如 Fe^{2+}、Fe^{3+})或与共轭阴极反应的产物(一般是 OH^-)生成沉淀，能够有效地覆盖在金属氧化膜的破损处，起到缓蚀作用。这种物质称为沉淀型缓蚀剂。例如中性水溶液中常用的缓蚀剂硅酸钠(水解产生 SiO_2 胶凝物)、锌盐[与 OH^- 反应生成 $Zn(OH)_2$ 沉淀膜]、磷酸盐类(与 Fe^{2+} 反应形成 $FePO_4$ 膜)以及苯甲酸盐(生成不溶性的羟基苯甲酸铁盐)。

③吸附型缓蚀剂：此类缓蚀剂能吸附在金属/介质界面上，形成致密的吸附层，阻挡水分和侵蚀性物质接近金属，抑制金属腐蚀过程，起到缓蚀作用。这类缓蚀剂大多含有 O、N、S、P 的极性基团或不饱和键的有机化合物。如钢在酸中常用的缓蚀剂硫脲、喹啉、炔醇等类的衍生物，钢在中性介质中常用的缓蚀剂苯骈三氮唑及其衍生物等。

上述氧化型和沉淀型两类缓蚀剂也常被合称为成膜型缓蚀剂。因为膜的形成，产生了新相，是三维的，故也称三维缓蚀剂。而吸附型缓蚀剂在金属/介质界面上形成单分子层，是二维的，也称为二维缓蚀剂。实际上，工程中使用的高效缓蚀剂，其作用机理是相当复杂的，往往是多种效应的效果，很难简单地归为某一类。不同的缓蚀剂联合使用时，其缓蚀效果不是简单的叠加，而是互相促进产生协同作用，可以大幅度提高缓蚀效率。

4）按物理性质分类

①水溶性缓蚀剂：它们可溶于水溶液中，通常作为酸、盐水溶液及冷却水的缓蚀剂，也用于工序间的防锈水、防锈润滑切削液中。

②油溶性缓蚀剂：这类缓蚀剂可溶于矿物油，作为防锈油（脂）的主要添加剂。它们大多是有机缓蚀剂，分子中存在着极性基团（亲金属和水）和非极性基团（亲油的碳氢链）。因此，这类缓蚀剂可在金属／油的界面上发生定向吸附，构成紧密的吸附膜，阻挡水分和腐蚀性物质接近金属。

③气相缓蚀剂：这类缓蚀剂在常温下能挥发成气体的金属缓蚀剂。此类缓蚀剂若为固体，必须能够升华；若为液体，必须具有足够大的蒸气压。此类缓蚀剂必须在有限空间内使用，如在密封包装袋或包装箱内放入气相缓蚀剂。

5）按用途分类

根据缓蚀剂的用途可分为冷却水缓蚀剂、锅炉缓蚀剂、酸洗缓蚀剂、油气井缓蚀剂、石油化工缓蚀剂、工序间防锈缓蚀剂等。

（2）缓蚀剂的作用机理

1）无机缓蚀剂的作用机理

根据缓蚀剂阻滞腐蚀过程的特点，无机缓蚀剂可分为阳极型缓蚀剂、阴极型缓蚀剂和混合型缓蚀剂。

①阳极型缓蚀剂

阳极型缓蚀剂可进一步分为阳极抑制型缓蚀剂（钝化剂）和阴极去极化型缓蚀剂。

阳极抑制型缓蚀剂的作用原理是当溶液中加入阳极抑制型缓蚀剂（钝化剂）时，缓蚀剂将使金属表面发生氧化，形成一层致密的氧化膜，提高了金属在腐蚀介质中的稳定性，从而抑制了金属的阳极溶解。图 8-2 是阳极型缓蚀剂（钝化剂）的作用原理示意图。阳极型缓蚀剂（钝化剂）的加入不改变阴极极化曲线（K），但使阳极极化曲线从 A 变至 B，因而阳极极化曲线与阴极极化曲线的交点就由 M 变成 N，金属由活性腐蚀转变到钝态，腐蚀速度大为降低。在中性溶液中应用的典型阳极型缓蚀剂（钝化剂）有铬酸盐、磷酸盐和硼酸盐。后两种必须在有氧存在下才能形成致密的表面膜。

阳极型缓蚀剂并不一定非要金属处于钝化状态。例如，由图 8-2 实测的阳极极化曲线可以看到，加入阳极型缓蚀剂后，腐蚀电位明显正移；阳极极化曲线的 Tafel 斜率增大。这表明金属离子要克服更大的能垒才能进入溶液，因而阳极溶解过程受阻。

此类典型的缓蚀剂有 $NaOH$、Na_2CO_3、Na_2SiO_3、Na_3PO_4 等。它们能和金属表面阳极部分

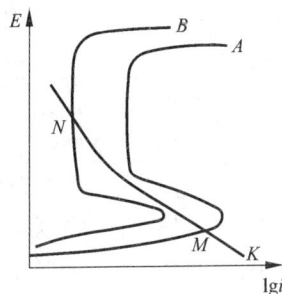

图 8-2　加入缓蚀剂前、后
的阳极极化曲线

A—未加缓蚀剂；B—加缓蚀剂

溶解下来的金属离子生成难溶性化合物，沉淀在阳极区表面，或者修补氧化膜的破损处，从而抑制阳极反应。例如，磷酸盐离解后的 PO_4^{3-} 离子能与腐蚀产生的 Fe^{2+} 反应生成沉淀：

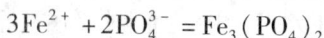

$$3Fe^{2+} + 2PO_4^{3-} = Fe_3(PO_4)_2$$

这类缓蚀剂要有 O_2 等去极化剂存在时才起作用。

使用阳极型缓蚀剂(钝化剂)时必须注意：当缓蚀剂(钝化剂)用量不足时，金属表面氧化程度不一致可以构成大阴极小阳极的腐蚀原电池，从而导致局部腐蚀。所以，阳极型缓蚀剂(钝化剂)在使用中有一定的危险性。

阴极去极化型缓蚀剂的作用原理是此类缓蚀剂(钝化剂)不会改变阳极极化曲线，但会使阴极极化曲线移动，导致腐蚀电流的降低。图 8-3 为阴极去极化型缓蚀剂(钝化剂)的作用原理示意图。随着加入量的增加，阴极极化曲线正移，同时阴极曲线的 Tafel 斜率变小，腐蚀电位正移，由活性腐蚀区进入钝化区。同样，用量不足也会导致腐蚀加速，如图 8-3 中 K' 所示。典型阴极去极化型缓蚀剂(钝化剂)有亚硝酸盐、硝酸盐、高价金属离子如 Fe^{3+}、Cu^{2+}，在酸性溶液中使用的钼酸盐、钨酸盐和铬酸盐也属此类缓蚀剂。

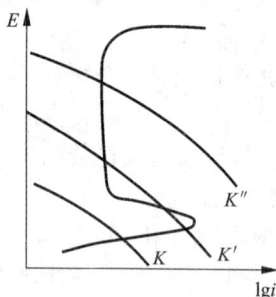

图 8-3 阴极去极化型钝化剂作用原理
K—未加钝化剂；K''—加钝化剂；K'—钝化剂不足

②阴极型缓蚀剂

阴极型缓蚀剂的作用原理是：加入阴极型缓蚀剂后，阳极极化曲线不发生变化，仅阴极极化曲线的斜率增大，腐蚀电位负移，导致腐蚀电流降低，如图 8-1(b)所示。

阴极型缓蚀剂与阳极型缓蚀剂的差别在于：阴极型缓蚀剂主要对金属的活性溶解起缓蚀作用，而阳极型缓蚀剂则是在钝化区起缓蚀作用。

③混合型缓蚀剂

混合型缓蚀剂同时阻滞阴极反应和阳极反应，如图 8-1(c)所示。在混合型缓蚀剂作用下，体系的腐蚀电位变化不大，但阴极和阳极极化曲线的斜率增大，腐蚀电流由 i_{corr} 降至 i'_{corr}，铝酸钠、硅酸盐均属于混合型无机缓蚀剂之列。

2)有机缓蚀剂的缓蚀作用机理

有机缓蚀剂主要通过在金属表面形成吸附膜来阻止腐蚀。因此，有机缓蚀剂的缓蚀作用机理主要取决于有机缓蚀剂中极性基团在金属表面的吸附。有机缓蚀剂的极性基部分大多以

图 8-4 有机缓蚀剂定向吸附示意图

电负性较大的 N、O、S、P 原子为中心原子，它们吸附于金属表面，改变双电层结构，以提高金属离子化过程的活化能。而由 C、H 原子组成的非极性基团则远离金属表面作定向排列形成一层疏水层，阻碍腐蚀介质向界面的扩散。图 8-4 所示为有机缓蚀剂在金属表面吸附的示意图。有机缓蚀剂的极性基团的吸附可分为物理吸附和化学吸附。

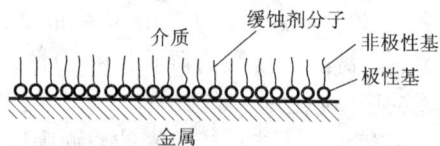

①物理吸附

物理吸附是具有缓蚀能力的有机离子或偶极子与带电的金属表面静电引力和范德华引力的结果。物理吸附的特点是：吸附作用力小，吸附热小，活化能低，与温度无关；吸附的可逆性大，易吸附，易脱附；对金属无选择性；既可以是单分子吸附，也可能是多分子吸附；物理吸附是一种非接触式吸附。

②化学吸附

化学吸附是缓蚀剂在金属表面发生的一种不完全可逆的、直接接触的特性吸附。化学吸附的特点是：吸附作用力大，吸附热量高，活化能高，与温度有关；吸附不可逆，吸附速度慢；对金属具有选择性；只形成单分子吸附层；是直接接触式吸附。

有机缓蚀剂在金属表面的化学吸附，既可以通过分子中的中心原子或 π 键提供电子，也可以通过提供质子来完成。因此，可将发生化学吸附的有机缓蚀剂分为供电子型缓蚀剂和供质子型缓蚀剂两类。

分子中的中心原子的孤对电子或 π 键与金属中空的 d 轨道形成的配位键而吸附的缓蚀剂，称作供电子型缓蚀剂。典型的供电子型缓蚀剂有胺类，苯类，具有双键、三键结构的烯烃、炔醇等。

缓蚀剂中的中心原子上电子云密度越大，供电子能力就越强，缓蚀效率就越高。例如，在苯胺不同位置上引入甲基 CH_3 时，供电子能力的顺序为：

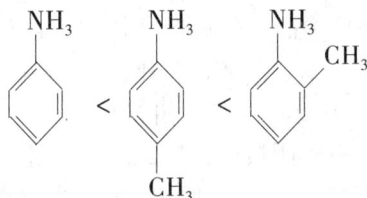

这是由于甲基 CH_3 具有较强的斥电子性，当甲基 CH_3 靠近 NH_3 时，N 原子上的电子云密度增大，可使缓蚀率提高。

缓蚀剂的分子结构对供电子型缓蚀剂的缓蚀效应有较大的影响，存在共振效应和诱导效应，两者往往同时存在。当缓蚀剂分子具有共振结构时，由于 π 电子能使中心原子上的孤对电子发生转移，电子云密度下降，对金属的化学吸附减弱，缓蚀率下降。这就是所谓的共振效应。苯环是一个具有共振结构的典型有机物，苯环上的大 π 键将使苯胺的中心原子 N 原子上的孤对电子发生转移：

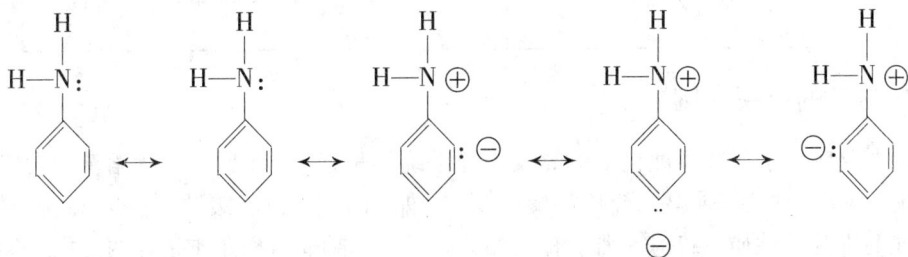

因而苯胺的缓蚀率较低。其他具有双键或叁键的化合物也有类似的共振效应。

若缓蚀剂中的取代基极性较强，离双键较近时，极性基团中心原子的孤对电子还有可能与 π 电子形成共轭 π 键，即大 π 链，并以平面构型吸附于金属表面上，使缓蚀率大为提高。例如，丙烯酸、丙烯酸酯有可能形成类似的大 π 键：

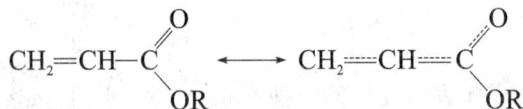

$$CH_2=CH-C{\overset{O}{\underset{OR}{}}} \longleftrightarrow CH_2{=\!=\!=}CH{=\!=\!=}C{\overset{O}{\underset{OR}{}}}$$

若缓蚀剂中的非极性基团是斥电子型时，非极性基团有可能使其电子偏向极性基，极性基的中心原子的供电子能力增强，产生所谓的诱导效应，使缓蚀效应增加。例如，用不同 C 原子数的烷基取代苯骈咪唑第二位置上的 H 原子，随着取代烷基的 C 原子数增加，斥电子能力增大，中心原子 N 原子上的电子云密度增加，缓蚀率提高，见表 8-2。

表 8-2 工业纯铁在 2M HCl 中的缓蚀情况(25℃±1℃)

缓蚀剂	苯骈咪唑	α-甲基苯骈咪唑	α-乙基苯骈咪唑	α-丁基苯骈咪唑	α-己基苯骈咪唑
缓蚀率/%	94.92	95.49	95.96	97.31	98.01

有机缓蚀剂能提供质子与金属表面发生吸附反应，这种缓蚀剂称为供质子型缓蚀剂。例如，十六硫醇 $C_{16}H_{33}SH$ 与十六硫醚 $C_{16}H_{33}SCH$ 相比，十六硫醇的缓蚀率高于十六硫醚。其原因在于，S 原子的供电子能力低，它有可能吸引相邻 H 原子上的电子，使 H 原子类似于正电荷质子一样吸附在金属表面的多电子阴极区，起到缓蚀作用。显然，它是通过向金属提供质子而进行化学吸附的。值得注意的是，N、O 原子的电负性比 S 原子更负，吸引相邻 H 原子上电子的能力更大。因此，含 N、O 原子的缓蚀剂也存在供质子进行吸附的情况。不同有机缓蚀剂的供电子或供质子的情况见表 8-3。

表 8-3 有机缓蚀剂供电子或供质子情况

缓蚀剂	伯胺	仲胺	叔胺	含氧醇类	酯	苯骈三唑	咪唑
供电子	√	√	√		√		
供质子	√			√		√	√

8.2.2 缓蚀剂的选用原则

缓蚀剂主要应用于那些腐蚀程度中等或较轻系统的长期保护(如用于水溶液、大气及酸性气体系统)，以及对某些强腐蚀介质的短期保护(如化学清洗)。缓蚀剂有明显的选择性，除了与缓蚀剂本身的性质、结构等因素有关外，主要还包括金属和介质条件两方面。通常缓蚀剂的选用原则有以下几个方面。

（1）缓蚀剂的浓度及协同作用

缓蚀率随缓蚀剂浓度的变化情况有三种：①缓蚀率随缓蚀剂浓度的增加而增加；②缓蚀率与缓蚀剂浓度间存在极值关系，当缓蚀剂浓度达到一定值时，缓蚀率最大，进一步增加浓度，缓蚀率反而下降；③用量不足时，发生加速腐蚀，如 $NaNO_2$ 等危险型缓蚀剂就属于这种情况。

单独使用一种缓蚀剂往往达不到良好的效果。多种缓蚀物质复配使用时常常比单独使用时的效果好得多，这种现象叫协同效应。产生协同效应的机理随体系而异，许多还不太清楚，一般考虑阴极型和阳极型复配、不同吸附基团的复配、缓蚀剂与增溶分散剂复配。通过复配获得高效多功能缓蚀剂，这是目前缓蚀剂研究的重点。

（2）金属材料

金属材料种类不同，适用的缓蚀剂不同。例如，铁是过渡金属，具有空的 d 轨道，易接受电子，因此许多带孤对电子或 π 键基团的有机物对铁具有很好的缓蚀作用。但铜没有空的 d 轨道，因此对钢铁高效的缓蚀剂，对铜效果不好，甚至有害。

金属材料的纯度和表面状态会影响缓蚀剂的效率。一般来说，有机缓蚀剂对低纯度金属材料的缓蚀率高于对高纯度材料的缓蚀率。金属材料的表面粗糙度越高，缓蚀剂缓蚀率越高。

（3）介质条件

介质不同需要选不同的缓蚀剂。一般中性水介质中多用无机缓蚀剂，以钝化型和沉淀型为主。酸性介质中采用有机缓蚀剂较多，以吸附型为主。油类介质中要选用油溶性吸附型缓蚀剂。选用气相缓蚀剂必须有一定的蒸气压和密封的环境。

介质流速对缓蚀剂作用的影响较复杂。一般情况下，腐蚀介质流速增加，腐蚀速率增加，缓蚀率下降。但在某些情况下，随着流速增加到一定值后，缓蚀剂有可能变成腐蚀促进剂。如三乙醇胺在 $2\sim4$ M HCl 溶液中，当流速超过 0.8 $m\cdot s^{-1}$ 时，碳钢的腐蚀速度远大于不加三乙醇胺时的腐蚀速度，KI 也有类似的情况。若在静态条件下，缓蚀剂不能很好地均匀分布于介质中时，流速增加有利于缓蚀剂的均匀分布，形成完整的保护膜，缓蚀率上升。对于某些缓蚀剂，如冷却水缓蚀剂（由六偏磷酸钠和氯化锌构成），存在一个临界浓度值，当缓蚀剂浓度大于该值时，流速上升，缓蚀率增加；而浓度小于该值时，流速上升，缓蚀率下降。

温度对缓蚀剂缓蚀效果的影响不一。对于大多数有机缓蚀剂和无机缓蚀剂来说，温度升高，将会造成金属表面上的吸附减弱，或者形成的沉淀膜颗粒增大，黏附性能变差，使得缓蚀效果下降。而某些缓蚀剂，如二苄硫、二苄亚砜、碘化物等，温度升高有利于它们在金属表面形成反应产物膜或钝化膜，反而提高缓蚀率。也有一些缓蚀剂（如苯甲酸钠）在一定的温度范围内缓蚀率不随温度变化。

（4）环境保护

在缓蚀效率相近的前提下，必须考虑缓蚀剂对环境的污染和对生物的毒害作用，应尽量选择无毒的化学物质做缓蚀剂。

(5)经济性

通过选择价格低廉的缓蚀剂,采用循环溶液体系,缓蚀剂与其他保护技术(如选材和阴极保护)联合使用等方法,降低防腐蚀的成本。

8.3 电化学保护

电化学保护是利用外部电流使金属电位发生改变从而控制腐蚀的一种方法。金属在外电流的作用下可以极化到非腐蚀区或钝化区而获得保护,这两种情况分别称为阴极保护和阳极保护。

电化学保护是防止金属腐蚀的有效方法,具有良好的社会效益和经济效益。电化学保护广泛应用于各种地下构筑物、水下构筑物、海洋工程、化工和石油化工设备的腐蚀防护上。如地下油、气、水管道,船舶,码头,海上平台等均采用电化学保护。电化学保护是一种极为经济的保护方法。例如,一条海轮在建造费中,涂装费高达5%,而阴极保护的费用不到1%。一座海上采油平台的建造费高达1亿元,不采取保护措施,平台的寿命只有5年,采用阴极保护其费用为100万~200万元,寿命延长到20年以上。地下管线的阴极保护费只占总投资的0.3%~0.6%,使用寿命却大大延长。

8.3.1 阴极保护

金属在外加阴极电流的作用下,发生阴极极化使金属的阳极溶解速度降低,甚至极化到非腐蚀区使金属完全不腐蚀,这种方法称为阴极保护。

(1)阴极保护原理

本书第2章内容已经对阴极保护的基本原理做了简要说明,本节将以图8-5为例进一步说明。其中,$ABKG$ 和 $FKED$ 分别为理论阳极极化曲线和阴极极化曲线。其起始电位分别为阳极反应和阴极反应的平衡电位 E_{a0} 和 E_{c0}。理论阳极极化曲线和阴极极化曲线的交点 K 所对应的电位即自腐蚀电位 E_{corr},对应的电流即腐蚀电流密度 i_{corr}。在电位 E_{corr} 处阳极和阴极的电流相等,外电流为零。

$E_{corr}JC$ 和 $E_{corr}HD$ 分别为表观阳极极化曲线和表观阴极极化曲线。当体系外加阴极电流时,电极电

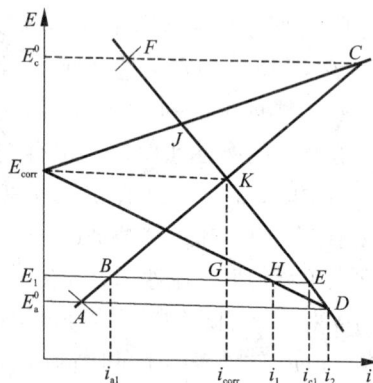

图8-5 外加电流的极化与阴极保护

位将由 E_{corr} 沿 $E_{corr}HD$ 负方向移动。若外加阴极电流密度为 i_1,电位由 E_{corr} 负移到 E_1,此时腐蚀电流密度由 i_{corr} 减小到 i_{a1},$i_{corr}-i_{a1}$ 表示阴极极化后腐蚀电流密度的减小值,称为保护效应;阴极电流密度相应增加到 i_{c1},且有 $i_1=i_{c1}+i_{a1}$。如果使金属进一步阴极极化,当电位达到阳极反应的平衡电位 E_a^0,外电流 i_2 全部消耗于氧化剂的阴极还原,则腐蚀原电池阳极过程的速

度降为零,腐蚀停止,金属实现完全的阴极保护。$E_a^0 v$ 即为理论上的最小保护电位。金属达到最小保护电位所需要的外加电流密度为最小保护电流密度。

在不同的环境中金属腐蚀的极化图有很大的差异。在酸性介质中,金属腐蚀全部由氢的去极化引起时,其极化曲线便类似于图 8 - 5。在中性或微酸性介质中,当阴极过程全部是氧的去极化或以氧的去极化为主、氢的去极化为辅时,其极化曲线如图 8 - 6 所示,氧的去极化呈现浓差极化的特征。在中性介质中,由于阴极过程主要是氧的去极化,阴极保护的效果最为理想。当阴极保护电流等于氧的浓差电流时,即可达到 E_M^0,实现完全的阴极保护。阴极保护电流过大(如图 8 - 6 中的 i_1)并无好处,因为不可能继续降低金属的腐蚀速度,反而引起氢的析出。

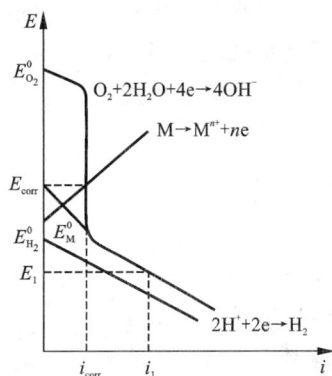

图 8 - 6　氧的去极化时有氢的去极化
参与的阴极保护的极化曲线图解

(2)阴极保护参数

在阴极保护工程中,判定阴极保护效果的重要参数有保护电位、保护电流密度、最佳保护参数。

1)保护电位:阴极保护时通过对被保护的金属结构施加阴极电流,使其发生阴极极化,电位负移,可以使腐蚀过程完全停止,实现完全保护,或使腐蚀速度降低到人们可以接受的程度,达到有效保护。被保护金属结构的电位是判断阴极保护效果的关键参数和标准,也是实施现场阴极保护控制和监测、判断阴极保护系统工作是否正常的重要依据。

保护电位是指通过阴极极化使金属结构达到完全保护或有效保护所需达到的电位值,习惯上把前者称为最小保护电位,后者称为合理保护电位。当被保护金属结构的电位太负,不仅会造成电能的浪费,而且还可能由于表面析出氢气,造成涂层严重剥落或金属产生氢脆的危险,出现"过保护"现象。

保护电位的数值与被保护金属的种类及其所处的环境等因素有关。许多国家已将保护电位列入了各种标准和规范中,可供阴极保护设计参考。表 8 - 4 为取自英国标准所制定的《阴极保护实施规范》,给出了一些金属在海水和土壤中进行阴极保护时的保护电位值。美国腐蚀工程师协会(NACE)在《埋地和水下金属管道外部腐蚀控制推荐规范》RP—01—69(1983年)的标准中,对阴极保护准则作出了某些规定。对于在天然水和土壤中的钢和铸铁构筑物,规定保护电位至少应为 - 0.85 V(相对于饱和 $Cu/CuSO_4$ 参比电极,即 SCSE)。同时提出有关阴极保护的电位移动原则,即施加阴极电流使被保护结构的电位由其开路电位向负移 300 mV,便可使中性水溶液和土壤中的钢铁结构得到有效保护。如果在中断保护电流的瞬间测量,则电位负偏移值应大于 100 mV。在断电流电位测量的结果中由于不包括电流通过电解质所造成的 IR 电位降,所以保护条件更易确定。在我国,埋设在土壤中的钢管道其保护电位

通常为 -0.85 V(vs. SCSE)；在厌氧的硫酸盐还原菌存在的土壤中，保护电位则为 -0.95 V (vs. SCSE)。在土壤中钢管道的腐蚀电位相当负时，以负移 300 mV 的电位为其保护电位。

对于海水和土壤等介质，国内外已有多年的阴极保护实际经验，保护电位值可根据有关标准或经验选取。但是对于某些体系，特别是在化工介质中，积累的经验和数据较少，经常需要通过实验确定保护参数。

表 8 – 4　一些金属的保护电位　　　　　　　　　　　　V

金属合金	参比电极			
	Cu/饱和 CuSO$_4$	Ag/AgCl/海水	Ag/AgCl/饱和 KCl	Zn/洁净海水
铁与钢				
a. 含氧环境	-0.85	-0.80	-0.75	$+0.25$
b. 缺氧环境	-0.95	-0.90	-0.85	$+0.15$
铅	-0.60	-0.55	-0.50	$+0.50$
铜合金	$-0.50 \sim -0.65$	$-0.45 \sim -0.60$	$-0.40 \sim -0.55$	$+0.60 \sim +0.45$
铝				
a. 上限值	-0.95	-0.90	-0.85	$+0.15$
b. 下限值	-1.20	-1.15	-1.10	-0.10

2）保护电流密度：在阴极保护中，可使被保护结构达到最小保护电位所需的阴极极化电流密度称为最小保护电流密度。保护电流密度也是阴极保护的重要参数之一。

保护电流密度的大小与被保护金属的种类、表面状态、有无保护膜、漆膜的损失程度，腐蚀介质的成分、浓度、温度、流速等条件，以及保护系统中电路的总电阻等因素有关，造成保护电流密度在很宽的范围内不断地变化。例如，在下列环境中未加涂层的钢结构，其保护电流密度分别为：

土壤　　　　　10 ~ 100　mA/m^2

淡水　　　　　20 ~ 50　mA/m^2

静止海水　　　50 ~ 150　mA/m^2

流动海水　　　150 ~ 300　mA/m^2

采用涂层和阴极保护联合保护时，保护电流密度可降低为裸钢的几十分之一到几分之一。在含有钙、镁离子的海水等介质中，金属表面碱度增大会促进 $CaCO_3$ 在表面沉积；在较高的电流下，Mg^{2+} 会以 $Mg(OH)_2$ 的形式沉积出来。这些沉积物也会降低所需的保护电流密度。介质的流动速度也会影响保护电流密度。如海水流动速度增大或船舶的航速增大时，会促进氧的去极化，所需的保护电流密度随之增加。实践表明，航行中船舶的保护电流密度约为停航时的 2 倍，高速航行的舰艇其保护电流密度则可达停航时的 3 ~ 4 倍。因此，在阴极保护设计中，保护电流密度的选择除了根据有关标准的规定外，还要综合考虑各种因素。

3）最佳保护参数：阴极保护最佳参数的选择应既能达到较高的保护程度，又能达到

较高的保护效率。保护程度 P 定义为

$$P = \frac{i_{\text{corr}} - i_a}{i_{\text{corr}}} \times 100\% = \left(1 - \frac{i_a}{i_{\text{corr}}}\right) \times 100\% \qquad (8-1)$$

式中，i_{corr} 为未加阴极保护时的金属腐蚀电流密度；i_a 为阴极保护时的金属腐蚀电流密度。

保护效率 Z 定义为：

$$Z = \frac{P}{i_{\text{appl}}/i_{\text{corr}}} \times 100\% = \frac{i_{\text{corr}} - i_a}{i_{\text{appl}}} \times 100\% \qquad (8-2)$$

式中，i_{appl} 为阴极保护时外加的电流密度。

阴极保护的工程实际中，往往随着 i_a/i_{corr} 的减小，$i_{\text{appl}}/i_{\text{corr}}$ 增大，电位负移值 ΔE 增大，保护程度 P 不断提高，保护效率 Z 却随之下降。另外，在被保护的金属结构上电流密度的分布往往是不均匀的，所以在靠近阳极和远离阳极的地方，保护程度和保护效率会有显著的差异。因此，需要根据实际情况确定最佳的保护程度和保护效率，并不是在所有的情况下都要达到完全保护。

（3）阴极保护的两种方法

根据提供极化电流的方法不同，阴极保护可以分为牺牲阳极保护和外加电流阴极保护两种。阴极保护方法的选择应根据供电条件、介质电阻率、所需保护电流的大小、运行过程中工艺条件变化情况、寿命要求、结构形状等决定。通常情况下，对无电源、介质电阻率低、条件变化不大、所需保护电流较小的小型系统，宜选用牺牲阳极保护。相反，对有电源、介质电阻率大、所需保护电流大、条件变化大、使用寿命长的大系统，应选用外加电流阴极保护。

1）牺牲阳极保护

牺牲阳极保护方法是在被保护金属上连接电位更负的金属或合金作为牺牲阳极，依靠牺牲阳极不断腐蚀溶解产生的电流对被保护金属进行阴极极化，达到保护的目的。牺牲阳极保护方法的主要特点是：

①不需要外加直流电源。

②驱动电压低，输出功率低，保护电流小且不可调节。阳极有效保护距离小，使用范围受介质电阻率的限制。但保护电流的利用率较高，一般不会造成过保护，对邻近金属设施干扰小。

③阳极数量较多，电流分布比较均匀。但阳极重量大，会增加结构重量，且阴极保护的时间受牺牲阳极寿命的限制。

④系统牢固可靠，施工技术简单，单次投资费用低，不需专人管理。

在阴极保护工程中，牺牲阳极必须满足下列要求：

①电位足够负且稳定。牺牲阳极不仅要有足够负的开路电位，而且要有足够负的闭路电位，可使阴极保护系统在工作时保持有足够的驱动电压。所谓驱动电压是指在有负荷的情况下阴、阳极之间的有效电位差。由于保护系统中总有电阻存在，所以只有具有足够的驱动电压才能克服回路中的电阻，向被保护的结构提供足够大的阴极保护电流。性能好的牺牲阳极

的阳极极化率必须很小，电位可长时间保持稳定，才能具有足够长的工作寿命。

②电流效率高且稳定。牺牲阳极的电流效率是指实际电容量与理论电容量的百分比。理论电容量是根据法拉第定律计算得出的消耗单位质量牺牲阳极所产生的电量，单位为 $A \cdot h/kg$。由于牺牲阳极本身存在局部电池作用，则有部分电量消耗于牺牲阳极的自腐蚀。因此，牺牲阳极的自腐蚀电流小，则电流效率高，使用寿命长，经济性好。

③表面溶解均匀，腐蚀产物松软、易脱落，不致形成硬壳或致密高阻层。

④来源充足，价格低廉，制作简易，污染轻微。

牺牲阳极保护系统的设计，包括保护面积的计算，保护参数的确定，牺牲阳极的形状、大小和数量、分布和安装以及阴极保护效果的评定等问题。

2）外加电流阴极保护

外加电流阴极保护是利用外部直流电源对被保护体阴极极化实现对被保护体的保护的方法。外加电流阴极保护系统主要由三部分组成：直流电源、辅助阳极和参比电极。直流电源通常是大功率的恒电位仪，可以根据外界的条件变化，自动调节输出电流，使被保护的结构的电位始终控制在保护电位范围内。辅助阳极是用来把电流输送到阴极（即被保护的金属）上，辅助阳极应导电性好，耐蚀，寿命长，排流量大（即一定电压下单位面积通过的电流大），而极化小；有一定的机械强度，易于制备；来源方便，价格便宜等。辅助阳极材料按其溶解性能可分为三类：可溶性阳极材料，如钢和铝；微溶性阳极材料，如高硅铸铁、铅银合金、Pb/PbO_2、石墨和磁性氧化铁等；不溶性阳极材料，如铂、铂合金、镀铂钛和镀铂钽等。这些阳极材料除钢外，都耐蚀，可供长期使用。钛上镀一层 $2 \sim 5 \mu m$ 的铂作为阳极，使用工作电流密度为 $1000 \sim 2000 \ A \cdot m^{-2}$。而铂的消耗率只有 $4 \sim 5 \ mg \cdot (A \cdot a)^{-1}$，一般可使用 $5 \sim 10$ 年。参比电极用来与恒电位仪配合，测量和控制保护电位，因此要求参比电极可逆性好，不易极化，长期使用中保持电位稳定、准确、灵敏，坚固耐用等。阴极保护工程中常用的参比电极有铜/硫酸铜电极、银/氯化银电极、甘汞电极和锌电极等。

外加电流阴极保护方法的主要特点：

①需要外部直流电源，其供电方式主要为恒电流和恒电位两种。

②驱动电压高，输出功率和保护电流大，能灵活调节、控制阴极保护电流，有效保护半径大；可适用于恶劣的腐蚀条件或高电阻率的环境；但有产生过保护的可能性，也可能对附近金属设施造成干扰。

③采用难溶和不溶性辅助阳极的消耗低，寿命长，可实现长期的阴极保护。

④由于系统使用的阳极数量有限，保护电流分布不够均匀，因此被保护的设备形状不能太复杂。

⑤外加电流阴极保护与施加涂料联合，可以获得最有效的保护效果，被公认为是最经济的防护方法。

外加电流保护系统的设计，主要包括：选择保护参数，确定辅助阳极材料、数量、尺寸和安装位置，确定阳极屏材料和尺寸，计算供电电源的容量等。由于辅助阳极是绝缘地安装在被保护体上，故阳极附近的电流密度很高，易引起"过保护"，使阳极周围的涂料遭到破坏。因此，必须在阳极附近一定范围内涂覆或安装特殊的阳极屏蔽层。它应具有与钢结合力高，绝缘性优良，良好的耐碱、耐海水性能。对海船用的阳极屏蔽材料有玻璃钢阳极屏、涂氯化橡胶厚浆型涂料或环氧沥青聚酰胺涂料。

3) 常用牺牲阳极材料

牺牲阳极的性能主要由材料的化学成分和组织结构决定。对钢铁结构，能满足以上要求的牺牲阳极材料主要是镁及其合金、锌及其合金和铝合金。常用的牺牲阳极材料有纯镁、$Mg-6\%Al-3\%Zn-0.2\%Mn$、纯锌、$Zn-0.6\%Al-0.1\%Cd$、$Al-2.5\%Zn-0.02\%In$ 等。

镁及镁合金阳极的优点是：工作电位很负，不仅可以保护钢铁，也可保护铝合金等较活泼的金属；密度小，单位质量发生电量较锌阳极大，用作牺牲阳极时安装支数较少；工作电流密度大，可达 $1\sim4$ mA·m^{-2}；阳极极化率小，溶解比较均匀；可用于电阻率较高的介质(如土壤和淡水)中金属设施的保护。由于镁的腐蚀产物无毒，也可用于热水槽的内保护和饮水设备的保护。镁阳极的缺点在于：自腐蚀较大，电流效率只有 50% 左右，消耗快；与钢铁的有效电位差大，故容易造成过保护，使用过程中会析出氢气；镁阳极与钢结构撞击时容易诱发火花。因此，在海水等电阻率低的介质中，镁阳极已逐渐被淘汰，在油轮等有爆炸危险的场合严禁使用镁阳板。

锌及锌合金阳极的开路电位较正，与被保护钢铁结构的有效电位差只有 0.2 V 左右，保护时不发生析氢现象，且具有自然调节保护电流的作用，不会造成过保护。这类阳极自腐蚀轻，电流效率高，寿命长，适于长期使用，所以安装总费用较低。此类阳极与钢铁构件撞击时，没有诱发火花的危险。但由于锌及锌合金阳极的有效电位差小，密度大，发生的电流量小，实际应用时个数多，分布密，重量大，而且不适用于电阻较高的土壤和淡水中。锌基合金阳极目前广泛用于海上舰船外壳，油轮压载舱，海上、海底构筑物的保护。在电阻率低于 15 Ω·m 的土壤环境中保护钢铁构筑物具有良好的技术经济性，故获得较普遍的应用。

铝具有足够负的电位和较高的热力学活性，而且密度小，发生的电量大，原料容易获得，价格低廉，是制造牺牲阳极的理想材料。但纯铝容易钝化，具有比较正的电位，在阳极极化下电位变得更正，以致不能实现有效的保护。因此纯铝不能作为牺牲阳极材料。

铝合金阳极的主要优点是：理论发生电量大，为 2970 A·h·kg^{-1}，按输出电量的价格比，较镁和锌具有无可比拟的优势；由于发生的电量大，可以制造长寿命的阳极；在海水及其他含氯离子的环境中，铝合金阳极性能良好，电位保持在 $-0.95\sim-1.10$ V(vs. SCE)；保护钢结构时有自动调节电流的作用；密度小，安装方便；铝的资源丰富。铝合金阳极的不足之处是：电流效率比锌阳极低，在污染海水中性能有下降趋势，在高阻介质(如土壤)中阳极效率很低，性能不稳定；溶解性能差；与钢结构撞击有诱发火花的可能。铝合金阳极广泛用于海洋环境和含氯离子的介质中，用于保护海上钢铁构筑物及海湾、河口的钢结构。

阴极保护简单易行，经济，效果好，且对应力腐蚀、腐蚀疲劳、孔蚀等特殊腐蚀均有效。阴极保护的应用日益广泛，主要用于保护中性、碱性和弱酸性介质中（如海水和土壤）的各种金属构件和设备，如舰船、码头、桥梁、水闸、浮筒、海洋平台、海底管线，工厂中的冷却水系统、热交换器、污水处理设施，核能发电厂的各类给水系统，地下油、气、水管线，地下电缆等。

8.3.2 阳极保护

在外加电流作用下，金属在腐蚀介质中发生钝化，使腐蚀速度显著下降的保护方法称为阳极保护法。

（1）阳极保护的原理

阳极保护的基本原理在金属腐蚀电化学理论基础中已讨论过。如图8-7所示，对于具有钝化行为的金属设备和溶液体系，当用外电源对它进行阳极极化，使其电位进入钝化区，维持钝态使腐蚀速度变得极其甚微，则得到阳极保护。

（2）阳极保护系统

阳极保护系统主要由恒电位仪（直流电源）、辅助阴极以及测量和控制保护电位的参比电极组成。图8-8为一个典型阳极保护系统。阳极保护对辅助阴极材料的要求是：在阴极极化下耐蚀，有一定的机械强度，来源广泛，价格便宜，容易制备。对浓硫酸可用铂或镀铂电极、金、钽、钢、高硅铸铁或普通铸铁等；对稀硫酸可用银、铝青铜、石墨等；在碱溶液中可用高镍铬合金或普通碳钢。

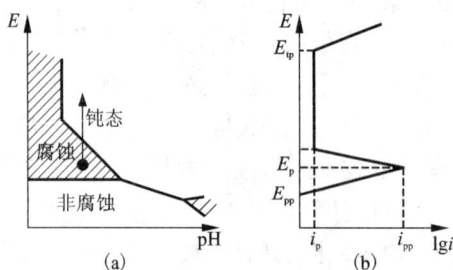

图8-7 阳极保护原理示意图

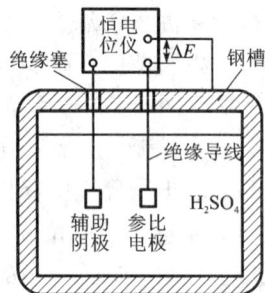

图8-8 硫酸槽的阳极保护

（3）阳极保护参数

为了判断给定腐蚀体系是否可以采用阳极保护，首先要根据恒电位法测得的阳极极化曲线来分析。在实施阳极保护时，主要考虑下列三个基本参数：

1）致钝电流密度 i_{pp} 即金属在给定介质中达到钝态所需要的临界电流密度，一般 i_{pp} 越小越好。否则，就需要容量大的直流电源，使设备费用提高，而且会增加钝化过程中金属设备的阳极溶解。

2) 钝化区电位范围　即开始建立稳定钝态的电位 E_p 与过钝化电位 E_{tp} 间的范围 $E_p \sim E_{tp}$，在可能发生点蚀的情况下为 E_p 与点蚀电位 E_b 间的范围 $E_p \sim E_b$。显然钝化区电位范围越宽越好，一般不得小于 50 mV。否则，由于恒电位仪控制精度不高使电位超出这一区域，可造成严重的活化溶解或点蚀。

3) 维钝电流密度 i_p　代表金属在钝态下的腐蚀速度。i_p 越小，防护效果越好，耗电也越少。

上述三个参量与金属材料和介质的组成、浓度、温度、压力、pH 值有关。因此要先测定出给定材料在腐蚀介质中的阳极极化曲线，找出这三个参量作为阳极保护的工艺参数或以此判断阳极保护应用的可能性。表 8 - 5 列出了一些金属材料在不同介质中阳极保护的主要参数。

表 8 - 5　金属在某些介质中的阳极保护参数

材料	介质	温度/℃	$i_{致钝}$/A·m^{-2}	$i_{维钝}$/A·m^{-2}	钝化区电位范围[①]/mV
碳素钢	发烟 H_2SO_4	25	26.4	0.038	—
	105% H_2SO_4	27	62	0.31	+1000 以上
	97% H_2SO_4	49	1.56	0.155	+800 以上
	67% H_2SO_4	27	930	1.55	+1000 ~ +1600
	75% H_2SO_4	27	232	23	+600 ~ +1400
	50% HNO_3	30	1500	0.03	+900 ~ +1200
	30% HNO_3	25	8000	0.2	+1000 ~ +1400
	25% NH_4NO_3	室温	2.65	<0.3	-800 ~ +400
	60% NH_4NO_3	25	40	0.002	+100 ~ +800
	20% NH_3	室温	26 ~ 60	0.04 ~ 0.12	-300 ~ +700
	20% $CO(NH_2)_2$	室温	26 ~ 60	0.04 ~ 0.12	-300 ~ +700
	2% CO_2, pH10	室温	26 ~ 60	0.04 ~ 0.12	-300 ~ +700
304 不锈钢	80% HNO_3	24	0.01	0.001	—
	20% NaOH	24	47	0.1	+50 ~ +350
	LiOH, pH9.5	24	0.2	0.0002	+20 ~ +250
	NH_4NO_3	24	0.9	0.008	+100 ~ +600
316 不锈钢	67% H_2SO_4	93	110	0.009	+100 ~ +600
	115% H_3PO_4	93	1.9	0.0013	+20 ~ +950
铬锰氮钼钢	37% 甲酸	沸	15	0.1 ~ 0.2	+100 ~ +500(Pt 电极)
Inconel X - 750	0.5mol·L^{-1} H_2SO_4	30	2	0.037	+30 ~ +905
	0.5mol·L^{-1} H_2SO_4	50	14	0.40	+150 ~ +875
Hastelloy F	1mol·L^{-1} HCl	室温	~8.5	~0.058	+170 ~ +850
	5mol·L^{-1} H_2SO_4	室温	0.30	0.052	+400 ~ +1030
	0.5mol·L^{-1} H_2SO_4	室温	0.16	0.012	+90 ~ +800
锆	10% H_2SO_4	室温	18	1.4	+400 ~ +1600
	5% H_2SO_4	室温	50	2.2	+500 ~ +1600

注：①除特别注明外，表中电位均为相对于饱和甘汞电极。

（4）阳极保护的实施方法

阳极保护的实施过程主要包括金属致钝和金属维钝两个步骤。

1）金属的致钝　致钝操作是实施阳极保护的第一步。为避免金属在活化区长时间停留，引起明显的电解腐蚀，应使体系尽快进入钝态，为此发展了多种致钝方法。

①整体致钝法。整体致钝法是使被保护设备一次、全部致钝的方法。被保护设备内事先充满工作介质，然后合闸通入强大的电流使设备表面钝化。这种方法适用于致钝电流密度较小，被保护面积也不是很大的体系，需要有容量较大的直流电源，一般致钝时间比较长。

②逐步致钝法。逐步致钝法适用于电源容量较小，需要保护的面积大且致钝电流密度大的体系。操作时，先合闸送电，再向设备中注入溶液，使液面逐步升高，被溶液浸没的部分设备表面先行钝化。钝化后的表面只需要很少的电流维钝，富余的电流可用于新浸没表面的致钝。当液面逐步达到工作高度时，整个设备致钝完毕，待钝态稳定后便可降低电流，转入正常维钝。

③低温致钝法。降低温度往往可以使体系的致钝电流密度减小，所以可以通过降低温度使体系的致钝电流密度减小，并在低温下完成致钝操作，钝化后再提高到工艺要求的温度运行，此即低温致钝法。

④化学致钝法。化学致钝法是采用其他非工艺化学介质，使设备自钝化或减小致钝电流密度，然后排出上述介质，换入实际工艺介质，同时向设备供电，转入正常的维钝操作。

⑤涂料致钝法。采用适当的涂料对设备内表面进行涂装，由于裸表面积减少，可以大幅度降低致钝电流。

⑥脉冲致钝法。利用材料表面阳极极化后的残余钝性，用一定频率的较小的电流密度反复多次极化致钝的方法称为脉冲致钝法。脉冲致钝法比恒电流致钝节省总电流，直流电源的容量可以减小。

2）金属的维钝　金属致钝后，进入维钝过程。阳极保护维钝方法可分为两大类：一类属手动控制，通过手动调节直流电源的电压获得维钝所需要的电流，例如固定槽压法；第二类是自动控制维钝方法，采用电子技术将设备的电位自动维持在选定的电位值或电位域内，包括连续恒电位法、区间控制法、间歇通电法和循环极化法等多种维钝方法。

①固定槽压法。人为地调整输出电压，槽压变化，保护电流随之变化，设备的电位也相应变化。对于致钝电流密度比较小，稳定钝化电位区间很宽的体系，固定槽压法能够可靠地维持设备的钝态。固定槽压法不适于致钝电流密度很大，阳极面积比阴极面积大许多倍的体系。

②恒电位法。利用恒电位仪对设备实行维钝。当确定了最佳控制电位点以后，恒电位仪便能自动地将设备与参比电极之间的电位维持在选定的数值上或在一定的范围内。必须选用高稳定性的参比电极，否则，会影响保护效果。

需要特别强调的是，由于阳极保护存在危险性，实际工程中多采用固定槽压法和恒电位法；采用区间控制法、间歇通电法和循环极化法进行维钝时必须谨慎从事，设计必须保证充分的可靠性。

（5）阳极保护的应用

目前，阳极保护主要用于硫酸和废硫酸槽、贮罐，硫酸槽加热段管，纸浆蒸煮锅，碳化塔冷却水箱，铁路槽车，有机磺酸中和罐等的保护。对于不能钝化的体系或者含 Cl^- 离子的介质中，阳极保护不能应用，因而阳极保护的应用还是有一定的局限性。

8.4　金属涂镀层保护

金属表面采用覆盖层，尽量避免金属和腐蚀介质直接接触是金属材料的主要防护技术。覆盖层种类较多，由于它们的作用较大，因此在金属防护技术中获得广泛的应用。金属覆盖层可分为两大类：金属镀层和非金属涂层。

8.4.1　金属镀层保护

（1）金属镀层保护原理

金属镀层根据其在腐蚀电池中的极性可分为阳极性镀层和阴极性镀层。锌镀层就是一种阳极性镀层。在电化学腐蚀过程中，锌镀层的电位比较低，因此是腐蚀电池的阳极，受到腐蚀；铁是阴极，只起传递电子的作用，受到保护。阳极性镀层如果存在空隙，并不影响它的防蚀作用。阴极性镀层则不然，例如锡镀层，在大气中发生电化学腐蚀时，它的电位比铁高，因此是腐蚀电池的阴极。阴极性镀层若存在空隙，露出小面积的铁，则和大面积的锡构成电池，将加速露出的铁的腐蚀，并造成穿孔。因此，阴极性镀层只有在没有缺陷的情况下，才能起到机械隔离环境的保护作用。

阳极性镀层在一定的条件下会转变为阴极性镀层。例如，当溶液的温度升高到某一临界值，锌镀层和铝镀层将由阳极性镀层转变为阴极性镀层。这种转变是由于金属镀层表面形成了化合物薄膜，使镀层的电位升高的缘故。

为了提高阴极性镀层的耐蚀性发展了多层金属镀层。例如，铬电镀层具有高硬度和漂亮的外观，是一种典型的阴极性镀层，耐蚀性很差。Cu – Ni – Cr 三层电镀层是最常用的防护装饰镀层。镀铜底层可以提高镀层与钢基体的结合力，降低镀层内应力，提高镀层覆盖能力，降低镀层空隙率；铬镀层相对铜镀层是阳极性镀层。因此，Cu – Ni – Cr 三层镀层可以显著提高镀层的耐蚀性。

合金化可以提高镀层的耐蚀性。例如，在金属锌镀层中加入一定量的 Fe、Ni、Co，形成 Zn10% ~ 20% Fe、Zn3% ~ 13% Ni、Zn0.3% ~ 1% Co 等合金镀层。Fe、Ni、Co 加入锌镀层后其电位变正，更接近钢基体的电位，镀层与基体构成的腐蚀电池的电动势变小，腐蚀速率显著下降。因此，镀层合金化是提高镀层的有效途径之一。

为了提高镀层的耐蚀性能、耐冲刷性能、结合力等综合性能，发展了微晶镀层、纳米镀层、非晶镀层、梯度镀层、复合镀层等。

（2）金属涂镀层技术

金属涂镀层的制造方法，主要有热浸镀、渗镀、电镀、刷镀、化学镀、包镀、机械镀、热喷涂（火焰、等离子、电弧）等。

1）热浸镀：热浸镀是把金属构件浸入熔化的镀层金属液中，经过一段时间取出，在金属构件表面形成一层镀层。热浸镀的工艺可以简单地概括为以下程序：

预镀件→前处理→热浸镀→后处理→制品

前处理是将预镀件表面的油污、氧化铁皮等清除干净，使之形成一个适于热浸镀的表面；热浸镀是基体金属表面与熔融金属接触，镀上一层均匀的、表面光洁的、与基体牢固结合的金属镀层；后处理包括化学处理与必要的平整矫直与涂油等工序。

热浸镀镀层的特点是：形成的镀层较厚，具有较长的防腐蚀寿命；镀层和基体之间形成合金层，具有较强的结合力。热浸镀可以进行高效率大批量生产。目前，热浸镀锌、铝、锌铝合金、锌铝稀土合金和铅、锡合金等得到了广泛应用，如高速公路的护栏、输电线路的铁塔、建筑的屋顶等大量采用热浸镀层。

2）渗镀：渗镀法是把金属部件放进渗镀层金属或它的化合物的粉末混合物、熔盐浴及蒸气等环境中，通过热分解或还原等反应析出的金属原子在高温下扩散到金属中去，在其表面形成合金化镀层。因此，此法也称表面合金化或扩散镀。渗镀层一般不会因温度急剧变化而造成镀层脱落现象。目前，用于钢铁防蚀目的的渗镀金属主要有锌、铝、铬、硅、硼以及铝－铬、铝－硅、铝－钛、铝－稀土、铬－镍、铬－硅、铬－钛、铬－硅－铝等二元和三元共渗镀层等。

3）电镀：电镀是指在直流电的作用下，电解液中的金属离子还原，并沉积到零件表面形成有一定性能的金属镀层的过程。电解液主要是水溶液，也有有机溶液和熔融盐。从水溶液和有机溶液中电镀称为湿法电镀，从熔融盐中电镀称为熔融盐电镀。水溶液电镀获得广泛的工业应用；非水溶液、熔融盐电镀虽已部分获得工业化应用，但不普遍。

在水溶液中，还原电位较正的金属离子很容易实现电沉积，如 Au、Ag、Cu 等；若金属离子还原电位比氢离子的还原电位负，则电镀时电极上大量析出氢气，金属沉积的电流效率降低；若金属离子还原电位比氢离子的还原电位负得多，则很难实现电沉积，甚至不可能发生单独电沉积，如 Na、K、Ca、Mg 等；但有些金属有可能与其他元素形成合金，实现电沉积，如 Mo、W 等。元素周期表上的 70 多种金属元素中，有 30 多种金属可以在水溶液中进行电沉积。大量用于防腐蚀的电镀层有 Zn、Cd、Ni、Cr、Sn 及其合金等。

金属离子还原析出的可能性是获得镀层的首要条件，但要获得质量优良的镀层，还要有合理的镀液和工艺。通常镀液由如下成分构成。

主盐：被镀金属的盐类，有单盐，如硫酸铜、硫酸镍等；有络盐，如锌酸钠、氰锌酸钠等。

配合剂：配合剂与沉积金属离子形成配合物，改变镀液的电化学性质和金属离子沉积的电极过程，对镀层质量有很大影响。常用配合剂有氰化物、氢氧化物、焦磷酸盐、酒石酸盐、氨三乙酸、柠檬酸等。

导电盐：其作用是提高镀液的导电能力，降低槽端电压，提高工艺电流密度，例如镀镍液中加入 Na_2SO_4。导电盐不参加电极反应，酸或碱也可作为导电物质。

缓冲剂：加入缓冲剂可使弱酸或弱碱性镀液具有自行调节 pH 值能力，以便在施镀过程中保持 pH 值稳定。

添加剂：使阳极保持正常溶解，处于活化状态；稳定溶液避免沉淀的发生；提高镀层的质量，如光亮性、平整性等。

电镀法的优点是：镀层厚度容易控制，镀层均匀和沉积金属用量较少等。电镀法广泛用于处理各种五金零件和带钢。

4）化学镀：化学镀是利用合适的还原剂使溶液中的金属离子还原并沉积在具有催化活性的基体表面上形成金属镀层的方法。化学镀也可称为异相表面自催化沉积镀层。

化学镀 Ni – P 合金是应用最早、最广的化学镀层，可通过次磷酸盐还原镍盐得到。现在已经获得 Ni – P、Ni – B、Ni – P(Cu、W、Cr、Nb、Mo)、Cu 等化学镀层。以及弥散有陶瓷相的 Ni – P、Ni – B 复合化学镀层。与电镀相比，化学镀镀层厚度均匀，针孔少，不需要电源设备，能在非导体上沉积，具有某些特殊性能等优点。其缺点是：成本高，溶液稳定性差，维护、调整和再生困难，镀层脆性大。因此，目前化学镀主要用在特殊用途的设备上，如石油钻井钻头、发动机的叶轮叶片、液压缸、摩擦轮等要求耐蚀、耐磨的部件。另外化学镀也用于制造磁盘、太空装置上的电缆接头、人体用医学移植器。

5）包镀：将耐蚀性好的金属，通过辗压的方法包覆在被保护的金属或合金上，形成包覆层或双金属层，如高强度铝合金表面包覆纯铝层，形成有包铝层的铝合金板材。

6）机械镀：机械镀是把冲击料（如玻璃球）、表面处理剂、镀覆促进剂、金属粉和零件一起放入镀覆用的滚筒中，通过滚筒滚动时产生的动能，把金属粉冷压到零件表面上形成镀层。若用一种金属粉，得到单一镀层；若用合金粉末，可得合金镀层；若同时加入两种金属粉末，可得到混合镀层；若先加入一种金属粉，镀覆一定时间后，再加另一种金属粉，则可得多层镀层。表面处理剂和镀覆促进剂可使零件表面保持无氧化物的清洁状态，并控制镀覆速度。

机械镀的优点是厚度均匀，无氢脆，室温操作，耗能少，成本低等。适于机械镀的金属有 Zn、Cd、Sn、Al、Cu 等软金属。适于机械镀的零件有螺钉、螺母、垫片、铁钉、铁链、簧片等小零件。零件长度一般不超过 150 mm，质量不超过 0.5 kg。机械镀特别适于对氢脆敏感的高强钢和弹簧。但零件上孔不能太小、太深；零件外形不得使其在滚筒中互相卡死。

7）热喷涂：热喷涂是一种使用专用设备利用热能和电能把固体材料熔化并加速喷射到构件表面上形成沉积层以提高构件耐蚀、耐磨、耐高温等性能的涂层技术。按照能源的种类、喷涂材料形状以及工作环境特点，热喷涂可以按图 8 – 9 进行分类。

熔融喷涂法和火焰线材喷涂法是最早发明的喷涂法。熔融喷涂法是用坩埚把金属熔化，再用高压气体把金属吹射出去，该法目前已很少采用。火焰线材喷涂法是将金属线以一定的速度送进喷枪里，使端部在高温火焰中熔化，随即由压缩空气把其雾化喷出。等离子喷涂是最重要的热喷涂法，已获得广泛的应用。爆炸喷涂是继等离子喷涂之后发展起来的一种新工艺，其熔融粉末的喷射速度可达 $700 \sim 760 \ m \cdot s^{-1}$。超声速喷涂是爆炸喷涂之后近十几年发展起来的新工艺，速度与爆炸喷涂相近，可获得高质量涂层。电弧喷涂也是世界上较早的金属线材喷涂法，电弧使丝材熔化，高压气使其雾化并加速，其成本低、生产效率高，目前仍得到广泛的应用。电爆喷涂是在线材的两端通以瞬间大电流，使线材熔化并发生爆炸，专用来喷涂汽缸等内表面。感应加热喷涂和电容放电喷涂是采用高频涡流和电容放电把线材加热，然后用高压气体雾化并加速的喷涂法，应用不普遍。激光热喷涂采用激光作为加热源，但至今仍处于研究阶段。

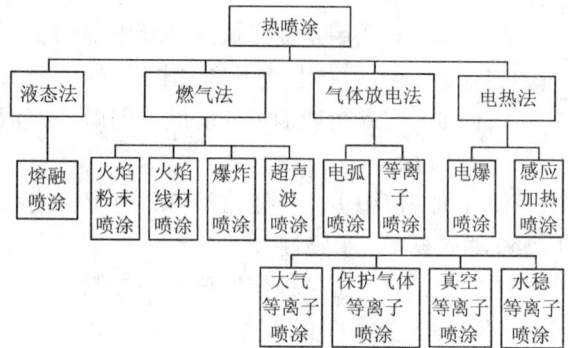

热喷涂技术的特点是：喷涂效率高；可以喷涂金属、合金、陶瓷、塑料等有机高分子材料；可赋予普通材料以特殊的表面性能，使材料满足耐蚀、抗高温氧化、耐磨、隔热、密封、耐辐射、导电、绝缘等性能要求；可用在金属、陶瓷、玻璃、石膏、木材、布、纸等几乎所有固体材料表面喷涂涂层；可使基体保持在较低的温度，一般温度可控制在30℃~200℃之间，保证基体不变形；可适用于各种尺寸工件的喷涂；涂层厚度较易控制等。目前该技术正在发展中，还有许多问题有待解决，如结合力较低、孔隙率较高、均匀性较差等。

8）真空镀：真空镀包括真空蒸镀、溅射镀和离子镀，是在真空中镀覆的工艺方法。真空镀具有无污染，无氢脆，适于金属和非金属多种基材，且工艺简单等优点。但有镀层薄，设备贵，镀件尺寸受限的缺点。

真空蒸镀是在真空（10^{-2} Pa 以下）中将镀料加热，使其蒸发或升华，并沉积在镀件上的工艺。加热方法有电阻加热、电子束加热、高频感应加热、电弧放电或激光加热等，常用的是电阻加热。真空蒸镀可用来镀覆 Al、黄铜、Cd、Zn 等防护或装饰性镀层，电阻、电容等电子元件用的金属或金属化合物镀层，镜头等光学元件用的金属化合物镀层。

溅射镀是利用荷能粒子（通常为气体正离子）轰击靶材，使靶材表面某些原子逸出，溅射到靶材附近的零件上形成镀层。溅射室内的真空度（0.1 ~ 1.0 Pa）比真空蒸镀法低。溅射镀分为阴极溅射、磁控溅射、等离子溅射、高频溅射、反应溅射、吸气剂溅射、偏压溅射和非对称交流溅射等。

溅射镀的最大特点是能镀覆与靶材成分完全相同的镀层，因此特别适用于高熔点金属、

图 8-9 热喷涂的方法分类

热喷涂
- 液态法
  - 熔融喷涂
- 燃气法
  - 火焰粉末喷涂
  - 火焰线材喷涂
  - 爆炸喷涂
  - 超声波喷涂
- 气体放电法
  - 电弧喷涂
  - 等离子喷涂
    - 大气等离子喷涂
    - 保护气体等离子喷涂
    - 真空等离子喷涂
    - 水稳等离子喷涂
- 电热法
  - 电爆喷涂
  - 感应加热喷涂

合金、半导体和各类化合物的镀覆。缺点是镀件温升较高（150℃～500℃）。目前溅射镀主要用于制备电子元器件上所需的各种薄膜；也可用来镀覆 TiN 仿金镀层以及在切削刀具上镀覆 TiN、TiC 等硬质镀层，以提高其使用寿命。

离子镀需要首先将真空室抽至 10^{-3} Pa 的真空度，再从针形阀通入惰性气体（通常为氩气），使真空度保持在 0.1～1.0 Pa；接着接通负高压，使蒸发源（阳极）和镀件（阴极）之间产生辉光放电，建立起低气压气体放电的等离子区和阴极区；然后将蒸发源通电，使镀料金属气化并进入等离子区；金属气体在高速电子轰击下，一部分被电离，并在电场作用下被加速射在镀件表面而形成镀层。

离子镀的主要特点是镀层附着力高和绕镀性好。附着力高的原因是由于已电离的惰性气体不断地对镀件进行轰击，使镀件表面得以净化。绕镀性好则是由于镀料被离子化而成为正离子，而镀件带负电荷，而且镀料的气化粒子相互碰撞，分散在镀件（阴极）周围空间，因此能镀在零件的所有表面上；而真空蒸镀和溅射镀则只能镀在蒸发源或溅射源可直射的表面。另外，离子镀对零件镀前清理的要求也不甚严格。离子镀可用于装饰（如 TiN 仿金镀层）、表面硬化、电子元器件用的金属或化合物镀层以及光学用镀层等方面。

9）高能束表面改性：采用激光束、离子束、电子束这三类高能束对材料表面进行改性是近十几年来迅速发展起来的材料表面新技术，可用于提高金属的耐蚀性和耐磨性。高能束流技术对材料表面的改性是通过改变材料表面的成分或结构来实现的。成分的改变包括表面的合金化和熔覆，结构的变化包括组织和相的变化，由此可以赋予金属表面新的特性。

8.4.2　非金属涂层

非金属涂层可分为无机涂层和有机涂层。

（1）无机涂层

无机涂层包括化学转化涂层、搪瓷或玻璃覆盖层等。其中，应用比较广泛的是化学转化涂层。

1）金属的化学转化膜　金属的化学转化膜是金属表层原子与介质中的阴离子反应：

$$m\mathrm{M} + n\mathrm{A}^{z-} \rightarrow \mathrm{M}_m\mathrm{A}_n + n\mathrm{Ze} \tag{8-3}$$

在金属表面生成的附着性好、耐蚀性优良的薄膜。式中的 M 为金属原子，A^{z-} 为介质中价态为 Z 的阴离子。式（8-3）表明，金属的化学转化膜的形成既可以是金属/介质间的化学反应，也可以是在施加外电源的条件下所进行的电化学反应。用于防蚀的金属的化学转化膜主要有下列几种：

①铬酸盐膜。金属或镀层在含有铬酸、铬酸盐或重铬酸盐溶液中，用化学或电化学方法进行钝化处理，在金属表面上形成由三价铬和六价铬的化合物，如 $\mathrm{Cr(OH)}_3 \cdot \mathrm{CrOH} \cdot \mathrm{CrO}_4$，组成的钝化膜。厚度一般为 0.01～0.15 μm。随厚度不同，铬酸盐的颜色可从无色透明转变为金黄色、绿色、褐色甚至黑色。在铬酸盐钝化膜中，不溶性的三价铬化合物构成了膜的骨架，

使膜具有一定的厚度和机械强度;六价铬化合物则分散在膜的内部,起填充作用。当钝化膜受到轻度损伤时,六价铬会从膜中溶入凝结水中,使露出的金属表面再钝化,起到修补钝化膜的作用。因此,铬酸盐膜的有效防蚀期主要取决于膜中六价铬溶出的速率。铬酸盐钝化膜广泛用于锌、锌合金、镉、锡及其镀层的表面处理,可以使其耐蚀性能得到进一步的提高。

②磷化膜。磷化膜是钢铁零件在含磷酸和可溶性磷酸盐的溶液中,通过化学反应在金属表面上生成的不可溶的、附着性良好的保护膜。这种成膜过程通常称为磷化或磷酸盐处理。磷化工艺分为高温($90℃\sim98℃$)、中温($50℃\sim70℃$)和常温磷化,后者又叫冷磷化,即在室温($15℃\sim35℃$)下进行。工业上最广泛应用的有三种磷化膜:磷酸铁膜、磷酸锰膜和磷酸锌膜。磷化膜厚度较薄,一般仅$5\sim6~\mu m$。由于磷化膜孔隙较大,耐蚀性较差,因此磷化后必须用重铬酸钾溶液钝化或浸油进行封闭处理。这样处理的金属表面在大气中有很高的耐蚀性。另外,磷化膜经常作为油漆的底层,可大大提高油漆的附着力。

③钢铁的化学氧化膜。利用化学方法可以在钢铁表面生成一层保护性(Fe_3O_4)氧化膜。碱性氧化法可使钢铁表面生成蓝黑色的保护膜,故又称为发蓝。碱性发蓝是将钢铁制品浸入含$NaOH$、$NaNO_2$或$NaNO_3$的混合溶液中,在$140℃$左右下进行氧化处理,得到$0.6\sim0.8~\mu m$厚的氧化膜。除碱性发蓝外,还有酸性常温发黑等钢铁氧化处理法。钢铁化学氧化膜的耐蚀性较差,通常要涂油或涂蜡才有良好的耐大气腐蚀作用。

④铝及铝合金的阳极氧化膜。铝及铝合金在硫酸、铬酸或草酸溶液中进行阳极氧化处理,可得到几十到几百微米厚的多孔氧化膜,其结构如图8-10所示。经进一步封闭处理或着色后,可得到耐蚀和耐磨性能很好的保护膜。这在航空、汽车和民用工业上得到广泛应用。将阳极氧化处理的电压提高到一定值后,电极表面将发生微弧。在微弧的作用下,可以获得结构更致密、更厚、性能更好的氧化铝膜。此即所谓的微弧阳极氧化,是一种新的正在迅速发展的新技术。

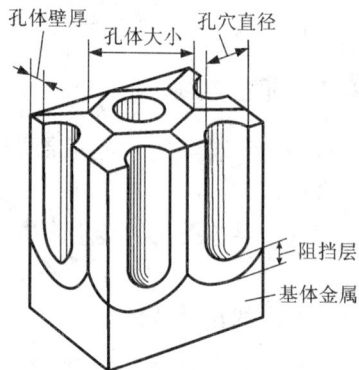

图8-10 阳极氧化膜的结构

2)搪瓷涂层 搪瓷又称珐琅,是类似玻璃的物质。搪瓷涂层是将K、Na、Ca、Al等金属的硅酸盐,加入硼砂等熔剂,喷涂在金属表面上烧结而成。为了提高搪瓷的耐蚀性,可将其中的SiO_2成分适当增加(例如大于60%),这样的搪瓷耐蚀性特别好,故称为耐酸搪瓷。耐酸搪瓷常用作各种化工容器衬里。它能抗高温高压下有机酸和无机酸(氢氟酸除外)的侵蚀。由于搪瓷涂层没有微孔和裂缝,所以能将钢材基体与介质完全隔开,起到防护作用。

3)硅酸盐水泥涂层 将硅酸盐水泥浆料涂覆在大型钢管内壁,固化后形成涂层。由于它价格低廉,使用方便,而且膨胀系数与钢接近,不易因温度变化而开裂,因此广泛用于水和土壤中的钢管和铸铁管线，防蚀效果良好。涂层厚度为 0.5～2.5 cm。使用寿命最高可达60年。

4）陶瓷涂层　陶瓷涂层在许多环境中具有优异的耐蚀、耐磨性能。采用热喷涂技术可以获得各种陶瓷涂层。近年来采用湿化学法获得陶瓷涂层的技术获得迅速的发展，其典型是溶胶－凝胶法。在金属表面涂覆氧化物的凝胶，可以在几百度的温度下烧结成陶瓷薄膜和不同薄膜的微叠层，具有广泛的用途。

（2）有机涂层

1）涂料涂层　涂料涂层也叫油漆涂层，因为涂料俗称为油漆。涂料的基本组成有四部分　①成膜物质，如合成高分子、天然树脂、植物油脂、无机硅酸盐、磷酸盐等，主要作用是作为涂料的基础，粘接其他组分，牢固附着于被涂物的表面，形成连续的固体涂膜；②颜料及固体填料，如钛白粉、滑石粉、铁红、铅黄、铝粉、锌粉等，具有着色、遮盖、装饰作用，并能改善涂膜的性能；③分散介质，如水、挥发性有机溶剂，使涂料分散成粘稠的液体，调节涂料的流动性、干燥性和施工性；④助剂，包括固化剂、增塑剂、催干剂等，可改善涂料制造、储存、使用中的性能。常用的有机涂料有油脂漆、醇酸树脂漆、酚醛树脂漆、过氯乙烯漆、硝基漆、沥青漆、环氧树脂漆、聚氨酯漆、有机硅耐热漆等。涂料除了可以把金属与腐蚀介质隔开外，还可能借助于涂料中的某些颜料（如铅丹、铬酸锌等）使金属钝化，或者利用富锌涂料中的锌粉对钢铁起到阴极保护作用，提高防护性能。

2）塑料涂层　将塑料粉末喷涂在金属表面，经加热固化可形成塑料涂层（喷塑法）。采用层压法将塑料薄膜直接黏结在金属表面，也可形成塑料涂层。有机涂层金属板是近年来发展最快的钢铁产品，不仅能提高耐蚀性，而且可制成各种颜色、各种花纹的板材（彩色涂层钢板），用途极为广泛。常用的塑料薄膜有丙烯酸树脂薄膜、聚氯乙烯薄膜、聚乙烯薄膜和聚氟乙烯薄膜等。

3）硬橡皮覆盖层　在橡胶中混入 30%～50% 的硫进行硫化，可制成硬橡皮。它具有耐酸、碱腐蚀的特性，可用于覆盖钢铁或其他金属的表面。许多化工设备采用硬橡皮做衬里。其主要缺点是加热后易老化变脆，只能在 50℃ 以下使用。

4）防锈油脂　防锈油脂用于金属机械加工过程中工序间对加工金属零件的暂时保护。防锈油脂是由基础油、油溶性防锈剂及其他辅助剂组成。

基础油：主要是矿物油、润滑油、合成油、凡士林、煤油、机油、地蜡、石蜡、石油脂等。由于基础油或成膜材料的不同，形成的膜性质也不同，可以是溶剂稀释型硬膜或软膜、润滑油型油膜，也可以是脂型厚膜。

防锈剂：其分子是由极性、非极性基团组成，溶于基础油中的防锈剂在防锈油脂中起主要防锈作用。防锈剂按其极性基团结构大致分为六大类：磺酸盐及其含硫化合物，高分子羧酸及其金属皂类，酯类，胺类及含氮化合物，磷酸酯、亚磷酸酯及其他含磷化合物等。

辅助剂：在防锈油脂中，往往还加入不同特性的添加剂以提高使用性能。如为提高防锈剂在油中的溶解度，加入醇类、酯类、酮类等协溶剂；用二苯胺等抗氧剂以减缓防锈油脂氧化变质；添加高分子树脂以提高成膜性等。

通过采用不同组成的防锈油脂，可以适应各种不同的工作条件下防止零件锈蚀的需要。

思 考 题

1. 为了控制腐蚀，在选材上应考虑哪些问题？
2. 如何从设计上减少或防止金属腐蚀？
3. 阴极保护的基本参数是什么？如何确定？
4. 阴极保护的方法有哪些？应用范围如何？常用哪些材料作为阳极？
5. 试述阳极保护的特点和应用范围，有哪些致钝和维钝的方法？
6. 涂层有哪些类型？
7. 何谓缓蚀剂？缓蚀剂如何分类？试述各类缓蚀剂的作用机理。
8. 试述缓蚀剂技术的特点和应用范围。
9. 何谓阳极镀层和阴极镀层？
10. 什么是化学转化膜？给出典型的例子。

第9章 典型无机非金属材料的腐蚀及防护

传统的无机非金属材料主要有陶瓷、玻璃、水泥和耐火材料四种，化学组成均为硅酸盐类，因此无机非金属材料又称硅酸盐材料；又因陶瓷材料历史最悠久，故常称之为陶瓷材料。近年来，在传统硅酸盐材料的基础上，各种新型无机非金属材料，例如人工晶体材料、非晶态材料、先进功能或结构陶瓷材料、无机涂层材料、碳材料、超硬材料和无机复合材料大量涌现。无机非金属材料除了传统的硅酸盐类外，还包括各种含氧酸盐、氧化物、氮化物、碳与碳化物、硼化物、氟化物、硫化物、硅、锗等。其结构形态从多晶体和玻璃态发展成为单晶、多晶、非晶态和无定型等多种形态。形貌包括零维粉末、一维晶须、纤维、二维薄膜到三维块体材料，尺度从微米、亚微米发展到纳米层次。无机非金属材料的快速发展给材料腐蚀学科带来了挑战和深化的机遇，同时也带来了传统"腐蚀"概念的深化。本章只对传统玻璃和混凝土材料的腐蚀进行讨论，有关新型无机材料的腐蚀内容可以参见第11章。

9.1 硅酸盐材料的腐蚀特征与概念

硅酸盐材料成分中以酸性氧化物 SiO_2 为主，它们耐酸但不耐碱，当 SiO_2（尤其是无定型 SiO_2）与碱液接触时发生如下反应而受到腐蚀：

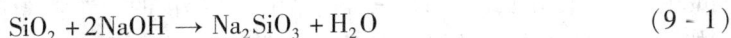

$$SiO_2 + 2NaOH \rightarrow Na_2SiO_3 + H_2O \tag{9-1}$$

所生成的硅酸钠易溶于水及碱液中。

SiO_2 含量较高的耐酸材料，除氢氟酸和高温磷酸外，它能耐所有无机酸的腐蚀。温度高于 300℃ 的磷酸、任何浓度的氢氟酸都会对 SiO_2 发生作用：

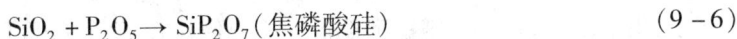

$$SiO_2 + 4HF \rightarrow SiF_4 + 2H_2O \tag{9-2}$$

$$SiF_4 + 2HF \rightarrow H_2[SiF_6]（氟硅酸）\tag{9-3}$$

$$H_3PO_4 \rightarrow HPO_3 + H_2O \tag{9-4}$$

$$2HPO_3 \rightarrow P_2O_5 + H_2O \tag{9-5}$$

$$SiO_2 + P_2O_5 \rightarrow SiP_2O_7（焦磷酸硅）\tag{9-6}$$

大部分无机非金属材料在与电解质溶液接触时不像金属那样形成原电池，故其腐蚀不是由电化学过程引起的，而往往是由于化学作用或物理作用所引起的。但是，石墨、锗、硅及电子导电、离子导电的无机物的腐蚀都涉及电化学过程，特别是在电场作用下，电化学过程更加明显。

9.2 玻璃的腐蚀

9.2.1 玻璃腐蚀的特征和概念

玻璃的理论定义为，从熔融体通过一定方式冷却，因黏度逐渐增大，而具有非晶结构特征和固体机械性质的物质，不论其化学组成及硬化温度范围如何，都可称之为玻璃。玻璃是具有长程无序、短程有序结构特征的非晶态、亚稳定态或介稳定态的物质。

玻璃工业一般以无机矿物为原料。20 世纪以来，以石英砂为主要原料的石英玻璃，广泛应用于化学仪器、医用和计量以及光学仪器等领域。二氧化硅含量在 85% 以上或 55% 以下的新型光学玻璃，以及大量的硼酸盐、磷酸盐、锗酸盐、碲酸盐和铝酸盐等非硅酸盐类的玻璃也得到了很多的应用。最近，特种玻璃又扩展到丁卤化物、硫系化合物、氮氧化合物和卤氧化合物等非金属氧化物玻璃。采用熔体急冷的方法，可以制备有更新用途的金属合金玻璃。周期表中的元素，除惰性气体和放射性元素外，都参与了玻璃态物质的合成。由于玻璃随所用原料及其配比的不同，其制品用途也各异，而且新型玻璃系统具有很多奇特的物理化学性质，从而获得了新的应用领域，玻璃已成为现代高科技发展中不可缺少的重要材料。

玻璃在人们的印象中，较金属耐蚀，因而总认为它是惰性的。实质上，许多玻璃在大气、弱酸等介质中，都可用肉眼观察到表面污染、粗糙、斑点等腐蚀迹象。

玻璃是氧化物组成的材料，这些氧化物可分为三类：①玻璃形成体。例如 B_2O_3、SiO_2、GeO_2、P_2O_5 等，它们形成玻璃的三维网络。②网络变型体。例如 Na_2O、K_2O、CaO、MgO 等，它们的金属离子无规则地分布在三维网络中，所提供的额外氧离子改变了网络结构。③中间体。例如 Al_2O_3、PbO 等，作用介乎上述两者之间，既可形成玻璃的三维网络，也可改变网络结构。

有时根据其功能，也将氧化物分为如下的三类：①玻璃形成体。②熔剂，例如 Na_2O、K_2O、B_2O_3 等，加入它们可以降低玻璃的熔点和黏度。③稳定剂，例如 CaO、MgO、Al_2O_3 等，加入它们可以改进玻璃的化学稳定性。

按照玻璃的成分，可将它分为如下的六类。

(1)石英玻璃：是由各种纯净的天然石英熔化而成，可用 SiO_4 四面体的无规则网络来描述其结构。它是优良的耐酸材料，除氢氟酸、热磷酸外，无论在高温或低温下，对任何浓度的无机酸和有机酸几乎都耐蚀；温度高于 500℃ 的氯、溴、碘对它也不起作用。但耐碱性较差。它的热胀系数很小，热稳定性高，长期使用温度达 1100℃ ~ 1200℃，短期使用温度可达 1400℃。

(2)碱金属硅酸盐玻璃：加入碱金属的氧化物，最常用的是 Na_2O，由于破坏了 Si - O - Si 键，降低了黏度，也降低了化学稳定性，增大了热膨胀系数。

(3)钠钙玻璃：在钠玻璃中加入稳定剂 CaO，可提高化学稳定性。优选的成分为 72%

$SiO_2 - 15\% Na_2O - 10\% CaO + MgO - 2\% Al_2O_3 - 1\%$ 其他氧化物。加入 $2\% Al_2O_3$ 可进一步提高化学稳定性,并减小晶化趋势。

(4)硼硅酸盐玻璃:硼硅酸盐玻璃是把普通玻璃中的 $R_2O(Na_2O,K_2O)$ 和 $RO(CaO,MgO)$ 成分的一半以上用 B_2O_3(一般其质量分数不大于 13%)置换而成。B_2O_3 的加入不仅使玻璃具有良好热稳定性,而且使其化学稳定性也大为改善。除氢氟酸、高温磷酸和热浓碱溶液外,它几乎能耐所有的无机酸、有机酸及有机溶剂等介质的腐蚀。其最高使用温度达 $160℃$,于常压或一定的真空下使用。它可用来制作实验室仪器,化工上的蒸馏塔、换热器、泵、管道和阀门等。

(5)铝硅酸盐玻璃:在钠玻璃中加入 Al_2O_3,铝进入四面体的顶角,从而增加了化学稳定性和抗晶化的能力。Al/Na 比是开发这类玻璃的重要成分参量。

(6)铅玻璃:铅玻璃是在中间体,加入氧化铅,使玻璃的折射系数及密度增大,对电阻没有影响。而化学稳定性则主要取决于其他氧化物。

目前有两种关于玻璃结构的理论:无规则的网络模型理论和聚合物型理论;前者与有序晶体结构比较而引出,后者则从液态转变而来。

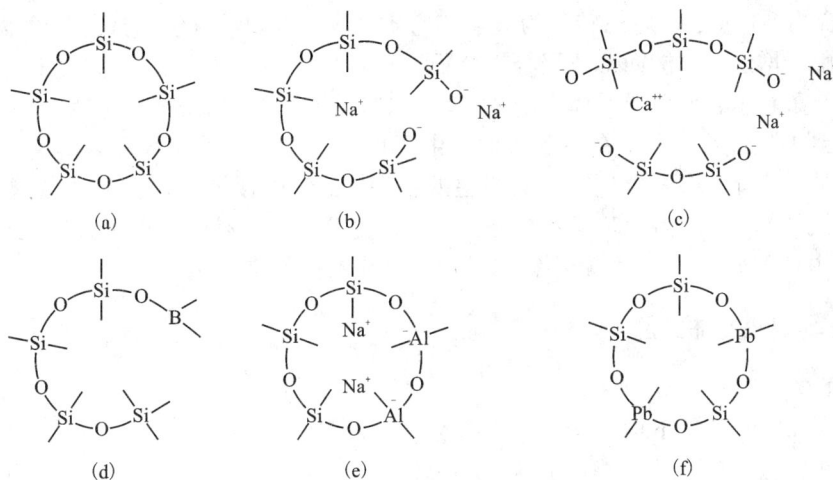

图 9 - 1 玻璃结构示意图

(a)透明石英(SiO_2);(b)$Na_2O \cdot 5SiO_2$;(c)$Na_2O \cdot CaO \cdot 6SiO_2$;(d)$1/2B_2O_3 \cdot 4SiO_2$;(e)$Na_2O \cdot Al_2O_3 \cdot 3SiO_2$;(f)$2PbO \cdot 3SiO_2$

(1)无规则的网络模型理论:玻璃是缺乏对称性及周期性的三维网络,其结构单元不像同成分的晶体结构那样,作长周期的重复排列。在氧化物玻璃中,三维网络是氧的多面体,形成氧化物玻璃应遵循如下四条规则:①每一氧离子应与不超过两个的阳离子连接;②每一阳离子周围的氧离子配位数很小,一般为 4 或 3;③氧多面体是共角的,而不共面或共棱;④每一氧多面体至少有三个是共用。

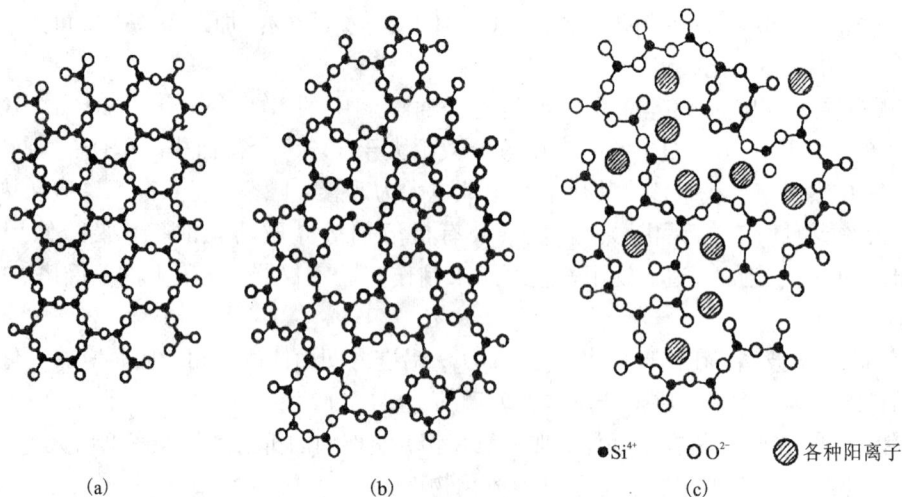

●Si⁴⁺   ○O²⁻   ▨各种阳离子

图 9-2   玻璃结构二维示意图

(a)有序的晶体结构；(b)无规则的网络结构(玻璃)；(c)多种阳离子的玻璃结构

　　(2)聚合物型理论：从熔态转化为玻璃态考虑，认为玻璃是硅链组成的聚合物。熔态玻璃冷却时，由于增加结合链而形成聚合物分子，由于冷却使熔体的黏度增大，这些聚合物的移动性低，要重新组合而形成晶体，却很困难，只是使聚合度增加的聚合物型结构保存下来。

　　玻璃受到的侵蚀首先发生在玻璃表面。由于玻璃表面存在着裂纹和缺陷，在大气、水、酸或碱等介质参与下，会发生化学反应为主的物理、化学的侵蚀。首先导致玻璃表面变质，随后侵蚀作用逐渐深入，直至玻璃本体完全变质的过程，这就是玻璃的腐蚀。显然，这种变质层的性质由玻璃成分、结构、表面织构及侵蚀介质的性质决定。

9.2.2　玻璃腐蚀的机理

　　(1)溶解

　　在较高的 pH 值条件下玻璃会由于溶解发生腐蚀，这主要归因于玻璃的主要成分 SiO_2 被碱溶解。碱对玻璃的侵蚀是通过 OH^- 离子破坏硅氧骨架(即 —Si— 键)而产生 —Si—$\overline{O}$ 群，使 SiO_2 溶解在溶液中。所以在玻璃侵蚀过程中，不形成硅凝胶薄膜，而使玻璃表面层全部脱落，玻璃的侵蚀程度与侵蚀时间成直线关系。图 9-3

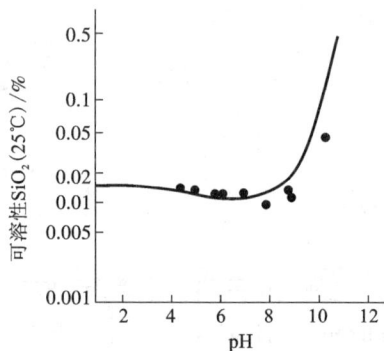

图 9-3　玻璃的可溶性 SiO_2 与 pH 值之间关系

示出 pH 值对可溶 SiO_2 的影响：当 pH<8，SiO_2 在水中的溶解量很小；当 pH>9 以后，溶解量则迅速增大。

上述 pH 产生的溶解效应可以从图 9-4 所示的模型得到说明：

1）在酸性溶液中，要破坏所形成的酸性硅烷桥困难，因而溶解少而慢；

2）在碱性溶液中，Si – OH 的形成容易，溶解度大。

通常我们可以发现在大气中玻璃也

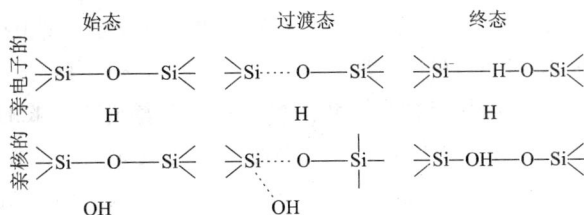

图 9-4 H^+ 及 OH^- 对 $Si-O-Si$ 键破坏示意图

会出现斑点等腐蚀问题，大气对玻璃表面侵蚀实质上是水汽、CO_2、SO_2 等对玻璃表面侵蚀的总和。玻璃受潮湿大气的侵蚀过程，首先开始于玻璃表面的某些离子吸附了大气中的水分子，这些水分子以 OH^- 离子基团的形式覆盖在玻璃表面上，形成一薄层。如果玻璃化学组成中 K_2O、Na_2O 和 CaO 的含量少，这种薄层形成后就不再发展；如果玻璃化学组成中含碱性氧化物较多，则被吸附的水膜会变成碱金属氢氧化物的溶液。释出的碱在玻璃表面不断积累，浓度越来越高，pH 值迅速上升，最后类似于碱对玻璃的侵蚀而使玻璃的侵蚀加剧。所以水汽对玻璃侵蚀，首先是以离子交换为主的释碱过程，后来逐渐地过渡到以破坏网络为主的溶蚀过程。

（2）水解

含有碱金属或碱土金属离子 R（Na^+、Ca^{2+} 等）的硅酸盐玻璃与水溶液接触时，不是"溶解"，而发生了"水解"，这时，破坏的是 $Si-O-R$，而不是 $Si-O-Si$。

水对硅酸盐玻璃的侵蚀开始于水中的 H^+ 和玻璃中的 Na^+ 进行的离子交换，而后进行水化、中和反应：

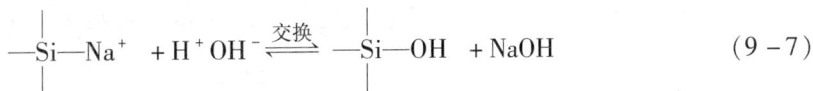

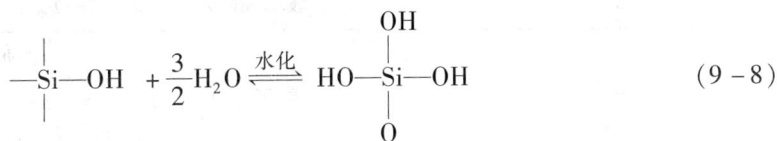

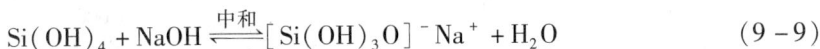

$$—\overset{|}{\underset{|}{Si}}—Na^+ + H^+OH^- \underset{交换}{\rightleftharpoons} —\overset{|}{\underset{|}{Si}}—OH + NaOH \qquad (9-7)$$

$$—\overset{|}{\underset{|}{Si}}—OH + \frac{3}{2}H_2O \underset{水化}{\rightleftharpoons} HO—\overset{OH}{\underset{O}{\overset{|}{\underset{|}{Si}}}}—OH \qquad (9-8)$$

$$Si(OH)_4 + NaOH \underset{中和}{\rightleftharpoons} [Si(OH)_3O]^-Na^+ + H_2O \qquad (9-9)$$

反应式（9-9）的产物硅酸钠的电离度要低于 NaOH 的电离度，因此这一反应使溶液中的 Na^+ 离子浓度降低而促进了反应式（9-8）的进行。以上三个反应互为因果，循环进行，而总速度决定于反应式（9-7）。

此外，H_2O 分子也能与硅氧骨架直接反应：

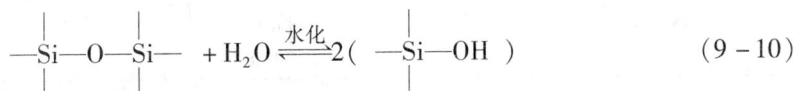

$$—\overset{|}{\underset{|}{Si}}—O—\overset{|}{\underset{|}{Si}}— + H_2O \underset{水化}{\rightleftharpoons} 2(—\overset{|}{\underset{|}{Si}}—OH) \qquad (9-10)$$

随着这一水化反应的继续，Si 原子周围原有的四个桥氧全部成为 OH。反应产物 $Si(HO_4)$ 是极性分子，它将周围的水分子极化，并定向地吸附在自己的周围，成为 $Si(OH)_4 \cdot nH_2O$（或 $SiO_2 \cdot xH_2O$）硅酸凝胶，形成一层薄膜，它具有较强的抗水和抗酸性能，被称为保护膜层。

玻璃具有很强的耐酸性。除氢氟酸外，一般的酸都是通过水的作用侵蚀玻璃。酸的浓度大，意味着水的含量低，因此浓酸对玻璃的侵蚀作用低于稀酸。

水对硅酸盐玻璃侵蚀的产物之一是金属氢氧化物，这一产物要受到酸的中和。中和作用起着两种相反的效果，一是使玻璃和水溶液之间的离子交换反应加速进行，从而增加玻璃的失重；二是降低溶液的 pH 值，使 $Si(OH)_4$ 的溶解度减小，从而减小玻璃的失重。当玻璃中 R_2O 的含量较高时，前一种作用是主要的；反之，当 SiO_2 的含量较高时，后一种作用是主要的。也就是说，高碱玻璃的耐酸性小于耐水性，而高硅玻璃耐酸性大于耐水性。

水解时，R 形成水溶性盐进入溶液，而 R 为 H 置换，使 $Si-O-R$ 转化为 $Si-O-H$，这种新形成的 $Si-O-H$ 与原有的 $Si-O-Si$ 形成胶状物，可阻止腐蚀继续进行，反应受 H^+ 向内扩散的控制。

因此，在酸性溶液中，即 pH < 7，R^+ 为 H^+ 所置换，但 $Si-O-Si$ 骨架未动，所形成的胶状产物又能阻止反应继续进行，故腐蚀少。

但是，在碱性溶液中则不然。OH^- 破坏了 $Si-O-Si$ 链，而形成 $Si-OH$ 及 $Si-O-Na$，因此腐蚀较中性或酸性溶液为重，腐蚀过程不受扩散控制。

一般说来，含有足够量 SiO_2 的硅酸盐玻璃是耐酸蚀的。但是，为了获得某些光学性能的光学玻璃中，降低了 SiO_2，加入了大量 Ba、Pb 及其他重金属的氧化物，正是由于这些氧化物的溶解，使这类玻璃易被醋酸、硼酸、磷酸等弱酸腐蚀（表 9-1）。此外，由于阴离子 F^- 的作用，氢氟酸极易破坏 $Si-O-Si$ 键而腐蚀玻璃。如图 9-5 和图 9-6 所示。

表 9-1　各类玻璃在酸及碱中的腐蚀数据

玻璃类型	康宁牌号	腐蚀失重/$(mg \cdot cm^{-2})$	
		5% HCl 100℃ - 24h	5% NaOH 100℃ - 5h
96% SiO_2	7900	0.0004	0.9
硼硅酸盐玻璃	7740	0.005	1.4
钠钙玻璃——灯泡用	0080	0.01	1.1
铅玻璃——电器用	0010	0.02	1.6
硼硅酸盐玻璃——封装钨丝	7050	选择性腐蚀	3.9
高铅玻璃	8870	崩解	3.6
铝硅酸盐玻璃	1710	0.35	0.35
耐碱玻璃	7280	0.01	0.09

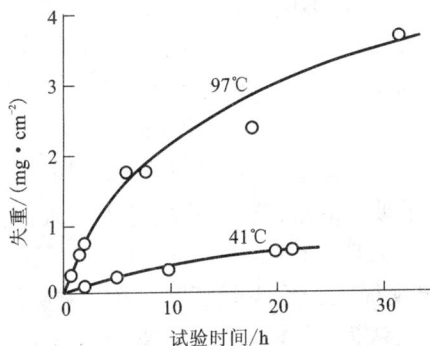

图 9-5　钠硅酸盐玻璃在 5%HCl
中腐蚀失重随温度的变化

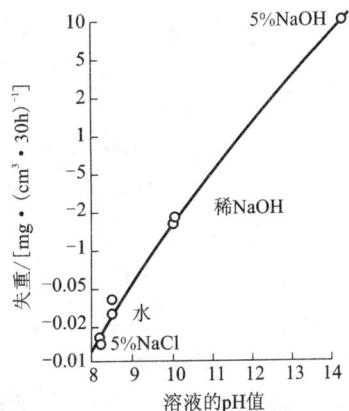

图 9-6　低膨胀硼硅酸玻璃在 95℃
水溶液中腐蚀失重与 pH 之间关系

（3）选择性腐蚀

如图 9-7 所示的 $SiO_2 - B_2O_3 - Na_2O$ 三元
系中的"影线区"的成分，通过热处理（例如
580℃，3~168h）可以形成双相组织——孤立的
硼酸盐相弥散在高 SiO_2 基体之中，这种双相组
织的玻璃在酸中发生选择性腐蚀，富 B_2O_3 的硼
酸盐相受蚀，而高 SiO_2 的基体没有变化，从而

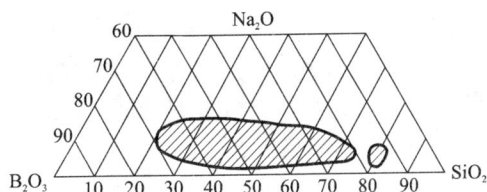

图 9-7　通过侵蚀可获得疏松
多孔玻璃的成分范围——影线区

形成疏松多孔的玻璃。孔洞的直径在 30~60Å（1Å = 10^{-10} m），孔洞的体积可达 28%。再通
过弱碱性处理，由于溶去孔洞内部的高 SiO_2 的残存区，可扩大孔洞直径。

许多其他玻璃也具有这种相分离及选择性腐蚀的性能。例如，简单的钠玻璃也可通过上
述的热处理——腐蚀工艺，获得孔洞直径为 7Å 的疏松多孔玻璃，显示出分子筛的功能。

9.2.3　玻璃腐蚀的影响因素

（1）材料的化学成分和矿物组成

一般来说，材料中 SiO_2 的含量越高耐酸性越强，SiO_2 含量越多，即 [SiO_4] 四面体互相连
接紧密，玻璃化学稳定性越高，越不容易腐蚀；碱金属氧含量越多，网络结构越容易被破坏，
玻璃就越容易遭受腐蚀。SiO_2 质量分数低于 55% 的天然及人造硅酸盐材料是不耐酸的。但也
有例外，例如铸石中 SiO_2 含量仅为 55% 左右，而它的耐蚀性却很好；红砖中 SiO_2 的含量很
高，质量分数达 60%~80%，却没有耐酸性。这是因为硅酸盐材料的耐酸性不仅与化学组成
有关，而且与矿物组成有关。铸石中的 SiO_2 与 Al_2O_3、Fe_2O_3 等形成耐腐蚀性很强的矿物——
普通辉石，所以有很强的耐腐蚀性。红砖中 SiO_2 是以无定型状态存在，没有耐酸性。如果将

红砖在较高的温度下烧结，就具有较高的耐酸性。这是因为在高温下 SiO_2 与 Al_2O_3 形成具有高度耐酸性的新矿物——硅线石($Al_2O_3 \cdot 2SiO_3$)与莫来石($3Al_2O_3 \cdot 2SiO_2$)，而且其密度也增大。含有大量碱性氧化物(CaO、MgO)的材料属于耐碱材料。它们与耐酸材料相反，完全不能抵抗酸类的作用。例如由钙硅酸盐组成的硅酸盐水泥，可被所有的无机酸腐蚀，而在一般的碱液(浓的烧碱液除外)中却是耐蚀的。

离子半径小，电场强度大的离子如 Li_2O 取代 Na_2O，可加强网络，提高玻璃耐蚀性，但引入量过多时，由于"积聚"而促进玻璃分相，反而降低了玻璃的耐蚀性。在玻璃中同时存在两种碱金属氧化物时，由于"混合碱效应"，耐蚀性出现极大值。以 B_2O_3 取代 SiO_2，由于"硼氧反常现象"，在 B_2O_3 引入量为 16% 以上时，耐蚀性出现极大值。少量 Al_2O_3 引入玻璃组成，$[AlO_4]$ 修补 $[SiO_4]$ 网络，从而提高玻璃的耐蚀性。一般认为，凡能增强玻璃网络结构或侵蚀时生成物是难溶解的，能在玻璃表面形成保护膜的组分都可以提高玻璃的耐蚀性。

(2)材料孔隙和结构

除熔融制品(如玻璃、铸石)外，硅酸盐材料总具有一定的孔隙率。孔隙的存在会使材料受腐蚀作用的面积增大，从而降低材料的耐腐蚀性，腐蚀不仅发生在表面上而且也发生在材料内部。当化学反应生成物出现结晶时还会造成物理性的破坏，例如制碱车间的水泥地面，当间歇地受到苛性钠溶液的浸润时，由于渗透到孔隙中的苛性钠吸收二氧化碳后变成含水碳酸盐结晶，体积增大，在水泥内部膨胀，使材料产生内应力破坏。

如果在材料表面及孔隙中腐蚀生成的化合物为不溶性的，则在某些场合它们能保护材料不再受到破坏，水玻璃耐酸胶泥的酸化处理就是一例。

当孔隙为闭孔时，受腐蚀性介质的影响要比开口的孔隙为小。因为当孔隙为开口时，腐蚀性液体容易透入材料内部。

硅酸盐材料的耐蚀性还与其结构有关。晶体结构的化学稳定性较无定型结构高。例如结晶的二氧化硅(石英)，虽属耐酸材料但也有一定的耐碱性。而无定型的二氧化硅就易溶于碱溶液中。具有晶体结构的熔铸辉绿岩也是如此，它比同一组成的无定型化合物具有更高的化学稳定性。

(3)腐蚀介质

硅酸盐材料的腐蚀速度似乎与酸的性质无关(除氢氟酸和高温磷酸外)，而与酸的浓度有关。酸的电离度越大，对材料的破坏作用也越大。酸的温度升高，离解度增大，其破坏作用也就增强。此外酸的黏度会影响它们通过孔隙向材料内部扩散的速度。例如盐酸比同一浓度的硫酸黏度小，在同一时间内渗入材料的深度就大，其腐蚀作用也较硫酸快。同样，同一种酸的浓度不同，其黏度也不同，因而它们对材料的腐蚀速度也不相同。

(4)热处理

当玻璃在酸性炉气中退火时，玻璃中的部分碱金属氧化物移到表面上，被炉气中酸性气体(主要是 SO_2)所中和而形成"白霜"——主要成分为硫酸钠，通常称为硫酸化。因白霜易被除去而降低玻璃表面碱性氧化物含量，从而提高了玻璃的耐蚀性。相反，在非酸性炉气中退火，将引起碱在玻璃表面上的富集，从而降低了玻璃的耐蚀性。

玻璃钢化过程中产生两方面作用，一是表面产生压应力，微裂纹减少，提高耐蚀性；二是碱在表面的富集降低耐蚀性。但总体来说是提高了玻璃的耐蚀性。

（5）温度

玻璃的耐蚀性随温度的升高而剧烈变化。在100℃以下，温度每升高10℃，侵蚀介质对玻璃侵蚀速度增加50%~150%，100℃以上时，侵蚀作用始终是剧烈的。

（6）压力

当压力提高到2.94~9.80 MPa以上时，甚至较稳定的玻璃也可在短时间内剧烈地破坏，同时大量的SiO_2转入溶液中。

9.2.4　玻璃腐蚀的防护

玻璃腐蚀的防护主要思路是材料改性。常见的酸中氢氟酸以能溶解普通玻璃而显得突出。原因如上述，它能侵蚀Si–O网络。不含这种结构单元的玻璃应能耐氢氟酸的侵蚀。在研究中人们找到以铝磷酸盐为基础的玻璃。普通的能耐氢氟酸侵蚀的玻璃中含有（重量%）约$75P_2O_5$、$20Al_2O_2$以及添加ZnO、PbO或BeO等。

与耐水性和耐酸性相比，玻璃的耐碱性是比较差的。这一事实长期阻碍了把玻璃纤维用作混凝土的增强材料；因为混凝土中的pH可达约12.5。由于用塑料包覆的玻璃纤维也达不到预期的效果，研究工作就集中在寻求更能耐碱的玻璃。以$Na_2O – ZrO_2 – SiO_2$系统为基础的玻璃最能耐碱性溶液的侵蚀。

另一个发展方向是建议用含Zr、Ti、Hf或La等盐类的改性处理玻璃纤维，让它们沉积在玻璃表面作为保护层。用醋酸铍处理特别有效。

9.3　混凝土的腐蚀

9.3.1　混凝土腐蚀的特征与概念

混凝土的基本组成是水泥、水、沙和石子。其中的水泥与水发生水化反应，生成的水化物是自身具有高强度的水泥石，同时将散粒状的沙和石子黏结起来，成为一个坚硬的整体。混凝土构筑物在服役过程中，受到周围环境的物理、化学、生物的作用，造成混凝土内部某些成分发生反应、溶解、膨胀，导致混凝土构筑物的破坏，即为混凝土的腐蚀。

混凝土具有气、液、固三相并存的多孔非均质特性，从微观结构上看，混凝土属于多孔体，其内部有许多大小不同的微细孔隙，侵蚀性的介质就是通过这些孔隙和裂缝进入混凝土内部。混凝土的各组成材料都有可能与腐蚀性介质发生作用，或者各组成材料之间发生作用，而产生破坏。

水泥石是混凝土中最重要的一个组分，它在很大程度上决定了混凝土的性能，它对腐蚀性介质也是最敏感的。在常温下硬化的水泥石通常是由水泥熟料颗粒、水化物、水和孔隙所组成，其中水泥熟料颗粒的主要矿物成分有硅酸三钙 $C_3S(3CaO \cdot SiO_2)$、硅酸二钙 $C_2S(2CaO \cdot SiO_2)$、铁铝酸四钙 $C_4AF(4CaO \cdot Al_2O_3 \cdot Fe_2O_3)$ 和铝酸三钙 $C_3A(3CaO \cdot Al_2O_3)$，水化物的主要成分为氢氧化钙 $Ca(OH)_2$、水化硅酸钙 $3CaO \cdot 2SiO_2 \cdot 3H_2O$ 和水化铝酸钙 $3CaO \cdot Al_2O_3 \cdot 6H_2O$，它们的性质和相对含量决定了水泥石的腐蚀性能。

骨料在混凝土中约占其体积的 80%，它对混凝土的性能有一定的影响。混凝土需采用粗细骨料。细骨料为天然沙，粗骨料为卵石或碎石。近年来，用于混凝土的骨料品种有了明显的扩大，除了传统骨料外，已广泛采用了陶粒、陶砂等多种人造骨料。许多工业废渣，如烧结炉渣、液态渣、煤矸石和选矿尾砂等也已开始推广应用。可见，骨料的腐蚀性能也是混凝土腐蚀的重要影响因素之一。

钢筋是钢筋混凝土中的重要组成部分。从理论上讲，由于水泥石的高碱度对钢筋的钝化作用，钢筋在使用期间都受到混凝土的保护。但实际上，混凝土中的钢筋往往会受到各种因素影响而产生腐蚀。混凝土中的钢筋发生锈蚀后，钢筋与混凝土的界面上疏松锈蚀层的形成，破坏了钢筋表面与水泥胶体之间的握裹力，锈蚀产物的体积膨胀致使混凝土保护层开裂甚至剥落，降低了混凝土对钢筋的约束，以致削弱甚至破坏钢筋与混凝土的黏结和锚固作用，最终降低钢筋混凝土构件或结构的承载力和适用性。

9.3.2 混凝土腐蚀的机理

(1) 溶出型腐蚀

$Ca(OH)_2$ 是维持水化硅酸钙和水化铝酸钙稳定性的重要组分，在一定压力的流动水中，水化产物 $Ca(OH)_2$ 会不断溶出并流失，$Ca(OH)_2$ 的溶出使溶液中水化硅酸钙和水化铝酸钙失去稳定性而水解，析出 CaO，生成非结合性产物(硅酸、氢氧化铝、氢氧化铁)，导致混凝土的强度不断降低。当混凝土中的 CaO 损失达 33% 时，混凝土就会被破坏。

在一般河水、湖水、海水和地下水中，由于 Ca^{2+} 的含量较高，水泥浆体中的 $Ca(OH)_2$ 不会溶出，只有在含 Ca^{2+} 量少的软水环境(如蒸馏水、冷凝水、雨雪等)且为压力流动水时，$Ca(OH)_2$ 才会被不断溶出、流失。这种侵蚀破坏一般需要较长的时间。

(2) 分解型侵蚀

水泥石中的水泥水化物在腐蚀性介质中的溶解或发生离子交换反应而使水泥石中决定结晶接触强度的化合物逐渐分解，从而造成水泥石解体，使混凝土产生破坏。

(3) 离子交换反应

含有氯化镁、硫酸镁或碳酸氢镁等镁盐的地下水、海水及某些工业废水，所含有的 Mg^{2+} 与硬化水泥石中的 Ca^{2+} 起交换作用，生成 $Mg(OH)_2$ 和可溶性钙盐，导致硬化水泥石的分解。

例如，镁离子与氢氧化钙的反应式为：

$$Mg^{2+} + Ca(OH)_2 \rightarrow Ca^{2+} + Mg(OH)_2 \tag{9-11}$$

生成的氢氧化镁为松散的无定型沉淀物质，无胶结能力，由于 $Mg(OH)_2$ 的溶解度很低，因此反应能很大程度地进行下去。随着 $Ca(OH)_2$ 的消耗，水泥石也开始分解，最终混凝土破坏。

(4)酸侵蚀

水泥水化产生的碱，使混凝土具有强碱性($pH > 12.6$)，这就决定了混凝土是不耐酸的，$pH < 4.5$ 的酸性水、酸雨，都对混凝土具有强烈的腐蚀作用，即酸侵蚀。

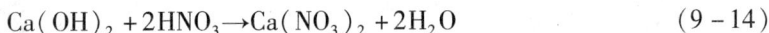

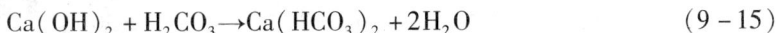

$$Ca(OH)_2 + 2HCl \rightarrow CaCl_2 + 2H_2O \tag{9-12}$$

$$Ca(OH)_2 + H_2SO_4 \rightarrow CaSO_4 + 2H_2O \tag{9-13}$$

$$Ca(OH)_2 + 2HNO_3 \rightarrow Ca(NO_3)_2 + 2H_2O \tag{9-14}$$

$$Ca(OH)_2 + H_2CO_3 \rightarrow Ca(HCO_3)_2 + 2H_2O \tag{9-15}$$

(5)氯盐侵蚀

氯盐是造成沿海混凝土建筑物和公路与桥梁腐蚀的重要原因之一，其破坏机理均属于形成可溶性的钙盐的分解型腐蚀。例如：

$$2Cl^- + Ca(OH)_2 \rightarrow CaCl_2 + 2OH^- \tag{9-16}$$

(6)膨胀型腐蚀

膨胀型腐蚀主要是外界腐蚀性介质与硬化水泥石组分发生化学反应，生成膨胀性产物、使硬化水泥石孔隙内产生内应力，导致硬化水泥石开裂、剥落，直至严重破坏。此外，渗入到硬化水泥石孔隙内部后的某些盐类溶液，如果再经干燥，盐类在过饱和孔隙液中结晶长大，也会产生一定的膨胀应力，同样也可能导致破坏。

(7)硫酸盐侵蚀

硫酸盐的腐蚀是盐类腐蚀中最普遍而具有代表性的。水中的硫酸盐与水泥石中的 $Ca(OH)_2$ 起置换作用生成硫酸钙：

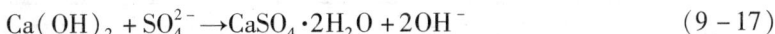

$$Ca(OH)_2 + SO_4^{2-} \rightarrow CaSO_4 \cdot 2H_2O + 2OH^- \tag{9-17}$$

硫酸钙在水泥石中的毛细孔内沉积、结晶，引起体积膨胀，使水泥石开裂，最后材料转变成糊状物或无黏结力的物质。

同时，所生成的硫酸钙还与水泥石中的水化铝酸钙作用生成水化硫铝酸钙：

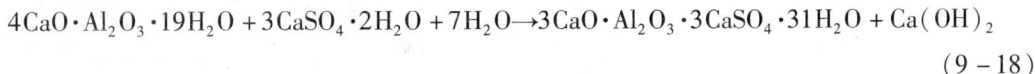

$$4CaO \cdot Al_2O_3 \cdot 19H_2O + 3CaSO_4 \cdot 2H_2O + 7H_2O \rightarrow 3CaO \cdot Al_2O_3 \cdot 3CaSO_4 \cdot 31H_2O + Ca(OH)_2 \tag{9-18}$$

生成的水化硫铝酸钙含有大量结晶水，其体积比原来增加 1.5 倍以上，因此产生局部膨胀压力，使水泥石结构胀裂，强度下降而造成破坏。

(8)盐类结晶膨胀

有些盐类虽然与硬化水泥石的组分不产生反应，但可以在硬化水泥石孔隙中结晶。由于盐类从少量水化到大量水化的转变，引起体积增加，造成硬化水泥石的开裂、破坏。

（9）碱－骨料反应

混凝土中的碱（Na_2O 或 K_2O）与骨料中的活性成分（氧化硅、碳酸盐）发生反应，反应生成物重新排列和吸水膨胀产生应力，诱发混凝土结构开裂和破坏，这种现象被称为碱－骨料反应。其反应式如下：

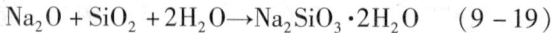

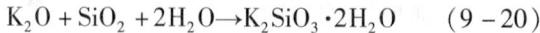

$$Na_2O + SiO_2 + 2H_2O \rightarrow Na_2SiO_3 \cdot 2H_2O \quad (9-19)$$
$$K_2O + SiO_2 + 2H_2O \rightarrow K_2SiO_3 \cdot 2H_2O \quad (9-20)$$

这种破坏已造成许多工程结构的破坏事故，并且难以补救。

（10）微生物侵蚀

微生物通过适宜的光照、一定的潮湿度、养分和某些有机化合物的共同作用构成混凝土的腐蚀。它既能破坏混凝土的表观，使原有洁净的混凝土表面发黑，严重影响外

图 9-8　除冰盐侵蚀导致高速公路桥梁结构腐蚀破坏

观。随时间推移在各种养分具备的条件下，微生物使混凝土由内至外进行全面的腐蚀。在混凝土中的钢筋结构会同时受到危害，钢筋强度和疲劳程度都会降低，缩短使用寿命。

比较典型的微生物侵蚀是在污水处理系统中，一般可分为两类：一类是含有大量硫化氢的工厂废水排入混凝土管道产生的微生物腐蚀；另一类是管道底部沉积的黏泥层在厌氧状态下产生的微生物腐蚀。如硫杆菌在氧和水都存在的条件下，利用污水中的硫化氢作为基质，生化反应成氢硫酸，当混凝土表面的 pH 值下降至 5，食砼菌开始大量繁殖，并生成高浓度硫酸，这种酸会溶解混凝土浆料，从而导致混凝土结构的破坏。

按形态分类的腐蚀类型的腐蚀过程见表 9-2。

表 9-2　按形态分类的部分腐蚀类型的腐蚀过程

腐蚀类型	腐蚀作用来源	腐蚀过程
溶出型腐蚀	软水的作用	水泥石中 $Ca(OH)_2$ 受软水作用，产生物理性溶解并从水泥石中溶出
分解型腐蚀	①pH < 7 的溶液 ②镁盐溶液	水泥石中的 $Ca(OH)_2$ 与酸性溶液作用或与镁离子的交换作用生成可溶性化合物，或生成无胶结性能的产物，导致 $Ca(OH)_2$ 丧失，使水泥石分解
膨胀型腐蚀	①硫酸盐溶液 ②结晶型盐类溶液 ③碱－骨料反应	硫酸盐溶液与 $Ca(OH)_2$ 作用，产生腐蚀，体积膨胀；结晶型盐类溶液在水泥孔隙中脱水、结晶，体积膨胀；水泥石中的强碱与骨料中的活性 SiO_2 发生反应，在骨料表面生成一层致密的碱－硅酸盐凝胶，此凝胶体遇水后产生膨胀
微生物腐蚀	硫杆菌	有氧和水时，微生物将硫转变成硫酸

（11）钢筋锈蚀

钢筋在混凝土中的腐蚀破坏是导致现代钢筋混凝土结构过早失效的最主要原因，图9－9是离岸式码头钢筋混凝土柱的腐蚀破坏情况，由于混凝土中钢筋的锈蚀，引起混凝土的开裂和剥落。

一般情况下，水泥水化的高碱性使混凝土孔隙中的水呈碱性（pH≥12.5）。在这种高碱性的环境中，钢筋表面产生一层致密的碱性钝化膜（Fe_2O_3膜），最新研究表明，该钝化膜中包含有Si－O键，对钢筋有很强的保护作用，从而

图9－9　离岸式码头钢筋混凝土柱的腐蚀破坏

阻止钢筋进一步氧化、锈蚀。因此，在一般情况下，混凝土对钢筋有很好的保护作用。然而，钝化膜只有在高碱性环境中才是稳定的，在以下四种情况下钢筋的钝化膜遭到破坏：①当无其他有害杂质时，碳化作用使钢筋钝化膜破坏；②由于Cl^-的作用，使钢筋钝化膜破坏；③由于SO_4^{2-}或其他酸性介质侵蚀而使混凝土碱度降低，当pH下降至10以下时，钝化膜破坏；④混凝土中掺加大量活性混合材料或采用低碱度水泥，导致钝化膜破坏或根本不生成钝化膜。研究与实践表明，当pH<11.5时，钝化膜就开始不稳定了（临界值），当pH<9.88时钝化膜形成困难或已经生成的钝化膜逐渐破坏。

钢筋生锈的内部条件是钝化膜被破坏，产生活化点；钢筋锈蚀的外部条件是必须有水及氧的作用。当这些条件同时具备时，则钢筋表面存在电位差，由此产生局部腐蚀电池，导致钢筋锈蚀。锈蚀产物的体积大于腐蚀掉的金属体积，产生膨胀应力，导致混凝土层顺筋开裂，此即所谓混凝土的"先蚀后裂"现象。

9.3.3　混凝土腐蚀的影响因素

图9－10列出了混凝土腐蚀的主要影响因素。

（1）混凝土的孔结构和密实性

浸蚀介质的渗透与混凝土中孔隙大小、孔隙的连通程度（即毛细管通路）有密切关系，孔隙率越大，介质的渗透率越高，危害越大，尤其是孔径大于25 nm的开放式孔隙危害性极大，它是造成混凝土介质渗透性的主要原因。

钢筋混凝土的结构孔隙种类有毛细孔隙、沉降孔隙、接触孔隙、余留孔隙及施工孔隙等。

1）毛细孔隙。水泥熟料与水之间发生水合作用后，便生成水泥石。水泥在水化凝固过程中多余的水分将蒸发，蒸发后在混凝土中遗留下孔隙。其数量和大小与拌和时的水灰比、水泥水化程度、养护条件等因素有关。

2）沉降孔隙。在混凝土结构形成时由于钢筋的阻力，或因集料与水泥各自比重和颗粒大

小不匀,在重力作用下产生的孔隙。这与配合比密切相关。

3)接触孔隙。由于砂浆和集料变形不一致,以及集料颗粒表面存有水膜,水分蒸发后残留的孔隙。

4)余留孔隙。由于混凝土配比不适当,水泥贫瘠,不足以填满粗细集料的间隙而出现的孔隙。

5)施工孔隙。由于浇灌、震捣不良而引起的孔隙。

混凝土的密实性与腐蚀关系很密切。在任何介质作用下,密实性愈高的混凝土耐蚀性相

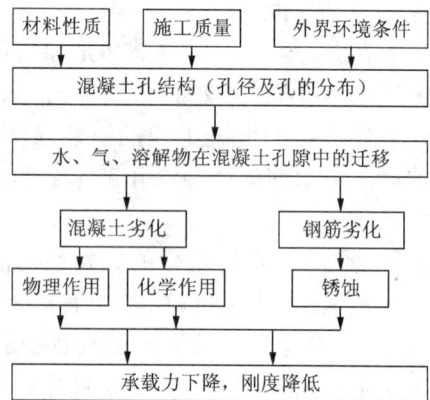

图 9 - 10　混凝土腐蚀的主要影响因素

对也愈好。混凝土的密实性主要取决于混凝土拌和过程中的水灰比(即水与水泥之间的重量比例),即水灰比愈小,则混凝土的孔隙率愈小。一般规律是:当水灰比在 0.5 以下时,水泥石的孔隙率较低,水泥石的密实性较好,渗透性很低;当水灰比为 0.6 时,其渗透性略有增加;当水灰比超过 0.6 时,则渗透性急剧增加。当水灰比从 0.4 增加到 0.7 时,渗透系数增加至原来的 100 倍。

降低孔隙率和渗透性是控制混凝土腐蚀的重要途径。

(2)水泥品种

不同品种的水泥,其化学成分各异,对各种介质的耐腐蚀程度也不同,因此在有腐蚀环境的条件下,正确选择混凝土的水泥品种是十分重要的。

水泥通常分为如下几种主要类型:硅酸盐水泥、普通硅酸盐水泥、矿渣水泥、火山灰质硅酸盐水泥、粉煤灰硅酸盐水泥、特种水泥(如水玻璃耐酸水泥,抗硫酸盐水泥等)。

1)硅酸盐水泥。由于硅酸盐水泥含有较多的硅酸钙,水解时将产生大量的 $Ca(OH)_2$,因而水泥石中的碱度较高。硅酸盐水泥在液态介质中容易产生溶出型腐蚀和硫酸盐膨胀型腐蚀,但耐碱性较好。在气态介质中,硅酸盐水泥中的中性化速度较其他品种的水泥慢,因而对钢筋有较好的保护作用。

2)普通硅酸盐水泥。它是由硅酸盐水泥熟料、6% ~15% 混合材料、适量石膏磨细制成的水硬性胶凝材料。普通硅酸盐水泥和硅酸盐水泥的性质基本相同,只是硅酸盐水泥比普通硅酸盐水泥纯度更高些。普通硅酸盐水泥中的掺和料能结合消耗一部分水解时产生的 $Ca(OH)_2$,因而使普通硅酸盐水泥的抗软水和硫酸盐的腐蚀能力有所增强。

3)矿渣硅酸盐水泥。其特点是早期强度低,但它耐水性能和耐硫酸盐的性能略高。普通硅酸盐水泥耐硫酸根(SO_4^{2-})的浓度为 $250~mg \cdot L^{-1}$,而矿渣水泥耐硫酸根的浓度为 $450~mg \cdot L^{-1}$。在常用水泥中,以矿渣水泥耐氯化铵的性能最好。但矿渣水泥混凝土的密实性差,且

干缩性大、易裂，其碱度也低于普通硅酸盐水泥，所以将它用于上部结构时，不及普通硅酸盐水泥耐腐蚀综合性好，只适用于潮湿环境的地下构筑物。

4）火山灰质硅酸盐水泥。火山灰质硅酸盐水泥与矿渣硅酸盐水泥性能基本相同，但综合性能差。火山灰质硅酸盐水泥混凝土吸水性大，不适合用于受冻融的工程，也不适合用于干燥地区的结构，在一般有腐蚀的建筑工程中不推荐采用。

5）粉煤灰硅酸盐水泥。粉煤灰硅酸盐水泥的主要特点是粉煤灰的表面积较小，且吸附能力较小，因而干缩性比较小，抗裂性能较好。粉煤灰水泥石中游离的 $Ca(OH)_2$ 含量较低，因此抗碳化能力差。

6）抗硫酸盐水泥和高抗硫酸盐水泥。组成中铝酸三钙和硅酸三钙低，具有较好的耐硫酸盐性能。抗硫酸盐的水泥可耐硫酸盐浓度达 2500 $mg \cdot L^{-1}$ 的硫酸根；高抗硫酸盐水泥可耐浓度 10000 $mg \cdot L^{-1}$ 的硫酸根。这两种水泥适用于有硫酸盐腐蚀的地下和港口工程，其抗冻融和耐干湿交替性能都优于普通硅酸盐水泥。

（3）外加剂

水泥外加剂是用来改善混凝土内部组织而向水泥中引入的化学物质。不同的外加剂，其性能、化学作用各异。

1）减水剂。在混凝土拌和物中掺入适量不同类型的减水剂以提高其抗渗性能。减水剂具有强烈分散作用，它借助于极性吸附作用，大大降低水泥颗粒间的吸引力，有效地阻碍和破坏颗粒间的凝絮作用并释放出凝絮体中的水，从而提高了混凝土的和易性。在满足一定施工和易性的条件下可以大大降低拌和用水量，使硬化后孔结构分布情况得以改善，孔径及总孔隙率均显著减小，分散和均匀混凝土的密实性，从而提高混凝土的抗渗性、耐蚀性。

2）引气剂。在混凝土拌和物中掺入微量引气剂，可以提高混凝土的密实性、抗渗性和耐蚀性。引气剂是具有憎水作用的表面活性剂，能显著降低混凝土拌和水的表面张力，可在拌和物中产生大量密闭、稳定和均匀的微小气泡，在含气体积分数为 0.05 的 1 m^3 引气混凝土中直径为 50～200 μm 的气泡约有数百亿以至数千亿个，每隔 0.1～0.3 mm 即有一个气泡。由于这些微细、密闭、互不连通的气泡的阻隔，使毛细管变得更细小、曲折、分散，从而减少了渗透的通道，达到提高混凝土密实性、抗渗性和耐蚀性的目的。

3）三乙醇胺防渗剂。引入三乙醇胺是借助三乙醇胺催化作用，在早期生成较多的水化产物，部分游离水结合为结晶水，相应地减少了毛细管通路和孔隙，从而提高了混凝土的抗渗性。

（4）环境条件

1）温度与湿度

周围介质的相对湿度和温度是影响侵蚀性物质扩散的主要环境因素，因此是影响混凝土耐腐蚀性的重要因素。

对于会受到雨水和阳光辐射影响的混凝土，湿度是控制腐蚀的主要因素，而对于在室内进行自然暴露时的试样温度是控制腐蚀的主要因素。

一般在长期处于相对干燥条件下，而又无有害气体侵蚀时，混凝土基本无腐蚀发生；在长期处于浸水条件下，水泥结构中的孔隙中充满碱性水分(pH 值大于 10 以上)，空气中的氧或二氧化碳又无法进入时，混凝土结构很少腐蚀或腐蚀很微弱；当空气相对湿度在 60% ~ 80% 之间或处于干湿交替的条件下，混凝土的表面既有水又有空气中的氧及二氧化碳进入混凝土时，则混凝土会遭受腐蚀。不同的干湿循环状态，由于具体干燥阶段和湿润阶段持续时间长短的不同以及干湿循环频率的不同等，将使混凝土内部达到不同的湿润程度，进而对混凝土腐蚀也将产生不同的影响。

2) 酸、碱、盐

对混凝土产生侵蚀的环境介质主要为：酸和酸性水、盐溶液和碱溶液等。

一般说来，硫酸、硝酸、盐酸、铬酸、醋酸对水泥砂浆及混凝土的腐蚀比较强烈，其中硫酸对水泥石不仅有分解作用，而且硫酸根离子与钙离子反应，生成的硫酸钙还具有膨胀破坏作用，所以在相同条件下，硫酸对水泥石的破坏比其他大多数酸要强烈。磷酸的腐蚀性较弱，是因为磷酸与水泥反应后生成不溶性磷酸钙，使腐蚀难以继续进行。

在通常的情况下，苛性碱对水泥砂浆混凝土的腐蚀性并不大。只有当碱的质量分数较高时(例如大于 0.20)，能缓慢地腐蚀那些结构不密实的混凝土。温度升高，腐蚀迅速加剧，处于熔融状态的高温碱液，对混凝土有强烈的腐蚀。从化学性质上讲，碳酸钠对水泥砂浆混凝土无化学反应，基本没有腐蚀性。但是在干湿条件下，碳酸钠能渗入不密实的混凝土，在孔隙中再结晶而生成含水碳酸钠，体积膨胀后使混凝土破坏。

在盐类中，硫酸盐的腐蚀是盐类腐蚀中最普遍的。硫酸盐在大气、海水和土壤环境中都存在，研究者普遍认为硫酸盐在混凝土表面形成会引起破坏性的体积膨胀，形成的裂纹为侵蚀性物质进入混凝土结构内部造成破坏提供了通道。氯盐腐蚀是造成钢筋混凝土中钢筋腐蚀的最重要的原因。氯离子的腐蚀过程包括诱发和扩展阶段，诱发过程是氯到达钢筋表面引起腐蚀的阶段，而扩展过程是从腐蚀开始到产生严重腐蚀的阶段，通常以钢筋表面出现锈点作为扩展阶段的终点。诱发时间与氯的侵入速率直接相关，它主要受氯离子浓度、混凝土的扩散率和混凝土的覆盖深度等因素的影响，扩展时间与腐蚀速率有关，它的影响因素包括温度、混凝土的饱和程度和到达钢筋表面的氧。

3) 污染气体

目前随着社会的不断进步，工业化和城市化的不断发展，自然环境不断恶化，空气质量下降，结构物周围遭受到更多的 CO_2、SO_2 污染气体的侵蚀。

SO_2 是腐蚀活性最大的工业大气环境中最主要的腐蚀污染物，它对钢筋混凝土体系腐蚀行为的影响日益受到重视。工业过程排放的 SO_2 可使混凝土中性化和酸化。

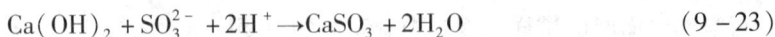

$$SO_2(aq) + H_2O \rightarrow HSO_3^-(aq) + H^+(aq) \qquad (9-21)$$

$$HSO_3^- \rightarrow H^+ + SO_3^{2-} \qquad (9-22)$$

$$Ca(OH)_2 + SO_3^{2-} + 2H^+ \rightarrow CaSO_3 + 2H_2O \qquad (9-23)$$

$$HSO_3^- (aq) + 1/2O_2 \rightarrow SO_4^{2-} + H^+ (aq) \qquad (9-24)$$
$$Ca(OH)_2 + SO_4^{2-} + 2H^+ \rightarrow CaSO_4 + 2H_2O \qquad (9-25)$$

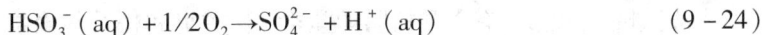

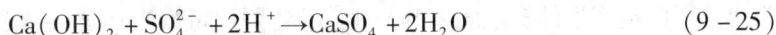

一方面 SO_2 溶于水生成 SO_3^{2-}、SO_4^{2-}，可直接促进钢筋的电化学腐蚀过程；另一方面，所生成的硫酸盐对混凝土进一步产生膨胀侵蚀作用，从而使混凝土胀裂，遭到破坏。

9.3.4　混凝土腐蚀的防护

根据上面讨论的引起腐蚀的诸多因素，采取如下措施可以有效地控制和防止混凝土的腐蚀，以延长混凝土结构的使用寿命和保证使用安全。

（1）正确选择混凝土材料和配合比

合理地选用混凝土的制备材料，例如水泥品种、骨料品种和无公害的外加剂相对来说是比较容易的。通过改善混凝土的渗透性来提高其抗蚀性能是一种有效的防腐措施。

1）优选水泥品种

不同品种水泥的化学结合能力、耐腐蚀性和抗渗性有很大的差别。表 9-3 列出了在不同的工程腐蚀环境中可选择的水泥种类。

表 9-3　在不同的工程腐蚀环境中可选择的水泥种类

环境条件		选用的水泥种类
气态腐蚀		硅酸盐水泥、普通硅酸盐水泥、矿渣硅酸盐水泥
硫酸根离子腐蚀的地下工程		抗硫酸盐水泥、矿渣硅酸盐水泥
碱液腐蚀		C_3A 含量不大于 9% 的普通硅酸盐水泥或硅酸盐水泥
液态腐蚀	地下工程	硅酸盐水泥、普通硅酸盐水泥
	地上工程及有干湿交替作用的地下工程	硅酸盐水泥、普通硅酸盐水泥

2）控制水灰比和水泥用量

水灰比关系着混凝土孔隙率的多少。控制水灰比可以减少混凝土拌和料凝固后多余的水逸出产生的毛细孔道和空隙、减少渗透性。控制水泥量是为了保证混凝土的密实性。表 9-4 显示了各国对各类不同暴露条件下的混凝土的最大水灰比和最低水泥用量的限制。

3）使用性能良好的外加剂

恰当地在混凝土中使用一些外加剂，可以增加混凝土的密实性，提高混凝土的抗渗性。

尽可能采用高效减水剂，其组分主要有三类：磺化萘甲醛缩合物、磺化三聚氰胺甲醛缩合物、改性木质磺酸盐。高效减水剂掺量一般为水泥用量的 0.3% ~ 1.0%（粉剂）、5 ~ 20 $mL \cdot kg^{-1}$（液剂）。掺高效减水剂后，混凝土孔隙率也相应减少，且孔结构改善。

引气剂品种很多,有木质树脂的盐类、松香皂和松香热聚物、皂素类、烷基芳基磺酸盐类等。引气剂产生的气泡既要其间距小,还要用量恰当。含气量过大,会使混凝土水泥浆体的孔隙率增多,而降低其抗压强度。

表9-4 部分国家(地区)混凝土结构设计规范对最大水灰比和最小水泥用量的要求

暴露条件		最大水灰比/%			最小水泥用量/(kg·m⁻³)		
		中国 GB50010—2002	欧洲 GEB—FIP—90	英国 BS8110	中国 GB50010—2002	欧洲 GEB—FIP—90	英国 BS8110
室内,无高温高湿,不与土接触		0.65	0.65	0.65	225	260	275
室内潮湿,露天,与水、土接触		0.60	0.60	0.60	250	280	300
严寒,露天,与水、土接触		0.55	0.55	0.55	275	280	325
使用除冰盐,严寒,水位变化区,滨海室外		0.50	0.50	0.50	300	300	350
海水环境	无霜冻 有霜冻	—	0.55 0.50	0.45	—	300	400

(2)混凝土表面涂层保护

可用于混凝土表面的涂覆层大致可分为:

1)沥青、煤焦油类

大量用于地下工程,有较好的防水、防腐性能。

2)油漆类

由于混凝土具有强碱性,所选油漆必须是耐碱的。混凝土表面可能有各种因素造成的裂纹,具有一定弹性的尤其,会有更好的防护效果。油漆类涂层一般不能在潮湿基面上施工,易老化、不耐久等是其不足之处。

3)防水涂料

在中性环境、一般腐蚀条件下,能有效防止水、水气进入混凝土中,则能起到防止、减缓钢筋混凝土腐蚀的效果。

4)树脂类涂料

环氧树脂、己烯基树脂、丙烯酸树脂、聚氨脂等都可用于混凝土的面层涂料,以环氧树脂为主的涂层,有较好的防护性能和耐久性,可用于较严酷的腐蚀环境中。

5)渗透型涂层

利用混凝土"可渗透"的特点,在混凝土表面涂以渗透型涂层材料,这些渗入的物质,可与混凝土组分起化学作用和堵塞孔隙，或自行聚合形成连续性憎水膜。这样，在混凝土表面深入内部的一定范围内，形成一个特殊的防护层，它能有效地阻止外界环境中腐蚀介质进入混凝土中，从而保护混凝土免受腐蚀。渗透型涂层的典型代表是有机硅类材料，如烷基烷氧基硅烷。

（3）添加钢筋阻锈剂

在混凝土中添加缓蚀剂是一种经济而有效的方法。它与一般外加剂用于改善混凝土自身的性能的作用不同，更在于阻止或减缓钢筋腐蚀的化学物质作用，改善和提高钢筋防腐蚀的能力。钢筋阻锈剂按其使用方式分掺入型和渗透性，前者掺入到混凝土中，多用于新建工程，后者是涂在混凝土表面渗透到混凝土内部并达到钢筋周围，主要用于现有工程的修复。按阻锈剂作用机理划分，可分为阳极型、阴极型和复合型。许多无机或有机化合物曾被用作钢筋的阻锈剂，现在常用的阻锈剂是亚硝酸钙或氟基磷酸盐，但它们必须有足够的量，否则能刺激局部腐蚀（点腐蚀），亚硝酸盐的毒性使得它的应用受到很大限制，出于环保的考虑，在瑞士、德国等国家已明令禁止使用。因此，近年来各国一直致力于开发高效无毒的"绿色"的新型钢筋阻锈剂。

（4）阴极保护法

阴极保护常作为一种辅助措施来防止混凝土中钢筋的腐蚀，它利用电化学腐蚀原理，通过人为给它施加负向电流，金属表面的反应由原来的失去电子的氧化反应，成为得到电子的还原反应，从而使金属的腐蚀不再发生。阴极保护在钢筋表面上提供了一个小的直流电流，使它的氧化反应停止。通过在混凝土表面或内部安装阳极，使它们与外部电源连接，钢筋作为阴极，阴、阳极在混凝土中完成电池回路。在良好的导电介质中，例如海水中，这可以通过在钢筋上连接牺牲阳极来实现。但是在导电性差的环境中，例如在大气中，这种阴极保护则在钢筋和难溶性阳极之间施加电流实现。而钢筋和难溶性阳极之间用塑料网隔开。

思 考 题

1. 试述硅酸盐材料的腐蚀机理及影响腐蚀的因素。
2. 玻璃的腐蚀有哪几种形式？简要说明之。
3. 简述玻璃腐蚀的主要影响因素和防护思路。
4. 简要归纳说明混凝土腐蚀的特征和影响因素。
5. 防止或减缓混凝土腐蚀的主要措施有哪些？

第10章　高分子材料的腐蚀与防护

　　高分子合成材料问世虽然只有近百年历史，但发展速度远超过其他传统材料。20世纪80年代，塑料的产量以体积计算已经超过了钢铁。高分子材料工业的迅速发展，一方面是因为它们的生产和应用所需的投资比金属等其他材料低；另一方面是由于其性能多样及优异性，使得它们在许多领域中可替代传统材料及天然材料（如：金属材料、木材、棉花、丝、麻和天然橡胶等）。因此，在化工、建筑、汽车、电子电器及生活日用品等领域有着非常广泛的应用。高分子材料可以用于结构材料，而且在功能性材料方面有着广泛的发展前景。高分子合成材料是以有机共价键为基础，因此在金属发生电化学腐蚀的环境下，一般不会发生腐蚀，但也存在严重的老化失效行为。使用过程中，由于受到热、氧、水、光、微生物、化学介质等环境因素的综合作用，其化学组成和结构会发生一系列变化，物理性能也会相应变坏，如发硬、变脆、变色、失去强度等，这些变化和现象称为高分子材料腐蚀（老化），老化造成的危害十分严重，常导致设备过早失效，材料大量流失，甚至因材料的失效分解对环境造成污染，高分子材料的腐蚀问题已成为限制高分子材料进一步发展和应用的关键问题之一。因此，本章从高分子材料的结构出发，来讨论其腐蚀特征及作用机理；介绍其腐蚀评价和防护方法。

10.1　高分子材料的基本结构简述

　　高分子材料的性能多样性是由高分子结构的多样性所决定的。其腐蚀（老化）特性也是由环境因素对材料结构的影响所决定的。

10.1.1　高分子材料结构层次划分

　　高分子材料是以高分子质量化合物（共价键连结若干重复单元所形成的有机长链结构）也称为高聚物为基础通过材料化过程（可能要添加一定的助剂或填料）所得到的具有一定使用性能的制品。高分子通常是一种长/径比很大的长链，其主链一般由为数不多的几种元素（如C、N、O、S等）通过共价键键合而成。由这种柔性长链堆砌成的高分子材料，其结构可以划分成几个不同的层次，如表10-1所示。高分子结构的各个结构层次之间不是孤立的，各个结构层次都会对高分子材料的宏观性能施加影响。

表 10 - 1　高分子的结构层次简表

高分子结构			
高分子的链结构		高分子聚集态结构	
一次结构(近程结构)(化学结构)	二次结构(远程结构)	三次结构	高次结构
高分子链化学组成 高分子链分子的构造 高分子链的构型 高分子链共价键的键接方式和键接序列	高分子分子链的大小及其分布(分子质量及其分布) 高分子链在空间的运动形态(构象)	非晶态结构 晶态结构 液晶态结构 取向结构	多组分聚合物的织态结构体系

10.1.2　高分子的链结构

(1)一次结构(化学结构)是其他层次结构的基础,对性能具有决定性的影响。

1)高分子链的化学组成。根据高分子链上原子的类型及其排列情况,可以将高分子分成四类:①碳链高分子。高分子主链完全由碳原子组成,例如聚苯乙烯、聚乙烯、聚氯乙烯、聚甲基丙烯酸甲酯等。这类高分子材料的共同特点是可塑性较好,化学性质较稳定,但是机械强度一般,耐热性较差。②杂链高分子。高分子主链上除了具有碳原子外还有氧、氮、硫等原子。例如聚酯、聚酰胺、聚碳酸酯、聚砜、聚氨酯等。该类高分子材料比碳链高分子的耐热性和强度明显提高,但是由于主链上含有官能团,化学稳定性较差。③元素有机高分子。高分子主链上没有碳原子,主要由硅、氧、硼、钛、铝等非碳原子组成;高分子链的侧基却是有机基团。元素有机高分子一方面保持了有机高分子的可塑性和弹性、良好的成型加工性以及电绝缘性;另一方面还兼有无机物的优良热稳定性,最典型的元素有机高分子是聚二甲基硅氧烷。④无机高分子。高分子链(包括主链和侧基)完全由上述无机元素组成,不含碳原子。例如聚硫、聚硅等。这类高分子的耐高温性能优异,但强度较低。

2)高分子链的分子形状——线型、支化和交联网状结构如,图 10 - 1 所示。线型高分子链和支链型高分子链,高分子链之间没有化学键,依靠分子间作用力(次价键)的力量堆砌成为高分子材料,溶剂可以使其溶解,加热则可以使其熔融。

3)高分子链的构型。高分子链中通过化学键相连接的原子和原子团在空间的排列方式叫构型。构型由化学键所固定,只有经过化学键的断裂和重组才能使构型改变。高分子链的构型包括几何异构和旋光异构。高分子链立构规整度越高,聚合物结晶倾向越大,结晶度越高。

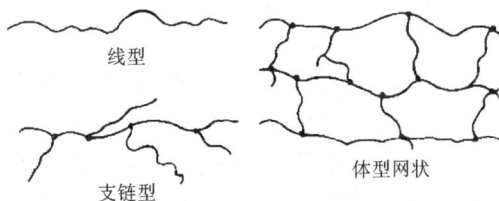

图 10 - 1　高分子链的分子形状示意图

结晶会导致聚合物一系列物理机械性能的改变,密度变大、热变形温度上升、机械强度增加、耐溶剂性能改善。无规立构聚合物的规整性较差,一般不会结晶。例如无规立构聚苯乙烯不能结晶,室温下是透明的通用塑料,玻璃化转变温度在100℃;全同立构聚苯乙烯,结晶度很高,熔点为240℃;间同立构聚苯乙烯,熔点则高达270℃,可以作为工程塑料使用。

(2)二次结构:主要涉及高分子链的大小及其分布,和高分子链在空间的几何形态(即高分子链的构象)。

1)高分子分子质量的大小及其分布:图10-2给出了高分子分子质量与力学强度之间的关系曲线。当分子质量比较低时,材料几乎不具有任何强度;只有当分子质量增加到某个临界值后(图中A点),材料才显示出一定的强度。其后材料的力学强度随分子质量增加而迅速增大;而当分子质量到达B点后,强度增大的趋势放缓。对不同的高分子材料,A点和B点所对应的分子质量并不相同。

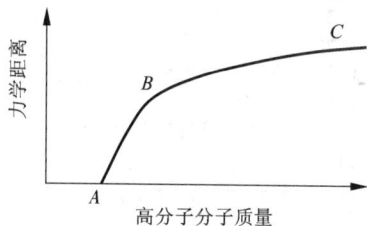

图10-2 高分子材料的分子量与力学强度的关系

2)高分子链构象:是高分子主链上单键的内旋转所导致的单个高分子链在空间的不同几何形态。高聚合物大分子链上有许多σ单键,这些单键可以发生内旋转。当分子链中的多个单键发生内旋转时,大分子链就会呈现出各种不同的空间几何形态,即出现各种不同构象。由于分子的热运动,聚合物分子链的空间形状在不断地变化,大分子的构象处于不断地变化之中。

10.1.3 高分子的聚集态结构

高分子材料的聚集态结构由分子链排列堆砌所形成的宏观物理状态,是在高分子材料的成型加工过程中形成的,是决定高分子材料使用性能的主要因素。高分子材料聚集态结构又分为三次结构和高次结构两部分。

(1)三次结构:是相同类型高分子链之间相互排列堆砌所形成的物理状态。是在高分子材料的成型加工过程中形成的,是决定高分子材料使用性能的主要因素。三次结构主要分为非晶态结构和晶态结构。

1)非晶态结构:是大分子链的排列呈无序状态所堆砌的聚集态结构。物理性能呈各向同性。对非晶态结构的高分子材料施加一定的外力,然后以一定的升温速度对其进行加热。通过测定温度与形变量之间的关系,可以得到如图10-3所示的温度-形变曲线。由该曲线可以看出,当温度较低时,高分子在外力作用下只发生非常小的形变,表现出很高的弹性模量,将这种力学状态称为玻璃态;当高分子被加热到一定温度后,形变能力

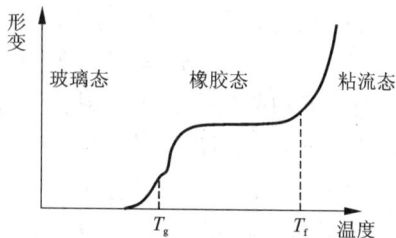

图10-3 非晶态结构的高分子材料的温度-形变曲线

明显增大，外力去除后形变还可以恢复。这种力学状态被称为橡胶态；温度进一步升高后，高分子转变为粘性流体，形变随时间的发展而发展，表现为不可逆的粘性流动，该力学状态称为粘流态。玻璃态和高弹态之间的转变称为玻璃化转变，相应的转变温度称为玻璃化转变温度，用 T_g 表示。高弹态向粘流态的转变称为粘流转变，相应的转变温度称为粘流温度，用 T_f 表示。由此可见，高分子处于不同温度时会呈现不同的力学状态，从而表现出不同的力学行为。这些力学行为就决定了高分子的用途。如果在常温下高分子处于玻璃态，它就可以作为塑料使用，T_g 是塑料使用的上限温度。若高分子在室温范围处于高弹态，则可以作为橡胶使用，此时 T_g 成为橡胶的下限使用温度。

　　2）晶态结构：对于晶态结构高分子材料，具有结晶不完善性，即不能完全结晶，只能部分结晶；存在着晶区和非晶区，两相共存结构。在晶区，内部的高分子链段（高分子链中的某些部分，由若干链节组成）相互平行、规则排列，形成规整结构，但是晶区却在整个聚集态内部又是无规取向的；在非晶区，分子链呈线团状无序排列、相互缠结。同样对分子质量比较大的晶态高分子材料进行温度－形变曲线实验，可以得到晶态高分子的温度－形变曲线，见图 10－4 所示。但是，从曲线上

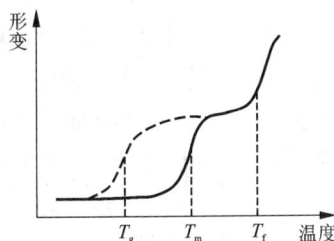

形变

T_g　T_m　T_f　温度

图 10－4　静态结构的高分子材料的温度－形变曲线

观察不到玻璃化转变，当温度升高到结晶熔点 T_m 时，晶格被破坏，晶区消失，高分子材料才会发生明显的形变，直接进入粘流态。

　　结晶度的高低对高分子材料的耐溶剂性能、耐渗透性能（气体、蒸汽、液体）也有影响。随结晶度增加，材料的耐溶剂性能提高，溶解性下降；同时对气体和液体的渗透性下降。

　　（2）高次结构（织态结构）：是由不同类型的分子链排列堆砌所形成的物理状态，一般涉及不同高分子共混形成的多相高分子体系。其与三次结构共同构成高分子材料的聚集态结构。如 SBS 热塑性弹性体、ABS 工程塑料等。

10.2　高分子材料的腐蚀破坏特征与概念

　　高分子材料在工业过程中，尤其是含有化工过程的工业（如石油炼制、冶金、食品、造纸、海水利用，包括化学工艺等）中往往作为结构材料（容器、管道、泵、风机等）和非结构材料两种形式进行应用，显示出了比较优良的耐腐蚀性能。但是由于腐蚀介质的多样性、使用条件的复杂性、高分子材料品种繁多而性能各异及其在组成结构上的差别和不均一性所致，不是所有的高分子材料在所有的介质和条件下都是耐蚀的。比如，在无机酸、碱和盐的水溶液中，很多高分子材料具有较好的耐腐蚀性，显得比金属优越，但在有机介质中很多高分子材料都不如金属耐蚀。况且，有些塑料在无机酸、碱溶液中也会很快被腐蚀，例如尼龙只能耐较稀的酸、碱溶

液，而在浓酸、浓碱中则会遭到腐蚀。高分子材料的腐蚀问题是普遍存在的。

高分子材料的腐蚀与金属腐蚀有本质的差别。金属在大多数情况下可用电化学过程来说明；而高分子材料一般不导电，也不以离子形式溶解，因此其腐蚀过程不具有电化学腐蚀规律。此外，金属的腐蚀过程大多在金属的表面发生，并逐步向深处发展；而高分子材料，介质可以向材料内渗透扩散，同时，

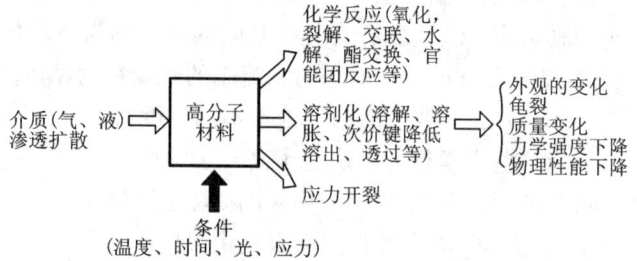

图 10-5 高分子材料腐蚀过程示意图

介质也可以将高分子材料中的某些组分萃取出来。这是引起和加速高分子材料腐蚀过程的重要的因素。高分子的腐蚀有时也称其为"老化"。高分子的腐蚀过程如图 10-5 所示。

影响高分子材料腐蚀的因素：①材料自身因素，主要包括高分子一二三级结构的特征、分子极性、缺陷。②环境因素，主要包括：化学介质［如物理状态(气体、液体)、化学性质、分子体积和形状、分子极性、流动状态等］。③使用条件(如光、高能辐射、热以及作用力等)。

高分子材料与环境的作用过程，首先是介质的渗透扩散，其次是三类作用过程：①化学反应；②溶剂化；③应力和化学反应(溶剂化)共同作用。最终引起材料的变化，主要表现为：①外观的变化：出现污渍、斑点、银纹、裂缝、喷霜、粉化及退光等现象；②物理性能的变化：包括溶解性、溶胀性、力学状态、流变性能、耐寒、耐热、耐水、透光及气等的变化；③力学性能的变化：如抗张强度、弯曲强度、抗冲击强度等的变化；④电性能的变化：如绝缘电阻、电击穿强度、介电常数等的变化；⑤质量变化：增重或减重。另外，渗透扩散往往对其他作用过程起促进的作用。

对于给定的高分子材料，首先应研究介质在该高分子材料中是怎样渗透扩散；其次研究渗入的介质分子与材料之间的相互作用，掌握腐蚀破坏特征和规律；然后再去评价和估计材料的腐蚀程度。

10.3 高分子材料腐蚀机理

10.3.1 介质向高分子材料的渗透与扩散

(1)渗透扩散规律

1)稳态渗透与扩散

介质向高分子材料内扩散的情形，如图 10-6 所示。介质浓度随渗入距离而变化。浓度与渗入距离的关系曲线因浸渍时间而不同。若达到稳态渗透平衡时，浓度分布与距

离的关系不再随时间而变化,可以用理想的菲克第一定律[参见式(2-92)]来描述。其中扩散系数 D_j 表征介质在高分子材料内渗透能力的常数,它除与温度、浓度有关外,还受介质分子大小、形状、质量、亲和力以及高分子材料内部的孔隙率与孔径分布等因素的影响。

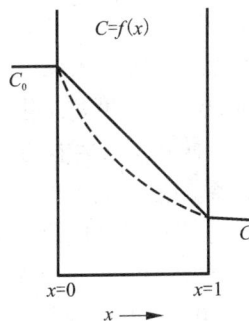

图 10-6　稳态渗透与扩散

　　显然,若渗入的介质分子能与材料作用,使大分子间距增大甚至将其裂解,以减少介质分子迁移的阻力,则必使扩散系数 D_j 随渗入量的增加而变大。

　　由式(2-92)可知,对于稳态渗透扩散过程来说,渗透率只与扩散系数、试样厚度以及浓度差有关,而与浓度分布形式无关。因此只要测出试样的厚度、面积,浓度差及一定时间内的渗透量,即可求得单位面积,单位时间的渗透量。

　　2)非稳态渗透与扩散

　　通常,试样中介质浓度分布随时间而变,扩散体系处于非稳定状态(见图 10-7)。非稳态扩散体系不满足 $dc/dt=0$ 的条件,渗透率也是时间的函数,为了测定非稳态条件下介质在材料内的扩散系数,可应用菲克(Fick)第二扩散定律:

$$\frac{\partial c}{\partial t} = D \frac{\partial^2 c}{\partial x^2} \qquad (10-1)$$

　　但式(10-1)的单值解仅在某些给定的条件下才能求得。

　　对于平板型的试件,可以证明在恒温、恒压条件下渗入量 q 与渗透时间 t 的关系,在浸渍初期由式(10-2)决定:

$$q/Q = A(Dt/L^2)^{1/2} \qquad (10-2)$$

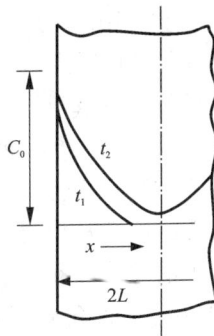

图 10-7　非稳态渗透与扩散

式中　Q——无限长时间后介质的渗入量,即平衡增重;

　　　L——试片厚度的一半;

　　　A——比例常数。

　　以 $\lg q$ 对浸渍时间 t 的对数作图,其起始斜率为 1/2。由于 A 为常数,而 t 与 L 可由实验测得,因此由该曲线的截距可求得扩散系数。介质渗入深度 x 与 q 成正比,则以渗入深度 x 对 t 作图,在双对数图上也将呈直线关系,斜率为 1/2。当渗入深度 x 较大时(即在浸渍试验的后期),式(10-2)可能不适用,这时渗入量与浸渍时间有如下的近似关系:

$$\ln\left(1 - \frac{q}{Q}\right) = -\frac{BDt}{L^2} \qquad (10-3)$$

式中,B 为比例常数。

　　在测得无限长时间的平衡增重 Q(也可用试差法求得)与 t 时间的增重 q 后,由 $\ln(1-q/$

Q)对 t 作图，从曲线的斜率也可求得扩散系数。

显然，若将渗入深度与质量变化的线性关系引入方程式(10−2)、式(10−3)，则只要测得介质的渗入深度(如用着色法)，也可求得扩散系数 D。

(2)影响渗透性能的主要因素

体系的渗透能力取决于渗透介质的浓度分布及在材料内的扩散系数。扩散系数是腐蚀介质与高分子材料共同决定的特性常数。

1)高分子材料聚集态结构的影响

图10−8为聚丙烯的结晶度对液体渗透性能的影响。结晶度高的样品结构紧密，介质分子难以通过。

一般地说，高分子材料的结晶部分在熔点以下时几乎不能被介质分子渗透，静态下高分子材料的增重主要是介质在无定型部分渗透所引起。例如，酚醛树脂具有交联结构，对水的渗透性最小。因为交联密度大时，链段的热运动受到了限制，使自由体积含量减少，渗透性能下降。共聚可以破坏大分子结构的规则程度，使堆砌密度减小，所以渗透性能会大幅度增加。例如氯乙烯与偏二氯乙烯共聚物对水

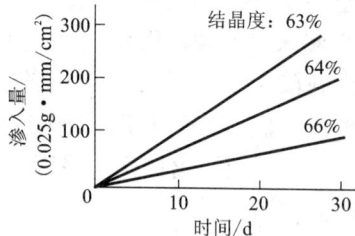

图10−8 聚丙烯的结晶度对液体渗透性能的影响

的渗透系数比聚氯乙烯大2.2~8倍。但是在较低的温度下，共聚物链段的运动能力大，易于形成紧密的结构，渗透性能可能变小。

2)介质分子极性的影响

介质的极性及其与高分子材料的亲和力是影响渗透能力的重要因素。

图10−9为介质的极性与渗透率间的一般规律。聚烯烃的渗透率随介质极性的增加而下降。聚氯乙烯具有中等极性，所以在中等极性介质中渗透率有一极大值。这两条曲线说明极性相似，则易于相溶和易于渗透。

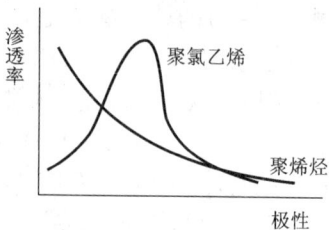

图10−9 介质的极性与渗透率间的关系

3)温度的影响

温度对渗透扩散性能有很大影响。温度上升，大分子及其链段的热运动能就增大，出现更多的空隙，介质分子就容易通过。另一方面，温度升高也使介质分子热运动增大，扩散能力提高。温度 T 与渗透系数或扩散系数的关系符合式(10−4)：

$$D = D_0 e^{-E/RT} \tag{10−4}$$

式中 D_0——比例系数；

E——扩散活化能；

R——气体常数。

4) 介质浓度的影响

介质在材料中的渗透系数常依赖于介质的浓度，但关系比较复杂。不与高分子材料发生反应的酸、碱、盐的水溶液，对于材料的浸蚀规律往往是随着浓度的增加而使增重率下降。原因是这些溶质分子解离出来的离子的水合作用，阻碍了水分子向材料内部的渗透。图 10 – 10 为盐溶液浓度对环氧树脂、聚氯乙烯、硬质橡胶重量变化的影响。

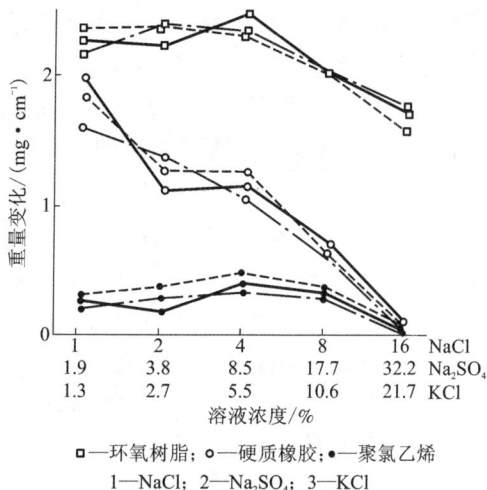

□—环氧树脂；○—硬质橡胶；●—聚氯乙烯
1—NaCl；2—Na₂SO₄；3—KCl

图 10 – 10　盐溶液浓度对高分子材料渗透性的影响

5) 添加剂的影响

少量的反应性添加剂或增强材料能增大高分子材料的抗渗能力。但含量过大时，无论添加何种物质均会促进渗透。若高分子材料中的某些添加剂与介质分子有较大的亲和力，则该类组分的存在有利于介质的渗透。添加剂与介质的亲和力越好，随着添加量的增大，渗透能力提高得就越多。

10.3.2　溶剂化原理及其腐蚀作用

因为高分子溶质与小分子溶剂之间分子的大小相差甚远，高分子材料的溶解过程复杂，高分子材料溶解过程都要经历溶胀阶段。小分子溶剂渗入高分子内部使大分子链段溶剂化的情况如图 10 – 11 所示。

(1) 不同聚集态高分子材料的溶解过程

1) 非晶态高分子材料。非晶态高分子材料聚集比较松散，分子间隙大，分子间相互作用较弱，溶剂分子容易渗入到高分子内部，当

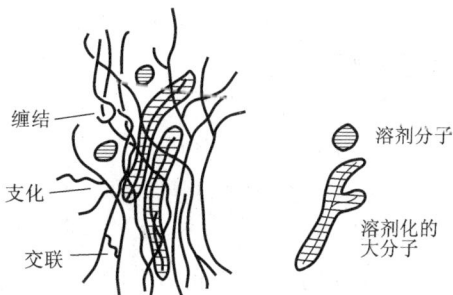

图 10 – 11　小分子对高分子的溶剂化示意图

溶剂与高分子的亲和力较大时，就与材料表面的大分子发生溶剂化作用，并因热运动而向大分子间隙渗透。渗透进去的小分子会进一步发生溶剂化，使链段间的作用力削弱，间距增大。与小分子溶解过程不同，高分子材料分子很大，又相互缠结，初期阶段即使已被溶剂化，仍极难扩散到溶剂中去。所以虽有相当数量的小分子渗入到高分子材料内部，也只能引起高分子材料宏观体积与重量上的增加，这种现象称为溶胀。

如果大分子间不结晶也无交联键而且与溶剂之间亲和力强，溶胀可以一直进行下去。大分子充分溶剂化后也可缓慢地向溶剂中扩散，形成均一溶液，完成溶解过程。

通常，耐腐蚀的高分子材料与介质间的亲和力不会太大，溶剂化程度不强烈，材料大多仅被轻度溶胀而不溶解。若遇到溶剂化能力强的溶剂，则高分子材料可能溶解。

2）结晶态高分子材料。结晶态高分子材料与溶剂接触时，结晶部分的大分子聚集紧密，小分子难以进入，溶胀也不易发生；即使可能溶胀，也先从非晶区开始，逐渐进入晶区，所以速度要慢得多。将苯作用于聚氯乙烯和聚乙烯，前者在短时间内胀很多，而聚乙烯在常温下外观变化不大，增重很小。非极性高分子材料常温下往往极难溶解，要升高温度到熔点附近，待晶区熔化为非晶态后，小分子溶剂才能渗透到高分子材料内部，使之溶胀、溶解。

实际上，晶态高分子材料的溶解要经过三个过程，即首先是溶剂对非晶区的溶胀，其次是晶体的破坏，然后是晶格被破坏后的高分子材料与溶剂的混合。第二个过程总要吸收能量，非极性晶态高分子材料要加热到熔点附近(约 $0.9T_m$)才易于溶解就是这个道理。但极性的晶态高分子材料却可以在常温溶解于极性溶剂中，这是因为其中的无定型部分与渗入的溶剂相互作用，可放出大量的热，提供破坏晶格所需的能量。所以聚酰胺等能自动溶于甲酚、浓硫酸等极性溶剂而不必加热。

3）交联的高分子材料。交联的高分子材料溶胀时只能使交联键伸直，难以使其断裂，所以不能溶解，只能溶胀。随着交联程度的增加，溶胀度下降。

高分子材料溶胀的结果宏观上体积显著膨胀，虽仍保持固态性能，但强度、伸长率下降，甚至丧失使用性能。图 10-12 为硬聚氯乙烯因水分子的渗入使力学性能

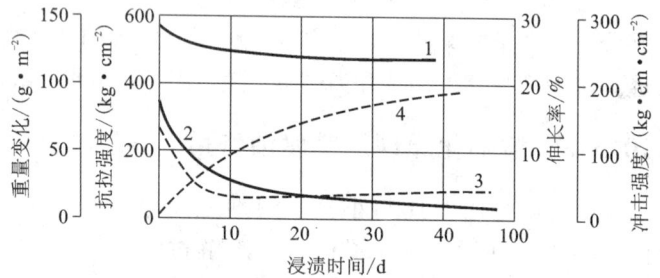

图 10-12　硬聚氯乙烯渗入水量与力学性能的关系

1,2—抗拉强度；3—冲击强度；4—渗水量

下降的情况。表 10-2 为聚乙烯在汽油、煤油中抗拉强度和伸长率变小的情况。由于溶胀和溶解对高分子材料 的力学、机械性能有很强的破坏作用，所以，在使用中要尽量防止或减少。

表 10-2　聚乙烯在几种介质中的抗拉强度(σ, kg·cm^{-2})和伸长率(ε, %)

材　　　料	空　　气		汽　　油		炼　　油		水	
	σ/kg·cm^{-2}	ε/%	σ/kg·cm^{-2}	ε/%	σ/kg·cm^{-2}	ε/%	σ/kg·cm^{-2}	ε/%
低密度聚乙烯	130	540	100	260	90	250	180	550
高密度聚乙烯	260	710	110	340	100	310	250	700

(2)影响高分子材料耐溶剂性的因素

凡使混合熵 ΔS 增大以及溶解过程放热量(体系放热 $\Delta H < 0$)增大的因素，材料耐溶剂能力

下降;凡使大分子热运动能力和向溶剂中扩散的能力降低的因素,均使材料耐溶剂性能提高。

1)溶剂化程度好,溶质与溶剂间形成次价键时放出的能量就多,材料耐溶剂能力就差。体系(高分子材料与溶剂)的化学结构决定了其极性大小,以及电负性和相互间的溶剂化能力,所以是影响材料耐溶剂能力的最根本的内因。

2)温度升高,溶剂化能力就增强,同时大分子链段热运动能亦增大,分子间距增加(自由体积增多),或使晶格破坏,于是溶剂分子就易于进入材料内部。当温度接近玻璃化温度或熔点时上述影响尤其显著,并使耐溶剂性迅速下降。温度升高还能使 $T\Delta S$ 的绝对值增大,有利于 ΔF 下降,也能帮助大分子向溶剂扩散。

3)大分子链的柔性增大可使混合熵变大,利于溶解。但是柔性太小时往往会使堆砌密度变小,大分子间隙增多。这样,溶剂分子就易于进入材料内部;此外,大分子的部分链段因相距较远,而没有形成次价键,当溶剂化时,就不必消耗拆散链段间次价键所需的能量,于是放出的混合热就多。因此,大分子链柔性太小也有可能导致耐溶剂能力下降。

4)结晶能力增强,结晶度增大,均有利于提高材料耐溶剂腐蚀的能力。

5)高分子材料分子质量大,耐溶剂性能好。分子质量分布宽,常使耐溶剂能力下降,因为小分子量部分对混合熵的影响大,也易于向溶剂扩散,使材料孔隙增多。

6)交联有利于改善材料的耐溶剂性。交联高分子材料只能溶胀不能溶解。交联密度增加,溶胀度亦相应减小。所以热固性树脂(如玻璃钢)固化时必须控制一定的固化度,固化度太低耐蚀性不好。热塑性塑料在改善其耐溶剂性及力学性能时,也有采用交联方法的。但是若不加入填料,交联密度也不能太高,否则在溶剂中易于造成环境应力开裂。

10.3.3　介质对高分子材料的化学作用

(1)水解与其他介质的裂解作用

1)水解。对于杂链高分子材料来说,水是起破坏作用最大的物质,因为水分子的极性很大,易于攻击杂原子与碳原子形成的极性键。而水分子体积小,渗透力强,在大气和绝大多数介质中均存在水,所以应予以高度重视。聚酯与某些聚酰胺等系由缩聚反应制得,而这类缩聚反应是平衡常数不太大的可逆反应,其逆反应即可能是水解反应,如:

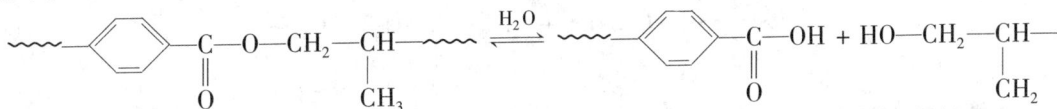

$$\sim\!\!\!\!\sim\!\!\!\!\!\!\!\!\!\!\!\!\!\!\bigcirc\!\!\!\!-\!\!\!\!\underset{\underset{O}{\|}}{C}\!\!-\!\!O\!\!-\!\!CH_2\!\!-\!\!\underset{\underset{CH_3}{|}}{CH}\!\!-\!\!\!\sim\!\!\!\!\sim \overset{H_2O}{\rightleftharpoons} \sim\!\!\!\!\sim\!\!\!\!\!\!\bigcirc\!\!\!\!-\!\!\underset{\underset{O}{\|}}{C}\!\!-\!\!OH + HO\!\!-\!\!CH_2\!\!-\!\!\underset{\underset{CH_2}{|}}{CH}\!\!-$$

与

$$\sim\!\!\!\!\sim (CH_2)_n\!\!-\!\!\underset{\underset{O}{\|}}{C}\!\!-\!\!NH\!\!-\!\!R\!\!\!\!\sim\!\!\!\!\sim \overset{H_2O}{\rightleftharpoons} \sim\!\!\!\!\sim (CH_2)_n\!\!-\!\!\underset{\underset{O}{\|}}{C}\!\!-\!\!OH + H_2N\!\!-\!\!R\!\!\!\!\sim\!\!\!\!\sim$$

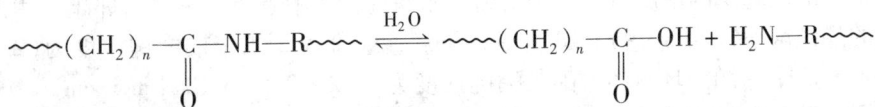

这类水解反应在酸或碱的催化下进行得更快。而且碱能使酯键发生皂化反应形成盐,因

此不饱和聚酯不太耐酸,更不耐碱,而聚酰胺宜于用作耐油或烃类溶剂的防腐材料,在酸的作用下因生成铵盐而被迅速破坏。

2)相似物的裂解。除水解外,别的试剂也可能使高分子材料裂解。一般说,缩聚物的原料单体,或具有原料单体官能团的介质,均是裂解剂,对相应的高分子材料有腐蚀作用。如有机酸、有机胺能使聚酰胺裂解。不溶不熔的酚醛树脂在与过量苯酚作用时会受腐蚀而溶解。酚解反应大致如下:

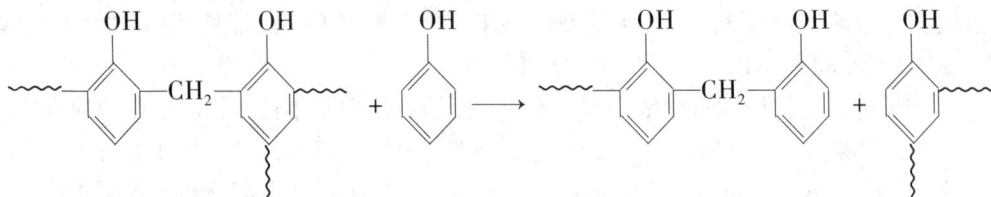

$$\text{(酚解反应结构式)}$$

不饱和聚酯在使用过程中也要注意为有机酸、醇、酯等所裂解。其酸解过程为:

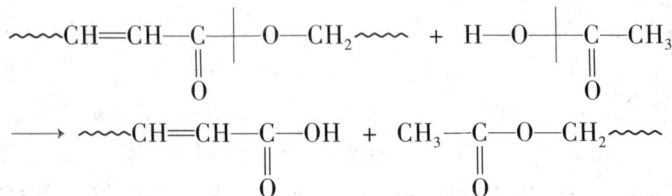

$$\sim CH=CH-\overset{\displaystyle |}{\underset{\displaystyle \|}{C}}-O-CH_2 \sim \; + \; H-O-\overset{\displaystyle |}{\underset{\displaystyle \|}{C}}-CH_3$$
$$\overset{O}{} \qquad\qquad \overset{O}{}$$

$$\longrightarrow \sim CH=CH-\underset{\displaystyle \|}{C}-OH \; + \; CH_3-\underset{\displaystyle \|}{C}-O-CH_2 \sim$$
$$\overset{O}{} \qquad\qquad \overset{O}{}$$

醇解过程如下:

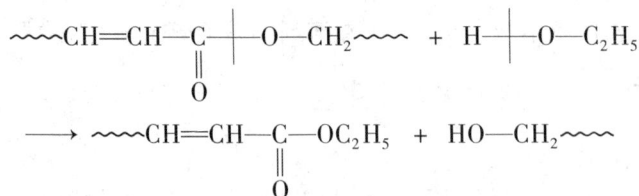

$$\sim CH=CH-\overset{\displaystyle |}{\underset{\displaystyle \|}{C}}-O-CH_2 \sim \; + \; H-O-C_2H_5$$
$$\overset{O}{}$$

$$\longrightarrow \sim CH=CH-\underset{\displaystyle \|}{C}-OC_2H_5 \; + \; HO-CH_2 \sim$$
$$\overset{O}{}$$

与酯类反应也称为酯交换

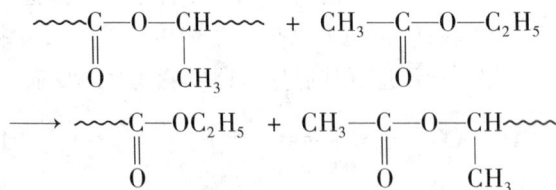

$$\sim \underset{\displaystyle \|}{C}-O-\underset{\displaystyle |}{CH} \sim \; + \; CH_3-\underset{\displaystyle \|}{C}-O-C_2H_5$$
$$\overset{O}{}\quad\;\; \overset{CH_3}{} \qquad\qquad \overset{O}{}$$

$$\longrightarrow \sim \underset{\displaystyle \|}{C}-OC_2H_5 \; + \; CH_3-\underset{\displaystyle \|}{C}-O-\underset{\displaystyle |}{CH} \sim$$
$$\overset{O}{} \qquad\qquad\quad \overset{O}{}\qquad\;\; \overset{CH_3}{}$$

对于聚酯的腐蚀速度是酸解 > 醇解 > 酯解,见图 10 – 13。

大分子中活性基团的浓度对高分子材料的水解能力也有影响。例如,邻苯二甲酸型聚酯有着最大的酯键浓度,为 $(8\sim9)\times10^{-3}$ mol·cm^{-3};双酚 A 型聚酯的酯键浓度为 $(2.6\sim3.4)\times10^{-3}$ mol·cm^{-3};丙烯酸环氧型聚酯其酯键浓度为 $(1.2\sim2.5)\times10^{-3}$ mol·cm^{-3}。树脂中酯基浓度不同,耐水性也不同。上述各种聚酯的耐水性随酯基浓度减少而提高(见图 10 – 14)。

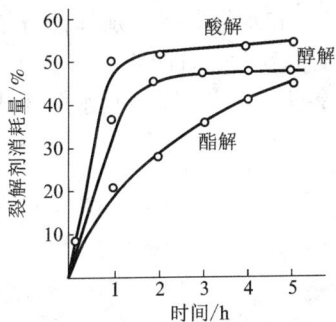

图 10 - 13 酸解、醇解、酯解的相对速度
温度—168℃；催化剂—H_2SO_4；酸—CH_3COOH；
醇—C_2H_5OH；酯—$CH_3COOC_2H_5$

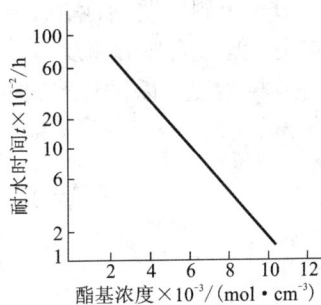

图 10 - 14 不饱和聚酯耐水时间与酯基浓度的关系

除不饱和聚酯外，在防腐方面使用较多的杂链高分子材料如环氧树脂、氯化聚醚、聚氨酯、聚酰亚胺以及有机硅树脂等。在这类聚合物分子中含有的醚键、酰亚胺键、硅氧键等，在一定条件下也会水解。如醚键在酸性介质中会水解：

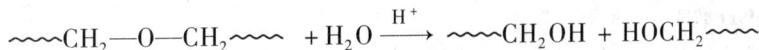

$$\sim\sim\sim CH_2{-}O{-}CH_2\sim\sim\sim \ + H_2O \xrightarrow{H^+} \sim\sim\sim CH_2OH + HOCH_2\sim\sim\sim$$

酰亚胺键在酸性介质中亦能水解：

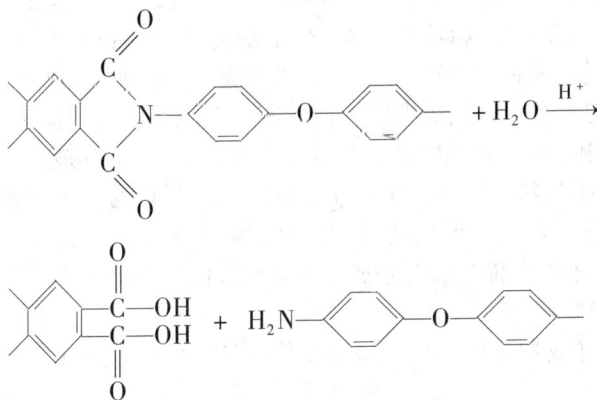

加成聚合型高分子材料的主键是由碳碳共价键构成，不易水解，所以一般都耐水、无机酸、碱介质的作用。但在聚合过程中，也常会在主键中产生"酯键"，影响其耐化学介质性能，如用过氧化二苯甲酰等引发剂制得的聚乙烯，由于少量引发剂分子进入聚氯乙烯的大分子链，形成了酯键。此酯键必然使聚氯乙烯的耐水能力有所下降，特别是在碱性介质中尤其如此。

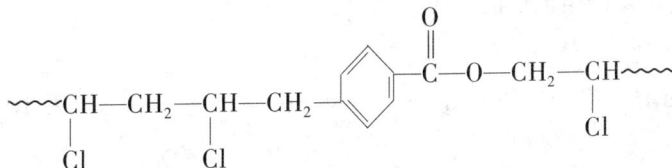

很多高分子材料在受活性介质作用时，虽不如氧化裂解和水解等反应那样使分子质量急降，强度丧失，但当侧基引起反应时，也会使材料性质发生变化，有时也会导致彻底腐蚀。如常与酚醛等树脂混用以改善玻璃钢界面性能的聚乙烯醇缩丁醛，会因侧基水解而成为水溶性的聚乙烯醇：

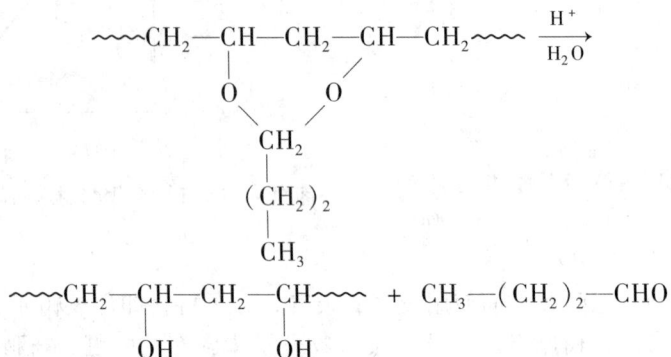

$$\sim\sim CH_2—CH—CH_2—CH—CH_2\sim\sim \quad \xrightarrow[H_2O]{H^+}$$

$$\underset{\underset{\underset{\underset{CH_3}{(CH_2)_2}}{CH_2}}{O}}{}\underset{O}{}$$

$$\sim\sim CH_2—\underset{OH}{CH}—CH_2—\underset{OH}{CH}\sim\sim \quad + \quad CH_3—(CH_2)_2—CHO$$

强碱性介质对卤代烃类聚合物的作用是夺去其卤原子，形成不饱和键。聚氯乙烯的氯原子有可能在 NaOH 作用下水解。

聚四氟乙烯中氟原子的体积较大，又相互排斥，整个大分子链不能呈平面锯齿形而呈螺旋形，且比较僵硬。由于氟原子像一个紧密的保护层，将长长的碳链包裹在内，使碳链不受一般活泼分子的侵袭，所以聚四氟乙烯具有突出的化学稳定性，虽然 C—F 键极性较大，但整个聚四氟乙烯大分子结构对称，为非极性分子，表面惰性极大。强腐蚀性试剂，如发烟硝酸、烧碱以至王水均不能与其发生任何作用。熔融态或溶解状态的金属钠能夺去其表面大分子中的氟原子，使表面变成深棕色。由于这样处理后使表面引入了一些极性基，其被黏结性能有所改善。

含有苯基的高分子材料，原则上具有芳香族化合物所有的反应特性。在硝酸、硫酸作用下能起硝化、磺化等取代反应。游离的氯、溴、硝酸、浓硫酸、氯磺酸等对聚苯硫醚都有显著的腐蚀作用。原因是这些试剂能很快地使苯环发生取代反应，或使硫原子受到氧化，使 S—C 键破坏。

具有双键的高分子材料易因加成反应而变质。如天然橡胶其氯化的最终产物是氯化橡胶

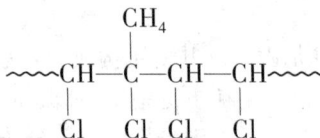

$$\sim\sim CH—\underset{Cl}{\overset{CH_4}{C}}—\underset{Cl}{CH}—\underset{Cl}{CH}\sim\sim$$

氯化橡胶在酸、碱、盐的作用下很稳定，但仍能溶于使天然橡胶溶解的各种溶剂中。天然橡胶和氯化氢作用也形成加成产物：

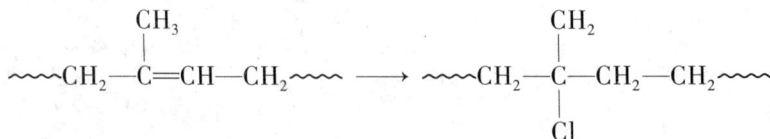

$$\sim\sim CH_2—\underset{\overset{|}{CH_3}}{C}=CH—CH_2\sim\sim \quad \longrightarrow \quad \sim\sim CH_2—\underset{\underset{Cl}{|}}{\overset{\overset{CH_2}{|}}{C}}—CH_2—CH_2\sim\sim$$

在该反应中分子链可能裂解，使聚合度降低。但产物对酸、碱、盐亦有相当的稳定性。

（2）交联反应

软聚氯乙烯在使用过程中常会因变硬变脆而失去使用价值。其主要原因固然是增塑剂的挥发，但大分子间的交联也是原因之一。硬聚氯乙烯在长期的日光暴晒或加热（如用热风焊接）时，会导致交联，使脆性增加。

$$\text{~CH}_2\text{—CH—CH}_2\text{—CH~} \longrightarrow \text{~CH}_2\text{—CH—CH}_2\text{—CH—} + HCl$$

（式中带 Cl 取代基；交联后生成 —CH—CH—CH— 结构，并与另一条 ~CH—CH$_2$—CH—CH$_2$~ 链相连，侧链带 Cl）

在加有 ZnO 填料时更易交联

$$\text{~CH}_2\text{—CH—CH}_2\text{—CH~ (带 Cl、Cl)} \xrightarrow{ZnO} \text{~CH}_2\text{—CH—CH}_2\text{—CH~ (通过 O 桥连)} + ZnCl_2$$

聚烯烃类高分子材料因分子间作用力较小，通常强度较低、蠕变较大。为此，常用能产生自由基的试剂处理，或用辐照使聚乙烯及聚丙烯等部分交联，以改善其性能。

$$\begin{array}{c}\text{~CH}_2\text{—CH~}\\ \text{~CH}_2\text{—CH~}\end{array} \longrightarrow \begin{array}{c}\text{~CH}_2\text{—CH~}\\ | \\ \text{~CH}_2\text{—CH~}\end{array}$$

这种过程在长期光照下也能发生，聚乙烯薄膜的硬化与此有关。

聚苯硫醚具有线性结构时是结晶性很高的树脂，在 240℃ ~390℃ 温度范围内于空气中进行热处理后，从红外光谱的变化能看出发生了氧化交联。交联处的结构为：

（苯环通过 S 相连并在中心苯环上以 O 桥形成交联的结构式）

这使原来的线型结构破坏，结晶度下降，力学性能得到改善。所以聚苯硫醚涂层必须经过氧化交联处理。用聚苯硫醚喷涂的化工设备，在防腐领域里已有广泛应用，但这种设备不能在太高的温度下长期使用。否则会因上述氧化交联反应的继续进行，使韧性与粘接力大大下降，丧失使用性能。

（3）影响大分子化学反应能力的因素

高分子材料的化学反应能力主要取决于大分子中特性基团的活性及其相互作用。

键能的大小对材料耐氧化能力有很大影响。碳链高分子材料的耐氧化能力有如下的变化规律，易氧化程度从上至下顺次增加。

$$\sim\sim CH_2—CH_2—CH_2—CH_2\sim\sim \qquad 高密度聚乙烯$$

$$\sim\sim CH_2—CH_2\sim\sim CH—CH_2—CH_2\sim\sim \qquad 低密度聚乙烯$$
$$\qquad\qquad\qquad\qquad | \qquad\qquad$$
$$\qquad\qquad\qquad CH_2—CH_2\sim\sim$$

$$CH_2—CH—CH_2—CH—CH_2—CH\sim\sim \qquad 聚丙烯$$
$$\qquad | \qquad\qquad | \qquad\qquad |$$
$$\qquad CH_3 \qquad CH_3 \qquad CH_3$$

$$\sim\sim\sim CH_2—CH=CH—CH_2\sim\sim \qquad 聚二烯烃$$

这实质上反映了与叔碳原子相连的或与双键 α 位碳原子相连的 C—H 键键能的强弱：

$R—CH_2—H$ （410 kJ·mol^{-1}）$> R_2CH—H$ （395 kJ·mol^{-1}）$> R_3C—H$ （381 kJ·mol^{-1}）$>$ $CH=CH—CH_2—H$ （356 kJ·mol^{-1}）

聚二烯烃特别不耐氧化的另一原因是其双键中的 π 键键能低（259 kJ·mol^{-1}），所以易被激发加成。在大分子上引入卤素之后，耐氧化能力有所改善。

高分子物质耐水、酸、碱的能力，主要与其水解基团在相应的酸、碱介质中的水解活化能有关。环氧树脂、聚氨酯、氯化聚醚、聚酰亚胺以及有机硅树脂等高分子材料，均有很多能水解的基团，如酯键、酰胺键、醚键等。表 10 - 3 列出了上述基团的水解反应活化能。活化能高，耐水解性就好。

表 10 - 3　各基团的水解反应活化能

基团类型		酰胺键	酯键	酰亚胺键	醚键	硅氧键
活化能/ kJ·mol^{-1}	酸性介质	~84	~75	~84	~100	~50
	碱性介质	67	58	67	—	—

由此可知，耐酸性介质水解的能力是：醚键 > 酰胺键或酰亚胺键 > 酯键 > 硅氧键，耐碱性介质水解的能力是：酰胺键或酰亚胺键 > 酯键。

10.3.4　热氧化及光氧化

（1）氧化降解与交联

高分子材料在加工和使用时通常都要接触空气，在室温下，许多高分子材料的氧化反应缓慢,但在热、光等作用下,反应会加速,因此氧化是一个非常普遍的现象。高分子的氧化反应有自动催化行为,属于自由基反应机理。反应分为链的引发、增长(指自由基增多)和终止等几个阶段。

1)链引发:该反应通常主要由物理因素引发。如紫外辐射、离子辐射、热、超声波及机械作用等,也可由化学因素引发,如催化作用、单线态氧、原子氧或臭氧反应。

高分子材料合成和加工时残留的氢过氧化物的热解,是最主要的引发方式。此反应可在较低温度下进行、产生链自由基 R·

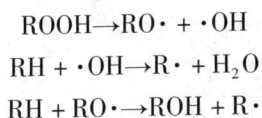

$$ROOH \rightarrow RO· + ·OH$$
$$RH + ·OH \rightarrow R· + H_2O$$
$$RH + RO· \rightarrow ROOH + R·$$

2)链增长:引发过程生成的大分子自由基(R·)很容易通过加成反应与 O_2 作用,生成过氧自由基 ROO·:

$$R· + O_2 \rightarrow ROO·$$

ROO·也能从其他高分子材料分子或同一分子上夺取氢生成高分子氢过氧化物(ROOH):

$$ROO· + RH \rightarrow ROOH + R·$$

上两式反应不断进行,使 ROOH 浓度不断增大。

3)链的支化:高分子氢过氧化物分解产生自由基,参与支化反应,

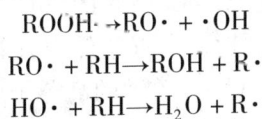

$$ROOH \rightarrow RO· + ·OH$$
$$RO· + RH \rightarrow ROH + R·$$
$$HO· + RH \rightarrow H_2O + R·$$

在热或波长大于300 nm 的紫外光照射条件下,此反应容易进行。

4)链终止:当上述反应形成的自由基达到一定浓度时,因彼此碰撞而终止

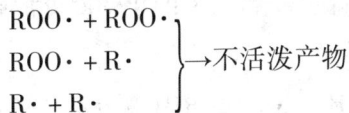

$$\left. \begin{array}{l} ROO· + ROO· \\ ROO· + R· \\ R· + R· \end{array} \right\} \rightarrow 不活泼产物$$

因自由基在高分子链上所处的位置不同,最终得到的是既有降解又有交联的稳定产物。单纯热也能使高分子降解,但热氧老化是高分子最主要的一种老化形式。热氧老化是由于高分子引发产生上述自由基而发生的自动氧化反应。

（2）光氧化

高分子材料在户外使用,经常受到日光照射和氧的双重作用,发生光氧老化,出现泛黄、变脆、龟裂、表面失去光泽、机械强度下降等现象,最终失去使用价值。光氧老化是重要的老化形式之一,反应的发生与光的能量和高分子材料的性质有关。

光的能量与波长有关,波长越短,能量越大。太阳光的波长从 $200 \sim 10^4$ nm,当通过大气时,短波长部分被大气吸收,照射到地面上的光波长大于 290 nm。

　　光波要引发反应，首先需有足够的能量，使高分子激发或价键断裂；其次是光波能被吸收。通常，典型共价健的解离能为 300 ~ 500 kJ·mol^{-1}，与之对应的波长为 400 ~ 240nm。波长为 290 ~ 400 nm（400 ~ 300 kJ·mol^{-1}）的近紫外光波，大部分有足够能量使某些共价键断裂。图 10 – 15 给出了能打断一些化学键的光能量的相对分数。可以看到，C—H、C—F、O—H、C—C、C≡O 的键能很高，照到地面上的近紫外光不能将其破坏；约有 5% 的太阳光可打断 C—C 键；有 50% 以上的太阳光可使 O—O 和 N—N 键断裂；C—O、C—Cl 和 C—Br

图 10 – 15　日光的能量分布与化学键的强度

也可被破坏。但是暴露在大气中的高分子材料并没有引发"爆发"式的光氧化反应。这是因为正常高分子材料的分子结构对于紫外光吸收能力很低；另外高分子材料的光物理过程消耗了大部分被吸收的能量，导致光化学量子效率很低，不易引起太多的光化学反应。

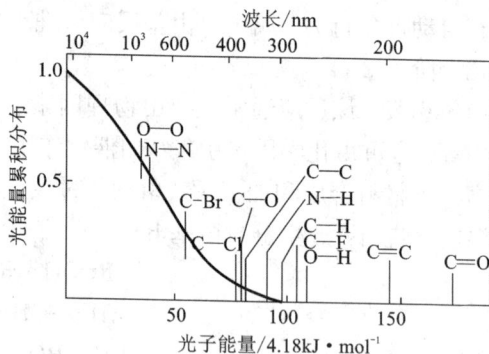

　　不同分子结构的高分子材料，对于紫外线吸收是有选择性的。如醛和酮的羰基 C＝O 吸收的波长范围是 280 ~ 300 nm；双键 C≡C 吸收的波长是 230 ~ 250 nm；羟基—OH 是 230 nm；单键 C—C 是 135 nm。所以照到地面的近紫外光只能被含有羰基或双键的高分子所吸收，引起光氧化反应，而不被羟基或 C—C 单键的高分子所吸收。可见，照到地面的近紫外光并不能使多数高分子材料离解，只使其呈激发态。一方面，处于激发态的大分子，通过能量向弱键的转移，尤其是羰基的能量转移作用，导致弱键的断裂。另一方面，若此激发能不被光物理过程消散，则在有氧存在时，被激发的化学键可被氧脱除，产生自由基，发生与热氧老化同一形式的自由基链式反应：

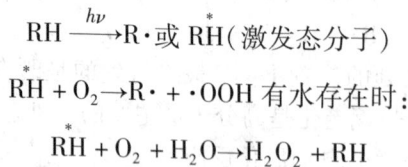

$$RH \xrightarrow{h\nu} R· \text{或} \overset{*}{RH}(\text{激发态分子})$$

$$\overset{*}{RH} + O_2 \rightarrow R· + ·OOH \text{ 有水存在时：}$$

$$\overset{*}{RH} + O_2 + H_2O \rightarrow H_2O_2 + RH$$

H_2O_2 可能引起大分子发生氧化裂解。

　　此外，高分子材料加工时，常会混入一部分杂质，如催化剂残渣，或生成某些基团，如羰基、过氧化氢基等，它们在吸收紫外光后，能引起高分子光氧化反应。高分子光氧化反应一旦开始后，一系列新的引发反应可以取代原来的引发反应，因为在光氧化反应过程中所产生的过氧化氢、酮、羧酸和醛等吸收紫外光后，可再引发新的光氧化反应。

　　必须指出，尽管光氧化与热氧老化机理相同，都是自由聚合反应，但两者是有区别的，见图 10 - 16，热氧化反应经过诱导期和自催化阶段，而光氧化反应没有自催化阶段，这种现象可以用光氧化过程的高引发速率和短动力学链长来解释。在光氧条件下，ROOH 的分解是迅速的，不存在积累到一定浓度才大量分解的过程。

10.3.5　高分子材料的环境应力开裂

（1）环境应力开裂特点

具有较大应变的高分子材料，在某些环境介质中表面常会产生裂缝，裂缝的不断发展可导致脆性破坏，这种破坏往往会在比空气中的断裂应力或屈服应力低得多的应力下发生开裂，这种现象被称为高分子材料的环境应力开裂。这种应力包括外界所加的负荷和材料在加工使用时残留于塑料中的内应力。

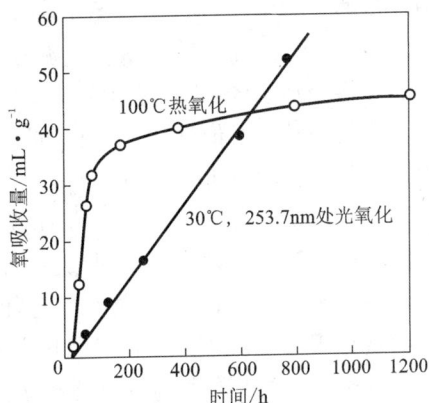

图 10 - 16　线型聚乙烯在 100℃和 253.7 nm 光照 30℃光氧化的吸收

部分结晶的塑料，如聚乙烯、聚丙烯、聚苯醚以及全氟乙丙烯树脂等，均会在相应的介质，尤其是表面活性介质中产生环境应力开裂。表面活性介质对聚乙烯的影响最为明显。将聚乙烯板弯曲成弓形，置于醇类、肥皂水或油类中，经一定时间后即会在弯曲处出现裂纹。

无定型的高分子材料如聚甲基丙烯酸甲酯、聚氯乙烯等，也会在介质与应力的作用下产生龟裂。本体聚合的聚甲基丙烯酸甲酯即是利用其在某些溶剂中会产生银纹开裂，来检查成品中内应力的。

环境应力开裂具有如下特点：①是一种从表面开始发生破坏的物理现象，从宏观上看呈脆性破坏，但若用电子显微镜观察，则属于韧性破坏；②不论负载应力是单轴或多轴方式，它总是在比空气中的屈服应力更低的应力下发生龟裂滞后破坏；③在裂缝的尖端部位存在着银纹区；④与金属的应力腐蚀断裂不同，材料并不发生化学变化；⑤在发生开裂的前期状态中，屈服应力不降低。

（2）环境应力开裂机理

介质有助于裂纹的产生，这种现象有人用表面能降低的理论来解释。根据完全弹性破坏理论，长度为 C 的裂纹传播所需的临界应力为：

$$\sigma_c \approx \sqrt{EV/C} \qquad (10-5)$$

式中　E——材料的弹性模量；

　　　V——单位面积的表面能。

表面活性物质与塑料接触时，其表面能 V 会降低，于是产生新的表面所需的能量，同时 σ_c 减小。当临界应力 σ_c 低于外加应力或材料内残留的内应力时，裂纹扩展，引起开裂。

进一步的研究表明，环境应力开裂与高分子材料局部表面有关。例如聚丙烯在 11 种介质中测得的长期强度，结果如图 10 – 17 所示。
由图 10 – 17 可知蠕变断裂曲线受介质的影响
很大。可将介质分类列于表 10 – 4。当然这种
分类不可能很严格，但环境介质的性质与试件
腐蚀之间的规律性却非常明显。

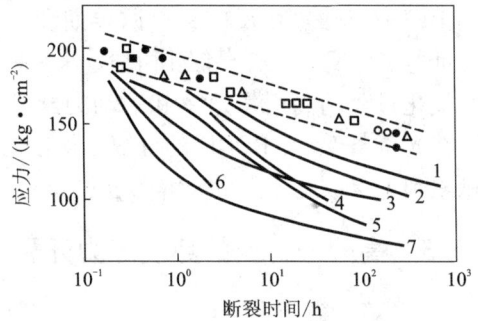

图 10 – 17　聚丙烯在各种介质中的蠕变曲线

A 类是可安全使用的介质，其蠕变断裂曲
线在图 10 – 17 上部两条虚线所夹的范围内。
聚丙烯在这类介质中的长期强度没有陡降，试
片上出现很多小的微裂纹，再延长时间可能出
现脆性断裂。B 类是环境应力开裂作用强的试
剂，浸渍时质量变化比 A 类大，比 C 类小或相近，溶胀作用不严重。试件上有比 A 类少但更
尖锐的裂纹产生。C 类在浸渍试验中增重很大，由于溶胀，分子间极易产生滑动，是使强度
下降的试剂。在高应力快速拉伸时试剂影响较小，呈脆性断裂；但应力越低，断裂时间越长，
则介质侵入越充分，越容易出现延性断裂。在这种情况下，应力作用初期产生的银纹吸收了
较多的介质，使银纹部位溶胀和较易延伸。D 类为试剂强烈的化学作用导致材料急速断裂的
情况。在浓 H_2SO_4 中受应力作用的聚丙烯试件，有一个或两个尖锐的裂缝急速成长，在极短
的时间内断裂。

表 10 – 4　介质对聚丙烯作用情况分类

分类	A	B	C	D
介质	水 10% NaOH 40% NaOH 50% N_2SO_4	乙二醇 非离子表面活性剂 蓖麻油	煤油 机油	浓 H_2SO_4
作用的主要方式	无作用	环境应力开裂	溶胀	化学反应（氧化）
破坏类型	延性（脆性）	脆性	脆性（延性）	脆性
裂纹数目	多		少	
试片外观变化	变白	银纹	裂纹处发白	稍变褐色

从这例子中可以看到，A 类介质对聚丙烯溶胀能力很小，不仅难以渗透到材料内部也较难
使其表面层溶胀。因为聚丙烯是典型的非极性材料，而水、NaOH 与 H_2SO_4 的水溶液都是强极性
介质（极性不相似），所以这类介质对聚丙烯而言，并非环境应力开裂剂。在试验中虽然观察到
有许多裂纹产生，但这是在较高的应力作用下产生的，这应力并不比无介质时降低很多。

像浓硫酸那样的强氧化性介质使聚丙烯的长期强度急速下降，其原因主要是大分子链的

化学裂解。试件受到负荷后，总会在个别的弱点处造成银纹，银纹中分子链的局部取向与延伸造成了较大的空隙率。氧化剂分子进入空隙，并在应力集中的银纹端部使大分子断链，银纹即迅速发展，很快断裂。D 类介质虽然能在很低的应力下使极少的银纹迅速发展导致脆性断裂，但不能产生大量的裂缝。浓硫酸等不是典型的环境应力开裂剂。

煤油、机油都是烃类，其偶极矩 $\mu = 0$，是典型的非极性物质，溶解度参数与聚丙烯接近，对聚丙烯的非结晶部分有着较强的溶胀作用。溶胀剂进入大分子之间起到增塑作用，使链段易于相对滑移，但不易出现局部的取向区域，银纹产生很少。所以溶胀或溶解能力强的介质一般不是激烈的环境应力开裂剂。但这些介质可使材料的强度下降得很厉害，那是因溶胀引起的。

以蓖麻油、乙二醇为代表的属于 B 类的介质具有不太强的溶胀能力（极性相差较大）。这类介质能渗入材料表面层中的有限部分，产生局部增塑作用。于是在较低应力下被增塑的区域（主要在表面）产生局部取向，形成较多的银纹。这种银纹初期几乎是笔直的，末端尖锐。试剂的进一步侵入，使应力集中处的银纹末端进一步增塑、链段更易取向、解缠。于是银纹逐步发展成长、汇合，直至开裂。可见，具有不太强溶胀能力的 B 类介质是典型的环境应力开裂试剂。

能引起高分子表面层中局部增塑作用的介质，大多可使材料在较低的应力下产生银纹（并发展成裂缝），这可被认为是环境应力开裂的诱因。

至于溶胀能力较强的 C 类物质，若作用时间较短，介质来不及渗透很深，这时也能在一定的应力作用下产生较多银纹，出现环境应力开裂现象。

（3）环境应力开裂的影响因素

1）高分子材料的性质的影响

高分子材料的性质是最主要的影响因素。不同的高分子具有不同的耐环境应力开裂的能力；同一高分子也因分子质量、结晶度、内应力的不同而有很大差别。

聚乙烯的溶剂开裂比较严重，常影响到它在化工介质中的实用性能，所以在无应力时的浸渍数据不一定能反映真实情况。聚丙烯的耐溶剂应力开裂能力比聚乙烯好得多。表 10 - 5 是两者耐环境应力开裂性能的对照表。所列数据是将试片弯成弓形并浸入 50℃ 介质后试片出现开裂的时间。超过 300 小时仍不开裂，被认为无变化。这种试验方法已被确定为试验标准，并为各国所广泛采用。

高分子材料的结晶度高，容易产生应力集中。而且晶区与非晶区的交界处也易受到试剂的作用，所以有着能更快地出现裂缝的倾向。但应注意，由于晶体的大小与分布也有影响，所以，情况就不一定如上所述。分子质量的影响也很大。分子质量小（即熔体指数大）而分子质量分布窄的材料，发生开裂所需时间较短。因为分子质量越大，在介质作用下的解缠越困难。

材料中杂质、缺陷、黏结不良的界面、表面刻痕以及微裂纹等应力集中体，也会促进环境应力开裂。加工不良引起的内应力，或材料热处理条件不同产生的内应力，均对环境应力开裂有很大影响。

表 10 – 5 聚烯烃耐环境应力开裂性能比较表

介质	聚丙烯		聚乙烯	
	横	纵	横	纵
非离子型表面活性剂 1%	无裂缝	无裂缝	15 小时	48 小时
非离子型表面活性剂 2%	无裂缝	无裂缝	20 小时	250 小时
丙酮	无裂缝	无裂缝	115 小时	300 小时
丁醇	无裂缝	无裂缝	无裂缝	无裂缝
乙醇	无裂缝	无裂缝	127 小时	300 小时
松节油	无裂缝	无裂缝	195 小时	300 小时
机油	无裂缝	无裂缝	300 小时	无裂缝
煤油	无裂缝	无裂缝	76 小时	无裂缝
苯	无裂缝	无裂缝	无裂缝	无裂缝
汽油(低沸点)	无裂缝	无裂缝	无裂缝	无裂缝
硫酸 1%	无裂缝	无裂缝	无裂缝	无裂缝
醋酸 100%	无裂缝	无裂缝	20 小时	30 小时

2)环境介质性质的影响

表面活性剂能降低材料开裂时所需的能量,故醇类等表面活性物质易引起高分子的环境应力开裂。如聚甲基丙烯酸甲酯、聚氯乙烯等在醇类介质中均易开裂。图 10 – 18 为硬聚氯乙烯在 40℃ 的各种环境介质中的开裂性能,其中以正丁醇的作用最激烈。

介质对环境应力开裂的影响,主要决定于它与材料间的相对的表面性质。如果介质与材料的溶解度参数太接近,即浸润性能很好,则易溶胀,不是典型的环境应力开裂剂。若相差太大就不能浸润,介质的影响也极小。只有当两者之差的落在某一个范围内,如图 10 – 18 中的正丁醇与聚氯乙烯($\Delta\delta = 3$),就易引起局部溶胀,导致环境应力开裂。

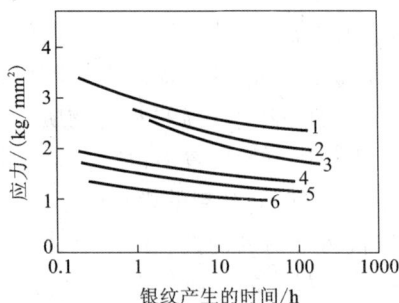

图 10 – 18 硬聚氯乙烯在各种环境介质中产生银纹的时间(40℃)

1—乙二醇;2—蓖麻油;3—非离子型表面活性剂;
4—异丙醇;5—煤油;6—正丁醇

3)试验条件的影响

试件的厚度与表面积(特别是厚度)有一定的影响,在某临界厚度以下不产生环境应力开裂。

加工试件时必须注意方向性,当应力作用方向与大分子取向方向垂直时,开裂易在取向方向出现。

一般地说,温度高易于开裂,但若接近材料本身或其中某些成分(如低分子质量组分)的熔点或玻璃化温度时，开裂就不会产生。所以，加有增塑剂的材料(如软聚氯乙烯)在常温下就不存在环境应力开裂的问题。

10.4　高分子材料老化的评价方法

老化试验方法是人们用于评价、研究各种高分子材料在一定环境条件下的耐老化性能和老化规律的一种手段，目前评价高分子材料大气环境老化主要有两类方法：自然气候暴晒和人工加速老化。另外针对工业环境进行挂片和在实验室开展的介质浸渍试验。

10.4.1　自然环境老化试验

自然气候暴露试验就是将试样置于自然气候环境下暴露，使其经受日光、温度、氧等气候因素的综合作用，通过测定其性能的变化来评价高分子材料的耐候性。获得的老化数据能真正反映涂层在该地区的实际耐候性情况，数据可靠，所需实验设备比较简单，可投样品种多。其缺点是试验周期长，少则几个月，长的要数年时间。

(1)直接暴露

直接暴露是将试样直接置于户外经受自然气候作用的老化试验方法。这种试验能最真实地检验高分子材料对自然气候的稳定性，是老化试验中最基本的方法，它能给出较为可靠的结果。

直接暴露的重要因素有开始暴露季节、暴露角度等。暴晒方向应面向正南，并且根据暴晒目的按下列条件之一选择一个与水平面形成的倾斜角：①与水平面倾角为45°传统的暴晒角度，结果便于比较；②为得到最大的年紫外太阳辐射，与水平面倾角应为5°；③为得到最大的年总太阳辐射，在我国北方中纬度地区，与水平面形成的倾斜角应该比纬度角小10°；④按实际需求，选择与水平面成10°到90°之间的任何其他特定角度。

(2)玻璃板下暴露

玻璃板下暴露是自然大气暴露的一种特殊试验方法，主要是为了模拟高分子材料在室内的使用环境，它们如采用常规的直接暴露方法是不可能对它们的耐老化性能或使用寿命作出正确评价或预测的。采用玻璃板下暴露则能够尽量模拟实际情况。

(3)自然加速老化

由于自然暴晒试验的试验周期比较长，为了获得自然条件的老化数据，同时加快自然老化的进程，人们又研制了户外自然加速暴露实验方法。户外自然加速暴露实验方法是在大气暴露实验方法的基础上，人为强化并控制某些环境因素，来加速材料或构件的老化。目前常见的方法有：

1)有背板暴露

有背板的直接暴露的特点是改变了试样的温度，主要是为了能模拟试样的最终使用环境。试样后面无背板，空气流通可以降低试样的温度，试样后面设置背板，试样背面的空气无法流通，试样温度高，一般来说有背板的试样比无背板的试样温度平均要高15℃左右。

2）黑箱暴露

黑箱暴露是一种户外利用黑箱提高试验温度的自然大气暴露试验方法。用镀锌铁皮做成箱子外面涂成黑色，试样安置在箱子向阳空口处，若试样不足，则用涂成黑色的金属板遮盖空口处的空缺。黑箱暴露主要是用来试验汽车外表用材料，如汽车漆、车顶遮盖材料和装饰条等高聚物。由于黑箱暴露的温度较高，湿润时间较短，使它更为接近汽车外用材料的使用条件。

3）IP/DP 箱和 TNR 控制系统

IP/DP 是 Instrument Panel/Door Panel 的简称，是一种测试内饰材料耐久性和色牢度的玻璃下试验方法。它相比于玻璃下暴露多了玻璃种类、辐照、温度等控制条件，仪器更复杂、结果更准确。IP/DP 目前主要应用于汽车内饰材料(塑料、橡胶、皮革、纺织品)的试验，主要模拟汽车内饰件在具体使用过程中的自然条件。IP/DP 箱分为固定式和太阳跟踪式。固定式的 IP/DP 箱箱体固定在地上，朝向赤道，暴晒角45°；太阳跟踪式 IP/DP 箱的受光面在试验时始终面向太阳，以便接受更多的太阳辐射。试验表明，固定式和太阳跟踪式的 IP/DP 箱所接受的太阳辐射量累计数之比可以达到1:1.6。

IP/DP 箱的玻璃可分为透明回火玻璃，层压玻璃(夹层玻璃)，另外可使用投样方指定的其他玻璃。IP/DP 箱还可以控制不同的温度和试验周期。

4）太阳聚光加速暴露

太阳聚光加速设备，又称为太阳光菲涅尔反射装置，其主要原理是利用10个平面镜把太阳光集中反射到试样上。这些镜面以大约8倍于全球平均入射光辐照强度，大约5倍于全球平均入射紫外光辐照强度将太阳光聚集到试样上，设备安装有一个跟踪太阳的机械装置使反射镜系统的平面保持在与太阳光束近似垂直的方向，配有一个机械装置来在辐照期间喷水到试样上，还配有辐照计和黑标准温度计。由于这种方法使试样暴露在整个加强了的自然阳光的光谱区域内，因此，它是一种可行的自然加速老化方法。

另外还有加速凝露暴露实验、喷淋加速暴露实验、橡胶动态暴露实验等。

10.4.2 实验室模拟加速老化试验

自然气候暴露试验的周期过长，同时，由于气候的变化无常，试验结果的再现性很不理想。人工气候老化加速试验是针对典型环境的特点用人工的方法模拟和强化主要环境因子，在实验室条件下经过较短的时间，快速评价高分子材料的耐老化性能。这种方法克服了自然气候暴露试验时间过长的不足，并且能够提供标准的、重现性好的试验结果。因此室内加速试验须满足模拟性、加速性和重现性三个基本条件，它直接影响到人工加速试验的结果和天然暴露试验结果的相关性。

人工加速老化实验方法主要包括：人工气候实验、热老化实验(绝氧、热空气、热氧化吸氧等实验）、湿热老化实验、臭氧老化实验、盐雾腐蚀实验、气体腐蚀实验以及抗霉实验等。在我国主要采用以下 4 种人工加速老化的实验方法。

（1）人工气候模拟加速老化试验

人工气候试验中模拟大气环境的因素是：光、氧、热、湿度和降雨，而光是最重要的因素。高分子材料的光老化不仅与光源的辐射强度有关，而且与光源的能谱分布也有密切关系。人造光源的能谱与太阳光能谱的相似性会直接影响老化试验结果的可靠性，光源的辐射强度决定着试验的加速倍率，在保证两者降解机制相同的情况下，选用理想的光源不仅对试验方法的有效性，而且对自然气候暴露与人工加速暴晒两者之间的相关性的建立，以及预测高分子涂层材料的使用寿命都有极为重要的意义。目前人工气候老化试验采用的光源有碳弧灯、紫外灯、氙弧灯、高压水银灯等。其中 QUV 紫外老化仪和氙弧灯照射是国内外最流行的方法。

1）氙灯加速老化试验方法

氙灯光源被认为是最能模拟全太阳光谱的光源，氙灯谱中含有的短于太阳辐射被切断的紫外波长，可通过滤片过滤掉。此外，氙灯光源还可实现光的强度、温度和光照期/黑暗期及湿度的自动控制，模拟和强化高分子材料在自然气候中受到的光、热、空气、温度、湿度和降雨为主要老化破坏的环境因素，快速模拟不同气候的日光暴晒效果，从而获得近似于自然气候的耐候性。目前使用氙灯进行人工加速老化试验已成为一种首选的、通用的光老化试验方法。

2）荧光紫外光老化试验方法

荧光紫外灯是波长为 254 nm 的低压汞灯，由于加入磷共存物使转换成较长的波长，荧光紫外灯的能量分布取决于磷共存物产生的发射光谱和玻璃管的传扩。荧光紫外灯具有特定光谱段。目前有两种类型，即 UVA（351、340）与 UVB（313 和 F40）。UVA－340 型灯能很好地模拟太阳光中的短波长紫外光光谱范围，其光谱能量分布与从太阳光谱中 360 nm 处分出的光谱图很相近，更接近于太阳光的光谱；UVA 因与自然暴晒更接近作为首推。UVB 对材料的破坏速度更快。荧光紫外灯因自身内在的光谱稳定性使辐照度控制简单化。它的光谱能量分布不会随时间变化，这与前面提到的氙弧灯有区别。这一特点提高了实验结果的重现性。使用紫外灯老化实验的主要优势在于它的冷凝过程能够模拟较为符合实际的室外潮湿环境对材料的破坏作用。

紫外荧光灯设备可通过控制亮暗循环变化、温度、湿度和喷水的变化以及灯管的改变来提供模拟白天黑夜、不同的温度、户内、户外等各种外界环境条件。紫外荧光灯对太阳光紫外部分的模拟程度较碳弧灯好，但还是人为地增加了紫外部分的光谱能量。由于紫外荧光灯人工老化试验方法可以较快地考核材料耐老化性能，因此在很多标准中还在采用。

3）碳弧灯光老化试验方法

碳弧灯是一种较古老的技术，碳弧灯主要是通过 2 个碳棒电极间形成的碳弧，透过平板玻璃滤光器照射到试样表面。

碳弧灯谱图与太阳光的谱图相差都很大，操作难度大，每 48～72 小时要求换一次碳棒，运转成本较高，现在较少采用。由于该项技术的历史较长，最初的人工模拟光老化技术都是采用该设备，因此在较早些的标准中还能见到该方法，尤其是在日本的早期标准中常常采用碳弧灯技术作为人工光老化试验手段。

（2）热老化试验方法

热老化试验通过加速材料在氧、热作用下的老化进程，反映材料耐热氧老化性能。烘箱法老化试验是耐热性试验的常用方法，根据材料的使用要求和实验目的确定实验温度。温度上限可根据有关技术规范确定，一般对于热塑性材料应低于其维卡软化点，对于热固性材料应低于其热变形温度，或者通过探索实验，选取不致造成试样分解或明显变形的温度。将试样置于选定条件的热烘箱内，周期性地检查和测试试样外观和性能的变化，从而评价试样的耐热性。这种方法常用于塑料和橡胶，信息记录介质的耐热试验也常采用此方法。主要通行的实验方法有塑料热空气暴露实验方法、硫化橡胶或热塑性橡胶热空气加速老化和耐热实验及漆膜耐热性测定法。

（3）臭氧老化试验方法

臭氧在大气中的含量很少，却是橡胶龟裂的主要因素，臭氧老化法通过模拟和强化大气中的臭氧条件，研究臭氧对橡胶的作用规律，快速鉴定和评价橡胶抗臭氧老化性能与抗臭氧剂防护效能，进而采取有效的防老化措施，以提高橡胶制品的使用寿命。橡胶防水材料、高分子聚合物防水材料需进行此项试验。

（4）盐雾试验方法

盐雾试验是评价高分子涂层防护性最经典、使用最普遍的试验方法。盐雾试验的基本原理是在盐雾箱内，将近似海水成分的水溶液喷射成雾状，充满整个箱内，配合温度、湿度的控制，并强化这些因素进行加速老化，当盐雾的微粒沉降附着在材料的表面上，便迅速吸潮溶解成氯化物的水溶液，在一定的温湿度条件下，溶液中的氯离子通过材料的微孔逐步渗透到内部，引起材料的老化或金属的腐蚀。虽然耐盐雾性能是考察涂层耐蚀性和预测涂层使用寿命的一项重要指标，但只能定性说明涂层在规定的试验条件下的耐腐蚀行为。该方法作为评价和预测船舶、近海采油平台、沿海港湾设施等所处的咸湿环境用途的涂膜耐蚀性和使用寿命仍具有实际意义。

为加速涂层的老化腐蚀，缩短试验周期，在盐雾试验的基础上又相继开发了醋酸盐雾试验（ASS）、氯化铜加速醋酸盐雾试验（CASS）等。

（5）复合加速模拟试验

除上述加速方法外，不同电解质溶液的浸泡试验，高温、干湿交替和热循环试验也常用作加速模拟试验方法。

为缩短试验时间，尽量缩小模拟环境与实际环境的差异，提高试验的可靠性。新的复合加速试验方法不断涌现。最常用的是紫外光辐照和盐雾试验的复合加速以及周期性温度变化的热循环试验。

由于人工模拟加速和自然暴露试验载荷谱的差异，两者的相关性并不理想，高分子材料老化降解的人工模拟加速方法总是与应用者的正确设计和选择有关，评价往往带有主观性。故单以人工加速老化指标来评定高分子材料耐老化性是不充分的。但因重现性好，腐蚀老化机理明确，世界各国均以自然暴晒为主，人工老化为辅，两者相结合进行高分子材料老化失效的评级和寿命预测，这已成为世界各国较通用的做法和发展趋势。

10.4.3　环境老化的几种评价方法

高分子材料暴露在自然气候条件和光照辐射下一段时间后会发生老化，出现失光、褪色、泛黄、剥落、开裂、丧失拉伸强度和整层脱落等现象。即使是室内光线或者透过窗玻璃的阳光也会对诸如颜料或染料之类的物质造成损害。从理论上讲，凡是在暴露过程中发生变化并可以测量的性能，都可以作为防老化性能的评价指标。但在实际实验和应用中，应选择对塑料应用最适宜及变化较敏感的一种或几种性能的变化来评定塑料的老化性能。高分子材料的老化评价指标一般可分为如下几类：

（1）物理表观性能指标

物理性能指标是最直观评价老化的指标，主要有表面表观变化（通过目测试样发生局部粉化、龟裂、斑点、银纹、裂缝、起泡、发粘、翘曲、鱼眼、起皱、收缩、焦烧等外观的变化）、光学性能（如光泽、色变和透射率等）、物理测定方法（如溶解性、溶胀性、流变性能、耐寒、耐热、耐光、透水、透气等性能、溶液黏度、熔融态黏度、质量等）。其中，橡胶和塑料软管氙弧灯暴晒颜色和外观变化的测定，规定了将橡胶和塑料软管暴露于实验室光源下，以评价其在这种暴露条件下颜色和外观变化的方法。对于涂层，涉及光泽、颜色、厚度的变化，主要的国标有色漆和清漆（不含金属颜料的色漆）漆膜之20°、60°和85°镜面光泽的测定，涂膜颜色的测量方法、色漆和清漆漆膜厚度的测定和磁性金属基体上非磁性覆盖层厚度测量方法。

（2）力学性能指标

材料在工程结构中的应用，必然要涉及强度，因而必然要研究其力学性能。材料的力学性能是评价材料在变形和破坏情况下的重要性能指标，主要有拉伸强度、断裂伸长率、弯曲强度及冲击强度、压缩强度、疲劳性能、定伸变形、相对伸长率、可塑性能、应力松弛、蠕变等性能的变化。涉及实验方法有：塑料拉伸性能实验方法、塑料弯曲性能实验方法、塑料薄膜拉伸性能实验方法、硫化橡胶耐臭氧老化实验动态拉伸实验法、硫化橡胶或热塑性橡胶拉伸应力应变性能的测定。

（3）微观分析方法

材料的宏观物理机械性能是由其微观结构所决定的，因此，在研究高分子材料的老化时，除了用某些宏观物理机械性能作为评价标准以外，更应该采用一些微观分析方法。特别是当建立人工老化和大气老化之间的相关模型时，微观分析方法显得更为重要。目前主要采用的聚合物降解的检测和分析方法有热分析法（差热分析 DTA 、差示扫描量热法 DSC、热重分析法 TGA 及热机械分析法 TMA)、化学分析法(氧吸收法、过氧化物基团的测定、羰基的测定、羧基的测定)、色谱法、质谱法、光谱法、核磁共振 NMR、电子自旋共振 SR、动态热 – 力分析 DMA 等。

对暴晒实验和室内加速老化实验后的试样通过现代分析测试手段,在对高分子材料的表观状况、理化性能进行检测的基础上,再进行分子水平级的微观结构分析,综合研究其老化历程,探讨老化机理,从而为延缓老化提供有效的参考意见,见图 10 – 19。

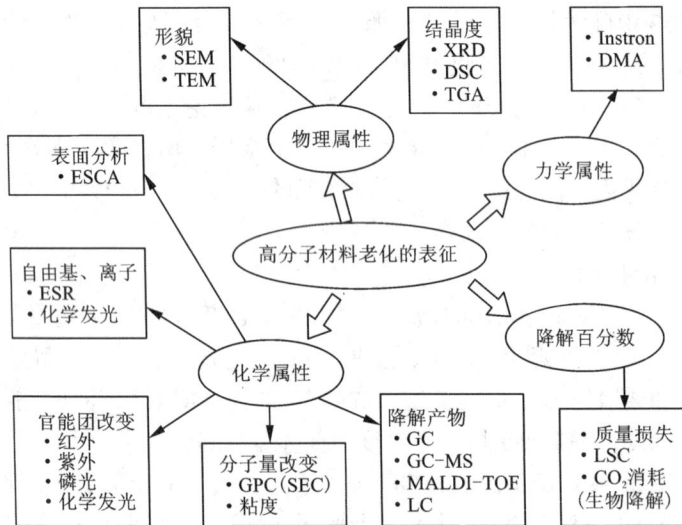

图 10 – 19 高分子材料老化的系统分析技术

10.4.4 介质浸渍试验

高分子材料在工业介质中,经常会出现溶胀、水解等失效形式。若在应力状态下,情况更为复杂,应力会对上述失效产生协同作用。因此,开展模式工业介质环境,在有应力或无应力状态下进行介质浸渍试验,是对高分子材料腐蚀(老化)的重要评价手段。

(1)无应力浸渍试验

该方法与金属的浸渍试验一样,按照标准或相关需求将试片在自然状态下浸渍于试验介质中,维持所需温度,定期测定试样的质量变化,试样与介质的外观变化,试样的尺寸(或形状、分层情况)变化等。质量变化至少应测定至 1000 小时以上才能比较好地反映高分子材料的结构和性能的变化,而且最好要测定其变化趋势,否则易得出不够正确的结论。由于浸渍时试样增加的质量为介质向材料内部渗透扩散的量与从高聚物向介质中扩散出来的物质质量之差,因此,仅凭增重率来确定材料的耐腐蚀性能不很可靠,应同时测定从高聚物中溶出的物质质量。

　　大多高分子材料的应用是在一定的应力状态下，特别是工程塑料，因此，在进行静态浸渍试验的同时，往往要定期取出，按材料或制品使用的相关要求进行力学性能试验，对比浸渍前后试样的力学性能变化，测定出力学强度等指标的变化率，然后按照变化率的大小来评价材料的耐腐蚀性能。如对于聚烯烃管材，其浸渍后腐蚀的评价标准见表 10 - 6。材料制品针对不同的应用场合，其要求也不同，因此对浸渍后材料腐蚀的评价标准也有所不同。

表 10 - 6　聚烯烃管材的耐腐蚀性评定方法

耐　蚀　等　级	拉伸屈服应力变化	断裂伸长率变化	可　用　性
耐　　蚀	无显著变化		在无应力情况下可用，有应力需经长期试验
尚 耐 蚀	≤15%	≤50%	有腐蚀，尚可用，在实际使用条件下进一步试验
不 耐 蚀	>15%	>50%	严重腐蚀，不能使用

　　对于玻璃钢的耐腐蚀性与树脂 - 玻璃纤维间的粘合情况有很大关系，因而其耐腐蚀性能主要以抗弯强度的变化来确定。

　　(2)介质浸渍中的力学试验

　　高分子材料在工业环境介质中，往往同时是在承载状态下，即使不发生溶胀、裂解等失效形式，也经常会在比空气中的断裂应力或屈服应力低得多的应力下发生开裂。即高分子材料的环境应力开裂。因此，考察高分子材料在化学介质与应力共存的试验条件下的断裂行为，更具有意义。

　　1)介质浸渍中的蠕变试验

　　高分子材料具有粘弹性，因此，在承载条件下，其形变随时间是要变化的，不同材料这种蠕变性能表现程度不同，环境介质是否对蠕变性能有所影响是关系到材料环境承载寿命的问题。

　　蠕变曲线是材料在一定的温度、应力状态下，测量出的形变随时间的变化曲线。根据蠕变曲线即可确定应力一定时材料在该条件(介质、温度)下产生超过使用要求形变量的时间(即使用寿命)。由于蠕变特性，高分子材料的长期承载强度远低于短期强度，如对于 PVC 长期承载强度(1000 小时)仅为测量值的 1/2。

　　环境介质对于材料的蠕变性能有很大的影响，必然要影响到长期承载强度。如将硬聚氯乙烯在 60℃ 的各种介质(H_2SO_4：10%，95%；HNO_3：5%，10%，NaOH：10%，53%，空气；水)中浸渍 15 天后，从介质中取出来，在 40℃ 的空气中测定其长期断裂强度，虽然浸渍的介质性质差别很大，但从试验结果看，介质种类对结果影响不大，因为上述介质很少侵入材料内部。但是将没有预先浸渍过的硬聚氯乙烯，在介质浸渍状态下测定长期强度，介质的影响却变得很大。若以在空气中的长期强度为标准，则在介质中测得的都要比它小，而且介质腐蚀性越大，强度下降越多。在介质中测定的长期强度结果如图 10 - 20；测试时聚氯乙烯介质与应力的同时作用,应力造成的微裂纹,使介质分子易于侵入。

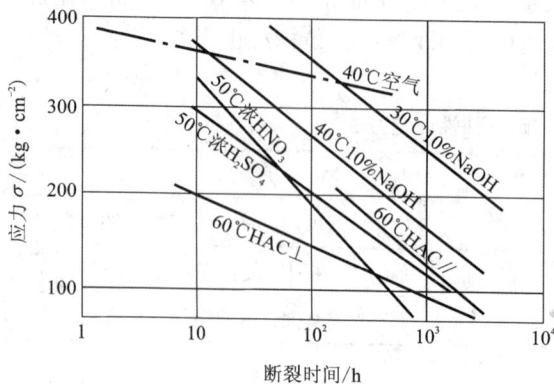

图 10-20 硬聚氯乙烯在各种介质中的蠕变断裂曲线

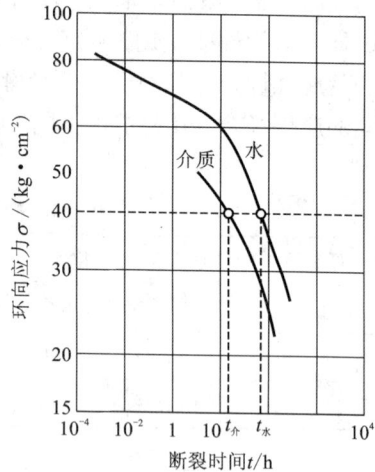

图 10-21 聚乙烯管在介质(80℃)中的长期强度

将热塑性塑料制成细管,在管内封入试验介质并用压缩空气使之保持一定内压,直至塑料管开裂,可测得介质中的长期蠕变断裂数据。例如有人曾用此法进行了十多年的应力腐蚀试验,并用在同一应力下,管子在化学介质中与在水中的破裂时间之比来表示耐腐蚀性能。

图 10-21 为高密度聚乙烯管材的蠕变断裂曲线。若令应力一定,则 $\sigma = C$(如 40 $kg \cdot cm^{-2}$)的水平线分别与介质、水中的蠕变曲线相交,交点所对应的横标,即为介质中和水中的断裂时间,其比值即时间系数 $f_t (f_t = t_介 / t_水)$ 可用来评定管材在该条件(应力、温度、介质)下的耐腐蚀性能,并且规定其与耐腐蚀性能,如表 10-7。按此定义,水的耐腐蚀时间系数 $f_t = 1$。

表 10-7 f_t 与腐蚀性的关系

$f_t = t_介 / t_水$	1~0.5	0.5~0.1	0.1~0.01	≤0.01
可用性能	耐腐蚀性好	经济上合算,可用	不耐腐蚀	短期内脆性破坏

由长期蠕变试验还可确定一定温度下的耐腐蚀应力系数,如图 10-22 所示,在水与介质两条蠕变曲线上分别取得两点,使其环向应力 $\sigma_介$ 与 $\sigma_水$ 均与同一断裂时间 t 相对应,令 $f_\sigma = \sigma_介 / \sigma_水$ 为耐腐蚀应力系数,则只要 f_σ 已知,即可按要求的使用时间确定许用的环向应力,并计算管壁厚度。

2)介质中的应力松弛试验

如果介质对高分子材料有腐蚀作用,无论是溶胀、裂解还是环境应力开裂,都会使承受外力的大分子链数目减少。高分子材料的静态粘弹性的另一个重要的表现就是应力松弛现象。在这种情况下若测定材料的应力松弛过程，就会发现应力比在空气或水等非腐蚀性介质中松弛得要快。利用这种性质可以在较短的时间内判定材料的耐腐蚀性能。

式 $\sigma/\sigma_0 = \exp(-t/\tau)$ 是反映物理性应力松弛的方程式。设试件所受应力与单位截面内能承受力的大分子链数目（即链浓度）成正比，则应力的减少比例 σ/σ_0 与链浓度的减少比 N/N_0 相等，即

$$\frac{\sigma}{\sigma_0} = \frac{N}{N_0} \qquad (10-6)$$

式中　σ——t 时刻的应力；

　　　σ_0——初始应力；

　　　N——t 时刻的分子链浓度；

　　　N_0——刚受力时分子链的初始浓度。

如果材料受到腐蚀时，受力的分子链断裂速度符合一级反应，即

$$\frac{dN}{dt} = -kN$$

则：

$$\ln N = \ln N_c - kt$$

$$\frac{\sigma}{\sigma_0} = \exp(-kt)$$

这里的常数 k 可以反映介质对高分子材料的腐蚀能力。k 值大，单位时间内因腐蚀而断裂的分子链多，材料就不耐腐蚀。利用这个方程可测定塑料在化学介质中的应力松弛曲线，常以应力保持率 σ/σ_0 为纵轴，以时间的对数为横轴来表示。应力松弛曲线可采用图 10-23 所示的应力松弛仪来测定。也可以利用电子万能试验机进行。

应力松弛试验中的临界应力，也可以说是用应力单位表示的腐蚀性能指标。介质中的临界应力比空气中的临界应力小得越多，说明介质的腐蚀作用越大，材料的可用性越差。表 10-8 为几种塑料在各种环境介质中的临界应力，说明了其耐腐蚀能力。

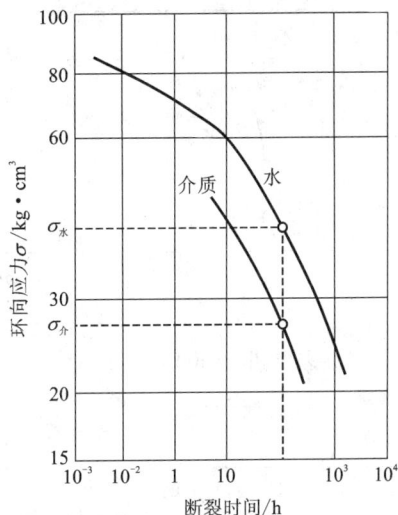

图 10-22　高密度聚乙烯管(40℃)应力系数的确定

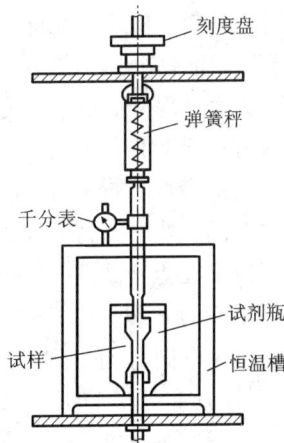

图 10-23　环境应力松弛仪

表 10 – 8　以临界应力表示的几种塑料的耐腐蚀能力

材　　料	介质	临界应力/(kg/mm²)
聚丁烯(80℃)	空气	0.5
	10% NaOH	0.5
	10% CH₃COOH	0.4
	10% HNO₃	0.4
聚丙烯(80℃)	水	0.4
乙烯基酯树脂(40℃)	空气	3.0
	水	<2.0
	10% NaOH	2.0
	10% H₂SO₄	<2.5
	35% HCl	2.5
	10% HCl	2.5
双酚 A 型聚酯树脂(40℃)	空气	2.4

（3）环境应力开裂试验的其他方法

采用图 10 – 24 所示的弓形试件，在介质中测定其裂缝出现时间的方法，已被列为标准试验。此外，尚可用光学显微镜观察试片上出现微裂纹或银纹的时间，还可用电子显微镜检定银纹、裂纹的形态和生长规律。有特殊要求时，也可测定液体的流动和高分子材料中的温度梯度对腐蚀性能的影响。

聚乙烯材料的环境应力开裂比较严重，常影响到它在化工介质中的使用性能，所以，无应力浸渍数据不一定能够反映真实情况，用于表面活性介质中更要注意。将试片弯成弓形并浸入 50℃ 介质后，试片出现开裂的时间超过 300 小时仍不开裂，被认为无变化。该方法已被广泛采用。为了缩短到达开裂的时间，也可预先在试片上沿弯曲方向开一小裂缝。

浸渍时间、外加应力大小对试验结果的影响不言而喻。试验中要注意以下几点：试件的厚度与表面积(特别是厚度)有一定的影响，在某一临界厚度以下不产生环境应力开裂。加工试件时必须注意方向性，当应力作用方向与大分子取向方向垂直时，开裂易在取向方向出现；一般地说，温度高易于开裂，但若接近材料本身或其中某些成分(如低分子质量组分)的熔点或玻璃化温度时，开裂就不会产生。所以，加有增塑剂的材料(如软聚氯乙烯)在常温下就不存在环境应力开裂的问题。介质流动情况和有无搅拌对试验结果也有影响。

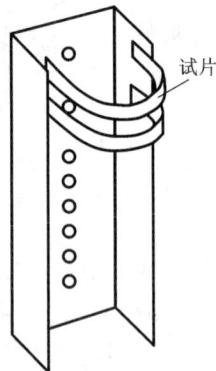

图 10 – 24　环境应力开裂试验中试片固定法

无论实验室的试验如何全面，但总与实际生产上的应用条件有差别。所以若情况允许，最好进行现场挂片试验和应用试验。

10.5 高分子材料腐蚀的防护原则

高分子材料受外界光、热、氧等环境因素的作用容易发生老化降解，采取改进成型加工及后处理工艺，共聚或共混改性，涂覆防护层，添加有抗光、抗热、抗氧等作用的稳定剂等的物理或化学方法，使高分子材料的性能继续保持或延缓下降的各种措施，称为"防老化"。高分子材料的老化成为制约高分子应用的一个重要因素，根据高分子材料应用环境的不同、老化主要影响因素的不同、老化机理的不同，开展防老化研究，提高材料的耐久性具有重要意义。

为了提高高分子材料的稳定性，延缓老化变质的速度，从而延长它们的贮存和使用寿命，从化学方面或物理方面所采取的各种措施，均属于广义的防老化技术范畴。

高分子材料的老化是由于内外两类因素引起的。因此，对于每一种高分子材料，应根据其老化原因、老化机理、成型工艺、使用环境和要求等实际情况进行具体分析，才能寻求有效的对策，获得显著的防老化效果。例如，针对材料化学组成与分子结构等内部弱点，可通过改进聚合和成型加工工艺或共聚、共混、增强等改性方法；提高材料及其制品本身抵抗老化降解的能力，针对光、热、氧等环境作用因素，可通过添加防老化剂的方法来抑制或减缓老化反应，也可采用物理防护的各种方法使材料及制品避免或减少受环境因素的破坏。

由此，抗老化改性基本原则为：

(1)根据不同的老化路径，找出老化的机理，就可采取相应措施防止老化的发生。老化和防老化的不同路径见图 10-25。

(2)根据导致高分子材料老化的不同外界因素可采取不同的防老化措施，提高材料的耐老化性能，延缓老化的速率，以达到延长使用寿命的目的。具体过程见图 10-26。

(3)根据高分子材料的实际成型工艺选择合适的防老化方法。

高分子材料防老化的方法可有如下五类措施：

1)改进聚合和后处理工艺，包括减少不稳定结构、调整支链、双键和聚合度、封闭端基、减少或除去催化剂残留物、除去其他杂质等措施；

2)改进成型加工和后处理工艺，包括原材料预处理、控制加工温度与时间、改变冷却速度与结晶度、调整取向度、消除或减小内应力以及进行淬火、退火等热处理措施；

3)改性，包括共聚、共混、添加增强剂或改性剂等；

4)添加防老化剂，包括热稳定剂、抗氧剂、紫外光吸收剂、光屏蔽剂、防霉剂等的应用；

5)物理防护，包括涂漆、镀金属、着色、涂蜡、涂油、涂塑料或橡胶层、复合、涂布或浸渍防老化剂溶液等措施。

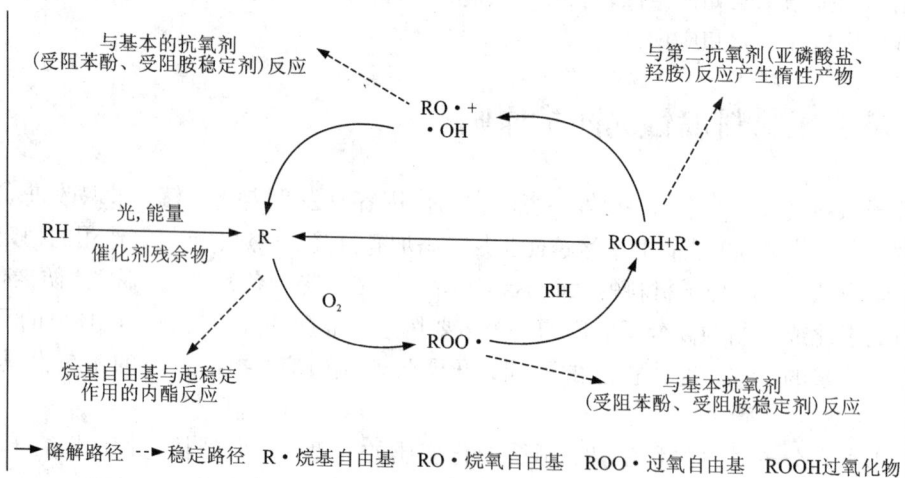

图 10-25　老化与防老化的不同路径

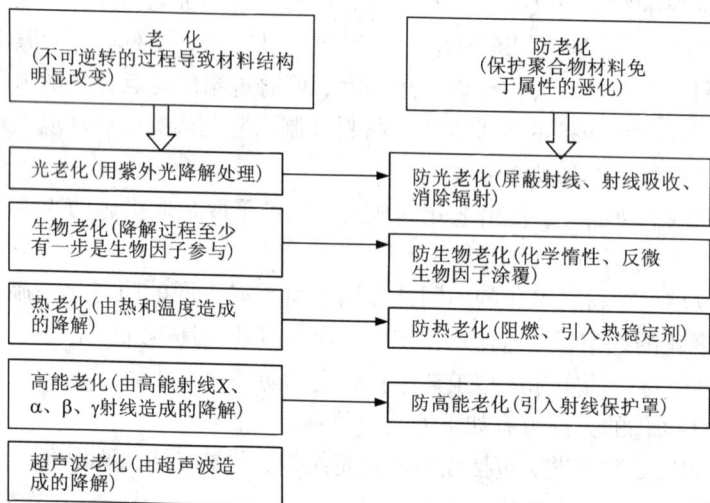

图 10-26　高分子材料不同老化和防老化过程的示意图

　　上述五种类型的防老化措施只是根据主要技术手段或形式加以划分的，因为老化的成因和变化机理多种多样，而且一种防老化措施也可能发挥多种稳定化的作用，故要严格进行科学的截然不同的分类是不可能的。例如，"添加防老化剂"的方法中，一般均包括热稳定剂、光屏蔽剂的应用。但是，热稳定剂也可归类于加工助剂，从而可划分于"改进成型加工"的方法类型。而光屏蔽剂如炭黑，它兼具抗氧剂的作用，此外，它也是着色剂、增强剂、甚至作为抗静电性的填充剂，又如钛白、氧化锌、碳酸钙，除了发挥光屏蔽作用外，也是着色剂、填充剂，活性超细碳酸钙还被广泛用作无机盐类的 PVC 冲击改性剂，因此，如从着色、光屏蔽作用看，也可划分于"物理防护"方法类型，从填充增强的作用看，还可划归于"改性"的方法类型。再如，"物理防护"方法中有涂布或浸渍防老化剂溶液的措施，因这是后来在制品表面或表层添加防老化保护层，如从防老化剂所起的稳定作用考虑，也可视为"添加防老化剂"的方法。

思 考 题

1. 简述高分子材料的结构层次，以及其腐蚀与金属腐蚀的区别。

2. 环境对高分子材料通常有哪几种类型的作用？简述其机理。

3. 介质向高分子材料的渗透与扩散有哪两种类型？假设已知 B、D 等相关参数，可否知道介质向高分子材料渗透的厚度与时间的关系？请推导。

4. 简述高分子环境应力开裂的影响因素。

5. 请论述高分子材料老化的基本评价方法包括哪些？

6. 高分子材料抗老化的基本防护措施有哪些？

第 11 章　功能材料的腐蚀与防护

据不完全统计，人类社会的新材料正在以每年 5000 种以上的速度在增加。结构材料性能的进一步改进和各种特殊功能的新型功能材料的大量出现是材料科学发展的两个典型特点。新型功能材料中尤其以电子信息材料、纳米材料、能源材料和生物医用材料具有代表性。复合材料赋予传统结构材料各种更加优良的使用性能。但是，不可避免的是，这些材料在服役使用过程中，都会发生由于环境因素引起的各种腐蚀，使材料过早失效甚至产生灾难性事故。这导致了传统的材料"腐蚀"概念的进一步深化与拓展。本章以电子信息材料、纳米材料、生物医用材料的腐蚀为例，讨论传统的材料"腐蚀"概念的进一步深化与拓展的趋势。

11.1　信息材料的腐蚀与防护

11.1.1　信息材料与腐蚀环境概述

(1)信息材料

现代信息技术是以微电子学和光电子学为基础，以计算机与通信技术为核心，对各种信息进行收集、存储、处理、传递、显示的高技术群。信息技术的几个主要环节的发展在很大程度上依靠元器件和材料的发展。信息材料是信息技术发展的基础和先导。信息材料就是指与现代信息技术相关的，用于信息收集、存储、处理、传递和显示的材料。

信息传感材料主要是指用来制作具有收集信息功能的各类传感器和探测器的材料，例如用来制作力敏传感器的金属应变电阻材料和半导体压阻材料，用来制作热敏传感器的正温度系数与负温度系数(NTC)热敏材料，用来制作光敏传感器和探测器的光敏电阻材料、光电导型和光伏型半导体材料等。

信息存储材料是指用来制作具有信息存储功能器件的存储器材料。这类材料主要有半导体存储材料，铁电存储材料，磁光存储材料，磁存储材料，有机电双稳存储材料等。

具有信息处理功能的器件分为微电子信息处理器件和光信息处理器件两大类。微电子信息处理器件主要是指可对电信号进行处理的各类场效应管，双极性晶体管等组成的电子器件。用来制作微电子处理器件的材料主要有硅、锗等半导体材料和 GaAs 系列、InP 系列等半导体材料，二氧化硅等氧化物材料，铝、铜等金属电极、引线材料等。光信息处理器件主要是指对光信号进行相关处理的器件，如各类光电调制器、光开关、磁光调制器等。用来制作光信息处理器件的材料主要有各种电、光、磁、声调制材料以及半导体激光材料等。

　　具有信息传输功能的器件主要是指用于光通信、微波通信的一些器件，如组成光纤通信系统的各类器件(光纤光缆、光纤连接器、光发射机、光分路器、光开关等)，组成微波通信系统的各类器件(地面终端、有源天线等)。用于光通信的信息材料主要是指各种光纤材料、半导体激光器材料、光偶合材料光电探测材料等；用于微波通信的信息材料主要是微波相控阵天线材料、旋磁微波铁氧体材料以及 Si 和 GaAs 微波收发集成电路材料等。

　　信息显示器件主要是指各类显示器。因显示原理不同，其器件的材料也有多种。如只制作 TFT - LCD 薄膜晶体管的非晶硅、多晶硅等半导体材料；用于交流薄膜电致发光显示的 Cu、Al、Mn 的 ZnS 基质发光粉；用于 OELD 的有机分子电致发光中的电子传输发光材料、PPV 等 π 共轭聚合物、掺入低分子发色团的 PVK 聚合物等。

　　还有一些材料，例如集成电路芯片的封装材料、印刷电路板材料(包括导电部分和绝缘部分)、器件结构支撑材料等，也是信息器件中不可缺少的一个重要组成部分。它们在信息器件中主要起对电信号的连接、传导和隔绝作用和保护、支撑核心信息元件的作用，而且它们几乎在所有信息技术产品中都被广泛使用，故可以把它们归类于通用信息材料。

　　(2)电子器件与环境

　　电子器件在周围环境作用下可导致失效。环境所具有的物理、化学、生物条件称为环境条件。环境也是一种应力源。电子器件暴露在环境中，必然受到环境条件的影响。

　　环境因素造成的设备故障是严重的，它们从各方面使产品性能劣化。如温度、生物和污染物破坏表面保护层，风沙、尘埃和生物剥蚀产品表面，振动冲击造成应力腐蚀，大气中的盐和其他污染物引起或促进化学腐蚀，温度、湿度使电子元器件受损，产生绝缘击穿，接触器不导电、电阻值改变和电性能

图 11 - 1　各种主要环境引起电子产品故障占环境引起总数的百分比

变坏等。多年来积累的统计数据表明，环境引起产品的故障数占总故障数的 52% 左右，在这 52% 的故障中，各种环境引起的故障的百分比如图 11 - 1 所示，从中可见大部分故障是由温度和湿度引起的，这两项环境因素造成的故障率高达 59% 。因此，研究不同环境因素对产品的影响、失效机理和对应的防护措施具有非常重要意义。

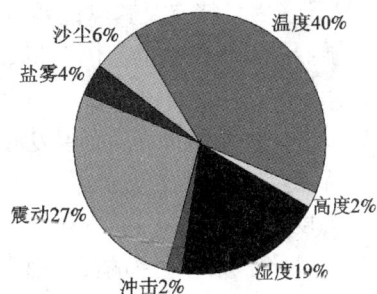

11.1.2　信息材料失效与腐蚀机理

　　(1)电子器件的失效模式

　　电子电路或电子系统主要是由各种电子元器件组成。电子电路或系统所产生的故障大多是由电子元器件的失效所造成。元器件的质量，存储、使用中的环境直接影响到电子电路或系统的质量。常用的电子元器件主要有：半导体器件包括晶体管、集成电路等组成的有源元

件；电阻器、电容器、电位器等组成元件；继电器、接插件、开关等组成的接触元件；印刷电路板、引线等支撑元件。在实际使用中，电子元器件的失效是多种多样的，主要元器件失效的模式如表 11-1 所示。

表 11-1　电子元器件的主要失效模式

元器件名称	失效模式
半导体器件	开路、短路、无功能、特性劣化、重测合格率低、结构不好
电阻器	断路、机械损伤、接触破坏、短路、绝缘击穿、阻值漂移
电容器	击穿、开路、电参数退化、电解液泄漏、机械损伤
电位器	参数漂移、开路、短路、接触不良、动噪声大、机械损伤
继电器	接触不良、触点黏结、灵敏度恶化、接点误动作、线圈断线
接插件及开关	接触不良、绝缘不良、接触瞬断、绝缘材料破损

（2）环境因素特点及其腐蚀效应

电子器件发生失效的原因分析表明，具有腐蚀作用的自然环境因素主要有湿度、温度、氧气、盐雾等。环境对电子器件的腐蚀效应是多种因素的长期、综合性作用，不同因素同时或先后多次作用于器件，从而引发故障失效。因此，分析环境因素对电子器件的作用，必须考虑其特点及其腐蚀效应。

1）温度

温度对化学反应速率的影响显著，一般来说反应速率随温度的升高而很快增大。阿伦纽斯（Arrhenius）总结了大量实验数据，提出了一个经验公式，此公式表示为

$$k = Ae^{-Ea/RT}$$

$$(11-1)$$

式中，Ea 称为实验活化能，可以看做与温度无关的常数；A 通常称为指前因子，由反应物性质决定。阿伦纽斯公式表明，很多情况下温度每提高 $10℃$ 化学反应速率就增加 1 倍，即由化学反应引起的腐蚀速率就增加 1 倍。阿伦纽斯公式也运用于产品寿命预测：当环境温度上升 $10℃$ 时，产品的寿命就减少 1/2；当环境温度上升 $20℃$ 时，产品的寿命就会减少到 1/4。

在实际环境中，可以分别研究低温、高温以及温度冲击对材料的影响。

在低温环境中，塑性材料会变脆，出现低应力脆断现象，进而引起器件失效；金属材料随着温度降低从韧性向脆性转变，其转变的力学图如图 11-2 所示。随着温度的降低，绝大多数物质的体积缩小，对于不同材料，收缩系数不同，导致器件内部出现微裂纹，这些微裂纹不仅影响器件的力学性能，同时它有利于水汽的凝结，引起材料内部腐蚀或真菌繁殖等。例如塑封微电路的低温分层开裂现象使水汽、氧等腐蚀性物质进入器件内部而引起腐蚀是这类器件在存储中引起失效的主要原因。

高温下，拉伸和抗拉屈服强度降低，屈服应力与温度的关系如图 11-2 所示。如果温度超过了再结晶点，就会影响金属的热处理效果；如果加热使得电镀层扩散进入晶界，金属中就会产生合金化，最终改变基本金属的物理特性；高温会加速金属材料表面的氧化，使易挥发物质挥发，加速材料的老化变形；高温会改变金属电位的高低，如在低温时铁的电位高，锌的电位低，当温度高于 70℃时，铁的电位低，锌的电位高；高温会引起焊缝熔化和固体器具烧毁；对于电阻器件，随着温度的升高，阻值增大，对于恒流电路

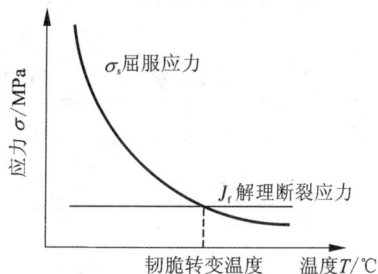

图 11-2　力学性能与温度的关系

其功耗增加，对于低掺杂半导体器件其工作电流随温度升高而急剧增加，故温度进一步升高，或是直接烧毁器件或是加剧器件材料的腐蚀、老化，进而缩短器件的寿命。

当环境温度突然变化时，或是较长时间内温度变化较大，造成器件各零部件之间、同一零件的各部分间形成温差。由于热胀、冷缩的程度不同，形成强大内应力，并有可能引起金属材料的应力腐蚀，例如电子元器件的焊点接头不断受到周期性热冲击，由于元器件和基体材料的热膨胀系数不匹配，于是在每次热循环冲击中都会产生剪切应力，加之焊料合金的熔点一般都较低，故在受到剪切力时，很容易产生高温蠕变变形；如果器件内部有气体，由于空气的热胀冷缩，形成"呼吸"效应，会加剧器件内部的水汽凝聚，使氧浓度与外界趋于一致，进而引起器件金属材料的腐蚀或是造成有机材料上真菌的繁殖等，见表 11-2。

表 11-2　温度引发失效的主要模型及敏感元件和材料

失效			环境应力条件	敏感元件和材料
大分类	中分类（原因）	失效模式		
高温老化	老化	抗拉强度老化	温度 + 时间	树脂、塑料
		绝缘老化		
	化学变化	热分解	温度	塑料、树脂
	软化、融化	扭曲	温度	金属、塑料、热保险丝
	汽化、升华			
	高温氧化	氧化层结构	温度 + 时间	连接点材料
	热扩散（金属化合物结构）	引线断裂	温度 + 时间	异金属连接部位
中级破坏	半导体	热点	温度、电压、电子能	非均质材料

续上表

失效			环境应力条件	敏感元件和材料
大分类	中分类(原因)	失效模式		
热积聚燃烧	剩余的热燃料	燃烧	加热+烘干+时间	塑料(如带有维尼龙和聚氨酯油漆的木质芯片)
穿刺	内在的	短路、绝缘性差	高温(200℃~400℃)	银、金、铜、铁、镁、镍、铅、钯、铂、钽、钛、钨
	非内在的	短路、绝缘性差	温度(400℃~1000℃)	铜、银、铁、镍、钴、锰、金、铂和钯的卤化物
迁移	电迁移	断开引线断裂	温度(0.5T_m)+电流(J~10mA·cm^{-2})	如钨、铜、铝(特别是集成电路中的铝引线)
蔓延	金属	疲劳、损坏	温度+应力+时间	弹簧、结构元件
	塑料	疲劳、损坏	温度+应力+时间	弹簧、结构元件
低温	金属	损坏	低温	体心立方晶体(如铜、钼、钨)和密排立方晶体(如锌、钛、镁)及其合金
易脆	塑料	损坏	低温+低湿度	高玻璃化温度(如纤维素、乙烯胺),低弹性的非晶体(如苯乙烯、丙烯酸甲酯)
焊剂流动	焊剂流粘到冷金属表面	噪声、连接不实	低温	特别是连接到印刷电路板上的元件(如开关、连接器件)

2)湿度

湿度表示大气中水蒸气的含量,水汽与材料的作用可分为吸附、吸收、扩散三个过程;吸附是表面作用过程,吸收和扩散是体作用过程。

所有吸附在材料表面的水汽都不可避免地改变材料的表面性能。吸附在金属材料表面的水汽会加速其腐蚀速率;吸附在无机材料表面的水汽会促进真菌的生长。对于一些有机材料,真菌是使其失效的一个主要因素。真菌生长的环境为相对湿度在60%~80%,温度在-5℃~85℃,具备一定量的营养物质时,真菌开始繁殖。在相对湿度大于80%,温度25℃~30℃时,真菌繁殖速度加快。

吸收是指水与空气通过材料的间隙进入材料内部,它可以由扩散、渗透或毛细管凝结三种物理过程形成,扩散和渗透除了与湿度和温度有关外,还和材料的本身性质有关。水分子进入固体材料内部后,会改变固体材料的晶格形状,导致固体材料晶格内部膨胀变形。许多材料在吸湿后膨胀、性能变坏、引起物质强度降低及其他主要机械性能下降,同时吸附了水汽的绝缘材料的电性能会下降。

扩散是分子运动的一种物理现象。在扩散中，分子总是从浓度高的地方向浓度低的地方迁移。水分子扩散可以通过材料进入器件内部，也可以通过材料的毛细管、孔隙进入器件内部，它也是吸收过程的一种特殊形式，扩散过程按菲克定律进行。扩散引起的湿气吸收除了取决于环境温度和绝对湿度外，还与材料的材质有关。

水汽通过扩散进入器件内部，到达基底，如果基底材料是金属，不仅会引起金属材料的腐蚀，同时锈蚀还会加速涂层的破坏。

例如集成电路中铝线的腐蚀过程为：水汽/氧气渗透入塑封壳内→湿气/氧气渗透到树脂和导线间隙之中→水汽渗透到晶片表面引起铝化学反应。

在印制板电路中，湿气会加速金属迁移而引起器件的失效。当印刷电路板吸收电路引线间的湿气后，加上偏压时阳极金属产生电离并向阴极方向移动。电离金属则呈树枝状向阳极扩展。如果所电离的金属到达阳极，金属线之间将会出现短路造成绝缘性能降低。

湿度与温度总是综合在一起对器件的寿命进行影响。表 11－3 列举了湿热环境中器件的失效模式及敏感元件。

表 11－3　湿热所引起的主要失效模式及敏感元件

失效			环境应力条件	敏感元件和材料
大分类	中分类（原因）	失效模式		
高温老化	老化	抗拉强度老化	温度＋时间	树脂、塑料
		绝缘老化		
	化学变化	热分解	温度	塑料、树脂
	软化、融化	扭曲	温度	金属、塑料、热保险丝
	汽化、升华			
	高温氧化	氧化层结构	温度＋时间	连接点材料
	热扩散（金属化合物结构）	引线断裂	温度＋时间	异金属连接部位
中级破坏	半导体	热点	温度、电压、电子能	非均质材料
热积聚燃烧	剩余的热燃料	燃烧	加热＋烘干＋时间	塑料（如带有维尼龙和聚氨酯油漆的木质芯片）
穿刺	内在的	短路、绝缘性差	高温（200℃～400℃）	银、金、铜、铁、镁、镍、铅、钯、铂、钽、钛、钨
	非内在的	短路、绝缘性差	温度（400℃～1000℃）	铜、银、铁、镍、钴、锰、金、铂和钯的卤化物
迁移	电迁移	断开引线断裂	温度（$0.5 T_m$）＋电流（$J \sim 10 \text{mA} \cdot \text{cm}^{-2}$）	如钨、铜、铝（特别是集成电路中的铝引线）

续上表

失效			环境应力条件	敏感元件和材料
大分类	中分类(原因)	失效模式		
蔓延	金属	疲劳、损坏	温度 + 应力 + 时间	弹簧、结构元件
	塑料	疲劳、损坏	温度 + 应力 + 时间	弹簧、结构元件
低温	金属	损坏	低温	体心立方晶体(如铜、钼、钨)和密排立方晶体(如锌、钛、镁)及其合金
易脆	塑料	损坏	低温 + 低湿度	高玻璃化温度(如纤维素、乙烯胺),低弹性的非晶体(如苯乙烯、丙烯酸甲酯)
焊剂流动	焊剂流粘到冷金属表面	噪声、连接不实	低温	特别是连接到印刷电路板上的元件(如开关、连接器件)

3)氧气

在中性介质中,金属腐蚀主要为氧去极化过程,没有氧气,金属电子器件,例如集成电路中铝线就不会发生腐蚀。金属表面附着的水膜使氧溶解,扩散到金属表面使氧去极化过程进行得非常顺利。由于水膜(或水滴)的厚度不均,水膜及液滴的氧浓度不均而形成氧浓度差电池引起腐蚀,在金属重叠面上(不论是同一种类金属还是不同种类金属),这是电子器件中常见的状况,金属表面与另一表面紧密接触时,边缘上氧的供给容易形成阴极,重叠表面深处由于氧供给困难成为阳极而发生腐蚀。氧气也可能沿金属材料的晶间扩散进入金属内部,引起金属材料的晶间内氧化。

4)盐雾

海浪拍击碎石而飞溅的水沫构成雾状进入空气,这种悬浮在空气中的气化雾状微粒称为盐雾。这些盐雾落在物体表面并溶于水中,在一般的温度下就能对半导体集成电路材料、结构体等产生腐蚀作用,使表面、接点处变粗糙,从而降低电路的可靠性。

盐雾引起的微电子器件的失效主要是由于盐雾引起器件中金属引线、焊料的电化学腐蚀。起腐蚀作用的盐主要是氯化物盐,硝酸盐,磷酸盐等。其腐蚀模型为原电池模型。低电位的金属为阳极,其反应为:

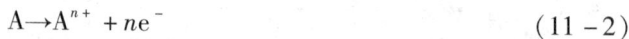

$$A \rightarrow A^{n+} + ne^- \tag{11-2}$$

高电位的阴极处发生析氢反应或氧去极化反应:

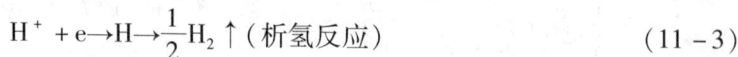

$$H^+ + e \rightarrow H \rightarrow \frac{1}{2}H_2 \uparrow (析氢反应) \tag{11-3}$$

$$O_2 + 4H^+ + 4e \rightarrow H_2O \text{（酸性溶液的氧去极化反应）} \qquad (11-4)$$

$$O_2 + 2H_2O + 4e \rightarrow 4OH^- \text{（中性或碱性溶液中的氧去极化反应）} \qquad (11-5)$$

当金属（阳极）的电位比氢电极（阴极）更负时发生析氢反应；当金属（阴极）电极过电位与氧平衡电位差越小时，越容易发生氧去极化反应。电路中的铝、铁、锌容易发生析氢反应；铁、镍、银、铜容易发生氧去极化反应；锡不发生析氢反应与氧去极化反应，但是盐雾中的氯离子会导致在锡上发生点蚀或与其他金属接触如铜，引起接触金属的氧去极化反应。此外，还有对集成电路中各种封装条件下，盐雾试验对电路中的腐蚀的理论分析的研究工作。

（3）电子器件的腐蚀机理及主要腐蚀类型

电子器件的腐蚀主要是大气腐蚀。材料表面水膜厚度影响着腐蚀速率，其中水膜厚度在 1 μm 以上的腐蚀最为严重。水膜下材料主要是发生电化学反应，因而电子器件大部分腐蚀的本质是电化学腐蚀，少量则属于化学腐蚀如银变色。

电子器件的大气腐蚀机制与其他体系大气腐蚀基本相同，但又有自己的特点。首先，电子器件中金属种类较多，相邻不同材料之间存在电位差，电偶中的阳极比起表面水膜中腐蚀性离子更具有腐蚀活性，并且元件间起绝缘或保护作用的涂层如环氧在潮湿甚至缺水的情况下，均能产生良好的离子导电性通道，故而电子器件金属电偶腐蚀的倾向相当大。其次，由于电子元件体积小，空间密度又很大，即使元件表面存在着微量腐蚀产物，也对其性能指标产生严重影响，甚至导致元件和器件失效。此外，焊接时含有腐蚀性离子的助焊剂残留，因清洗不净也构成加速腐蚀的因素。因此，电子器件的大气腐蚀相对于一般金属结构的大气腐蚀，具有更易于发生、腐蚀结果更严重、环境影响作用更大等特点。

按腐蚀形式可将其分为如下几类：

1）均匀腐蚀：电子器件中的银、铜、铁、锌等经常发生均匀腐蚀，如铜的发绿或变黑、锌和铝表面布满白色腐蚀物等。

2）电偶腐蚀：两种不同金属或一种金属与其他一些导电性材料（如石墨）相互接触，在潮湿条件下可发生电偶腐蚀。如 Al 与 Au 相连时发生 Al 的电偶腐蚀。

3）电解腐蚀：在导体被吸湿性材料隔开时，尽管相邻导体通道之间的电压相当低（<10 V），但极短的通道间距能产生很强的电场。在潮湿液膜存在时，具有较高电位的导体被溶解，形成的离子向另一导体迁移，最终导致器件失效。隔离 Cu 导线的绝缘材料吸附水膜后，在不同电压下引起离子在导体间的迁移，导致电解腐蚀。

4）应力作用下的腐蚀：元器件引线弯曲成型后，如果安装不合适、引线拉得太紧，存在预应力，则仅需少量的轻微腐蚀介质就会使引线破坏，产生应力腐蚀。如系统电子器件一些三极管、二极管的管脚弯曲受力处出现锈断情况；另外，元件管脚引线在温度热应力与环境湿度等共同作用下出现疲劳断裂。

5）缝隙腐蚀：发生在一些点焊锌缝、机壳连接处的缝隙部位；空气中沉积颗粒与元件表面产生缝隙，导致元件发生缝隙腐蚀。

6)膜下腐蚀：在一些涂层膜下产生的丝状腐蚀、梳形电极，各种灌封材料、扁平电缆等的金属腐蚀。

7)微生物腐蚀：大多数微生物生长的理想条件是20℃～40℃，相对湿度为85%～100%。适宜条件引起真菌生长，形成有机物积聚，从而导致电路的中断或短路等。如印制板上元器件引线用的聚氯乙烯套管、助焊剂残余物等，在适宜条件下严重长霉，造成真菌对印制板和元器件带来腐蚀。

11.1.3　信息材料的防护技术

根据上述对电子器件承受的环境因素及其腐蚀效应以及设备腐蚀机制、类型的分析，针对导致其腐蚀失效的环境因素，应采取相应的防腐措施以提高电子设备可靠性。

（1）材料的耐蚀性选择

电子设备结构防腐设计应根据实际使用的环境因素，设计相应结构，选择适应性材料。表11-4列举了各种环境条件下材料的防腐选择原则。

表11-4　各种环境条件下材料的防腐选择原则

环境类型	防腐类型	防 腐 措 施 要 点
潮湿	湿热型	选择耐潮、耐霉、耐蚀材料、工艺；提高外壳防腐结构，采用密封结构和材料；加装防护网罩；选用耐腐蚀、抗氧化油脂；增大爬电距离，选用优质绝缘材料；安装防潮加热器
高温、粉尘	干热型	采用耐高温、耐光老化的高分子材料；提高外壳防护结构；采用耐高温油脂和绝缘材料
寒冷	寒冷性	选用耐低温结构和材料；采用耐低温油脂；应用冷启动辅助加热器
户外	户外型	选用耐太阳辐射、耐高低温的高分子材料；增强外壳防护结构；安装防寒加热器和冷启动装置
工业腐蚀	化学腐蚀型	选用耐化学腐蚀性介质材料；加强紧固件采取防腐措施；增强外壳防护结构；安装防潮加热器
高海拔	高海拔型	同寒冷型，但低温要求适当降低；提高高压防电晕和增大爬电距离
海洋	船用型	同潮湿型；提高金属表面防腐性能；增强外壳防护结构；提高材料绝缘耐热性
移动	移动性	提高抗振措施；增强外壳防护结构

（2）电子器件的防热设计

电子设备的温度一方面受到环境温度的影响，但是其电子元器件的功耗是热量的主要来源。为此，在电子设备中必须采取热设计，通过元器件选择、电路设计和结构设计来减少因温度引起的失效。针对电子设备热产生机理与传播方式，可采用相应的热设计方法，以控制或减少电子设备的温度升高。其热设计方法有热源处理、热阻处理和降温处理。

元器件的功耗是主要的热量来源，热源处理是指对这些元器件进行适当的处理减少其发热量，采用的方法主要有：元器件降额使用，特型元件温度补偿与控制，合理设计印制板结构等。

热阻用来说明发热元器件温度到外部环境的热转换能力，热阻的大小决定着散热装置的额定值，所以必须尽量较少热阻，选择合理的散热装置。元器件的合理布局也可有效地减少热阻。元器件在印制板电路上的布局应遵循以下规则：①元器件安装在最佳自然散热的位置；②元器件热流通渠道要短、横截面要大和通道中不应有绝热或隔热物；③发热元件不能密集安装；④元器件在印制板上要竖立排放。

有些电子设备在自然冷却装置中不能保证其温度在较低的范围内，必须增加外部制冷设备对其实现降温处理。

（3）综合包装防护

综合包装是用低透湿度或透湿度为零的复合包装材料制成的软包装容器，将器材连同适量的干燥剂和除氧剂装入容器内并进行抽空、封口，使器材与自然界大气隔绝，同时干燥剂和除氧剂用来吸收透入容器内的潮气、氧气以及容器内残存的潮气、氧气。抽去容器内残留的气体，以保持内装设备在使用有效期内，始终处于具有较低湿度和较低的含氧量的"微环境"气候中，从而避免进水、受潮、生锈、腐蚀和长霉。

（4）表面处理技术

表面技术的应用所包含的内容十分广泛，可以用于耐蚀、耐磨、修复、强化、装饰等，也可以是在光、电、磁、声、热、化学、生物等方面的应用。表面技术所涉及的基体材料不仅有金属材料，也包括无机非金属材料、有机高分子材料及复合材料。在表面强化技术中，主要有着四个方面的表面处理技术：表面涂覆技术、表面薄膜技术、表面合金化技术、表面复合处理技术。表面涂覆作为防护、防腐蚀最简单、有效的措施一直为人们所青睐。涂层技术的应用将在下节中和镁及合金的防护中详细介绍。

11.1.4　典型电子器件金属及合金的腐蚀与防护

以上两节对电子器件中的腐蚀与环境的关系以及相关防护进行了简要的分析，下面简单介绍几种电子器件中常用金属的腐蚀与防护方法。

（1）镁及镁合金

镁及其合金的耐腐蚀性能很差，限制了它的进一步应用，主要原因是合金内部的第二相或杂质引起的电偶腐蚀，而且镁合金表面形成的氢氧化物膜层的稳定性和致密性差，容易发生点腐蚀。可通过提高合金的纯度或将镁合金中的"危害元素"铁、镍、铜、钴等降至临界值以下来提高镁合金的耐蚀性；也可采用快速凝固技术，增加有害杂质的固溶极限，使表面的成分均匀化，从而减少局部微电偶电池的活性，同时还能形成玻璃态的氧化膜。防止镁及其合金腐蚀最有效、最简便的方法是对其进行表面涂层处理，利用涂层在基体和外界环境之间形成的屏障，抑制和缓解镁合金材料的腐蚀。为了确保涂层能起到良好的保护作用，要求涂层本身必须均匀致密、附着良好且具有自修复能力。

电子工业中常用的镁表面涂层技术主要有以下几类：

1) 化学转化涂层

镁基体表面转化膜层的研究很多，最成熟的是铬酸盐转化涂层，但该法最主要的缺点是溶液中含有六价铬。磷酸盐—高锰酸盐转化膜层不污染环境且耐腐蚀性能与铬转化涂层相当。单独的氟锆酸转化膜层在恶劣的环境中不能提供足够的防护作用，但是由氟锆酸转化膜层＋电镀层＋粉末膜层组成的涂层系统则能提供在恶劣环境下使用的防护性能。AZ31 镁合金在锰盐、硫酸盐和缓蚀剂组成的水溶液中处理形成转化膜层。该转化涂层的主要组成相为 $Mn_3(PO_4)_2$，在 5% NaCl 溶液中发生腐蚀后具有自修复性能，是耐腐蚀性能良好且附着力强的转化涂层。

转化膜层的投资少，但镁合金表面化学特性的不均匀性是形成均匀、无孔的转化膜层的最大困难。另外转化膜层的耐腐蚀性能和耐摩擦性能都不足以使其在恶劣条件下单独使用，因而一般被用作有机涂层的前处理。

2) 阳极氧化膜层

镁阳极氧化的原理实质上就是水电解的原理。当电流通过时，将发生以下的反应：在阴极上，按下列反应放出 H_2：

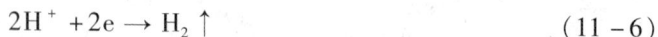

$$2H^+ + 2e \rightarrow H_2 \uparrow \qquad (11-6)$$

在阳极上析氧反应为：

$$4OH^- \rightarrow 2H_2O + O_2 \uparrow + 4e \qquad (11-7)$$

析出的氧不仅是分子态的氧（O_2），还包括原子氧（O）以及离子氧（O^{2-}），通常在反应中以分子氧表示。作为阳极的镁被其上析出的氧所氧化，形成致密的 MgO 膜。镁合金材料表面通过阳极等离子化学处理形成陶瓷氧化膜有 3 层，先是一层薄的阻挡层（100 nm），随后是一层孔隙率很低的陶瓷氧化膜，最外是一层多孔的陶瓷膜层。该方法在零件边缘或孔洞处也能得到均匀的膜层。

现在有关阳极氧化的研究侧重于进一步提高镁合金的耐蚀性能以及控制氧化膜层的形成过程。比如改变电流条件，电解温度等。

阳极氧化是被广泛应用于镁及其合金的表面处理方法，但所得膜层的耐腐蚀性能还有待提高，而且表面膜层很脆，不导电，所以不适合于负载或需要导电的应用场合。

3) 金属镀层

为镁及其合金寻找一种合适的电镀工艺是不容易的，因为在空气中镁表面极易形成氧化层，在电镀前必须予以去除，然而镁合金表面的氧化层形成很快，所以需要在前处理过程中形成一个新膜层，该膜层既能阻止氧化层的形成，其本身在电镀过程中又容易除去，一般是通过置换的方法在基体表面形成一层疏松的表面膜层。另外由于绝大多数其他金属的电位都比镁合金的正，镁合金与其他金属一同使用时易发生电偶腐蚀。因而形成的镀层必须均匀致密且具有一定的厚度，否则将导致腐蚀电流增大。化学镀能在复杂镀件表面甚至在孔内形成均匀镀层，但是化学镀的镀液寿命短，且镁的活性在化学镀中显得尤为突出，因而影响了化学镀在镁合金上的应用。但这种方法依然有望在镁合金表面形成均匀、耐腐蚀和耐摩擦、且具有良好导电性和可焊性的低成本镀层。

4）扩散涂层

扩散涂层是通过让试样与涂层粉末接触后进行热处理而形成的涂层。这个过程中通过在高温下涂层材料与基体材料的内部扩散而形成合金。比如：Mg 合金的 Al 扩散涂层，用 Al 粉将镁合金覆盖后在惰性气氛下在 450℃进行热处理，在表面形成厚度为 750 μm 的 Al – Mg 金属间化合物能有效降低腐蚀速度；镁合金的 Zn 扩散涂层能有效防止与其他金属接触时发生电偶腐蚀。但是在高温度条件下扩散，可能会影响镁合金材料本身的机械强度，限制了其实用性。

5）有机涂层

有机涂层可用于提高耐腐蚀性、摩擦磨损性能或装饰性能。为了确保涂层具有良好的附着力、耐腐蚀性和外观，必须进行适当的前处理，来提高有机涂层的附着力。

（2）铝及合金

与镁类似，铝由于高导热性、高电导率、低迁移率在电子工业中得到了广泛的应用。铝是一种很活泼的金属，铝在不同的酸性溶液中有不同的腐蚀行为，一般来说，在稀酸中呈点蚀现象；在氧化性浓酸中生成一层氧化膜，具有很好的耐蚀性。在碱性溶液中，铝表面上的氢氧化物覆盖膜容易被碱溶液溶解，同时 OH^- 使铝成为阴性络离子，使得氧化膜破坏以后，能和铝进一步反应，造成铝的腐蚀。当铝和其他高电位金属接触时，会发生接触（电偶）腐蚀。

对铝及其合金常采用以下几种防护方法：

1）在满足使用性能的前提下改变合金成分，如铝及合金中加入 0.5% 铜，腐蚀电位及破裂电位均向正方向移动，合金钝化电流密度减小。在合金中添加锰、镁等也可以提高其抗腐蚀能力。

2）阳极氧化可以提高铝及合金的抗蚀性能。

3）铬酸盐转换膜和铈钝化膜可以有效地保护铝及合金材料。

4）阴极缓蚀剂如 Zn^{2+} 可以使铝及合金材料的电偶腐蚀电流密度大幅降低。

5）在电路中，由于铝的抗迁移性较弱，必须采取适当的措施防止湿气进入电路内部，比如用气密性好的有机涂层材料使器件与大气隔离。

（3）锡（焊点）

锡在微电子工业中是主要的焊接材料，锡本身比较稳定，作为焊接材料与其他金属如铜、铝连接时，铜、铝对锡有保护作用。但是由于电子元器件和电路板的热膨胀系数相互不匹配造成焊点接头要频繁地承受一定的力学应力和应变。由于焊料合金的熔点都相对较低，在使用时很容易满足 $T/T_m > 0.5$（T_m：熔点，K），所以在受剪切力时，焊点还会发生高温蠕变变形。所以，焊点的应力腐蚀或应力开裂是焊点失效的主要原因。

对焊点的防护主要是使用保护涂层，防止或减少焊点在使用中受到应力。

（4）铜

铜的体电阻率 $1.7\ \mu\Omega\cdot cm^{-1}$，铝的体电阻率 $2.65\ \mu\Omega\cdot cm^{-1}$，为了提高集成电路的速度，降低热损耗，用铜互联技术代替传统铝互联技术是现在电子工业发展的必然趋势。此外，铜也广泛用于印刷电路板与电子器件插件和连接材料。

电子器件中铜的腐蚀主要是铜膜的氧化与电化学腐蚀。图 11-3 表示铜膜氧化的基本模型。Cu 膜在氧化过程中，随着 Cu 原子向膜外的扩散，氧化层厚度 D 增长，Cu 导电层厚度 D_{Cu} 减小，其方块电阻 $R_\square$ 也

图 11-3 氧化过程中的样品模型

会不断发生变化。通常认为 Cu 的氧化产物是绝缘的，电阻率测试仪四探针电极之间的电流全部为 Cu 膜所承载，测得的方块电阻也就可以视为 Cu 膜层的方块电阻。由方块电阻定义 $R_\square = \rho_{Cu}/D_{Cu}$，Cu 膜的厚度 D_{Cu} 与方块电阻 $R_\square$ 和电阻率 ρ_{Cu} 有直接的关系，根据这个关系以及实验测得的 $R_\square - t$ 关系可以得到 Cu 膜的厚度 D_{Cu} 随时间的变化情况即 $D_{Cu} \sim t$ 曲线。Cu 薄膜在完全氧化前后其厚度之比被实验证实为 1:2。因此氧化层厚度 $D = 2(D_0 - D_{Cu})$，其中 D_0 为薄膜原厚度。由此可以得到氧化动力学关系 $D - t$ 曲线。

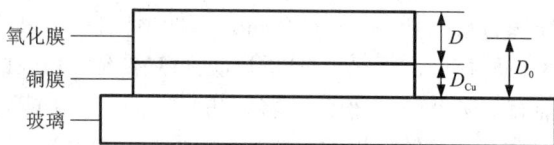

测试同一厚度铜膜在不同温度下的氧化行为以及同一温度下不同厚度铜膜的氧化行为，得到了如下结果：

1）在 180℃～260℃ 温度范围内 Cu 薄膜氧化的反应产物为 Cu_2O。

2）不同温度下 Cu 薄膜体系氧化动力学表征结果符合抛物线规律 $D^2 = kt$，获得的氧化反应激活能为 0.57 eV，据此认为其微观扩散机制为多晶晶界扩散。

3）厚度极薄（<22 nm）的 Cu 薄膜在 140℃ 恒温下氧化生成 Cu_2O，反应动力学满足反对数生长规律。纳米尺度下出现异常动力学现象的本质原因在于离子迁移的主要驱动力是因电子隧穿而形成的电位差而非化学位差。

对于器件中铜膜氧化的防护主体思想还是使铜膜与外界环境隔离，避免与空气中的氧及水汽接触，比如用具有良好防潮性能以及良好气密性、低热膨胀系数的绝缘漆。

11.2 生物医用材料的腐蚀与防护

11.2.1 生物医用材料与腐蚀环境概述

生物医用材料又称生物材料，是指和生物系统相结合，以诊断、治疗或替换机体中的组织、器官或增进其功能的材料。生物医学材料是随着生命科学和材料科学的不断发展而演变的，是研制人工器官及一些医疗器具的物质基础，是与人类的生命和健康密切相关的新型材料。

医学临床对生物材料的基本要求是：

(1)材料无毒性、不致癌、不致畸、不引起人体细胞的突变和组织反应。

(2)与人体组织相容性好，不引起中毒、溶血凝血、发热和过敏等现象。

(3)化学性质稳定，抗体液、血液及酶的体内生物老化腐蚀作用。

(4)具有与天然组织相适应的物理机械性能。

(5)针对不同的使用目的而具有特定的功能。

与生物系统直接结合是生物医学材料最基本的特征，生物相容性要求生物医用材料不对生物体产生明显有毒效应，不会因与生物环境直接接触降低其效能和使用寿命。生物医用材料的生物相容性是与其在生物环境中的腐蚀问题息息相关的。

根据材料的属性，生物材料又可以分为：医用金属材料、医用高分子材料、生物陶瓷材料、生物医学复合材料。它们的种类、特性及腐蚀特征如下：

(1)生物医用金属材料：是用作生物医学材料的金属或合金。又称外科用金属材料或医用金属材料，是一类生物惰性材料。医用金属材料具有高的机械强度和抗疲劳性能，是临床应用最广泛的承力植入材料。除应具有良好的力学性能及相关的物理性质外，医用金属材料还必须具有优良的抗生理腐蚀性和生物相容性。已应用于临床的医用金属材料主要有不锈钢、钴基合金和钛基合金三大类。此外，还有形状记忆合金、贵金属以及纯金属钽、铌、锆等。医用金属材料主要用于骨和牙等硬组织修复和替换，心血管和软组织修复以及人工器官的制造。

金属植入材料的缺点主要是腐蚀问题。体液中含有的蛋白质、有机酸和无机盐，可使金属产生均匀腐蚀。另外，由于材料成分不纯、组织不均匀等因素还会使金属材料产生局部腐蚀。腐蚀不仅降低或破坏金属材料的机械性能，导致断裂，还产生腐蚀产物，对人体有刺激性和毒性。植入材料自身性质的蜕变导致植入失败是医用金属材料应用中的关键问题。人体内的金属材料一旦发生腐蚀，不仅仅是植入物失效的问题，更为严重的是溶解的金属离子所生成的腐蚀产物对人体会产生恶劣的影响，研究表明，金属材料本身对人体不会产生变态反应及致癌，但因腐蚀而溶解出的金属离子或溶解的离子以金属盐的形式与生物体分子结合或磨屑粉的形态才会对人体构成危害。此外，人体内金属材料的破裂通常是因疲劳、摩擦疲劳引发，但这两项因素并非单纯，事实上是腐蚀疲劳、摩擦腐蚀疲劳等与腐蚀有密切关系的现象。

(2)生物医用高分子材料：可来自人工合成，也可来自天然产物。医用高分子按性质可分为非降解型和可生物降解型。非降解型高分子包括聚乙烯、聚丙烯、聚丙烯酸酯、芳香聚酯、聚硅氧烷、聚甲醛等，要求其在生物环境中能长期保持稳定，不发生降解、交联或物理磨损等，并具有良好的物理机械性能。虽然不存在绝对稳定的聚合物，但是要求其本身和降解产物不对机体产生明显的毒副作用。同时材料不致发生灾难性破坏。主要用于人体软硬组织修复体、人工器官、人造血管、接触镜、膜材、粘接剂和管腔制品等的制造。可生物降解型高分子包括胶原、线性脂肪族聚酯、甲壳素、纤维素、聚氨基酸、聚乙烯醇、聚己丙酯等，可在生物环境作用下发生结构破坏和性能蜕变，要求其降解产物能通过正常的新陈代谢或被机体吸收利用或被排出体外，主要用于药物释放和送达载体及非永久性植入装置。按使用目的或用途，医用高分子材料可分为心血管系统、软组织硬组织等修复材料。

（3）生物医用无机非金属材料或称生物陶瓷：又称生物陶瓷。包括陶瓷、玻璃、碳素等无机非金属材料。此类材料化学性能稳定，具有良好的生物相容性。根据其生物性能，生物陶瓷可分为两类：①近于惰性的生物陶瓷，如氧化铝、氧化锆以及医用碳素材料等。这类陶瓷材料的结构都比较稳定，分子中的键力较强。而且都具有较高的强度、耐磨性及化学稳定性。②生物活性陶瓷，如羟基磷灰石、生物活性玻璃等，在生理环境中可通过其表面发生的生物化学反应与生体组织形成化学键性结合；可降解吸收陶瓷，如石膏、磷酸三钙陶瓷，在生理环境中可被逐步降解和吸收，并随之为新生组织替代，从而达到修复或替换被损坏组织的目的。

（4）生物医用复合材料：是由两种或两种以上不同材料复合而成的生物医学材料。主要用于修复或替换人体组织、器官或增进其功能以及人工器官的制造。不同于一般的复合材料，不仅要求组分材料自身必须满足生物相容性要求，而且复合之后不允许出现有损材料生物学性能的性质。医用高分子材料、医用金属和合金以及生物陶瓷均既可作为生物医学复合材料基材，又可作为其增强体或填料，它们相互搭配或组合形成了大量性质各异的生物医学复合材料。根据材料植入体内后引起的组织反应类型和水平，生物医学复合材料可分为近于生物惰性的、生物活性的、可生物降解和吸收的三种基本类型。沿用复合材料的一般分类方法，生物医学复合材料按基材类型，又可分为高分子基、陶瓷基、金属基等类型；按增强体或填料性质又可分为纤维增强、颗粒增强、相变增韧、生物活性物质充填等类型。人和动物体中绝大多数组织均可视为复合材料，生物医学复合材料的发展为获得真正仿生的生物材料开辟了广阔的途径，生理环境下的腐蚀特征主要决定于复合材料中的金属、高分子材料腐蚀特征。

（5）生物衍生材料：生物衍生材料是由经过特殊处理的天然生物组织形成的生物医用材料，又称生物再生材料。由于经过处理的生物组织已失去生命力，生物衍生材料是无生命活力的材料。但是，由于生物衍生材料具有类似于自然组织的构型和功能，或是其组成类似于自然组织，在维持人体动态过程的修复和替换中具有重要的作用。主要用作人工心瓣膜、血管修复体、皮肤黏膜、纤维蛋白制品、骨修复体、巩膜修复体、鼻种植体、血液唧筒、血浆增强剂和血液透析膜等。

金属、陶瓷、高分子及其复合材料是应用最广的生物医用材料。生物医用材料的腐蚀问题主要集中在金属、高分子材料方面。而这些材料在生物环境下的腐蚀老化失效远比在一般工程环境复杂，并带来生物相容性问题。

11.2.2　生物材料的腐蚀环境

生物医用材料是在生物环境中行使功能并与生物系统相互作用的，因此生物环境是生物材料是否发生腐蚀，能否成功应用的一个决定性因素。生物环境指处于生物系统中的生物医用材料周围的情况或条件，包括与其接触的体液、有机大分子、酶、自由基、细胞等多种因素。生物医用材料所处的生物环境也受到材料本身的组成和性质的影响，例如，材料的降解产物可能改变与其邻近体液的 pH 值和组成等。此外，生物环境还与动物种系、植入位置、应用目标、手术设计和创伤程度等有关。即使同一材料的应用，如骨植入，因材料植入的部位不同，其生物学环境也不相同。材料的生物性能指材料与其使用环境，即生物学环境的相互作用，这与通常在工程设计过程中所涉及的材料性能及耐久性问题并没有本质的区别。然而，下面两个问题却使生物材料有别于其他材料：

(1)高性能要求。生物环境，特别是生物内部环境，具有极强的腐蚀性，此环境既有高度的化学活性，又存在极其多样化的复合机械应力。

(2)高稳定性。尽管生物环境有其腐蚀性的一面，但要求它在物理条件和成分方面表现出一种超乎寻常的稳定性。在生物环境中存在着复杂的控制系统以保持这种稳定性，因此外来材料的出现所造成的与特定条件的偏差会引起宿主反应。

生物环境具有很强的腐蚀性。在很多情况下，生物环境的一个单独转变过程是由具有不同时间常数的多重平行系统和广泛的系统间相互作用来控制的。这些变化受特殊的有机催化剂（酶）的作用，并且其能量来源是偶合反应产生的化学能。生物学环境有以下 4 个级别：

1)生理环境：受化学（无机）和热学条件控制。

2)生物生理环境：生理学条件加上适当的细胞产物(如血清蛋白、酶等)。

3)生物环境：生物生理条件加上适当的有生命的活跃的细胞。

4)细胞周围环境：生物环境的一种特殊情况，即直接邻近有生命的活跃细胞周围的条件。

表 11-5 给出了人体环境的内部生化、力学条件的组成及成分，由这些信息出发，可以描述出当植入物进入某一特定解剖学区域时将会遇到的热学、力学、化学环境的图像。

所有的植入物在使用之前都必须做无菌处理。通常植入物使用的灭菌方式有以下几种：冷溶液法、干热法、湿热法（蒸汽法）、气体法、辐照法。还有一些新的灭菌方式，如电子束辐照和射频等离子体灭菌。

表 11-5　人体的生化及力学条件

	数　值	位　置
pH	1.0	胃中成分
	4.5~6.0	尿液
	6.8	细胞内
	7.0	间隙液
	7.15~7.35	血液
p_{O_2} /mmHg	2~40	间隙液
	12	髓内
	40	静脉
	100	动脉
	160	体内空气
p_{CO_2} /mmHg	40	肺泡
	2	体内空气
温度 /℃	37	一般细胞核
	20~42.5	患病时的偏差
	28	正常皮肤
	0~45	极端条件时的皮肤
力学性能	应力/MPa	组　织
	0~0.4	骨松质
	0~4	骨密质
	4	肌肉(最高应力)
	40	腱(最高应力)
	80	韧带(最高应力)
应力周期(单位：次/年)		
3×10^5		蠕动
3×10^6		吞咽
$(0.5~4)\times10^7$		心脏收缩
$(0.1~1)\times10^6$		指关节运动
2×10^6		行走

注：1 mmHg = 133.32 Pa。

11.2.3 生物医用材料腐蚀机理

生物医用材料与生物环境发生作用首先是在材料的表面，在体内也就是材料与组织的界面与生物环境发生作用。图11-4表示几种植入材料表面在生物环境下发生的常见变化。这些变化经常导致植入材料功能改变，使植入手术失败。下面讨论生物医用材料在生物环境下可能发生的腐蚀机理。

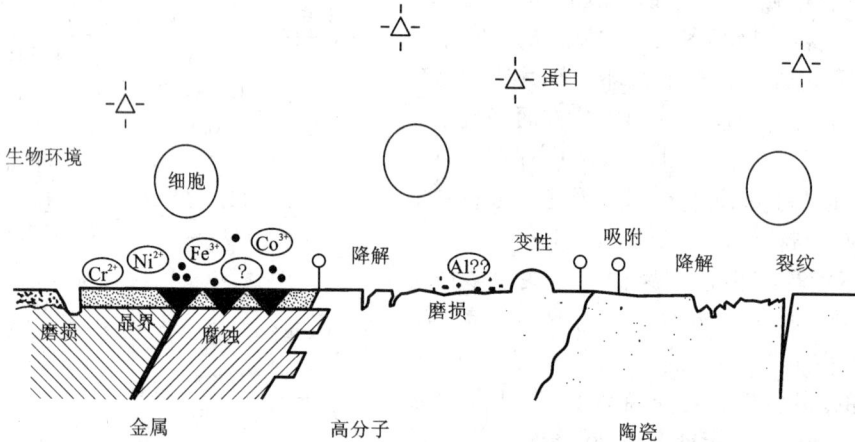

图11-4 生物医用植入材料表面在生物环境下常见的变化

（1）膨胀与浸析

膨胀与浸析是材料与生物环境之间相互作用的最简单的形式。是在不发生反应的条件下，材料通过材料—组织界面的转移。如果物质（主要是液体）从组织进入生物材料，那么完全致密的材料就会因体积增加而发生膨胀。即使不存在液体的吸收，生物材料也会从周围的液相中吸附某些成分或溶质。液体进入材料内部，或生物材料的某种成分溶解在组织的液相中，人们就把这种产生材料孔隙的过程叫做浸析。虽然这里没有外加机械应力和明显的形状改变，但这两种效应对材料的性能均有深刻的影响。

膨胀和浸析都是扩散过程的结果，在各向同性物质中的扩散过程符合菲克扩散第一定律，对于一个给定的材料系统（生物材料中的扩散物质），D表面 $> D$晶界 $> D$体，而且表面扩散在所有温度下都最容易进行。

求解无限大介质中的一维流动问题，则可以用菲克（Fick）第二定律。菲克第一定律和第二定律分别适用于不同的几何条件、初始条件和边界条件。在给定条件下可以解决各种情况下的扩散物质分布和物质输运速率问题。

从生物环境中吸收物质会造成材料发生一系列变化：颜色变化，体积变化（膨胀），还会有力学性能的变化，如：弹性模量的降低，延展性的增加（如果材料与被吸收物质发生反应，延展性也可能降低），摩擦系数变化以及抗磨损能力的降低。甚至导致静态疲劳或"裂纹"的失效形式，由微裂纹合并形成裂纹，最终导致断裂，这一点对脆性材料更为严重。

作为与膨胀相反的作用，浸析对性能的影响一般不太显著。可能发生的问题是浸析产物的局部对系统整体的生物作用。过度浸析（例如金属晶间浸析）可以导致断裂强度的降低。浸析造成的缺陷可以聚合成空洞。对刚性材料来说，如果空洞所占的体积百分比大到一定值，就会造成弹性模量的降低，其降低的数量与空洞体积百分比的二次方成正比。

（2）生物医用高分子材料的水解与降解

许多高分子材料都能吸水，这些高分子材料在生物环境中的持续存在会导致水渗透到它们的分子结构中。当然，医用高分子材料不同，吸收水的情况不同，例如，水凝胶的含水量有时会达到99%。含水多的高分子材料未必就发生降解，必须含有发生水解的官能键，如：酯键、酰胺键等。水分的吸收特性和高分子材料的水解特性共同决定了高分子材料在这一环境中的行为。高分子材料在体内对降解的敏感顺序如下：

1）能水解和易吸水的高分子材料在植入后易发生降解。属于这一类的高分子材料范围是很宽的，高分子材料结构的若干性质（包括结晶度和表面能）决定了降解的确切机制和动力学过程。脂肪族聚酯（包括聚乳酸和聚乙醇酸）是这类材料的最好的例子，它们被广泛用于需要迅速降解的情形中，例如在缝合线和药物缓释系统中。

2）能水解但不易吸水的高分子材料通过表面水解的机制降解，此时，暴露在表面的易水解基团或分子是最敏感的。芳香族聚酯和聚酰胺通过这样的过程缓慢降解。

3）不水解但吸水的高分子材料会发生膨胀和破裂等结构变化，但不一定发生分子降解。丙烯酸酯高分子材料会吸收一些水分，但主链大分子不发生水解，也就不会由此带来降解。

4）既不水解又能抵抗水分渗入的高分子材料，在生物组织环境中存在而不发生降解。这一类主要是 PTFE 和聚烯烃等均聚物。

如果在体内降解比在37℃缓冲盐溶液（pH = 7.4）中进行得快，那么，显然是生理环境通过更有活性的方式使高分子材料分解，这个过程称为生物降解。生物降解的最主要因素是酶和自由基。

酶作为生物化学反应的催化剂，通常加快水解过程。毫无疑问，酶在体外条件下能够影响各种各样的易降解的聚酯、聚酰胺、聚氨基酸和聚氨酯等高分子材料的降解。其他形式的降解（包括氧化降解）也常常被酶催化。酶是由许多细胞合成和释放的，包括发炎过程中的细胞。在植入高分子材料的周围不可避免地会有各种各样的酶存在，特别是在宿主反应过程的早期。

无论是通过酶还是自由基的作用，由于生物活性导致的高分子材料的降解已经得到了充分的证明。高分子材料在体内的降解过程是千差万别的，植入部位、组织类型和时间的不同是材料降解过程不同的主要原因。

（3）生物医用金属材料的腐蚀

生物医用金属材料在生物环境下的腐蚀问题主要是由水参与的电化学腐蚀过程，也称为水溶液腐蚀与溶解过程。生物医用金属表面上各个区域电极电位的高低是由其电化学不均匀性所决定的。引起化学不均匀性的原因不仅有金属表面结构上的显微不均匀性(例如化学成分或个别晶体取向上的差异,晶界的存在或有异种夹杂物),还有超显微不均匀性(例如晶格的不完整,晶格中有位错,异种原子或金属原子的能量状态不同)。

图 11 - 5 是铬在纯水中的电位 - pH 值图。在与腐蚀区相对应的电位和 pH 值条件下发生铬的溶解,溶液中 Cr 离子或 Cr^{3+} 离子的平衡浓度大于 10^{-6} mol·L^{-1}。通常取 10^{-6} mol·L^{-1} 作为腐蚀区和免蚀区的边界。腐蚀区下面是免蚀区,或者称为热力学稳定区。铬的电位低于 - 1.72 V,在大部分 pH 值范围金属处于稳定态,在水中几乎不发生腐蚀。对多数稀土特别是微量元素金属离子,在正常生理条件下,浓度远小于 10^{-6} mol·L^{-1}。生物医用金属材料在应用中处于免蚀区,仅有微弱的电离反应。钝化区在腐蚀区的上面。由于铬表面生成了保护性氧化膜,裸露金属表面与水溶液被隔开,使铬由活化态变为钝态。

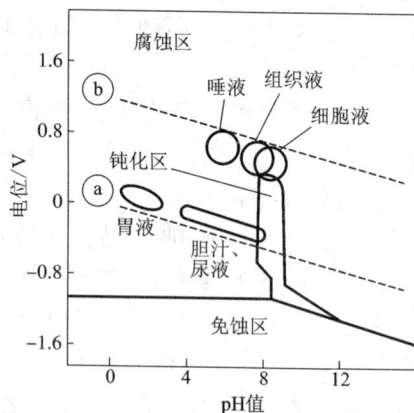

图 11 - 5　纯水中铬的电位 - pH 值图

但是,在这个区域中金属铬在热力学上是不稳定的,与免蚀区有原则的区别。

在生物体内,植入金属有一定的均匀腐蚀速率。但由于一般使用的生物医用金属腐蚀率极低,故在实际应用中,均匀腐蚀问题并不严重。局部腐蚀广泛存在于生物医用金属中。下面结合生物腐蚀环境进行简单介绍。

1)电偶腐蚀。如果两种金属有物理接触,并浸在导电溶液中,如生物环境的血清、组织液等,就会发生电偶腐蚀。通常被腐蚀的是处于电化学电位低的贱金属,以金属离子电离的形式溶解。同时,阴极不受任何腐蚀。

2)缝隙腐蚀。生物环境下金属组件中接合部位常发生缝隙腐蚀,如果骨折固定装置中的螺钉与夹板之间出现缝隙腐蚀,可能使夹板在循环应力作用下变形,导致医疗失效。

3)点蚀。人体中的氯离子导致金属表面上原有保护膜(氧化膜等)在溶液介质中局部破坏是发生点蚀的重要原因,往往又是产生裂纹的起点。

4)晶间腐蚀。人体中使用的金属材料,由于晶界的选择性破坏,金属材料固有的强度与塑性突然消失,可能造成严重的断裂事故。许多合金都有晶间腐蚀倾向,实际使用中不锈钢和铝合金的晶间腐蚀比较突出。

5)应力腐蚀:奥氏体不锈钢在生物体液条件下有可能以这种形式发生晶间或穿晶断裂。

6)疲劳腐蚀:应力的循环频率愈低,对疲劳腐蚀影响愈大,因为低频增加了金属与腐蚀合金接触的时间。生物体力学行为大多有低频周期受力的特征,如人体的站立、卧坐、载重对人工关节植入材料的受力。

一般说来，多元件植入物的腐蚀破坏比单一元件更为普遍。研究表明，大多数组元的整形外科骨折固定器在治疗结束回收后，都发现了被腐蚀的迹象，这些装置均发生了不同程度的均匀腐蚀破坏。缝隙腐蚀和点蚀是两种最重要的腐蚀形式。缝隙腐蚀常发生在螺栓板材装配结构的接合间隙内。腐蚀痕迹大多在板上的孔洞处。缝隙腐蚀偶尔也发生在螺栓与板接合的部分。由于在孔洞处板的截面积减小，所以这些部件存在高度的应力集中。显微分析表明，板材沿螺孔的断裂往往与缝隙腐蚀有关。

在板与螺栓之间也可能发生电偶腐蚀，由于板和螺栓的制造工艺不同，如热处理不同，它们之间就会有微小的电位差，产生电化学腐蚀的趋势。混用不同厂家提供的螺栓和板也会产生电化学腐蚀，这是因为每个厂家采用的热处理工艺都有差别。当然，使用成分与板材不同的螺栓也会引起腐蚀的问题，这类腐蚀通常是由于手术区域持续疼痛而被发现的，然而腐蚀开始发生时并没有任何明显的感觉，在拆除装置的常规手术中经常可以观察到组织变色的现象，电偶腐蚀常使螺栓与板的接触区域变色，留下像"烧焦"或"熏黑"的痕迹。应力腐蚀也有可能发生，但是非常少见，在现代整形手术多元件装置的实际应用中，已经看不到晶间腐蚀。如果板材松动或固定不牢，板和螺栓的相对运动导致材料的脱落或磨损，这会破坏钝化膜而加速腐蚀，这种现象与简单磨损很难区别，它被称为磨损腐蚀。

对单一元件装置，如颅骨板、骨髓内杆、内部修补物、锁钉和骨折端环扎线等，腐蚀很轻微。均匀腐蚀仍不可避免。而应力腐蚀，疲劳腐蚀，是最重要的破坏形式。尽管人工替代物因为应力腐烛失效的例子不多，但用于连接骨折的高应力，环扎线中应力腐蚀的出现率并不低。晶间腐蚀偶尔也会出现，并且大都与替代物铸造元件的表面夹杂物或铸造缺陷有关。

与血液接触的区域发生的腐蚀极为复杂。过量的氧和连续流动的电解质为各种腐蚀提供了高度的活性。另外，血液中存在的许多有机小分子也会影响腐蚀速率。胱氨酸等含硫分子可以加速腐蚀，而丙氨酸等中性分子却能阻碍腐蚀，其作用就像工程应用中的阻锈剂。更重要的是，腐蚀会从根本上影响表面性能。腐蚀通常是有害的。然而对有些植入物来说，人们正是应用了腐蚀溶解效应，例如，铜制 IUD（子宫节育器）的避孕性能就取决于腐蚀过程中铜离子的释放。

金属腐蚀造成金属离子从材料中溶出到体液环境中，形成固体的腐蚀产物，可能导致对人体组织机能的侵伤和损坏，从而引起局部发炎、水肿、疼痛、组织非正常生长，畸变成恶劣的生物组织，尤其是材料中含有毒性物质时，由于浸出物降解产物的作用，甚至诱发癌症。这是材料生物性能的另一方面，即宿主反应，反映了材料对生物系统的作用。它是由于构成材料的元素、分子或其他降解产物（微粒、碎片等）在生物环境作用下被释放进入邻近组织甚至整个活体系统而造成的，或源于材料对组织的机械、电化学等其他刺激作用。

为了避免这些问题，最好用无毒构成的合金材料，即使含有个别毒性元素，也要通过合金化获得难以溶出有毒离子的材料。当前所使用的合金生物医用材料本身并无细胞毒性，但其构成元素的金属离子有些是有毒的。能引起金属过敏反应的元素的强弱顺序为 Ni、Hg、Co、Cr、Cu、Au。Ni 引起过敏反应的报道最多，也有镍离子致癌的报道，在欧洲已限制使用镍用作生物医用材料。

在临床上，医用不锈钢应用最多，但组成材料的元素如 Fe、Cr、Ni 易被腐蚀进入人体。研究表明，由不锈钢支架中的镍、铬、钼等元素离子的溶出而引起的过敏反应与冠脉再狭窄有一定的关系。在这几种元素中，镍是奥氏体不锈钢的主要合金元素，但是为了排除镍过敏等毒素问题，应当使不锈钢材料无镍或低镍，减少植入不锈钢在体内的组织反应，提高材料的生物相容性。

11.2.4 生物医用材料腐蚀研究方法

为了防止生物体内材料腐蚀的发生及提高其使用寿命，对生物体环境中，材料的腐蚀性能研究方法就显得极为重要。

（1）人体模拟液

人体生物环境是一个较为复杂的腐蚀环境，体液约含 1% 的 NaCl，以及少量其他盐类和有机物，并富含气体，温度约为 37℃，腐蚀性与温暖充气的海水相似。此外人体为活体，环境复杂多变给研究工作带来较大的困难。腐蚀研究可以采用体内和体外实验，体内实验周期较长，受个体差异的影响大。体外实验虽然与真实的环境有一点的差距，但各因素容易控制、方便快捷、投入少、宜于研究。因此，生物医用材料腐蚀的研究主要在体外的人工模拟液中进行。

生物医用金属材料的腐蚀通常与 Cl^- 有关，目前，较合理的模拟体液组成有 5 种，其中 4 种列于表 11-6。α-MEM 液是一种用于研究氨基酸及蛋白质的影响而设计的实验溶液，它是在 Eagles MEM 液中增添 8 种氨基酸、4 种维生素、丙酮酸而成。但在研究蛋白质的吸附时，还需使用 HEPES 缓冲液及 TRIS 缓冲液。体液是缓冲液，为了防止在测定过程中因 pH 值的变化而影响测量结果，实验溶液也应该是缓冲液。此外，静脉中氧分压是大气压的 1/4，细胞间的氧分压是大气压的 1/80~1/4，可见，人体中溶解氧浓度较低，溶解氧浓度会对测量结果产生很大影响，因此，必须控制实验溶液中的溶解氧浓度。

（2）植入动物体内实验

金属生物材料在人体内使用前需经动物植入实验。在体内，由于脏器内的蓄积、代谢等作用，金属离子的真实溶解量是不能检定的。金属材料一旦植入体内，就可从脏器或金属材料的周边生物体组织中检测到金属，即使金属材料在没有发生摩擦的体内环境中使用，也能检测到金属，这是因为，采用手术操作的方法把金属材料植入或取出体内的过程中，金属已被释放。金属在体内如果是以磨屑粉、金属离子的形式释放，在金属材料周边的生物体组织中则以磨屑粉、金属离子、金属离子化合物亦即氧化物、盐、络合物等的形态存在。因此，不可能从生物体组织中定量检测出所有形态的金属及区别出金属的存在状态。已查明导致植入体内用于固定骨折的金属板及螺丝释放出金属离子的主要因素是摩擦。

表 11 – 6 典型模拟体液的组成　　　　　　　　　　　　　　　g·L^{-1}

成　　分	林格氏液	磷酸盐缓冲液	Hanks 液	Eagle's MEM (minimum essntial medium)
KCl	0. 14	0. 20	0. 40	0. 40
NaCl	6. 50	0. 80	8. 00	6. 80
$CaCl_2$	0. 12		0. 14	
$CaCl_2 \cdot 2H_2O$				0. 2649
$NaHCO_3$	0. 20		0. 35	2. 00
KH_2PO_4		0. 20	0. 06	
$NaH_2PO_4 \cdot H_2O$				0. 14
$Na_2HPO_4 \cdot 2H_2O$			0. 06	
Na_2HPO_4		1. 15		
$MgSO_4 \cdot 7H_2O$			0. 20	0. 20
葡萄糖	0. 40		1. 00	
酚红				0. 017
氯化胆碱				0. 001
谷氨酰胺				0. 2923
疏基丙氨酸				0. 024
其他氨基酸、维生素				1. 5423

表 11 – 7 体液中的氧分压　　　　　　　　　　　　　　　　　mmHg

大气	160
动脉血	100
静脉血	40
细胞间	2 ~ 40

表 11 – 8 常用生理模拟溶液的成分和配制

成分及储备液浓度	每 1000 mL 需用量					
	生理盐水 Normal Saline	任氏液 Ringer's	任洛氏液 Ringer – Locke's	台氏液 Tyrode's	克氏液 Krebs'	戴雅隆氏液 De – Jalon's sol
NaCl	9g	6. 5g	9g	8g	6. 9g	9g
KCl 10%		1. 4mL(0. 14g)	4. 2mL(0. 42g)	2. 0mL(0. 2g)	3. 5mL(0. 35g)	4. 2mL(0. 42g)
$MgSO_4 \cdot 7H_2O$ 10%				2. 6mL(0. 26g)	2. 9mL(0. 29g)	
		0. 13mL(0. 0065g)		1. 3mL(0. 065g)		
$NaH_2PO_4 \cdot 2H_2O$ 5%			0. 5g	1g	1. 6mL(0. 16g) 2. 1g	0. 5g

续上表

成分及储备液浓度	每1000 mL需用量					
	生理盐水 Normal Saline	任氏液 Ringer's	任洛氏液 Ringer – Locke's	台氏液 Tyrode's	克氏液 Krebs'	戴雅隆氏液 De – Jalon's sol
KH$_2$PO$_4$ 10% NaHCO$_3$ CaCl$_2$ 葡萄糖 通气		0.2g 1.03mL(0.12g) 空气	2.16mL(0.24g) 1g 氧气	1.8mL(0.20g) 1g 氧气或空气	2.52mL(0.28g) 2g O$_2$+5%CO$_2$	0.54mL(0.06g) 0.5g O$_2$+5%CO$_2$

(3)浸渍实验

这是最简单易行的实验方法，常用于对金属生物材料作第一阶段的评价。体液基本上是中性的，采用相同pH值的水溶液作为浸渍液，测定到从金属材料上溶出的金属量极少。所以可用该溶液浸渍法研究生物体分子、细胞代谢物对金属生物材料的影响。已测出在生物体中及血清中的CO – Cr – Mo合金的Cr离子溶出量低于生理盐水中的Cr离子溶出量，这可能是生物体分子抑制了Cr离子的溶出；但Ni离子的溶出量则不存在上述关系。Ti – 6Al – 4V合金在Hanks溶液、含有白氨酸的Hanks溶液、含有氢氧化喹林的Hanks溶液中浸渍后，则未发生合金元素离子的溶出；但在添加了EDTA的Hanks溶液浸渍，则测定出Ti及Al离子的溶出，在添加有柠檬酸钠的Hanks溶液中浸渍，却发现有Ti、Al、V离子的溶出。这表明，特定的有机分子会加速Ti – 6Al – 4V合金中的金属离子的溶出。把Ti板浸渍在含有巨噬细胞的培养液中，发现Ti离子的溶出增加，在此液中再添加超高分子质量聚乙烯粉，则Ti离子溶出量更多，但当添加活性氧消除酶后，却出现Ti离子溶出量减少的现象。可见巨噬细胞产生的活性氧促进了Ti离子的溶出。

(4)磨损及摩擦疲劳实验

在摩擦、磨损及摩擦疲劳等存在的环境下使用的装置，如人工关节、骨折固定板、脊椎固定器等会产生磨屑粉。在磨屑粉发生的同时，必定会产生金属离子的溶出。磨屑粉及金属离子进入生物体组织中是导致金属材料周围的生物体组织变黑的原因。对于实用耐蚀合金，采用浸渍法往往难以判定金属离子的溶出，但在溶液中加入金属粉末并搅拌时，则可加速金属离子的溶出，使金属离子浓度达到可检测的范围。除此之外，还可对磨损实验、摩擦疲劳实验后的溶液作分析来测定金属离子的浓度，但这需先用过滤器除去磨屑粉。在大气环境中形成的316L不锈钢的磨屑粉对细胞无毒性，但在培养液中产生的磨屑粉对细胞则有毒性。这是因为磨屑粉产生时，金属离子溶入培养液中所致。一旦在生理盐水中加入纯金属粉末并搅拌时，Cu、Co、Ni、Cr离子立即溶出，加入蛋白质后，Cu、Co、Ni离子的溶出则加速，但Ti离子的溶出浓度仍远未达到可检测浓度，而且溶出量不受蛋白质存在与否的影响。血清中的 316L 不锈钢因磨损发生的金属离子溶出量不足生理盐水中的 1/10。不锈钢在下述溶液中，金属离子的溶出量按以下顺序增加：在血清中最少，然后是白蛋白、γ 球蛋白、铁传递蛋白及生理盐水。

以各种氧化物、氢氧化物形式存在腐蚀产物的金属元素对人身体不会产生有害影响或影响较小，而以离子形式存在的金属微粒如果与蛋白质分子结合则会引发不良的生理反应。原子吸收法测量的正是进入人体内的金属离子浓度，因此在材料的力学性能可以得到满足的情况下，通过测量释放的金属离子浓度来评价医用材料的腐蚀速率较电化学方法更为适宜。

目前腐蚀测量技术被用于强调现有金属生物材料的负面影响，及用于为了让新研制的金属生物材料比现有的好。尽管如此，腐蚀测量技术在研究金属生物材料耐环境性能方面仍是必不可少的，是研究金属生物材料与生物体反应的有力手段，是深入研究金属生物材料所需的有效方法之一。

11.2.5　生物医用材料的生物相容性

生物医用材料腐蚀研究方法的另一主要特征是要研究材料腐蚀产物对人体的毒性作用，即生物相容性问题。生物相容性是生物医用材料与人体之间相互作用产生各种复杂的生物、物理、化学反应的概念。植入人体内的生物医用材料及各人工器官、医用辅助装置等医疗器械，必须对人体无毒性、无致敏、无刺激性、无遗传毒性和无致癌性，对人体组织、血液、免疫等系统不产生不良反应。因此，材料的生物相容性优劣是生物医用材料研究设计中首先考虑的重要问题。

生物医用材料的生物相容性按材料接触人体部位不同一般分为两类。若材料用于心血管系统与血液直接接触，主要考察与血液的相互作用，称为血液相容性；若与心血管系统外的组织和器官接触，主要考察与组织的相互作用，称为组织相容性或一般生物相容性。组织相容性涉及的各种反应在医学上都是比较经典的，反应机理和试验方法也比较成熟；而血液相容性涉及的各种反应比较复杂，很多反应的机理尚不明确，试验方法除溶血试验外，多数尚不成熟，特别是涉及凝血机理中细胞因子和补体系统方面分子水平的试验方法还有待研究建立。

生物医用材料及用其制作的各种用于人体的医用装置的生物相容性和质量直接关系到患者的生命安全，因此由国家统一对这类产品实行注册审批制度。生物医用材料和医疗器械在研究和生产时都必须通过生物学评价，以确保安全。生物医用材料的安全性从广义上讲应该包括物理性能、化学性能、生物学性能及临床研究四方面。目前国际标准组织和欧美、日本及我国实行的标准在安全性能上的评价主要是指生物学评价。1992 国际标准化组织（ISO）正式公布了医疗装置生物学评价系列国际标准 ISO10993—1992 标准。此国际标准是由 ISO/TC194 国际标准化组织医疗装置生物学评价技术委员会制定并通过。ISO10993 的总题目是医疗装置生物学评价，由下列部分组成：第 1 部分是试验选择指南；第 2 部分是动物福利要求；第 3 部分是遗传毒性、致癌性和生殖毒性试验；第 4 部分是与血液相互作用试验选择；第

5 部分是细胞毒性试验, 体外法; 第 6 部分是植入后局部反应试验; 第 7 部分是环氧乙烷灭菌残留量; 第 8 部分是临床调查; 第 9 部分是与生物学试验有关的材料降解(技术报告); 第 10 部分是刺激与致敏试验; 第 11 部分是全身毒性试验; 第 12 部分是样品制备与标准样品。我国国家技术监督局已经颁布了国家标准 GB/T16886(《系列医疗器械生物学评价标准》)。

材料的生物相容性越好, 医疗器械植入体内长期使用的安全性就越大。材料和医疗器械腐蚀产物以及在合成和制造工艺过程中使用的添加剂、交联剂、溶剂、化学灭菌剂以及材料本身的单体等残留物, 都能构成不同程度的潜在毒性。这些含有潜在毒性的材料或医疗器械植入人体后, 材料表面的低分子残留物首先溶出, 对组织、细胞呈现毒性, 选择适当的生物学评价试验能证实毒性的存在。

11.2.6　生物医用材料腐蚀的防护

人们用各种方法对生物医用材料进行表面改性, 以获得优异的耐腐蚀性能及综合性能。尤其是对骨、齿等硬组织植入物, 以及心血管金属支架的表面改性。由于钛及钛合金有较好的力学性能、生物相容性和更接近人骨的低弹性模量, 目前大部分的表面处理技术主要是针对钛及钛合金的。

(1)等离子喷涂涂层

等离子喷涂技术是较早用于钛及钛合金表面改性的, 它是由高温等离子火焰, 将待喷涂的粉料瞬间熔化, 然后高速喷涂在冷态的基体上形成涂层。涂层厚度通常为 $50 \sim 100 \ \mu m$, 为了改善钛及钛合金的生物相容性, 一般喷涂生物相容性优良的羟基磷灰石涂层。

等离子喷涂涂层还存在涂层与钛及合金基体间物理性能(主要是弹性模量)差别较大的问题, 在界面处会产生梯度较大的内应力, 降低了涂层与基体的结合强度。因此, 发展了在钛合金表面等离子喷涂生物活性梯度涂层的研究, 在基体与羟基磷灰石涂层之间形成一个化学组成梯度变化的过渡区域, 大大降低了界面处的应力梯度, 若再将涂层在真空下进行热处理, 可使涂层晶化程度大大提高, 涂层与过渡层及基体间发生复杂的化学反应, 生成新相, 形成化学键结合, 大大提高了涂层与基体的结合强度, 增强涂层的抗侵蚀能力。

等离子喷涂涂层是应用最广泛的涂层方法, 如用于牙根种植体和人工关节柄部等医用器件的表面改性, 提高植入体与骨组织的结合强度。随着梯度等离子喷涂及后续热处理技术的发展, 等离子喷涂技术将更趋完善。

(2)烧结涂层

烧结涂层是利用类似涂搪和烧结的方法, 在基体上涂覆陶瓷或玻璃陶瓷的涂层, 涂层厚度通常 $200 \sim 350 \ \mu m$。该涂层除保留了等离子喷涂涂层的优良性质外, 结合强度高, 可控制涂层的组成按梯度变化, 实现涂层生物学性能和机械力学性能的梯度变化, 大大提高涂层的综合性能。常用的烧结涂层首先是采用浸、刷、喷涂等方法在钛及合金基体上搪烧一层 TiO_2 -SiO_2 系玻璃作为中间过渡层(或称底釉), 然后在其上按上述方法涂覆多孔生物活性陶瓷,通常为羟基磷灰石陶瓷。这种涂层可通过调节化学组成使中间过渡层的热膨胀系数与基体金属匹配，使涂层呈适当的压应力状态，有利于提高结合强度。此外，底釉与基体不仅物理与化扫学结合兼而有之，而且致密，有效防止了体液对涂层与基体界面的渗透，从而提高了涂层的结合强度和使用寿命。

（3）溶胶－凝胶法涂覆的烧结涂层

为了在钛及钛合金上涂覆结合强度高的致密羟基磷灰石涂层，改善基体的骨结合能力，以硝酸钙（含 4 个结晶水）和磷酸三甲酯为初始原料，制备溶胶液。通过在基体上涂敷溶胶液，制备凝胶膜，经干燥、烧结形成 HA 涂层，重复上述过程 30 次，获得羟基磷灰石涂层与基底间的紧密结合，涂层厚度约 39 μm，显气孔率为 6%，结合强度约为 118 MPa，涂层中含有少量 CaO，可采用蒸馏水冲洗消除。

（4）表面化学处理诱导羟基磷灰石涂层

通过表面化学处理可使钛及钛合金具备诱导类骨磷灰石形成的能力，从而改善钛及钛合金的生物活性和骨结合能力。方法之一是：用 5.0 mol·L^{-1} NaOH 在 60℃ 下处理钛金属 24 小时，然后在 600℃ 下热处理 1 小时，随后将其浸泡在 pH 值为 7.4、温度为 36.5℃ 的模拟体液（SBF）中 17 天，获得厚度为 10 μm 的磷灰石涂层。采用 NaOH 处理钛金属是利用腐蚀获得更大的表面积，有利于磷灰石的局部过饱和以及提高结合强度。

（5）电泳沉积法

通过电泳法，可以在钛金属上沉积均匀的三斜磷钙石等非生物活性磷酸钙，但这些磷酸盐可在生理环境下转化成生物活性的形式。方法是：以纯钛作为电极，先用丙酮和乙醇除去钛表面的油脂。电解液由正磷酸、氢氧化钙和添加剂组成，当电解液的温度为 80℃，电解电压低于 10 V 时，随着温度和电压的升高，可以在阴极钛板上观察到浅灰色的三斜磷钙石涂层形成，涂层厚度约 30 μm。

（6）离子束增强沉积

在 Ti6Ai4V 基底上用离子束增强沉积法和适当的后处理获得了致密的晶态羟基磷灰石膜，膜与基底之间有一个宽达 27 nm 的原子混合界面，其结合强度是没有离子束轰击形成膜的近 2 倍。但这种涂层过薄，难以持久，且所要求的设备复杂、昂贵。

（7）水热反应法

通过水热反应可以在钛金属表面形成磷酸氢钙（CaHPO$_4$）和羟基磷灰石薄膜。方法如下：将钛板放入由 0.05 mol·L^{-1} Ca(EDTA)$^{2-}$ 和 0.05 mol·L^{-1} NaH$_2$PO$_4$ 组成的溶液中，在 pH=5~10，温度 120℃~100℃ 下处理 2~20 h，当 pH=5 时，获得的薄膜由大板状的磷酸氢钙和细针状羟基磷灰石组成；当 pH>6 时，薄膜由岛状的棒状羟基磷灰石聚积体组成；当 pH=4 时，薄膜由岛状和板状 CaHPO$_4$ 聚积体组成。在 200℃ 下处理 5 h，薄膜厚度为 10 μm。

（8）热分解法

利用热分解法可以在钛金属表面获得羟基磷灰石薄膜，改善钛的生物相容性。制备羟基磷灰石涂层用的溶液由 CaO，2 - 乙基己醇酸，n - 丁醇和双(2 - 乙基己基)磷酸酯组成，将涂覆上述溶液后的钛金属在 650℃、850℃和1050℃分别处理 3 h。该方法有可能制备出比等离子喷涂层更薄(<50 μm)的羟基磷灰石涂层。

(9)电化学沉积法

通过电化学沉积法可以在纯金(Au)、铂(Pt)、钛(Ti)、铝(Al)、铁(Fe)和铜(Cu)金属以及不锈钢、Ti6A14V、Ni - Ti 和 Co - Cr 合金上沉积磷酸钙，从而改善它们的表面生物相容性。方法如下：上述 6 种金属和 4 种合金作为基底电极，另一电极为铂金板，电解液由 NaCl 137.8 mmol·L^{-1}，CaCl$_2$·2H$_2$O 2.5 mmol·L^{-1}，K$_2$HPO$_4$ 16 mmol·L^{-1}和蒸馏水组成，用 50 mmol·L^{-1} 羟甲基氨甲烷[(CH$_2$OH)$_3$CNH$_2$]和盐酸缓冲至 pH = 7.2，电流维持在 100 mA，电解液由电加热器和磁力搅拌器控制在 92℃，通电 20 min 后，在纯 Au 和 Pt 板上有少量的磷酸钙沉积；在铝板上沉积的磷酸钙为非晶态，其他板上沉积的是定向结晶的磷灰石，纯铝板上的沉积物含有 Al、P、O 和少量的 Ca，其他的金属板上的沉积物含 Ca、P 和 O。

(10)表面修饰法

已经发现钛及合金浸泡在人工模拟体液(SBF)中，表面可优先沉淀出磷酸钙，这有利于改善钛及合金生物医用植入材料的生物相容性和骨结合性，但这一沉积过程很缓慢，通常需数周的时间，影响到植入物的早期生物相容性，尤其是骨结合性，为了加速这一沉积过程，可以对钛及合金表面进行适当的修饰。

(11)类金刚石碳膜

类金刚石碳膜(DLC)是一种新的有希望的生物材料，它的化学性质稳定，生物相容性和血液相容性(主要是抗血栓形成性)优良，硬度高，耐磨蚀性优良。因此，有希望用于改善金属质(如不锈钢、钛及钛合金)人工心脏瓣膜和人工关节的耐磨性和抗血栓性。目前，用于制备 DLC 的方法很多，大多用于非生物医学用途，用于生物医学目的主要是提高耐磨性和抗血栓性。已有用离子束增强沉积法、等离子辉光放电 CVD 法、磁控管溅射法和微波等离子(MWP)法等在不锈钢和钛及合金上制备 DLC 膜的报道。

目前生物医用材料正在向多种材料复合、性能互补的方向发展，表面改性技术在生物材料上的应用有效地提高了医用材料的表面质量，改善了植入的效果，因此，利用表面技术来提高金属材料的耐蚀性和生物相容性是今后医用材料的一个发展趋势。

11.3 纳米材料腐蚀与防护

11.3.1 纳米材料与腐蚀环境概述

一般把组成相或晶粒尺寸小于 100 nm 以下的材料称为纳米材料，它包括零维原子簇和经原子簇组装的材料、一维和二维调制的多层材料以及纳米块体材料。从材料的结构单元来说，纳米材料介于宏观物质和微观原子、分子的中间领域，在纳米材料中，界面原子占极大比例，而且原子排列互不相同，界面周围的晶格结构互不相关，从而构成与晶态、非晶态均不同的一种新的结构状态。与普通材料相比，纳米材料具有如下的结构特点：原子畴（晶粒或相）尺寸小于 100 nm，大量的晶界（晶界体积分数可达 50%），各畴之间存在相互作用。

从使用时的存在状态，又可以将纳米材料区分为：

纳米颗粒型材料：应用时直接以纳米颗粒形态存在，如被称为第四代催化剂的超微颗粒催化剂。

纳米块体材料：通常由小于 15 nm 的超微颗粒在高压下压制成型或再经一定的热处理工序后所生成的致密性块体材料，目前也有利用机械力学方法获得的纳米块体材料。

纳米薄膜材料：包括了晶粒尺度在 100 nm 以下的各种金属或非金属类镀层以及将颗粒镶嵌在薄膜中所生成的复合薄膜。

纳米液体材料：由超细微粒包覆一层长键的有机表面活性剂高度弥散于一定基液中构成的稳定液体，如具有磁性的超微颗粒包覆一层有机表面活性剂弥散于一定基液中构成的纳米磁性液体材料。

纳米材料表现出来的优异性能推动了各种纳米材料制备方法的研制和发展，这些方法包括物理方法、化学方法和机械力学方法，借助这些方法可以控制纳米材料的晶粒尺寸和组织结构，获得人们所需的结构特征的纳米材料。物理方法包括了溅射、热蒸发、氢电弧等离子方法等，其中应用较多的磁控溅射技术是一种物理气相沉积过程，制备过程中不经过熔融状态，而是凭借高能粒子的轰击产生动量转换，使靶材表面的原子溅出，飞溅出的原子及其他粒子在随后过程中沉积、凝聚在样品表面而成膜。该技术不受合金熔点的限制，是制备纳米多元合金镀层的理想方法。在化学方法中，溶胶-凝胶法比较适于制备纳米颗粒，而化学镀或电化学涂镀技术是制备纳米薄膜材料的好方法。利用机械力学方法，同样可以获得纳米薄膜或块体材料。球磨技术适合制备各种纳米颗粒，表面机械研磨的方法可以获得从表至里晶粒尺度连续分布的纳米材料，深度轧制的方法使获得块体纳米材料成为可能。目前，高质量的块体纳米材料，特别是大尺寸块体纳米材料的制备是纳米材料推广应用中亟待解决的关键问题。不同的制备方法各有优点和局限性，例如高能球磨共依法简单，效率高，但球磨过程中易产生杂质和污染，很难得到洁净的纳米晶体表面，电沉积法可制备致密的块体纳米材料，但难以制备大厚度的块体材料，目前研究的惰性气体凝聚-原位加压法可获得团聚少、纯度高、具有清洁表面的纳米块体材料，再配以原位真空热压或放电等离子体烧结，可获得高密度的块体材料，是比较有前景的制备技术之一。随着纳米科技的发展，将会有更先进的制备技术不断涌现以满足实际生产和理论研究的需要。

纳米材料的特殊性来自于其特殊的微观结构，并使其在化学、光学、热学、磁学等方面表现出超乎寻常的特性。纳米材料的特性具体表现在以下方面：

(1)纳米材料的表面与表面效应

随着颗粒尺寸的减少，界面原子数增加，因而无序度增加，同时晶体的对称性变差，其部分能带被破坏，出现了界面效应。

纳米材料的表面效应是指纳米粒子的表面原子数与总原子数之比随粒径的变小而急剧增大后引起的性质上的变化。当粒径在 10 nm 以下时，表面原子的比例将迅速增加，当粒径降低到 1 nm 以下时，表面原子的比例将达到 90% 以上，原子几乎全部集中到纳米粒子的表面。由于纳米粒子表面原子数增多，表面原子配位数不足以及表面能较高，使得这些表面原子非常容易与其他原子发生化学反应，具有非常高的化学活性。在空气中金属纳米颗粒会迅速氧化而燃烧，要防止自燃，可采取表面包覆或有意识地控制氧化速度，使其缓慢氧化，生成一层极薄而致密的氧化膜，使表面原子稳定下来。纳米材料的表面效应使其有望成为新一代的高效催化剂、贮气材料以及低熔点材料。

界面与表面效应的产生都与纳米晶体的晶界结构有关，对纳米颗粒的理论解释主要存在三种学说：完全无序说，认为晶界具有较为开放的结构，原子排列具有随机性、原子间距大、密度低，既无长程有序，亦无短程有序。有序说，认为晶粒间界处含有短程有序的结构单元，原子保持一定的有序度，通过阶梯式移动，实现局部能量最低状态。部分有序说，认为晶界结构受晶粒取向和外场作用等因素的限制，在有序和无序间变化。

(2)纳米材料的小尺寸效应

在一定条件下颗粒或晶粒尺寸的变化会引起材料性质的变化。由于颗粒或晶粒尺寸的变小引起的宏观物理性质的变化称为小尺寸效应。对于纳米材料而言，颗粒或晶粒尺寸变小，导致其比表面积增加，进而在光、热、磁、声、力学等方面出现一系列新奇的特性。

(3)纳米材料的量子尺寸效应

量子尺寸效应实际上是小尺寸效应的一种极端情况。R. Kobu 在 20 世纪 60 年代提出了能级间距(δ)与费米能级(E_f)间的关系式：$\delta = 4 E_f/3N$，N 为总电子数。对于宏观物体而言，由于 N 巨大，所以 δ 比较小，E_f 附近的电子能级表现为准连续的能带；而对于纳米颗粒而言，当粒子的尺寸下降到最低尺度时，N 较少，δ 变大，E_f 附件的准连续能带变为离散的分立能级，从而产生量子效应。当分立能级的能量间距大于热能、磁能、静电能以及电子能量时，将发生磁、光、声、热、电的宏观特性的显著变化，如导体变为绝缘体、吸收光谱的边界蓝移、相变温度下降、德拜温度下降、比热容变大、电子平均自由程改变、超导温度上升等。近几十年，纳米材料因其独特的物理、化学、机械性能而成为材料学和工程界的研究热点，为各国科学家所关注。纳米材料的研究领域亦不断拓宽，涉及物理、化学、生物、微电子、医学等诸多学科。

(4)纳米材料的力学性能

纳米材料具有高浓度的晶界，而材料的力学性能很大程度上依赖于材料的晶界特征，而且纳米材料的晶粒尺寸小而且均匀，晶粒表面洁净，这些对提高材料的力学性能都非常有利,另外,超细晶粒和多界面的特征还使纳米材料表现出不同于普通粗晶材料的力学特征。最典型的例子是纳米材料的强度/硬度与晶粒尺度间表现出反常的 Hall – Petch 关系。研究发现,直径为几个纳米的纳米碳管,其密度仅为钢的 1/6,但强度却比钢高 100 倍。纳米材料具有大量的晶界,界面原子排列是相当混乱,原子在外力的作用下产生变形的条件很容易迁移,因此表现出优异的塑性、韧性和延展性。中科院金属研究采用脉冲电解沉积技术制备出具有高密度纳米尺寸生长孪晶的纯铜薄膜,通过工艺过程研究调整样品的晶粒尺寸、孪晶厚度及其分布、织构状态等,获得了具有超高强度和高导电性的纯铜样品,其拉伸强度高达 1068 MPa(是普通纯铜的 10 倍以上,达到高强度钢或铜晶须的强度水平),而室温电导率与无氧高导(OFHC)铜相当(97% IACS)。这种超高强度和高导电性的同时获得是过去在任何材料中均无法实现的。

(5)纳米材料的电子性能

由于晶界上原子体积分数增大,纳米材料的电阻、电阻温度系数都显著高于同类粗晶材料,而且纳米材料在磁场中的电阻减小现象也非常明显。这些特性使纳米材料可用来制造高灵敏度的磁传感器以及纳米半导体和纳米超导材料,有人认为当碳原子簇的结构为 C540 时,有望实现室温超导。

(6)纳米材料的磁学性能

由于表面原子间距增大,纳米材料的磁饱和量和铁磁转变温度小于粗晶材料;另外,在非磁场或弱磁体中加入纳米磁微粒,并置于磁场中时,微粒的磁旋方向会与磁场相匹配,磁有序性增加,自旋磁熵降低。若过程绝热,可产生磁制冷。纳米材料还表现出反磁现象,如铁电体变为顺电体,铁磁性显示顺磁效应。高矫顽力的强磁性纳米微粒还可以作用信息存储材料,还可以制成磁性信用卡、磁性钥匙、磁性证券等。在纳米磁性微粒外包覆一层长链的有机表面活性剂,高度弥散在基液中,可构成具有磁性的稳定液体——磁性液体。磁性液体可用于旋转轴动态密封,提高扬声器输出功率,制作各种阻尼器件,分离不同密度的非金属与矿物等许多领域。

(7)纳米材料的热学性能

纳米材料的热容比同类的粗晶材料大,具体的增幅值与纳米材料的紧接结构有关,界面结构越开放,界面原子偶合越弱,热容的增加幅度就越大。纳米材料的散射率高,可以显著降低材料的烧结温度,使常温和次常温条件下加工陶瓷材料成为可能,而且这种增强弥散性可用来制造氧气感应器和比目前应用温度更低的燃料电池。纳米金属材料的熔点远远低于普通金属材料,如纳米(2 nm)金的熔点仅为 330℃,这是由于 Gibbs – Thomson 效应引起的,该效应在所限定的系统中引起较高有效的压强作用。纳米材料的上述优点使在低温烧结合金成为可能。

纳米材料的热稳定性是纳米材料的重要性能,实验表明,纳米晶体在室温下具有很好的热稳定性,只有在适当的条件下,纳米晶体中大量处于亚稳态的晶界才向稳定态转化。

（8）纳米材料的光学性质

所有的纳米金属颗粒都呈黑色，因为它的光吸收率高于99%，尺寸越小，颜色越黑，对光的吸收越强。利用纳米材料的这一特性可以将太阳能转变成热能、电能，也可用于制作红外敏感元件、雷达波吸收材料。纳米颗粒还具有特殊的光谱性能，出现"蓝移""红移"现象，这为光电子应用提供了较宽的调整余地。

（9）纳米材料的化学性能

纳米材料的高比表面、高表面能、大量的晶界原子和气孔的存在，使纳米材料具有比同类其他材料更高的化学活性，这些性质使其成为新一代高效催化剂成为可能。纳米材料还可以作为纳米反应器，实现不同于均相溶液反应的局部反应，在纳米反应器中，反应物在分子水平上有一定的取向和有序排列，这种取向、排列和限制作用将影响和决定反应方向和速度，使在纳米尺度控制化学反应以及制备新型的纳米材料成为可能。

由于纳米材料具有以上所述的良好的结构使用性能和特殊功能使用性能，其腐蚀环境除了传统的自然和工业环境外，其他的特殊环境，例如太空、深海和生物环境也是纳米材料常常需要考虑的腐蚀环境。另外，由于纳米材料优越的特殊功能性能，它往往在光、热、磁、声、力学等多重物理偶合环境和化学介质交互作用的环境下服役，因此，多重因素偶合环境是纳米材料常见的腐蚀环境，而其腐蚀行为与评价则表现为以上所属性能的下降或丧失。

11.3.2　纳米材料的腐蚀机理

纳米材料具有纳米尺度结构单元、大量的晶界和自由表面以及各纳米单元之间存在或强或弱的交互作用三大特点。自20世纪80年代中期，针对纳米材料的性能、微结构和谱学特征的研究日新月异，纳米材料科学体系逐渐完善，同时发展了多种新型高性能纳米材料，如用于电磁波屏蔽和隐形飞机的微波吸收材料等。纳米材料表现出的表面界面效应、量子尺寸效应和小尺寸效应使其在光学、力学、磁学、电学、化学(电化学)、催化、耐蚀、机械等方面表现出的独特的使用性能，引起了凝聚态物理界、化学界及材料科学界的极大关注，被誉为是21世纪最有前途的材料，展示出其诱人的广泛的应用前景。但是，纳米材料在实际应用之前必须解决结构稳定性和化学稳定性两个重要问题。前者不解决，纳米材料会失去原有的优异性能，后者不解决，则无法安全使用。

纳米材料的腐蚀行为直接影响到材料的使用安全，因此，对纳米材料腐蚀行为的研究已经成为腐蚀科学领域的一个研究热点，并取得了一些有意义的研究结果。对纳米材料的常温电化学腐蚀行为的研究集中在晶粒细化对材料耐蚀能力的影响，有研究表明纳米材料的耐蚀能力存在尺寸效应，纳米材料的耐蚀性能与纳米材料的制备工艺有关。从纳米材料高密度缺陷的结构特点可以判断纳米化会造成材料的耐腐蚀能力下降(事实上一些研究结果支持这一判断)，但也有一些研究结果表明纳米化可以提高材料的耐腐蚀能力。纳米材料高温氧化行为研究结果表明，纳米化有助于提高材料的抗氧化能力、抗热腐蚀能力以及在盐、水蒸气共存环境中的抗腐蚀能力。

（1）纳米材料的活性溶解行为

从纳米材料的结构特点来看，纳米材料表面存在大量的晶界，比表面积和比表面能极高，具有远远高于同类粗晶材料的化学活性，因此，如若材料在电解质溶液中发生活性溶解，那么纳米材料的溶解速度将显著高于同类的普通粗晶材料。

用表面机械研磨的方法可以获得表面纳米化的低碳钢材料，该材料在 $0.05M\ H_2SO_4 +$ $0.05M\ Na_2SO_4$ 水溶液中的腐蚀行为研究发现材料在该体系发生活性溶解，纳米化显著提高了材料的溶解速度。纳米化后低碳钢的阳极的反应历程不变，但交换电流密度提高；而阴极反应历程改变，析氢反应容易，并由电化学步骤控制转变为由扩散步骤控制。纳米化后低碳钢的阴阳极反应同时得到促进，进而材料的腐蚀速度增加。还利用磁控溅射技术在石英玻璃上获得了晶粒尺度在 40 nm 左右的纳米低碳钢涂层（见图 11 - 6），对其在 $0.5M\ H_2SO_4$ 水溶液中的电化学腐蚀行为的研究结果同样显示，纳米化大大提高了材料的活性溶解速度（图 11 - 7），而对通过深度轧制方法获得的块体纳米纯铁在 $0.5M\ H_2SO_4$ 水溶液中的电化学腐蚀行为的研究获得了相同的研究结果。

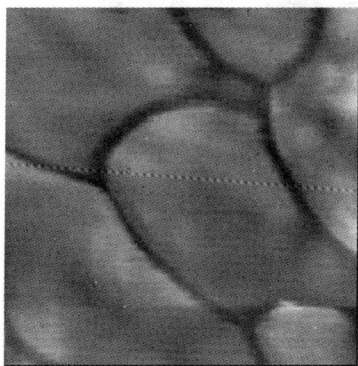

图 11 - 6　溅射低碳钢涂层的高倍 AFM 图像

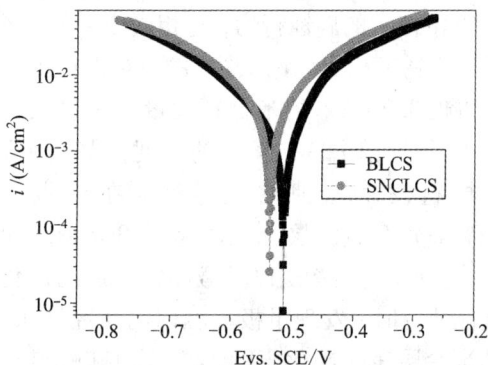

图 11 - 7　溅射低碳钢涂层和其铸造合金在 $0.5\ M\ H_2SO_4$ 水溶液中的极化曲线

（2）纳米材料的钝化能力和耐点蚀能力

纳米材料的界面和表面效应同样显著影响了材料的钝化性能。高的表面活性促使钝性金属元素快速氧化成膜，大量的晶界也为钝性元素的扩散提供了通道。如 Zeiger 等人研究了 Fe - 8Al 纳米材料与化学成分相同的微晶材料在 pH = 1 和 pH = 6 的 Na_2SO_4 水溶液中的腐蚀行为，发现在 pH = 1 的酸性溶液中，大量的晶界缺陷导致纳米 Fe - 8Al 合金的溶解速度高于相同成分的微晶材料；但在 pH = 6 的中性溶液中，氧化铝膜的形成速度高于相应的微晶合金，使其显示了更好的钝化性能。由于纳米材料具有高密度的富铝的晶界，这些晶界为 Al 向表面的扩散提供了诸多快速通道，导致表面铝浓度的增加，提升了纳米材料表面氧化铝膜的形成能力，从而使纳米晶材料具有较好的钝化性能。与此相似，Thorpe 等研究了 $Ni_{36}Fe_{32}Cr_{14}P_{12}B_6$ 纳米合金在室温酸性含 SO_4^{2-}、Cl^- 溶液中的腐蚀行为，发现与 $Ni_{36}Fe_{32}Cr_{14}P_{12}B_6$ 微晶合金相比，纳米晶的钝化性能显著提高。这是由于纳米化使作为 Cr 元素快速扩散通道的晶界增多，Cr 在材料表面的大量富集促使材料的钝化能力提高。在对磁控溅射 Fe-10Cr 合金纳米涂层(20 nm)的研究也发现，纳米化致使原本不具有钝化能力的 Fe-10Cr 合金具有钝化能力，钝化能力的获得来自于具有高表面活性的纳米 Fe-10Cr 涂层中 Fe 的快速溶解，加之大量的晶界为钝化元素向表面快速扩散提供了通道，致使纳米涂层表面的 Cr 含量达到了可形成钝化膜的浓度，具备了钝化能力。

材料的耐点蚀能力和对氯离子的敏感性与钝化膜的结构特征有关。一般情况下，若钝化元素含量较高或较均匀的钝化膜具有较高的耐点蚀能力和较弱的氯离子敏感性。纳米材料表面的钝化膜形成速度较快，一般情况下形成的氧化膜多以非晶和纳米晶形式存在，这种钝化膜具有非常高的晶界缺陷，表面活性点很多，致使氯离子容易分散吸附在大量存在的活性点上，在相同的氯离子浓度的溶液中，与活性点较少的粗晶材料相比，这相当于减少了每个活性点上氯离子的吸附数量，进而在某种程度上相当于减弱了氯离子对钝化膜的侵蚀，从而纳米材料表现出较高的耐点蚀能力。例如 304 不锈钢溅射纳米(25 nm)涂层在 0.3%(质量) NaCl 溶液中的腐蚀行为，与相同成分的 304 普通不锈钢相比，纳米涂层的点蚀电位提高了将近 850 mV，纳米材料大量的晶格缺陷减小了 Cl^- 在每一缺陷处的浓度，从而降低了材料发生点蚀的敏感性。在对溅射 AZ91D 镁合金涂层、溅射 Fe-20Cr 纳米涂层、309 不锈钢涂层以及微晶铝涂层的钝化性能研究时，发现了极其相似的研究结果，纳米涂层表面钝化膜的形成能力和耐点蚀能力显著高于相应的粗晶材料，对 309 不锈钢和微晶铝点蚀敏感性的研究结果也显示纳米涂层的氯离子点蚀敏感性远低于相应的粗晶材料。但从另外的角度看，纳米尺度

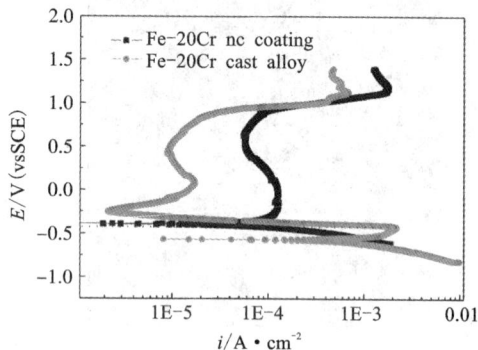

图 11-8　Fe-20Cr 纳米晶涂层和其铸造合金在 $0.05\ mol \cdot L^{-1}\ H_2SO_4 + 0.25\ mol \cdot L^{-1}$ Na_2SO_4 溶液中的动电位极化曲线

的钝化膜存在大量的晶界缺陷，其表面和界面效应势必影响钝化膜的稳定性，目前在对 Mg 及其合金纳米溅射涂层、309 不锈钢溅射纳米涂层等纳米溅射涂层表面钝化膜的化学稳定性研究时都发现，钝化膜的溶解速度都高于相应的粗晶材料(图 11-8)。机理分析表明，钝化膜都具有半导体性质，纳米化后钝化膜内的载流子密度呈数量级的增加致使钝化膜的电化学溶解反应容易，钝化膜的溶解速度较高，而大量晶界的存在是纳米材料表面的钝化膜内载流子密度增加的主要原因。

纳米材料的表面和界面效应对材料的腐蚀行为的影响也因材料的结构特点和合金组成的不同而异。并非所有的钝性金属，晶粒的细化都可以提高它的钝化能力。用球磨 – 压制成型的方法获得了块体 $Cu_{90}Ni_{10}$ 纳米合金(20 nm)，并对其在含有不同浓度 Cl^- 的 0.3% Na_2SO_4 水溶液中的钝化能力、耐点蚀能力以及氯离子耐蚀敏感性进行了探讨，结果发现，相对于普通合金，纳米合金具有更负的点蚀电位，纳米合金表面上形成的钝化膜也不如粗晶合金表面上的致密。这是由于纳米材料由于晶界多，导致氧化膜的生长受阻，同时烧结过程中材料产生大量缺陷也是导致其耐点蚀能力下降的原因之一。利用电镀技术制备纳米晶(晶粒尺寸分别为 8.4 nm 和 22.6 nm)和非晶 Ni – P 合金，研究了上述合金在 0.1 M H_2SO_4 溶液中的腐蚀行为，结果发现，无论是纳米晶还是非晶 Ni – P 合金均没有发生钝化，这是因为非钝化元素 P 在材料表面的富集造成的。

(3)纳米材料电化学腐蚀行为尺寸效应

纳米材料的磁、热、电等性能存在明显的尺寸效应，同样，源于纳米材料的表面和界面效应的腐蚀行为的变化也应存在尺寸效应。研究发现，采用机械研磨方法获得的表面纳米化低碳钢在 0.05 M H_2SO_4 + 0.05 M Na_2SO_4 水溶液中的腐蚀行为存在明显的尺寸效应，在晶粒尺度小于 35 nm 时，纳米低碳钢的电化学腐蚀速度随晶粒尺度的增加而降低，当晶粒尺度大于 35 nm 时，晶粒尺寸对腐蚀速度因影响不大。

对溅射沉积法得到的 W – Cr、Mo – Cr、Mo – Ti、Mo – Nb、Mo – Ta 及 Cr – Al、Cr – Zr 纳米涂层在 12M HCl 中腐蚀行为的研究发现，当晶粒尺寸小于某一临界尺寸时，纳米能力显著提高，有着比非晶合金更好的耐蚀能力。析出相分别是 15 nm 、17 nm 和 22 nm 的非晶 Cr – 60Zr 溅射涂层，当 Zr 析出相尺寸小于 20 nm 时合金的耐腐蚀能力明显提高。Zr 相的析出造成母体中 Cr 含量升高，从而导致 Cr 在钝化膜中大量富集，尽管 Zr 的耐腐蚀能力很差，但由于 Zr 析出相的尺寸很小，因此，这种富 Cr 钝化膜能覆盖整个基体表面。当 Zr 析出相尺寸大于 20 nm 时，富 Cr 钝化膜就不能完全覆盖 Zr 析出相，从而使含 22 nm 的 Zr 合金的抗腐蚀性能下降。与此相似，含有不同晶粒尺度的富铝析出相的 Al – Cr 非经涂层在 0.1M 和 0.5M 盐酸溶液中的抗腐蚀能力的研究，发现富铝相的析出引起基体中铬富集，抗腐蚀能力的增强，然而，当富铝析出相的晶粒尺寸超过 20 nm 时，合金的抗腐蚀性能下降。

图 11 – 9 是利用磁控溅射技术制

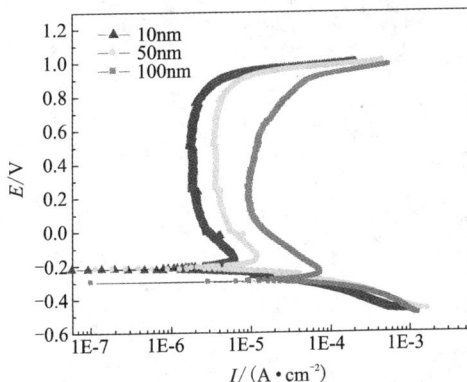

图 11 – 9　NC 涂层在 0.5 M NaCl + 0.05 M H_2SO_4. 溶液中的动电位极化曲线

备了不同晶粒尺寸的溅射涂层，研究了酸性体系中(0.5 M NaCl $+0.05$ M H_2SO_4水溶液)晶粒尺寸对镍基高温合金溅射涂层腐蚀行为的影响，发现溅射纳米晶涂层的抗腐蚀能力随晶粒尺寸减小而提高，这是由于晶粒尺寸的减小会降低氯离子表面吸附量、利于元素扩散促进致密钝化膜的形成及提高钝化膜的自修复能力，因此，随材料晶粒尺寸的减小，材料的抗腐蚀能力提高。

(4)纳米材料的抗氧化行为

纳米材料的表面和界面效应同样影响了材料在高温环境中的氧化行为，由于大量晶界的存在，提供了合金元素的扩散通道，使材料通过晶界扩散发生选择性氧化，促进形成保护性良好的氧化膜，同时还可以改善氧化膜的黏附性，使其不与基体发生内扩散。如利用磁控溅射技术获得的 CoCrAlY 微晶涂层、Ni3Al 涂层、Ni – Cr – Al 涂层、K38G 涂层和 In738 涂层等一系列涂层都表现出了优异的抗氧化性能，Ni – 20Cr、K38G 和 In738 纳米溅射涂层同样表现出了优异的抗热腐蚀性能和耐盐、水蒸气共存环境中的高温氧化性能。

对纳米材料腐蚀行为的研究正处于蓬勃发展阶段，目前每天都有新的研究结果展示给世人，对纳米材料腐蚀机制的认识也在日臻完善，相信在不久的将来会有更多高耐蚀的纳米材料不断涌现，相关的腐蚀理论研究也会更为深入。

思 考 题

1. 影响信息材料腐蚀的环境因素有哪些？
2. 信息材料的防护方法有哪些？
3. 生物医用材料常见的腐蚀机理有哪些？
4. 试述生物医用材料腐蚀研究方法。
5. 试述纳米材料的腐蚀特征和机理。

附　录

附录1　金属的标准电极电位表

($t = 25℃$，$a = 1N$)

电极	$E°/V$	电极	$E°/V$
Li/Li$^+$	-3.045	Tl/Tl$^+$	-0.335
Cs/Cs$^+$	-2.923	Co/Co^{2+}	-0.30
Rb/Rb$^+$	-2.925	Ni/Ni^{2+}	-0.25
K/K$^+$	-2.925	Mo/Mo^{3+}	-0.2
Ra/Ra^{2+}	-2.92	In/In$^+$	-0.14
Ba/Ba^{2+}	-2.90	Sn/Sn^{2+}	-0.140
Sr/Sr^{2+}	-2.89	Pb/Pb^{2+}	-0.126
Ca/Ca^{2+}	-2.87	Fe/Fe^{3+}	-0.036
Na/Na$^+$	-2.713	D$_2$/2D$^+$	-0.003
La/La^{3+}	-2.52	H$_2$/2H$^+$	0.000
Ce/Ce^{3+}	-2.48	Sb/Sb^{3+}	$+0.1$
Mg/Mg^{2+}	-2.37	Bi/Bi^{3+}	$+0.2$
Y/Y^{3+}	-2.37	As/As^{3+}	$+0.3$
Sc/Sc^{3+}	-2.08	Cu/Cu^{2+}	$+0.337$
Th/Th^{4+}	-1.90	Co/Co^{3+}	$+0.4$
Be/Be^{2+}	-1.85	Ru/Ru^{2+}	$+0.45$
U/U3$^+$	-1.80	Cu/Cu$+$	$+0.52$
Hf/Hf^{4+}	-1.70	Te/Te^{4+}	$+0.56$
Al/Al^{3+}	-1.66	Tl/Tl^{3+}	$+0.71$
Ti/Ti^{2+}	-1.63	2Hg/Hg$_2^{2+}$	$+0.792$
Zr/Zr^{4+}	-1.53	Ag/Ag$^+$	$+0.800$
U/U^{4+}	-1.4	Rh/Rh^{3+}	$+0.8$
Mn/Mn^{2+}	-1.19	Pb/Pb^{4+}	$+0.80$
V/V^{2+}	-1.18	Os/Os^{2+}	$+0.85$

续上表

电极	$E°/V$	电极	$E°/V$
Cb/Cb^{3+}	-1.1	Hg/Hg^{2+}	$+0.854$
Cr/Cr^{2+}	-0.86	Pd/Pd^{2+}	$+0.987$
Zn/Zn^{2+}	-0.763	Ir/Ir^{3+}	$+1.15$
Cr/Cr^{3+}	-0.74	Pt/Pt^{2+}	$+1.2$
Ga/Ga^{3+}	-0.53	Ag/Ag^{2+}	$+1.369$
Ga/Ga^{2+}	-0.45	Au/Au^{3+}	$+1.50$
Fe/Fe^{2+}	-0.44	Ce/Ce^{4+}	$+1.68$
Cd/Cd^{2+}	-0.402	Au/Au^{+}	$+1.68$
In/In^{3+}	-0.335		

附录2 常用参考电极在25℃时对于标准氢电极的电位

作为参考电极的电极系统	E/V
$Pt\ (H_2,\ 1\ atm)/HCl\ (1\ mol/L)$	0.000
$Hg/(Hg_2Cl_2)/KCl(饱和)$	0.2438
$Hg/(Hg_2Cl_2)/KCl\ (1\ mol/L)$	0.2828
$Hg/(Hg_2Cl_2)/KCl\ (0.1\ mol/L)$	0.3385
$Ag/(AgCl)/Cl^-\ (a_{Cl^-}=1\ mol/L)$	0.2224
$Ag/(AgCl)/KCl\ (0.1\ mol/L)$	0.290
$Hg/(Hg_2SO_4)/H_2SO_4\ (a_{SO_4^{2-}}=1\ mol/L)$	0.6515
$Hg/(HgO)/NaOH\ (0.1\ mol/L)$	0.165

参 考 文 献

[1] 中国腐蚀与防护学会《金属腐蚀手册》编委会. 金属腐蚀手册. 上海：上海科学技术出版社, 1987

[2] 杨德钧, 沈卓身. 金属腐蚀学. 北京：冶金工业出版社, 1999

[3] 中国腐蚀与防护学会. 腐蚀与防护全书——腐蚀总论. 北京：化学工业出版社, 1994

[4] 曹楚南. 腐蚀电化学原理. 第2版. 北京：化学工业出版社, 2004

[5] 查全性, 等. 电极过程动力学导论. 第3版. 北京：科学出版社, 2002

[6] 何业东, 齐慧滨. 材料腐蚀与防护概论. 北京：机械工业出版社, 2005

[7] 曹楚南. 中国材料的自然环境腐蚀. 北京：化学工业出版社, 2005

[8] 孙跃, 胡津. 金属腐蚀与控制. 哈尔滨：哈尔滨工业大学出版社, 2003

[9] 刘道新. 材料的腐蚀与防护. 西安：西北工业大学出版社, 2006

[10] 中国腐蚀与防护学会. 自然环境的腐蚀与防护[M]. 北京：化学工业出版社, 1997

[11] 侯保荣. 海洋腐蚀与防护[M]. 北京：科学出版社, 1997

[12] 张彭熹, 张保珍, 唐渊, 等. 中国盐湖自然资源及其开发利用. 北京：科学出版社, 1999

[13] 美国工程师协会编, 朱日彰等译. 腐蚀与防护技术基础. 北京：冶金工业出版社, 1987

[14] 周本省. 工业水处理技术. 北京：化学工业出版社, 2002

[15] Beackman W. V. 阴极保护简明手册[M]. 赖敬文译. 北京：石油工业出版社, 1987：5

[16] 李晓刚, 杜翠薇, 董超芳, 等. X70钢的腐蚀行为与试验研究. 北京：科学出版社, 2006

[17] 胡士信. 阴极保护工程手册[M]. 北京：化学工业出版社, 1999：1

[18] 宋光铃, 曹楚南, 林海潮, 等. 土壤腐蚀性评价方法综述[J]. 腐蚀科学与防护技术, 1993, 5(4)：268 −277

[19] 王强. 地下金属管道的腐蚀与阴极保护[M]. 西宁：青海人民出版社, 1984. 62

[20] Kim, H S, et al. Analysis of stresses on buried natural gas pipe line subjected to ground subsidence. Proceedings of the International Pipe Line Conference. USA：ASME Fair field, N J, 1998(2)：749 −756

[21] 杨启明, 等. 工业设备腐蚀与防护. 北京：石油工业出版社, 2001：9

[22] 李久青, 杜翠薇. 腐蚀试验方法及监测技术. 北京：中国石化出版社, 2007

[23] Joanne Horn, Denny Hones. Microbiologically Influenced Corrosion：Perspectives and Approaches. Biodegrdation and biotransformation, Microbiologically Influenced Corrosion, 2001, 97：1072 −1083

[24] D. A. Jones, P. S. Amy. A thermaldynamic interpretation of microbiologically influenced corrosion. Corrosion Science, 2002, 58(8)：638 −645

[25] I. B. Beech. Corrosion of technical materials in the presence of biofilms − current understanding and state − of − the art methods of study. International Biodeterioration & Biodegration, 2004, 53(3)：177 −183

[26] F. Sanoglu, R. Javaherdasht, N. Aksoz. Corrosion of a drilling pipe steel in an environment containing sulphate − reducing bacteria. Int . J . Pres. Ves. &Piping, 1997, 73：127 −131

[27] 朱绒霞. 材料的微生物腐蚀. 腐蚀科学与防护技术, 2002, 14(5): 309

[28] 韩静云, 张小伟, 田永静, 等. 污水处理系统中混凝土结构的腐蚀现状调查及分析. 混凝土, 2000 (11): 31-34

[29] 袁斌, 刘贵昌, 陈野. 材料微生物腐蚀的研究概况. 2005, 38(4): 38-41

[30] Liu Jianhua, Liang Xin, Li Songmei. Study of Microbiologically Induced Corrosion Action on Al-6Mg-Zr and Al-6Mg-Zr-Sc. Journal of Rare Earths, 2007, 25: 609-614

[31] 白新德. 材料腐蚀与控制. 北京: 清华大学出版社, 2005

[32] 孙秋霞. 材料腐蚀与防护. 北京: 冶金工业出版社, 2001

[33] 左景伊, 左禹. 腐蚀数据与选材手册. 北京: 化学工业出版社, 1995

[34] 杨武, 等. 金属的局部腐蚀. 北京: 化学工业出版社, 1995

[35] 中国石油化工设备管理协会设备防腐专业组编著. 中国石油化工装置设备腐蚀与防护手册. 北京: 中国石化出版社, 1996

[36] 李金桂, 等. 航空产品腐蚀及其控制手册. 北京: 航空工业部 621 研究所, 1984

[37] 湛永钟, 张国定. 低地球轨道环境对材料的影响. 宇航材料工艺, 2003, 1: 1

[38] 王珉. 航空航天技术. 南京: 江苏科学技术出版社, 1993

[39] 汪定江, 潘庆军, 夏成宝. 军用飞机的腐蚀与防护. 北京: 航空工业出版社, 2006

[40] H. Kaesche. Metallic Corrosion - Principles of Physical Chemistry and Current Problems. National Association of Corrosion Engineers, Houston, 1985: 1-51

[41] 徐丽新, 胡津, 耿林, 等. 铝的点蚀行为. 宇航工艺材料, 2002, 2: 21-24

[42] G. S Frankel, L. Stockert, F umketer, H. Bohni. Metastable pitting of stainless steel. Corrosion, 1987, 43: 429

[43] 郑荣耀, 等. 航天工程学. 长沙: 国防科技大学出版社, 1999

[44] 王希季. 航天器进入与返回技术. 北京: 宇航出版社, 1991

[45] J. C. Guillaumon, 等. 实际飞行环境中的航天器材料. 国外导弹与航天运载, 1992(8): 68

[46] 湛永钟, 等. 低地球轨道环境对材料的影响. 宇航材料工艺, 2003(1): 1

[47] 朱光武, 李保权. 空间环境对航天器的影响及其对策研究. 上海航天: 2002, 4: 1

[48] 多树旺, 李美栓, 张亚明, 等. 银在原子氧环境中的氧化行为. 稀有金属材料与工程, 2006, 35(7): 1057

[49] 张丽新, 杨士勤, 何世禹. 质子辐照与热循环联合作用对空间级硅橡胶损伤效应的研究. 中国胶粘剂, 2001, 11(3): 7

[50] 郑晓泉, 王立, 秦晓刚. 空间环境下介质的可靠性与寿命的地面评价方法研究. 绝缘材料, 2006, 39(2): 24

[51] 汪定江, 潘庆军, 夏成宝. 军用飞机的腐蚀与防护. 北京: 航空工业出版社, 2006

[52] 肖纪美, 曹楚南. 材料腐蚀学原理. 北京: 化学工业出版社, 2002

[53] 黄建中, 左禹. 材料的耐蚀性和腐蚀数据. 北京: 化学工业出版社, 2002

[54] 贾成厂. 陶瓷基复合材料导论. 北京: 冶金工业出版社, 2002

[55] 王荣国, 等. 复合材料概论. 哈尔滨: 哈尔滨工业大学出版社, 1999

［56］倪礼忠，陈麒. 复合材料科学与工程. 北京：科学出版社，2002

［57］张长瑞. 陶瓷基复合材料：原理、工艺、性能与设计. 长沙：国防科技大学出版社，2001

［58］［日］奥田聪. 耐腐蚀塑料及其耐腐蚀性研究的新动向. 北京：化学工业出版社，1982：5

［59］邬润德，萧绪珮，李生柱. 耐腐蚀材料. 北京：化学工业出版社，1988：10

［60］化学工业部合成材料老化研究所编. 高分子材料老化与防老化. 北京：化学工业出版社，1979：12

［61］魏无际，俞强，崔益华编. 高分子化学与物理. 北京：化学工业出版社，2006：9

［62］陈正钧，杜玲仪. 耐蚀非金属材料及应用. 北京：化学工业出版社，1985：6

［63］张安康. 半导体器可靠性与失效分析. 南京：江苏科学技术出版社，1986

［64］胡传炘，宋幼慧. 涂层技术原理及应用. 北京：化学工业出版社，2000

［65］胡传炘. 表面处理手册. 北京：北京工业大学出版社，2004

［66］Bronfin B, Polyak N, Aqhion E, et al. Application of magoxide method for cleanliness evaluation of magnesium alloys. TMS Annual Meeting, 2002：55－60

［67］Shigematsu I, Nakamura M, Siatou N, et al. Surface treatment of AZ91D magnesium alloy by aluminum diffusion coating. J Mater Sci Lett, 2000（19）：473－475

［68］张志焜，崔作林. 纳米技术与纳米材料. 北京：国防工业出版社，2000

［69］徐滨士. 纳米表面工程. 北京：化学工业出版社，2004

［70］赵渠森. 先进复合材料手册. 北京：机械工业出版社，2003：5

［71］鲁云，朱世杰，马鸣图，等. 先进复合材料. 北京：机械工业出版社，2004

［72］马艳秋，王仁辉，刘树华，等译. 材料自然老化手册. 北京：中国石化出版社，2004

［73］化工部合成材料研究院. 聚合物防老化式样手册. 北京：化学工业出版社，1999

［74］史继诚. 高分子材料的老化及防老化研究. 合成材料老化与应用，2006，35(1)：27

［75］Mohanty A K, Misra M, Drzal L T. Surface modifications of natural fibers and performance of t he resulting biocomposites：an overview［J］. Composite Interfaces, 2001, 8(5)

［76］陈正钧，杜玲仪. 耐蚀非金属材料及应用. 北京：化学工业出版社，1985：6

［77］崔福斋，冯庆玲. 生物材料学. 北京：清华大学出版社，2004：9

［78］何天白，胡汉杰. 功能高分子与新技术. 北京：化学工业出版社，2001：1

［79］李世普. 生物医学材料导论. 北京：北京工业大学出版社，2000：8

［80］俞耀庭，张兴栋. 生物医用材料. 天津：天津大学出版社，2000：12

图书在版编目（CIP）数据

材料腐蚀与防护／李晓刚主编.—长沙：中南大学出版社，
2009.3

ISBN 978－7－81105－697－6

Ⅰ．材…Ⅱ．李…Ⅲ．①工程材料－腐蚀－高等学校－教材
②工程材料－防腐－高等学校－教材　Ⅳ．TB304

中国版本图书馆 CIP 数据核字（2009）第 001585 号

材料腐蚀与防护

主编　李晓刚

□责任编辑	谭　平
□责任印制	易红卫
□出版发行	中南大学出版社
	社址：长沙市麓山南路　　　邮编：410083
	发行科电话：0731－8876770　　传真：0731－8710482
□印　　装	长沙市宏发印刷有限公司

□开　　本	787×960　1/16	□印张 24.25　□字数 519 千字　□插页
□版　　次	2009 年 3 月第 1 版　　□2019 年 6 月第 4 次印刷	
□书　　号	ISBN 978－7－81105－697－6	
□定　　价	58.00 元	